"十三五"国家重点出版物出版规划项目

河网地区
水源水质净化与饮用水安全保障技术

陈卫 林涛 刘成 许航 陶辉 祝建中◎著

HEWANG DIQU
SHUIYUAN SHUIZHI JINGHUA
YU YINYONGSHUI
ANQUAN BAOZHANG JISHU

河海大学出版社
HOHAI UNIVERSITY PRESS
·南京·

内 容 简 介

本书围绕饮用水水源污染的复杂问题,结合城镇供水安全保障水平不断提高的迫切需求,选择太湖流域河网地区水源水中典型污染物及含氮污染物为对象,系统阐述了水源水中污染物时空分布与迁移转化特征、水体原位光催化氧化改善水质、水处理新材料净水机制及其强化处理水质提升、水厂节水与排泥水安全回用,以及突发水污染应急等理论机制和技术原理。本书系统地梳理了近年来在面向行业服务、推进科技进步中所形成的系列成果,尝试构建涵盖探索水质转化、强化水质提升、促进应用实效的多元保障体系,为城镇供水行业全面提升供水安全保障水平提供科学依据和技术支持。

本书内容新颖、信息量大、体系完整严谨,可作为从事给水排水工程、环境科学与工程等领域的科研人员、高等院校师生的研究参考书,也可为企业技术人员应用实践提供参考。

图书在版编目(CIP)数据

河网地区水源水质净化与饮用水安全保障技术/陈
卫等著. —南京 : 河海大学出版社,2020.10
ISBN 978-7-5630-6346-8

Ⅰ. ①河… Ⅱ. ①陈… Ⅲ. ①城市用水—饮用水—水
处理 Ⅳ. ①TU991.2

中国版本图书馆 CIP 数据核字(2020)第 205732 号

书　　名	河网地区水源水质净化与饮用水安全保障技术	
书　　号	ISBN 978-7-5630-6346-8	
责任编辑	吴劲文　彭志诚	
特约校对	宋　明　薛艳萍	
封面设计	徐娟娟	
出版发行	河海大学出版社	
地　　址	南京市西康路 1 号　(邮编:210098)	
网　　址	http://www.hhup.com	
电　　话	025-83737852(总编室)　025-83722833(营销部)	
	025-83787769(编辑室)	
经　　销	江苏省新华发行集团有限公司	
排　　版	南京东汉文化传播有限公司	
印　　刷	南京工大印务有限公司	
开　　本	718 毫米×1000 毫米　1/16	
印　　张	42.75	
字　　数	825 千字	
版　　次	2020 年 10 月第 1 版	
印　　次	2020 年 10 月第 1 次印刷	
定　　价	148.00 元	

前　言

饮用水安全关系到人体健康和社会稳定,切实保护水源地和改善原水水质是落实生态文明建设的重要内容,持续提高饮用水安全保障水平是增强人民幸福感和获得感的直接体现。长江中下游河网地区经济发展速度快,饮用水安全是社会稳定和经济可持续发展的重要基础保障。河网地区污染排放负荷高且水体自净能力弱,水体富营养化及水源水中藻类、有机污染物和含氮污染物等问题较为突出,原水水质复合型污染挑战饮用水安全。长期以来,国家和地方在太湖流域实施了大量的饮用水安全保障技术攻关,解决了诸多技术难题,为推动全国城镇供水行业技术进步起到了重要示范作用。

本书依托作者承担的 863 计划课题、国家自然科学基金重点项目、国家自然科学基金面上项目、国家科技支撑计划课题和国家重大水污染防治课题等最新科研成果,聚焦国家和行业对饮用水安全保障的重大需求,选择太湖流域河网地区水源水中典型污染物及含氮污染物为对象,系统阐述了水源典型污染物的特性与转化、原水水质改善、饮用水工艺单元净化及净化技术应用实践等方面,以期为区域内饮用水安全保障提供技术支撑。内容涉及复合污染水源中典型污染物迁移转化及原水光催化原位净化、饮用水磁性介质材料研发及其污染物强化处理、臭氧—生物活性炭和超滤优化技术、消毒副产物形成与控制、水厂排泥水及其安全回用、饮用水应急处理等方面的新进展、技术方法及其应用,形成了从源头到龙头的全工艺过程饮用水安全保障技术体系。

本书共分 9 章。第一章主要概述河网地区水系特点和复合污染水源的水质特征,介绍河网地区饮用水安全面临的问题与挑战,以及本书相关内容的研究动态与发展;第二章构建含氮有机物高效检测预处理方法、探讨太湖河网典型水源中有机物与含氮污染物时空分布特征及其在原水输配中的转化机制;第三章研究水源复合污染的原位净化技术与应用,主要包括纳米二氧化钛光催化薄膜的制备及性状表征,太阳光催化二氧化钛氧化对藻类与藻源含氮有机物的净化,以及复合污染水源光催化原位净化技术与应用;第四章研发水处理磁性介质,包括磁性离子交换树脂、磁性壳聚糖和磁性海泡石及其改性,探讨水处理磁性介质预处理技术及其净化有机污染水源水的技术应用;第五章为饮用水臭氧—生物活性炭深度处理强化技术研究,主要包括该工艺净化中溴离子转化与溴酸盐的生成控制、污染物转化及其消毒副产物前体物控制、炭后水中颗粒物与生物泄露控制;第六章主要分析饮用水净化中含氮消毒副产物形成机制,预氧化、吸附及其联用技术对含氮消毒副产物的控制及其毒性潜能评价等;第七章论述超滤技术与优化控制,包括常规－超滤组合工艺的净水效能,膜污染形成机制与作用原理,预氧化、再絮凝、粉末活性炭回流等预处理和膜清洗方式对膜污染的控制;第八章阐述水厂节水与排泥水的再利用技术模式与方法,包括不同水源水厂及其典型工艺单元排泥水耗水量及其变化规律、单元工艺节水控制关键技术、排泥水中典型污染物特性与排泥水安全再利用的新方法;第九章研究水源保护与突发污染应急处理技术,主要针对典型城镇水源突发污染物进行预测研究,建立应急水处理技术保障体系,以及构建城镇多水源格局及其应用。

本书第一章由陈卫教授、林涛教授完成;第二章由陶辉副教授、许航教授、祝建中教授完成;第三章由刘成教授、陈卫教授完成;第四章由陈卫教授、刘成教授、刘海成博士完成;第五章由刘成教授、林涛教授完成;第六章由刘成教授、陈卫教授完成;第七章由陶辉副教授、林涛教授完成;第八章由林涛教授、孙敏副教授完成;第九章由林涛教授完成。

在本书内容研究和撰写过程中,得到了陆光华教授的大力支持,董长龙、刘煜、刘海成、耿楠楠、陈晗、王玥婷、鲁子健、沈斌、李洋、宋海青、周业凯、王聪颖、袁哲、陈连生、王伦、周琦、顾艳梅、林晨硕、王嫚、陈彬、朱丽飞、王杰、王婷婷等研究生付出了辛勤工作,作者对他们表示诚挚的感谢。

目录

CONTENTS

第❶章
河网地区饮用水安全问题与挑战

饮用水安全直接关系到人体健康。近年来水体污染日益严重,水源水质日趋复杂,给饮用水安全保障不断带来新的挑战。

河网地区具有河流高度发育、区域城乡经济高速发展和水资源开发强度高的特点。河网地区江、河、湖、库水系交错,河网区内水文特征复杂,表现出河网地区水系功能天然的脆弱性,加之水利工程调度下的人文干预强度高、陆域水体与河口区水循环过程中水系界面交互作用明显、污染物迁移途径复杂。这些因素致使区域内水体污染问题突出,饮用水水源污染复杂多变。

河网地区城乡供水安全保障面临的主要问题体现在以下方面:城市化进程中人文驱动与内源作用导致水源呈现地域性的水质复合污染问题,主要表现为有机物、藻类、氨氮等长期共存影响饮用水安全。针对水源污染物的复杂多变,需要从单一污染物研究向复合污染研究过渡,并由各环节的独立认识转变为全系统的过程控制,饮用水处理亟待突破认知和创新技术;河网地区经济发展水平高,饮用水安全保障的要求高,饮用水技术面临从人工强化到绿色生态可持续发展转变,从粗放管理到精细化、智慧化管理转变的新机遇和新挑战,迫切需要进一步强化技术研发和应用力度、提升饮用水安全保障水平。

长江下游尤其是太湖流域是典型的河网地区,该区域是国家经济发展新引擎的重要支撑,饮用水安全保障成为该区域生态文明建设的重要内容,也是社会和谐和民生福祉的主要体现。以江苏为例,作为全国率先提出饮用水深度处理全覆盖和实施城乡一体化供水的地区,"十三五"期间,将确保饮用水安全列入《江苏省"十三五"太湖流域水环境综合治理行动方案》的总体目标,并提出供水行业的水质保障目标由"合格水"向"优质水"的全面提升。因此,提升饮用水安全保障技术水平具有重要的现实意义。

1.1　河网地区水系水文特征

河网地区水系纵横交错,城市化推进诸如水资源高强度开发利用、水利工程闸坝束水及人工调水、流域内下垫面土地利用方式改变、耕地面积减少、流域水面积萎缩、水系结构层次逐渐单一化,这些外部变化因素会导致流域内降雨径流的汇流路径、汇流时间等一系列水文过程的改变,由此引发洪涝灾害、河流水质恶化等水环境问题。以长三角地区为例,由于水系繁多造成土地破碎化较为显著,加之该地区经济发展迅速,人类活动干扰强度较大,河网水系严重衰退:1960 年至 2010 年长三角地区河网密度平均减少近 20%。由于河网水系结构的变化,长三角区域内调蓄能力大幅下降,导致降雨径流的汇流路径和汇流时间缩短,河道水位迅速上升导致区域洪涝风险激增;城市化进程加重污染负荷,降低河网连通性,生物多样性减少,水生态功能改变导致水体自净能力降低、水环境脆弱。

城市化对河网水系的影响可分为三大类:一是常规水文变化;二是河网连通性、生态功能的改变;三是流域抵抗洪涝灾害风险能力的变化。长三角太湖流域是我国河网、湖泊密度最高的地区之一,河网密度高达 3.2 km·km^{-2},水面面积达 0.5 km^2 以上的湖泊统计量为 189 个,出入湖河流 228 条,其水系遍布的特性使流域内地貌、降水、河道形态、植被类型及盖度、河岸湖滨缓冲带特征、沉积物特征等具有特殊性。同时,以太湖为水利枢纽,沟通各个河道形成水网,使流域内水体承担供水、通航、生态补给和行洪排涝的功能。

(1) 城市化进程中河网水文条件变化

研究表明,太湖流域 1960 年至 2010 年以来,尤其是 20 世纪 80 年代随着城镇化水平提速,河网密度与水面率呈衰减趋势,支流发育系数、河流面积长度比均呈不同程度下降,具体表现为城市化水平越高,河网密度、主干河流面积长度及河流发育系数下降趋势越明显;水面率的变化幅度则与不同区域内湖泊面积相关。同时,降水及汛期降水量呈不明显的增加趋势,而极端降水的增加趋势明显。年降水及汛期降水在空间分布上具有一致性,且降水高值中心分布在城市化水平较高地区,城市化快速发展后期城市化因素对平均水位变化产生了显著的影响,河道与湖泊衰减导致水系容蓄量的减少,更加剧了河网水位的上升,进而加大洪涝风险。

徐羽等人选取太湖流域下游的武澄锡虞和阳澄淀泖水系为研究区,基于 1980 年和 2010 年两期水系和土地利用类型数据,利用全局自相关、局部自相关和地理加权回归模型等方法,分析了河网密度空间变化特征与土地城镇化的关系。结果表明:近 30 年该区域河网密度下降幅度达 11.3%,其中,一、二级支流密度分别下降

18.1%和11.3%。因淤积和填埋造成的区域河道衰退是河网密度下降的主要原因；城镇化速度与支流衰减长度呈指数关系；当土地城镇化速度达40%以上时，支流长度快速减少。

同时有研究表明，近50年来杭嘉湖地区河网密度、水面率、分维数下降，水系主干化的趋势加剧。水系变化地区差异明显，河网密集区水系衰减更为严重，河网主干化，大型水利工程影响水系格局。区域内槽蓄能力、可调蓄能力下降，二级支流和一级支流下降更为明显。水文条件变化，导致水灾发生频率增加，其中水系的蓄泄能力降低是重要原因。水面率越大的地区、河网越稠密的地区，河道水位上涨越慢。

（2）城市化进程及其水文变化下水环境的影响

城市化进程导致区域内水系衰退及河道主干化，河网结构稳定度和自然度显著减弱；径流变差系数与水系连通性基本呈负相关趋势，即水系连通性越高，径流变差系数就越低，越利于水资源的利用；水系连通性越高，河流的自净能力也越强，对水质降解系数越大，水质越好；随着水域斑块优势度与连通性的下降，人工景观优势度、连通性和破碎度呈上升趋势，景观总体多样性增加，异质性增强，促使河岸带的景观斑块人工化和简单化，人类对自然景观的入侵和干扰程度逐步增强，河岸带生境质量下降；随着水系的衰退和连通性的下降，河流的社会经济属性减弱，而城市化对水资源的需求持续增加，水系连通对水资源利用的影响更为显著；另外，水系格局与连通变化还严重影响了河流生态系统的物质组成。

城市化进程导致的河网水系变化引发一系列水环境问题。水环境的富营养化导致水生态系统出现生物多样性减少、生物群落结构简单化、生态系统结构紊乱的现象，水体中生态系统的这种正反馈变化又会反过来继续恶化水质，引起恶性循环，最终影响人类生存和工农业生产。研究表明，太湖流域土地利用类型发生巨大变化，不透水的建筑用地抑制了土壤自净能力，围垦占用了大量湖泊水面积；流域河湖开发力度极大，邻岸带人工化严重，虽提高了流域的防洪能力但人工化严重削弱了邻岸带对污染物的自净能力；流域河网污染严重，主要特征污染因子为总磷、总氮、高锰酸盐指数、氨氮，湖泊富营养化严重；水生态系统破坏严重，水生生物物种多样性下降明显；水质型缺水问题严重，流域水利调控能力较强，导致生态水位受影响，流域内河道年均流速均被控制在0.2 m/s以内，极大地影响了流域水循环自净能力。

王俊杰研究指出，太湖流域河网区土地利用类型剧变导致土壤自净能力下降，邻岸带人工化导致植被退化，削弱了水陆交替带对污染负荷的缓冲能力；总磷、总氮等特征污染物远超水环境承载力，水质恶化、富营养化问题突出；水生态系统结构失调,以蓝藻为优势种的浮游植物爆发,大型无脊椎底栖动物群落结构简单化,耐污种占比高,水生植被消亡;水文调控导致生态水位难以保障。苏州市不同时期河流健康的评价结果显示:2001、2006、2010 年苏州市的河流健康级别依次向"病态""病态""中等"转化,总体河流健康水平不高,但随着城市化进程的放缓和相应保护措施的实施,其河流健康状况逐渐好转。

(3)太湖河网地区水环境质量现状

太湖流域平原河网区地势平坦,水网交错,流域内土地开发强度大,农业、工业、城镇和景观用地比例高,氮磷面源污染严重。调查发现,太湖流域农田降雨径流总氮平均浓度高达 14.991 mg·L^{-1},总磷高达 0.635 mg·L^{-1},明显高于山区河道。在太湖等富营养化湖泊治理过程中,有关部门提出了"治湖先治河,治河先治污"等外源控制策略。然而,在经历了初期的点源污染治理后,面源污染成为湖泊富营养化控制的难点。太湖流域在经历了 10 年的高强度富营养化治理后,至2017 年,蓝藻水华问题依然严峻,外源负荷下降缓慢是其中一项重要原因。以江苏常熟市南湖荡为例,对当地主要的农业面源、水产养殖面源、畜禽养殖面源、面源的污染物排放量及南湖荡水体的总氮、总磷允许纳污量进行估算,并对南湖荡水体的富营养化现状进行评价,结果表明:南湖荡的总氮、总磷排放量分别为 113.8 t/a和 18.3 t/a,而水体的总氮、总磷允许纳污量分别为 134.4 t/a 和 6.4 t/a。总氮排放量已经十分接近水体总氮允许纳污量的上限值,总磷排放量已经远远超出水体允许纳污量。

《江苏省环境状况公报(2017)》表明,2017 年,太湖湖体总体水质处于Ⅳ类(不计总氮)。湖体高锰酸盐指数和氨氮年均浓度分别处于Ⅱ类和Ⅰ类;总磷年均浓度为 0.081 mg/L,处于Ⅳ类;总氮年均浓度为 1.65 mg/L,处于Ⅴ类。与 2016 年相比,高锰酸盐指数、氨氮浓度稳定在Ⅱ类以上,总氮浓度下降 5.2%,总磷浓度上升26.6%。湖体综合营养状态指数为 56.8,同比上升 2.2,总体处于轻度富营养状态。4~10 月蓝藻预警监测期间,通过卫星遥感监测共计发现蓝藻水华聚集现象113 次。与 2016 年同期相比,发生次数有所增加,最大和平均发生面积分别增加48.3%和 78.4%。15 条主要入湖河流中,有 11 条年均水质符合Ⅲ类,占 73.3%;其余 4 条河流水质为Ⅳ类。与 2016 年相比,符合Ⅲ类水质河流数增加 6 条,占比上升 33.3 个百分点。《江苏省"十三五"太湖流域水环境综合治理行动方案》已提出:对照国家 2020 年目标要求,太湖湖体总磷指标仍有一定差距,主要入湖河流总磷和总氮指标差距较大,藻型生境仍未根本改变,生态系统退化,水环境容量减小,自净能力降低的特征依然存在。因此,太湖及其周边饮用水源地的水质安全仍使饮用水安全保障面临挑战。

1.2 河网复合污染水源水质特征

我国东部平原河网地区水源普遍存在有机物、含氮污染物、富营养化程度高、蓝藻频发等问题,有机物、含氮化合物和藻类及其致嗅物质构成复合型污染,挑战饮用水安全。

(1)饮用水源有机污染

天然有机物(NOM)在地表水体中广泛存在,不同水源中 NOM 形态结构特征存在显著差异。水中有机物特性可采用 XAD-8/XAD-4 型树脂将其分为强疏水性、弱疏水性和亲水性等组分,也可采用分子量分级按照分子量大小进行分类。近年来也有采用三维荧光特性,将具有荧光效应的有机物分成芳香性蛋白质类、类富里酸、溶解性微生物产物类和类腐殖酸类组分。NOM 作为典型的消毒副产物(DBPs)前驱物在饮用水氯化消毒过程中会生成三卤甲烷(THMs)、卤乙酸(HAAs)等具有致癌效应的卤代有机物,增大饮用水质健康风险。河网地区水源有机物普遍具有小分子量组分占比高的特点。编者等人以太湖水源水为研究对象,分析有机物含量及其特性。研究结果表明:太湖水源水中 DOC 的浓度在 $3.95 \sim 6.31$ mg/L 之间,且自东南向西北呈逐渐增加的趋势;6 个水源地原水的 DOC 分子质量及亲疏水性分布情况类似,均以分子质量<1 ku 的小分子组分为主(比例超过 40%),亲水性组分略大于疏水性组分,其中极性亲水的 DOM 所占比例最高,为(30.01 ± 1.03)%;太湖水源水中 DOM 的三维荧光峰包括溶解性微生物代谢产物荧光峰和芳香蛋白类荧光峰;荧光区域积分法计算结果显示:芳香蛋白类物质和溶解性微生物代谢产物所占比例较高,富里酸类物质在太湖水源水中也占有一定的比例,而腐殖酸类物质在水源水中的含量很少。进一步对太湖水源水有色溶解性有机物(CDOM)荧光特性分布特征以及来源解析表明:太湖周边西氿水源水 CDOM 受外源的影响较大;马山水源水 CDOM 冬春受外源的影响较大,夏秋以内源释放为主;其余太湖水源地原水中 CDOM 以内源为主。

有机物特性决定其消毒副产物的形成。徐鹏等对太湖流域某水源中 DOM 进行亲疏水性分类,采用优化方法测定分类水样的消毒副产物生成势(DBPFP),并进行 DBPFP 与 DOM 量化指标之间的相关性分析。结果表明,原水中亲水性 DOM 含量较高,但疏水性 DOM 水样对 DBPFP 贡献占比大;水样 DBPFP 主要取决于 DOM 与消毒剂反应产生 DBPs 的效率。引入 UV_{254}/DOC 这个指标,DBPFP 与其值之间存在明显的线性关系。另外,河网地区普遍存在水源水中含有溴离子的问题,使得消毒副产物形成更为复杂。邹琳等发现,对于含有较高浓度溴离子的原水而言,消毒不仅会造成溴代消毒副产物绝对值的增加,还会提高其在 THMs 中的分配比例。因此,部分河网水源出厂水溴代消毒副产物浓度的增加是引起 THMs 浓度增高的主要原因。同时,通过开展小试比较液氯和次氯酸钠对以太湖水为原水的水处理消毒效果,结果表明,投加液氯会促进三氯甲烷的生成,而投加次氯酸钠会造成三溴甲烷、二氯一溴甲烷和一氯二溴甲烷浓度的升高。

（2）含氮污染物

水源中含氮有机污染物组成复杂,按颗粒大小可分为颗粒态和溶解态含氮有机物,按其化学性质可分为氨基态氮、糖态氮、硝基态氮、腈态氮等,按其亲疏水性可分为亲水性和疏水性含氮有机物,按分子量大小可分为大分子量、中分子量和小分子量含氮有机物。不同形态的含氮有机物在水环境中的迁移转化行为有很大区别：例如水中颗粒态的含氮有机物受水环境中水力条件影响较大,在水流较为平稳时水中颗粒态含氮有机物易于沉降从而转入沉积物中,而在风浪较大时也易于由沉积物迁移至上覆水中,从而导致水中含氮有机物含量上升。不同的含氮有机物形态不仅对其在水环境中的迁移转化规律有较大影响,对水处理过程中污染物的去除效果及其水质安全也有重要影响：颗粒态含氮有机物易在水处理过程中通过混凝—沉淀、过滤或超滤过程去除,而溶解态有机物的去除则较为困难,残留在出厂水中的含氮有机物可作为管网水中微生物生长的底物,促进其复活及再生,从而降低饮用水的微生物安全性;此外,水中氨基态含氮有机物包括氨基酸、蛋白质等在消毒过程中可与氯反应生成有机氯胺,导致水中有效氯含量下降,降低饮用水的微生物安全性;而对于硝基态含氮有机物而言其与消毒剂的反应活性较低,对消毒效果的影响较小。

杨文晶等人分析了太湖水域各种形态氮的含量、形态组成和变化分布特点。西太湖水域中总氮以溶解态氮为主,平均占比为 77.7%,溶解态无机氮中以硝酸盐氮为主。编者等人依据《湖泊调查技术规程》要求,通过实地调研及按季节性水质变化取样分析等,重点研究太湖流域的锡东、马山、南泉、金墅港、渔洋山、庙港、西氿等 7 个重要水源地,以及望虞河、直湖港、太㴲运河、漕桥河、社渎港、官渎港、乌溪港、夹浦河等 8 条重要入湖河流中含氮污染物时空分布规律及其水质特性。结果表明:含氮污染物在空间上呈现由东南向西北递增的趋势,并存在较强的季节性差异。冬、春季节含氮污染物总量高于夏、秋季节。冬、春季水源中含氮污染物主要以硝酸盐氮为主,其含量占总氮的 60%～70%;夏、秋季由于藻类生长,含氮污染物主要以 DON 为主,约占总氮含量的 60%～65%。太湖不同水源地原水中含氮污染物的组成及其季节变化规律性一致,表明其来源上具有一定同源性。吕伟伟等人分析了太湖夏、秋、冬、春四季中草、藻型等不同生态类型湖区颗粒态和溶解态氮的来源以及赋存形态,结果表明:时空分布上水体中氮含量整体表现为冬季高于其他季节,颗粒态氮与叶绿素 a 含量则表现为夏季高于其他季节,冬季高值区均位于南部湖区,其余季节高值区集中在西北湖区;随季节变化,太湖草、藻型湖区氮形态组成发生变化,藻型湖区由冬季以硝酸盐氮为主转变为其余季节以颗粒态氮为主,而草型湖区由冬季以颗粒态氮为主转变为其余季节以氨和有机氮为主。

新的消毒副产物-含氮消毒副产物(N-DBPs)主要由有机氮(DON)生成。目前各国出厂水中已检测出的 N-DBPs 大致包含 4 类:亚硝胺(以亚硝基二甲胺为代表,NDMA)、卤代硝基甲烷(HNMs)、卤代乙酰胺(HAcAms)和卤代乙腈(HANs)。虽然含氮消毒副产物在出厂水中的检出浓度仅有 ng/L 到 μg/L 的水平,远低于常规的含碳消毒副产物 THMs 和 HAAs,但其单位含量的细胞毒性和基因毒性却远高于 THMs 和 HAAs。编者以二氯乙腈为代表物,研究了 DON 对其生成特性影响,结果表明,太湖贡湖湾段、太湖渔洋山段及阳澄湖 6 个水样的二氯乙腈生成势分别为 3.10、1.87、4.85、9.05、4.53 和 6.08 μg/L。二氯乙腈生成势受 DON 含量和 DON 性质的双重影响,且其与水样的 SUVA 值具有较强的负线性相关性。水厂原水中,亲水性有机物、分子量<1 kDa 或>10 kDa 的有机物以及芳香性蛋白质和类-SMPs 是二氯乙腈的主要前体物。

(3)水源富营养化问题

水源发生富营养化主要会导致蓝藻、绿藻等浮游植物的大量滋生。由于水中藻类不易在混凝沉淀工艺中去除,含有大量藻细胞的沉淀出水进入滤池,会使得滤池发生堵塞,使滤池运行周期缩短,反冲水量增加,严重时可能导致水厂停产。在藻类的新陈代谢、细胞分解过程会分泌有机物,其残骸在腐烂、降解过程中也产生有机物或藻毒素,部分有机物产生嗅味或是氯化消毒副产物的前体物,而藻毒素本身就具有毒性,常规水处理工艺对部分藻源性有机物去除效果差,出厂水水质安全受到影响。如 2007 年太湖蓝藻污染事件造成无锡全城自来水污染,生活用水和饮用水严重短缺,超市、商店里的桶装水被抢购一空。该事件主要是由于水源地附近蓝藻大量堆积,厌氧分解过程中产生了大量的 NH_3、硫醇、硫醚以及硫化氢等异味物质。

叶琳琳等人以太湖重度蓝藻水华发生的西北湖区为研究对象,分析了浮游植物群落结构的组成、溶解性无机氮(DIN)和 DON 浓度。研究结果表明:太湖西北湖区浮游植物主要由蓝藻、硅藻、绿藻和隐藻组成,可能由于风、浪等混合作用使太湖西北湖区不同采样点之间蓝藻细胞密度没有显著差异,蓝藻生物量在浮游植物中所占比例最高为 34%±15%,春季部分点位隐藻生物量高于 50%,表明隐藻与蓝藻的相互竞争趋势显著。DIN、DON 浓度以及总氮∶总磷比(TN∶TP 比)是影响西北湖区浮游植物优势属分布的重要环境因子,夏季蓝藻水华爆发期间,可能由于蓝藻的吸收利用引起氨氮和硝态氮浓度迅速降低。该湖区浮游植物尤其是蓝藻的生长可能受到氮限制,蓝藻细胞密度与 DON 浓度呈显著负相关,表明在氮限制条件下 DON 可能是蓝藻氮素利用的重要补充。

　　蓝藻是太湖 CDOM 的重要来源,藻华的爆发可以改变湖泊 CDOM 的组成,促进类腐殖酸物质比例的升高。乔煜琦等人利用平行因子分析技术对藻华爆发季节太湖梅梁湾和开敞区水样中 CDOM 的三维荧光光谱进行分析,获得代表类酪氨酸、类色氨酸和类腐殖酸等 3 种荧光组分,这 3 个组分的荧光得分值均与叶绿素 a 浓度呈极显著正相关,其中类腐殖酸物质荧光得分值占总分值的比例也与叶绿素 a 浓度极显著正相关,由此推测蓝藻水华可能是太湖 CDOM 的一个重要来源,并极大地影响了湖泊 CDOM 的组成结构。高乃云等人通过疏水组分分离和电渗析获得 6 种不同特性的铜绿微囊藻细胞胞内外富氮有机组分。结果表明,疏水性有机物主要由类腐殖质组成,亲水性有机物主要由蛋白质组成;细胞内外强疏水性有机物组分的三卤甲烷生成潜能最大,以生成三氯甲烷为主;卤代酮生成潜能与细胞内外各有机物组分有明显相关性;细胞内亲水性有机物组分的含氮消毒副产物生成潜能(DBPFP)最大;各组分消毒副产物生成潜能并不完全由溶解性有机碳(DOC)与溶解性有机氮的质量浓度比值的大小决定,还由 DON 的性质决定;细胞外有机物组分的 DBPFP 高低与芳香性有机物的含量呈正相关;细胞内有机物组分的 DBPFP 还受芳香性有机物性质的影响;细胞外有机物组分消毒副产物生成总量的顺序为:强疏水性组分＞亲水性组分＞弱疏水性组分;细胞内有机物组分消毒副产物生成总量的顺序为:亲水性组分＞强疏水性组分＞弱疏水性组分。

　　随着人们对饮用水质量的要求越来越高,水中的嗅味已经引起人们的重视,《生活饮用水卫生标准》(GB 5749—2006)中 2-基异莰醇(2-MIB)和土臭素(Geosmin)被列入必测项目。由于水体富营养化问题,河网水源的致嗅物质也是主要的目标污染物。徐振秋等对太湖某饮用水源地水体主要嗅味物质的研究结果表明,其主要是 2-甲基异崀醇、土臭素、β-环柠檬醛和 β-紫罗兰酮等。原水中土臭素浓度连续 3 年年均值低于标准限值,因此土臭素对水体异味贡献较小。根据各嗅味物质的年均值和嗅觉阈值分析,导致饮用水源地异味的主要物质是 2-MIB,其浓度高的月份主要集中在 6—10 月,也是主要超标的月份,其中 8—9 月达到峰值。太湖东部沿岸、南部沿岸的 2-MIB 和 Geosmin 浓度水平高于同期西部沿岸及湖心区域。根据时空分布特点,可以推断嗅味物质来源是内源性为主,区域或局部的生态条件造成了不同种类微生物生长、产生并向水体释放不同的异味物质。

1.3　面临的挑战与关键科学问题

（1）国家战略和区域经济发展对饮用水安全保障提出新要求

党的十九大报告明确提出建设美丽中国要着力解决环境问题,坚决打好污染防治攻坚战。满足人民日益增长的美好生活需要,确保居民喝上干净安全的饮用水,全面解决影响饮水安全的关键问题,不仅是打好"污染防治攻坚战"的重要内容,更是落实生态文明建设的一项务实举措。国家"水十条"明确要求:保障饮用水水源安全,从水源到水龙头全过程监管饮用水安全。饮用水安全已成为政府环境污染防治工作的核心内容之一。如 2017 年 7 月国家发布的《长江经济带生态环境保护规划》重点工作中包括修复流域内的退化水生态系统,强化饮用水水源保护;2018 年 3 月原环保部、水利部联合印发的《全国集中式饮用水水源地环境保护专项行动方案》指出:近年来我国饮用水水源地环境保护工作取得积极进展,但保护形势依然严峻,环境风险隐患突出;江苏省"两减六治三提升"（263）行动重点提升饮用水安全保障水平,饮用水水源地达标建设达标和水源水质列入主要考核指标;针对太湖河网地区,《江苏省"十三五"太湖流域水环境综合治理行动方案》将确保饮用水安全,不发生大面积湖泛列入总体目标,重点工作包括加强饮用水水源地达标建设,完善区域联合供水,扩大安全饮用水范围,实施从水源水到龙头水全过程监管,构建流域供水安全保障体系确保饮用水安全。

《"十三五"国家科技创新规划》提出:在水污染全过程治理、饮用水安全保障、生态服务功能修复和长效管理机制等方面研发一批核心关键技术,集成一批整装成套技术和设备。创新型国家建设对饮用水安全保障技术提出了新要求,实施科技创新驱动对现有水污染管控技术、单元污染物治理等进行针对性的创新变革,形成适用于流域和区域特点的饮用水水源地保护与生态建设、饮用水净化处理和系统监管技术体系和方法,这已成为实施科技创新服务生态文明和美丽中国建设的必然要求。以江苏为例,作为全国率先提出饮用水深度处理全覆盖和实施城乡一体化供水的地区,"十三五"期间,江苏省对饮用水水质保障提出了更高要求。江苏省水源地主要有长江、太湖、淮河等重要水系,区域内水资源开发强度高、上游水污染负荷重,不符合Ⅲ类水质标准的水源地长期存在,水源中天然有机物、新型消毒副产物前体物、藻类滋生引起的复合污染问题普遍,水处理技术升级改造和管网水质提升等均面临严峻挑战。基于地域水源特点,亟待创新和完善由源头到龙头的全流程水质保障技术。"十一五"和"十二五"期间,江苏省重点围绕太湖流域饮用水安全保障实施技术攻关,在水源水质改善、应急水源调度、水厂工艺优化和水质保障方面解决了诸多技术难题,在全国形成了重要的示范作用。"十三五"期间,江苏进一步强化技术研发和应用力度、提升饮用水安全保障技术和综合监管水平。

(2)针对河网水源特征污染物特性的认识和基础研究仍待加强

以太湖流域为代表的长江下游河网地区水系交错、人文驱动与内外源作用导致水源呈现地域性的水质复合污染问题,主要表现为有机物、藻类、氨氮等长期共存影响饮用水安全。城市供水系统是实现水质安全保障的主要屏障,污染物在水源的赋存形式及其在水处理过程中迁移转化是决定水质安全的关键环节。水污染控制正在从常规指标或单一污染物研究向复合污染研究过渡;从各环节的独立认识转变为全系统的过程控制。目前该领域中基础科学问题与关键控制技术原理的研究正面临水源污染物的复杂性和水处理工艺局限性的严峻挑战,有必要针对某些特征污染物在水源中归趋行为和水处理过程中迁移转化控制方面进行认识突破和理论创新,为城市供水系统中污染物的研究提供科学依据和理论支撑。

针对有机物、藻类等问题,国内外学者已开展过大量研究,对污染物的特性和其在水处理中的转化等有较为明确的结论。近年来,含氮有机污染物研究成为新热点,研究尚有以下科学问题亟待解决。

① 含氮有机污染物组成复杂,按颗粒大小可分为颗粒态和溶解态含氮有机物,按其化学性质可分为氨基态氮、糖态氮、硝基态氮、腈态氮等,按其亲疏水性可分为亲水性和疏水性含氮有机物,按分子量大小可分为大分子量、中分子量和小分子量含氮有机物。不同形态的含氮有机物在水环境中的迁移转化行为有很大区别:例如水中颗粒态的含氮有机物受水环境中水力条件影响较大,在水流较为平稳时易于沉降从而转入沉积物中,而在风浪较大时也易于由沉积物迁移至上覆水中,从而导致水中含氮有机物含量上升。含氮有机物的形态不仅对其在水环境中的迁移转化规律有较大影响,也对水处理工艺过程中的去除效能有影响:颗粒态含氮有机物易在水处理过程中通过混凝—沉淀、过滤或超滤过程去除;而溶解态有机物的去除则较为困难,残留在出厂水中的含氮有机物可作为管网水中微生物生长的底物,促进其复活及再生,从而降低饮用水的微生物安全性。此外,水中氨基态含氮有机物包括氨基酸、蛋白质等,在消毒过程中可与氯气反应生成有机氯胺,导致水中有效氯含量下降,降低饮用水的微生物安全性;而对于硝基态含氮有机物而言,其与消毒剂的反应活性则降低,对消毒效果的影响较小。目前关于水中含氮有机物来源方面的研究还较少,但明确水中含氮有机物的来源对于水源地治理以及含氮有机物的源头控制与安全预警具有十分重要的意义。

② 水源和原水输配水中含氮有机物的迁移转化规律十分复杂,同时存在物理过程、化学过程和生物过程。物理过程中,在质量作用定律和浓度梯度作用下,含

氮有机物以沉积物间隙水为媒介可能会在水体与沉积物之间吸附与释放；在化学条件的作用下可能会造成氮元素在有机形态和无机形态之间的转化；在水生动植物和微生物的合成作用下，可能会发生无机氮组分向有机氮组分的转化，甚至在微生物的代谢作用下，还会发生不同含氮有机物组分之间的转化，如蛋白质会分解为多肽甚至游离态的氨基酸。我国相当数量的湖泊或水库水源地均不同程度地存在富营养化现象，长期出现藻类生长并出现多次藻类密集性爆发事件。含氮有机物可作为重要的营养源促进藻类的生长，在适宜条件下导致藻类爆发事件的产生。而在藻类的生长过程中，其分泌的胞外聚合物又是水中含氮有机物的重要来源；在藻类消亡期，大量的藻体被细菌分解，也可能导致水中含氮有机物含量的急剧升高。因此，探明含氮有机物的迁移转化规律对于摸清含氮有机物来源，做好源头控制与预警预报具有十分重要的意义。

③ 建立能够准确测试水中含氮有机物含量方法是开展含氮有机物相关研究工作最为关键的基础。目前研究多倾向于采用总量指标总有机氮作为水中含氮有机物的表征方式。在进行总有机氮的测试时，分别检测氨氮、亚硝酸盐氮和硝酸盐氮含量，将其相加得到水中总无机氮含量；然后采用碱性过硫酸钾消解紫外分光光度法（GB 11894—89）或气相分子吸收光谱法（HJ/T 199—2005）测试总氮含量，然后将总氮含量减去总无机氮含量，从而得到总有机氮含量。多次测量过程易造成误差积累，造成测试水中微量的含氮有机物时误差过大，难以准确获得水中含氮有机物含量。在采用"凯氏氮-氨氮法"时，需采用硒催化矿化法（GB 11891—89）或气相分子吸收光谱法（HJ/T 199—2005）先测试水中凯氏氮含量，然后再采用上述方法测试氨氮含量，最后取二者差值作为总有机氮含量。但是凯氏氮的测试过程中，由于检测方法的限制，测试过程中仅能测试蛋白质、胨、氨基酸、核酸、尿素及其他合成的氮为负三价态的有机氮化合物，而不包括叠氮化合物、连氮、偶氮、腙、腈、肟和半卡巴腙类的含氮化合物，因此使得其测试结果偏小，不能准确测定水中含氮有机化合物的含量。因此，亟待建立能准确检测水中含氮有机物的检测方法，为开展含氮有机污染物的相关研究提供基础。

（3）面向行业需求饮用水处理技术仍需深化和提升

① 臭氧-生物活性炭技术优化与出水水质生物安全保障技术的需求迫切

臭氧-生物活性炭净化是饮用水深度处理的主要技术之一，作为一种主要的深度处理手段对去除有机物、氨氮和藻类等具有一定的优势，已在我国北京、江苏、浙江、深圳等地应用，江苏省正在实施全省域的深度处理全覆盖。但活性炭处理工艺在有效去除藻毒素及有机物以提高饮用水化学安全性的同时，存在出水水质的生物安全隐患，无论是普通活性炭技术还是生物活性炭技术，运行中活性炭都会成为微生物载体,炭层中积累的大量生物颗粒和非生物颗粒随出水流出,对饮用水生物安全性有一定影响。美国对水中"两虫"与颗粒物数量的相关关系进行了深入研究,发现当水中粒径大于 2 μm 的颗粒数超过 100 个/mL 时,水中存在"两虫"的几率很大。因此,有效控制净水工艺出水中粒径大于 2 μm 的颗粒物数量有助于提高饮用水的安全保障水平。

活性炭工艺净化中微生物的作用普遍存在,炭后水中细菌数量高于滤后水,有时高达数万个/mL。颗粒炭上脱附的微米级炭粒是炭后水颗粒物中的一部分,炭后水中的部分细菌可被炭粒吸附而形成炭附着细菌,并对消毒具有抗性。研究发现,氯消毒后炭粒所携带的未被失活的微生物在 20 ℃条件下 3 天后可达到 10^3 ~ 10^4 CFU/mL 的水平;0.5 mg/L 的氯或 1.0 mg/L 的氯胺对管网生物膜表面的细菌有较好灭活效果,但对炭附着细菌的控制作用不明显。国外水厂往往通过提高消毒剂的投药量来解决该问题,但会带来消毒副产物增多的隐患。同时,当原水中存在溴离子时,臭氧氧化过程中会生成溴酸盐和有机溴化物,二者存在对水中溴离子的相互竞争反应,使得生成物更加复杂,而目前溴离子的分配关系及各种溴类副产物的变化规律,国内鲜有研究和报道。含溴水体经臭氧氧化产生的溴酸盐进入后续的生物活性炭工艺后,生物活性炭对溴酸盐的去除机理,一般被认为是活性炭先将其吸附,然后通过表面基团将其还原成溴离子或通过活性炭上附着的微生物降解去除溴酸盐。但目前对于生物活性炭去除溴酸盐的研究结果存在差异:部分研究表明,生物活性炭对溴酸盐的去除效率低,难以控制溴酸盐产生的水质风险;但也有研究认为溴酸盐可通过生物活性炭工艺实现有效去除。分析认为,生物活性炭对溴酸盐去除效能研究结果的差异,主要是因为生物活性炭对溴酸盐的去除与炭池的进水水质、炭池工艺运行条件和炭池中的活性炭类型等密切相关,该研究有必要进一步深化和完善。

② 有必要突破净水新材料与绿色净水技术研究

水源水中 NOM、微量的合成有机物(SOCs)和藻类等共存产生的有机复合污染问题已成为业内关注的热点,近年来针对目标污染物的净水新材料研发和应用已经成为饮用水处理技术发展和饮用水水质提升的重要途径,如以新型离子交换材料或吸附材料的研发和应用为主的水处理新技术受到业内广泛关注。但目前该领域研究处于起步阶段,水处理功能材料的研发和制备需待完善。如材料制备过程中各因素对其性质影响需更深入的研究,在磁性树脂研发中筛选更为合适的树脂单体、交联剂和致孔剂种类和用量的组合;现有的制备方法步骤仍较为繁琐,亟待进一步研究简易、历时短、能耗低、反应条件温和的制备方法;需要进一步提升各种材料制备的效率,以实现材料的规模化生产等。另外,目前的研究多为单一组分或目标污染物的研究,复合有机污染条件下水处理功能材料的作用机理、净化效能、影响要素、技术集成与系统优化方法有待全面深化。

③ 以超滤为核心的工艺系统与膜污染控制技术有待提升

超滤技术被称为21世纪饮用水领域绿色技术的代表。超滤膜分离可有效去除水中悬浮物、微生物、病毒、致病性原生动物、浮游生物和部分大分子有机物等,可显著提高饮用水的生物安全性和去除部分消毒副产物的前体物从而改善水质的化学安全性。针对不同的原水水质特性,有必要构建以超滤为核心的工艺系统和关键技术集成,实现净水效能提升与膜系统的稳定运行。在超滤技术的应用和推广中,膜污染成为制约其发展的关键瓶颈问题,膜污染的形成机理与控制技术研究是水处理行业的热点和前沿问题。全面认识膜污染的产生机制与主控要素是问题研究的关键基础,饮用水处理中有机物是造成膜污染的主要原因。目前国内外的研究多基于宏观指标的变化关系(如以 DOC、COD_{Mn} 表征为主的有机物含量)或理化特性研究(多考虑有机物亲疏水性或分子量分布的影响)来定性地探讨膜污染的形成机理与影响作用机制。由于水中有机物组分复杂多变,不同理化指标(有机物亲水和疏水官能团的二象性、分子量、极性、电荷特性等)存在内联性和差异性,造成研究结果存在差异,因此,必须开展膜污染形成中关键科学问题的微观机理研究,揭示膜污染形成的微界面过程及其作用机制,为水处理中膜污染控制研究提供理论和科学依据。

④ 节水型社会建设对水厂节水与反冲洗水安全回用提出高要求

党的十八大报告已将节水型社会建设列为我国今后政府工作的重要内容,江苏省正在全面实施《节水型社会建设"十三五"规划》工作,城市节水被列为政府工作的重要考核指标之一。作为供水企业和社会节水的重要组成部分,水厂节水尤其是排泥水再利用已成为业内节水技术发展的必然趋势。据调查,全国地表水厂拥有生产废水处理设施的不足 5%,即绝大部分水厂的生产废水均未经处理直接排放,不仅浪费严重而且对接纳水体也造成了较为严重的污染。因此,实施水厂生产废水的再利用是经济社会和供水企业自身发展需求的必然要求。以活性炭池反冲洗水为例,其反冲洗水可能成为有机物和微生物的富集载体,并对回用过程的水质安全产生影响。与砂滤池相比,生物活性炭池中活性炭颗粒更容易成为有机物和微生物的载体,目前活性炭颗粒负载微生物对消毒效率的影响研究已有报道。炭池反冲洗水中大量的颗粒物和微生物会增加反冲洗水中生物风险的概率,增加反冲洗水回用风险。同时,目前排泥水回用技术的研究报道主要为浓缩池上清液回用,滤池尤其是炭池的反冲洗水直接回用技术研究尚缺乏系统性。

1.4 研究动态与发展

本专著主要聚焦太湖流域饮用水安全保障需求,针对流域内饮用水源污染问题复杂,不符合Ⅲ类水质标准的水源地长期存在,水源中有机污染物、消毒副产物前体物、藻类滋生引起的复合污染等水质风险等问题,开展理论研究、技术研发与应用实践等工作。主要包括:

(1)针对水源复合污染物水质特征及其转化规律,主要介绍水中有机氮的高效检测新方法、复合污染水源中有机物与含氮污染物的特性与时空变化、原水输配中有机物与含氮污染物的转化过程。

(2)针对水源复合污染物原位净化技术原理与应用,主要介绍可重复利用的新型催化剂和适用于实际水源的新型太阳光催化氧化反应器及其组合装置,适用于水源复合污染物的原位净化技术。

(3)针对饮用水磁性介质预处理强化技术与应用,主要介绍针对水中有机物污染物去除,基于合成树脂材料的磁性离子交换树脂(m-MAER)、基于天然生物材料的磁性壳聚糖(MNCP)和基于天然黏土的磁性海泡石(MSEP)制备方法,介质材料在饮用水预处理应用中的关键技术。

(4)针对饮用水含氮污染物消毒副产物形成机制与控制,主要介绍氨基酸类前体物在氯化消毒中副产物形成的连续反应原理及其反应动力学模型,含氮消毒副产物路径和动力学过程,高锰酸盐化学氧化与粉末炭吸附协同控制副产物的饮用水处理新方法。

(5)针对饮用水臭氧-生物活性炭深度处理强化技术与应用,主要介绍溴离子在臭氧氧化过程中的转化及溴酸盐的生成和控制,含氮有机物在臭氧氧化、生物活性炭处理过程中的转变规律,生物活性炭出水中颗粒物增多、生物泄露等问题与控制技术。

(6)针对饮用水超滤净水工艺与膜污染控制,主要介绍 XDLVO 理论在膜污染形成过程中的微界面作用力解析方法及应用,混凝前处理技术强化超滤净水效能与膜污染控制方法。

(7)针对水厂节水潜力与排泥水再利用,主要介绍典型水厂排泥水水量变化规律和单元工艺排泥节水控制关键技术与应用;排泥水中含氮污染物的赋存形式,沉淀池排泥水、滤池反冲洗水安全回用新技术。

(8)针对水源保护与突发污染应急处理技术,主要介绍针对特征污染物构建有效的水污染应急处理技术体系;水源地保护、开辟第二水源或备用水源的应用案例。

［参考文献］

[1] 古润竹.高强度开发背景下上海河道填堵特征及对河网水系结构的影响.硕士学位论文,华东师范大学,2018.

[2] 王俊杰.太湖流域河网——湖泊水环境安全评价方法构建与应用.硕士学位论文,南京农业大学,2016.

[3] 张丹蓉,邵广文,管仪庆等.太湖流域河网地区湖泊氮磷污染负荷研究——以江苏常熟南湖荡为例.水资源保护,2016,32(2):106-110.

[4] 徐羽,许有鹏,王强等.太湖平原河网区城镇化发展与水系变化关系.水科学进展,2018,29(4):473-481.

[5] 杨明楠.城市化背景下太湖流域典型河网区水文过程与水环境变化研究.南京大学,2015.

[6] 张燕,张富标,查人光等.浙江太湖河网地区饮用水安全保障技术集成与示范.中国给水排水,2017,33(17):42-45.

[7] 王聪颖,陈卫,陶辉等.太湖水源水有色溶解性有机物(CDOM)荧光特性分布特征以及源解析.净水技术,2019,38(3):56-62.

[8] 徐鹏,李忠群,程战利等.水源水消毒副产物生成势与UV(254)/DOC的相关性研究.环境学科学报,2018,8:3021-3026.

[9] 邹琳,周圣东,顾新春等.加氯对不同工艺出水消毒副产物生成的研究.中国给水排水,2019,5:1-7.

[10] 杨文晶,谈剑宏,姜宇.苏州太湖水体氮、磷含量及形态组成分析.江苏水利,2018,5:40-43.

[11] 吕伟伟,姚昕,张保华等.基于地统计学分析的太湖颗粒态和溶解态氮、磷营养盐时空分布特征及来源分析.环境科学,2019,2:590-602.

[12] 叶琳琳,吴晓东,刘波等.太湖西北湖区浮游植物和无机、有机氮的时空分布特征.湖泊科学,2017,4:859-869.

[13] 乔煜琦,江海洋,李星等.蓝藻水华暴发和衰亡对太湖有色可溶性有机物的影响.湖泊科学,2018,30(4):907-915.

[14] 高乃云,朱明秋,周石庆等.藻源型有机物氯化消毒副产物的生成特性.华南理工大学学报:自然科学版,2014,5:48-53.

[15] 徐振秋,徐恒省.太湖饮用水源地主要嗅味物质污染现状及其防治对策研究.污染防治技术,2017,30(2):80-82.

第❷章
水源复合污染物水质特征
及其转化规律

天然有机物(Nature Organic Matter,NOM)中氮元素的含量大约在 $1\%\sim 5\%$,碳元素的含量约在 $40\%\sim 60\%$。长期以来国内外学者的研究大部分集中在氨氮和溶解性有机碳(Dissolved Organic Carbon,DOC)等方向,对含氮有机物的分布、物理化学性质及水处理特性等方面的研究相对较晚。水中含氮有机物(Organic Nitrogen,ON)占总氮(Total Nitrogen,TN)的比例为 $14\%\sim 90\%$,ON由溶解性含氮有机物(Dissolved Organic Nitrogen,DON)和颗粒含氮有机物(Particulate Organic Nitrogen,PON)组成。一般认为,可以通过孔径 $0.2\sim 0.45~\mu m$ 滤膜的部分为 DON,被截留在滤膜表面的含氮有机物为 PON。正常条件下,DON 占 ON 的比例为 $60\%\sim 69\%$。同时,DON 是溶解性有机物(Dissolved Organic Matter,DOM)的重要组成部分。大约有 $12\%\sim 72\%$ 的 DON 具有生物有效性,可以直接被动植物吸收利用进而促使水体的富营养化。研究表明,DON广泛地存在于自然环境中,并已在大气、地表水、海水以及土壤等很多环境领域引起关注。

河网地区水流速度慢、受人类活动影响明显,河网地区水源水中含氮污染物含量较高,且其含氮污染物的含量与组成与一般大型河流有明显差异。水源水中含氮污染物大量存在,特别是含氮有机物会严重影响供水水质。溶解性有机氮(DON)是水体中含氮污染物的重要存在形式,而 DON 会在饮用水消毒过程中与氯反应生成致癌性、致畸性和致突变性更强的含氮消毒副产物(N-Disinfection By Products,N-DBPs),对饮用水安全构成严重威胁。因此,研究复合污染水源中有机物与含氮污染物的特性与时空变化规律具有十分重要的意义。

2.1 含氮有机物的高效检测预处理方法

准确检测水中含氮有机物(特别是DON)的含量,是开展含氮有机物相关研究的前提和基础。但由于水中DON组成结构复杂,且有机物中的含氮官能团种类较多,包括蛋白质、胨、氨基酸、核酸、尿素等,因此难以通过单一的检测方法实现上述含氮有机物的定量检测。近十几年来,随着一些仪器分析技术如元素分析仪、气相液相色谱仪、质谱仪、核磁共振波谱仪等的发展,对DON形态结构的研究已经进入分子水平,可以对DON中氨基酸、尿素、氨基糖、核苷酸、多肽类及蛋白质等小分子和一些聚合态低分子量的化合物等进行鉴别,但这些物质仅占DON总量的15%左右,而其他高分子量和极低浓度的物质暂时还没有方法定量鉴别,例如多聚糖、富里酸的结构仍不明确。

目前对于水中含氮有机物的检测主要采用差减法,即采用总氮减去总无机氮的方法。但由于各项氮素检出限、检测精度及误差传递与累积的影响,含氮有机物被检测的误差相对较大。此外,与水中总无机氮的浓度相比,水中含氮有机物的含量相对较低,更加重了上述差减法的不确定性,在实际操作中甚至出现了含氮有机物检测结果为负值的情况。一般认为当DON/TDN≥0.3(即DIN/TDN<0.7)时,DON的测试精度明显提高,检测结果及检测精度均在可接受范围。

为提高DON在TDN占比从而提高检测精度,一般采用电渗析、反渗透、纳滤等预处理方法。本节在总结含氮有机物的高效检测基本原理基础上,开展了上述预处理的研究,并有针对性地开发了适用于DON检测的纳滤预处理技术。

2.1.1 含氮有机物的高效检测基本原理

在现有技术中,水体中DON含量的测定方法主要依靠"差减法",即:$[DON]=[TDN]-[DIN]$,$[DIN]=[NO_2^--N]+[NO_3^--N]+[NH_3/NH_4^+-N]$。因此,DON含量的测量首先需要分别测定 NH_4^+-N、NO_3^--N 及 NO_2^--N 的浓度,再测定 TDN 的浓度,最后按照上面的公式求出二者浓度的差值即为 DON 的含量,DIN 常用测定方法与检测限如表 2-1 所示。

TDN 含量的测定需要通过化学氧化或者高温氧化的消解过程。Westerhoff 对目前常规的几种消解方法进行了对比,结果如表 2-2 所示。由于对不同含氮有机物来说可能存在不能完全进行消解转化成相应可测定的无机氮情况,因此

表 2-1　DIN 测定方法与检测限

DIN	测定方法	检测限(mg/L)
$NO_3^- —N$	紫外分光光度法	0.08
	离子选择电极法	0.2
	酚二磺酸光度法	0.02
	气相分子吸收光谱法	0.005
$NO_2^- —N$	离子色谱法	0.005
	比色法	0.001 5
	N-(1-奈基)-乙二胺分光光度法	0.003
$NH_4^+ —N$	钠氏试剂紫外分光光度法	0.02
	离子选择电极法	0.02
	水杨酸-次氯酸盐光度法	0.01

表 2-2　三种常规 TDN 测定方法消解方式对比

	消解方式	局　限
PO 法 (N 转化为 NO_3^-)	高压锅消解	N＝N、NH＝C 没有完全断裂,一些杂环氮类化合物消解不完全
	微波消解	蛋白质类和氨基替比林消解不完全
	沸水消解	EDTA,NH＝C 消解不完全
	紫外光消解	杂环氮类化合物回收率较低
HTCO 法	以 Pt、CuO 或 CoO 为催化剂在 680 ℃高温下氧化为 NO	尿素分解不完全,回收率较低,N＝N、N—N 和氨基安替比林消解不完全
UV 法	在 $S_2O_8^-$ 或者 H_2O_2 存在的条件下被紫外光氧化为 NO_3^-	尿素和 EDTA 很难充分消解,对于含有 N—N 和 N＝N 的组合回收率较低

会对 TDN 含量造成系统性的估量不足。目前常用的三种 TDN 的检测方法为：(1) 碱性过硫酸钾消解法(PO 法);(2) 紫外催化氧化消解法(UV 法);(3) 高温催化氧化消解法(HTCO 法)。前两种被称为湿式化学氧化法、后一种被称为高温氧化法。过硫酸钾氧化和紫外催化氧化法是把含氮化合物氧化为 NO_3^-,后还原为 $NO_2^- —N$,通过比色法或分光光度法测定 $NO_3^- —N$、$NO_2^- —N$ 的浓度并以此表征 TDN 的含量。高温催化氧化法是把含氮化合物氧化为 NO,然后通过化学发光探测仪测定 NO 代表 TDN 的含量。

Sharp 等在 24 个实验室分别测定五个相同样品中 DON 的含量,发现在湿式化学氧化法中由镉柱还原法两次测定 NO_3^- 所带来的误差对 DON 结果的准确性产生很大影响。Bronk 比较三种常规测定 TDN 的方法,发现 PO 法与高温氧化法测定的结果相似,但都存在不能充分氧化某种含氮化合物的缺陷。黎文等比较研究了过硫酸钾消解法和高温氧化法测定湖泊水体 DON 的差异,用前者测得的 DON 值基本可以反映湖泊水体 DON 含量,并且对一系列含氮标准化合物也有较好的回收率(除杂环氮化合物外,回收率均在 91% 以上);而用高温催化氧化法时,含氮的标准化合物的回收率较低,平均为 68.4%±13.6%。

根据误差传递的原理,每一步的测量误差效应叠加会造成 DON 测定误差放大,即 var[DON]= var[TDN]+ var([NO_2^-—N]+[NO_3^-—N])+ var([NH_4^+—N])。由于水源水中 DON 的浓度远远低于 DIN,导致上述误差的产生进一步加剧。在实际应用过程中,甚至出现了 DON 测试结果为负值的情况。

根据上述公式,有研究人员做过假设计算:根据美国 14 个州 30 个地表水样测得的平均浓度值,将 TDN 浓度值设为 2.0 mg/L,NH_4^+—N 浓度值设为 0.05 mg/L,NO_3^-—N 浓度值设为 1.8 mg/L。即使假设总氮和无机氮的测量误差仅为 5%,尽管由差减法得到 DON 浓度为 0.15 mg/L,但此时 DON 的测量误差仍然达到 0.19 mg/L(2.0 mg/L×5%＋1.8 mg/L×5%＋ 0.05 mg/L× 5%=0.192 5 mg/L),该误差值是测量值本身的 127%。在很多情况下测量值甚至为负值,这对于后续关于 DON 的研究来说是不可接受的。而当水中 DON 相对含量较高时,即 DON/TDN 比例较大时,DON 测试结果的误差将得到有效控制。因此,为提高 DON 测试结果的精度,目前采用的主要方案是通过一定预处理的方式降低水中 DIN 含量,即降低 DIN/TND 的比值。一般认为当 DIN/TDN<0.7 时,DON 的测试精度明显提高,检测结果及检测精度均在可接受范围。

降低 DIN/TDN 的比值则需要通过对水样进行预处理来实现,预处理主要目的是最大限度地去除 DIN,同时又较高地保留 DON。目前研究较多的预处理方法主要包括膜分离法、吸附分离法、催化还原法和预浓缩法。

上述方法能够在一定程度上提高 DON 浓度测试的准确性,但受相关因素影响亦有各自的不足,各种具体分离方法的影响因素及不足列于表 2-3。纳滤预处理是应用范围最广的预处理方法,但仍存在 DOC 损失率过高的不足。目前,对电渗析预处理研究的相关文献很少,反渗透膜预处理还未被系统考察研究过。

表 2 - 3　各种预处理方法的影响因素及不足

分离方法	主要影响因素	缺陷不足	研究方向
渗析法	(1) 水样的 pH； (2) 水样的离子强度； (3) 渗透压； (4) 透析时长	(1) 消耗大量时间和纯水； (2) 水样之间干扰	(1) 外加电场促进离子移动； (2) 水样单独处理； (3) 纯水的使用
纳滤法	(1) 膜种类及截留分子量； (2) 跨膜压差； (3) 有效膜面积	(1) DIN 分离率不高； (2) DON 损失率较高	(1) 膜材料针对性改性或重建； (2) 减少 DON 损失
离子交换树脂法	(1) 水样的 pH； (2) 离子交换树脂的类型	(1) DON 损失； (2) 操作复杂； (3) 有机物性质会发生变化； (4) 不能同时去除 NO_3^- 和 NH_4^+	寻找合适的离子交换树脂材料
XAD 树脂吸附法	(1) 水样的 pH； (2) XAD 树脂的类型； (3) 流速	(1) DON 回收率波动大； (2) 操作复杂； (3) 有机物性质发生变化	(1) 膜材料针对性改性或重建； (2) 减少 DON 损失
尺寸排阻色谱法	(1) 水样的 pH； (2) DON 的亲水性、分子量； (3) 色谱分析柱的性能	(1) 昂贵； (2) DIN 和部分 DON 的色谱图会发生重叠	测试选择不同的吸附剂和树脂连用方式
冻干法	(1) 温度； (2) 压强	(1) 大量 DON 损失率； (2) 有机物的结构发生变化	确定 DON 损失率
旋转蒸干法	(1) 真空度； (2) 水浴温度	(1) DON 损失率大于冻干法； (2) 有机物结构性质变化	温度和试验条件的控制对 DON 回收率的影响

2.1.2　电渗析预处理方法

离子交换膜是由含活性离子交换基团的离子交换树脂制成,按照膜表面固定基团的电荷性质不同分为阴离子交换膜和阳离子交换膜。在电场力的驱动下阳离子只能通过阳离子交换膜,阴离子只能通过阴离子交换膜。离子交换膜按照制作过程和膜体结构的不同可分为均相膜、半均相膜和异相膜。膜质量的优劣直接决定着电渗析装置运行性能的高低,包括电流效率和脱盐率。

利用电渗析进行分离已经是一项比较成熟的技术,已广泛应于海水制盐、工业废水处理、食品生产、有机酸的制作生产及氨基酸脱盐等领域。在对 DON 含量测定的研究中,水样预处理的各种方法已经有较为深入的讨论,而电渗析法作为另一种有效的膜处理方法仍然需要进一步系统的讨论和研究。电渗析法作为一种电化学分离过程,依靠电场力驱动分离水样中所带不同电荷、不同电负性和不同分子量无机离子和有机分子。分离效果与水样的 pH 值、电导率、外加的电场强度以及离子交换膜的性质密切相关。

电渗析分离适用的离子和分子尺寸在 $1 \sim 100$ nm,而绝大部分的 DON 分子量在 100 Dalton 以上,DIN 离子中最大的 NO_3^- 为 62 Dalton,因而 DIN 和 DON 符合电渗析的分离要求。小分子量的 DIN 离子可以选择性地透过离子交换膜,而极性或非极性的大分子 DON 则会被有效截留。基于该特点,通过外加电场的方法实现对 DIN 的快速分离,同时实现对 DON 分子的截留是可行的。

分离无机离子和有机物的主要影响因素有两个方面,其一是有机物的性质,比如分子量大小、等电点、有机物自身电负性和所带的电荷量等;其二是离子交换膜的物理和化学性质,比如交换容量,膜孔尺寸大小和活性基团种类等。在电渗析过程中有机物的损失由两个方面的原因所致,一是低分子量的亲水性有机物可能会透过膜孔;二是大分子、疏水性且带有电荷的有机物会吸附于膜孔造成有机物的损失。

Kangmin Chen 等人在对不同的水样做电渗析预处理的试验中发现,经过一段迟滞期后,相对电导率(以原始电导率为标准)与 DIN/TDN 大小之间存在明显的线性关系。在相对电导率为 $0.35 \sim 0.50$ 之间时 DON 浓度的测定最准确,DOC 的损失率约为 6%。但是,该试验仅研究了三个可优化的因素(离子交换膜类型、水样的 pH 值以及电渗析的反应时间);TN 的测量方法也选择了准确度较低的高温燃烧法;在整个试验过程中所有样品都是实际水样,缺乏对典型含氮有机物标准物质的测试研究;每个样品需要 2 L 水样,水样用量较大。本研究将针对上述不足进行了补充完善。

2.1.2.1 电渗析工作条件的优化

由于结构设计和制作材料的不同,电渗析器在分离效率最佳时的工作条件也不同。判断电渗析器是否在最佳工作状态的依据是——在相对短的时间内 DIN 分离率最高且 DON 保留率也最高。因此,需要通过试验来调试相关的运行参数,这是后续研究开展的基础和关键。

电渗析预处理的本质是由电场力的作用驱使水样进行离子交换的过程。根据相关的文献,电渗析器工作时的电压、浓室淡室的流速、电渗析持续时间及离子交换膜的类型都是影响电渗析分离效果的关键因素。通常情况下，系统的电压越高，电场力越强，进水流速越快，离子的运动速度越快。较强的电场力和较快的离子运动速度都会使电渗析过程中电流强度增大，从而能够更好地分离溶液中的离子。另外，电渗析持续时间越长，离子交换的过程进行得就越彻底。由于电渗析工作电压的大小及持续时间的长短同时会对 DOC 损失率产生影响，因此在选择工作电压和工作时长时必须考虑其对 DOC 损失率的影响。

（1）工作电压的优化选择

向淡室中加入 1 L 自配水样（TDN＝50 mg/L，其中：$NO_3^- - N = 30$ mg/L，$NO_2^- - N = 5$ mg/L，$NH_4^+ - N = 15$ mg/L，以上浓度均以 N 计），为了防止膜两侧产生的压力差使得溶液向压力小的一侧迁移，从而产生压差渗漏，研究中控制浓室流速与淡室流速相同。由于水样体积为 1 L，先调节进出水水泵流速至厂家推荐值 2 L/h，支撑电解液为 0.3 mol/L 的 NaCl 溶液，工作电压取 10 V、15 V、20 V、25 V、30 V 五个电压梯度，记录在 0 min、15 min、30 min、45 min 和 60 min 时淡室的脱盐率和 DOC 的损失率。

在电渗析过程中电压是影响离子分离效果和有机物损失率的重要因素。电压的大小决定电场力的大小，而电场力越大水样中离子迁移的速度越快，进而使离子透过阴阳离子交换膜的速度加快。

如图 2-1(a)所示，当工作电压为 10 V 和 15 V 时，由于电场力较小，电渗析时间持续 60 min 时脱盐率仍低于 85％，此时 DOC 损失率分别为 4.58％和 4.78％。当工作电压为 20 V 时，电渗析时间持续 60 min 时的脱盐率为 92.1％，DOC 损失率为 6.78％。当工作电压为 25 V 和 30 V 时，电渗析时间为 45 min 时，脱盐率均已超过 96％，且 60 min 时均超过 98％，该试验结果与已知的经验结论相符合，即电压越大，离子去除的速度越快，相应的脱盐率越高。如图 2-1(b)所示，在脱盐率大于 96％的四个工作点上，DOC 损失率较低的点是工作电压为 25 V，电渗析时间 45 min，此时 DOC 损失率为 5.62％，脱盐率为 96.8％。

（2）进水流速的优化选择

由于浓、淡室中的水样在电渗析过程中没有受到外界扰动基本处于静止状态，可以假设此时是一种"静态渗析"的状态，此时浓、淡室的进水流速将对离子交换膜表面的物质交换过程产生一定的影响。

控制浓室流速与淡室流速一致，用相同的 1 L 自配水样加入淡室中，调节工作电压至 25 V，调节水泵使得浓、淡室的进水流速分别为 1 L/h、2 L/h、3 L/h 和 4 L/h 四个流速梯度，记录在 15 min、30 min、45 min 和 60 min 时淡室的脱盐率。在电渗析过程中，水样中的离子通过跨膜运动的方式穿过离子交换膜，因此适当地增加离

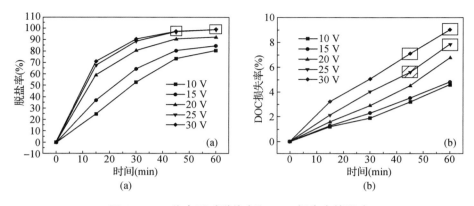

图 2-1　工作电压对脱盐率和 DOC 损失率的影响

子交换膜表面溶液的流动速度有利于促进离子的交换。

由图 2-2 可知,当进水流速为 1 L/h 时脱盐率最低,流速为 2 L/h 和 3 L/h 时脱盐率高且大于流速为 4 L/h 时的脱盐率。这是因为当流速较低时,离子交换膜的边界层较厚,从而使离子穿过膜孔的阻力增大而阻碍交换的进程,此时电渗析器的脱盐率降低。但是如果流速过大也会因为水样在隔室内的停留时间缩短,不能充分与膜接触进行相应的离子交换使得系统的脱盐效果不佳。由试验结果可知,流速选择 2 L/h 或 3 L/h 时,在 45 min 内都能达到 96% 以上的脱盐率。综合以上对工作电压及进水流速的试验,选择脱盐率较大、DOC 损失率较小且电渗析时间较短的工作条件作为最佳工作条件:工作电压 25 V、电渗析时间 45 min、流速为 3 L/h。

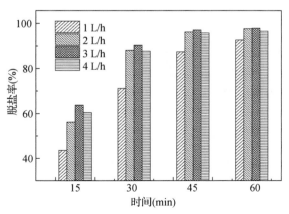

图 2-2　进水流速对脱盐率的影响

（3）膜类型对 DON 损失率的影响

在以上进行工作电压和进水流速试验中使用的是 CJM-2 型离子交换膜，为进一步分析不同的离子交换膜对 DON 损失率的影响，并为以后选择更加合适的离子交换膜提供依据，选用 CJM-1 型号的离子交换膜，并分别测量并记录 CJM-1 型和 CJM-2 型离子交换膜在 60 min 内进行电渗析预处理过程中 DOC 的损失率（每10 min 记录一次）。

如图 2-3 所示，随着时间的增加，DOC 的损失量逐渐累积。产生这种现象的原因可能是含有羧基和酚羟基的有机物在水中发生电离而带有负电荷，因而在电渗析过程中容易积聚在带有正电场的阴离子交换膜的膜孔处进而产生一定的损失。两种离子交换膜对自配水中 DOC 损失量的影响差别比较明显，进一步分析可以发现 CJMA-1 的离子交换容量和含水率都大于 CJMA-2。离子交换容量是指每克干膜上所含有活性基团的毫克当量，当离子交换膜的离子交换容量较大时，无机阴离子和有机酸根离子之间竞争减弱，有机酸根离子透过阴离子交换膜的可能性增大。另外，较高的含水率也会使离子交换膜膜孔中活性离子基团的浓度下降，溶胀作用下膜孔的孔径也会增大，这都会在一定程度上造成 DOC 损失率增加，故选择 CJM-2 进行后续对实际水样的测量。

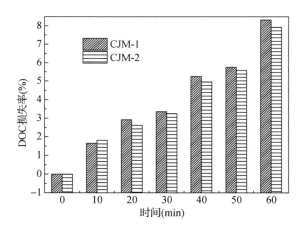

图 2-3　两种型号离子交换膜对自配水 DOC 损失率比较

DOC 损失量是随着时间逐渐累积的。因此，在实际水样的测定中可以在保证脱盐率的前提下尽量缩短电渗析持续时间，脱盐率可以用淡室中的电导率变化情况为参考依据。为保证电渗析预处理对 DIN 的分离效果，脱盐率应高于 90%，即电渗析结束时淡室的电导率小于初始电导率的十分之一。

2.1.2.2　不同水样条件对电渗析预处理效果的影响

（1）不同电导率水样的脱盐效果

在实际测量中，由于不同水样的初始电导率不同（DIN的浓度不同），当采用电压恒定-电流可变的模式进行电渗析预处理时，初始电导率较低水样的电流密度将小于初始电导率高的水样，这将有利于控制有机物的损失，但同时也会降低电渗析的除盐效率。淡室中的离子随着时间的延长不断被去除，电导率逐渐降低，电渗析系统的电流也会随之降低，较低的电流密度会使系统的脱盐率降低。

因此，需要验证电渗析器在已知的工作条件下，对于电导率较低的水样能否仍然有效地将绝大部分DIN离子分离脱除。在已确定的工作条件下，分别把稀释了2倍、5倍和10倍的自配水加入淡室中进行电渗析处理，在电渗析运行过程中每隔15 min记录淡室的电导率。试验结果如图2-4所示，并没有出现初始电导率低则脱盐速率下降的情况，反而是初始浓度越小脱盐速度越快且最终的脱盐率越高。没有经过稀释的水样DIN脱除率低于其他经过稀释的水样。在电渗析45 min时，被稀释过的三种水样脱盐率均已大于98%。这种现象可以解释为电导率越高，水样中待分离的离子浓度越大，在相同时间内需要去除的离子量越大，从而使脱除率相对较低。一般自然水体中DIN的浓度往往低于本试验中的最高浓度50 mg/L（1 475 μs/cm）。因此，本研究中电渗析工作条件可以进行一般水体的中DON浓度测试的预处理，且当水样电导率较低时可以缩短电渗析的时间以减少DON的流失。

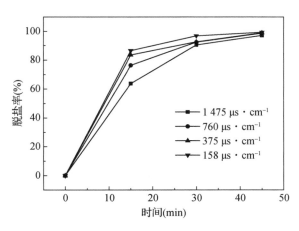

图2-4　初始水样电导率对脱盐率的影响

（2）淡室中共存阴离子强度对脱盐率的影响

离子在离子交换膜内的迁移现象，可以分为选择吸附、交换解吸和传递转移三个主要的环节且离子间存在着相互竞争的关系。由于自然水体中存在大量其他种类的离子,电渗析对 DIN 的脱除效果会受到多种离子共存所产生的离子竞争的影响。

　　由于天然水体中 DIN 主要由 NO_3^- 构成,且一般金属阳离子在地表水的含量较少,在本试验中其影响可以忽略。向电渗析器的淡室中加入不同质量的 NaCl 和 $NaSO_4$ 来考察有其他阴离子(一价氯离子和二价硫酸根离子)存在时对 DIN 分离效果的影响。此时淡室溶液的离子强度和电导率增大,电渗析过程中的电流强度明显增高,由于溶液中存在其他离子,此时的脱盐率并不能代表 DIN 的脱除效果。因此,需要分别单独测定在 15 min、30 min 及 45 min 时淡室中 DIN 离子的浓度:向电渗析器的淡室(TDN=50 mg/L)水样中分别加入 10 mg NaCl+10 mg Na_2SO_4、20 mg NaCl +30 mg Na_2SO_4 及 50 mg NaCl+50 mg Na_2SO_4。

　　在 25 V 直流电压的情况下通电 45 min,DIN 的分离率如图 2-5 所示。当原水样中加入 10 mg NaCl 和 10 mg Na_2SO_4 时,DIN 的脱除速度与原水样相比明显增快,最终的 DIN 分离率与原水样基本相似;当加入 20 mg NaCl 和 30 mg Na_2SO_4 时,DIN 的脱除速度没有明显的增加,最终的分离率提高 2%;当加入 50 mgNaCl 和 50 mg Na_2SO_4 时,前 15 min 内 DIN 的分离率明显降低,且最终 DIN 的分离率也比原水样下降。这种现象可以理解为当水中有一定浓度的其他阴离子存在时,水样的电导率较高可以提高电渗析系统的电流密度,进而提高了整体的除盐效率;而当其他阴离子的浓度超过一定限制的时候,由于离子之间的相互竞争的出现从而导致电渗析对三种 DIN 离子分离去除效率的降低。一般的水源水体中少量其他种类的阴离子的存在不会影响电渗析对 DIN 的分离效果。

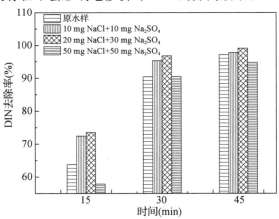

图 2-5　淡室离子强度对 DIN 分离率的影响

各个影响因素的试验都是在只考量单变量变化的影响下进行,确定了电渗析预处理过程中的基本参数。在电压 25 V、进水流速 3 L/h 持续 45 min 时对自配水的脱盐率>96%,DOC 的损失率<6%,对于自然水体来说初始电导率更低。因此,在确定的工作条件下完全能够满足试验要求,工作条件的选择优化总结见表2-4。

表 2-4 电渗析工作条件选择优化

工作条件	影 响	优 选
工作电压	电压越大 DIN 分离率越高,但 DON 损失率越高	25 V
进水流速	过高或过低都会降低 DIN 的分离率	3 L/h
工作时间	时间越长 DIN 分离率越高,但是 DON 损失越多	45 min(对于初始电导率低的水体可以缩短工作时间)
初始电导率	电导率越低最终 DIN 分离率越高	对自然水体来说没有影响
共存阴离子	共存离子浓度过大 DIN 分离率降低	适量共存离子的存在可以提高电流效率

2.1.2.3 典型 DON 分子电渗析预处理的加标试验

(1)DON 分子本身的性质对其损失率的影响

极性带电荷的小分子含氮有机物在电渗析过程中损失率理论上较高。为了更加深入地了解电渗析预处理中 DIN 去除效率和 DON 保留程度,试验中选择几种典型的小分子 DON 分别与三种 DIN 离子混合加入水样。按分子量大小依次为尿素、甘氨酸、丙氨酸、天门冬氨酸、谷氨酸和精氨酸,它们的分子量、等电点及辛醇-水分配系数总结如表 2-5 所示。等电点可以反映自由氨基酸在水中的电离情况,分子的亲疏水性可以由辛醇-水分配系数来反映,越大亲水性越低。理论分析认为,在电渗析预处理过程中亲水性的分子比疏水性的分子更加容易被迁移。

表 2-5 几种典型小分子含氮有机物的基本性质

DON	分子量(g/mol)	等电点(pI)	辛醇-水分配系数(log K_{ow})
尿素	60	NA	-2.11
甘氨酸	75	5.97	-3.21
丙氨酸	89	6.02	-2.96
天门冬氨酸	133	2.77	-3.89
谷氨酸	147	3.22	-3.69
精氨酸	174	10.76	-4.20

按照 DIN/TDN＝0.91 的比例配水(DIN∶DON＝10∶1)，其中 DIN＝50 mg/L ($NO_3^- -N$＝30 mg/L，$NO_2^- -N$＝5 mg/L，$NH_4^+ -N$＝15 mg/L)，DON＝5 mg/L。在 25 V 电压下电渗析进行 45 min 后测定溶液中 DIN 的浓度。针对六种不同的 DON 分子分别进行六次电渗析预处理，淡室中 DIN 的分离率如图 2－6 所示，NO_3^- 和 NO_2^- 的分离效率高于 NH_4^+；对 NO_3^- 的分离率在 98％以上，对 NO_2^- 的分离率为 95％左右，对于 NH_4^+ 的分离率最低，仅仅在 90％左右。出现此现象可能的原因是水路循环系统中 NH_4^+ 浓度梯度较低。另外，由于 NO_3^- 通过的是阴离子交换膜，NH_4^+ 通过的是阳离子交换膜，不同种类的阴阳离子交换膜的性质不同，因而对电性不同的离子会产生不同的分离去除效果。鉴于总脱盐率可以达到预期的要求，本方法可不考虑 NH_4^+ 分离率较低的影响。

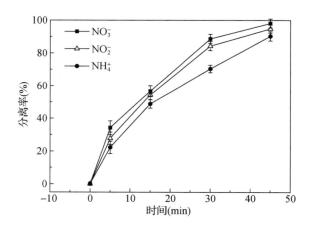

图 2－6　三种 DIN 离子在电渗析过程中的分离率

由图 2－7 可知，电渗析结束时尿素的损失率为 5.6％，远远低于几种游离氨基酸，其中甘氨酸最终的损失率为 19.2％，丙氨酸为 18.3％，天门冬氨酸为 17.9％，谷氨酸为 16.4％，精氨酸为 14.7％。总的趋势是 DON 的分子量越小损失率越高，分子亲疏水性对损失率的影响不明显。丙氨酸和天门冬氨酸分子量差别较大，而最终的损失率差别较小，可能的原因是天门冬氨酸在中性环境中的电离程度大于丙氨酸。尿素的分子量最小而损失率反而最低的原因是尿素作为一种弱碱物质(pK_b＝13.82)，离解程度极小，故在电渗析过程中尿素为极性较弱且不带电的非电解质，电场力对其影响很小。游离氨基酸则带有一定的电荷，会受到外加电场力的驱动而产生迁移，并被带相反电荷的离子交换膜吸附，从而产生较多的损失。由此可知，DON 的损失率与其分子量大小及分子离解有关，分子量越小离解程度越大损失率越高。为了减少相关有机物的损失，在实际测定的时候可以对水样的 pH

值进行调节。

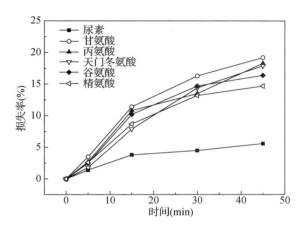

图 2 - 7　典型小分子含氮有机物在电渗析过程中的损失率

（2）不同 DIN/TDN 的水样电渗析预处理前后效果对比

前述讨论了在 DIN/TDN 比值为 0.91 的水样中有机物本身性质对电渗析分离效果的影响。然而不同水体中 DIN/TDN 比值是不同的,各种预处理方法的最终目的是降低该比值。在本节的试验中考虑验证在电渗析预处理中该比值对 DON 测定的影响。选择在电渗析过程中损失量相对较低的尿素作为 DON 进行加标试验,DIN 由三种无机氮离子构成,控制 DIN/DON 值分别为 0、1、2、4 和 9,对应的 DIN/TDN 比值分别为 0、0.5、0.67、0.8 和 0.9,保持 DON 的浓度为 2 mg/L 不变,DIN 的浓度随比值的不同相应改变(三种无机氮离子浓度比例仍为 6∶3∶1),DON 的浓度值由 TDN 浓度值减去 DIN 浓度值计算得出。

电渗析前后 DON 浓度及回收率如图 2 - 8 所示,当溶液中没有 DIN 时,DON 的值小于加标值,说明电渗析确实造成一定的 DON 损失。随着 DIN 浓度的不断增加(DIN/TDN>0.5),没有经过电渗析预处理的水样中 DON 测定的浓度逐渐低于加标浓度,而经过电渗析预处理水样中 DON 的测定浓度始终在加标浓度附近波动且没有出现过负值。

无论水样是否经过电渗析预处理,共同的特征是随着 DIN/TDN 的增加,测量值的方差越来越大,测量的精密度都在逐渐降低,且没有经过电渗析的水样在 DIN/TDN 为 0.9 时,DON 浓度的测定出现负值,电渗析预处理后相对误差下降至 13.5%,回收率也提高至 90% 以上。本试验可以看出,在电渗析过程中,DIN 与 TDN 的比值确实会对 DON 的测定产生较大的影响,当 DIN/TDN>0.5 时需要对水样进行一定的预处理,否则会对 DON 测定的准确度和精密度产生较大偏差。

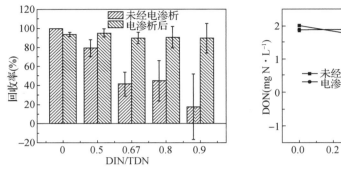
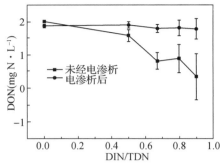

图 2 - 8　电渗析前后 DON 浓度及回收率

2.1.2.4　实际水样中 DON 的测定结果

（1）长江水酸化前后 DOC 损失率对比

如图 2 - 9 所示，不调整 pH 值的情况下，长江水的 pH 值为 7.65，在 25 V 工作电压下进行 45 min 电渗析预处理后 DOC 损失率为 6.48%，脱盐率为 96.88%。长江水的 DOC 损失率高于自配水（5.62%）是因为长江水中小分子极性有机物含量高于自配水，其中能够离解的部分可以透过阴离子交换膜迁移至浓水室。

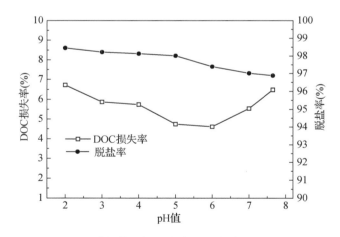

图 2 - 9　酸化前后长江水的 DOC 损失率及脱盐率

氨基酸分子内带有两种官能团，即氨基（—NH₂）和羧酸基（—COOH），在溶液中的电离方式主要取决于溶液的 pH 值和氨基酸本身的等电点（pI）：当溶液的 pH 值小于 pI 时，羧基的解离受到抑制，氨基酸带正电荷；而在溶液的 pH 值大于 pI 时，氨基的解离受到抑制，氨基酸带负电荷，两性电离的情况同样适用于蛋白质分子。为此,用 HCl 溶液调节长江水样 pH 值在 2～7 的范围内,由图 2-9 可以看出,溶液 pH 在 5 和 6 之间时,DOC 的损失率相比没有酸化的原水下降至 4.6%～4.7%。水源水中八种主要的氨基酸(精氨酸、甘氨酸、蛋氨酸、苯丙氨酸、亮氨酸、酪氨酸、天门冬氨酸和丙氨酸)中,除精氨酸和天门冬氨酸外其余六种的 pI 都在5.5～6 范围内(精氨酸的 pI 为 10.76,天门冬氨酸的 pI 为 2.77),这在理论上很好地印证了试验的结果。另外,由于 HCl 的导电性能良好,在一定程度上也可以增加电渗析体系的脱盐率。所以在电渗析预处理之前将水样适度酸化至 pH 为 5～6可以提高电渗析预处理的效果。

(2)电渗析前后长江水样的荧光光谱对比

为了研究水样中的有机物在电场作用下持续一段时间后,其有机物的性质和含量有无发生改变,将电渗析前后未经酸化的长江水样在三维荧光下进行扫描,结果如图 2-10 所示。对数据进行不同荧光区域积分所得标准体积及各组分所占比例如表 2-6 所示。

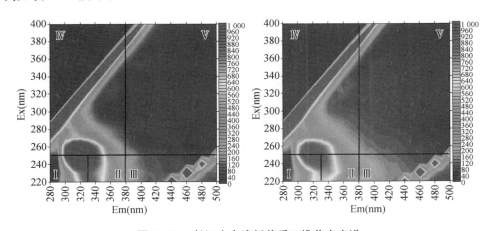

图 2-10　长江水电渗析前后三维荧光光谱

表 2-6　不同荧光区域积分标准体积

区域	种类	电渗析前		电渗析后	
Ⅰ	芳香蛋白类物质1	14 486.98	21.73%	11 786.81	18.91%
Ⅱ	芳香蛋白类物质2	9 874.21	14.81%	9 260.9	14.85%
Ⅲ	富里酸类物质	11 562.25	17.34%	11 521.26	18.48%
Ⅳ	溶解性微生物代谢产物	18 279.17	27.41%	17 557.8	28.16%
Ⅴ	腐殖酸类物质	12 478.46	18.71%	12 215.25	19.59%

长江水中有机物以占有机物总量 27.41% 的溶解性微生物代谢产物为主(分子结构中含有硝基、氨基及酰胺基等官能团),其次是腐殖酸类物质及芳香性蛋白类物质。电渗析后,水样中有机物各组分比例基本没有发生较大的改变,仍以溶解性微生物代谢产物及腐殖酸为主,这说明电渗析过程不会使水样中有机物的基本结构性质发生改变,可以作为一种可靠有效的手段来进行有机物与无机物的分离。另外,对比电渗析前后各类有机物的积分体积可以发现,电渗析后水样中富里酸类物质的含量基本没有变化,腐殖酸类物质的含量也变化较小,而芳香蛋白类物质含量明显减小。原因可能是由于腐殖酸和富里酸类物质的成分复杂且多为大分子非极性有机物,故其很难穿过离子交换膜,因而都留在水样中,而蛋白质类物质多为极性分子且大部分的游离氨基酸分子量较小,故在电渗析的过程中产生了损失。

(3)电渗析预处理前后实际水样测定结果对比

取 1 L 长江水水样于淡室中,调节电源电压、水泵的进水流量及 pH 值,分别记录在 5 min、10 min、15 min、20 min、25 min、30 min、45 min 时淡室中三氮离子的浓度、DIN 浓度、TDN 浓度、DON 浓度及 DIN/TDN,结果如图 2-11 所示。

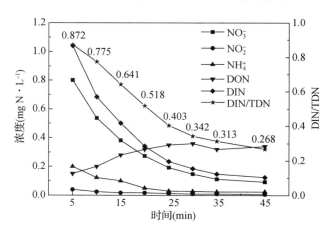

图 2-11　长江水样电渗析过程中各参数变化

随着电渗析过程的进行,淡室中离子浓度远远小于浓水室中的离子浓度,由于电场中离子迁移和浓度扩散梯度互相抗衡的作用,使得脱盐效率逐渐下降。因为淡室中大部分 DIN 离子的分离去除,使得其对 DON 浓度测定的干扰逐渐减少。长江水经过电渗析预处理后 DON 测定值为 0.34 mg/L(DIN/TDN＝0.268,t＝45 min)。电渗析处理后水样中 DON 浓度数值上的提高使测定值更加接近真实值。事实上,由于长江水的水质较好(长江水的初始电导率在 250 μs/cm 左右),电渗析时间在 25 min 时淡室中的电导率降到 20 μs/cm 以下(脱盐率＞92%),已经能够较准确地测定出 DON 的值。

选取南京某给水厂的原水、沉后水、滤后水和出厂水四个水样,尽管水样中 TDN 的含量总体较低,但 DIN/TDN 的比值仍然大于 0.6,电渗析预处理后测定其中 DON 的含量,预处理前后水样平行测定 6 次。如图 2-12 所示,没有电渗析预处理时测定误差较大,超出可以接受的范围,且在原水、沉后水和出厂水的测定中均出现测定结果为负值的情况。经过电渗析预处理后,DON 测定值的准确度和精确度得到明显的改善,四个水样在预处理后 DON 浓度均值范围是 0.251 mg/L 到 0.308 mg/L,标准偏差减小至电渗析预处理前的十分之一,说明电渗析预处理是一种高效可行的预处理方法。

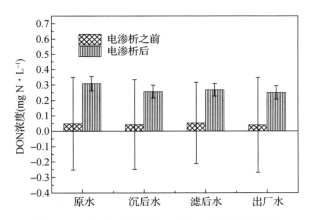

图 2-12 电渗析预处理对实际水样的测量结果

2.1.3 反渗透预处理方法

反渗透的基本特性有两点,第一点是膜分离的方向性,膜的致密表层与高压盐水接触,才能达到脱盐的效果,压力越高,膜的透水量、脱盐量越高;第二点膜分离的选择性,对水中离子和有机物分离的选择性有几个特点——对有机物的分离优于无机物,对电解质的分离性优于非电解质,对无机离子的分离率与离子状态中水合数及水合离子的半径有关。

由于反渗透良好的截留性能会使得其对有机物的保留率明显提升,但反渗透膜的脱盐效果好,会导致在 DON 得到浓缩的同时 DIN 离子并不能得到很好的分离。为此本研究考察了反渗透方法作为 DON 检测预处理的可行性。选用 XLE 型聚合非纤维系类反渗透膜,其由薄而致密的复合层与高孔隙率的基膜复合而成。本节主要考察跨膜压差、浓缩倍数和 pH 值对反渗透膜分离 DIN 效果的影响,并在

DIN 分离率最大时对实际水样中 DON 进行测定。

2.1.3.1　跨膜压差的影响

由于实验中滤杯所能承受的最大压力为 0.6 MPa,因此在 0.2～0.6 MPa 的范围内调节试验压力,测定 50 ml 浓缩液中硝氮、亚硝氮、氨氮和 DOC 浓度随跨膜压差的变化情况。由图 2-13 所示,DOC 的回收率随着跨膜压差改变在86.34%～92.33%之间变化,分别在 0.6 MPa 和 0.3 MPa 时到达最低值和最高值。在不同的跨膜压差下 DOC 的分离率低(-3%),且没有发生明显的变化;DIN 离子的分离率随着压力的上升呈现出下降的趋势,这表明压力增大使得反渗透膜在工作时对无机离子的截留效果变好。可能的原因是进水压力的升高使得单位时间内产水量增加,同时无机离子的透过量几乎不变,增加的那部分产水量稀释了透过膜的无机盐,降低了透盐率,从而能够降低 DIN 的分离率。但这对于实际水样中DON 的测定来说是不利的,如果 DIN/TDN 的比值没有明显降低,则 DON 的测定误差并不能有所改善。因此,在本试验中并不是压力越大越好,由图中看出在 0.3 MPa 时 DIN 的分离率最高为 30.56%,最终选择 0.3 MPa 作为该种反渗透膜的工作压力。

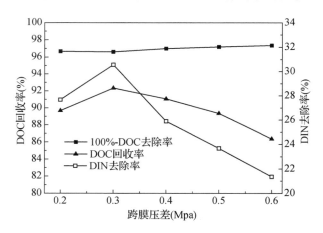

图 2-13　不同的跨膜压差下反渗透膜对 DIN 和 DOC 的分离率和回收率

2.1.3.2　浓缩倍数的影响

考虑到使用反渗透浓缩水样时,不同的浓缩倍数可能对 DIN 和 DOC 的分离效果以及 DOC 的回收率产生影响,因此,把自配水样分别从 350 ml 浓缩至 100 ml、50 ml 和 20 ml,即分别浓缩 3.5 倍、7 倍和 17.5 倍,如表 2-7 所示。测定并记录浓缩前和不同浓缩倍数下保留液中三种 DIN 离子和 DOC 的浓度。根据表 2-7 的数据计算不同浓缩倍数下 DIN 的去除滤和 DOC 的回收率。

表2-7 不同浓缩倍数下 DIN 及 DOC 的浓度值 （单位：mg/L）

浓度	浓缩前水样	浓缩 3.5 倍	浓缩 7 倍	浓缩 17.5 倍
NH_4^+	0.6	1.42	2.57	5.85
NO_3^-	1.2	3.04	5.58	12.76
NO_2^-	0.2	0.52	1.06	2.53
DIN	2	4.98	9.21	21.14
DOC	2	6.23	12.56	29.81

如图2-14所示，DIN 的分离率与浓缩倍数成正相关，在浓缩 3.5 倍时最低，浓缩 17.5 倍时最高，即 DIN 分离率随着浓缩倍数的增加而升高。原因可能有两个，其一是反渗透膜对无机离子的透过率正比于反渗透膜两侧离子的浓度差，由于进水中 DIN 离子的浓度越来越高，膜两侧的浓度差也越大，使得透盐率上升，从而导致 DIN 的分离率提高；其二是随着保留液中离子浓度的增大而跨膜压差没有相应增加，在进水压力不变的情况下，进水中的离子含量高使得渗透压增加，促使膜两侧的实际净压力减小，单位时间内的产水量降低（与跨膜压差相反），因此达到一定浓缩倍数时有更多无机离子被去除。此外，由图2-14可以看出，DOC 的回收率随着浓缩倍数的增加呈现出轻微的下降趋势，分别为 93.81％、92.33％及 91.77％。与纳滤膜 NF270 相比（见2.1.4节），在水样浓缩 17.5 倍时，DOC 的回收率由 85.21％增加到 91.77％，提高了 6.56％；尽管此时反渗透膜对 DIN 的分离率最高为 36.21％，但是仍远低于纳滤膜预处理。因此，在用反渗透处理水样时，只保留 20 ml 的浓缩液，此时 DIN 的分离率高且 DIN/TDN 的比值较小。

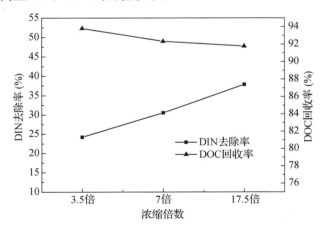

图2-14 不同浓缩倍数下 DIN 的分离率和 DOC 的回收率

2.1.3.3　不同 pH 值对实际水样测定的影响

在通常情况下,纳滤膜的截留效果是由静电效应及位阻效应两者共同决定的,而反渗透膜则与之不同。由于反渗透膜的膜孔更小,筛分作用的主要机制是依靠静电效应。在一般中性水样条件下,反渗透膜表面都含有一些带负电荷的活性基团,因此带负电,但若水样的 pH 值小于膜本身的等电点则会使膜带正电。水样的 pH 值可以影响膜表面的所带电荷进而影响静电排斥作用下离子的迁移。除此之外,pH 值对实际水样中的有机物及其他一些杂质的电性和分子形态也有着直接影响,比如通常水中的有机物在中性和碱性条件下是带有负电的;氨氮在酸性条件下呈离子态,在碱性条件下是分子态等等。在跨膜压差为 0.3 MPa,保留 20 ml 浓缩液的情况下对长江水样进行预处理,调节水样 pH 值在 4～10 的范围内变化,测定 DIN 离子(NO_3^- 和 NH_4^+)的分离率并计算 DIN/TDN 的比值和 DON 的浓度,结果见图 2-15。

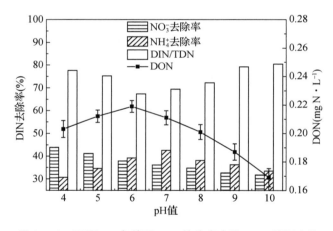

图 2-15　不同 pH 条件下 DIN 的分离率及 DON 的测定值

如图 2-15 所示,NO_3^- 在 pH＝4 的时候分离率最高,分析其原因是此时的 pH 值可能与反渗透膜的等电点接近,因而使反渗透膜的静电效应大大减弱,从而使膜对阴离子的截留作用降低;而后随着 pH 的升高,反渗透膜带负电,静电排斥作用逐渐增强使得 NO_3^- 的分离率逐渐降低。对于 NH_4^+,分离率最低的两个点出现在水样的 pH 值分别为 4 和 10 的条件下。当 pH 值等于 4 时,由于反渗透膜的负电最低甚至有可能带正电,此时对 NH_4^+ 的电荷吸引力相比于带负电时弱;而当 pH 等于 10 时,由于水样中的一部分 NH_4^+ 是以 NH_3 的分子形态溶解在水样中的,所以有部分以分子形态存在的氨氮由于本身不带有电荷因此不受反渗透表面静电排斥效应的影响。由于水样中 NO_3^- 的含量多于 NH_4^+,因此 NO_3^- 对 DIN/TDN 比值

的影响程度大于 NH_4^+。综合看来，当调节水样 pH 值在 $5\sim6$ 之间时，DIN/TDN 的值比较稳定，这时的 DON 的测定值也比较大，为 0.22 mg/L，但该值仍小于电渗析预处理和纳滤膜预处理长江水后测定值的平均值。这意味着尽管反渗透膜能很好地浓缩水样中的 DON，且回收率较高，但由于 DIN 离子和 DON 没有得到很好的分离，使得该方法仍然存在着相当程度的测量误差。

2.1.4 纳滤预处理方法

纳滤膜的荷电效应(electrical effects)以及纳米级微孔位阻效应(sieving effects)是其对物质分离性能的基础。荷电效应是指带有电荷的纳滤膜可通过静电斥力排斥水溶液中与膜本身所带电荷电性相同的离子。位阻效应是指只有分子量小于纳滤膜固定截留分子量的物质才可以通过纳滤膜，反之将被截留。纳滤膜活性表层存在着许多带有负电的纳米级微孔，因而溶液的化学势和电势梯度都会对无机盐离子的分离过程产生一定影响。纳滤的优点是能截留小分子量有机物，又能透过反渗透膜所截留的部分无机盐——即能使"浓缩"与"脱盐"同步进行。

研究选用型号为 NF245、NF270 和 NF90 的三种纳滤膜来分离水样中 DIN 离子和 DON 组分，并考察其对 DON 的浓缩效果。影响纳滤膜截留率的因素有很多，包括温度、pH 值、压力等。为了排除其他因素的影响，本试验有关纳滤膜部分的试验条件均在其他文献中所提出的最佳条件下进行，即保持水样 pH 值为中性、压力为 0.5 MPa、浓缩倍数为 7 倍。

2.1.4.1 不同纳滤膜对自配水样处理效果

用上述三种纳滤膜来过滤自配水样，分别测量 50 ml 保留液及 300 ml 滤出液中三种 DIN 离子及 DOC 的浓度。如表 2-8 所示，在保留液中无论是 DIN 还是 DOC 的浓度都有所增加，DIN 和 DOC 的分离率及回收率如图 2-16 所示。滤出液中腐殖酸的含量低，即 DOC 的保留率很高。

表 2-8 保留液及滤出液中 DIN 及 DOC 的浓度

	保留液 mg N/L (50 ml)			滤出液 mg N/L (300 ml)		
膜种类	NF245	NF270	NF90	NF245	NF270	NF90
NO_3^-	2.905	2.016	4.570	0.587	0.786	0.343
NO_2^-	0.582	0.521	0.694	0.11	0.128	0.107
NH_4^+	1.043	0.889	0.952	0.229	0.176	0.173
DOC	9.57	11.23	8.84	0.10	0.07	0.10

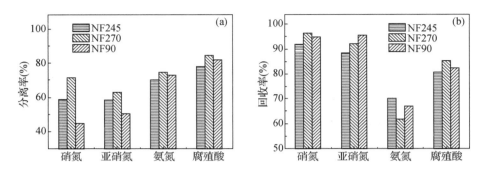

图 2 - 16 三种类型纳滤膜对 DIN 和腐殖酸的分离率(a)及回收率(b)

可见 NF90 对 NO_3^- 及 NO_2^- 的分离率最低,NF270 对 DIN 的分离率最高,NF245 居中。分析可能的原因是 NF90 型纳滤膜截留分子量最低、膜孔隙最为紧密,从而能够较好地截留无机离子;较为松弛的 NF270 对 DIN 离子则相反,因而更适用于分离 DIN 和 DON;NF270 对 NO_3^-、NO_2^- 和 NH_4^+ 的分离率分别约为 71.2%、62.8% 和 74.6%。图 2 - 16(a)中三种膜对 DOC 的保留率和图 2 - 16(b) 中的回收率基本一致,说明由于腐殖酸的分子量较大,在纳滤过程中透过膜孔进入滤出液所产生的损失少,而膜的吸附是造成其损失的主要原因。

由于在纳滤膜的表面或膜中常带有相当数目的荷电活性基团,通过静电相互作用,可实现不同价态离子间的相互分离。三种纳滤膜对 NH_4^+ 的分离率都要高于 NO_3^- 及 NO_2^-,原因则是纳滤膜表面带有负电荷。在实际水样中,电性与纳滤膜活性层相同的离子则会与纳滤膜相斥从而使其分离率降低,但是由于迁移率的不同,纳滤膜对带有相同电性的多价离子(如二价、三价的阴离子)的截留率比单价离子更高,因此在保持电荷平衡的前提下,一价阴离子(如 NO_3^-、NO_2^-)会被大量去除从而使保留液中 DIN 的浓度降低。尽管单价离子(NH_4^+)也会被少量截留,但并不影响试验的 NH_4^+ 的最终分离效果。

三种纳滤膜对氨氮的回收率分别为 70.12%、61.61% 和 66.90%,相比于硝氮和亚硝氮较低;另外,由一系列复杂大分子有机酸构成的腐殖酸在纳滤过程中也有一定损失,其所代表的 DOC 回收率分别为 81.51%、85.21% 和 82.32%。产生这些损失的原因是有一部分的铵根离子和有机物吸附在带负电荷的滤膜表面或膜孔中。

在自配水试验中,由于聚哌嗪酰胺纳滤复合纳滤膜 NF270 具有较高的透水性,对 DIN 的分离率最高且对有机物的回收率最高,因此在后续的试验中选用该种纳滤膜。

2.1.4.2 DON分子本身的性质对其损失率的影响

按照氨基酸分子量由小到大仍然选取甘氨酸、丙氨酸、天门冬氨酸、谷氨酸和精氨酸，配置成350 ml(5 mg/L)溶液分别经NF270纳滤膜过滤，最后保留液体积为50 ml。其中天门冬氨酸和谷氨酸为酸性氨基酸(等电点小于6)、精氨酸为碱性氨基酸(等电点大于10)，甘氨酸和丙氨酸为中性氨基酸。原溶液中所含氮元素质量为1.75 mg，测量最终保留液和滤出液中总氮的浓度，分别计算出损失的氮元素质量、滤出的氮元素质量以及截留的氮元素质量。

如图2-17所示，损失质量从低到高依次是谷氨酸、天门冬氨酸、精氨酸、丙氨酸和甘氨酸；滤出质量从低到高依次是天门冬氨酸、谷氨酸、精氨酸、甘氨酸和丙氨酸；截留质量从低到高依次是甘氨酸、丙氨酸、精氨酸、天门冬氨酸和谷氨酸。损失质量与分子量大小成正相关，分子量越小越容易被纳滤膜吸附。尽管精氨酸的分子量最高，其损失量仍然较高的原因是精氨酸带正电，而纳滤膜表面带负电，荷电效应的存在会使得纳滤对精氨酸产生一定的吸附，由于天门冬氨酸和谷氨酸带负电，与纳滤膜电性相同，因此对此二种氨基酸的截留率较高。由此可以看出，纳滤膜对含氮有机物的截留特性是：大分子的酸性有机物＞酸性有机物＞小分子酸性有机物＞碱性有机物＞小分子碱性有机物。

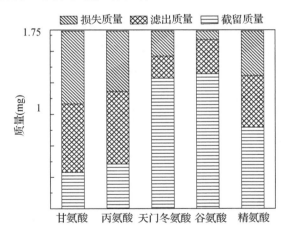

图2-17 纳滤膜对小分子含氮有机物的处理效果

2.1.4.3 纳滤预处理前后实际水样测定结果对比

长江水、沉后水、滤后水、炭后水及出厂水的水样取自南京某水厂，将待测水样分为两份，一份直接测定TDN、NO_3^-、NH_4^+及DON的浓度，另一份水样经纳滤预处理后，测定保留液中各指标的浓度值并计算出原水样中DON浓度。由于水样中NO_2^-的浓度仅略高于国标法检测限并且对结果没有影响，在测量中忽略不计。

在对长江水样测试时发现(表2-9),水样经纳滤处理后DON浓度测定值明显增加,说明测定的准确度提高了。根据前述结论可知,可能的原因是长江水样中截留效果最差的碱性极性小分子DON所占比重较小,因此采用纳滤膜分离预处理后DON的测试精度得到了较大程度的提升。

表2-9 纳滤预处理测定实际水样时 TDN、DIN 及 DON 浓度及方差

浓度 (mg/L)	长江水		沉后水		滤后水		炭后水		出厂水	
	直接	纳滤	直接	纳滤	直接	纳滤	直接	纳滤	直接	纳滤
TDN	1.871 ±0.17	5.392 ±0.11	1.730 ±0.19	3.771 ±0.15	1.721 ±0.18	3.872 ±0.14	1.621 ±0.16	4.025 ±0.12	1.593 ±0.18	3.894 ±0.13
NO_3^-	1.532 ±0.09	2.585 ±0.05	1.421 ±0.09	1.651 ±0.09	1.387 ±0.08	1.734 ±0.08	1.384 ±0.12	1.843 ±0.08	1.382 ±0.11	1.787 ±0.09
NH_4^+	0.312 ±0.12	0.863 ±0.06	0.272 ±0.11	0.502 ±0.08	0.279 ±0.11	0.443 ±0.11	0.221 ±0.13	0.530 ±0.07	0.219 ±0.14	0.511 ±0.08
DON	0.026 ±0.38	0.278 ±0.03	0.037 ±0.39	0.231 ±0.04	0.055 ±0.37	0.242 ±0.05	0.016 ±0.41	0.239 ±0.05	−0.008 ±0.43	0.228 ±0.04
DOC	2.65	2.56	2.01	1.87	1.73	1.62	1.49	1.31	1.38	1.27

对没有经过纳滤预处理的水样,DON 测定的误差是 TDN、NO_3^- 及 NH_4^+ 误差累计结果,因此测量值的方差很大,甚至大于 DON 本身的浓度。经过纳滤预处理后,最终计算出的原水样中 DON 的实际浓度值是保留液中测定值的1/7。因此,原水样中 DON 浓度的方差仍需要在保留液测定值方差的基础上除以7,这意味着在分离和浓缩同时进行的基础上,这种预处理方法不仅提高了测量准确度也可以大大提高测量的精度。

如表2-9所示,经过沉淀、过滤处理后水样中 DON 的浓度有所降低,说明常规的混凝处理确实可以去除水中部分疏水性的大分子含氮有机物(DON 去除率为12.95%)。臭氧活性炭工艺是目前应用较为广泛的饮用水处理技术,在臭氧阶段可以氧化降解部分大分子有机物使其成为小分子或直接氧化去除部分有机物(部分 DON 可在氧化作用下转化为无机氮而得到去除),再利用活性炭对小分子有机物良好的吸附性能可以明显地去除水中的有机物。但是测定结果显示,该工艺对长江水中 DON 有一定的去除但效果并不明显,可能炭上微生物生长和活动有关。由于消毒阶段氧化作用的存在,出厂水中含氮有机物浓度有所降低,原因可能是消毒氧化去除了一部分小分子含氮有机物,极少部分 DON 被氯代、氧化生成无机氮、常规消毒副产物以及含氮消毒副产物,从而使得出水 DON 的浓度略有降低。含氮

有机物的典型官能团很容易与水分子形成氢键导致亲水性增强,再加上大部分含氮有机物的分子量较小,因此 DON 很难在饮用水常规处理中得到有效地去除。总体上看,DON 的去除率为 17.98%,常规工艺对长江水中 DON 的去除率有限。由表 2-9 可以看出,常规处理对 DOC 的去除效果比较明显,混凝沉淀阶段的去除率为 26.9%,臭氧活性炭阶段的去除率为 45.81%。然而,对于不同的水样在纳滤前后 DOC 的含量都减少了(纳滤膜重复使用前均在超纯水中浸泡 5 h 以上),这说明纳滤造成一定的 DOC 损失,同时也意味着 DON 检测中经过纳滤预处理后也必然存在一定的损失。

试验中还同时计算 DOC/DON 的比值,为了使该值更接近真实值,DON 取纳滤后的数值,DOC 取纳滤前的数值。该比值是衡量水样中含氮有机物水平的指标,也可以根据该比值来判断不同水体中有机物的来源:当水体中有机物是内源性时(溶解性微生物产物,比如细菌),比值较小;当水体中的有机物是外源性时(工业和生活污水排放、面源农耕污染),比值较大。纳滤预处理前后的 DON 浓度、DOC 浓度及 DOC/DON 比值如图 2-18 所示。由图 2-18 可见,水厂源水的 DOC/DON 均值为 9.645 mg C/mg N,与其他文献所给出的数据相比较低,表明长江水中有机物的含氮水平较高且受人为污染程度比较轻。总体看来,DOC/DON 的比值在水厂处理工艺中呈现逐渐下降的趋势,这说明 DOC 的去除效果较好,同时也可能在去除原水中含碳有机物的同时导致某些氮含量高于碳含量有机物的产生,而这些含氮有机物可能会在消毒过程中大大增加存在饮用水毒理学安全风险的含氮消毒副产物的产生。

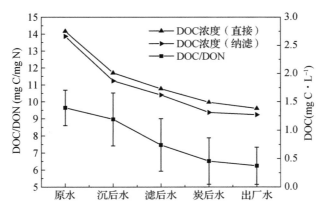

图 2-18 纳滤前后水样中 DOC 浓度及 DOC/DON 的比值

2.1.4.4 纳滤膜对 DIN 和 DON 的分离及吸附研究

纳滤膜预处理是目前被广泛接受且普遍使用的一种用于 DON 测定的预处理

方法,但根据前文的试验结果可以发现,其对 DIN 的分离率和对 DOC 的回收率都有限。因此,本小节的主要目的是了解纳滤膜对 DIN 离子的分离去除和对 DOC 吸附损失的机制以及随时间的变化累积情况,为以后研究进一步提高 DIN 的分离率及 DOC 的回收率提供一定参考。

(1) DIN 离子的分离去除随时间的变化情况

分别配置 NH_4^+—N$=5$ mg/L,NO_3^-—N$=5$ mg/L 的两种溶液,在过滤 300 ml 的滤出液过程中(加压 3 h),用两支量程为 50 ml 的量筒每隔 20 min 交替收集滤出液,记录量筒读数以及 20 min 内量筒中滤出液和保留液中总氮的浓度,其后汇集到 500 ml 的烧杯中。

在 20 min 时间内,纳滤膜有效面积不改变的情况下,膜的水通量与渗透液体积成正比。如表 2-10 所示,9 次收集的滤出液体积没有发生明显变化,即纳滤膜的水通量没有发生变化。这说明尽管随着保留液中离子浓度的逐渐增大,通过膜的阻力增加并且会发生一定程度的极化现象,但两种溶液在过滤过程中都没有浓差极化层的形成。在自然水体中硝氮和氨氮的浓度都是低于 5 mg/L 的,因此在实际水体过滤测定过程中无需考虑浓差极化的影响。

表 2-10 滤出液体积随时间的变化情况

时间/ min	20	40	60	80	100	120	140	160	180
硝氮滤出液体积/ml	33.2	34.9	34.6	32.2	33.6	31.7	29.6	30.1	31.7
氨氮滤出液体积/ml	34.2	32.2	33.6	33.3	31.4	31.6	32.8	31.2	31.5

如图 2-19 所示,最终保留液中 NH_4^+ 和 NO_3^- 的浓度分别为 11.23 mg/L 和 8.62 mg/L,滤出液中 NH_4^+ 和 NO_3^- 的浓度分别为 2.73 mg/L 和 4.33 mg/L。

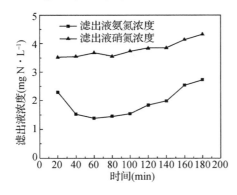
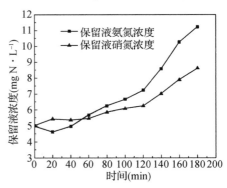

图 2-19 滤出液和保留液中硝氮和氨氮浓度随时间的变化

分析认为：开始时滤杯中溶液的浓度都是 5 mg/L，滤出液中硝氮的浓度变化趋势稳定，波动幅度较小，从一开始的 3.52 mg/L 到最后的 4.33 mg/L，缓幅增加；滤出液中的氨氮则在开始前的 20 min 内浓度较高，大约为 2.29 mg/L，随后开始下降，最后上升至 2.73 mg/L。由于保留液中离子的浓度越来越高，每个时间段内滤出液的浓度都在不断增加。滤出液中氨氮的浓度在开始的 20 min 低于硝氮的浓度，且在过滤前期滤出液的浓度出现明显的降低，与此同时保留液中氨氮的浓度也有小幅的下降，这印证了预处理开始时膜孔吸附是导致氨氮的回收率降低的主要原因，也使得纳滤预处理对氨氮的分离率高于硝氮。一段时间后，滤出液中氨氮的浓度开始上升，可以认为此时到达纳滤膜对氨氮的一个吸附饱和阶段。总体上看，滤出液中的氨氮浓度始终低于硝氮，而在过滤后期保留液中氨氮的浓度基本上远高于硝氮，且最终氨氮的分离率高于硝氮。这说明铵根离子在通过滤膜时，确有一部分被纳滤膜所吸附或者由于离子态的铵转化为非离子态的铵，从而造成其损失远远高于硝氮，这也与上面试验推测的结论相符。

由于试验目的是尽可能去除水溶液中的无机氮，因此膜对氨氮的吸附不影响试验结果。可以进一步增强纳滤膜对氨氮的吸附能力，使其与纳滤膜发生电荷转移，使得纳滤膜表面的电荷密度降低，同时可以使其引起的荷电效应减弱，增强对一些极性小分子有机物的截留率。

(2) DIN 和 DON 在纳滤膜表面的吸附情况

电子能谱图可以表征材料表面原子组成及所在官能团，达到半定量的效果。纳滤工作时，如果被截留的物质没有及时从膜的表面传质回到主体水样中，就会导致表面较薄的致密表皮上产生沉淀和累积，形成有机物的附着层。NF270 的膜荷电量较低，膜孔径相对较大，会使水样中的有机物和有机电解质较易进入膜孔。罗敏等发现，聚酰胺材质纳滤膜表面截留的有机污染物大多为两性有机物，由氢键作用、色散力吸附及疏水作用引起。Van Der Bruggen 的研究认为，若水溶液中含有一定的有机物，有机物质在纳滤膜表面的吸附是造成有机物损失和膜污染的主要原因。由以上对自配水及实际水样的试验结果可知，在纳滤膜预处理水样时确实会造成一部分 DIN 和 DON 的损失，其中 DIN 的损失不在考虑范围内，而 DON 损失量可以根据 DOC 的损失量大致估计，没有直接求出具体数值的方法。

因此，用纳滤膜对自配水样进行预处理，对比纳滤膜在使用初期和处理大量水样后其表面元素组成以及 DON 测定值的准确度和精密度，以期发现有机物的吸附损失规律，找到提高有机物回收率的方法。

自配水样中含有 $NO_3^- = 1.2$ mg N/L，$NO_2^- = 0.2$ mg N/L，$NH_4^+ = 0.6$ mg N/L，DOC=2 mg C/L，再向其中加入一定质量的甘氨酸（回收率最低），使得水样中

DON＝2 mg N/L。准备好两片在纯水中浸泡过的 NF270 纳滤膜,按照上述方法,一片仅过滤 350 ml 的水样,另一片则过滤 3 500 ml,而后进行 DON 浓度值的测定。两种过滤后的纳滤膜片分别记作膜 1 和膜 2。N_1 所代表的是氨基(—NH_2),N_2 代表的是铵盐(NH_4^+),N_3 则代表的是硝酸盐(NO_3^-),亚硝酸盐的特征峰始终不明显。

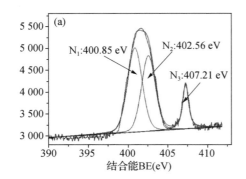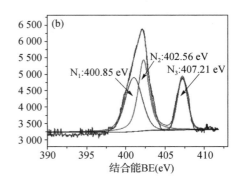

图 2－20　膜 1(a)和膜 2(b)表面 N 元素电子能谱及所在官能团

表 2－11　膜 1 和膜 2 上不同价态氮元素的含量比例

特征峰	含量比例(%)	
	膜 1	膜 2
N_1(—NH_2)	47.40	38.43
N_2(NH_4^+)	39.67	39.78
N_3(NO_3^-)	12.93	21.79

　　由图 2－20 可以看出,膜 1 和膜 2 上均含有三种 N 元素的特征峰,包括 NO_3^-、NH_4^+ 和—NH_2。由于自配水中 NO_3^- 的含量最高,所以尽管纳滤膜对其截留率不高但也会在膜上产生一定积累。峰面积代表一种价态的官能团在这种元素里面的相对含量,不同价态氮元素的含量比例如表 2－11 所示。膜 1 上 N_1 的含量比高于 N_2,分别为 47.4% 和 39.67%;膜 2 上 N_1 和 N_2 的含量比接近,分别为 38.43% 和 39.78%。这说明随着过滤次数的增加,NH_4^+ 在膜表面积累的相对含量逐渐超过了 DON。此外,膜 2 上 N_2 和 N_3 所占的含量比之和高于膜 1,说明随着过滤水样体积的增加,在纳滤膜表面 DIN 离子总的积累程度高于 DON。此外,膜 2 上 C 元素、N 元素和 O 元素总的原子比为 53.2∶12.09∶34.7,相比膜 1 的 66.08∶9.54∶24.38 来说,C 和 N 的比例下降。由于有机物中 C 原子数多于 N 原子数,说明多次过滤后,DON 在纳滤膜表面累积量低于 DIN。

　　上述结果说明,如果纳滤膜对无机氮离子存在吸附饱和,含氮有机物就更加容易达到饱和状态。由前述的研究成果可知,纳滤处理对铵根离子存在吸附饱和,因此在后续的试验中可以假设当滤出液中铵根浓度回升时,纳滤膜对含氮有机物的吸附速率也已经降低甚至达到吸附平衡或饱和的状态。

（3）纳滤膜表面的吸附对 DON 测定的影响

用膜 1 和膜 2 分别处理同一份水样并重复测定 5 次水样中所含的 DON 浓度（水样中甘氨酸浓度＝2 mg/L）,膜 1 测定的平均值为 1.245 mg/L,方差为 0.032；膜 2 测定的平均值为 1.258 mg/L,方差为 0.034,由此可见,膜 1 和膜 2 测定含氮有机物含量的精密度没有发生太大的变化,但膜 2 的测定均值略高于膜 1,这说明对于回收率很低的甘氨酸来说,其测定的准确度得到改善。

可以从两个角度来解释这种现象：一是多次过滤后纳滤膜对含氮有机物分子的吸附能力降低,回收率提高；二是聚酰胺类纳滤膜表面的部分负电荷在过滤较多的水样后转移到部分极性有机分子上,从而使纳滤膜表面的电荷密度有所降低,引起荷电效应的减弱。膜表面所带电荷越少对离子截留效果越差,这使得纳滤膜对 DIN 的分离率提高,因而使 DIN 和 DON 得到更好的分离。

2.1.5　针对 DON 预处理的改性纳滤膜应用

上述三种商业纳滤膜在预处理过程中也产生了一系列的问题,如膜污染导致预处理效能下降、低浓度含氮有机物情况下预处理效能差。因此,考虑将无机介孔炭材料引入商业纳滤膜的改性中,以提高纳滤膜的预处理效果,进一步提升 DON 截留效果。结合 Donnan 效应和膜孔径关系,从膜表面的电荷情况及膜表面孔结构出发,改善膜的基本结构,增强膜过滤效果。

2.1.5.1　纳滤膜改性方法

基于纳滤膜改性要求,在对介孔硅和介孔碳进行性能比选基础上,优选介孔碳作为主要目标,以酚醛树脂为碳源、P123 和 F127 两种三嵌段共聚物作为模板剂,在聚合时间为 1 h,挥发自组装温度为 40 ℃、热聚合温度为 110 ℃、碳化温度为 500 ℃的条件下研制了介孔碳材料。测试结果显示：介孔碳的比表面积、孔容和平均孔径分别为 474 m²/g、0.46 cm³/g、3.901 nm,实现了介孔碳材料孔径在 2～4 nm 范围内的调控目标,合成的介孔碳在多种表征手段下均显示出高度有序性和均一性,满足纳滤膜改性要求。

以市售 NF90、NF270 型商业纳滤膜为基膜,通过添加前期制备的介孔碳及介孔硅材料,采用相转化法制备了复合纳滤膜,具体制备方法为将 10 gPES、1%（wt/wt）无水氯化锂添加到二甲基乙酰胺（DMAc）中,搅拌 20 h。然后向得到的溶液中加入适量介孔材料搅拌 4 h,静置 72 h。而后,将上述制备的基液倒在光滑的玻璃板上,将

PES 复合纳滤膜浸入基液中,将玻璃板浸入质量浓度为 5% 的 DMAc 溶液中 3 min 后取下改性膜,最后放入纯水中保存 24 h。利用介孔硅、F127 制备的介孔碳和 P123 制备的介孔碳改性的 NF90 纳滤膜分别被命名为 SNF90、CFNF90、CPNF90;利用介孔硅、F127 制备的介孔碳和 P123 制备的介孔碳改性的 NF270 纳滤膜分别被命名为 SNF270、CFNF270、CPNF270。膜表面红外表征分析显示,制备的复合纳滤膜在 1 400 cm^{-1} 与 1 600 cm^{-1} 附近出现碳元素特征峰,说明介孔碳成功负载到膜表面,表面涂覆均匀。PES 复合纳滤膜材料接触角、Zeta 电位、有机物截留分子量等指标分别表明:介孔碳结构中含有羟基、羧基等亲水基团,增强了膜表面与水分子亲和力,提高了膜通量和膜材料的等电点,有利于有机氮的截留。

2.1.5.2 改性纳滤膜对腐殖酸的截留效能评价

采用腐殖酸(HA)配制水样,其中 DON 为 0.1~0.5 mg/L,无机氮包含氨氮(0.5~1.0 mg/L)、硝态氮(1.5~3.0 mg/L)和亚硝态氮。纳滤膜分离预处理实验方法为将介孔碳材料改性纳滤膜置于纳滤杯中,进行分离预处理实验,将含有 DON 的原水 100 mL 分离浓缩至 30 mL。膜截留效能如图 2-21。

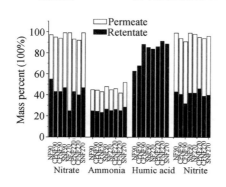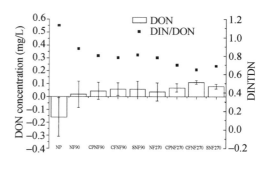

图 2-21 不同种类改性纳滤膜对含氮有机物检测效果图

由结果可见,硝氮和亚硝氮损失量较小,氨氮损失率则在 50% 以上。不同种类改性纳滤膜对腐殖酸保留率分别为 NF90,NF270,CPNF90,CPNF270,CFNF90,CFNF270,SNF90,SNF270;62.9%,83.8%,68.0%,85.9%,88.2%,91.3%,85.2%,88.6%。其中 CFNF90、CFNF270 的腐植酸保留率比 NF90、NF270 分别高 40.22%、8.95%。在 DON 浓度相对较低的状态下,CFNF270 对 DON 的截留效果最为理想,检测结果在可接受范围内。

2.1.5.3 改性纳滤膜对氨基酸的截留效能评价

为了进一步考察改性纳滤膜对不同分子量 DON 的分离能力,探究膜孔径和截留污染物分子尺寸之间的关系,选取 4 个分子量不同的氨基酸(甘氨酸、谷氨酸、丙氨酸和精氨酸)作为 DON 进行配水,并测试经过 1.0%介孔碳改性纳滤膜的预处理效果,结果见图 2-22。

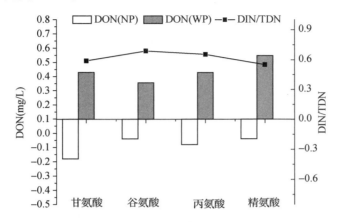

图 2-22 介孔材料改性纳滤膜(1.0%添加量)对含氮有机物检测效果

其中掺杂量 1.0%的介孔碳材料改性商业纳滤膜,含氮有机物保留效果最好。DIN/TDN 比值均在 0.55~0.68 之间。改性商业纳滤膜对分子量较小和较大的氨基酸保留效果最佳。

2.1.5.4 改性纳滤膜对实际水体的截留效能评价

为进一步验证改性纳滤膜预处理技术对 DON 检测效果,选择宜兴市横山和油车两个水源地及其净水工艺中水样作为分析检测对象,采用改性纳滤膜对水样进行预处理,对预处理后无机氮和总氮浓度进行分析,测定 DON 的浓度,结果见图 2-23。

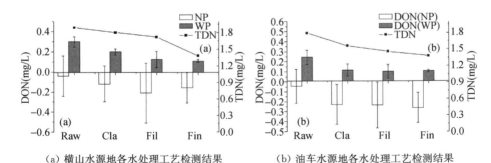

(a) 横山水源地各水处理工艺检测结果　　(b) 油车水源地各水处理工艺检测结果

图 2-23 改性复合纳滤膜对 DON 检测效果评价

由检测结果可见,针对饮用水厂实际水样,在未经膜预处理下检测结果中 DIN/TDN 的比值在 0.9~1.2 范围内,经介孔碳材料改性纳滤膜预处理后 DIN/TDN 的比值可降低到 0.65 左右。由此可见,纳滤膜预处理提高了 DON 的检测准确性和稳定性。尤其是采用介孔碳材料对纳滤膜进行改性后,膜表面官能团和电荷分布均有利于 DON 的高效检测。

2.2　复合污染水源中有机物与含氮污染物的特性及时空变化

作为河网水系典型代表的太湖,其水系复杂,连接周边 200 多条河流。受人类活动的影响,入湖河流污染严重,水质较差。2015 年,太湖流域管理局对 22 条主要入太湖河流监测表明,入湖河流中 Ⅳ 和 Ⅴ 类水体约占 60%。太湖周边河流、湖泊的氮磷含量长期居高不下,湖体呈富营养化状态,蓝藻水华频繁发生,给环境和经济造成了严重的威胁。《2015 年中国环境状况公报》显示,太湖水体平均为 Ⅳ 类水质,综合营养状态指数为 56.1,湖体平均处于轻度富营养化状态,其中西部沿岸区为中度富营养化状态,北部沿岸区、湖心区和南部沿岸区均为轻度富营养化状态,东部沿岸区为中营养状态。氮是引发水体富营养化的关键元素之一。太湖污染源所携带的氮负荷以溶解态为主,占 80% 以上,其中无机氮又占可溶性氮的 80% 以上。太湖水体溶解态氮主要以硝态氮(NO_3^-—N)、溶解态有机氮(DON)和氨氮(NH_4^+—N)形式存在,一般情况下,NO_3^-—N>DON>NH_4^+—N,而亚硝态氮(NO_2^-—N)含量很低且不稳定,易转化为其他形态的氮。太湖水体含氮污染物污染存在很大的空间差异,其中西部和北部污染较重,而东南部相对较轻。太湖水体中含氮污染物污染不仅存在空间差异,也存在季节差异性,TN 表现为冬、春季含量高,夏、秋季较低,其他不同形态氮浓度也存在明显的季节变化。

本章以太湖水源地及太湖周边重要入湖河流为对象,重点研究了太湖周边 6 个主要水源地以及 6 条重要入湖河流(如图 2-24 所示)的水源水、间隙水和沉积物中有机物与含氮污染物的特性与时空变化特征,探究了水源地含氮污染物的主要来源。吴江水源地位于东太湖,供水量为 30 万 m³/d;渔洋山水源地位于太湖东部沿岸,供水量为 70 万 m³/d;金墅港水源地、锡东水源地和南泉水源地位于贡湖,供水量分别为 60 万 m³/d、30 万 m³/d 和 100 万 m³/d;西氿水源地是宜兴市备用水源,设计供水量为 20 万 m³/d。望虞河、直湖港、太滆运河、城东港、乌溪港和夹浦港取样点分别设在望虞河大桥、湖山桥、分水大桥、城东港桥、乌溪港桥和夹浦港桥。

采样方法按照《湖泊富营养化调查规范》要求进行,并针对太湖水体和沉积物的性质差异,采用不同方法对样品进行采集,以便满足后续实验室分析测定要求。采样分别于 2016 年 1 月份(冬季)、4 月份(春季)、7 月份(夏季)和 10 月份(冬季)进行。

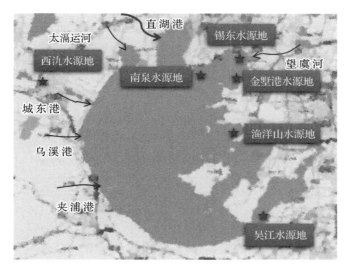

图2-24　太湖水源地及入湖河流分布图

利用GPS对水源地原水进行定点采样,每个水源地采样点为6个,用有机玻璃采集器分别采集太湖水源地原水。现场用便携式多参数水质分析仪、便携式pH计等分别测定水体的pH值、溶解氧、水温等多项基本水质参数。采集水样后迅速密封保存于样品瓶中,加入HCl,调节pH值至pH=2±0.2,冷藏保存,待检测。

用专用不锈钢柱状沉积物采泥器采集太湖湖底柱状沉积物样品(样品深度视底部底泥状况而定,一般在30 cm左右),将底泥样品置于自封袋中密封冷藏保存,待上岸后迅速转移并进行实验分析测定。藻类样品于2016年7月和9月在南泉水源地采集。

2.2.1　水源水中有机物及含氮污染物的时空分布

太湖水源地原水中含氮污染物分布如表2-12所示。在水源水中含氮污染物主要由NO_3^-—N、NH_4^+—N和DON组成,NO_2^-—N含量较低,易转化为其他形态。

原水中TDN含量0.37~3.32 mg/L,其中冬季为0.66~2.15 mg/L,春季为0.98~3.32 mg/L,夏季为0.46~1.87 mg/L,秋季为0.37~1.80 mg/L。太湖各个水源地TDN季节分布规律相同,表现为:春季>冬季>夏季>秋季。一般认为,水源地原水中TDN含量的季节差异性与藻类相关。陈永川等研究表明,水体中总氮与叶绿素a呈显著正相关,藻类在生长过程中利用水体总氮,会引起TDN的变化。春季藻类刚刚开始复苏和生长,藻类数量少,且多数形体较小,对水体中含氮污染物营养物质的吸收较少,故水体中TDN含量较多;夏、秋季节,藻类爆发,生长繁殖迅速,其对水体中含氮污染物营养物质的吸收、转化能力较强,因而水中TDN含量降低。

表 2-12　水源地原水中含氮污染物分布(单位:mg/L)

项目	水源地	冬	春	夏	秋
w(TDN)	吴江	0.66	0.98	0.46	0.37
	渔洋山	0.96	1.17	0.61	0.53
	锡东	1.61	2.03	0.87	0.75
	金墅港	1.67	2.14	0.84	0.70
	南泉	1.50	2.00	0.82	0.68
	西氿	2.15	3.32	1.87	1.80
w(NO$_3^-$—N)	吴江	0.45	0.64	0.10	0.10
	渔洋山	0.71	0.75	0.11	0.11
	锡东	1.25	1.45	0.18	0.19
	金墅港	1.27	1.53	0.17	0.16
	南泉	1.15	1.31	0.11	0.15
	西氿	1.64	2.35	0.47	0.75
w(NH$_4^+$—N)	吴江	0.12	0.16	0.08	0.06
	渔洋山	0.14	0.20	0.11	0.08
	锡东	0.23	0.31	0.14	0.12
	金墅港	0.28	0.32	0.13	0.11
	南泉	0.21	0.34	0.12	0.08
	西氿	0.31	0.52	0.44	0.38
w(NO$_2^-$—N)	吴江	0.01	0.02	0.01	0.03
	渔洋山	0.01	0.01	0.01	0.02
	锡东	0.02	0.01	0.01	0.01
	金墅港	0.01	0.02	0.01	0.01
	南泉	0.02	0.02	0.01	0.01
	西氿	0.02	0.04	0.08	0.05
w(DON)	吴江	0.08	0.16	0.26	0.18
	渔洋山	0.10	0.21	0.38	0.32
	锡东	0.11	0.27	0.54	0.43
	金墅港	0.11	0.29	0.53	0.42
	南泉	0.13	0.33	0.58	0.44
	西氿	0.18	0.41	0.88	0.62

项目	水源地	冬	春	夏	秋
w(DOC)	吴江	3.02	2.86	3.37	3.95
	渔洋山	3.33	3.01	3.63	4.63
	锡东	3.67	3.34	4.52	5.63
	金墅港	3.88	3.35	4.57	5.95
	南泉	3.59	3.26	4.65	5.88
	西氿	5.05	4.58	5.85	6.31

水中 TDN 主要以 $NO_3^-—N$、$NH_4^+—N$ 和 DON 三种形式存在。在春、冬两季，水源地原水以 $NO_3^-—N$ 为主；而在夏、秋两季，水体中 $NO_3^-—N$ 所占比例降低，DON 比例明显上升。

DON 的季节变化规律与 TDN、$NO_3^-—N$ 和 $NH_4^+—N$ 明显不同。夏、秋季节，藻类大量繁殖，藻类分泌的胞外聚合物和藻细胞破裂所释放的胞内聚合物导致水体中 DON 上升。大量研究表明，藻细胞在生长过程中会向水中释放大量藻类有机物（AOM），而 AOM 中含有大量的氮元素，通常认为 AOM 包含氨基酸、蛋白质、多糖、多肽以及有机酸等有机物，其中氨基酸、蛋白质、多肽均为典型的含氮有机物。同时，太湖是典型的浅水湖泊，单位水体沉积物-水接触界面大，透光层深度大，水-沉积物界面物质交换强烈，夏、秋季节湖面风浪较为频繁，由此导致湖底沉积物悬浮，加速间隙水或沉积物中 DON 的释放，同样可能导致水体中 DON 上升。原水中 DOC 的季节变化规律与 DON 具有相似性，总体表现为：夏季＞秋季＞春季＞冬季。

空间分布上水源地各类含氮污染物分布规律具有一致性：西氿水源地氮的含量最高，其次为位于贡湖湾的三个水源地（南泉水源地、金墅港水源地和锡东水源地），渔洋山水源地较低，吴江水源地最低，与各相应湖区水质状况一致，太湖各湖区中竺山湖区水质最差，其次是西部沿岸和梅梁湖，东部沿岸及东太湖水质最好。一方面，入湖污染对太湖水质空间分布有很大的影响，西氿与太湖相通，位于太湖流域西北部，为太湖河流的入湖区，且入湖河流水质较差，特别是竺山湖区和梅梁湾湖区的直湖港、武进港、沙塘港和太滆运河等输入了大量的污染物进入太湖。2015 年环太湖河流入湖污染负荷量中高锰酸盐指数为 5.7 万 t，总氮为 4.4 万 t，氨氮为 1.25 万 t，总磷为 0.2 万 t，大量的含氮污染物进入水体，导致太湖西北部氮含量的升高。随着水流的作用，氮的浓度自西北向东南呈递减趋势。另一方面，受风向和水流作用的影响，贡湖湾藻类含量高,活动频繁,会产生大量的含氮污染物,尤其是 DON。此外,太湖东部主要为太湖的出水区,区域水流交换较快,有利于水体净化,水质相对较好,氮的含量较低。

2.2.2 原水中有机物和含氮有机物形态特征

2.2.2.1 原水三维荧光特征

图 2 - 25 为不同水源地原水三维荧光图谱。图 2 - 25 显示,各水源地原水三

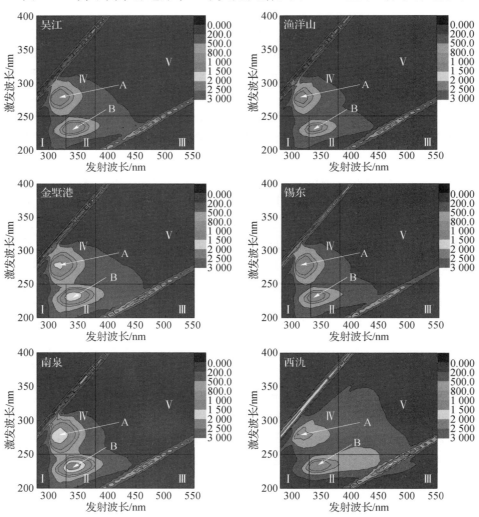

图 2 - 25 水源地原水三维荧光图谱

维荧光图谱中芳香蛋白络氨酸类物质、芳香蛋白色氨酸类物质和溶解性微生物代谢产物的荧光度最强,均存在两个明显的荧光峰(A 峰和 B 峰),A 峰位于区域Ⅳ,代表溶解性微生物代谢产物,B 峰跨越区域Ⅰ和区域Ⅱ,主要位于区域Ⅱ,表明其主要为色氨酸类物质所发出的荧光。从各个水源地图谱可以看出,与其他水源地相比,西氿水源地原水荧光分布范围更广,且 FA 和 HA 类物质荧光度较强,表明其来源更广、更复杂。锡东水源地和南泉水源地原水中芳香蛋白色氨酸类物质和溶解性微生物代谢产物荧光度较强。

表 2-13 为各个水源地原水三维荧光区域积分体积及所占比例。表中数据反映出太湖水源地原水中溶解性有机物以芳香蛋白色氨酸类物质和溶解性微生物代谢产物为主,二者所占比例之和均在 60% 左右。其中,芳香蛋白色氨酸所占比例最高,均大于 35%,而 HA 类物质所占比例最少,各水源地所占比例均小于 10%。西氿水源地原水中 FA 和 HA 类物质所占比例高于其他水源地。

表 2-13 原水三维荧光区域积分体积及所占比例

水源地	指标	总量	区域Ⅰ	区域Ⅱ	区域Ⅲ	区域Ⅳ	区域Ⅴ
吴江	$\Phi_i(\times10^6)$	83.39	17.30	32.37	10.87	18.32	4.53
	比例(%)	100	20.75	38.82	13.04	21.97	5.43
渔洋山	$\Phi_i(\times10^6)$	71.32	15.82	25.59	9.78	16.13	4.00
	比例(%)	100	22.18	35.88	13.71	22.62	5.61
金墅港	$\Phi_i(\times10^6)$	76.37	13.83	28.95	10.59	19.41	3.59
	比例(%)	100	18.11	37.91	13.87	25.42	4.70
锡东	$\Phi_i(\times10^6)$	110.42	20.85	48.71	10.93	26.11	3.82
	比例(%)	100	18.88	44.11	9.90	23.65	3.46
南泉	$\Phi_i(\times10^6)$	103.70	18.30	42.72	13.63	24.00	5.05
	比例(%)	100	17.65	41.20	13.14	23.14	4.87
西氿	$\Phi_i(\times10^6)$	93.35	13.05	32.04	19.67	18.30	10.29
	比例(%)	100	16.98	34.32	21.07	20.60	7.02

2.2.2.2 原水中 DON 和 DOC 分子量分布

图 2-26 为水源地原水中 DON 和 DOC 分子量分布图。可以看出,各个水源地的分布规律一致,DON 中分子量 <1 kDa,1~3 kDa,3~5 kDa,5~10 kDa 和 >10 kDa 平均所占比例分别为 56.19%、15.61%、8.63%、6.21% 和 13.35%,而

DOC 中＜1 kDa、1～3 kDa、3～5 kDa、5～10 kDa 和＞10 kDa 平均所占比例分别为 43.63％、16.62％、6.80％、5.63％和 27.32％。水体中 DON 以小分子物质为主，其中分子量＜3 kDa 所占比例大于 70％；而在 DOC 中分子量＜3 kDa 所占比例约为 60％，与 DON 分子量分布相比，DOC 中大分子（＞10 kDa）所占比例较多，在 30％左右。

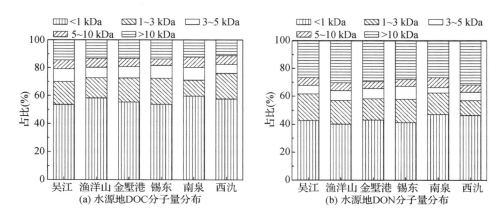

图 2-26　水源地原水 DOC 和 DON 分子量分布

分析认为，由于水中氨基酸等物质均为小分子有机物质，故在 DON 中小分子物质居多；而湖水中存在大量腐殖酸等物质，其结构复杂，分子量较大，导致水体中 DOC 大分子组分占有较大比例。与其他水源地相比，西氿水源地分子（＞10 kDa）DON 和 DOC 所占比例较大，这可能是由于西氿水源地原水中 FA 和 HA 类物质的含量较高。

2.2.2.3　原水中 DON 和 DOC 亲疏水性分布

图 2-27 为太湖水源地原水中 DON 和 DOC 亲疏水性分布图。从图中可以看出，各个水源地的分布规律相一致，而 DON 和 DOC 各组分之间的分布具有一定差异性。DON 中强疏水性、弱疏水性、极性亲水和中性亲水各组分平均所占比例为 14.85％，19.97％，35.56％和 29.61％，水源地原水中 DON 以亲水性物质为主，平均占总量的 65.17％。这是因为 DON 中胺类（NH$_2$）、酰胺（CONH$_2$ 或 CONH-R）、硝基（NO$_2$）和腈类（CN）均为亲水性官能团，增加了水体中有机氮的亲水组分。

DOC 中强疏水性、弱疏水性、极性亲水和中性亲水各组分平均所占比例分别为 20.99％，22.96％，29.75％和 26.31％，疏水性组分占 45％，而亲水性组分占 55％左右。与 DON 相比，DOC 中疏水性组分所占比例较大。分析认为，自然水体中强疏水性的腐殖酸和弱疏水性富里酸占有一定的比例,增加了 DOC 中疏水性组分。西氿水源地疏水性 DON 和 DOC 所占比例大于其他水源地,分析认为西氿水源地原水中较高 FA 和 HA 类物质增加了疏水性组分所占的比例。

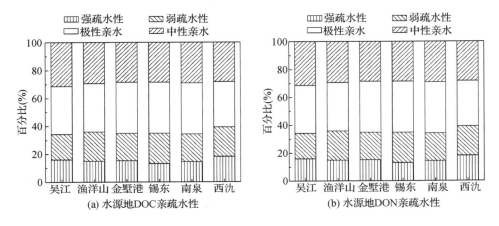

图 2-27 水源地原水 DOC 和 DON 亲疏水性分布

2.2.3 间隙水中含氮污染物的时空分布及形态特征

2.2.3.1 间隙水中的污染物时空分布规律

太湖水源地间隙水中各形态氮含量分布,如表 2-14 所示。间隙水中含氮污染物主要由 NH_4^+-N、DON、NO_3^--N 和 NO_2^--N 组成,与原水中含氮污染物组成存在明显的差异。与原水相比,间隙水中 NO_3^--N 含量明显降低,NO_2^--N 含量显著升高。这主要与含氮污染物所处氧化还原环境有关,间隙水中溶解氧低,为兼氧或厌氧环境,故 NO_2^--N 含量较高。

表 2-14 水源地间隙水中含氮污染物分布(单位:mg/L)

项目	水源地	冬	春	夏	秋
w(TDN)	吴江	1.38	1.85	2.68	3.25
	渔洋山	1.45	1.92	2.78	3.46
	锡东	2.38	3.58	4.68	5.62
	金墅港	2.46	3.57	5.13	5.74
	南泉	2.52	3.26	5.28	6.01
	西氿	23.78	26.23	28.37	30.03

项目	水源地	冬	春	夏	秋
w(NO$_3^-$—N)	吴江	0.12	0.17	0.22	0.25
	渔洋山	0.16	0.18	0.25	0.30
	锡东	0.21	0.31	0.38	0.45
	金墅港	0.22	0.29	0.43	0.51
	南泉	0.21	0.32	0.39	0.55
	西氿	2.13	2.26	2.55	2.73
w(NO$_2^-$—N)	吴江	0.13	0.23	0.18	0.18
	渔洋山	0.18	0.21	0.31	0.13
	锡东	0.18	0.21	0.13	0.11
	金墅港	0.21	0.31	0.18	0.21
	南泉	0.18	0.21	0.32	0.33
	西氿	0.47	1.00	1.13	0.66
w(NH$_4^+$—N)	吴江	0.61	0.77	1.85	2.43
	渔洋山	0.57	0.85	1.77	2.65
	锡东	1.34	2.25	3.61	4.54
	金墅港	1.36	2.09	3.96	4.57
	南泉	1.28	1.81	3.91	4.62
	西氿	13.12	13.83	18.70	21.77
w(DON)	吴江	0.52	0.68	0.43	0.39
	渔洋山	0.54	0.68	0.45	0.38
	锡东	0.65	0.82	0.56	0.52
	金墅港	0.68	0.88	0.56	0.45
	南泉	0.85	0.92	0.66	0.53
	西氿	8.06	11.14	5.99	4.87

间隙水中 TDN 的含量为 1.38~30.03 mg/L,其中冬季为 1.38~23.78 mg/L,春季为 1.85~26.23 mg/L,夏季为 2.68~28.37 mg/L,秋季为 3.25~30.03 mg/L,表现为夏、秋季节高于冬、春季节,其中秋季最高,冬季最低,与沉积物中 TDN 的变化趋势一致。分析认为,春季气温开始回升,外界排放的污染物也开始增加;夏季藻类大量繁殖,增长迅速,活性增强,夏末秋初达到顶峰。随

着气温的回落,生物活动变缓,污染物的排放减少,湖泊污染程度降低。同时,间隙水中的含氮污染物主要来源于沉积物的释放,沉积物中含氮污染物的变化对其有很大的影响。

间隙水中 TDN 主要由 NO_3^-—N、NO_2^-—N、NH_4^+—N 和 DON 组成,其中 NO_3^-—N 的含量为 $0.12\sim2.74$ mg/L、NO_2^-—N 的含量为 $0.13\sim1.13$ mg/L、NH_4^+—N 的含量为 $0.61\sim21.77$ mg/L、DON 的含量为 $0.43\sim11.14$ mg/L。这与原水中 TDN 组成存在一定差异,间隙水中含氮污染物以 NH_4^+—N 为主,在 TDN 中所占比例均大于 40%,最高可达 80%。此外,与表 2-12 所示水源地原水中含氮污染物分布相比,NO_3^-—N 含量明显较低,而 NO_2^-—N 含量较高。NO_3^-—N 和 NH_4^+—N 的季节变化与 TDN 季节变化相同,而 NO_2^-—N 则无明显的季节变化规律。

间隙水中 DON 的季节变化规律与 TDN、NO_3^-—N 和 NH_4^+—N 明显不同。DON 冬、春季节高于夏、秋季节,与沉积物中 DON 变化规律一致。这是因为间隙水中 DON 主要来源于沉积物。此外,夏、秋季节湖面风浪较大,原水与间隙水物质交换频繁,向原水中释放 DON。

空间分布上,由于污染物的输入、风向、水流和藻类生长等因素的影响,间隙水中含氮污染物的分布与原水中相一致。具体表现为:西氿水源地间隙水中氮的含量最高,南泉、锡东和金墅港三个水源地次之,再为渔洋山水源地,吴江水源地含量最低。此外,西氿水源地间隙水中含氮污染物的含量远远大于其他水源地,可能是由于通航对河岸的侵蚀作用,导致大量的土壤氮进入水体,沉积于湖底,增加了沉积物以及间隙水中氮的含量。

2.2.3.2　间隙水中 DON 形态特征

图 2-28 为太湖水源地间隙水三维荧光光谱图。间隙水荧光分布特征与原水相同,芳香蛋白络氨酸类物质、芳香蛋白色氨酸和溶解性微生物代谢产物的荧光度最强。这是因为间隙水和原水不断进行物质交换,二者之间保持动态平衡,具有同质性。锡东水源地和南泉水源地间隙水中芳香蛋白色氨酸类和溶解性微生物代谢产物荧光度较强,西氿水源地 FA 类物质的荧光度明显强于其他水源地。

从表 2-15 数据可以看出,与水源地原水特性相同,间隙水中芳香蛋白色氨酸所占比例最高,但溶解性微生物代谢产物所占比例具有一定的变化,间隙水中溶解性微生物代谢产物所占比例有所下降。HA 类物质所占比例最少,各水源地所占比例均小于 10%,但相比于原水,间隙水中 HA 类物质所占比例较高。

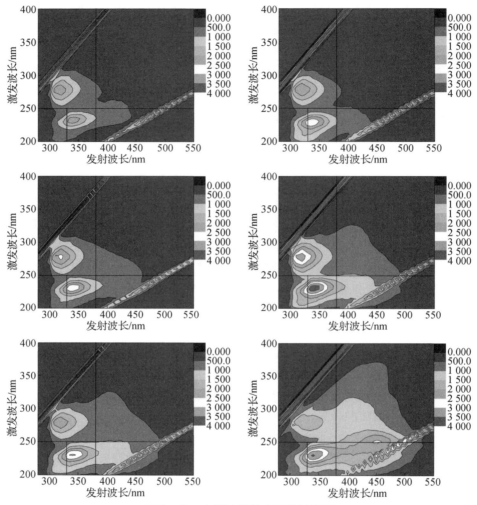

图 2-28　水源地间隙水三维荧光图

表 2-15　间隙水三维荧光区域积分体积及所占比例

水源地	指标	总量	区域 I	区域 II	区域 III	区域 IV	区域 V
吴江	$\Phi_i(\times 10^6)$	155.73	31.63	53.82	24.70	33.29	12.29
	比例(%)	100	20.31	34.56	15.86	21.38	7.89
渔洋山	$\Phi_i(\times 10^6)$	200.91	49.91	72.01	28.66	39.14	11.19
	比例(%)	100	24.84	35.84	14.27	19.48	5.57
金墅港	$\Phi_i(\times 10^6)$	182.78	40.60	68.43	28.43	32.37	12.95
	比例(%)	100	22.21	37.44	15.55	17.71	7.09

续表

水源地	指标	总量	区域Ⅰ	区域Ⅱ	区域Ⅲ	区域Ⅳ	区域Ⅴ
锡东	$\Phi_t(\times10^6)$	273.77	57.56	102.41	45.19	48.17	20.44
	比例(%)	100	21.02	37.41	16.51	17.60	7.47
南泉	$\Phi_t(\times10^6)$	230.89	48.49	85.47	44.09	34.25	18.59
	比例(%)	100	21.00	37.02	19.10	14.83	8.05
西氿	$\Phi_t(\times10^6)$	307.26	47.82	105.10	70.50	47.33	36.51
	比例(%)	100	17.56	34.21	22.94	15.40	9.88

图 2-29 为太湖水源地间隙水中 DON 分子量分布图。从图 2-29 中可以看出,间隙水 DON 中分子量<1 kDa、1~3 kDa、3~5 kDa、5~10 kDa 和>10 kDa 平均所占比例分别为 47.91%、17.91%、7.24%、7.70%和 19.25%。与原水中 DON 分子量分布相同,间隙水 DON 还是以小分子为主,<3 kDa 组分所占比例大于 65%;但与原水中 DON 相比,间隙水 DON 中大分子(>10 kDa)组分所占比例较高。分析认为,间隙水中 DON 主要来源于沉积物中 DON 的释放,沉积物中部分大分子有机物随之释放到间隙水中,从而增加了间隙水 DON 中大分子组分。与原水中 DON 分子量分布相似,西氿水源地间隙水中大分子 DON 所占比例高于其他水源地。

图 2-30 为太湖水源地间隙水中 DON 亲疏水性分布图。从图 2-30 中可以看出,DON 中强疏水性、弱疏水性、极性亲水和中性亲水各组分平均所占比例分别为 17.74%、12.79%、33.30%和 27.20%。其总体分布规律与原水相一致,以亲水性组分为主,其中极性亲水所占比例最大;但与原水相比,间隙水中疏水组分所占比例较高。分析认为,间隙水中有机物大多来源于沉积物,沉积物中强疏水 HA 类物质和弱疏水 FA 类物质释放到间隙水中,增加了间隙水中 DON 疏水性组分。西氿水源地间隙水中,疏水性 DON 所占比例较其他水源地高。

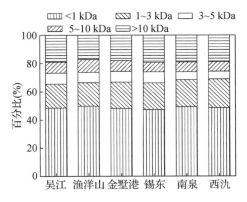

图 2-29　水源地间隙水 DON 分子量分布

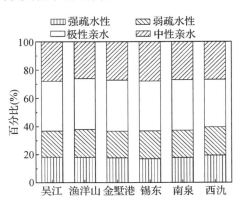

图 2-30　水源地间隙水 DON 亲疏水性分布

2.2.4　沉积物中含氮污染物分布及形态特征

2.2.4.1　沉积物中含氮污染物时空分布

水源地沉积物中含氮污染物分布如表 2-16。太湖水源地沉积物中含氮污染物主要由 NO_3^-—N、NH_4^+—N 和 DON 组成。沉积物中 TDN 的含量为 63.1～152.4 mg/kg,其中冬季为 66.3～128.3 mg/kg、春季为 63.1～143.2 mg/kg、夏季为 83.6～145.2 mg/kg、秋季为 80.2～152.4 mg/kg。与原水相比,太湖水源地沉积物含氮污染物季节变化幅度较小。这可能是由于上覆水的存在,各种自然因素对沉积物影响小于其对原水的影响。但沉积物中各类含氮污染物在不同季节存在一定的差异性。沉积物中 TDN 的季节变化总体表现为:夏、秋季节大于冬、春季节。夏季气温较高,微生物活动加剧,有机物矿化作用加强,增加了沉积物中可溶性氮的含量。从表2-16可以看出,吴江和渔洋山两个水源地夏季 TDN 增加的幅度更大。分析其原因,可能是因为吴江和渔洋山两个水源地所在太湖区域存在大量的水生高等植物,夏季生长旺盛,而水生高等植物是水体反硝化、亚硝化以及氨化细菌重要的载体,在水生高等植物根区存在一个富氧-缺氧的氧化还原环境,反硝化、硝化及氨化细菌能够同时发挥作用。总之,夏季强烈的生物作用和高温导致的反硝化、硝化、亚硝化及氨化作用,使得夏季沉积物中氮的含量升高。

沉积物中 TDN 主要由 NH_4^+—N、NO_3^-—N 和 DON 组成。NH_4^+—N 的含量为 11.3～49.5 mg/kg、NO_3^-—N 的含量为 3.8～29.7 mg/kg、DON 的含量为 40.1～76.8 mg/kg。水源地沉积物 TDN 中 DON 的含量最高,占 TDN 比例 47.5%～73.4%;NO_3^-—N 较其他形态氮含量低,在 TDN 中所占比例均小于20%。这是因为沉积物处于厌氧环境不利于 NO_3^-—N 形成;NH_4^+—N 所占比例为 20.8%～34.7%。NH_4^+—N 和 NO_3^-—N 的季节变化规律与 TDN 相一致,而 DON 的变化则明显不同。

表 2-16　水源地沉积物中含氮污染物分布(单位:mg/kg)

项目	水源地	冬	春	夏	秋
w(TDN)	吴江	66.3	63.1	83.6	80.2
	渔洋山	67.8	64.8	89.7	87.5
	锡东	99.7	133.7	135.0	138.8
	金墅港	123.1	135.1	136.0	139.6
	南泉	122.6	133.4	134.1	140.1
	西氿	128.3	143.2	145.2	152.4

项目	水源地	冬	春	夏	秋
w(NH$_4^+$—N)	吴江	16.5	11.3	27.5	23.3
	渔洋山	17.6	11.5	30.8	28.4
	锡东	20.3	44.3	48.4	45.6
	金墅港	33.5	44.2	47.3	46.2
	南泉	36.4	44.3	47.1	46.6
	西氿	34.8	45.2	48.6	49.5
w(NO$_3^-$—N)	吴江	6.0	7.6	16.0	15.4
	渔洋山	3.8	5.7	14.5	14.2
	锡东	10.6	20.1	22.2	28.4
	金墅港	21.4	22.2	23.6	28.3
	南泉	17.8	20.0	23.4	29.7
	西氿	18.1	21.2	23.3	29.4
w(DON)	吴江	43.8	44.2	40.1	41.5
	渔洋山	46.3	47.6	44.4	44.9
	锡东	68.8	69.3	64.4	64.8
	金墅港	68.2	68.7	65.1	65.1
	南泉	68.1	68.9	63.6	63.8
	西氿	75.5	76.8	73.3	73.5

太湖水源地沉积物中 DON 季节变化:春、冬高于夏、秋。分析认为,这种变化趋势与多种因素有关,其中 DON 来源的影响是主要因素。研究表明,DON 的来源主要包括藻类、大型植物以及细菌、细胞死亡或自我分解,微生物及大型浮游动物捕食和排泄、分泌物释放等,其中微生物的影响较大。夏、秋季节水温较高,微生物活动加强,沉积物矿化速率加快,释放到上覆水中的 DON 增多,导致沉积物中的 DON 含量下降。相关研究也表明,夏季温度高,沉积物中 DON 的矿化速率增大,DON 含量降低。此外,夏季上覆水中由于藻类的生长增加了 DON 的消耗量,促使沉积物中 DON 的释放,降低了沉积物 DON 的含量。所以,太湖水源地沉积物中 DON 含量呈夏、秋季较低,春、冬季较高的规律。太湖水源地沉积物中 DON 的季节变化还与水生植物生长有关,深秋季节大量水生植物死亡,大量的植物残骸沉积于湖底,在沉积物中长期累积,导致沉积物中 DON 含量在冬、春季增大。

2.2.4.2　沉积物中 DON 形态特征

图 2-31 为太湖水源地沉积物中 DON 三维荧光图谱。从图 2-31 可以看出,

沉积物中 DON 的荧光分布与原水和间隙水有明显不同,5 类物质荧光度的明显存在表明沉积物中 DON 成分比较复杂。不同水源地之间具有一定的差异性,吴江和渔洋山两个水源地芳香蛋白络氨酸类物质荧光度较其他水源地强;南泉水源地芳香蛋白色氨酸类物质荧光度比其他水源地强;金墅港、锡东和南泉三个水源地溶解性微生物代谢产物荧光度较其他水源地强;西氿水源地 FA 和 HA 类物质荧光度较其他水源地强。

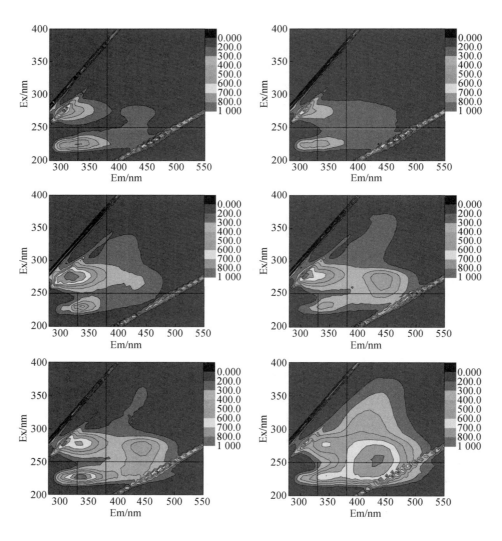

图 2 - 31　水源沉积物中 DON 三维荧光图谱

表 2 - 17 为沉积物中 DON 三维荧光区域积分体积及所占比例。数据表明,沉积物 DON 中芳香蛋白络氨酸类物质和芳香蛋白色氨酸类物质所占比例较高,与原水和间隙水中相类似。但沉积物 DON 中 HA 类物质所占比例明显升高,可能是因为水体中动植物死亡,其遗体残骸下沉到沉积物中增加了 HA 类物质的含量。

表 2 - 17 沉积物中 DON 三维荧光区域积分体积及所占比例

水源地	指标	总量	区域 I	区域 II	区域 III	区域 IV	区域 V
吴江	$\Phi_i(\times 10^6)$	480.42	127.79	137.39	87.68	77.56	50.00
	比例(%)	100	26.60	28.60	18.25	16.14	10.41
渔洋山	$\Phi_i(\times 10^6)$	479.44	102.43	136.65	105.68	78.68	56.00
	比例(%)	100	21.36	28.50	22.04	16.41	11.68
金墅港	$\Phi_i(\times 10^6)$	494.36	96.53	136.65	80.90	119.48	60.80
	比例(%)	100	19.53	27.64	16.36	24.17	12.30
锡东	$\Phi_i(\times 10^6)$	464.63	78.44	127.22	103.40	104.94	50.63
	比例(%)	100	16.88	27.38	22.25	22.59	10.90
南泉	$\Phi_i(\times 10^6)$	638.62	135.46	195.22	130.08	99.03	78.83
	比例(%)	100	21.21	30.57	20.37	15.51	12.34
西氿	$\Phi_i(\times 10^6)$	734.97	108.87	222.63	203.20	105.34	94.93
	比例(%)	100	18.81	28.29	20.65	17.33	14.92

图 2 - 32 为各个水源地沉积物中 DON 分子量分布图。从图中可以看出,太湖水源地沉积物 DON 中分子量 < 1 kDa、1～3 kDa、3～5 kDa、5～10 kDa 和 > 10 kDa 平均所占比例分别为 41.62%、19.25%、6.34%、9.03% 和 23.76%。与原水和间隙水中 DON 分布相似,沉积物中 DON 以小分子组分为主,其中 < 3 kDa 所占比例大于 50%;但与原水和间隙水不同的是沉积物中 > 10 kDa 大分子组分所占比例很高,均在 20% 以上,最高达到 26.5%。

图 2 - 33 为各个水源地沉积物中 DON 亲疏水性分布图。从图 2 - 33 可以看出,太湖水源地沉积物 DON 中强疏水性、弱疏水性、极性亲水和中性亲水组分平均所占比例分别为 20.64%、23.55%、31.03% 和 24.78%。沉积物 DON 中亲水性组分所占比例大于疏水性组分,其所占比例均大于 55%。但与原水中 DON 亲疏水性分布相比,沉积物 DON 中疏水性组分所占比例较高。这是因为沉积物中强疏水性 HA 类物质和弱疏水性 FA 类物质增加了 DON 中疏水组分。

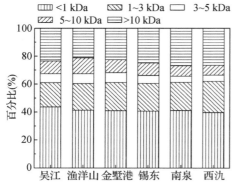
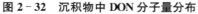

图 2-32　沉积物中 DON 分子量分布

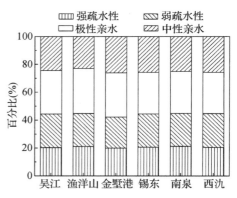

图 2-33　沉积物中 DON 亲疏水性分布

2.2.5　太湖水源水中氮来源分析

碳、氮同位素研究在水环境方面有着广泛的应用。通常情况下,碳、氮同位素在特定污染物质中组成是确定的,而且不会随着污染物质的迁移转化而发生较明显变化。可以对其进行精确的定量分析,因此常被用来探索不同环境介质中不同污染物的成因和来源。此外,碳氮比(C/N)可以有效指示有机质的来源,不同来源的有机物中 C/N 比值具有明显的差异。不同碳、氮来源的稳定同位素及 C/N 比值范围见表 2-18 至表 2-22。

表 2-18　不同来源硝态氮同位素范围

硝酸盐来源	$\delta^{15}N$
土壤 N	0‰～+8‰
硝态氮肥	−1‰～+2‰
大气降水	−13‰～+13‰
牲畜排泄物	+8‰～+22‰
生活污水	+10‰以上

表 2-19　不同来源氨氮同位素范围

铵盐来源	$\delta^{15}N$
化学肥料	−5‰～1‰
牲畜排泄物	+5‰～+20‰
大气降水	−12.2‰～−0.5‰
生活污水	+10‰～+20‰

表 2-20 不同来源有机氮 δ¹⁵N 特征范围

来　源	$\delta^{15}N$
化肥	$-7‰\sim5‰$
大气沉降	$-15‰\sim15‰$
天然土壤	$-4‰\sim4‰$
土壤有机质	$+2‰\sim+8‰$
人畜排泄物	$+10‰\sim+20‰$
陆源有机质	$-10‰\sim+10‰$（平均 2‰）
浮游植物	$+2‰\sim+7‰$
工业与生活污水	$+7‰\sim+25‰$

表 2-21 不同来源有机质 δ¹³C 特征范围

来　源	$\delta^{13}C$
C₃植物	$-40‰\sim-23‰$
C₄植物	$-19‰\sim-9‰$
淡水藻类和浮游生物	$-36‰\sim-24‰$
土壤有机质	$-25‰\sim-22‰$
水生植物	$-28‰\sim-17‰$

表 2-22 不同有机氮 C/N 特征范围

来　源	C/N
浮游植物	$5\sim10$
多数细菌等微生物	$3\sim5$
陆地植物	通常大于 15
土壤有机质	$8\sim15$
陆源有机质	通常大于 12
高等植物	通常大于 50

2.2.5.1 太湖水源地原水中氮来源分析

图 2-34 为太湖水源地原水中 NO_3^--N、NH_4^+-N 和 DON 在春、夏季氮同位素分布情况。太湖水源地原水中硝态氮 $\delta^{15}N$ 在 3.52‰~9.73‰ 之间,其中西氿水源地硝态氮 $\delta^{15}N$ 较低;氨氮 $\delta^{15}N$ 在 6.98‰~18.2‰ 之间,其中吴江水源地氨氮 $\delta^{15}N$ 显著高于其他水源地;DON 中 $\delta^{15}N$ 在 3.29‰~10.82‰,其中金墅港水源地最高,吴江水源地最低。$\delta^{15}N$ 在春、夏两季有一定的变化,NO_3^--N 和 NH_4^+-N

中 $\delta^{15}N$ 夏季高于春季，DON 中 $\delta^{15}N$ 夏季低于春季。

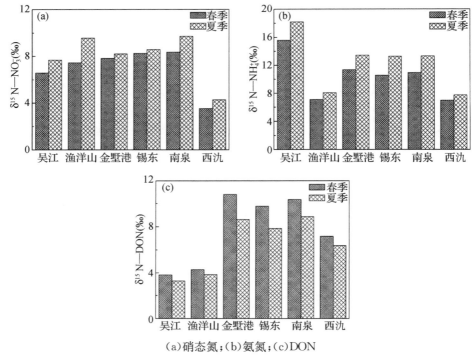

（a）硝态氮；（b）氨氮；（c）DON

图 2‑34　原水中氮同位素分布

西汜水源地原水中硝态氮 $\delta^{15}N$ 最低，平均值为 3.9‰，其值在土壤 NO_3^-—N 的 $\delta^{15}N$ 和大气降水 NO_3^-—N 的 $\delta^{15}N$ 区间，接近硝态氮肥中 NO_3^-—N 的 $\delta^{15}N$。这表明西汜水源地原水中 NO_3^-—N 主要来源于土壤 N，同时硝态氮肥对其有很大的影响。西汜水源地位于航道水域中，船舶航行对其影响较大及其对河岸的冲刷作用，土壤 N 成为原水中 NO_3^-—N 主要来源；水源地附近有大量的农田，使用大量的化学肥料，硝态氮肥随着地表径流进入水体，成为原水中 NO_3^-—N 的重要来源。西汜水源地原水中氨氮 $\delta^{15}N$ 平均为 7.36‰，在牲畜排泄物 NH_4^+—N 的 $\delta^{15}N$ 和大气降水 NO_3^-—N 的 $\delta^{15}N$ 区间，这说明西汜水源地原水中 NH_4^+—N 主要来源于牲畜排泄物，水源地周边的养殖业对水源地原水中 NH_4^+—N 有重大的影响。西汜水源地原水中 DON 的 $\delta^{15}N$ 平均为 6.78‰，表明西汜水源地原水中有机氮的来源比较广泛，受土壤有机质、大气沉降和工业与生活污水等影响较大；同时原水中 DON 的 $\delta^{15}N$ 接近浮游植物 DON 的 $\delta^{15}N$，说明藻类对其有一定的影响。

南泉、锡东和金墅港三个水源地位于贡湖湾,原水中硝态氮 $\delta^{15}N$ 平均值分别为 9.05‰、8.43‰ 和 8.02‰,均大于 8‰,较西氿水源地要高出很多。这表明生活污水和牲畜排泄物对这三个水源地 NO_3^--N 的来源影响较大。贡湖湖区靠近无锡市区,大量的生活污水是其水体中 NO_3^--N 的重要来源。氨氮 $\delta^{15}N$ 为 10.56‰~13.41‰,位于生活污水 NH_4^+-N 的 $\delta^{15}N$ 区间,表明这三个水源地原水中氨氮主要来源于生活污水。DON 的 $\delta^{15}N$ 也较高,平均值分别为 9.62‰、8.82‰ 和 9.73‰,分析其来源,主要为工业和生活污水。此外,对贡湖湾的藻类同位素测定得到藻类 $\delta^{15}N$ 为 11.86‰~13.15‰,对三个水源地原水 DON 的 $\delta^{15}N$ 有很大影响,表明藻类活动对原水中 DON 有重要的影响,也是原水中 DON 的重要来源。

渔洋山水源地硝态氮 $\delta^{15}N$ 较高,平均值为 8.52‰,高于土壤 NO_3^--N 的 $\delta^{15}N$,接近生活污水 NO_3^--N 的 $\delta^{15}N$,NH_4^+-N 的 $\delta^{15}N$ 平均值为 7.58‰,接近生活污水 $\delta^{15}N$。这表明原水中 NO_3^--N 和 NH_4^+-N 主要来源于生活污水。渔洋山水源地位于风景旅游度假区,受人类活动影响较大,产生的生活污水是原水中无机氮的主要来源。DON 的 $\delta^{15}N$ 较低,平均值为 4.07‰,可能主要来源于化肥和浮游植物中的有机氮。度假区内有大量的绿化植被以及附近的娱乐场所(如高尔夫球场)的草地需要施肥,部分化肥经地表径流进入水体,成为原水中有机氮的重要来源;浮游植物的生长代谢会释放 DON,也是原水中 DON 的重要来源。

吴江水源地原水中硝态氮 $\delta^{15}N$ 平均值为 7.15‰,分析其来源可能主要为土壤和牲畜排泄物。吴江水源地位于东太湖,是太湖的主要出水区,水流交换较快,冲刷作用较强,使大量土壤中的 N 进入水体;东太湖围网养殖较多,大量的排泄物进入水体,成为水体中含氮污染物的主要来源。NH_4^+-N 的 $\delta^{15}N$ 最高,平均值为 16.9‰,表明原水中 NH_4^+-N 主要来源于生活污水和牲畜排泄物。水源地附近存在大量的居民区,同时水产养殖业较为发达,产生的大量生活污水和排泄物进入太湖水体。原水中 DON 的 $\delta^{15}N$ 最低,平均值为 3.56‰,可能主要受化肥施用的影响,水源地周边存在大量的农田,需要使用大量的化肥肥料,部分肥料没有被农作物吸收,流失到水体中,成为水源地原水中 DON 的重要来源。DON 的 $\delta^{15}N$ 在浮游植物有机氮 $\delta^{15}N$ 区间,表明藻类活动产生的有机氮是原水中 DON 的重要来源。

NO_3^--N 和 NH_4^+-N 中 $\delta^{15}N$ 夏季高于春季,DON 中 $\delta^{15}N$ 夏季低于春季。分析认为,随着温度的升高,夏季生活污水的排放量会增加,成为水体中 NO_3^--N 和 NH_4^+-N 的重要来源,从而增加了 $\delta^{15}N$ 值;夏季藻类生长旺盛,代谢产生大量 AOM,成为水体中 DON 的主要来源。

2.2.5.2 沉积物中有机氮来源分析

水源地在各个季节沉积物 $\delta^{13}C$ 分布如图 2-35 所示。冬季变化范围为 $-25.42‰ \sim -21.93‰$，平均值为 $-23.61‰$；春季变化范围为 $-26.25‰ \sim -21.58‰$，平均值为 $-24.24‰$；夏季变化范围为 $-27.12‰ \sim -22.87‰$，平均值为 $-25.26‰$；秋季为 $-26.83‰ \sim -22.68‰$，平均值为 $-24.83‰$。由图可知，沉积物 $\delta^{13}C$ 在季节变化中表现为冬、春大于夏、秋，其中冬季 $\delta^{13}C$ 最大，夏季最小；此外，西氿水源地季节变化比其他水源地明显，特别是冬季沉积物 $\delta^{13}C$ 较高。各水源地沉积物 $\delta^{13}C$ 之间表现出一定的差异性，渔洋山和金墅港两个水源地沉积物 $\delta^{13}C$ 较大，锡东水源地较低，西氿水源地除冬季，其他季节 $\delta^{13}C$ 也较低。

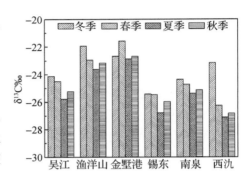

图 2-35 沉积物 $\delta^{13}C$ 分布

图 2-36 为太湖水源地沉积物 $\delta^{15}N$ 分布图。沉积物 $\delta^{15}N$ 季节变化不显著，冬季变化范围为 $5.61‰ \sim 10.26‰$，平均值 $8.04‰$；春季变化范围为 $4.95‰ \sim 9.90‰$，平均值 $7.55‰$；夏季变化范围为 $4.82‰ \sim 9.35‰$，平均值 $7.08‰$；冬季变化范围为 $4.88‰ \sim 9.67‰$，平均值 $7.28‰$。冬、春略高于夏、秋，除吴江水源地，冬季沉积物 $\delta^{15}N$ 最高，夏季最低。水源地之间的分布与 $\delta^{13}C$ 有明显的差异，沉积物 $\delta^{15}N$ 在锡东和南泉两个水源地较高，在渔洋山较低。

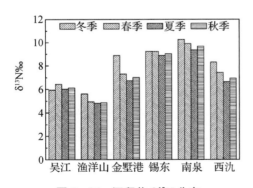

图 2-36 沉积物 $\delta^{15}N$ 分布

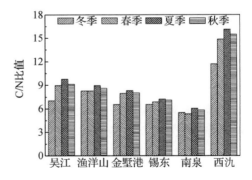

图 2-37 沉积物 C/N 比值分布

太湖水源地沉积物 C/N 比值分布如图 2-37。沉积物 C/N 比值分布较广，为 $5.34 \sim 16.12$。冬季分布范围为 $5.61 \sim 10.26$，平均值 8.04；春季分布范围为 $5.34 \sim 14.85$，平均值 8.42；夏季分布范围为 $6.07 \sim 16.12$，平均值 9.42；冬季

分布范围为 7.11~15.46,平均值为 9.03。总体分布上各个季节之间沉积物 C/N 比值变化不大,夏、秋略高于冬春,其中夏季最高,冬季最低。西氿水源地的季节变化则比较明显,夏季最大值为 16.12,冬季最小值为 11.70。各水源地之间变化,除西氿水源地沉积物 C/N 比值较高外,其他水源地之间变化不是很大,总体表现为从吴江水源地到南泉水源地逐渐降低。

太湖水源地沉积物 $\delta^{13}C$ 分布范围为 $-27.12‰ \sim -21.58‰$,在 C_3 植物、淡水藻类及浮游生物 $\delta^{13}C$ 区间,部分在土壤有机质和水生植物 $\delta^{13}C$ 区间;C/N 分布范围为 5.34~15.46,分布范围广,除微生物外,其他来源均有分布;$\delta^{15}N$ 为 4.82‰ ~ 10.26‰,分布于浮游植物、土壤有机质、工业与生活污水等多个区间,表明其来源复杂,区域差异性较大。

吴江水源地沉积物 $\delta^{13}C$ 分布范围为 $-25.78‰ \sim -24.12‰$,在 C_3 植物、水生植物、藻类及浮游生物有机质 $\delta^{13}C$ 区间;C/N 分布范围为 6.45~9.78,在浮游植物、土壤有机质 C/N 比值区间;$\delta^{15}N$ 分布范围为 5.95‰~6.45‰,在浮游植物、土壤有机质 $\delta^{15}N$ 区间。这表明吴江水源地沉积物中有机氮主要来源于藻类和土壤氮。

渔洋山水源地沉积物 $\delta^{13}C$ 分布范围为 $-23.61‰ \sim -21.93‰$,C/N 分布范围为 8.29~8.96,$\delta^{15}N$ 分布范围为 4.82‰~5.61‰,表明其沉积物有机质主要来源于 C3 植物、藻类和土壤有机质,有机氮主要来源于藻类和土壤氮。

金墅港、锡东和南泉三个水源地沉积物 $\delta^{13}C$ 分布范围为 $-26.78‰ \sim -21.58‰$,C/N 分布范围为 5.34~8.32,$\delta^{15}N$ 分布范围为 6.74‰~10.26‰。这表明沉积物中有机质主要来源于藻类、C3 植物。$\delta^{15}N$ 较高,说明沉积物中有机氮受生活与工业污水的影响较大,有机氮的主要来源包括生活与工业污水和藻类。

西氿水源地沉积物 $\delta^{13}C$ 分布范围为 $-27.12‰ \sim -23.14‰$,在 C3 植物、水生植物、藻类及土壤有机质 $\delta^{13}C$ 范围内;C/N 分布范围为 11.70~15.46,高于其他水源地,主要在土壤有机质 $\delta^{13}C$ 区间。表明西氿水源地沉积物中有机质主要来源于土壤,水生植物和 C3 植物对其也有一定的影响。$\delta^{15}N$ 分布范围为 6.65‰ ~ 8.32‰,在土壤氮、浮游植物有机氮的 $\delta^{15}N$ 区间。因此,沉积物中有机氮主要来源于土壤和浮游植物。

2.2.6 太湖入湖河流含氮污染物及同位素分布研究

研究了入湖河流 DON 的三维荧光、分子量分布和亲疏水性分布特征,分析其与太湖水源地原水中 DON 的异同;研究了入湖河流中各形态氮 $\delta^{15}N$ 分布特征,探究河流中含氮污染物的来源,分析其对太湖水源地含氮污染物的影响。

2.2.6.1　太湖入湖河流含氮污染物分布

图 2 - 38 为环太湖 6 条入湖河流的含氮污染物分布。TDN 变化范围较大,在 2.28~5.21 mg/L 之间,望虞河和夹浦河 TDN 含量较高,直湖港和太滆运河较低。望虞河作为引江济太的重要引水通道,由于长江水质较好,其污染程度最低,TDN 含量最低;直湖港和太滆运河污染最严重,其流域内分布的无锡市、常州市、宜兴市和长兴县,工业密布,乡镇企业较多,对河流水质影响较大。城东港和乌溪港位于太湖西部,主要受到宜兴市生活污水和农业面源污染的影响。夹浦港在太湖西南,位于长兴市,由于近年来的治理,水质得到很大的提升,TDN 含量较低。

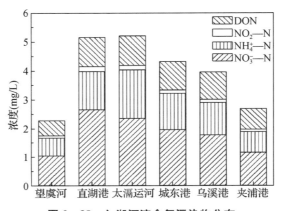

图 2 - 38　入湖河流含氮污染物分布

TDN 中 NO_2^-—N 的含量较少,平均值仅为 0.12 mg/L,在 TDN 中所占比例不到 4%,其易转化为其他形态氮,因此 TDN 主要由 NO_3^-—N、NH_4^+—N 和 DON 组成。NO_3^-—N 的含量为 1.04~2.66 mg/L,平均值为 1.82 mg/L;NH_4^+—N 的含量为 0.63~1.67 mg/L,平均值为 1.12 mg/L;DON 的含量为 0.53~1.02 mg/L,平均值为 0.86 mg/L。各入湖河流含氮污染物组成相似,均表现为 NO_3^-—N>NH_4^+—N>DON,分别占 TDN 的 42.7%~51.5%、25.5%~32.1% 和 19.5%~24.0%。与太湖水源地原水中含氮污染物的组成类似,分析认为,入湖河流可能是太湖水体中氮的重要来源。有研究发现,太湖入湖河流中氮的组成与变化与所对应的湖区的变化趋势向契合,入湖河流对太湖水质具有重要的影响。

2.2.6.2　太湖入湖河流 DON 形态特征

太湖入湖河流有机物三维荧光光谱如图 2 - 39 所示。入湖河流有机物的三维荧光峰主要有 2 类:A 峰为溶解性微生物代谢产物荧光峰,B 峰为芳香蛋白质物质荧光峰,包括色氨酸类物质和络氨酸类物质,其中主要为低激发波长色氨酸类物质。A 峰反映的是微生物生长代谢过程中的荧光产物,如蛋白质、小分子有机酸、辅酶和色素等;B峰反映的芳香蛋白类物质主要为内源生产,其主要来源为细菌分解过程中所产生的酶或生物残骸。入湖河流有机物荧光峰的分布特征与太湖原水相似,表明其有机物的组成与太湖原水有机物组成具有相似性。

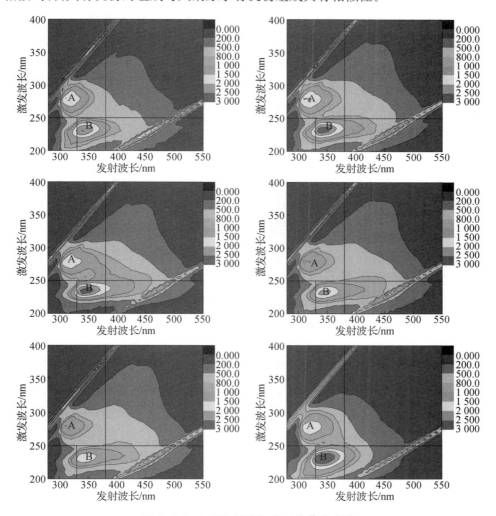

图2-39　入湖河流有机物三维荧光光谱

根据 FRI 计算方法,得到太湖入湖河流有机物荧光区域积分标准体积占比,如图 2-40 所示。河流有机物中芳香蛋白色氨酸类物质(区域Ⅱ)的比例最高,在水体有机物中所占比例分别为 33.83%±3.19%,这可能是因为河流与周边生活污水及工业废水排放有很大的关系:一方面河流沿岸居民生活污水及污水处理厂尾水的排放会引起水体中微生物降解产生某些特定的蛋白类物质;另一方面色氨酸为多环芳烃及其相关物质的生产副产物，与工业废水的排放有关。其次是溶解性微生物代谢产物（区域Ⅳ）和芳香蛋白络氨酸类物质（区域Ⅰ），所占比例分别为 24.56%±2.20% 和 20.71%±4.33%。这一方面是由于河流接纳周边污水处理厂尾水以及农业废水的排放，另一方面由于是水体中微生物的生长代谢，产生大量溶解性有机物。此外，FA 类物质在河流中也占有一定的比例，占有机物的 12.24%±2.07%，而 HA 类物质在河流中的含量很少，所占比例均小于 10%。与太湖原水相比较，河流有机物中 HA 类物质所占比例较高。这可能是由于河流冲刷作用，来源于土壤中的有机物增加了 HA 类物质的含量。总之，入湖河流有机物的组成特征与太湖原水有很大的相关性，因此改善入湖河流水质，对保证太湖水质，提高供水水质具有重要的意义。

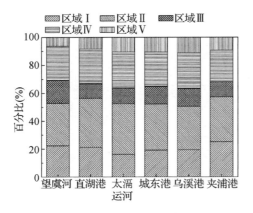

图 2-40　各荧光区域积分标准体积所占比例

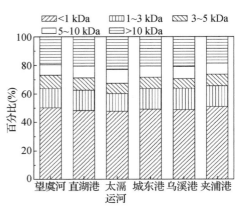

图 2-41　入湖河流 DON 分子量分布

图 2-41 为太湖入湖河流 DON 分子量分布图。从图 2-41 可以看出，6 条入湖河流 DON 分子量分布无明显差异，<1 kDa 所占比例为 47.71%～51.03%，1～3 kDa 所占比例为 12.55%～15.02%，3～5 kDa 所占比例为 6.87%～9.32%，5～10 kDa 所占比例为 7.34%～9.65%，>10 kDa 所占比例为 18.59%～22.88%。河流 DON 以小分子组分为主，其中<3 kDa 组分所占比例大于 60%。这是因为水中氨基酸等 DON 均为小分子物质，增加了小分子组分的含量。入湖河流 DON 分子量分布与太湖水源地原水中 DON 分子量分布相似，但也存在一定的差异性。与太湖水源地原水相比，入湖河流中 DON 大分子组分所占比例较高。分析认为，入湖河流中藻类较少，释放的 DON 所占比例较低，降低了小分子组分的比例。此外，河流的冲刷作用较太湖明显，来自于土壤中的含氮有机物增加了大分子 DON 比例。

图 2-42 为太湖入湖河流中 DON 亲疏水分布图。从图 2-42 中可以看出，DON 中强疏水性、弱疏水性、极性亲水和中性亲水各组分所占比例分别为 21.63%～

24.16％、21.82％～23.87％、26.57％～29.35％和25.15％～27.53％。入湖河流
DON 中亲水性组分平均所占比例约为 55％，略大于疏水性组分。因为 DON 中胺
类（NH_2）、酰胺（$CONH_2$ 或 CONH-R）、硝基（NO_2）和腈类（CN）均为亲水性官能
团，增加了水体中有机氮的亲水组分。太湖水源地原水 DON 中亲水性组分所占比
例在 65％左右，大于入湖河流 DON 中亲水性组分所占比例。分析认为，入湖河流
中藻类数量少，活性低；而太湖藻类活动频繁，产生了大量的藻类 AOM，如低聚糖、
多聚糖、羟基乙酸、碳水化合物、氨基酸、蛋白质等，其中含有大量中性亲水有机
物、—NH_2 和—COOH 等亲水性官能团，增加了太湖水源水中 DON 亲水性组分。

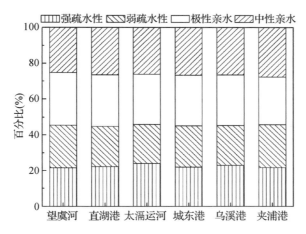

图 2-42 入湖河流 DON 亲疏水性分布

2.2.6.3 太湖入湖河流氮同位素分布

图 2-43 为太湖入湖河流 NO_3^-—N、NH_4^+—N 和 DON 中氮同位素分布图。
入湖河流中硝态氮 $\delta^{15}N$ 在河流之间的变化较小，在8.42‰～13.01‰之间。与水
源地原水中 $\delta^{15}N$ 相比，河流硝态氮 $\delta^{15}N$ 较高，表明生活污水为河流中 NO_3^-—N 的
主要来源。望虞河和直湖港 NO_3^-—N 的 $\delta^{15}N$ 位于牲畜排泄物硝态氮 $\delta^{15}N$ 区间（＋
8‰～＋22‰），接近土壤氮 $\delta^{15}N$ 区间（0‰～＋8‰）。望虞河作为"引江济太"重要
的通道，河流冲刷作用较强，大量土壤 N 进入水体，成为河流硝态氮的重要来源；
河流两岸的养殖业对水体含氮污染物具有很大的影响，是硝态氮的重要来源之一。
太滆运河、城东港、乌溪港和夹浦港 NO_3^-—N 的 $\delta^{15}N$ 均大于10‰，在生活污水硝态
氮 $\delta^{15}N$ 区间（＋10‰以上）和牲畜排泄物硝态氮 $\delta^{15}N$ 区间（＋8‰～＋22‰）。结合
现场取样的情况分析，这些河流穿过大量的居民区，所以认为生活污水是河流硝态
氮的重要来源，排泄物也是重要的来源。

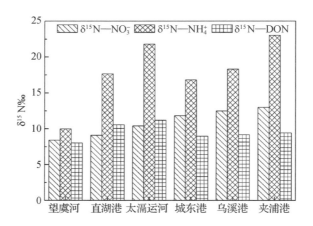

图 2-43　入湖河流氮同位素分布

氨氮 $\delta^{15}N$ 在 10.01‰～23.05‰ 之间，$\delta^{15}N$ 较高，在生活污水氨氮 $\delta^{15}N$ 区间（＋10‰～＋20‰）和牲畜排泄物氨氮 $\delta^{15}N$ 区间（＋5‰～＋20‰），说明入湖河流受人类活动影响较大，水体中氨氮主要来源于居民生活污水和养殖业的牲畜排泄物。与其他河流相比，望虞河氨氮 $\delta^{15}N$ 值较低，与土壤氮 $\delta^{15}N$（0‰～＋8‰）相接近，说明河流中部分氨氮可能来源于土壤 N。

DON 的 $\delta^{15}N$ 在 8.03‰～11.19‰ 之间，在工业与生活污水有机氮 $\delta^{15}N$ 区间（＋7‰～＋25‰）、陆源有机质有机氮 $\delta^{15}N$ 区间（－10‰～＋10‰）、人畜排泄物有机氮 $\delta^{15}N$ 区间（＋10‰～＋20‰）和大气沉降有机氮 $\delta^{15}N$ 区间（－15‰～15‰）。分析认为，太湖入湖河流中 DON 主要源于人类生产活动，如人类生活所产生的污废水以及养殖业所产生的污水。另外，大气沉降和降雨及其径流冲刷作用也是河流水体 DON 的重要来源。

2.3　原水输配中有机物与含氮污染物的转化作用

河网地区水系众多，其水质受人类活动影响大，加之闸坝束水使得水体流动缓慢、自净能力较差，造成河网地区水源水质相对较差，水质型缺水现象突出。为提高饮用水安全保障水平，近年来河网地区开始实施优质原水的长距离输送工程，其输送管道长度达到 10 km、甚至超过 100 km。在原水长距离输送过程中微生物会在管壁附着生长形成生物膜，管壁微生物会影响管壁与水体界面间的物理、化学、生化等反应，进而影响供水水质。本章针对原水输送过程中的水质变化，重点探讨了原水营养水平、原水管道管材、前置预氯化等不同因素对原水输送中含氮污染物转化的影响。

2.3.1　原水输送过程中管壁生物膜对含氮污染物的转化作用

根据实际管道技术参数,以正态水力相似原则构建原水输送管道模拟装置(图2-44),以太湖流域西氿备用水源水作为管道进水,水质参数见表2-23。

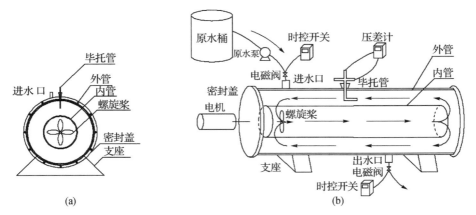

图2-44　原水输送管道模拟装置

表2-23　生物膜形成期间装置进水水质

水质指标	2015.03—2015.05	2015.06—2015.08	2015.09—2015.11	2015.12—2016.02
温度(℃)	5~15	15~26	7~22	5~12
pH 值	7.35~7.60	6.84~7.18	7.95~8.20	7.76~7.90
TN(mg/L)	2.10~2.61	2.05~4.80	1.71~1.99	1.82~2.14
NH_4^+—N(mg/L)	0.42~0.86	0.65~1.98	0.42~1.08	0.63~1.35
NO_2^-—N(mg/L)	0.00~0.07	0.00~0.01	0.00~0.09	0.00~0.08
NO_3^-—N(mg/L)	0.93~1.64	1.09~1.83	0.95~1.24	1.03~1.77
DON(mg/L)	0.48~0.72	0.56~1.10	0.27~0.53	0.31~0.87
COD_{Mn}(mg/L)	4.58~7.02	6.16~7.33	5.24~5.29	5.52~6.88
TP(mg/L)	0.21~0.39	0.06~0.20	0.03~0.12	0.18~0.26
DO(mg/L)	4.83~6.50	3.82~4.46	5.04~6.26	5.93~7.22
悬浮 HPC (CFU/mL)	$5.6×10^4$~ $8.5×10^4$	$4.2×10^4$~ $9.5×10^4$	$8.6×10^4$~ $3.5×10^5$	$6.9×10^4$~ $9.5×10^4$
浊度(NTU)	12.0~15.8	14.8~18.2	6.3~9.4	8.2~13.6

2.3.1.1　生物膜中微生物群落演替

通过异养菌平板技术检测方法(HPC)测定系统中可培养细菌的数量,同时反映原水输送管道中微生物的生长情况。管道模拟装置运行期间管壁生物膜中的 HPC 变化情况见图 2－45。进水中悬浮 HPC 的数量波动较小（表 2－23），而管壁生物膜中 HPC 呈现明显的规律性。由图 2－45 可知，生物膜中微生物的生长经历了适应期（0～15 d）、对数生长期（15～50 d）、脱落期（50～75 d）和稳定期（75 d 以后）四个阶段。

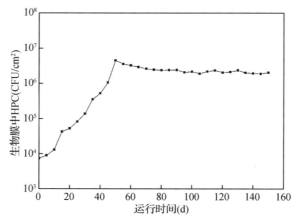

图 2－45　不同生长阶段 HPC 数目的变化

采用 Mesiq 管道模拟装置中不同生长阶段的生物膜微生物进行高通量测序，得到稀疏曲线（图 2－46）和群落组成（图 2－47）。稀疏曲线表明，越成熟的生物膜表现出越低的生物多样性，随着模拟装置运行时间的增加，生物膜群落结构趋于稳定，优势菌种不断富集，不适应环境的劣势菌种逐渐被淘汰，因此管壁生物膜中微生物的多样性逐渐降低。

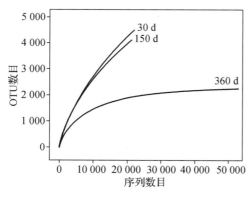

图 2－46　不同生长阶段生物膜中微生物稀疏曲线

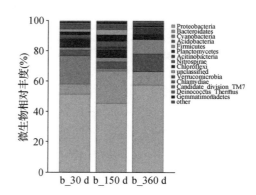

图 2－47　不同生长阶段生物膜中微生物群落组成（门水平）

对于不同生长阶段生物膜中的微生物群落组成鉴定结果显示，变形菌门、拟杆菌门、放线菌门、硝化螺旋菌门、厚壁菌门等均稳定存在于不同阶段的生物膜中,说明这些细菌对原水输送管道水质的变化起到了重要作用。模拟管道内壁微生物群落结构随装置运行时间的变化而发生演替。变形菌门在各阶段均是最优势菌门(44.6%～56.2%);拟杆菌门的相对丰度受夏季有机物浓度较高的影响,从30 d的6.77%上升到150 d的21.35%,进而降低到360 d的7.90%;样品150 d中硝化螺旋菌门的丰度较高(4.50%)。厚壁菌门的丰度从30 d的0.45%上升到150 d的1.02%,再上升到360 d的5.21%。而酸杆菌门和蓝藻菌门随着运行时间的延长,相对丰富不断降低乃至消失,可见这些细菌因不适宜原水管道的环境而逐渐被淘汰。

2.3.1.2 含氮污染物的转化及 DON 特性变化

生物膜形成过程中含氮污染物转化规律主要表现为硝化反应趋于完全。运行75 d后含氮污染物转化率逐渐稳定,NH_4^+—N、NO_2^-—N分别降解45%与90%左右,NO_3^-—N增加量约40%。综合图 2-48 管壁生物膜中 HPC 的生长规律及含氮污染物含量变化情况,可见生物膜中 HPC 的生长与原水中含氮污染物的浓度变化密切相关。原水中 NH_4^+—N、NO_2^-—N 的降解主要依靠生物膜中的氨氧化细菌、亚硝化细菌来完成,因此,生物膜中 HPC 的生长与氨氧化细菌、亚硝化细菌的生长基本一致。此外,随着微生物代谢作用的加强,可溶性代谢产物(SMPs)逐渐释放,管道出水中的小分子亲水性 DON 呈递增趋势(图 2-49)。

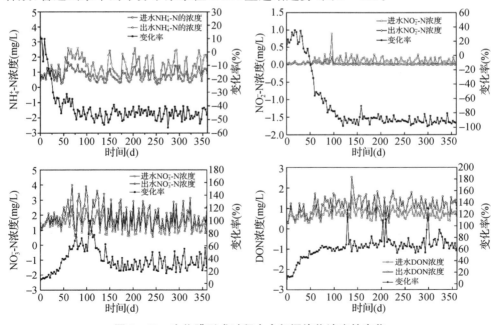

图 2-48 生物膜形成过程中含氮污染物浓度的变化

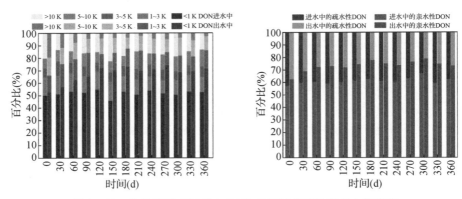

图 2 - 49　生物膜形成过程中 DON 分子量分布及亲疏水性变化

2.3.1.3　微生物与含氮污染物转化的关系

利用冗余分析(RDA)来建立管壁生物膜中功能菌与含氮污染物转化率之间的相关性分析(见图 2 - 50)。含氮污染物转化与优势菌相对丰度呈现以下相关性:NH_4^+—N 的转化率与硝化螺旋菌门(P6)丰度存在明显的正相关,即说明硝化螺旋菌门的高丰度促进了硝化作用,进而直接决定了管道中 NH_4^+—N 和 NO_2^-—N 浓度的降低;NO_3^-—N 转化率与厚壁菌门(P5)相对丰度呈正相关,与浮霉菌门(P4)呈负相关。原因在于好氧条件下厚壁菌门与浮霉菌门不能发挥反硝化和厌氧氨氧化作用;拟杆菌门(P3)丰度与 DON 转化率呈负相关,说明拟杆菌门丰度的增加有利于高分子有机物降解为小分子DON。综上可见,原水输送中管壁生物膜促进了含氮污染物的硝化反应,同时微生物的代谢作用释放出更多的小分子 DON,加大了后续水处理难度。

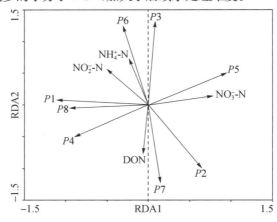

图 2 - 50　含氮污染物转化与优势菌 RDA 排序(P1 为变形菌门,P2 为酸杆菌门,P3 为拟杆菌门,P4 为浮霉菌门,P5 为厚壁菌门,P6 为硝化螺旋菌门,P7 为绿弯菌门,P8 为放线菌门)

2.3.2 原水水质对含氮污染物转化和管壁微生物生长的影响

原水输送管道内原水水质直接影响微生物对营养物质的摄取,同时还影响管道内沿程 DO 浓度,进而影响管壁上生物膜的结构及管道内含氮污染物的转化。依托太湖地区实际水源水质,探究两种不同原水水质条件下(装置 1 以太湖流域的西氿水为水源,装置 2 以横山水库为水源,见表 2 - 24)原水输送过程中含氮污染物的变化规律。

表 2 - 24 试验原水水质 (单位:除特别标注外,均为 mg/L)

水质指标	西氿水	横山水库
温度(℃)	18～26	16～25
pH 值	7.14～8.20	7.17～7.79
TN(mg/L)	2.61～3.40	0.61～1.25
NH_4^+—N(mg/L)	0.451～1.847	0.125～0.401
NO_2^-—N(mg/L)	0.005～0.086	0.000～0.065
NO_3^-—N(mg/L)	1.012～1.807	0.301～0.525
DON(mg/L)	0.290～0.927	0.050～0.413
COD_{Mn}(mg/L)	5.621～7.310	1.620～3.700
TP(mg/L)	0.050～0.380	0.031～0.180
DO(mg/L)	3.82～5.96	2.41～4.02
悬浮 HPC (CFU/mL)	$4.7×10^4$～$2.8×10^5$	$3.9×10^4$～$5.0×10^4$
浊度(NTU)	13.5～18.0	1.6～4.5

2.3.2.1 生物膜中微生物差异

不同水质条件下生物膜中 HPC 的生长趋势基本一致(图 2 - 51),至生物膜进入稳定期,装置 1 内管壁生物膜中的 HPC 稳定于 $2.60×10^5$～$4.00×10^5$ CFU/cm²,装

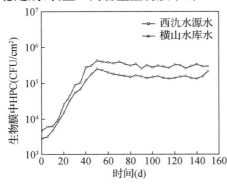

图 2 - 51 管壁生物膜 HPC 数量

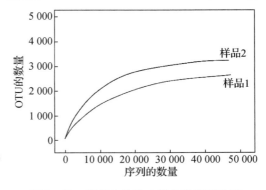

图 2 - 52 管壁生物膜中微生物稀疏曲线

置 2 内管壁生物膜中的 HPC 稳定于
$1.35 \times 10^5 \sim 2.16 \times 10^5$ CFU/cm²。微生
物稀释曲线图表明(图 2 - 52),输送营养
化程度高的原水管道中微生物多样性低
于优质原水的输送管道。管壁生物膜群
落组成结果表明(图 2 - 53),两套装置中
管壁生物膜中优势菌门的种类基本一
致,包括变形菌门、拟杆菌门、蓝藻菌门、
酸杆菌门等;但各优势菌门的相对丰度
存在差异,生物膜中优势菌门的多寡必
然会影响原水输送过程中含氮污染物的
转化情况。

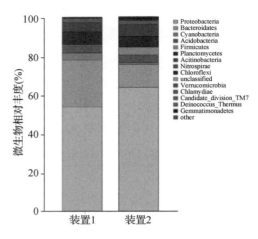

图 2 - 53　管壁生物膜微生物种群组成(门水平)

综上所述,原水水质影响管壁生物膜中微生物数量,原水营养水平低的管道中
微生物水平较低,但多样性较好、生态系统较为稳定;不同原水水质输送中管壁生
物膜中优势菌门种类基本一致,但相对丰度不同。

2.3.2.2　含氮污染物转化及 DON 特性的差异

由试验结果(图 2 - 54)可见,管壁生物膜成熟后(运行 150～180 d),高浊度,高
含氮污染物浓度的西氿原水输送中硝化反应更加明显,表现在 NH_4^+—N 转化率及
NO_2^-—N、NO_3^-—N 积累率高于横山水库水。西氿水营养水平高,其管道中微生
物代谢反应更加剧烈,导致原水输送过程中更多的 DON 被释放到水中,其 DON
浓度变化率较横山水库水更高。

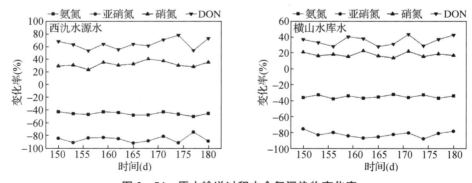

图 2 - 54　原水输送过程中含氮污染物变化率

不同原水水质条件下模拟管道进出水中 DON 分子量分布变化有所差异(图
2 - 55)。原水水质较差的西氿水的管道出水中小分子 DON 所占比例(84.6%～94.1%)

大于以横山水库水作为进水的管道(73.7%~84.3%)。西氿水为原水的管道出水中出现高比例的小分子 DON 与该管道生物膜中高丰度的拟杆菌门密切相关。

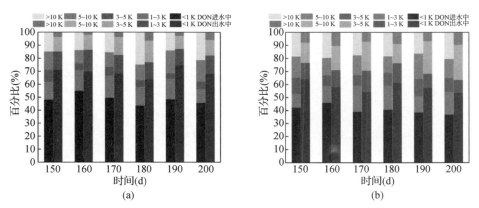

图 2-55 不同原水水质下 DON 分子量分布的变化(a 为装置 1,b 为装置 2)

研究不同原水水质条件下模拟管道进出水中 DON 亲疏水性变化(图 2-56),结果发现两套模拟装置出水中 DON 亲疏水性差异较小,西氿水与横山水库水为原水的管道出水中亲水性 DON 的比例分别为 72.8%~80.2%和 69.3%~74.3%。而西氿水中的藻类物质较横山水库水多,导致原水在输送过程中产生了更多的亲水性 DON 物质。

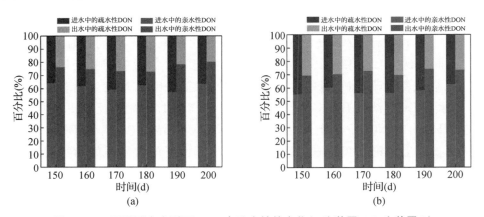

图 2-56 不同原水水质下 DON 亲疏水性的变化(a 为装置 1,b 为装置 2)

2.3.3 管材对原水管道中生物膜特性和含氮污染物转化的影响机制

管材对管壁生物膜的形成有显著的影响。当管材的粗糙度不同,则微生物在管壁的附着度有所不同,进而会影响管道中含氮污染物的转化。以常用水泥内衬钢管(CLSP)和油漆内衬钢管(PLSP)为考察对象,研究管材对原水管壁生物膜特性和含氮污染物转化的影响机制。试验期间原水水质见表2-25,两种试验管材粗糙度见表2-26。

表2-25 试验原水水质

水质指标	西氿水	水质指标	西氿水
温度(℃)	18~26	DON(mg/L)	0.290~0.927
pH值	7.14~8.20	COD_{Mn}(mg/L)	5.621~7.310
TN(mg/L)	2.61~3.40	TP(mg/L)	0.050~0.380
NH_4^+—N(mg/L)	0.451~1.847	DO(mg/L)	3.82~5.96
NO_2^-—N(mg/L)	0.005~0.086	悬浮HPC(CFU/mL)	$4.7×10^4$~$2.8×10^5$
NO_3^-—N(mg/L)	1.012~1.807	浊度(NTU)	13.5~18.0

表2-26 两种试验管材的表面绝对粗糙度

管材种类	管道状况	绝对粗糙度(mm)
水泥内衬钢管	新管	0.15~0.5
	旧管	1~1.5
油漆内衬钢管	新管	0.015~0.078
	旧管	0041~0078

2.3.3.1 不同管材原水管道中含氮污染物的转化规律及DON特性的差异

不同管材(CLSP和PLSP)条件下原水输配中含氮污染物的变化规律见图2-57。结果表明,不同管材中含氮污染物变化趋势相同,均发生显著的硝化反应,出水中DON浓度升高,TN波动大。CLSP较PLSP硝化反应更为明显,体现在NH_4^+—N,NO_2^-—N出水浓度更低,NO_3^-—N浓度较高,且DON出水浓度更高。以上结论与实际原水管道不同管材条件下的含氮污染物实测结果相吻合。

两套不同管材的模拟管道中进出水DON分子量分布及亲疏水性变化分别如图2-58和图2-59所示。结果表明,两套不同管材的管道出水中小分子DON的含量差异不大,分别为88.3%~95.3%(CLSP)、84.6%~94.1%(PLSP)。DON亲疏水性差异亦不大,以CLSP和PLSP为管材的管道出水中亲水性DON所占比例分别为78.8%~84.9%和72.8%~80.2%,较管道进水均上升20%左右。

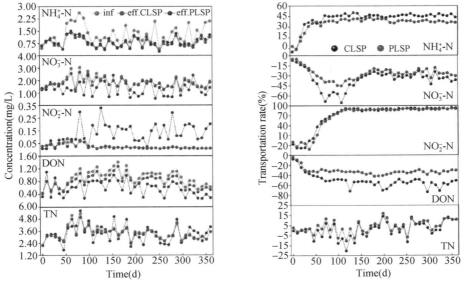

图 2-57　不同管材原水管道中含氮污染物的浓度及其转化率

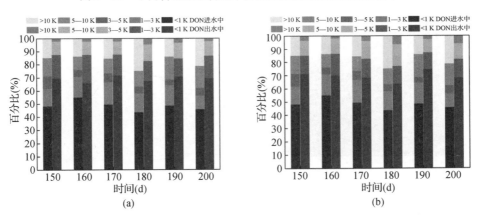

图 2-58　不同管材中 DON 分子量分布的变化(a 为 CLSP,b 为 PLSP)

2.3.3.2　微生物群落结构特点及其与含氮污染物转化的关系

图 2-60 表明,不同管材系统中生物膜微生物的优势菌门基本一致,仅在属水平上差异较大;鞘氨醇单胞菌属在两个系统中丰度最高,假单胞菌属在 PLSP 中显著富集,而硝化螺旋菌属更适合在水泥内衬管中生存。利用 RDA(图 2-61)研究微生物群落丰度与含氮污染物转化率的定性关系,发现 DON 转化率与鞘氨醇单胞菌属正相关,与假单胞菌属负相关。因此两个系统中 DON 转化率均较高,假单胞菌属丰度高的 PLSP 中 DON 出水浓度更高;NH_4^+—N,NO_2^-—N 转化率与硝化螺旋菌属正相关,说明水泥内衬管内硝化反应更显著。

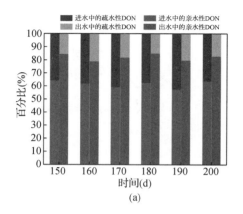
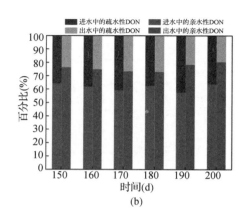

图 2‐59　不同管材中 DON 亲疏水性的变化(a 为 CLSP,b 为 PLSP)

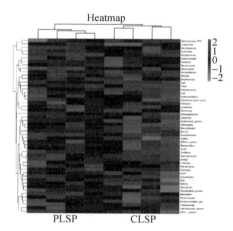

图 2‐60　微生物种群组成(属水平)

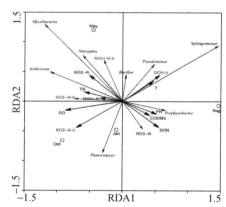

图 2‐61　微生物种群(属水平)与含氮污染物 RDA 排序

2.3.3.3　氮转化功能基因丰度及其与含氮污染物转化的关系

通过荧光定量 PCR 测定生物膜内 9 个氮转化功能基因($amoA$,$nxrA$,$nifH$,$nirS$,$nirK$,$nosZ$,$narG$,$napA$,$anammox$)和 16S rRNA 的丰度,如图 2‐62 所示。利用逐步多元回归分析得到基因绝对丰度同氮转化率的定量方程式(表 2‐27),得到氮转化路径(图 2‐63):PLSP 中好氧氨氧化是 NH_4^+—N 转化的主要路径,相比水泥内衬管缺少了厌氧氨氧化的辅助,因此 NH_4^+—N 转化率较低。NO_2^-—N 氧化为 NO_3^-—N 是 NO_3^-—N 和 NO_2^-—N 转化的关键。水泥内衬管中 NO_2^-—N 氧化成 NO_3^-—N 仅是 NO_2^-—N 转化的重要路径。NO_3^-—N 转化路径主要为好氧氨氧化的第一步和反硝化过程的第一步,前者表现出促进作用,后者起抑制作用。由于好氧环境抑制了反硝化功能基因活性,因此体现出 NO_3^-—N 浓度的升高。TN 转化率由反硝化过程第一步决定,反硝化进程的不完全是 TN 浓度的波动的主要原因。

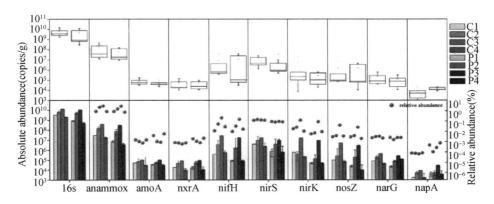

注:$amoA$ 基因标志 NH_4^+—N→NO_2^-—N 过程;$nxrA$ 基因标志 NO_2^-—N→NO_3^-—N 过程;$napA$ 和 $narG$ 基因标志 NO_3^-—N→NO_2^-—N 过程,$napA$ 主要存在于好氧条件下,而 $narG$ 则更适应厌氧环境;$nirS$ 和 $nirK$ 基因标志 NO_2^-—N→NO 过程;$nosZ$ 基因标志 N_2O→N_2 过程;$anammox$ 基因标志 NH_4^+—N+NO_2^-—N→N_2 过程;$nifH$ 基因标志 N_2→NH_4^+—N 过程;16S rRNA 反映总细菌数

图 2-62 不同管材管道中氮转化功能基因丰度图

表 2-27 不同管材中功能基因丰度与含氮污染物转化率间定量方程

	逐步回归分析方程	R^2	P
CLSP	NH_4^+—N=0.362+5.82×10^{-10}($amoA$+$anammox$+$nxrA$)	0.862	0.003
	NO_3^-—N=−0.286−1.174×$10^{-6}$$nxrA$	0.805	0.001
	NO_2^-—N=0.705+7.667×$10^{-6}$$nxrA$−5.206×$10^{-6}$$amoA$+ $0.278×\dfrac{amoA}{narG+napA}$	0.705	0.002
	$TN=-0.008+4.495×10^{-8}narG+3.211\dfrac{nifH}{bacteria}$	0.881	0.002
PLSP	NH_4^+—N=0.341+1.366×10^{-11}bacteria+$5.93\dfrac{amoA}{anammox}$	0.831	0.002
	NO_3^-—N=−0.285−0.907×$10^{-7}$$nxrA$	0.758	0.001
	NO_2^-—N=0.648+2.827×$10^{-6}$$nxrA$+$3.038\dfrac{amoA}{anammox}$	0.790	0.002
	$TN=0.0009+7.456\dfrac{nifH}{bacteria}-0.178\dfrac{amoA+anammox}{bacteria}$	0.950	0.001

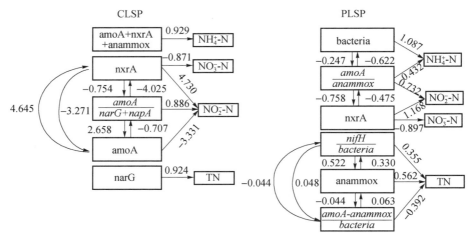

图 2 - 63　不同管材原水管道模拟装置中含氮污染物转化路径

2.3.4　预氯化对原水输送过程中含氮污染物转化的影响机制

在管道实际运行中,为了控制管道中淡水贝类的生长及 DO 的浓度,给水厂通常采用投加氧化剂的方式保证水质稳定。投加氧化剂一方面可以有效控制水生生物及藻类生长,去除原水中的部分有机和无机污染物;另一方面,伴随消毒副产物的生成,也会破坏管道中微生物的种群结构及活性,影响管道生物膜的生物作用,进而影响原水管道中含氮污染物的转化。

2.3.4.1　预氯化对原水输送过程中水质的影响

（1）含氮污染物的转化及 DON 特性的变化

经过预氯化后管道出水含氮污染物浓度见图 2 - 64,结果表明出水 DON 浓度显著上升,当氯浓度低于 1.5 mg/L 时,氨氮、亚硝氮的去除率与硝氮积累率呈现明显上升趋势,且随着投氯量的增加而增加。当氯浓度高于 1.5 mg/L 时,氨氮、硝氮转化率急剧下降,而由于 HOCl 对亚硝氮的直接氧化作用,亚硝氮仍然呈现较高的转化率,这表明较低浓度的预氯会增强原水管道中的硝化作用,而高浓度氯会显著抑制硝化作用。加氯后,消毒剂一方面使管壁生物膜大量脱落以及使微生物氧化后溶出的胞外物质进入水体中,因此出水 DON 浓度升高,且明显高于对照组 DON 浓度。另一方面,氯与水中的有机物尤其是含氮有机物反应,生成消毒副产物,同样也会造成 DON 浓度的升高。

出水 DON 分子特性见图 2 - 65。试验原水以亲水性小分子 DON 为主,经预氯化处理后,出水 DON 仍然以亲水性小分子为主,并且分子量＞10 kDa 的 DON 所占比例逐渐下降,分子量＜1 kDa 的 DON 所占比例逐渐上升。同时预氯化增加了出水亲水性组分的比例,反映了预氯化处理促进了原水输送过程中大分子 DON 向亲水性小分子 DON 的转化。

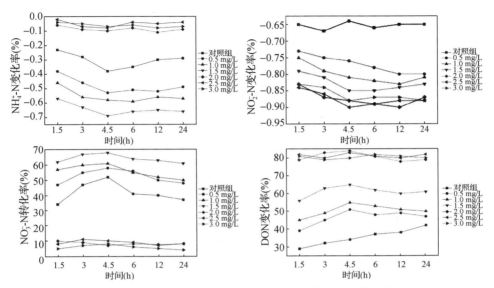

图 2 - 64 不同预氯化条件下出水含氮污染物浓度的变化

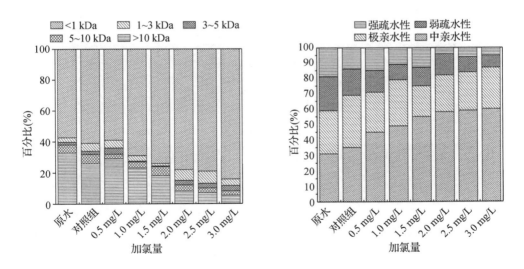

图 2 - 65 不同预氯化条件下出水 DON 特性的变化

(2)有机物浓度及荧光特性的变化

图 2 - 66 表明,预氯化处理后,出水有机物浓度低于对照组,有机物降解率升高,随着氯投加量的增加,出水有机物降解率也逐渐升高,6 h 后降解率趋于稳定。

SUVA 值(0.6～1.08)低于 2,表明出水有机物以非腐殖质的亲水性小分子为主,与前述 DON 特性研究结果一致。

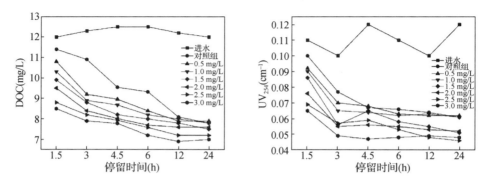

图 2 - 66 不同加氯条件下出水有机物浓度

三维荧光图谱(图 2-67)和荧光强度(表 2-28)表明,原水有机物以芳香族蛋白质、富里酸以及溶解性微生物产物为主,经预氯化处理后,芳香族蛋白质的含量有所降低,溶解性微生物产物的含量有所上升。

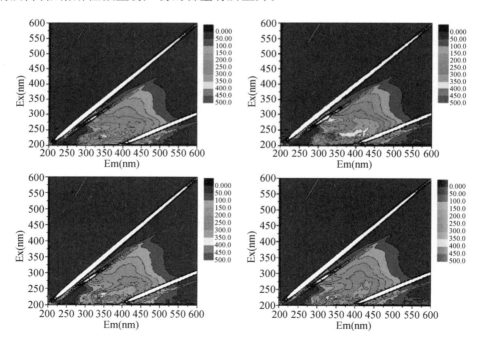

图 2 - 67 不同加氯条件下出水三维荧光图谱(从左到右
依次为原水、0.5 mg/L 至 3.0 mg/L)

表 2-28 不同加氯条件下出水三维荧光积分

区域积分		Ⅰ类 酪氨酸	Ⅱ类 色氨酸	Ⅲ类 富里酸	Ⅳ类 SMPs	Ⅴ类 腐殖酸
原水	积分值	313 682.5	449 121.4	664 404.7	102 214.9	31 923.34
	比例	20.09%	28.77%	42.55%	6.55%	2.04%
对照组	积分值	351 411.5	566 391	897 203.3	105 371.8	30 894.95
	比例	18.01%	27.03%	45.98%	8.40%	1.58%
0.5 mg/L	积分值	319 494.9	520 602.6	683 296.9	108 819.3	34 210.44
	比例	19.17%	27.24%	41.00%	8.53%	2.05%
1 mg/L	积分值	254 100	425 710.3	657 366.9	105 050.1	32 184.74
	比例	17.23%	26.87%	44.59%	9.12%	2.18%
1.5 mg/L	积分值	251 670.7	435 689.7	673 877.2	110 148.4	31 589.62
	比例	16.74%	24.99%	44.84%	9.33%	2.10%
2 mg/L	积分值	293 927.6	453 189.3	678 182.6	117 901.2	33 487.98
	比例	16.64%	23.74%	43.01%	9.48%	2.12%
2.5 mg/L	积分值	285 011.8	437 771.8	663 482.4	103 242.3	31 782.39
	比例	15.73%	23.78%	43.61%	11.79%	2.09%
3 mg/L	积分值	276 797.7	432 597.3	647 130.7	104 496.8	30 148.33
	比例	14.56%	21.01%	43.40%	12.01%	2.02%

（3）消毒副产物生成量及生成势

加氯量和反应时间对模拟装置出水中含氮消毒副产物（N-DBPs）生成量的影响见图 2-68，主要被检测到的 N-DBPs 有二氯乙腈（DCAN）、二氯乙酰氨（DCAcAm）和三氯硝基甲烷（TCNM）；卤代烃以 CF、BDCM、DBCM 为主，N-DBPs 以 DCAN 和 TCNM 为主。结果表明，预氯化后，出水 N-DBPs 随着氯投加量的增大而逐渐增大，同时 N-DBPs 的生成量与水中 DON 的含量有密切相关性，THM 的生成势随着氯投加量增加而逐渐降低，投氯量大于 1.5 mg/L，N-DBPs 生成势的增加趋势变缓逐渐趋于稳定。

2.3.4.2 预氯化对原水输送管道中微生物的影响

输水管道中 HPC，亚硝化菌（NOB）主要存在于水体中，而氨氧化菌（AOB）作为硝化细菌中优势菌体，主要聚集在生物膜中。当加氯量为 0.5～1.5 mg/L 时，水中和生物膜中的硝化细菌和水体中的 HPC 数量（图 2-69）变化较小，而生物膜中 HPC 数量显著下降。当加氯量＞1.5 mg/L 时，水中和生物膜中的硝化细菌（AOB、NOB）和

HPC 数量均呈下降趋势。这表明投氯量<1.5 mg/L 时,消毒剂对生物膜中 HPC 的灭活效果较好,同时生物膜中 AOB 数量相对较多;当加氯量>1.5 mg/L 时,氯表现出了对于生物硝化作用的破坏和微生物的高度灭活,故可以考虑在实际生产运行中,以小于 1.5 mg/L 的氯投加,以更好地发挥管道硝化作用。

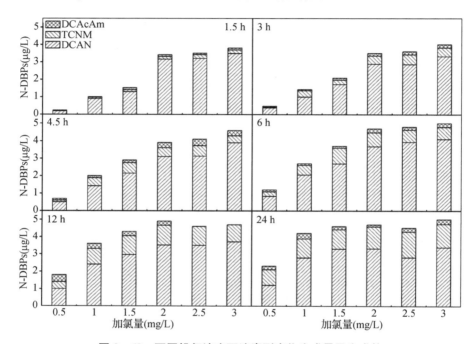

图 2-68 不同投氯浓度下消毒副产物生成量及生成势

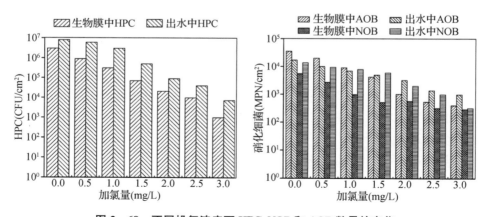

图 2-69 不同投氯浓度下 HPC、NOB 和 AOB 数量的变化

经预氯化处理后，生物膜中微生物群落的多样性显著下降，且投氯量越高，微生物多样性越低（图2-70）。微生物群落结构表明（图2-71），鞘氨醇单胞菌属为最优势菌属（22.5%），随着投氯量升高，具有抗氯性的食酸菌属、不动杆菌属、假单胞菌属相对丰度逐渐上升并趋于稳定。硝化螺旋菌属相对丰度随着加氯量的增加呈现先上升后下降趋势。

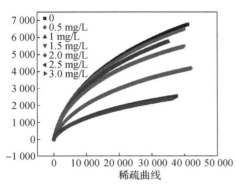 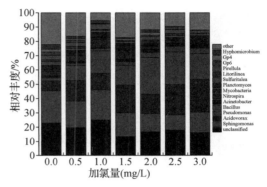

图2-70 不同加氯浓度下微生物群落结构　　**图2-71 不同加氯浓度下微生物稀疏曲线**

运用qPCR定量测定细菌及氮转化相关功能基因的丰度，从基因层面进一步探究不同加氯量对含氮污染物转化的影响。结果表明（图2-72），加氯后，生物膜中细菌、古菌以及厌氧氨氧化菌的绝对丰度都呈下降趋势，且随着氯浓度的增大，基因丰度逐渐降低，表明了预氯化对于原水输送系统微生物菌群的破坏。随着氯投加浓度增大，*Anammox*基因与反硝化相关的功能基因丰度呈下降趋势，AOA *amoA*和AOB *amoA*基因丰度在加氯量为0.5~1.5 mg/L时明显上升，后随着投氯量地进一步增加而下降。因此厌氧氨化细菌和反硝化相关基因丰度对于预氯化

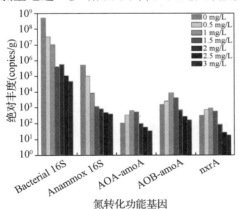 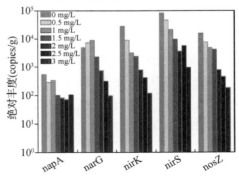

图2-72 不同加氯浓度下氮转化功能基因绝对丰度

更加敏感，而好氧氨细菌对于消毒剂具有一定抵抗性。因此实际生成中，建议使用小于 1.5 mg/L 的氯投加，以更好地发挥管道硝化作用。

2.3.4.3 预氯化对原水输送过程中有机氮分子特性的影响

通过傅里叶变换离子回旋共振质谱法（ESI FT-ICR MS）获得某预氯化原水管道系统（包括加氯管段、未加氯原水管段和混合出水管段）沿程出水中小分子 DON（<1 kDa）的分子式信息，据此探究原水输送管道中 DON 分子特性的演变及预氯化对 DON 分子特性的影响。结果显示，预氯化原水管道和未加氯原水管道系统共测得 6 516 个小分子 DON 分子式，其中 $C_nH_mO_pN_1$（73.74%～80.81%）占主导地位（图 2-73）。按照物质分类主要 DON 为木质素（75.06%～80.24%）、单宁酸（8.85%～12.47%）和蛋白类（6.88%～8.4%）。

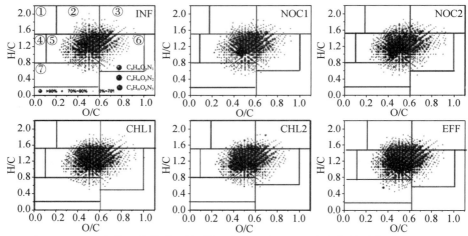

图 2-73 预氯化原水管道系统：横山水库进水（INF）、未加氯管道前端（NOC1）、未加氯管道末端（NOC2）、加氯管道前端（CHL1）、加氯管道末端（CHL2）、混合出水末端（EFF）的 DON 分子组成

预氯化原水管道系统中有 51% 类小分子 DON 来自进水且沿程不发生变化（图 2-74），其中主要是顽固难降解的木质素、单宁酸和 $C_nH_mO_pN_1$，且 O/N 较高为 8.14～8.25，这体现进水 DON 的组成对原水管道中的 DON 分子式组成及其顽固的特性产生重要的影响。在原水运输过程中，发现进水样品中 85 类 DON 分子式（5.07%）的消失，而混合出水中产生了 374 类新的 DON 分子式（22.33%）。进一步探究表明，DON 分子式的增加主要发生在未加氯管段部分（从 966 到 1221），在加氯管段中部分（从 1072 到 1092）仅观察到微小变化。此外发现，含氧分子较低的（O：7.54～8.61）低核质比（m/z）（350～354）小分子 DON 在未加氯和加氯管道前段易被去除。随着原水输送至管道末端，形成了高 m/z（401～432）和较高富氧分子(O:8.79～9.57)的小分子 DON。这些新生成的小分子 DON 非常不稳定,其中63.02%～81.35%在原水运输过程中被去除或再生成。

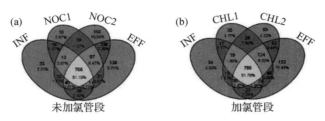

图 2-74　(a)未加氯管段和(b)加氯管段中 DON 分子式韦恩图

相较未加氯管道,预氯化促进了管道前端 $C_nH_mO_pN_1$ 和 $C_nH_mO_pN_3$(39～108)的形成,增加了出水中的富氧 DON 物质,但同时也减缓了 $C_nH_mO_pN_1$ 和 DON 种类的多样性在输水过程中的快速变化,并抑制蛋白质和碳水化合物的形成($P<0.05$)。这表明,预氯化对于 DON 分子特性的影响是多方面的,既促进了消毒副产物的生成,造成管道前端 $C_nH_mO_pN_1$、$C_nH_mO_pN_3$ 的增加,又对维持水中小分子 DON 分子种类的稳定性起到重要作用。

2.4　本章小结

纳滤预处理与电渗析预处理相比,在实现 DIN 和 DON 分离的同时,可浓缩待测液中的 DON 浓度,提高低浓度下的检测精度;新合成的 PES 复合纳滤膜预处理分离可提高 DON 检测准确度,适用于水源水和饮用水中含量较低的 DON 检测。

太湖水源水中含氮污染物总量为 0.37～3.32 mg/L,空间上呈现由东南向西北递增的趋势及较强的季节性差异。冬、春季节含氮污染物总量高于夏、秋季节。冬、春季水源中含氮污染物主要以硝酸盐氮为主;夏、秋季由于藻类生长,含氮污染物主要以 DON 为主。DON 以亲水性、小分子的溶解性微生物代谢产物和氨基酸类、蛋白类有机氮为主。太湖水源水中 DON 与沉积物及其间隙水关系密切,沉积物内源释放是水中 DON 的主要来源之一,而受外源性输入影响较小。

原水输送中管壁生物膜促进了含氮污染物的硝化反应,微生物代谢作用释放出更多的小分子 DON,水泥内衬管内硝化反应更显著。预氯化原水管道中的小分子 DON 主要为 $C_nH_mO_pN_1$ 和木质素类,其主要来自原水。尽管预氯化促进 $C_nH_mO_pN_1$ 的少量增加,但对维持水中小分子 DON 分子种类的稳定性起到重要作用。在实际生产中建议通过投加小于 1.5 mg/L 的氧化剂,适当延长接触时间,以更好地发挥管道生物作用。

[参考文献]

[1] Seitzinger S P，Sanders R W. Contribution of dissolved organic nitrogen from rivers to estuarine eutrophication[J]. Marine Ecology Progress Series. 1997，159：1－12.

[2] Berman T，Bronk D A. Dissolved organic nitrogen：a dynamic participant in aquatic ecosystems[J]. Aquatic Microbial Ecology. 2003，31(3)：279－305.

[3] Bronk D A，Glibert P M，Ward B B. Nitrogen uptake，dissolved organic nitrogen release，and new production. [J]. Science (New York，N. Y.). 1994，265(5180)：1843－1846.

[4] Bronk D A，See J H，Bradley P，et al. DON as a source of bioavailable nitrogen for phytoplankton[Z]. 2007：4，283－296.

[5] Worsfold P J，Monbet P，Tappin A D，et al. Characterisation and quantification of organic phosphorus and organic nitrogen components in aquatic systems：A review[J]. Analytica Chimica Acta. 2008，624(1)：37－58.

[6] Wu F C，Tanoue E. Tryptophan in the sediments of lakes from Southwestern China Plateau [J]. Chemical Geology. 2002，184(PⅡ S0009－2541(01)00360－61－2)：139－149.

[7] Ohkouchi N，Takano Y. Organic Nitrogen：Sources，Fates，and Chemistry[Z]. 251－289.

[8] Pehlivanoglu-Mantas E，Sedlak D L. Measurement of dissolved organic nitrogen forms in wastewater effluents：Concentrations，size distribution and NDMA formation potential[J]. Water Research. 2008，42(14)：3890－3898.

[9] Badr E A，Achterberg E P，Tappin A D，et al. Determination of dissolved organic nitrogen in natural waters using high-temperature catalytic oxidation[J]. TrAC Trends in Analytical Chemistry. 2003，22(11)：819－827.

[10] Solinger S，Kalbitz K，Matzner E. Controls on the dynamics of dissolved organic carbon and nitrogen in a Central European deciduous forest[J]. Biogeochemistry. 2001，55(3)：327－349.

[11] Chon K，Lee Y，Traber J，et al. Quantification and characterization of dissolved organic nitrogen in wastewater effluents by electrodialysis treatment followed by size-exclusion chromatography with nitrogen detection[J]. Water Research. 2013，47(14)：5381－5391.

[12] 孟洪,彭昌盛,卢寿慈. 离子交换膜的选择透过性机理[J]. 北京科技大学学报. 2002，24(06)：656－660.

[13] 汪耀明,吴亮,徐铜文. 新型通用离子交换膜的研究与实践[J]. 中国工程科学. 2014(12)：76－86.

[14] 曾小君,杨高文,徐肖邢,等. 电渗析回收亚氨基二乙酸的实验[J]. 工业用水与废水. 2002，33(1)：31－32.

[15] 张根生,周长发,缪道英,等. 电渗析水处理技术[M]. 北京：科学出版社，1981：1－13.

[16] 周青. 基于电去离子技术的甘氨酸氯化铵分离工艺研究[D]. 杭州：浙江理工大学，2013.

[17] Koprivnjak，J. F. P E M，And Pfromm P H. Coupling reverse osmosis with electrodialysis

to isolate natural organic matter from fresh waters[J]. Water Research. 2006，18(40)：3385 - 3392.

[18] El Midaoui A，Elhannouni F，Taky M，et al. Optimization of nitrate removal operation from ground water by electrodialysis[J]. Separation and Purification Technology. 2002，29 (3)：235 - 244.

[19] Removal of Inorganic and Trace Organic Contaminants by Electrodialysis[D]. Edinburgh：The University of Edinburgh，2009.

[20] Kim D H，Moon S，Cho J. Investigation of the adsorption and transport of natural organic matter (NOM) in ion-exchange membranes[J]. Desalination. 2003，151(1)：11 - 20.

[21] Amy G. Fundamental understanding of organic matter fouling of membranes[J]. Desali-Nation. 2008，231(1 - 3)：44 - 51.

[22] Lindstrand V，J Nsson A，Sundstr M G R. Organic fouling of electrodialysis membranes with and without applied voltage[J]. Desalination. 2000，130(1)：73 - 84.

[23] 古励，刘冰，于鑫. 受污染水源饮用水处理工艺中的有机氮类化合物[J]. 科学通报. 2010 (26)：2651 - 2654.

[24] Van Der Bruggen B，Braeken L，Vandecasteele C. Evaluation of parameters describing flux decline in nanofiltration of aqueous solutions containing organic compounds [J]. Desalination. 2002，147(1 - 3)(2002)：281 - 288.

[25] Qin B，Xu P，Wu Q，et al. Environmental issues of Lake Taihu，China [J]. Hydrobiologia. 2007，581(1)：3 - 14.

[26] 水利部太湖流域管理局. 太湖健康状况报告 2015 [EB/OL]. 上海：水利部太湖流域管理局. 2016 - 09 - 05. http：// www. tba. gov. cn //tba/content/TBA/lygb/thjkzkbg/0000000 000010567. a)html.

[27] Xi B，Su J，Sun Y，et al. Thematic Issue：Water of the Taihu Lake [J]. Environmental Earth Sciences. 2015，74(5)：3929 - 3933.

[28] 马倩，田威，吴朝明. 望虞河引长江水入太湖水体的总磷、总氮分析 [J]. 湖泊科学. 2014，26(2)：207 - 212.

[29] 环境保护部. 2015 年中国环境状况公报 [EB/OL]. 北京：环境保护部. 2016 - 06 - 02. http://www. mep. gov. cn/gkml/hbb/qt/201606/t20160602_353138. htm.

[30] 江苏省环境保护厅. 2015 年江苏省环境状况公报 [EB/OL]. 南京：江苏省环境保护厅. 2016 - 05 - 30. http://www. jshb. gov. cn：8080/pub/root14/xxgkcs/201606/t20160603_ 352503. b)html.

[31] Hai X，Paerl H W，Qin B Q，et al. Nitrogen and phosphorus inputs control phytoplankton growth in eutrophic Lake Taihu，China [J]. Limnology and Oceanography. 2010，55(1)：420 - 432.

[32] 吴雅丽，许海，杨桂军，等. 太湖水体氮素污染状况研究进展 [J]. 湖泊科学. 2014，26(1)：

19 – 28.

[33] 马健荣,邓建明,秦伯强,等. 湖泊蓝藻水华发生机理研究进展 [J]. 生态学报. 2013,33 (10):3020 – 3030.

[34] 戴秀丽,钱佩琪,叶凉,等. 太湖水体氮、磷浓度演变趋势(1985—2015 年)[J]. 湖泊科学. 2016,28(5):935 – 943.

[35] 汪淼,严红,焦立新,等. 滇池沉积物氮内源负荷特征及影响因素 [J]. 中国环境科学. 2015,35(1):218 – 226.

[36] Small G E, Cotner J B, Finlay J C, et al. Nitrogen transformations at the sediment-water interface across redox gradients in the Laurentian Great Lakes [J]. Hydrobiologia. 2014, 731(1):95 – 108.

[37] 狄贞珍,张洪,单保庆,等. 太湖内源营养盐负荷状况及其对上覆水水质的影响 [J]. 环境科学学报. 2015,35(12):3872 – 3882.

[38] Sondergaard M, Jensen P J, Jeppesen E. Retention and Internal Loading of Phosphorus in Shallow, Eutrophic Lakes [J]. Scientific World Journal. 2001, 1(1 – 3):427 – 442.

[39] 张彦,张远,于涛,等. 太湖沉积物及孔隙水中氮的时空分布特征 [J]. 环境科学研究. 2010,23(11):1333 – 1342.

[40] 卢少勇,蔡珉敏,金相灿,等. 滇池湖滨带沉积物氮形态的空间分布 [J]. 生态环境学报. 2009,18(4):1351 – 1357.

[41] Riaz M, Mian I A, Bhatti A, et al. An exploration of how litter controls drainage water DIN, DON and DOC dynamics in freely draining acid grassland soils [J]. Biogeochemistry. 2012,107(1):165 – 185.

[42] Holst J, Brackin R, Robinson N. Soluble inorganic and organic nitrogen in two Australian soils under sugarcane cultivation [J]. Agriculture Ecosystems & Environment. 2012, 155 (14):16 – 26.

[43] Kang P G, Mitchell M J. Bioavailability and size-fraction of dissolved organic carbon, nitrogen, and sulfur at the Arbutus Lake watershed, Adirondack Mountains, NY [J]. Biogeochemistry. 2013, 115(1):213 – 234.

[44] Sohrin R, Imanishi K, Suzuki Y, et al. Distributions of dissolved organic carbon and nitrogen in the western Okhotsk Sea and their effluxes to the North Pacific [J]. Progress in Oceanography. 2014, 126(1):168 – 179.

[45] Xu B, Li D P, Wei L, et al. Measurements of dissolved organic nitrogen (DON) in water samples with nanofiltration pretreatment [J]. Water Research. 2010, 44(18):5376 – 5384.

[46] Depalma S G S, Arnold W R, Mcgeer J C, et al. Variability in dissolved organic matter fluorescence and reduced sulfur concentration in coastal marine and estuarine environments [J]. Applied Geochemistry. 2011, 26(3):394 – 404.

[47] Schmidt F, Koch B P, Elvert M, et al. Diagenetic transformation of dissolved organic

nitrogen compounds under contrasting sedimentary redox conditions in the Black Sea [J]. Environmental Science & Technology. 2011，45(12):5223-5229.

[48] 赵亚丽,焦立新,王圣瑞,等. 洱海表层沉积物溶解性有机氮生物有效性 [J]. 环境科学研究. 2013，26(3):262-268.

[49] 王雨春,万国江,尹澄清,等. 红枫湖、百花湖沉积物全氮、可交换态氮和固定铵的赋存特征 [J]. 湖泊科学. 2002，14(4):301-309.

[50] 颜海波. 龙景湖沉积物氮形态分布特征及源-汇关系 [D]. 重庆:重庆大学,2015.

[51] 王丽玲,胡建芳,唐建辉. 中国近海表层沉积物中氨基酸组成特征及生物地球化学意义 [J]. Acta Oceanologica Sinica. 2009，31(6):161-169.

[52] 何映雪,林峰,陈敏,等. 春季北部湾北部海域颗粒有机物的碳、氮同位素组成[J]. 厦门大学学报(自然版). 2014，53(2):246-251.

[53] 王春雨,郭庆军,朱光旭,等. 稳定碳同位素技术在北京市公园湖泊沉积物有机质来源分析与评价中的应用 [J]. 生态学杂志. 2014，33(3):778-785.

[54] 李慧垠. 北京水源地水体中悬浮颗粒有机质稳定碳、氮同位素研究 [D]. 北京:首都师范大学,2011.

[55] 卢义. 基于同位素分析法的氮来源及迁移过程研究 [D]. 重庆:重庆交通大学,2013.

[56] Johannsen A, Dähnke K, Emeis K. Isotopic composition of nitrate in five German rivers discharging into the North Sea [J]. Organic Geochemistry. 2008，39(12):1678-1689.

[57] Lachouani P, Frank A H, Wanek W. A suite of sensitive chemical methods to determine the $\delta^{15}N$ of ammonium, nitrate and total dissolved N in soil extracts [J]. Rapid Communications in Mass Spectrometry. 2010，24(24):3615-3623.

[58] Villacorte L O, Ekowati Y, Neu T R, et al. Characterisation of algal organic matter produced by bloom-forming marine and freshwater algae [J]. Water Research. 2015，73: 216-230.

[59] Gough R, Holliman P J, Cooke G M, et al. Characterisation of algogenic organic matter during an algal bloom and its implications for trihalomethane formation [J]. Sustainability of Water Quality & Ecology. 2015，6:11-19.

[60] Hu K, Pang Y, Wang H, et al. Simulation study on water quality based on sediment release flume experiment in Lake Taihu, China [J]. Ecological Engineering. 2011，37(4): 607-615.

[61] Mingzhousu, Jingtianzhang, Shoulianghuo, et al. Microbial bioavailability of dissolved organic nitrogen(DON) in the sediments of Lake Shankou, North eastern China [J]. 环境科学学报(英文版). 2016，42(4):79-88.

[62] Huang W Z, Schoenau J J. Fluxes of water-soluble nitrogen and phosphorus in the forest floor and surface mineral soil of a boreal aspen stand [J]. Geoderma. 1998，81(3-4):251-264.

第❸章
水源复合污染光催化原位净化技术与应用

3.1 概述

鉴于河网地区水源污染的复杂性,在水厂针对特定污染物进行控制的同时,有必要考虑涵盖水源净化、水厂处理的饮用水处理过程多级屏障。结合饮用水源地的具体水质问题及地形条件进行原位或异位处理,可以有效降低水厂处理工艺的负荷,有利于保障水厂处理出水的安全。其中,结合饮用水源水质特征进行原位处理具有较好的应用前景。

太湖流域河网地区饮用水源呈现复合污染,过度繁殖的藻类及其代谢产物与有机污染物(包括微量有机污染物)共存,而藻类的过度繁殖是影响水源水质及水厂处理的关键因素之一。藻类生长除氮磷等营养元素外,充足的太阳光照是另一个重要的生长条件。全部或部分利用太阳光进行光催化反应,不仅可以降低藻类直接吸收的太阳光能量,还可以产生氧化性物质来抑制藻类过度繁殖。此外,太阳光催化氧化过程中产生的自由基可以氧化降解水中有机污染物,降低复合污染水源中的污染物水平,提升水厂原水水质。目前太阳光催化氧化技术在实际工程中推广应用影响因素主要包括两个方面:一是太阳光的利用效率较低,通常只有不足4%的太阳光能激发二氧化钛,导致自由基产率小、处理效率较低、处理效果不理想;二是未做到对光催化剂的有效回收及长效利用,对水源水质可能造成负面影响、增加运行成本。因此,本章主要基于复合污染水源的水质特征,研发可重复利用的新型催化剂,提升太阳光利用效率,探讨太阳光(紫外光)对水源中复合污染物的氧化特性及控制效能,明确其关键影响因素,形成适用于水源复合污染物的原位净化技术,推动其在实际工程中的应用。

3.2 太阳光催化氧化光催化剂的制备及性状表征

以提升太阳光的利用效率和催化剂的可回收及长效使用性为目的,分别制备了纳米二氧化钛(TiO₂)薄膜、固定化过渡金属掺杂二氧化钛和重金属/二氧化钛复合光催化膜,优化其制备方案,并对其基本性状进行表征。

3.2.1 纳米 TiO₂ 薄膜的制备及性状表征

TiO₂ 光催化剂的固定化是有效解决催化剂分离、回收难题的重要途径之一。目前使用较多的 TiO₂ 薄膜固定化技术主要有溶胶-凝胶法(Sol-Gel)、电化学法、化学气相沉积法(CVD)、喷涂热解法、物理沉积法等。本节主要讨论利用溶胶-凝胶法制备 TiO₂ 薄膜光催化剂的方法。

3.2.1.1 溶胶-凝胶法制备方法

作为最常用的 TiO₂ 催化剂固定方法之一,溶胶-凝胶法的主要过程如下:将含钛的无机盐类或钛酸酯类溶于醇中(液体无机钛盐类可直接使用),在室温下加到中强酸度的水溶液中,在酸性有机介质中进行水解、缩聚反应得到含 TiO₂ 水合物的溶胶,溶胶经一定时间的陈化后形成凝胶。在从溶胶到凝胶的转化过程中,加入催化剂载体,通过不同的方式(如浸渍、喷涂、浸渍涂层、旋转涂层、丝网印刷等)将溶液涂于衬底上,获得负载型 TiO₂ 光催化剂前驱体,前驱体经过干燥和热处理后得到负载型 TiO₂ 光催化剂。溶胶-凝胶法涉及的设备及制造过程简单、易控,适用于多种载体(玻璃、不锈钢、钛片)。利用此法所制备的负载型 TiO₂ 光催化剂具有很好的牢固性和化学均匀性,可以通过调整原料配比和制备工艺参数控制 TiO₂ 的颗粒大小、晶体结构、孔结构和比表面积,且可通过在溶胶中加入不同的无机化合物对催化剂进行改性,提高催化剂的催化活性。

3.2.1.2 TiO₂ 薄膜催化剂的制备

① 载体的选择:选用玻璃纤维网为镀膜基材。

② 制备方法:在不断搅拌下将 80 mL 钛酸丁酯缓慢加入 400 mL 无水乙醇并混合均匀,即得 A 液。将 320 mL 无水乙醇、8 mL H₂O 和 2.5 mL (1∶4)硝酸混合均匀,即得 B 液。将 B 液缓慢倒入剧烈搅拌中的 A 液,持续搅拌 30 min,陈化24 h,即得 TiO₂ 胶液。采用浸渍提拉法,将经过预处理(除去其表面蜡质和其他有机物)后的玻璃纤维网浸入其中,1 min 后缓慢提起,取出自然晾干,然后在马弗炉中高温煅烧(逐渐升温至 500 ℃),恒温 1 h,冷却后取出。根据需要,重复以上过程

3~4 次后即可制得 TiO₂ 薄膜。

3.2.1.3 制备纳米 TiO₂ 薄膜的基本性状

二氧化钛的晶型和粒径与其光催化活性直接相关，因此针对所制备的纳米 TiO₂ 薄膜的基本性状进行了表征，结果如下。

（1）纳米 TiO₂ 薄膜表观分析

采用扫描电镜（SEM）观察所制备催化剂表面 TiO₂ 粒子的负载情况（图 3-1）。由图 3-1（a）可以看出，未经负载的玻璃纤维网表面比较光洁，其上附有少量杂质，未观察到 TiO₂ 颗粒；而负载 TiO₂ 的玻璃纤维网表面形成颗粒粒径约为几十纳米、厚薄不一的薄膜（图 3-1（b））。

(a) 未负载　　　　　　　　　　　　　　　(b) 负载后

图 3-1　未负载和负载 TiO₂ 薄膜的扫描电镜图

（2）纳米 TiO₂ 薄膜结构特征分析

X 射线衍射（XRD）分析常用于物相的定性、定量、晶粒度及介孔结构等的测定。由于每种物质都有其特定的晶体结构和晶包尺寸，而它们与衍射和衍射强度有较好的对应关系，因此，可以通过衍射数据来鉴别晶体结构。XRD 分析测定晶粒度是基于衍射线的宽度与材料晶粒大小有关这一现象，通过 Scherrer 式来计算粉末的大小。

$$D = K\lambda / (\beta\cos\theta) \qquad\qquad （式 3-1）$$

式 3-1 中：D 是沿晶面垂直方向的厚度（也可以认为是晶粒大小）；K 是 Scherrer 常数，通常取为 0.89；λ 是衍射波长，取其值为 0.154 06 nm；β 是 X 射线最强衍射峰的半高宽；θ 为布拉格衍射角。

图 3-2 为经 500 ℃锻烧制备的 TiO₂ 薄膜的 XRD 图。可以看出，在 $2\theta=25.4°$ 和 $2\theta=48.0°$ 处出现了衍射峰，这与锐钛矿 TiO₂ 的 X 射线标准卡相吻合，可知薄膜中的 TiO₂ 晶相为锐钛矿型。一般认为晶型主要受制备过程中煅烧温度的影响，当温度大于 500 ℃时，锐钛矿型开始向金红石型转变。这两个峰分别对应于锐钛矿

TiO_2 的(101)和(200)晶面,其衍射峰相当尖锐,说明结晶性良好。大量研究表明,锐钛矿型 TiO_2 催化活性优于金红石型,因为相对于锐钛矿型,金红石型吸附 O_2 能力低,且比表面积小,光生空穴和电子复合太快。

由式 3-1 计算得出 TiO_2 颗粒的平均粒径为 40 nm,进一步验证了通过扫描电镜观测的结果。TiO_2 颗粒的粒径越小,电子从体内扩散到表面所需时间越短,电子与空穴复合几率就越小;比表面积越大,光量子产率越高,从而催化剂具有较高的催化效率。

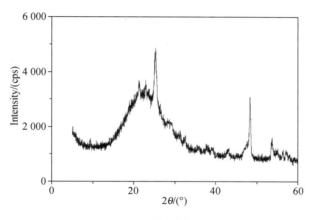

图 3-2　X 射线衍射图

(3)纳米 TiO_2 薄膜组分分析

通过 X 射线光电子能谱(XPS)分析,可以确定材料中元素的价态,分析化合物中各离子的摩尔比及含量,确定化合物的种类或化学计量。同时,通过 XPS 分析可计算其结合能。由图 3-3(a)全谱图可见,主要存在 Ti、Si、O、C 四种元素。C 元素的存在表明薄膜表面已受到某些有机物的污染,即制备时环境中存在微量的有机物。由于电子的自旋轨道耦合,使 Ti_{2p} 能级分裂为两个能级。$Ti_{2p3/2}$ 峰位于 458.48 eV,$Ti_{2p1/2}$ 峰位于 464.28 eV,与标准值 $Ti_{2p3/2}$(462.2 eV)和 $Ti_{2p1/2}$(458.8 eV)相近,说明薄膜中 Ti 是 +4 价的。同时,由于所用载体为玻璃纤维网,主要成分为 SiO_2,Si_{2p} 峰位于 103.08 eV。图 3-3(d)为 O_{1s} 高分辨谱图,表明存在两种不同的化学氧。与结合能标准谱对照,结果表明:O_{1s} 在 532.18 eV 处的谱峰对应于来自于 SiO_2 中的 Si—O 键,在 529.68 eV 处的峰对应于 TiO_2 中的 Ti—O 键。

纳米 TiO_2 薄膜中各元素的原子分数(%)结果见表 3-1。其中,Si、O 和 Ti 的原子含量比例约为 1:5:1.5,表明氧元素主要存在于 SiO_2 和 TiO_2 中。

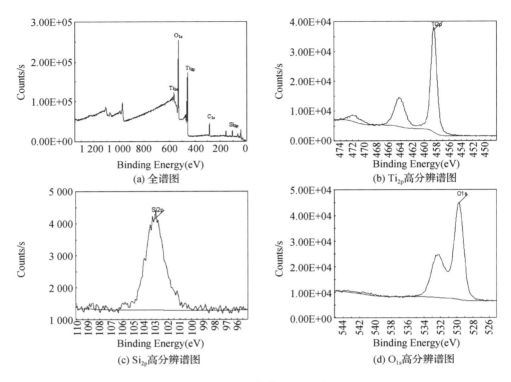

图 3-3　纳米 TiO_2 薄膜的 XPS 谱图分析

表 3-1　纳米 TiO_2 薄膜中原子分数(%)结果

元素	面积(cps. eV)	面积灵敏度因子	原子分数(%)
C	12 972.5	1.56	18.81
O	95 050.73	1.37	53.96
Ti	77 205.66	1.12	15.55
Si	6 639.65	1.88	10.83

（4）TiO_2 颗粒在玻璃纤维网上的负载量

剪取 20×20 cm^2 玻璃纤维布,经预处理后,按上述溶胶凝胶-浸渍提拉法制备 TiO_2 薄膜光催化剂。用电子分析天平测量负载前后薄膜质量,并计算其质量差（见表 3-2）。随着负载次数的增加,负载的 TiO_2 颗粒量不断增加,第三次负载后,增重 0.241 2 g,再增加负载次数,负载量趋于稳定,故制备过程中以三次负载为终点,其 TiO_2 负载量为 0.241 2 g。

表 3－2　TiO₂颗粒负载次数及其质量变化

负载次数	质量(g)	质量变化(g)
未负载	11.101 3	—
1 次	11.182 0	0.080 7
2 次	11.257 1	0.155 8
3 次	11.342 5	0.241 2
4 次	11.345 2	0.243 9
5 次	11.346 7	0.245 4

3.2.1.4　纳米 TiO₂薄膜的光催化活性分析

（1）羟基自由基的生成量

自由基氧化被认为是光催化氧化反应的主要机理，主要利用反应过程中产生的多种形式的强氧化活性物种（·OH、HO₂·、O₂⁻·）与水中的污染物发生氧化反应。其中·OH 标准电极电位仅次于 F₂，几乎无选择性地与水中的任何有机污染物反应，是化学性质最活泼的活性氧，其含量直接决定了光催化氧化的效能。采用分光光度法，以水杨酸分子为探针化合物，根据生成物的不同化学性质从而间接测定·OH 的表观生成量。图 3－4 为 150 min 反应时间内·OH 的生成量变化情况。

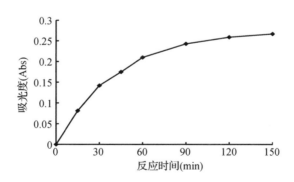

图 3－4　羟基自由基随时间的生成量

根据式［·OH］ss＝K_e/K_b（式 3－2），利用水杨酸在 TiO₂薄膜光催化体系中的光解产物二羟基苯甲酸浓度的变化，可以得到体系中·OH 稳态浓度［·OH］ss。式 3－2 中，K_e是拟一级反应速率常数，K_b＝2.7×10^{10} $mol^{-1} \cdot L \cdot S^{-1}$，为水杨酸与羟基自由基的二级反应速率常数。通过线性回归，计算得到·OH 的稳态浓度为 1.60×10^{-15} $mol \cdot L^{-1}$，具体结果见表 3－3。

表 3-3　·OH 稳态浓度的计算

计算参数	样本点(n)	相关系数(R^2)	$K_e/(10^{-3}\ min^{-1})$	$[\cdot OH]_{ss}/(10^{-15}\ mol\cdot L^{-1})$
数值	8	0.908 8	2.6	1.60

任学昌等采用相同的方法测定了陶瓷负载 TiO_2 薄膜在光催化反应过程中·OH 的生成量,测得 60 min 内的·OH 的稳态浓度为 $1.68\times10^{-14}\ mol\cdot L^{-1}$。虽然本研究所制备催化剂的·OH 的稳态浓度较任学昌等人的要低,但考虑到两部分研究所用光源的差异(本研究采用氙灯,而任学昌采用的光源为 500 W 紫外线灯,光强也达到了较高的 5 mW/cm^2,因此可以认为本研究制备的纳米 TiO_2 薄膜能满足后续研究需要。

(2) 模拟太阳光/TiO_2 薄膜对腐殖酸的光催化氧化去除试验研究

已有研究表明,TiO_2 光催化反应产生多种活性基团,而这些活性物质较难直接测定。因此本试验在间接测定·OH 含量的基础上,通过对 TiO_2 光催化过程中腐殖酸类有机物的光催化氧化效率的测定,间接反映试验制备的 TiO_2 薄膜所具有的光催化活性。

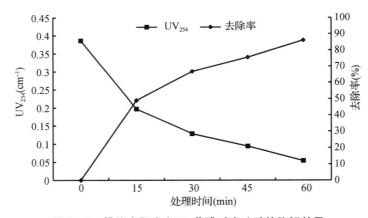

图 3-5　模拟太阳光/TiO_2 薄膜对腐殖酸的降解效果

图 3-5 所示为模拟太阳光/TiO_2 薄膜对腐殖酸的降解效果。随着光催化反应的进行,水中的腐殖酸被氧化去除,60 min 的去除率达到 86%,表明所制备的 TiO_2 薄膜催化剂有较高的活性,在氙灯照射条件下可实现对水中有机物的有效去除。

3.2.2　固定化铜掺杂 TiO_2 催化剂的制备及性状表征

3.2.2.1　固定化铜掺杂 TiO_2 催化剂的制备

为进一步提升 TiO_2 催化剂的性能,在 TiO_2 薄膜制备基础上进行了铜掺杂改性的研究,具体过程如下。

胶液的配制方法:在不断搅拌下将 80 mL 钛酸丁酯缓慢加入 400 mL 无水乙醇并混合均匀,即得 A 液。将 320 mL 无水乙醇、8 mL H_2O 和 2.5 mL(1∶4)硝酸和一定量的固体硝酸铜混合均匀,即得 B 液。将 B 液缓慢倒入剧烈搅拌中的 A 液,持续搅拌 30 min,陈化 24 h,即得 TiO_2 胶液。

催化剂的负载方法:采用浸渍提拉法,将经过预处理(除去其表面蜡质和其他有机物)后的玻璃纤维网浸入其中,5 min 后缓慢提起,取出自然晾干,然后在马弗炉中高温煅烧(以 2 ℃/min 的速度逐渐升温至 500 ℃),恒温 1 h,冷却后取出。重复以上过程 3～4 次后即可制得 TiO_2 薄膜。

通过参考相关文献,确定了五个 Cu^{2+} 的掺杂比例,Cu/Ti(质量比)分别为 0.1%、0.2%、0.5%、1% 和 2%,相应的 $Cu(NO_3)_2 \cdot 3H_2O$ 固体的添加量分别是 0.041 2 g、0.082 4 g、0.206 1 g、0.412 2 g、0.824 4 g。观察发现,所配胶液随 Cu^{2+} 添加量的增加而由淡到浓,分别呈现黄色、蓝色和深蓝色。表 3-4 为不同 Cu^{2+} 添加量的胶液组成情况。煅烧后的催化薄膜也呈现出不同的颜色,其中掺铜比例比较低的两张膜呈淡黄色,掺铜 2% 的膜呈黄绿色。

表 3-4 不同 Cu^{2+} 添加量的胶液组成

Cu/Ti (m/m%)	$Cu(NO_3)_2 \cdot 3H_2O$ (g)	无水乙醇 (mL)	钛酸丁酯 (mL)	1∶4 硝酸 (mL)	纯水 (mL)
0.1	0.041 2	720	80	2.5	8
0.2	0.082 4	720	80	2.5	8
0.5	0.206 1	720	80	2.5	8
1	0.412 2	720	80	2.5	8
2	0.824 4	720	80	2.5	8

3.2.2.2 所制备固定化铜掺杂 TiO_2 催化剂的表征

(1) XRD 分析

所制备的固定化铜掺杂 TiO_2 催化剂的 XRD 分析结果见图 3-6。

从图 3-6 可以看出,未掺杂和掺杂各种比例铜的催化剂的 X 射线衍射峰的形状和强度都没有明显的区别,而且也均没发现铜的衍射峰。在 500 ℃ 的高温焙烧下,$Cu(NO_3)_2$ 中的铜理论上应该已转化成为 CuO。然而有研究表明,即使掺铜量高达 10%,XRD 也反映不出铜的存在,这是因为 Cu^{2+} 的离子半径为 0.72 Å,接近 Ti^{4+}(0.68 Å)。因此,Cu^{2+} 在 500 ℃ 煅烧时以扩散的方式进入 TiO_2 晶格内部,替代 Ti^{4+} 形成缺陷型的锐钛型 TiO_2。另一种可能是铜的氧化物是随机分散的,或是以无定型型式存在于 TiO_2 表面。

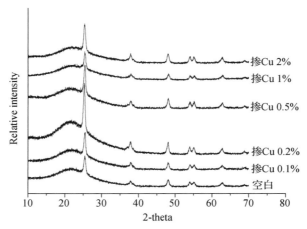

图 3 - 6　铜掺杂 TiO₂ 薄膜催化剂的 XRD 图

（2）紫外-可见光漫反射（UV-Vis DRS）分析

本试验进一步研究了掺杂各种比例铜的催化剂的吸收光谱（UV-Vis DRS），结果见图 3 - 7。

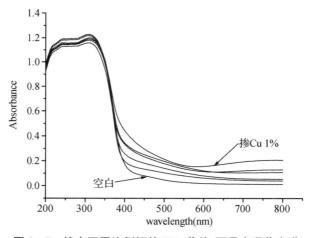

图 3 - 7　掺杂不同比例铜的 TiO₂ 紫外-可见光吸收光谱

由图 3 - 7 可知，与未掺杂铜的催化剂相比，掺杂铜的 TiO₂ 催化剂薄膜的吸收光谱均有不同程度的红移，但其红移量并非随铜掺杂量的增加而呈比例增加，而是存在一个最大红移量，本试验中掺铜 1％的样品红移量最大。也就是说，经铜掺杂的 TiO₂ 光谱响应范围向可见光区域拓展，从而有利于提升对太阳光的利用率，促进空穴/电子对的产生，提高光催化效率。未掺杂的 TiO₂ 对光的吸收范围主要集中在 200～400 nm，对于大于 400 nm 的可见光吸收较少。铜掺杂后 TiO₂ 在 200～

400 nm范围内吸收稍有改善,而在400～800 nm 范围内的吸收显著增强。原因可能是 Cu^{2+} 进入 TiO_2 晶格中,在 TiO_2 带隙中形成了分离的杂质中间能级,合并成杂质能带,使光激发的阈值降低,拓展了铜掺杂 TiO_2 薄膜催化剂的吸收光谱范围。另外,由于 Cu^{2+} 的进入引起了 TiO_2 晶格结构畸变,在半导体表面引入了缺陷位置,从而减少了空穴/电子对复合的机会,促使激发波长延长到可见光区。

（3）XPS分析

本试验制备的掺铜 TiO_2 薄膜的 XPS 图谱如图3-8所示。

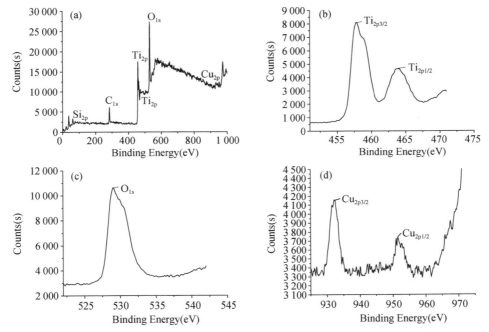

（a）全谱图；（b）Ti_{2p}高分辨谱图；（c）O_{1s}高分辨谱图；（d）Cu_{2p}高分辨谱图

图3-8　TiO_2 薄膜的 XPS 谱图分析

从图3-8(a)的全谱图可知,催化剂薄膜表面主要存在 Ti、O、C、Si、Cu 五种元素。C 元素的存在表明薄膜制备环境中存在微量有机物;Ti_{2p}出现了两个峰,这是电子的自旋轨道耦合造成的,峰 $Ti_{2p3/2}$ 位于 457.8 eV,峰 $Ti_{2p1/2}$ 位于 463.9 eV,与标准值 $Ti_{2p3/2}$(462.2 eV)和 $Ti_{2p1/2}$(458.8 eV)相近,证明薄膜中 Ti 是+4 价的。此外,因催化剂的载体为玻璃纤维网,主要成分为 SiO_2,故图谱中出现了 Si 元素的峰。同时,由于 TiO_2 制备过程中掺入的 $Cu(NO_3)_2$ 在高温煅烧下分解成了铜的氧化物,所以图谱中出现了两个 Cu_{2p}峰,$Cu_{2p3/2}$峰位于 932.3 eV,$Cu_{2p1/2}$峰位于 953.5 eV,同标准图谱中 Cu_2O 和 CuO 的结合能比较吻合,表明薄膜中铜离子主要以 Cu_2O

和 CuO 的形式存在。由于 Cu 含量过低，全谱图中未能明显的展示其峰图，具体可看图 3-8(d)，Cu_{2p} 的高分辨谱图。

（4）SEM

选取掺铜 1％ 的催化剂薄膜用扫描电镜放大 10 万倍观察，并与同样制备条件下不掺铜的催化剂进行比较，见图 3-9。

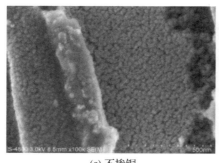 

(a) 不掺铜 　　　　　　　　　　　　(b) 掺铜1%

图 3-9　铜掺杂 TiO_2 薄膜与 TiO_2 催化剂的形貌（×100k）

由图 3-9 中 SEM 照片可以清楚地看出，掺铜之后的 TiO_2 催化剂的晶粒明显变小，且分布较均匀。这有利于提升催化剂负载的稳定性，并增加目标物与催化剂的接触几率。有研究指出，在高分辨率下掺铜 TiO_2 有明显的晶格形态，表明在 TiO_2 催化剂中掺杂铜离子有利于良好晶格的形成，并促进物质的重组。

3.2.2.3　$Cu-TiO_2$ 薄膜的光催化效能分析

从上述催化剂的表征结果来看，经铜掺杂的 TiO_2 催化剂在一定程度上能起到提高太阳光的利用效率，提高光催化的作用效能。然而，该催化剂在水处理应用中的实际效果还有待考察，具体的掺铜量也需要进一步优化。以 SMX（磺胺甲基异恶唑，初始浓度为 300 $\mu g/L$）为目标物，检测其去除效能，并以此来表征催化剂的光催化活性，结果见图 3-10。试验的基本条件为溶液的初始 pH 值为 6.0，光照 1 h。

从图 3-10 可以看出，不同质量分数的掺铜 TiO_2 薄膜的光催化效能均高于未掺杂 TiO_2 的催化效能，且与铜掺杂量具有明显的相关性。当掺铜的质量分数为 1％ 时，催化剂的光催化效能最好，进一步增加铜掺杂量，光催化效能反而降低。铜掺杂强化 TiO_2 光催化活性的效能明显高于未掺杂的，这可能是因为 Cu^{2+}（或 Cu^+）取代 TiO_2 晶格中 Ti^{4+} 的位置，在半导体内部引入了俘获载流子的陷阱，减少了空穴/电子对复合的机会，延长羟基自由基的寿命，从而有效提高了光催化效能。图 3-10 也表明铜离子掺杂具有一个最佳浓度，当掺杂浓度小于最佳浓度时，半导体中没有足够俘获载流子的陷阱；而大于最佳浓度时，由于掺杂物浓度的增加，空

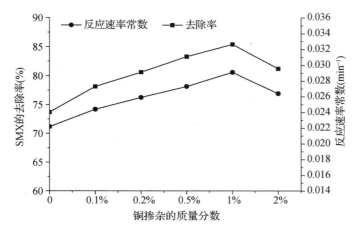

图 3‑10　铜掺杂量对光催化效能的影响

穴陷阱点和电子陷阱点之间的平均距离降低,从而空穴/电子对的复合速度加快。这与紫外‑可见光漫反射(UV‑Vis DRS)的结果具有较好的吻合性。

3.2.3　贵金属复合二氧化钛薄膜的制备及性状表征

3.2.3.1　贵金属复合 TiO_2 的制备

进一步开展了具有等离激元效应的贵金属复合 TiO_2 的制备,结合已有研究结果选择了金(Au)作为重金属,具体制备方法如下:

① 将 FTO 玻璃基材(掺杂氟的 SnO_2 透明导电玻璃)放入含有少量 KOH 的异丙醇溶液中浸泡 24 h,取出后放入丙酮中超声清洗 15 min,再在无水乙醇中超声 15 min,最后在纯水中超声清洗 15 min,用纯水冲洗,洗干净的玻璃基材置于烘箱中烘干。

② 利用真空镀膜机先溅射 TiO_2 薄膜,溅射功率为 200 W,速率为 10 nm/min,溅射时长 10 min,气压 1.5 Pa;在上面再进行 Au 的溅射,溅射功率为 30 W,速率为 8 nm/min,溅射时长 75 s,气压 1 Pa。溅射气氛均为 99.99% 氩气。

③ 退火:退火炉中 400 ℃退火 3 h。

金属复合 TiO_2 的优化制备条件为:

复合金属为 Au,金属层厚度 10 nm,二氧化钛层厚度 100 nm,退火温度 400 ℃,退火时间 3 h。

3.2.3.2　Au‑TiO_2 薄膜基本性状的表征

针对最佳方案条件下制备的催化材料进行了性状表征,结果如下。

(1) SEM 分析

Au‑TiO_2 薄膜的表面形貌可以直接反映催化剂表面 Au 的负载及分布情况,因

此用扫描电镜观察 TiO_2、$Au\text{-}TiO_2$ 薄膜的表面形貌,结果如图 3-11 所示。

 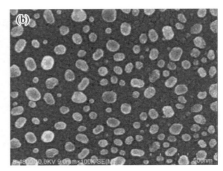

(a) P25 TiO_2 薄膜   (b) Au-TiO_2 薄膜

图 3-11 不同 TiO_2 催化剂扫描电镜图

从图 3-11 的 SEM 图像中可以看出,未经改性的纳米级 TiO_2(P25)呈现颗粒状,粒径约为 50 nm,颗粒之间团聚作用较严重,而这种团聚现象会降低二氧化钛的表面积,影响光催化剂活性,减弱光催化效能。利用磁控溅射制备的 $Au\text{-}TiO_2$ 薄膜下层为致密且平整的 TiO_2 层,在 TiO_2 层上部均匀地分布着金纳米颗粒,粒径分布大致为 30~90 nm。相关研究表明,贵金属纳米颗粒的粒径分布范围越广,等离激元效应产生的共振波长区间就越宽,对光的吸收范围也就更大。

(2)XRD 分析

为进一步确定 Au 与 TiO_2 的结合方式,针对催化材料进行了 XRD 测定,结果见图 3-12。

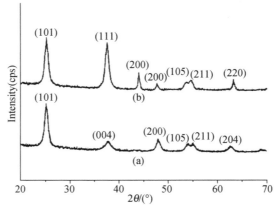

(a) P25 TiO_2 薄膜 (b) Au-TiO_2 薄膜

图 3-12 TiO_2、$Au\text{-}TiO_2$ 薄膜的 XRD 图

从图 3-12 中可以看出,纳米级 TiO_2(P25)在 $2\theta=25.3°、37.8°、48.0°、53.9°、$ $55.1°、62.6°$ 处出现衍射峰,分别对应的是 (101)(004)(200)(105)(211)(204)晶面特征衍射峰,表明二氧化钛晶体结构为锐钛矿型,而其中(101)晶面具有更高的光催化性能。$Au\text{-}TiO_2$ 薄膜的谱图中 $38.3°$ 处(111)、$44.4°$ 处(200)与 $64.5°$ 处(220)均为 Au 颗粒的衍射峰,而其他的特征峰与 TiO_2 大致相同,表明 Au 的添加对 TiO_2 层的晶型没有本质的影响。

(3) UV-Vis 分析

通过 UV-Vis 测试来分析 $Au\text{-}TiO_2$ 光学性能的改变,考察其是否具有表面等离激元效应,并分析其在可见光区的光吸收情况,具体结果见图 3-13。

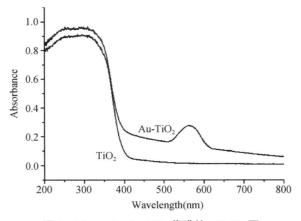

图 3-13　TiO_2、$Au\text{-}TiO_2$ 薄膜的 UV-Vis 图

从图 3-13 可以看出,$Au\text{-}TiO_2$ 薄膜的吸收光谱较 TiO_2 有一定程度的红移,TiO_2 对光的吸收范围主要集中在 $200\sim400$ nm,对于大于 400 nm 的光基本无吸收,而 $Au\text{-}TiO_2$ 薄膜在 $200\sim400$ nm 范围内吸光度有小幅度的提升,在 $400\sim$ 800 nm区域对光的吸收程度显示出明显的增强。这说明 $Au\text{-}TiO_2$ 薄膜的光谱响应范围向可见光区域拓展,具有更大的光谱响应范围。此外,在 $500\sim600$ nm 范围内出现一个新的吸收峰,这是金纳米颗粒因表面等离激元效应在可见光区产生的共振峰,表明新型二氧化钛催化剂存在表面等离激元效应,也因此造成了 $Au\text{-}TiO_2$ 薄膜光谱响应范围与光吸收强度的变化。

(4) PL 分析

为了进一步表征材料的特性,利用 PL 谱检测 TiO_2 与 $Au\text{-}TiO_2$ 薄膜的光学特性,分析其产生的光生电子和空穴的复合情况以及晶体表面氧空位等信息,具体结果见图 3-14。

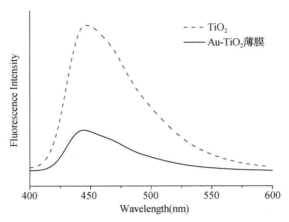

图 3 - 14   TiO₂、Au-TiO₂薄膜的 PL 谱图

图 3 - 14 中 TiO₂ 与 Au-TiO₂薄膜的光致发光图谱具有相似的线型，可见 Au 的复合没有产生新的荧光现象，产生的荧光效应主要与 TiO₂ 表面结构有关。图谱中在 440~480 nm 范围出现发光峰，这是由 TiO₂ 颗粒表面的氧空位和缺陷的本征激发或由其引起的束缚激子发光，实质是由于激发电子与空穴复合产生的荧光。相较 TiO₂，Au-TiO₂薄膜的峰值下降，荧光强度降低，说明 Au-TiO₂薄膜能够有效减少电子和空穴的复合速率，从而提高光催化效能。

（5）EIS 分析

提高电子的传输速率能够有效地抑制电子与空穴的复合，提升 TiO₂ 光催化性能，并且加快电子迁移速率，提高反应速率。利用交流阻抗谱（EIS）对材料的导电性能进行分析，具体见图 3 - 15。

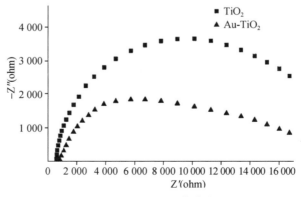

图 3 - 15   TiO₂、Au-TiO₂薄膜的 EIS 图

从图 3 - 15 中可以看出，相较 TiO₂，Au-TiO₂薄膜的 EIS 图圆弧的直径更小。圆弧直径的大小反映的是电荷转移时受到阻碍的程度,直径越小,表示受到的阻力越小,就具有更高的电子转移速率,进而提高了反应的速率,减少了电子和空穴的复合。这一方面是由于 Au 颗粒以及基材 FTO 半导体材料比 TiO_2 颗粒具有更好的导电性,更有利于电子的传输;另一方面,等离激元效应产生的局域电场加速了电子的传输。

（6）ESR 分析

上述材料表征表明 Au-TiO_2 薄膜在材料性能方面具有更高的光催化效能,而光催化反应中,水溶液中产生的羟基自由基的量能直接表明催化剂光催化反应的氧化能力大小,通过 ESR 谱图分析 TiO_2,Au-TiO_2 薄膜光催化后水溶液中产生的羟基自由基的量,结果见图 3-16。

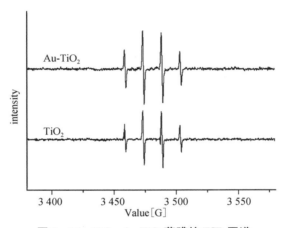

图 3-16 TiO_2、Au-TiO_2 薄膜的 ESR 图谱

从图 3-16 中可以看出,TiO_2、Au-TiO_2 薄膜在紫外光照射下均可产生羟基自由基,而 Au-TiO_2 薄膜所表现出来的峰值更高,表明其光催化反应中产生的羟基自由基的量更多,具有更优的氧化能力,催化活性更高。

综合上述结果可以看出,按照最优制备方案合成的 Au-TiO_2 复合薄膜中 Au 粒子的复合对 TiO_2 的晶型结构并未产生影响,依然为典型的锐钛矿型;并在金纳米颗粒表面等离激元效应的影响作用下,催化剂具备了更低的电子空穴复合速率、更宽的光谱响应范围以及更高的电子迁移速率。Au-TiO_2 催化薄膜在太阳光/紫外光的激发作用下,羟基自由基的生成量和有效性会明显增加,从而具有更高的光催化效能。

3.3 太阳光催化氧化对藻类的控制效能

藻类过度繁殖是复合污染水源所存在的典型水质问题之一。光催化氧化过程中产生的各类自由基对藻类细胞结构具有一定的破坏作用,可直接杀灭藻类或者抑制水源水中藻类正常生长,降低水源水中藻类的含量,为后续水厂净化处理创造良好的前提条件。根据研究需要,分别利用模拟太阳光、自然太阳光作为光源,研究了光催化氧化工艺对藻类的控制效能。

3.3.1 模拟太阳光催化氧化对藻类的控制效能

基于太阳光催化氧化工艺控制藻类效能、影响因素及控藻规律的研究需要,首先采用氙灯作为模拟太阳光源进行相关研究,结果如下。

3.3.1.1 模拟太阳光催化氧化杀藻试验

采用氙灯作为模拟太阳光源,参照实际太阳光强的大小确定氙灯光强。以制备的 TiO_2 薄膜为催化剂,在室温、光照度为 299984lx,UV_{365} 为 2.29 mw/cm^2 的试验条件下,研究太阳光催化氧化工艺对实验室纯培养的铜绿微囊藻的直接杀灭及抑制其生长的作用效能,观察氧化过程中叶绿素 a、藻胆蛋白、可溶性蛋白、SOD酶、POD 酶等指标的变化,探讨水中典型有机物、无机离子对杀藻效率的影响,并利用 FDA-PI 双色荧光染色法、扫描电镜法分析处理前后藻类细胞活性、藻细胞形态结构的变化情况。鉴于饮用水处理安全性的考虑,同步测定了处理后水中藻毒素、嗅味物质和藻类有机物的变化情况。

3.3.1.2 模拟太阳光催化氧化对藻类的直接杀灭效果

初始藻细胞密度控制在 8×10^8 cells/L,经过不同处理时间后,藻细胞内叶绿素 a 含量变化如图 3-17 所示。

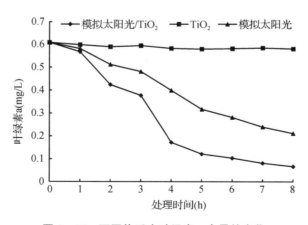

图 3-17 不同体系中叶绿素 a 含量的变化

由图 3-17 可见,在只有 TiO_2 膜的黑暗体系中,叶绿素 a 含量只有少量降低,主要来自于催化材料的微量吸附；单独光照作用，可以降低叶绿素的含量，8 h可将叶绿素降低65％左右，主要是由于叶绿素分子在模拟太阳光作用下的直接光解、模拟太阳光中的少量UV-C激发氧分子生成具有的单线态氧或氧原子的氧化作用；而在光催化氧化体系中，8 h的连续处理可使藻细胞中叶绿素含量降低89％左右。结合以往的研究可以认为，太阳光催化氧化对藻细胞的去除主要通过以下作用：TiO$_2$在氙灯光源的激发下，生成具有强氧化性的羟基自由基（•OH），•OH没有选择性，几乎可有效降解水中所有有机物或藻类细胞。藻细胞的叶绿素分子都含有一个卟啉环，并由四个吡咯通过四个次甲基（—CH ＝）相连形成一种共轭体系，末端还连有一个长链的叶绿醇，具体的分子结构见图3-18。吡咯是含一个氮原子的五元芳香杂环化合物，使得叶绿素分子呈疏水性，其对氧化剂很敏感，可以很容易的被羟基自由基氧化，同时叶绿素 a 分子结构中的许多双键也是活性物质容易攻击的部位（如图中箭头所示），从而实现叶绿素分子结构的破坏，并最终使叶绿素降解为无机物质。

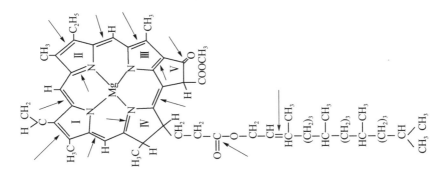

图 3-18　叶绿素 a 分子的结构

为了考察经处理后藻细胞继续生长的能力及其活性，将试验处理后的藻细胞置于光照培养箱中继续培养，观察其后续生长情况。

针对各体系处理后的藻细胞进行连续12 d的培养，分析培养过程中叶绿素 a 含量的变化情况，结果见图3-19所示（培养时间0 d时的叶绿素 a 数据为不同反应体系中经8 h处理后的叶绿素含量）。可以看出，单纯的TiO$_2$薄膜对后续培养过程中藻细胞生长的影响较小，与未经处理的藻细胞呈现类似的生长趋势；经过8 h的单纯模拟太阳光光照则会抑制藻细胞的生长，叶绿素 a 含量在前4 d内呈下降趋势，之后呈现逐渐上升趋势。这表明单纯的氙灯照射并不能完全杀灭藻类，部分损伤藻细胞在经过自身修复作用后可以逐步恢复生长活性，并实现进一步生长、增殖；而经过8 h太阳光催化氧化处理后，水样的叶绿素 a 含量已降低至较低水平，而且在继续培养过程中叶绿素 a 含量呈现继续降低的趋势,至 12 d 时已基本检测不出,说明光催化氧化不仅可以直接杀灭藻细胞,并可降低少量残存细胞的生长活性,导致其后续生长能力显著降低,从而实现对水中藻类的有效控制。在光催化处理过程中可以发现藻溶液的颜色也由最初的绿色变为黄绿色、黄色,最后变为无色,而底部则残留部分死亡藻细胞所形成的沉淀物。

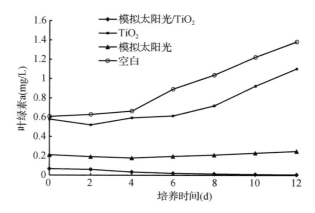

图 3-19　处理后藻细胞培养过程中 Chl-a 的变化

3.3.1.3　模拟太阳光催化氧化过程中藻类相关生理指标的变化

试验过程中分别考察了铜绿微囊藻细胞内的藻胆蛋白、总可溶性蛋白、功能酶活性、藻细胞活性等指标在催化氧化及后续培养过程中的变化情况,进一步分析确定太阳光催化氧化对藻类细胞的杀灭或抑制效能。

（1）藻细胞内藻胆蛋白含量（C-PC）的变化

藻胆蛋白是藻细胞内重要的捕光色素,由色素基团藻胆素和载体蛋白共价结合而成,其主要功能是参与光合作用的能量吸收和传递。试验过程中对藻胆蛋白的含量进行了测定,并进一步分析了继续培养过程中藻细胞内藻胆蛋白含量的变化情况,结果见图 3-20。可以看出,经过 8 h 的太阳光催化氧化处理,水样的藻胆蛋白含量有很大程度的降低,降低程度达到 90%,而且会进一步影响到藻细胞后续培养过程中的藻胆蛋白含量（经过 12 d 培养后,藻细胞内藻胆蛋白含量已经降低到检测下限左右）。藻胆蛋白的氧化降解会导致藻细胞的捕光色素系统被破坏,光能量无法传递到叶绿素上,光合作用受阻,藻细胞生长受到抑制并最终死亡。与此相比,模拟太阳光光照处理也会导致样品藻胆蛋白含量明显下降,但是会在培养 4 d 后呈现增加的趋势,原因如前所述,主要是因为其对藻细胞杀灭的不彻底,导致后续藻类细胞生长繁殖的恢复。

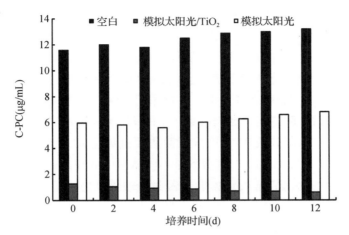

图 3-20 催化氧化处理后的培养过程中 C-PC 的变化

（2）藻细胞内总可溶性蛋白（TSP）含量的变化

蛋白质是构成藻的基本物质和维持藻生长的营养物质，能反映藻细胞的物质数量，且影响藻的生长繁殖。图 3-21 是经处理后的藻细胞在培养过程中总可溶性蛋白含量的变化情况。可以看出，经过 8 h 的光催化氧化处理后，蛋白质含量大幅下降（降低 91% 左右），且在后续培养过程中维持降低的趋势。蛋白质是光合反应器类囊体的主要成分，随着蛋白质的逐渐降解，类囊体结构解体，最终导致藻细胞无法进行光合作用而死亡。与之相比，在仅有模拟太阳光光照的体系中，蛋白含量在培养的前 4 d 略有降低，但之后由于藻细胞活性的逐渐恢复，蛋白含量开始缓慢增加。

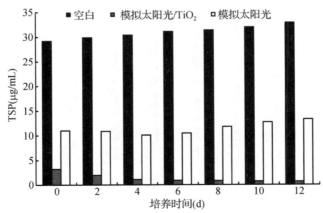

图 3-21 催化氧化处理后藻细胞培养过程中 TSP 含量变化

（3）藻细胞内酶活性变化情况

在正常的生理条件下,生物体内各种活性氧自由基的产生和清除处于一种动态平衡,细胞内 SOD 酶和 POD 酶、过氧化氢酶(CAT)、维生素 C、维生素 E、辅酶 Q 等组成了细胞的抗氧化防御系统,能有效地清除各种代谢过程中产生的活性氧等各种自由基,防止细胞膜系统发生过氧化作用。SOD 酶是藻细胞内清除超氧阴离子自由基的酶,POD 酶能将细胞代谢产生的 H_2O_2 分解,避免了 H_2O_2 在体内的积累。这种清除体系遭到破坏时,会导致膜脂质过氧化,从而破坏叶绿体结构,细胞生长受阻。图 3-22 和图 3-23 分别是不同体系中处理的藻细胞在后续培养过程中两种酶活性的变化情况。可以看出,经过光催化氧化处理 8 h 后,SOD 和 POD 两种酶的活性降低了 77.3% 和 83.0%,表明细胞内的抗氧化体系受到明显的抑制。SOD 酶是生物体清除活性氧的关键酶之一,因此它对活性氧必然会产生一定应激反应:① 在低浓度活性氧作用下,藻细胞的 SOD 活性不仅不会下降,反而会有一定程度的上升,说明藻细胞尝试通过增加 SOD 等抗氧化成分来削弱活性氧的影响;② 在高浓度活性氧的作用下,藻细胞的 SOD 活性表现出降低趋势,细胞清除活性氧的能力进一步下降,进而对细胞造成更大的损伤。当藻细胞大多数衰亡坏死时,酶活性普遍大幅度降低,且酶活性不足以抵抗活性氧伤害。在持续培养过程中,经光催化氧化体系处理的样品的两种酶活性逐渐降低,藻细胞的死亡速率大于生长速率,细胞的抗氧化系统已不能保持平衡。随着酶活性的降低,藻细胞大量死亡,最终失去再生长能力。

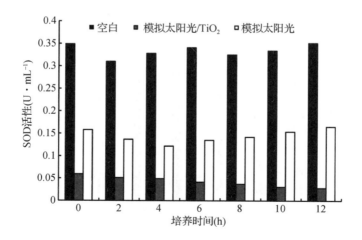

图 3-22　催化氧化处理后藻细胞培养过程中 SOD 活性变化

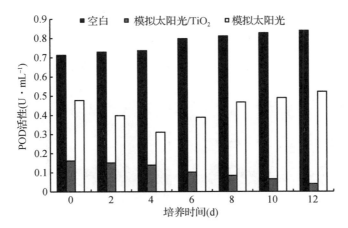

图 3–23　催化氧化处理后藻细胞培养过程中 POD 活性变化

（4）藻细胞活性检测

采用 FDA-PI 双色荧光染色法测定了处理前后藻细胞活性的变化情况，结果见图 3–24。

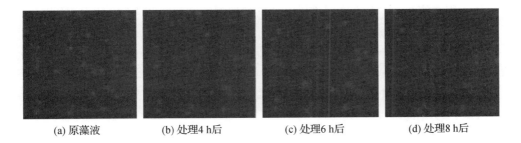

(a) 原藻液　　　　(b) 处理4 h后　　　　(c) 处理6 h后　　　　(d) 处理8 h后

图 3–24　处理不同时间后的 FDA-PI 双染色结果（40×40）

可以看出，原藻液在荧光显微镜下显现亮绿色，而经过不同处理时间后的样品开始出现不同比例地被染成红色的细胞，且随着处理时间的延长，被染成红色的藻细胞所占的比重增大，表明藻细胞在光催化氧化过程中逐渐失去活性（在荧光显微镜下，活（绿色）细胞和死（红色）细胞极易区分）。

（5）藻细胞形态变化

采用扫描电镜，对不同氧化时间处理后的藻细胞形貌结构进行了镜检，结果如图 3–25 所示。可以看出，处理前的藻细胞饱满，细胞壁完整，细胞外有一些细胞分泌物，其中还掺杂有少量细菌；处理 4 h 后藻细胞已出现明显皱缩，体积变小；处理 6 h 后藻细胞已出现了一定程度的破损，虽然个别细胞还残留有细胞膜或细胞壁,但细胞内的物质已经出现明显流失。正是因为细胞的破损才导致采用 FDA-PI 染色法的染色剂进入细胞;氧化处理 8 h 后的藻细胞破损非常严重,有的细胞已经破裂成为碎片,由此说明光催化氧化破坏了藻细胞的外形和结构,最终导致藻细胞失去活性并死亡。

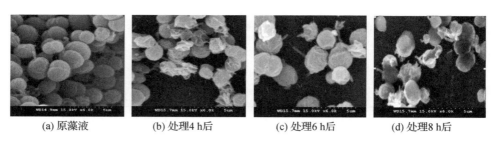

| (a) 原藻液 | (b) 处理4 h后 | (c) 处理6 h后 | (d) 处理8 h后 |

图 3 - 25   处理不同时间后藻细胞扫描电镜图

3.3.1.4   模拟太阳光催化氧化过程中藻毒素含量的变化

藻毒素是目前高藻水源水需要重点关注的指标之一,为了解光催化氧化过程中藻细胞内藻毒素的释放及降解情况,配制初始细胞密度为 8×10^8 个/mL 的藻溶液,在太阳光模拟装置中处理不同时间后,分别测定细胞内和细胞外毒素的变化。

(1)细胞外藻毒素 MC-LR 的变化

微囊藻毒素 MC-LR 是目前最为常见的藻毒素种类之一,细胞外(溶解性)藻毒素是指在藻细胞外、溶解于水中的藻毒素含量,它反映了藻细胞生长过程或处理过程中藻细胞释放进溶液中的毒素状况。模拟太阳光催化氧化过程中,细胞外 MC-LR 的变化情况见图 3 - 26。

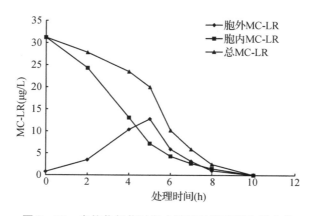

图 3 - 26   光催化氧化过程中溶液的藻毒素含量变化

由图 3-26 可以看出,在氧化处理前细胞外毒素的含量为 0.8 $\mu g/L$ 左右,表明铜绿微囊藻生长到对数增长期的细胞活性仍很好,只有细胞代谢产生少量毒素向水中释放;在催化氧化处理过程中,2 h 的氧化使细胞外毒素的含量升至 3.5 $\mu g/L$;5 h 后达到了整个处理过程的最大值(12.8 $\mu g/L$),说明催化氧化处理导致藻细胞受到了损伤,包括藻毒素在内的细胞内物质大量进入水中;处理 6 h 后,细胞外毒素的含量下降至 5.9 $\mu g/L$,表明在光催化处理过程中存在细胞内藻毒素的释放和细胞外藻毒素的氧化降解两个过程,水中藻毒素含量的变化是两个作用过程折减后的作用结果;处理 8 h 后,细胞外藻毒素的含量已降至 1.09 $\mu g/L$,大部分释放到水溶液中的藻毒素得到了氧化去除;进一步氧化至 10 h 后,细胞外藻毒素的含量已低于 HPLC 的检测限。催化氧化过程中,胞外藻毒素降解的结果表明光催化氧化过程能有效降解藻毒素,但也会导致胞内藻毒素的释放,处理过程中需要予以充分考虑。

(2) 细胞内藻毒素 MC-LR 的变化

催化氧化处理前,藻细胞内的藻毒素浓度为 31.2 $\mu g/L$。结合细胞外藻毒素含量的测定结果可以看出,正常生长状况下藻毒素主要集中在细胞内部;随着光催化氧化杀藻过程的进行,细胞内的藻毒素逐步释放进入溶液中,导致细胞内藻毒素的含量不断下降。而光催化氧化可以有效降低水中胞外藻毒素的含量,从而导致水中总藻毒素含量的逐步降低。

结合藻毒素的测定结果可以初步认为:在催化氧化处理前段(0~5 h),由于胞内藻毒素释放入水中的速度大于其被降解的速度,表现为胞外藻毒素含量的增加;处理中后期(5 h 后),藻毒素释放入水中的速度小于藻毒素的降解速度,导致总藻毒素含量的降低,并使溶液中的毒素维持在检测限以下。

3.3.1.5　模拟太阳光催化氧化过程中嗅味物质变化情况

导致水源水中产生异嗅的微生物主要有放线菌、藻类和真菌,而主要的嗅味物质则是引起土霉味的土臭素(GSM)和二甲基异冰片(2-MIB)。GSM 和 2-MIB 均为饱和环叔醇类物质,具有半挥发性,是放线菌和蓝绿藻的二级代谢物,在饮用水中大多以 $ng \cdot L^{-1}$ 的浓度存在。GSM 和 2-MIB 嗅阈值非常低,即使痕量存在亦能被人感知:GSM 为土味物质,其嗅阈值约为 1~10 $ng \cdot L^{-1}$;2-MIB 为霉味物质,其嗅阈值约为 5~10 $ng \cdot L^{-1}$。常规工艺对这些藻类分泌产生的嗅味物质去除能力有限。图 3-27 和图 3-28 是两种嗅味物质在模拟太阳光催化氧化处理过程中的含量变化。

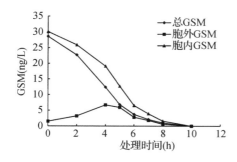
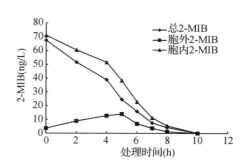

图 3－27　光催化氧化过程中溶液的　　　图 3－28　光催化氧化过程中溶液的
　　　　　　GSM 变化情况　　　　　　　　　　　　2-MIB 变化情况

由图 3－27、图 3－28 可以看出,两种嗅味物质主要存在于藻类细胞内部,随着光催化氧化的进行,藻细胞结构逐渐被破坏,致使胞内的 GSM 和 2-MIB 逐渐释放出来,表现为胞外水溶液中的嗅味物质含量呈现上升趋势;同时释放入水中的嗅味物质也会被催化过程中产生的强氧化性物质氧化降解。

就两种致嗅物质而言,胞外 GSM 在反应 4 h 后达到 6.7 ng/L,随着处理时间延长,虽然胞内 GSM 逐渐释放,但是胞外 GSM 呈现下降趋势,表明此时水溶液中GSM 降解速率大于释放速率;胞外 2-MIB 在反应 5 h 后达到最大 13.9 ng/L,随后则呈现下降趋势,直至低于检测限,表明从细胞内释放出来的嗅味物质被光催化氧化。

综合以上两图还可以看出,胞内和总的 GSM、2-MIB 的浓度随处理时间不断减小,反应至 10 h 后低于检测限,这一结果与藻毒素的降解类似。

3.3.1.6　氧化控藻过程中 UV_{254} 和 DOC 的变化情况

试验中,整个光催化氧化处理过程伴随着水中溶解性有机碳(DOC)和 UV_{254}的变化,见图 3－29。由图 3－29 可知,随着反应的进行,DOC 从初始的 5.53 mg/L 增加到 6.71 mg/L(4 h),然后又逐渐降为 6.06 mg/L(5 h)、4.47 mg/L(8 h)、3.69 mg/L(10 h); UV_{254} 从初始的 0.083 增加到 0.108(4 h),然后又逐渐降低为0.081(5 h)、0.0431(8 h)和 0.024(10 h),表明光催化氧化导致藻细胞内有机物的释放,同时部分有机物又被继续降解,表现为 UV_{254} 的大幅降低。但是部分有机物不能被彻底矿化,至反应结束时 DOC 的变化率较小。光催化氧化杀藻过程中藻细胞受到破坏,细胞内大量有机物质释放出来是导致细胞死亡的一个重要原因,尤其是叶绿素流失使细胞丧失光合作用能力。反应过程中释放的有机物与催化氧化过程中产生的氧化物质反应,导致 DOC 和 UV_{254} 的降低。

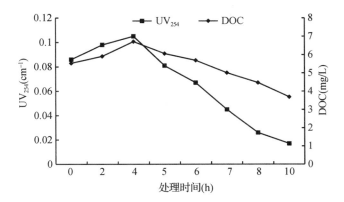

图 3 – 29　光催化氧化杀藻过程中水溶液的 UV₂₅₄ 和 DOC 变化情况

3.3.1.7　水中主要有机物和无机离子对杀藻效果的影响

结合实际水源水质的物质组成,试验过程中分别考察了典型有机物及无机离子对光催化氧化工艺控藻效能的影响,结果如下。

(1) 水中腐殖酸(HA)对杀藻效果的影响

腐殖酸是水中天然有机物的典型组分,也是自然条件下自由基产生的引发剂、促进剂,同时又易与水中的自由基发生反应。因此首先考察了 HA 含量对太阳光催化氧化控藻效能的影响,结果见图 3 – 30。

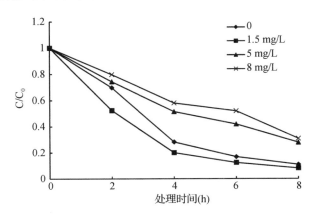

图 3 – 30　腐殖酸对太阳光催化氧化杀藻效能的影响

由图 3 – 30 可以看出,当 HA 浓度为 1.5 mg/L 时,催化氧化对叶绿素的去除率略高于无 HA 时的去除率,而氧化速率则提高明显。由此可见,低浓度的 HA 对光催化氧化杀藻有一定的促进作用。这是由于 HA 分子结构复杂,其表面的部分官能团可能与体系中 TiO_2 在光照激发下产生羟基自由基,从而促进叶绿素的氧化;当 HA 浓度高于 5 mg/L 时,HA 浓度的增加会对光催化氧化工艺的杀藻效能起到一定的抑制作用。原因在于腐殖酸分子存在的大量酚羟基基团较叶绿素分子更易与羟基自由基发生氧化反应,因此水中腐殖酸的浓度较高时,HA 会与叶绿素分子产生竞争反应,导致叶绿素的去除率有一定程度的降低。

(2)水中无机离子对杀藻效果的影响

溶液中的无机阴离子,如 Cl^-、HCO_3^-、NO_3^- 和 PO_4^{3-} 等在静电力的作用下会吸附在催化剂的表面,导致竞争吸附,并影响到太阳光催化氧化杀藻的效能。为明确无机阴离子对光催化氧化杀藻效能的影响,选择了 $NaNO_3$、$NaCl$、$NaHCO_3$ 和 NaH_2PO_4 作为添加物质,由于 Na^+ 对光催化反应没有影响,因此这些化合物对光催化反应的影响可以归因于相应无机阴离子的影响。

① 水中 Cl^- 对杀藻效果的影响

由图 3-31 可见,随着氯离子浓度的增大,叶绿素降解速率逐渐降低。有研究表明在 TiO_2/UV 系统中,Cl^- 对光催化氧化反应的抑制作用主要分为两种途径:一种途径为竞争吸附作用,氯离子与叶绿素分子的竞争吸附参与氧化还原反应,进而影响到太阳光催化氧化对叶绿素分子的降解速率;另一途径为俘获羟基自由基,氯离子具有还原性,与溶液中产生的具有强氧化性的·OH 反应消耗了部分氧化剂,生成的氯自由基($Cl·$)的氧化能力低于·OH。上述两种作用途径共同导致了叶绿素去除率的降低。

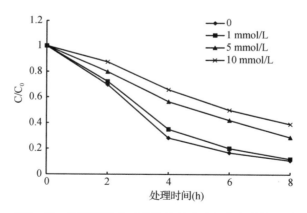

图3-31 氯离子浓度对杀藻过程中叶绿素含量的影响

② 水中 NO_3^- 对杀藻效果的影响

图 3-32 为不同浓度 NO_3^- 对太阳光催化氧化杀藻效能的影响。可以看出,NO_3^- 对叶绿素的降解没有明显的抑制作用,原因在于催化剂对硝酸根的吸附、络合能力较弱,不会直接影响到太阳光催化氧化工艺的杀藻效能。

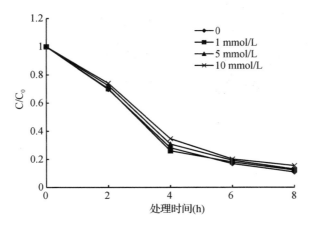

图 3 - 32　硝酸根浓度对杀藻过程中叶绿素含量的影响

③ 水中 PO_4^{3-} 对杀藻效果的影响

图 3 - 33 为 PO_4^{3-} 浓度对太阳光催化氧化工艺杀藻效能的影响。可以看出,随着溶液中 PO_4^{3-} 浓度的增加,叶绿素去除率呈梯度变化,降解效果显著降低。磷酸根是一种自由基的捕获剂,可与自由基快速反应形成不具氧化能力的物质,减慢了自由基氧化叶绿素分子的反应速率;磷酸根具有很强的络合能力,较易与催化剂发生吸附、络合反应,覆盖了 TiO_2 表面的活性位,占据了催化活性中心,影响自由基的产率。因此,磷酸根对太阳光催化氧化杀藻效能具有显著的影响。

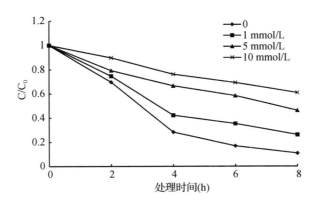

图 3 - 33　磷酸根浓度对杀藻过程中叶绿素含量的影响

④ 水中 HCO_3^- 对杀藻效果的影响

HCO_3^- 是天然水体中含量较高的阴离子之一,且与羟基自由基有较高的反应活性(HCO_3^- 与 $\cdot OH$ 的二级反应速率常数为 7.9×10^7 L/(mol·s)),从而会显著影响作用于藻类细胞的·OH数量。因此考察了HCO_3^-对光催化氧化杀藻效能的影响,结果如图3-34所示。

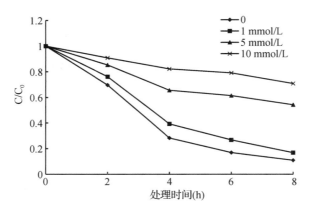

图3-34　碳酸氢根浓度对杀藻过程中叶绿素含量的影响

从图3-34中可以看出,水中HCO_3^-碱度对光催化氧化除藻效能有一定的影响,且影响程度随HCO_3^-含量的增加而显著增强。这主要是因为HCO_3^-能俘获光催化氧化过程中所产生的羟基自由基,产生低氧化能力的CO_3^{2-}·,从而降低了叶绿素分子的降解速率;水中HCO_3^-会影响水的pH值,并会进一步影响氧化反应的发生。根据图3-34的结果可以看出,在天然水体中一般HCO_3^-含量水平条件下(通常在1.6 mmol/L左右),并不会对太阳光催化氧化工艺去除水中藻类细胞产生显著的影响。

3.3.2　自然太阳光催化氧化对藻类的控制效能研究

采用紫外灯和汞灯为光源的TiO_2光催化氧化技术在环境治理方面展现了较好的处理效果,但是紫外光等光源发射装置构造复杂、耗电量大、运行成本高,影响了二氧化钛光催化氧化技术在实际工程中的大规模应用。20世纪70年代初,全球性的能源危机促进了将太阳能转变成一种可实际使用能源的研究。作为一种清洁能源,以太阳光作为激发多相光催化技术的光源,有利于显著降低工艺运行成本。本节研究以自然太阳光为光源,以实验室自制的石英试管为反应器,内壁铺设TiO_2薄膜催化剂,考察其对藻类的直接杀灭及抑制其生长的效能,为该工艺的工程应用提供科学依据。

3.3.2.1　自然太阳光催化氧化对藻类的杀灭效果

控制藻液初始细胞密度为$8×10^8$ cells/L,在太阳光照条件下,不同反应体系中藻细胞内叶绿素a含量变化情况如图3-35所示。

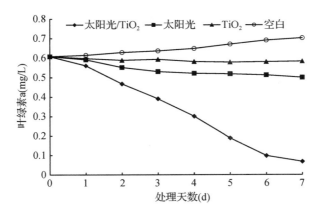

图 3-35　不同体系中处理不同天数后叶绿素 a 含量的变化

图 3-35 的结果表明,在只有 TiO_2 催化剂和只有太阳光照射的条件时,藻细胞内叶绿素 a 含量仅有少量降低;而在太阳光/TiO_2 薄膜体系中,7 d 的连续作用可将叶绿素 a 含量由初始的 0.608 mg/L 减少至 0.069 mg/L,降解率达到88.7%,表明太阳光/TiO_2 薄膜体系对于藻类具有较好的杀灭作用。

针对经过太阳光/TiO_2 薄膜体系处理后的水样进行藻细胞培养实验,结果见图 3-36。可以看出在藻细胞浓度为 8×10^8 个/L 条件下,经过 2 d 和 4 d 的太阳光催化氧化处理后,藻细胞与未经催化氧化处理样品的生长情况相似,藻细胞生长速度也基本相近。表明藻细胞在处理过程中仅有少量细胞死亡,存活的细胞仍具有较高活性,能维持正常繁殖;经过 5 d 处理后的样品,藻细胞生长速度则明显受到抑

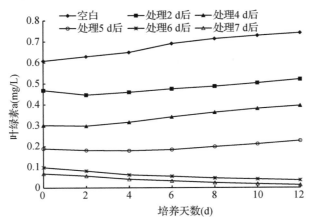

图 3-36　不同处理天数后藻细胞培养过程中叶绿素 a 含量变化

制,表明藻细胞受到较明显损伤,导致后续培养过程中难以有效恢复生长活性;处理 6 d 和 7 d 后的藻细胞受到明显损伤,导致大部分藻类细胞大量死亡,且在继续培养过程中生长受到持续抑制,导致叶绿素 a 含量持续下降。与此相对应,藻溶液的颜色也逐渐从最初的绿色变为黄绿色直至无色,表明藻细胞已彻底失去活性,不能再继续生长繁殖。

3.3.2.2　自然太阳光催化氧化杀藻过程中藻细胞生理指标的变化

（1）总可溶性蛋白含量的变化

如图 3－37 所示,经过 7 d 的处理,不同体系中藻细胞内总可溶性蛋白含量变化具有显著的差异。与空白对照样相比,在只有太阳光照射下的体系中,藻细胞内 TSP 含量在 7 d 的处理过程中仅有略微降低。将该体系处理后的藻液在光照培养箱中继续培养时,藻细胞仍能正常生长。这表明太阳光照射对藻细胞的 TSP 含量影响较小,藻细胞的生长几乎不受影响;在太阳光催化氧化体系中,经过 7 d 连续处理,藻细胞内总可溶性蛋白含量持续下降,降低率达到 90% 左右。其去除主要通过两方面的作用:一方面该反应体系产生的自由基降解藻细胞的总可溶蛋白质,而另一方面氧化作用导致藻细胞光合作用系统被破坏使其不能重新合成蛋白质。

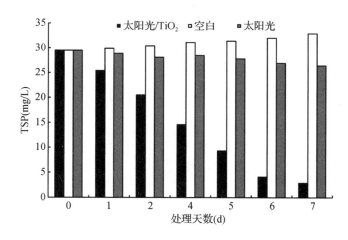

图 3－37　不同处理天数后藻细胞内 TSP 含量的变化

（2）酶活性变化

图 3－38 是太阳光催化氧化处理过程中藻细胞内 SOD 和 POD 两种酶的活性变化情况。从图 3－38 可知,两种酶活性在 7 d 的连续处理过程中逐渐降低,SOD 酶活性从初始的 0.33 U/mL 降低至 0.077 U/mL,POD 酶活性从初始的 0.70 U/mL 降至 0.17 U/mL,表明太阳光催化氧化处理会导致藻细胞内的这两种酶逐渐失活,从而

使细胞的酶系统遭到破坏。藻细胞内抗氧化酶为重要的保护酶,其活性对于机体维持正常的代谢过程,适应环境的变化有极其重要的生理意义。由于酶活性的丧失,藻细胞对不良环境的抵御能力降低,细胞内活性氧积累的动态平衡遭到破坏,促进 H_2O_2 的积累,并导致藻细胞最终失活。

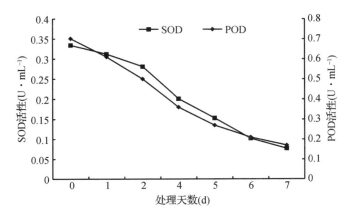

图 3-38 太阳光催化氧化杀藻过程中藻细胞 SOD 和 POD 酶活性变化

(3)藻细胞形态结构变化

将太阳光催化氧化处理前后的藻细胞进行扫描电镜分析,观察它们的细胞形态结构的变化。从图 3-39(a)的结果可以看出,未经处理的藻细胞结构完整,表面平滑,呈不规则分布,可以看到相互连接的分裂细胞,表明细胞生长代谢正常;图 3-39(b)是经过光催化氧化处理 2 d 后的藻细胞扫描结果,已经可以看到藻细胞结构发生一定程度的皱缩,部分细胞萎缩干瘪,表面不再光滑平整,但细胞结构还比较完整;而经过 5 d 处理后,已经出现了某些不完整的藻细胞和细胞壁的破裂情况,但是细胞损伤数量较少,继续培养过程中经过一定时间的细胞自身修复以及分裂繁殖,仍能保持细胞数量上的增加;经过 7 d 连续处理后,藻细胞的细胞壁严重受损,胞内物质的流出使细胞边界形态模糊,通过显微镜可以清楚地看到细胞壁的

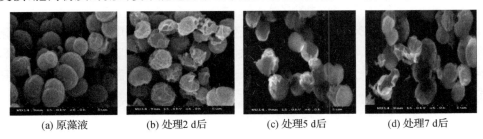

(a) 原藻液　　　　　(b) 处理2 d后　　　　　(c) 处理5 d后　　　　　(d) 处理7 d后

图 3-39 太阳光催化氧化处理前后藻细胞电镜扫描结果

残片,藻细胞基本完全被光催化氧化成细胞碎片,而经过后续的再培养过程,也无法恢复藻类细胞的生长特性,而是呈现藻细胞全部死亡、消失的趋势。相关的研究结果也表明,在高级氧化反应过程中产生的具有强氧化性的自由基,可以直接作用于细胞膜和细胞壁使藻细胞破裂或者通过氧化细胞表面的酶等物质使藻细胞失去活性,并最终死亡。

3.3.2.3　氧化控藻过程中 UV_{254} 和 DOC 含量的变化

太阳光催化氧化杀藻过程中水中 DOC 和 UV_{254} 在 7 d 的处理时间内呈现一定的变化趋势,具体结果如图 3-40 所示。可以看出,太阳光催化氧化处理的前 2 d,DOC 数值先从初始 5.53 mg/L 降低至 5.11 mg/L 之后又升高到 5.91 mg/L,而 UV_{254} 值则先由初始的 0.086 降至 0.065 后又略微升至 0.068。这也说明水中藻细胞在处理过程中受到一定程度的破坏,藻细胞胞内有机物进入水中,之后在光催化氧化的作用下呈现下降趋势;在 2 d 之后的处理时间内,DOC、UV_{254} 逐渐下降。就两个指标而言,UV_{254} 的降解效率明显高于 DOC 的降解率,说明太阳光催化氧化更有利于去除具有不饱和键的化合物,也说明在此作用条件下并不能实现有机物的完全矿化。

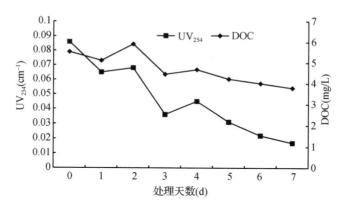

图 3-40　太阳光催化氧化杀藻过程中 DOC 和 UV_{254} 的变化

上述结果表明,DOC、UV_{254} 在太阳光催化氧化除藻过程中均呈现一定的变化规律,鉴于 DOC、UV_{254} 所代表的有机物对于后续饮用水处理均会产生一定的影响,在应用太阳光催化氧化工艺除藻时需要充分考虑处理过程中有机物的释放和控制问题。

3.3.2.4　影响杀藻效果的因素分析

（1）不同藻细胞密度对杀藻的影响

水中初始藻细胞含量是影响光催化氧化杀藻效能的一个重要因素。分别配置

初始细胞密度为 $8×10^8$ cells/L 和 $2×10^7$ cells/L 的藻溶液,以藻液 A 和藻液 B 表示,对应的叶绿素 a 含量分别为 0.608 mg/L 和 0.291 mg/L,不同初始藻含量条件下太阳光催化氧化工艺对藻类的灭活效果见图 3-41。可以看出,藻细胞密度对光催化氧化杀藻效果影响较大:在持续太阳光照下,藻细胞密度较低的藻液 B 很快就从绿色变为黄色,直至最后变为无色,处理 4 d 后叶绿素含量几乎降为 0;对于藻密度为 $8×10^8$ cells/L 的藻液 A,叶绿素 a 含量下降非常缓慢,经过 4 d 处理后,藻细胞中叶绿素含量仍很高,继续培养后仍能生长良好,溶液的颜色也只是从绿色变为浅绿色。原因在于细胞密度的提高导致光催化氧化所需处理的负荷增加、杀灭藻细胞所需的活性物质增加,而在光催化过程中产生的活性物质的量是相对稳定的,导致在高藻细胞密度体系中的杀藻效果明显下降。结合前述结论可知,当 A 液经太阳光催化氧化处理 5 d 后再培养时,藻细胞的生长明显受到抑制,说明该方法虽然对高藻细胞密度体系中藻细胞的杀灭效果较弱,但能较好地抑制其后续生长;太阳光催化氧化对低藻细胞密度体系中的藻细胞具有较明显的杀灭效果。

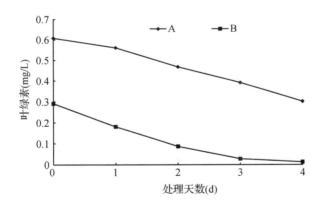

图 3-41 初始藻细胞密度对太阳光催化氧化杀藻的影响

(2)藻细胞活性的影响

作为生命个体,处于不同生长期的藻细胞的活性状态和生理状态差异比较大,它们对外来攻击的抗击能力与承受能力也有很大的差别。因此需要考察不同生长期的铜绿微囊藻对杀藻效果的影响是非常必要的。为明确不同活性状态的藻细胞对光催化氧化杀藻效果的影响,利用处于对数生长期和衰减期的藻细胞进行对比试验,结果如图 3-42 所示。可以看出,太阳光催化氧化对处于对数生长期的铜绿微囊藻的灭活效果相对较弱,经过 4 d 的处理,藻细胞叶绿素 a 含量仍处于较高的水平;处于衰亡期的藻细胞叶绿素 a 浓度下降速度较快,经 4 d 处理后叶绿素降低80%以上,而水样颜色也变为淡黄色。原因在于对数期较高的细胞活性有利于抵抗太阳光催化氧化过程中产生的自由基,且对相应的生物损伤具有较好的恢复能力,而衰亡期相对较低的生长活性对自由基氧化的抵抗能力则较弱。

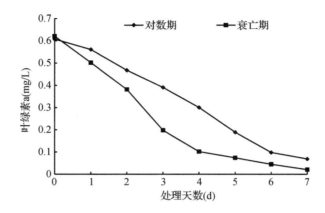

图 3‑42　不同藻细胞活性对太阳光催化氧化杀藻的影响

将处理 4 d 后的藻液放入培养箱中继续培养,叶绿素含量的变化结果可见图 3‑43。由图 3‑43 中可以看出,对数期的藻样经催化氧化处理 4 d 后,仍能维持较好的生长繁殖能力,培养过程中叶绿素 a 含量呈现上升趋势;但是对于衰亡期的藻样,催化氧化处理 4 d 后叶绿素含量已经处于较低水平,且在后续培养中持续下降,直至藻液颜色变为无色,表明藻细胞受到了严重破坏,叶绿素几乎被完全降解,藻类死亡。从以上结果可得出,对数期的藻类生长比较旺盛,4 d 的太阳光催化氧化处理虽然可导致部分细胞遭受损伤,但是无法完全杀灭藻类,损伤的藻类细胞能够通过自身修复恢复生长活性;而处于衰亡期的藻类本身活性较差,更易被氧化杀灭。

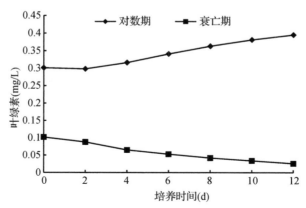

图 3‑43　不同生长期藻细胞催化氧化处理 4 d 后生长情况

（3）无机离子的影响

同样选取了水中常见阴离子 Cl^-、NO_3^-、HCO_3^- 和 PO_4^{3-}，研究无机阴离子对太阳光催化氧化杀藻的影响，结果见图 3－44（配制各离子浓度为 5 mmol/L）。

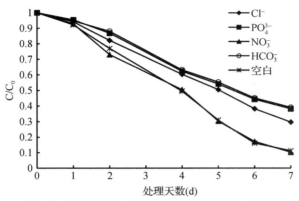

图 3－44 不同无机离子对太阳光催化氧化杀藻过程中叶绿素含量的影响

由图 3－44 可见，NO_3^- 对反应速率影响较小，而 Cl^-、PO_4^{3-} 和 HCO_3^- 等离子对反应存在明显的抑制作用。因为它们会与有机物竞争空穴或自由基，会生成具有一定氧化性质的阴离子自由基，这一结果与采用氙灯为光源时所得结果类似。

3.3.3 模拟太阳光与自然太阳光催化氧化杀藻效能对比

在催化剂相同条件下，氙灯和自然太阳光作为光源时分别在作用时间为 8 h 和 7 d 时的作用效果见表 3－5。通过纳米 TiO_2 薄膜催化剂对蓝藻杀灭及抑制其生长的对比试验研究结果可知，光源对藻类的控制效果存在一定的差别：① 在氙灯照射 8 h 可将叶绿素降低 89％，而要达到同样的降解效果，太阳光作为光源时需连续处理 7 d；② 对于藻细胞内总可溶性蛋白质含量，氙灯作为光源时 8 h 可降解 91％，而太阳光催化氧化则需要 6 d 的处理时间；③ 氙灯作为光源的光催化处理 8 h 时的 SOD 酶和 POD 酶活性的降低值，太阳光催化需要 6～7 d 的处理时间。

表 3－5 氙灯与太阳光催化氧化杀藻效能对比

降解率光源指标	氙灯 8 h(％)	太阳光 7 d(％)
叶绿素 a	89.1	88.7
总可溶性蛋白	91.0	90.1
SOD	77.3	78.0
POD	83.0	76.4

在本试验条件下,以氙灯为光源的光催化氧化效果明显优于以太阳光为光源的效果。选择氙灯作为模拟的太阳光源,氙灯发射光谱包括了紫外光、可见光和红外光光谱,且在可见光区光色极近似于日光,能量密度高,输出稳定。图 3-45 是氙灯光源在(200~1 200)nm 内的光谱分布图。可以看出,氙灯在(800~1 000)nm 内有光强峰值,其他波段光强变化比较平缓;太阳辐射峰值的波长为475 nm,这个波长在可见光的青光部分。太阳辐射主要集中在可见光部分(400~760)nm,且从紫外波段到可见波段的光强变化极大(图 3-46)。相对于太阳光源,氙灯的连续紫外辐射很强,氙灯中紫外波段输出能量较太阳光源中的紫外波段高。

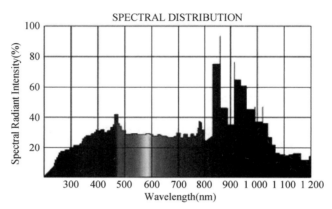

图 3-45　氙灯光源在(200~1 200)nm 范围内的光谱分布

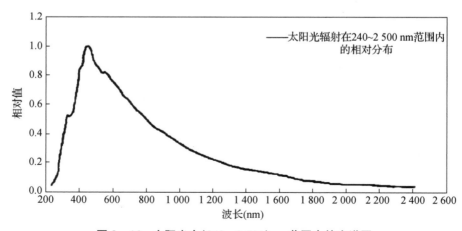

图 3-46　太阳光在(240~2 500)nm 范围内的光谱图

从光强测定结果来看,本研究采用的氙灯光源的光强要高于试验期间的平均太阳光强,略大于测定的最高太阳光强。由于纳米 TiO_2 禁带较宽($Eg=3.2$ eV),

光催化氧化主要利用的是波长小于 387.5 nm 范围的紫外光。采用太阳光源时,这部分紫外光在辐射到达地面的日光辐射总量中仅占 4% 左右,因此自由基的产率较低;当采用氙灯为光源时,由于紫外强度增强,辐射能量增大,使得纳米 TiO_2 薄膜的杀藻作用显著增强。这也说明自由基的生成量对杀藻效果影响显著。此外,采用太阳光为试验光源时,因受到天气变化影响,光强变化极大且极不稳定,同样会影响自由基的产率,进而影响光催化反应的效果。以往光催化氧化都是针对紫外光作用下自由基产率较高时的机理分析,针对太阳光作用下的杀藻机理则需进一步的研究。针对这两种光源作用下的处理效果进行对比研究,以下将其催化氧化杀藻的机理进行了比较分析。

3.3.4 太阳光催化氧化杀藻的机理分析

试验所用铜绿微囊藻属蓝藻门,为典型的原核微生物,其典型特点:① 细胞壁薄而坚固,且与原生质体外的质膜紧密相连,保护细胞免遭破损;② 原生质则由周质和中央质构成,周质位于细胞壁的内面,中央质的四周主要分布着细胞内的类囊体、颗粒体和各种各样的酶,类囊体作为光合反应器,中央质主要由脂类和蛋白质组成,在脂类中含有与光合作用关系最密切的叶绿素 a、类胡萝卜素和藻胆素等多种光合色素;③ 中央质位于细胞的中央,不具核膜和核仁但有染色质,故又叫原始核或原核。以上细胞的完整结构使蓝藻细胞保持着正常的生长代谢功能,而细胞结构的破坏会影响藻细胞的正常生长,并可能导致其最终死亡。

蓝藻和细菌都属于原核微生物,在细胞结构和生理功能上有很多相同之处。目前,关于光催化氧化杀菌机理的研究很多。TiO_2 在光激活反应中生成的羟基自由基和超氧自由基直接攻击细菌的细胞是被普遍认可的途径,作用位点包括蛋白质衣壳、RNA、胞内辅酶 A 等。Montogomery 等认为光催化氧化杀菌主要有两种原理:① 细胞壁和细胞膜被光催化氧化分裂,导致细胞整体分解;② 光催化过程产生的一些可以使酶失活的 ·OH 等活性基团渗入到细胞或颗粒中,破坏细胞内部的结构成分,干扰蛋白质的合成。这些研究都肯定了纳米 TiO_2 光催化氧化的杀菌作用与 ·OH 等活性基团的作用密切相关。

通过对试验中藻细胞各生理指标的测定,如经过氙灯和太阳光催化氧化处理后引起藻细胞中叶绿素 a 含量和蛋白质含量的下降、POD 和 SOD 酶活性的降低以及细胞内有机物质的释放情况。同时参照藻细胞在处理过程中的电镜扫描和活性检测情况,可以把纳米 TiO_2 在太阳光激发下抑制铜绿微囊藻生长的可能过程概括为以下几步。

第一步,当 TiO_2 催化剂受太阳光照射,太阳光谱中近紫外光部分的能量大于或等于半导体 TiO_2 颗粒的吸收阈值,通过吸收足够光能后,发生电子跃迁,随后在

Sckottky 势垒的电场诱导下,两种载流子迁移到粒子表面的不同位置:

$$TiO_2 \xrightarrow{hv \geqslant Eg} TiO_2\{e^- \cdots h^+\} \rightarrow e^- + h^+ \qquad (式3-3)$$

光催化反应要有效进行,就需减少 e^-/h^+ 的简单复合,这可以通过将光生电子、光生空穴之一或两者同时被不同的表面基团俘获而完成。在水溶液中水化和羟基化了的 TiO_2 表面,h^+ 通过界面电子转移被 TiO_2 表面的束缚水和表面羟基俘获;另一方面,合适的电子受体为水溶液中溶解氧(吸附在 Ti 位置),消除光生 e^- 的反应产生了超氧负离子。载流子的俘获阻止(抑制)了 e^- 与 h^+ 的简单复合,同时产生了光催化氧化过程中的许多活性中间体(自由基离子),特别是·OH。体系中·OH 可经由 h^+ 氧化 TiO_2 表面的 H_2O/OH^- 产生或通过 e^- 还原 O_2 生成 H_2O_2 后再产生。

在光催化氧化反应中,光源种类及光强大小对·OH 的产率至关重要。为了进一步证实·OH 的作用,在氙灯光催化反应过程中,通过添加电子供体 H_2O_2 来考察对杀藻的强化效果。图 3-47 描述了不同 H_2O_2 浓度对不同处理时间后叶绿素含量的影响,在此光催化氧化除藻过程中,H_2O_2 浓度对除藻效率有很显著的影响。

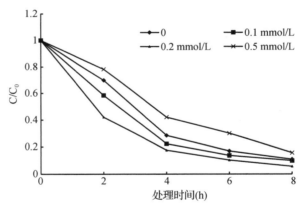

图 3-47 H_2O_2 浓度对杀藻过程中叶绿素含量的影响

可以看出,叶绿素降解率随着 H_2O_2 浓度的增加而有明显提高,但是当 H_2O_2 浓度超过 0.5 mmol/L 时,降解率又呈现下降趋势。H_2O_2 作为一种强氧化剂,具有很强的亲电性,能捕获体系产生的光生电子并生成·OH,使体系中产生更多的·OH,同时有效降低了光催化过程中光生电子与空穴的复合几率,提高了光电子效率,使目标物的光催化氧化更为迅速。但是,过量的 H_2O_2 又会成为·OH 的捕获剂,对·OH 起清除作用。因此 H_2O_2 既能产生·OH,又能捕获·OH,是一种动态的竞争反应。所以针对不同的反应体系存在最优的 H_2O_2 添加量:在较低的 H_2O_2 浓度下,有利于体系中·OH 的生成,叶绿素降解率增加;在高浓度 H_2O_2 下,捕获·OH的速率大于生成·OH速率,则降解率下降。

　　大量研究表明,高级氧化反应的主要活性物质是·OH,体系中生成的·OH量的多少直接决定着目标物的去除效果。采用氙灯为光源较太阳光源能生成更多的·OH,使对藻细胞的杀灭时间显著缩短。考虑到采用太阳光源时,光强度不稳定且变幅大,可能会因突然阴天而致太阳光减弱甚至紫外线短暂消失,从而导致电子和空穴的形成受阻,影响·OH的产率,甚至可能造成对生成·OH的连锁反应中断。太阳光催化氧化对藻细胞的作用较缓慢,即使·OH的产率低,只要光催化氧化作用的时间够长,藻细胞还是受到损伤从而失去活性,其对藻细胞的杀灭是累积作用的结果。

　　第二步,反应中所产生的·OH等活性氧化物释放到藻液中,对藻细胞进行氧化胁迫。光催化氧化过程中所生成的活性氧化物的氧化性极强,随着浓度不断增大和作用时间的延长,·OH等活性物种与铜绿微囊藻细胞碰撞,并和组成藻细胞壁的肽聚糖成分发生反应,使藻细胞的细胞壁不断氧化受损并最终破裂。同时细胞质膜(主要成分为脂类、蛋白质和少量糖类)也被氧化而破裂,出现膜通透性和选择性功能丧失、细胞内外环境遭到破环等现象。在细胞内各种抗氧化性酶的作用下,藻细胞内活性氧自由基的形成和清除之间保持动态平衡,当大量的活性氧自由基侵入藻细胞内时,这种平衡遭到破坏,产生的活性氧自由基开始抑制抗氧化性酶的活性,表现为酶活性的下降并最终失活。在氙灯8 h光催化氧化后,SOD酶活性降低77.3%;而在太阳光催化氧化过程中藻细胞内酶活性缓慢下降,表明细胞内抗氧化性酶不足以在受到氧化胁迫时通过应激增加来清除体系中生成的活性物质,体系中生成的活性物质对酶活性的影响也是慢慢积累的过程,直至反应至第7天,SOD酶活性才累积下降了78.0%。

　　第三步,藻细胞内的这些氧化性自由基因得不到及时清除使得浓度大幅度增加,大量残留于细胞内的自由基直接攻击各细胞器、蛋白质、脂质和核酸、DNA等生物大分子,发生一系列的连锁反应。在试验中则表现为藻细胞叶绿素a、类胡萝卜素、总可溶性蛋白、藻胆蛋白等物质含量大幅降低。遗传物质核酸等受到损伤,细胞形态结构发生明显变化,细胞收缩成不规则形状,细胞壁的破裂导致原生质体的内含物不同程度地溶出并被降解,在周质和中心质中的某些细胞器发生丢失,最终导致藻细胞的死亡。

　　藻类对光能的截获和利用要靠叶绿素a。从有机合成的角度来讲,光合作用过程就是在光的作用下,将二氧化碳还原为有机化合物。

$$nCO_2 + nH_2O \xrightarrow{h\nu} (CH_2O)_n + nO_2 \qquad (式3-4)$$

在铜绿微囊藻细胞中叶绿素a是包在脂蛋白膜内的,它起着将光能转化为化学能和捕光的作用。光合作用中的光反应包括两个光化学反应,引起这两个光化学反应的色素系统分别为光系统 I(PS I)和光系统 II(PS II),每个光合系统都有它自己的叶绿素分子和相应的电子载体复合体。在光合系统 II 中,作用中心色素分子吸收高峰的波长为 680 nm,因此称之为 P_{680}。当叶绿体中这两个光系统发生光化学反应时,则是通过一系列的电子传递体将它们串联在一起的。PS II 吸收光后,将能量传递到色素分子 P_{680},使 P_{680} 获得光能而引起激发,产生一个强氧化剂,最终生成一个分子氧和一个弱还原剂,PS II 把电子从低于 H_2O 的能量水平提高到一个中间点。在光系统 I 中,叶绿素捕获分子为 P_{700}。PS I 把电子从中间点提高到高于氧化性辅酶 II($NADP^+$)的水平,产生一个强还原剂和一个弱氧化剂,PS I 的光化学反应是长波反应,其主要特征是 $NADP^+$ 的还原。当光照到类囊体膜上,能量同时被 PS II 和 PS I 的天然色素吸收,并分别传递给各自的反应中心 P_{680} 和 P_{700},两个中心的电子被同时激发到外层轨道,并且又传给各自的最初电子受体,电子从光系统中传出使得两个反应中心色素失去了电子而带正电荷,它们对电子具有很强的吸引力,就造成了电子在电子传递体之间的流动。从反应中心叶绿素分子中激发的电子,沿着类囊体膜中的一系列电子传递体转移组成光合链。

藻细胞体内的大量活性氧化物种很容易攻击叶绿素 a 分子结构中含量较多的双键部位,导致其分子结构被破坏以及含量降低,并进一步影响光合链上的电子传递,$NADP^+$ 不能被还原为还原性辅酶 II(NADPH)。若没有 NADPH,将使电子传递受到阻隔,光合能力丧失,藻细胞进行光合作用的过程也被破坏,从而无法实现光能量向生物能量的转化,中断了蛋白质的合成,终止了藻细胞的新陈代谢过程。

羟基自由基等活性物种氧化杀藻过程可用图 3-48 示意。

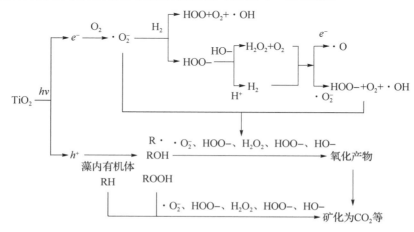

图 3-48　太阳光/纳米 TiO_2 薄膜杀藻过程示意图

3.4 太阳光/改良 TiO₂ 薄膜对典型藻源含氮有机物的去除

藻源有机氮类化合物是复合污染水源水中含氮有机物(DON)的重要来源,其在太阳光催化氧化过程中会被自由基氧化,需要在明确藻源种类及含量水平基础上,考察其在催化氧化过程中的去除效能、转化途径及作用机理。同时介于水源处理的特殊性,尚需进一步考虑光催化氧化对含氮有机物的氧化中间产物在水源水中的转化规律。鉴于纯 TiO₂ 在催化效率等方面存在的问题,本部分开发了铜掺杂 TiO₂ 薄膜、基于表面等离激元效应的金- TiO₂ 复合薄膜等两类新型催化剂,并分别利用这两类催化剂进行了催化氧化去除含氮有机物的研究。

3.4.1 富营养化水体中典型藻源含氮有机物的种类及含量研究

富营养化水体中含氮有机物主要来源于藻类细胞及其代谢产物,其中藻类细胞破裂所导致的胞内物质释放是导致水中含氮有机物含量显著增加的重要因素之一。为此,以太湖水源水为研究对象,分别考察了水中含氮有机物的含量,并初步探讨了含氮有机物的主要组成情况。

3.4.1.1 太湖水源水中的 DON 含量变化

作为表征水中有机物的 2 个指标,DON、DOC 代表了水中不同种类的有机物含量,它们在不同水源、不同季节的含量及两者之间的比例均不同,因此考察了太湖水源水中 DON、DOC 在一个水质周期内的含量及变化情况,结果见图3-49。

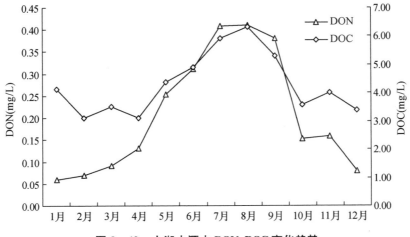

图 3-49　太湖水源水 DON、DOC 变化趋势

图 3-49 表明,DON 随季节变化趋势十分明显:春、初夏保持较低的浓度,基本可以控制在 0.25 mg/L 以下,从 6 月份开始 DON 浓度呈快速上升趋势,并在 8、9 月份保持较高水平,9 月以后 DON 浓度开始骤降,平均值为 0.20 mg/L。DOC 随季节变化趋势与 DON 略有不同,DOC 浓度同样在 7、8 月份达到全年最高,但是全年的变化幅度较 DON 要小,在 3.10~6.32 mg/L 之间变化,均值为 4.31 mg/L。太湖水源水在不同月份 DOC/DON 值和藻细胞浓度的变化情况见图 3-50。可以看出 DOC/DON 比值与藻细胞含量呈现一定的相关性:8 月份 DOC/DON 比值最小,此时处于藻类大量繁殖的后期,藻细胞开始腐败,胞内有机物泄入水体,大量的藻类蛋白质及游离氨基酸进入水体后致使 DON 骤增,此时水体中 DON、DOC 主要由水中藻类的胞内有机物构成;冬季时 DOC/DON 值较夏季明显增大,1 月份高达 70,主要是因为此时太湖水体中藻类较少、水位较低,DON、DOC 中外界污染物贡献较大,外源性 NOM 占主导。

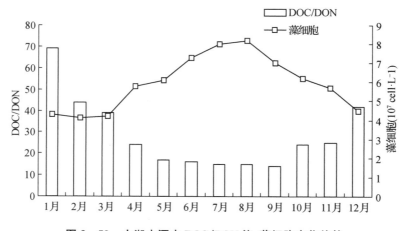

图 3-50　太湖水源水 DOC/DON 值、藻细胞变化趋势

DOC/DON 值可以用来表征 NOM 的来源,天然水体中 NOM 的来源大致可以分为两大类,一类为外源性,即外来污染和土壤污染为 NOM 的主体来源,DOC/DON 值较高;一类为内源性,即藻类或细菌等微生物代谢为水体 NOM 的主要来源,DOC/DON 值较低。结合太湖水源水 DOC/DON 的数值,可以初步认定太湖水源水中的含氮有机物主要来源于水体内部藻类繁殖的代谢产物,并且会随着作用时间而呈现一定的变化。

3.4.1.2　蛋白质种类及含量

结合相关的研究结果,富营养化水中的蛋白组分主要来自于藻类及微生物细胞的破裂,其含量与细胞破裂程度、稀释率以及其在水源地的转化密切相关。利用双向电泳测定了铜绿微囊藻的胞内有机物组分,结果见图 3-51。

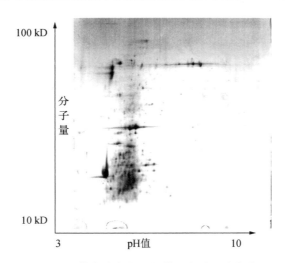

图 3-51 藻类胞内有机物的蛋白质组分电泳图

由图 3-51 所示的双向电泳图谱可以看出,所含藻类蛋白总共有 230 蛋白点,绝大部分分布于酸性端;分子量在<40 KD、>70 KD 区间的蛋白点较多,其余分子量区间蛋白点较少,且基本为低丰度蛋白。可以推断太湖水体中藻类胞内主体蛋白种类约为 230 个,且大部分分布于酸性端(pH<7),主要分布的分子量区间为<40 KD、>70 KD。为进一步确定样品中蛋白质的具体种类和含量,利用第二代蛋白质检测技术(TMT 试剂测定技术是一种基于串联质谱方法的蛋白质定性定量技术)来测定样品中的蛋白质种类和含量,表 3-6 列举了水样中浓度最大的 15 种蛋白质名称及含量。

由表 3-6 可以看出,铜绿微囊藻细胞的胞内有机物蛋白质种类较多,其中含量≥0.066 mg/L 的蛋白质种类有 15 种,总的蛋白含量为 1.519 mg/L。其中,两种藻蓝蛋白的含量最高,分别是 0.187 mg/L、0.136 mg/L,因此藻蓝蛋白可以作为藻类蛋白质的典型代表进行后续研究。

表 3-6 水样中的蛋白质

序号	蛋白名称	NCBI 编号	分子量(kDa)	浓度(mg/L)
1	C-藻蓝蛋白 β 亚基	gi|157805082	7 653	0.187
2	假定蛋白 MICCA_960010	gi|389675223	22 151	0.138

序号	蛋白名称	NCBI 编号	分子量(kDa)	浓度(mg/L)
3	葡萄糖-6-磷酸异构酶	gi|389735074	58 303	0.136
4	藻蓝蛋白 β 亚基 1	gi|110224794	7 903	0.134
5	藻蓝蛋白 β 亚基 UAM-ZMA-3	gi|195931658	7 566	0.131
6	未命名蛋白 1	gi|159028287	35 523	0.109
7	psaC 蛋白	gi|159026552	8 842	0.086
8	藻蓝蛋白 β 亚基 2	gi|21552602	7 334	0.085
9	未命名蛋白 2	gi|159027266	18 069	0.084
10	psbH 蛋白	gi|159027245	7 232	0.077
11	cpcB 蛋白	gi|159029495	18 164	0.072
12	psbD 蛋白	gi|159026300	39 194	0.072
13	未命名蛋白 3	gi|159027513	134 010	0.071
14	psaF 蛋白	gi|159027523	18 123	0.071
15	apcC 蛋白	gi|159027977	7 806	0.066

3.4.1.3 氨基酸种类及含量

氨基酸是另外一类富营养化水源水中的典型含氮污染物,其来源主要有藻类及微生物细胞破裂所导致的胞内物质释放,此外水体底泥中的微生物也会导致底泥及间隙水中有一定量的氨基酸。已有研究结果表明,水中的各类氨基酸是三卤甲烷、卤乙酸等消毒副产物的前体物,针对其对含氮类消毒副产物生成的贡献目前尚处于初步研究阶段。氨基酸的分子结构及含量是影响含氮消毒副产物生成的重要因素,因此有必要针对水源水中的氨基酸种类及含量进行调研,以确定其对水质的影响。

图 3-52 表明,太湖水源水中检出了 17 种自由氨基酸,其中丙氨酸、天门冬氨酸、赖氨酸、谷氨酸、丝氨酸等氨基酸含量较高,最高值达到 2.4 μmol/L。就不同时间段的取样结果看,7 月份水源水中氨基酸含量最高,而 1 月份数值最低。结合水源水中藻类含量的测定结果可以看出,7 月份藻类细胞的含量相对较高,藻细胞死亡代谢的速度快,导致水中的氨基酸含量增加;由于水体中藻类含量显著降低,1 月份水中的氨基酸可能主要来自水体底泥及间隙水中的氨基酸释放或扩散。

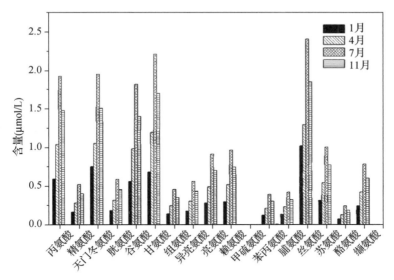

图 3 – 52　太湖水源水中氨基酸种类及含量的变化情况

3.4.1.4　光催化氧化处理对象确定

综合以上试验结果,可以看出藻类蛋白、氨基酸是典型藻源含氮有机物。考虑到藻类蛋白及氨基酸仅为富营养化水源水中含氮有机物的一部分,后续研究中同时以 DON(Dissolved organic nitrogen)作为表征水中含氮有机物的关键指标之一来研究光催化氧化工艺对其去除的效果。因此,后续光催化氧化对含氮有机物的处理效能研究主要以 DON、藻蓝蛋白、氨基酸等为指标对象来开展。

3.4.2　太阳光/铜掺杂 TiO₂ 薄膜对藻源 DON 的氧化效能及作用机理

3.4.2.1　铜掺杂对太阳光催化氧化体系氧化 DON 性能的提升

（1）太阳光催化氧化过程对 DON 的去除

为进一步考察铜掺杂 TiO₂ 催化剂在太阳光照下对含藻水源水中 DON 的去除效果,设置对比试验,同时进行掺杂和未掺杂催化剂的太阳光催化试验,控制 DON 的初始浓度为 1 mg/L,溶液初始 pH 值为 6.0,太阳光照 7 h,试验的环境温度为 35 ℃,平均光照度为 106 812 lux,平均 UV_{365} 为 1 970 $\mu w/cm^2$。定时取样,测定两种不同处理方式水样中残留的 DON 浓度。不同氧化体系中 DON 的变化如图3 – 53所示。

由图 3 – 53 可知,随着处理时间的增加,不同体系中 DON 的降解情况也有所不同。仅太阳光光照体系中的 DON 有少量去除,主要与水中溶解的叶绿素在光照条件下光解有关。对比太阳光/铜掺杂 TiO₂ 薄膜体系和太阳光/TiO₂ 体系中 DON 的去除情况可以发现,铜掺杂 TiO₂ 催化剂对水体中 DON 的降解效果明显优于未掺杂的

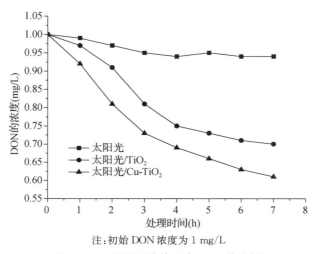

注：初始 DON 浓度为 1 mg/L

图 3‒53　不同反应体系中 DON 的降解

TiO₂ 催化剂(未掺杂体系中 DON 的去除率为 29.7%,而铜掺杂体系中 DON 的浓度由初始的 1 mg/L 降为 0.608 mg/L,去除率达 39.2%)。铜掺杂提升光催化去除含氮有机物效能的原因主要存在于以下两个方面:一是铜掺杂 TiO₂ 催化剂的粒径变小,增加了负载的稳定性,同时也增加了接触面积,使得相同体积内参与反应的催化剂增多;二是铜掺杂 TiO₂ 催化剂提高了对太阳光的利用率,无论是对紫外光还是可见光的吸收都有明显的增强,从而增加了羟基自由基的产量。

(2) 太阳光催化氧化过程中总可溶蛋白质的氧化

蓝藻爆发后期,大量藻细胞破碎并释放胞内有机物,此时水体中 DON 以藻蓝蛋白和游离氨基酸为主。因此,太阳光催化氧化去除含藻水源水中的 DON 主要是氧化水中蛋白质。为考察太阳光/铜掺杂 TiO₂ 薄膜体系氧化 DON 过程中蛋白质的变化,现控制水样中 DON 的初始浓度为 1 mg/L,总可溶性蛋白的初始浓度为 7.22 mg/L,置于太阳光照下氧化 7 h,定时取样,测定水样中残留的总可溶性蛋白的浓度并对过滤后的水样进行三维荧光扫描。试验结果如图 3‒54 和图 3‒55 所示。

从图 3‒54 可以看出,在太阳光/铜掺杂 TiO₂ 薄膜体系中,经 7 h 处理,水中总可溶性蛋白含量降低为 2.07 mg/L,去除率达 71.3%,明显高于未掺杂体系中的去除率(48.6%)。三维荧光光谱的检测结果表明处理前后水样的三维荧光光谱图中荧光峰位置并没有发生变化,而荧光强度有大幅减弱(具体的三维荧光数据分析见表 3‒7)。对照荧光峰的分类可知,水样中以 T1 色氨酸和 T2 色氨酸为主,而且整个反应过程中并没有其他类别的有机质产生。荧光强度的减弱表明,荧光基团在氧化过程中遭到了破坏,在一定程度上反映了蛋白质的转化。

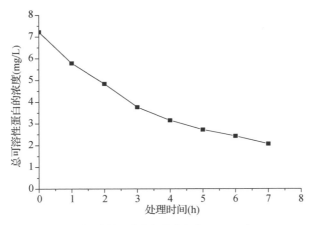

注：总可溶性蛋白的初始浓度为 7.22 mg/L

图 3-54　太阳光/铜掺杂 TiO₂ 薄膜体系中总可溶性蛋白含量的变化

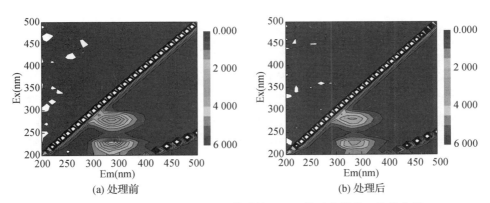

(a) 处理前　　　　　　　　　　　　　(b) 处理后

图 3-55　太阳光/铜掺杂 TiO₂ 薄膜体系处理前后水样的三维荧光图

表 3-7　水样处理前后的三维荧光强度

	Peak T1 色氨酸 Ex/Em＝275/340 nm	Peak T2 色氨酸 Ex/Em＝230/340 nm
处理前	3 764	4 577
处理后	2 615	2 849

（3）太阳光催化氧化过程中其他相关水质指标的变化

经 7 h 处理后，水样的溶解性总有机碳（DOC）、浊度和 UV_{254} 的变化情况如图 3-56 所示。可以看出在掺杂体系的降解过程中 UV_{254} 和浊度有大幅的下降，分别为 55.1％和 56％。而 DOC 和 DON 的去除则较为平缓，分别为 34.6％和 39.2％。

这进一步说明了在有限的反应时间内水中有机物的氧化是经过几个阶段而实现的,要达到完全的矿化过程需要较长的反应时间。

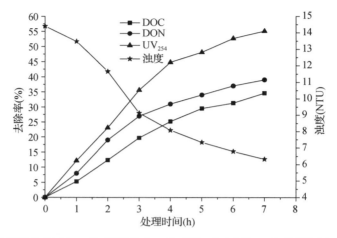

注:原水 DOC 为 21.84 mg/L,DON 为 1 mg/L,UV$_{254}$ 为 0.108 cm^{-1},浊度为 14.40 NTU

图 3 - 56　掺杂体系试验过程中 DOC、DON、UV$_{254}$ 和浊度的变化情况

(4) 水中有机物、无机离子对太阳光催化氧化性能的影响

选择异丙醇和 NaCl 作为有机物和无机离子的代表,分析有机物、无机离子对氧化性能的影响,结果见图 3 - 57。水样初始条件如下:DON 的浓度为 1 mg/L,pH 值为 6.0,反应光照 7 h。改变异丙醇和 NaCl 的投加浓度并与纯水样做对比。

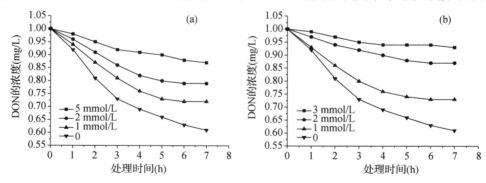

注:DON 的初始浓度为 1 mg/L

图 3 - 57　有机物与无机离子对 DON 降解的影响((a)异丙醇;(b)氯离子)

从图 3 - 57 可以看出,异丙醇和氯离子都会降低掺杂体系对 DON 的去除,且添加物质浓度越大,影响越明显。原因在于异丙醇的存在会消耗水中的·OH,从而用于降解 DON 的·OH 减少;而氯离子对催化氧化效能的负面影响则除了直接

与·OH 快速作用,形成不具氧化能力的物质外,其与催化剂的络合、吸附也会影响自由基的生成。

(5) 太阳光/铜掺杂 TiO₂薄膜体系对 DON 的降解机理分析

太阳光/铜掺杂 TiO₂薄膜体系在催化氧化方面表现出了一定的优势,尚需进一步分析其反应过程中目标有机物、中间产物和最终产物含量的变化,探讨掺杂体系对 DON 降解的强化机理。光催化氧化过程中不同形态氮的变化情况见图 3-58。

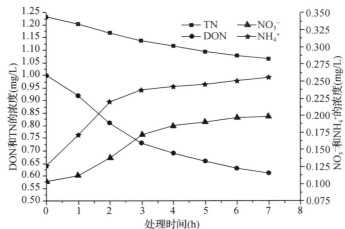

注:原水 TN 为 1.231 mg/L,DON 为 1.000 mg/L,NH₄⁺ 为 0.127 mg/L,NO₃⁻ 为 0.103 mg/L

图 3-58　太阳光/铜掺杂 TiO₂薄膜降解 DON 过程中氮的转化

可以看出,水样在太阳光/铜掺杂 TiO₂薄膜体系中经 7 h 降解反应后,DON 由初始浓度 1 mg/L 降为 0.608 mg/L,去除率达 39.2%,TN 由最初 1.231 mg/L 下降至 1.064 mg/L,去除率为 13.6%,而 NH₄⁺ 和 NO₃⁻ 分别由初始浓度 0.127 mg/L 和 0.103 mg/L 增加至 0.255 mg/L 和 0.198 mg/L。DON 含量的降低伴随着氨氮、硝酸盐含量的增加,说明 DON 的降解过程中生成了氨氮,而氨氮可以进一步氧化为硝酸盐氮。与太阳光/TiO₂体系相比,掺杂体系中 TN 含量有明显的降低,说明系统中的氮有从水中直接去除的可能,N₂的生成是此现象比较合理的解释。这也在一定程度上说明铜的掺杂对于 N₂的生成具有重要意义。根据 Gerischer 和 Mauerer 等人提出的电化学机理,现将太阳光/铜掺杂 TiO₂薄膜体系中 DON 的降解过程归纳如下。

$$TiO_2 + hv \rightarrow h^+ + e^- \qquad\qquad (式 3-5)$$

$$h^+ + H_2O \rightarrow \cdot OH + H^+ \qquad\qquad (式 3-6)$$

$$h^+ + OH^- \rightarrow \cdot OH \qquad\qquad (式 3-7)$$

$$e^- + O_2 \rightarrow \cdot O_2^- \qquad\qquad (式 3-8)$$

$$DON + \cdot OH + \cdot O_2^- + H_2O \rightarrow NH_4^+ + OH^- \qquad (式\ 3-9)$$

$$e^- + Cu \rightarrow Cu(e^-) \qquad (式\ 3-10)$$

$$NH_{3,aq} \rightarrow NH_{3,ad} \qquad (式\ 3-11)$$

$$NH_{3,ad} + \cdot OH \rightarrow NH_{2,ad}(Cu) + H_2O \qquad (式\ 3-12)$$

$$NH_{2,ad}(Cu) + \cdot OH(or\ h^+) \rightarrow NH_{ad}(Cu) + H_2O(or\ H^+) \qquad (式\ 3-13)$$

$$NH_{ad}(Cu) + \cdot OH(or\ h^+) \rightarrow NH_{ad}(Cu) + H_2O(orH^+) \qquad (式\ 3-14)$$

$$NH_x(Cu) + NH_y(Cu) \rightarrow N_2H_{x+y}(Cu)(x,y=0,1,2) \qquad (式\ 3-15)$$

$$N_2H_{x+y}(Cu) + (x+y)h^+ \rightarrow N_{2,ad} + (x+y)H^+ \qquad (式\ 3-16)$$

$$N_{2,ad} \rightarrow N_{2,aq} \qquad (式\ 3-17)$$

$$NH_{3,ad} + \cdot OH \rightarrow HONH_{2,ad}(Cu) + H_{ad}(Cu) \qquad (式\ 3-18)$$

$$HONH_{2,ad}(Cu) + \cdot OH \rightarrow NO_2^- \rightarrow NO_3^- \qquad (式\ 3-19)$$

Gerischer 和 Mauerer 认为中间产物 NH 或 NH₂ 的形成是分子氮产生的关键,而在未掺杂 TiO₂ 的表面中间产物 NH 或 NH₂ 不占优势,从而发生式(3-5~3-19)的反应。由此可知,在光照时间充分,处理环境合适的条件下,太阳光/铜掺杂 TiO₂ 薄膜体系可从根本上解决 DON 给水体带来的污染,具有广阔的应用前景。

3.4.2.2　太阳光(紫外)/铜掺杂 TiO₂ 薄膜对藻蓝蛋白的氧化效能及机理

前述研究的结果表明,太阳光/铜掺杂 TiO₂ 薄膜对 DON 有一定的去除效果,但需要较长的光照时间(7 h),试验过程受天气影响明显,不利于对实验过程进行控制。因此后期拟采用紫外光作为替代光源进行研究,并利用太阳光催化氧化的结果进行对照。

(1) 太阳光、紫外光对光催化体系氧化效能的影响

分别以紫外灯和太阳光作为光源,控制藻蓝蛋白原始浓度为 15 mg/L,DON浓度为 2.05 mg/L,初始 pH 值为 6.5,反应时间为 1 h,定时取样测定蛋白质和DON 浓度。实验结果如图 3-59 所示。

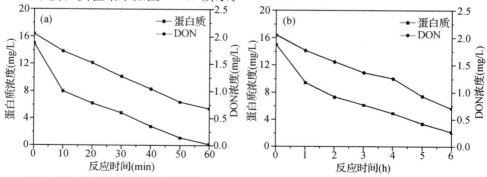

图 3-59　太阳光(紫外光)/铜掺杂 TiO₂ 薄膜对藻蓝蛋白的降解((a) UV;(b) 太阳光)

通过图 3-59 的比较可知,在紫外光照射 1 h 时,蛋白质降解率高达 90% 以上,DON 去除率为 67%;若以太阳光为光源,光照时间达到 6 h,才能达到同样效果。但对比两者的降解规律,分别以紫外光和自然光作为光源时藻蓝蛋白的降解规律是类似的。为了更准确地分析蛋白质降解的影响因素和降解机理,后续实验采用紫外光作为光源。

（2）光催化氧化体系对藻蓝蛋白氧化效能的影响因素

针对 UV/铜掺杂 TiO_2 薄膜体系,分别考察了 pH、有机物、无机离子对蛋白质催化氧化效果的影响。

① pH 值的影响

为明确该反应体系中 pH 值对于降解藻蓝蛋白的影响,控制藻蓝蛋白初始浓度为 15 mg/L,DON 浓度为 2.05 mg/L,设置不同的 pH 值(3~8),反应 1 h。试验结果如图 3-60 所示。

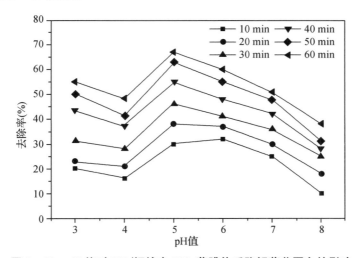

图 3-60　pH 值对 UV/铜掺杂 TiO_2 薄膜体系降解藻蓝蛋白的影响

由图 3-60 可以看出,pH 值对该反应体系的影响比较复杂,当水体 pH 从 3上升至 8 时,DON 的去除率呈先下降,再上升后又下降的趋势,在 pH 值为 5 时藻蓝蛋白的去除率达到最高为 70%。这是 pH 值的变化使催化剂表面电荷变化所致。试验所采用的催化剂零点电荷为 6.5 左右,而藻蓝蛋白的等电点为 4.3。在强酸条件下时,催化剂表面带正电荷,此时光生电子相对比较容易转移至催化剂表面,有利于·OH 的生成,因此催化效率随着酸性的增加而增加。但是当水体 pH 值介于5~6 时,蛋白质呈正电,而催化剂带负电,不但有助于·OH 的生成,而且催化剂和蛋白质可以因为电荷间的引力而增加碰撞的几率,从而大大提高降解效率。当 pH 处于弱碱性时,催化剂和蛋白质均带有负电荷,·OH 的生成量减少,且催化剂和蛋白质的碰撞也受到阻碍。综上所述,当 pH 值介于 5~6 之间时,最有利于藻蓝蛋白在该反应体系中被去除,而碱性条件则最不利于藻蓝蛋白的去除。

② 水中有机物的影响

选取丙酮(CH_3COCH_3)为代表考察有机物对藻蓝蛋白去除效果的影响,结果见图 3-61。

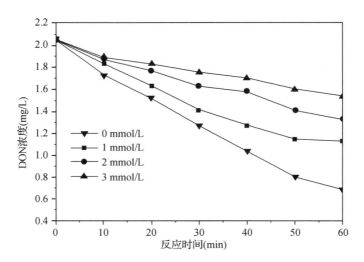

图3-61 丙酮对 UV/铜掺杂 TiO₂薄膜体系降解藻蓝蛋白的影响

由图 3-61 可见,丙酮的存在对光催化降解藻蓝蛋白存在抑制作用。随着丙酮浓度的增加,该反应体系对藻蓝蛋白的降解效果逐渐降低。当丙酮的投加浓度仅为 1 mmol/L 时,藻蓝蛋白的去除率就由 68% 降低至 46%。丙酮对于该反应的影响主要归因于丙酮与蛋白质存在争夺羟基自由基(·OH)的竞争作用,使得可用于降解藻蓝蛋白的·OH 减少,从而导致降解效率降低。

③ 水中无机物的影响

天然水体中存在大量的无机物质,其中氯离子是最常见的无机阴离子,且具有一定的还原性。为了探究其对光催化氧化反应的影响,选取氯离子为代表。图 3-62 表示了氯离子对光催化降解藻蓝蛋白的影响。

由图 3-62 可见,氯离子对藻蓝蛋白的降解有抑制作用,变化趋势与投加丙酮产生的影响类似。氯离子对该反应的影响则体现在两个方面,一是氯离子与蛋白质存在竞争吸附作用,覆盖了铜掺杂二氧化钛催化剂表面部分的活性位;二是氯离子具有还原性,能消耗体系中具有强氧化性的·OH。

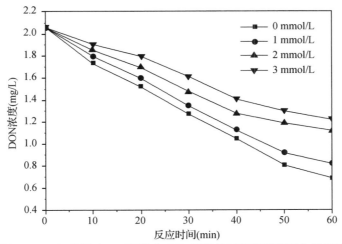

图 3-62　氯离子对 UV/铜掺杂 TiO₂ 薄膜体系降解藻蓝蛋白的影响

（3）降解机理分析

上述实验研究证明了光催化氧化对藻蓝蛋白有较好的降解效果，但藻蓝蛋白降解的过程尚不明确。综合以上研究结果可以看出，DON 的去除率普遍低于蛋白质去除率，我们推测在光催化的作用下，蛋白质裂解成分子量相对较小的有机物，不再以蛋白质的结构存在，但仍属于含氮有机物。为进一步验证此推断，测定了不同反应时间内蛋白质分子量的分布情况，实验结果如图 3-63 所示。

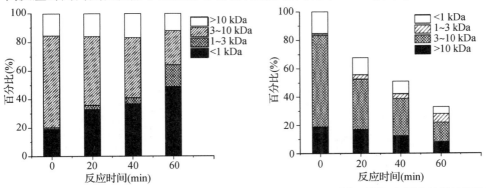

图 3-63　处理后蛋白质分子量分布情况　　图 3-64　处理后各区间蛋白质占总量的百分比

图 3-63 和 3-64 分别给出了光催化处理后蛋白质分子量分布情况和各区间蛋白质占 DON 总量的百分比情况。藻蓝蛋白的分子量为 4 kDa，处于 3～10 kDa 区间。然而，我们发现原水中 3～10 kDa 的有机物只占 64%。由图 3-63 可知，经掺铜二氧化钛处理后，原水样中蛋白质分子量分布发生变化：随着反应时间的增加，小分子有机物（<3 kDa）所占比例在不断增加，而大分子有机物（>3 kDa）比例

在不断减小。这说明反应后的水样中主要为分子量小于 3 kDa 的有机物。由图 3-64 可以看出,1～3 kDa 区间的物质百分比持续增加,而其他区间的物质百分比减小,说明光催化将大分子的蛋白质降解成分子量相对较小的肽段或氨基酸,而部分分子量<1 kDa 的杂质被彻底矿化成无机物。通过上述实验结果可推断,以掺铜二氧化钛为催化剂的光催化氧化技术并不能将藻蓝蛋白完全矿化,而是将其降解成分子量相对较小的肽段和氨基酸。

3.4.2.3 太阳光/铜掺杂 TiO₂ 薄膜对典型氨基酸的氧化效能及作用机理

光催化氧化过程可使藻蓝蛋白裂解成分子量相对较小的肽段和氨基酸。氨基酸作为藻源含氮有机物的重要组成部分,在富营养化水体中较为常见。因此以特定氨基酸为目标物(组氨酸、谷氨酸、苯丙氨酸),以紫外光为激发光源,研究了掺铜二氧化钛对氨基酸的降解效能和机理。

(1) 降解效能

由图 3-65 可知,不同性质的氨基酸在吸附和降解反应中存在较大差异。通过图 3-65(a)、(b)、(c)的比较可以看出,以 DON 作为测量指标,催化剂对谷氨酸

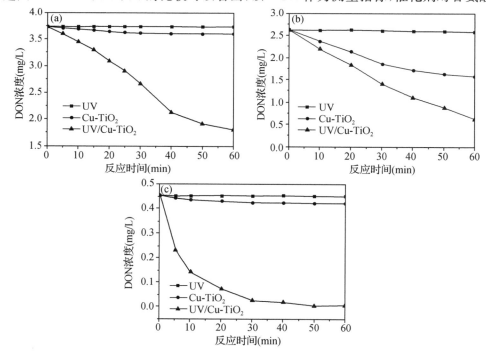

(a)谷氨酸;(b)组氨酸;(c)苯丙氨酸

图 3-65 不同氨基酸在光催化氧化反应体系中的氧化效果

的吸附效果较为显著。谷氨酸在催化剂上的吸附量达到了 1.0 mg/L,而组氨酸和苯丙氨酸吸附于催化剂上的量则可以忽略。这是因为氨基酸的 3 个主要官能团在 TiO_2 表面的活性顺序为—COOH>—OH>—NH_2,即羧基与 TiO_2 表面的相互作用在吸附反应中起决定性作用。在与催化剂发生吸附反应的过程中,氨基酸会自动发生去质子化。羧酸根与表面 Ti 形成 Ti—O 键,对吸附能贡献最大;羟基与表面 O 形成氢键或静电相互作用,而氨基在催化剂表面呈现惰性。因此,羧基与侧链含有羧基的氨基酸更易在锐钛矿 TiO_2 表面吸附。除氨基酸主体结构的羧基外,谷氨酸侧链还含有一个羧基,而组氨酸和苯丙氨酸没有此结构,因此二氧化钛对谷氨酸吸附效果较明显。只有光照而没有催化剂参加反应时,三种氨基酸的 DON 浓度没有发生明显变化,可推测仅光照 1 h 时氨基酸未发生降解。

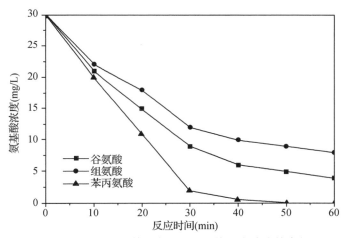

图 3-66 不同氨基酸在不同氧化体系中浓度的变化

在光催化反应体系中三种氨基酸都得到了有效降解。谷氨酸的降解率约为 78%,DON 浓度从 2.62 mg/L 降至 0.52 mg/L,考虑到催化剂对谷氨酸的吸附去除,则催化降解的 DON 量为 0.95 mg/L,去除率约为 36%;组氨酸 DON 浓度从 3.73 mg/L 降至 1.81 mg/L,催化降解的 DON 量为 1.9 mg/L,去除率为 50%;苯丙氨酸 DON 含量较低,初始浓度仅为 0.45 mg/L,反应 1 h 后几乎完全被去除。由此可推断,光催化反应对于苯丙氨酸的去除效果最好,其次是谷氨酸,组氨酸去除效果最差。这是因为苯丙氨酸中 N 元素含量较低,只存在于氨基中,而组氨酸侧链也含有 N 元素。光催化反应时,发生脱氨基作用,从而苯丙氨酸不再具备氨基酸基本结构,产物也不再以 DON 形式存在;而其他两种氨基酸的脱氮不完全,反应后依然有 DON 存在。

(2)光催化氧化效能的影响因素

① pH 值

为明确该反应体系中 pH 值对于降解氨基酸的影响,控制三种氨基酸浓度均为 30 mg/L,设置不同的 pH 值,反应 1 h,以 DON 作为测量指标,试验结果如图3－67所示。

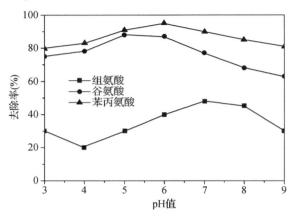

图 3－67 三种氨基酸的去除率随 pH 值的变化情况

从图 3－67 可以看出,不同性质的氨基酸去除率随着 pH 值的变化存在一定差异。在 pH 值介于 3～9 时,苯丙氨酸的去除率先上升后下降,当 pH 值为 6 时去除率最高,达到 95％。这是因为二氧化钛催化剂的零点电荷为 6.5 左右,而苯丙氨酸的等电点为 5.48。当 pH 值低于 5 时,催化剂表面和苯丙氨酸都带正电荷,两者因静电排斥力而减少了相互碰撞的几率;同理,当 pH 值大于 7,催化剂表面和苯丙氨酸都带负电荷,降解效率也会受到影响;只有当 pH 值为 6 左右,催化剂表面带正电,而苯丙氨酸带负电荷,两者因为静电作用而相互碰撞,降解效率大大提高。以此类推,谷氨酸的等电点为 3.22,则最佳 pH 值为 4～6;组氨酸的等电点为 7.59,则最佳 pH 值为 7 左右,这与上图所示的实验结果一致。综上所述,在处理同时含有这三种氨基酸的原水时,最佳 pH 值可介于 6～7 之间。

② 水中有机物

为了探究实际水体中存在的有机和无机物质对光催化降解氨基酸的影响,在水样中加入常见的有机物和无机离子。由于检测指标为 DON,所选的有机物中不能含有 N 元素,所以有机物选择丙酮,无机离子选择氯离子。

图 3－68 表明,在原水中加入丙酮会对氨基酸的降解产生抑制作用,且抑制作用随着丙酮投加浓度的增加而增强。这是因为丙酮与氨基酸争夺·OH,导致可用来降解氨基酸的·OH 减少,使氨基酸的降解效率降低。对比三种氨基酸的降解效果可以发现,丙酮对不同氨基酸的抑制作用存在一定的差异:当丙酮的投加浓度为 1 mmol/L 时,组氨酸和谷氨酸的 DON 去除率均降低了 5％左右。随着丙酮投加浓度的增加,抑制作用逐渐增强,当投加浓度为 3 mmol/L 时,组氨酸 DON 去除

率仅为5%。此时,谷氨酸的DON去除率也仅有38%,与不加丙酮相比降低了50%。相比之下,苯丙氨酸的DON去除率基本未受影响。由此推测,三种氨基酸的降解效果受丙酮的影响从大到小排序为:组氨酸＞谷氨酸＞苯丙氨酸。

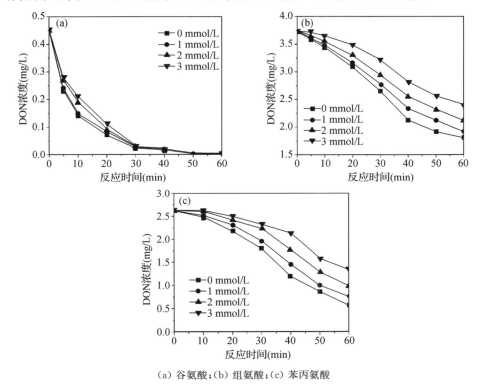

(a) 谷氨酸;(b) 组氨酸;(c) 苯丙氨酸

图3-68　丙酮投加浓度对光催化降解氨基酸的影响

③ 水中无机物

由图3-69可以看出,氯离子对光催化降解氨基酸有抑制作用,三种氨基酸的DON去除率均随氯离子投加浓度的增加而降低,且氯离子对谷氨酸降解的抑制作用大于另外两种氨基酸。当氯离子投加浓度为3mmol/L时,组氨酸、谷氨酸的DON去除率分别降低了15%、27%。这是因为氯离子与氨基酸竞争催化剂表面活性位置,同时氯离子具有还原性,能够消耗体系中的·OH。谷氨酸自配原水初始pH值为4.56,此时催化剂带正电荷。谷氨酸属于酸性氨基酸,侧链含有一个羧基,容易发生解离而带上负电荷,即此时氯离子与谷氨酸产生竞争吸附。另一方面,氯离子有还原性,能够消耗体系中的·OH。组氨酸自配原水pH值为6.95,此时催化剂表面带负电荷,组氨酸带正电荷,氯离子与组氨酸不存在竞争吸附作用。苯丙氨酸容易被完全降解,因此氯离子对苯丙氨酸的抑制作用可忽略。综上所述,氯离子对三种氨基酸的影响从大到小排序依次为:谷氨酸>组氨酸>苯丙氨酸。

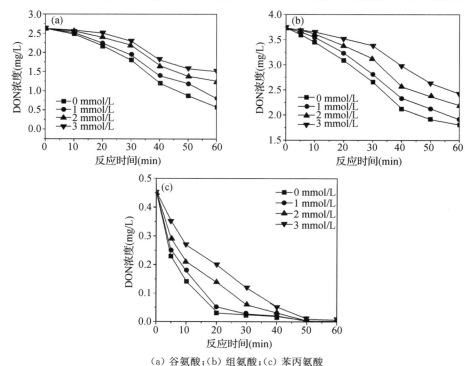

(a) 谷氨酸;(b) 组氨酸;(c) 苯丙氨酸

图 3-69　氯离子投加浓度对光催化降解氨基酸的影响

综合以上典型影响因素的作用结果,氯离子与丙酮对氨基酸降解的影响存在明显差异。以组氨酸为例,当丙酮投加浓度为 1 mmol/L 时,处理后水样中 DON 浓度为 1.9 mg/L,低于在氯离子等同投加浓度下 DON 的浓度(2.1 mg/L),即投加 1 mmol/L 的氯离子抑制作用大于 1 mmol/L 的丙酮。当投加浓度为 2 mmol/L 和 3 mmol/L 时结果类似。由此可推断,氯离子对光催化降解氨基酸的影响大于丙酮。

(3) 降解机理分析

利用光催化氧化技术降解藻源 DON,只有 DON 转化成 N_2 并从水体逸出,才能真正消除含氮有机物(污染物)对水体的污染。上述实验探究了掺铜二氧化钛对三种氨基酸的去除效能差异,以及不同反应条件对降解效能的影响。为进一步分析 DON 的降解机理,选取侧链含氮的组氨酸为目标物,通过活性炭预处理吸附去除原水中的硝态氮,并延长反应时间对反应过程中各种氮含量变化进行测定,以得到 DON 的转化过程。DON 浓度降为 1.68 mg/L。此外,对三种氨基酸降解的最终产物进行鉴定。实验结果如下图 3-70 所示。

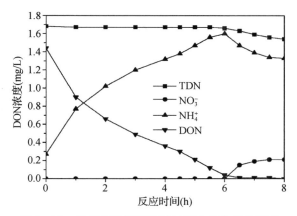

图 3-70　光催化降解组氨酸过程中氮含量的变化

图 3-70 展示了光催化降解组氨酸过程中四种氮含量的变化。由图 3-70 可以看出,反应 6 h 后 DON 完全降解成 NH_4^+,TDN 和 NO_3^- 含量没有发生明显的变化,说明光催化对于氨基酸的降解优先于对无机氮的转化,且没有生成氮气;随后 2 h 内,硝氮开始出现且浓度升高至 0.2 mg/L,而氨氮和总氮浓度分别降低至 1.4 mg/L 和 1.6 mg/L。由此可推测 DON 首先被降解成氨氮,随后氨氮被氧化成硝氮,最后硝氮被还原成氮气。基于已报道的研究和上述实验结果,DON 被降解机理可用图 3-71 描述如下。

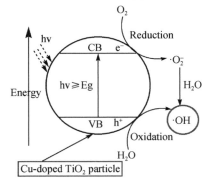

$$DON + \cdot OH + \cdot O_2^- + H_2O \longrightarrow NH_4^+ + OH^- + \text{Intermediate products}$$

$$NH_4^+ \longrightarrow NH_{3,ad}$$

$$NH_{3,ad} + \cdot OH \longrightarrow HONH_{2,ad} + OH^- + H_{ad}$$

$$HONH_{2,ad} + \cdot OH \longrightarrow NO_3^-$$

$$2NO_3^- + 12H^+ + 10e \longrightarrow N_2 + 6H_2O$$

图 3-71　氨基酸降解机理图

此外,采用高效液相色谱-质谱联用技术(LC-MS)对氨基酸氧化的中间产物和最终产物进行鉴定分析。根据已有相关研究,氨基酸在催化剂的作用下,可以同时脱去氨基和羧基,生成少一个碳原子的醛,但是醛的回收率较低。具体的氧化脱羧脱氨反应过程见图 3 - 72。

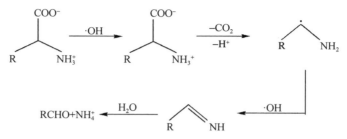

图 3 - 72　氨基酸在氧化体系中的降解过程

氨基酸的羧基发生质子化成为羧基负离子,氨基酸的羧基负离子被羟基自由基(·OH)氧化成羧基自由基,接着脱去一个分子的 CO_2 和 H 得到 α-氨基自由基,进而 α-氨基自由基在羟基自由基的氧化作用下转化成 α-氨基碳正离子,即质子化的亚胺,最后经水解可生成醛。

对经过光催化处理后的氨基酸水样通过 LC-MS 技术进行全扫描,谱图见图 3 - 73、图 3 - 74、图 3 - 75。

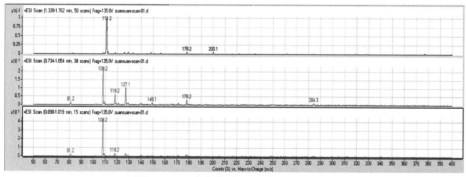

图 3 - 73　光催化处理后的组氨酸图谱

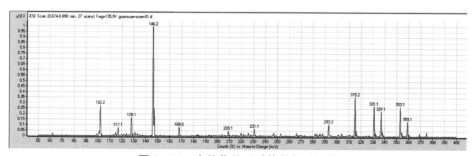

图 3 - 74　光催化处理后的谷氨酸图谱

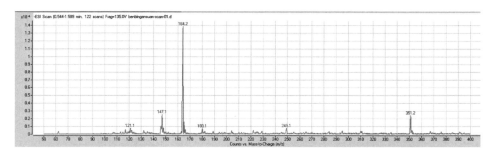

图3-75 光催化处理后的苯丙氨酸图谱

可以看出,处理后的组氨酸水样中主要存在质荷比 m/z 为 178.1,149.2,127.1,111.2,108.2,81.2 等物质;处理后的谷氨酸水样中主要存在质荷比 m/z 为 146.2,128.1,117.1,102.2 等物质;处理后的苯丙氨酸水样中主要存在质荷比 m/z 为 164.2,147.1,121.1 等物质。根据质荷比和氨基酸本身的结构式,可初步确定这些物质的分子式,如表3-8所示。

表3-8 氨基酸氧化产物的成分鉴定

氨基酸	监测离子	m/z	分子式
组氨酸	$[M+H]^+$	178.1	$C_6H_9N_3O_2$
	$[M+H]^+$	149.2	$C_6H_9N_3O$
	$[M+H]^+$	127.1	$C_6H_9N_3O$
	$[M+H]^+$	111.2	$C_5H_9N_3$
	$[M+H]^+$	108.2	C_5H_6O
	$[M+H]^+$	81.2	C_4H_5
谷氨酸	$[M-H]^-$	146.2	$C_5H_9NO_4$
	$[M-H]^-$	128.1	$C_5H_9NO_3$
	$[M-H]^-$	117.1	$C_5H_7NO_2$
	$[M-H]^-$	102.2	$C_4H_8NO_2 / C_4H_6O_3$
苯丙氨酸	$[M-H]^-$	164.2	$C_9H_{11}NO_2$
	$[M-H]^-$	147.1	$C_9H_{11}NO$
	$[M-H]^-$	121.1	$C_8H_{11}N / C_8H_8O$

参考图3-72中转化式及表3-8中分子量,推测三种氨基酸的转化过程均符合图3-72的转化规律。以组氨酸为例,组氨酸的 R 基含有一个咪唑环,它是含有

两个间位氮原子的五元芳香杂环。根据相关研究报道,含有杂环的有机物在发生反应时多发生在与杂环相邻的易断裂的部位,而很少发生杂环本身的开环。因此,在组氨酸的转化过程中,咪唑环并未开环,而是氨基酸的基本结构发生了变化。组氨酸的具体转化机理如图 3-76 所示。

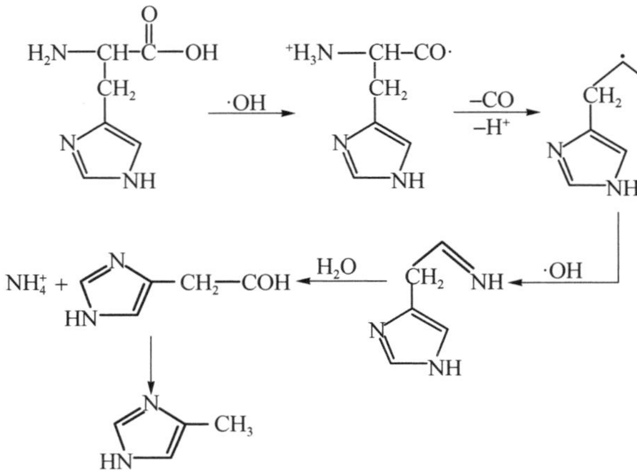

图 3-76　组氨酸在 UV/铜掺杂 TiO₂ 薄膜反应体系中的转化过程

由图 3-76 可以看出,组氨酸经过光催化氧化之后的最终产物为 4-甲基咪唑或 4-甲基咪唑的同分异构体。4-甲基咪唑是焦糖色素的重要成分,同时在药物中也比较常见。它不仅可以用于合成抗菌剂,而且还是西咪替丁的主要原料,而后者是一种常见的、用于抑制胃酸分泌的胃药。虽然国外相关研究表明 4-甲基咪唑对小鼠有轻微的致癌作用,但关于其对人体影响的相关研究尚缺乏报道。从图 3-73 的质谱图可以看出,4-甲基咪唑的响应值非常微小,表明 4-甲基咪唑的转化率较低,产物多以醛的形式存在于水体中。

3.4.3　太阳光(紫外光)/ Au -TiO₂对藻蓝蛋白的催化氧化及机理

3.4.3.1　太阳光(紫外光)/Au-TiO₂氧化体系对藻蓝蛋白的氧化效能

以紫外灯为光源,藻蓝蛋白原始浓度为 12.3 mg/L,DON 原始浓度为2.73 mg/L,反应时间为 90 min,定时取样测定蛋白质和 DON 浓度,实验结果见图 3-77。

由图 3-77 可以看出,在紫外光照射 90 min 时蛋白质降解率高达 93.5%,且在 30 min 左右即可达到较好的去除效果;而 DON 的去除率仅为 19.8%,明显低于蛋白质的去除效率,且去除主要发生在 30 min 后。氧化降解效果与太阳光/铜掺杂二氧化钛体系的降解类似。这也说明催化氧化过程主要是先发生蛋白质的氧化降解,然后会使部分小分子的 DON 氧化成无机氮。

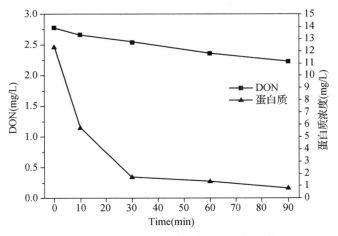

图 3-77 UV/Au-TiO₂ 对藻蓝蛋白的降解效能

为明确太阳光为光源条件下催化氧化体系对水中藻蓝蛋白的降解效率,利用太阳光进行进一步试验验证,结果见图 3-78。结果表明,太阳光/Au-TiO₂ 催化氧化体系对藻蓝蛋白同样具有一定的氧化效果,去除规律与紫外光照条件下的结果类似。考虑试验过程中太阳光强稳定性较差,后续的研究主要考虑以紫外光作为光源进行。

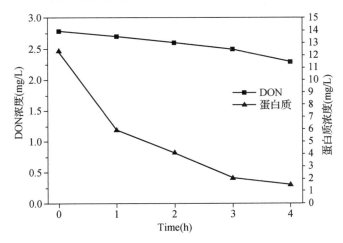

图 3-78 太阳光/Au-TiO₂ 对藻蓝蛋白的降解效能

3.4.3.2 紫外光/Au-TiO₂ 氧化体系对藻蓝蛋白的降解机理

(1)垂向电泳结果

针对氧化处理过程中的藻蓝蛋白溶液进行 SDS-PAGE 凝胶电泳分析,结果如图 3-79。

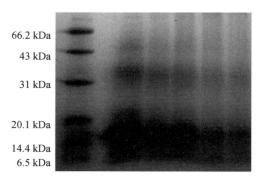

**图 3－79　UV/Au-TiO₂ 降解藻蓝蛋白过程
中的 SDS-PAGE 凝胶电泳结果**

图 3－79 结果表明,试验所用藻蓝蛋白的分子量主要处于 14.4 kDa 左右,同时伴有少量其他的蛋白种类;随着光催化处理时间的增加,蛋白质的条带逐渐变浅,说明蛋白质的含量显著降低。在 90 min 时,蛋白质条带基本消失,说明藻蓝蛋白基本被降解。结合图 3－78 中 DON 降解结果,可认为被降解的蛋白质并没有完全转化为无机形态的氮,而是生成了更多非蛋白类的小分子含氮有机物。因此需进一步研究小分子量含氮有机物的变化情况。

（2）催化氧化过程中氨基酸含量的变化情况

氨基酸是一类典型的含氮有机物,也是组成蛋白质的基本物质,藻蓝蛋白中含有多种氨基酸的基本结构。因此试验重点考察了藻蓝蛋白氧化过程中水体主要游离氨基酸含量的变化情况,结果见图 3－80。

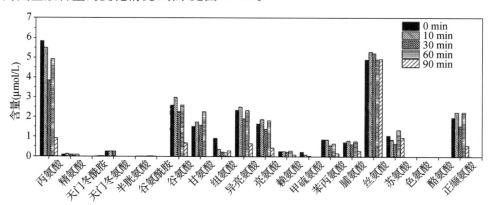

图 3－80　光催化降解藻蓝蛋白过程中游离氨基酸含量的变化

由图 3－80 可以看出,水样中 17 种游离氨基酸含量呈现了不同的变化趋势。水样中部分原来就存在的氨基酸随着氧化时间的增加,其浓度呈现下降趋势,到

90 min 时去除效果明显；但谷氨酸、甘氨酸、异亮氨酸、亮氨酸、丝氨酸、正缬氨酸等，在光催化降解过程中均不同程度出现了含量先上升后下降的趋势。在藻蓝蛋白分子结构中也发现上述几种氨基酸的基本结构，从而说明在光催化处理中藻蓝蛋白通过自由基的氧化发生了化学键的断裂，形成了部分小分子的氨基酸。通过上述实验结果可推断，藻蓝蛋白在太阳光（紫外）/Au-TiO₂薄膜催化氧化体系中氧化是逐步分解、断裂成小分子的含氮有机物，肽链、氨基酸是最可能生成的产物。

（3）各种形态的氮在氧化过程中的变化情况

为进一步明确催化氧化过程中藻蓝蛋白的降解转化途径，测定了氧化过程中不同形态的氮的变化情况，结果见图 3-81。

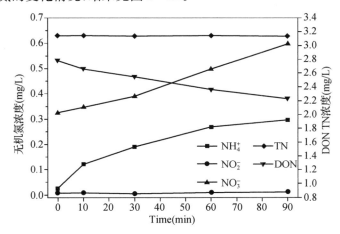

图 3-81　光催化降解藻蓝蛋白过程中氮含量的变化（C$_{DON}$=2.78 mg/L）

图 3-81 表明光催化降解藻蓝蛋白过程中 5 种形态氮含量的变化情况。可以看出，氧化过程中 TN 含量基本没有变化，说明该过程中氮没有以 N₂ 等气体形式从水中溢出，主要是在其他形态的氮之间进行转化；DON 含量随着反应时间的增加呈现下降趋势，氨氮、硝酸盐氮则呈现升高趋势，并且在前 30 min 氨氮浓度的升高速度明显高于硝氮；随后的 60 min，硝酸盐氮浓度的增加高于氨氮。由此可推测 DON 首先被降解成氨氮，随后氨氮被氧化成硝氮。另外应注意的是，氨氮在氧化初始阶段就呈现含量上升的情况，藻蓝蛋白氧化过程表明初期主要为藻蓝蛋白转化为小分子含氮有机物的过程，从而间接说明在蛋白质分子裂解过程中也会伴随着有氨氮的生成。

（4）氧化降解途径

结合以上分析，可以初步认为藻蓝蛋白在氧化过程中的可能氧化途径见图 3-82。

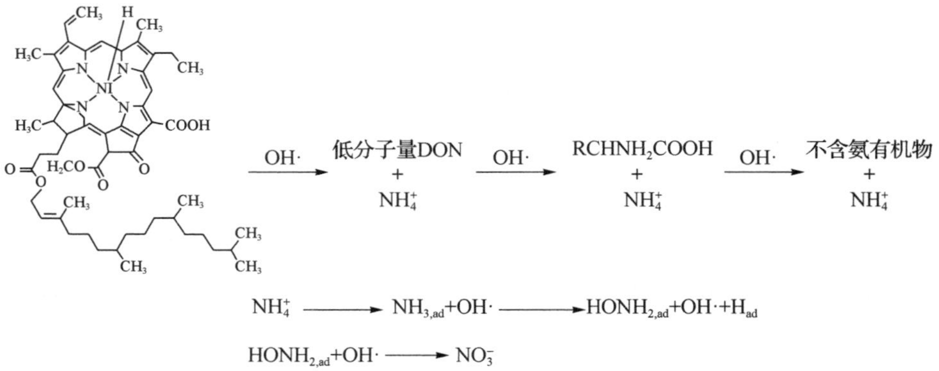

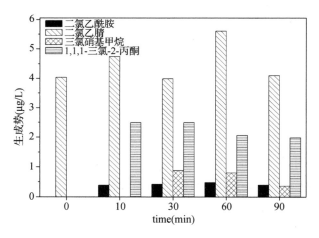

$$NH_4^+ \longrightarrow NH_{3,ad}+OH\cdot \longrightarrow HONH_{2,ad}+OH\cdot+H_{ad}$$

$$HONH_{2,ad}+OH\cdot \longrightarrow NO_3^-$$

图 3-82　藻蓝蛋白的可能氧化途径

3.4.3.3　光催化氧化对水样消毒副产物生成潜能的影响

进一步分析光催化氧化过程中水样的消毒副产物生成势的变化情况,结果见图 3-83。

图 3-83　光催化预处理时间对消毒副产物生成势的影响

由图 3-83 可以看出,经过太阳光催化氧化处理,水样的二氯乙腈在开始阶段增加,随着光催化预处理时间的增加后续呈现降低趋势;而二氯乙酰胺、三氯硝基甲烷、1,1,1-三氯-2-丙酮均呈现从无到有,后续降低的变化规律。这种变化规律可能与蛋白质在光催化降解过程中裂解成分子量相对较小的氨基酸、多肽链等消毒副产物前体物有关,随着光催化处理时间的继续增加,这些前体物也被进一步降解。从这方面来说,单纯的太阳光催化氧化可能会导致含氮消毒副产物生成势增加,因而需要考虑与其他工艺组合使用。

3.4.4 光催化氧化对典型藻源含氮有机物在水源水中转化途径的影响

3.4.4.1 光催化氧化对藻蓝蛋白转化的影响

湖泊作为陆地生态系统的重要组成部分,具有其特有的资源优势与环境优势,为人类社会的发展提供丰富的物质基础。由于浅水湖泊的水域面积和地表径流较小,又缺乏水源补充,所以环境容量相对较小且水体自净能力有限,容易发生水体营养盐富集、藻类爆发的现象并最终发展为重度富营养化湖泊,引发水生态破坏等一系列问题。藻类死亡后细胞裂解,胞内含氮有机物被释放到水体,导致水体DON含量升高,并给水处理带来一定的负面影响。从藻源DON释放到水体中,到含藻源DON的原水输送至净水厂进行处理,这段时间内DON很有可能发生迁移转化,主要表现为氮元素的循环、转化过程。由于常规处理工艺对藻源DON的去除效能较差。因此,明确藻源DON在水源地的转化规律具有十分重要的意义。

实际水体中DON转化的条件比较复杂。藻源DON释放到水体后,可能存在于表层水体,也有可能附着于砂砾等物质表面,作为沉积物存在于底层水体,此时DON相当于在黑暗条件中发生转化。此外,微生物的作用在氮素转化过程中起着重要作用。为了明确周围环境对DON转化的影响,设置自然光照(12 h自然光照射,12 h黑暗)和黑暗条件(24 h黑暗)的对比试验,藻蓝蛋白的初始浓度为15 mg/L,DON初始浓度为2.05 mg/L。试验结果如图3-84所示。

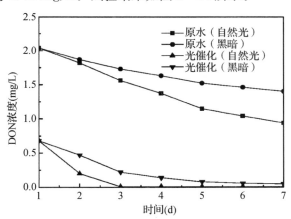

图3-84 藻蓝蛋白在不同条件下DON含量的变化

由图3-84可以看出,不管水样是否经过光催化处理,黑暗条件下DON降解的速率均小于自然光照射条件下的降解速率。自然光照射下,第三天DON浓度从2.05 mg/L降至1.56 mg/L;相比之下,光催化之后的水样同样在自然光照射3 d后,DON浓度由0.68 mg/L降低至检测限。相同时间内光催化后的水样DON降解速率更快,即光催化氧化加快了 DON 在自然条件中的转化。综上所述,光催化氧化能够加快藻蓝蛋白水解的速度,且自然光照下的降解速率高于黑暗条件。

为了明确蛋白质的 DON 的转化过程,对自然光照射下 DON 转化时间段内的无机氮进行测定,实验结果见图 3-85。

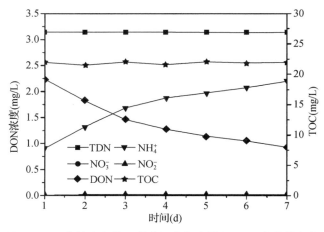

图 3-85　自然光条件下藻蓝蛋白氮含量和 TOC 含量的变化

由图 3-85 可以看出,藻蓝蛋白在自然光照射下的转化速度较快。第 2 天 DON 浓度降至 1.67 mg/L,降解率约为 30%,第 6 天 DON 几乎完全转化成 NH_4^+,NO_3^- 和 NO_2^- 未被检测出,随后的 4~7 d 氮含量未发生明显的变化。与 DON 的变化趋势相反,TOC 含量几乎保持不变。可能是因为藻蓝蛋白在光照下易发生水解生成肽或氨基酸,氨基酸进一步发生脱氨基作用,生成 NH_4^+。而蛋白质和氨基酸仅在光照下不能完全被矿化,导致 DON 和 TOC 去除率差异较大。

3.4.4.2　光催化氧化对氨基酸转化的影响

为更具代表性,选取 R 基含有 N 元素的组氨酸为例,探究其在自然光照和黑暗条件下 DON 的变化情况。实验结果如图 3-86 所示。

由图 3-86 可以看出,若氨基酸不经过光催化预处理,7 d 后水样中 DON 含量发生小幅降低,自然光照下 DON 浓度从 3.72 mg/L 降低至 2.79 mg/L。光催化处理后,DON 浓度从 1.80 mg/L 降低至 0.6 mg/L,高于光催化前。可能是因为光催化后,水样中存在部分易水解的中间产物,可加速 DON 的转化。黑暗条件下,DON 的降解浓度低于光照条件下 DON 降解浓度,且催化前 DON 降解浓度低于光催化后的 DON 降解浓度。这种现象说明经过光催化处理后,不管在自然光照射还是黑暗条件下,氨基酸的降解速率都加快,且有光照时的降解速率大于黑暗条件下的降解速率。

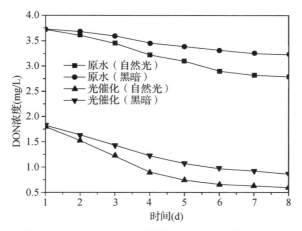

图3‑86　组氨酸在不同环境下DON含量的变化

3.4.5　光催化氧化对后续处理工艺处理效能的影响

含氮有机物对饮用水处理工艺的影响主要表现在两个方面：蛋白质对混凝工艺的负面影响、含氮有机物对处理出水水质的负面影响。其中对蛋白质等大分子物质对混凝工艺的负面影响研究较多，普遍认为蛋白质会抑制混凝的效果。结合上述研究结果可以认为，太阳光催化氧化可以显著降低水中的藻蓝蛋白等大分子有机物的含量，将其转化为小分子有机物，从而可能会减轻对混凝工艺的负面影响。进一步考察光催化氧化工艺对混凝效能以及对典型小分子DON去除效能的影响。

3.4.5.1　太阳光催化对混凝工艺效能的影响

考察太阳光催化氧化和混凝沉淀组合工艺对DON的去除效能，即水样经光催化氧化预处理，然后再进行混凝沉淀烧杯试验，观察对DON最终的去除率，同时改变处理时间，分析处理时间对工艺效能影响。试验结果如图3‑87所示。

由图3‑87可知，太阳光催化氧化时间对工艺去除DON的影响较为复杂。从整体来看，太阳光/Cu-TiO₂和混凝沉淀组合工艺对DON的去除率随着催化氧化时间的增加而提高，并逐渐趋于稳定，而且组合工艺的去除效能明显优于单独的光催化和混凝沉淀工艺，组合工艺对DON的最大去除率达到50.2%。然而，随着氧化时间的增加，混凝沉淀工艺的去除效能并没有随之提高，而是先增大后减小。分析其原因，氧化处理能提高混凝沉淀效能主要是由于太阳光催化氧化改变了水中DON的性质，使蛋白质的含氮官能团充分暴露，并破坏氢键改变其亲疏水性，使其更易与混凝剂结合从而被去除。但是，随着预氧化时间的增加，水中DON总量有了明显的下降，换言之，混凝沉淀进水水样中DON减少，这在一定程度上加大了该

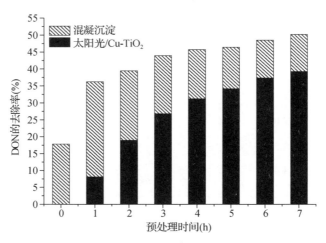

注:DON 的初始浓度 1 mg/L,PACl 投加浓度 20 mg/L

图 3-87　太阳光/Cu-TiO₂氧化时间对组合工艺效能的影响

工艺的处理难度。因此,想要获得最佳的去除效果,还需对组合工艺的各个参数进一步优化。同样我们可以推断,太阳光强对组合工艺也存在类似影响。

3.4.5.2　太阳光催化氧化预处理影响混凝沉淀去除 DON 的机理分析

(1)太阳光催化氧化预处理对藻类蛋白质亲疏水性的影响

有机物的亲疏水性是影响混凝沉淀工艺效能的关键因素,蛋白质结构的特征关系其亲疏性。影响蛋白质结构稳定的因素有很多,如疏水作用、盐键、氢键、范德华力以及其他次级键等,而最重要的是疏水作用。太阳光/TiO₂体系在反应过程中会产生具有强氧化性的活性物质(·OH 和 h⁺ 等)。因此,氧化处理势必会对水中蛋白质特性造成影响。目前,荧光探针法测定蛋白质表面疏水性的方法已广泛使用。具体步骤为:将 0.4 mL 氧化的水样与含 0.6 mol/L KCl 的磷酸缓冲液(pH 值为 7.0)混匀,并加入 10 μL 8 mmol/L 荧光探针(ANS,1-苯胺基-8-萘基磺酸),再次混匀,暗处静置 10 min,测定其荧光强度。不同氧化条件下蛋白质荧光强度变化曲线见图 3-88。

从图 3-88 可以看出,随着太阳光照强度的增大和氧化时间延长,蛋白质的荧光强度都逐渐增加并趋于稳定,表明蛋白质的疏水性增强。这可能是由于随着氧化的深入,产生的活性物质·OH(或 h⁺)增多,使得蛋白质分子内部的氢键或疏水键彻底暴露出来,蛋白质原有的结构被破坏,同时构象发生改变,一些疏水性的脂肪族和芳香族氨基酸侧链基团暴露,从而增加了蛋白质的疏水性。蛋白质疏水性的升高有利于混凝沉淀对 DON 的去除。

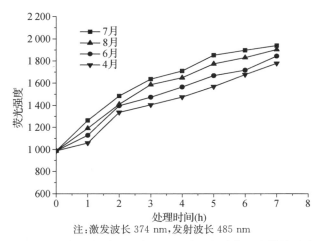

注:激发波长 374 nm,发射波长 485 nm

图 3‑88　太阳光/Cu‑TiO₂ 预处理对蛋白质亲疏水性的影响

（2）太阳光催化氧化预处理对藻类蛋白质分子量分布的影响

有机物的分子量也是影响混凝沉淀工艺效能的一个重要因素。相较于小分子有机物，混凝工艺更易去除大分子有机物。太阳光催化氧化预处理必然会将大分子蛋白质降解转化为小分子有机物。为深入探讨预处理对混凝沉淀去除 DON 的影响，现测定预氧化过程中藻类蛋白质分子量的分布情况。不同氧化时间下水样中 DON 各区间分子量的变化情况如图 3‑89 所示。

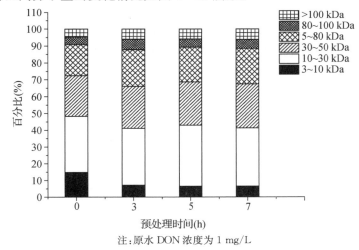

注:原水 DON 浓度为 1 mg/L

图 3‑89　预处理后各水样中蛋白质分子量分布情况

图 3‑89 分别给出了不同氧化时间下水样中蛋白质分子量的分布情况和各区间蛋白质与总量比值的变化。可以看出，太阳光催化氧化处理对蛋白质分子量分

布情况并没有太大的影响。一般认为，混凝沉淀工艺对分子量大于 6 kDa 的有机物去除效果较好，而对分子量介于 3 kDa 至 6 kDa 的有机物去除能力不理想，对分子量小于 3 kDa 的有机物几乎没有去除。因此，水样经太阳光催化氧化预处理所引起的蛋白质分子量分布的变化并不会给后续混凝沉淀带来明显的影响。

3.4.5.3 光催化预处理对混凝去除氨基酸的影响

前述研究表明，苯丙氨酸可在光催化氧化过程中全部去除。所以本部分主要探讨光催化处理对混凝去除组氨酸和谷氨酸的影响，结果见图 3-90。

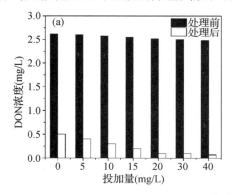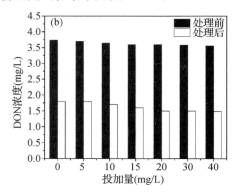

（a）组氨酸；（b）谷氨酸）

图 3-90 投加浓度对混凝去除氨基酸的影响

由图 3-90 可以看出，单独的混凝对组氨酸和谷氨酸去除效果较低。光催化后水样中谷氨酸浓度较低，混凝工艺可以进一步的降低其含量。相比之下，光催化对谷氨酸降解效率较低，且后续的混凝工艺也不能有效地去除谷氨酸及氧化产物，去除率仅为50%左右。可能是因为谷氨酸分子结构较稳定，光催化不能有效进行氧化，而其分子量较小，介于 100～200 kDa 之间，很难通过混凝工艺进行去除。因此，就整体氨基酸而言，光催化氧化、混凝工艺尚不能满足其去除要求，需要考虑与其他工艺组合使用。

3.5 复合污染水源光催化原位净化技术应用形式探讨

鉴于太阳光催化氧化的特性、影响因素及应用环境的限制，针对光催化氧化技术在水源水中的应用需要充分优化应用形式、进行反应器的针对性设计，同时针对其应用前景及存在问题进行分析。

3.5.1 应用形式优化

综合以上研究结果可以看出，复合污染水源光催化原位净化技术可通过对藻类细胞的直接杀灭作用和对藻类生长的抑制作用来抑制藻类细胞的过度繁殖，对典型藻源含氮有机物达到较好的去除效果，并会加快含氮有机物在原水中的转化速率。但要实现光催化原位净化技术在实际工程中的应用尚需要进行应用形式的优化，主要包括以下几个方面：

① 氧化区的体积及水力停留时间。针对复合污染水源的光催化原位净化技术应用，应根据复合污染的类型及污染程度，结合氧化程度对污染物在源水中的转化速率变化，合理确定光催化氧化区域的体积及水力停留时间（反应时间）。

② 光源类型。单纯的太阳光催化虽然可以对复合污染水源中的各类污染物具有一定的氧化效果，但处理效率整体较低，需要较长的反应时间才能达到理想的去除效果。此外，太阳光的强度受到天气等因素的显著影响。因此适当考虑高效的紫外光源，并与太阳光复合使用会促进光催化原位氧化的应用。

③ 反应区形式。鉴于光在水中传播效率相对较低，导致光催化氧化反应区的深度或高度相对较低，这与实际水体的深度具有较明显的差异。因此需要考虑将水体中的水通过提升装置从其底部水层转移到表面，以促进光催化反应的进行。

3.5.2　光催化氧化反应器的典型设计

根据饮用水源地的基本特点，基于太阳光（紫外光）催化氧化反应的特性、太阳光（紫外光）在水中的入射及传输规律，考虑太阳光（紫外光）催化氧化的效率及特定污染物的去除需求，兼顾氧化过程的强化以及氧化产物的进一步去除，构建用于水源复合污染物原位净化的光催化氧化反应器及其组合应用方式，其基本构造见图3-91。

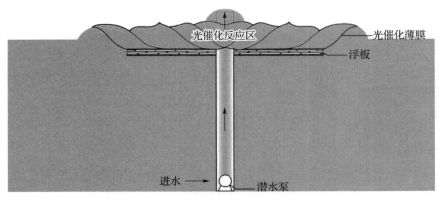

图3-91　光催化氧化反应器的基本构造

[参考文献]

[1] 陈超，张晓健，朱玲侠，等. 高藻期控制消毒副产物及其前体物的优化工艺组合[J]. 环境科学. 2007(12)：2722-2726.

［2］李绍秀，夏文琴，赵德骏，等. 二氧化氯杀藻无机副产物亚氯酸盐生成规律研究［J］. 安全与环境学报. 2012(02)：75-79.

［3］许金丽，古励，刘冰，等. 活性炭对溶解性有机氮类化合物(DON)的吸附特性研究［J］. 给水排水. 2011(S1)：5-11.

［4］Liu C L C，Wang J W J，Cao Z C Z，et al. Variation of dissolved organic nitrogen concentration during the ultrasonic pretreatment to Microcystis aeruginosa.［J］. ULTRASO-NICS SONOCHEMISTRY. 2016：236-243.

［5］沈伟韧，赵文宽，贺飞，等. TiO$_2$ 光催化反应及其在废水处理中的应用［J］. 化学进展. 1998(04)：3-15.

［6］Laera G，Chong M N，Lopez B J A A. An integrated MBR-TiO$_2$ photocatalysis process for the removal of Carbamazepine from simulated pharmaceutical industrial effluent［J］. Bioresource Technology. 2011(13)：7012-7015.

［7］Poblete R，Prieto-Rodriguez L，Oller I. Solar photocatalytic treatment of landfill leachate using a solid mineral by-product as a catalyst［J］. Chemosphere. 2012(9)：1090-1096.

［8］范继业，张静，高冬婷，等. TiO$_2$ 光催化剂负载及微波协同催化降解制药废水的研究［J］. 工业水处理. 2012(3)：39-42.

［9］韩文亚，张彭义，祝万鹏，等. 水中微量消毒副产物的光催化降解［J］. 环境科学. 2005(3)：92-95.

［10］唐杰，吴赞敏. TiO$_2$ 光催化氧化技术在印染废水处理中的研究进展［J］. 印染助剂. 2014(2)：10-14.

［11］李志军，王红英. 纳米二氧化钛的性质及应用进展［J］. 广州化工. 2006(1)：23-25.

［12］王西峰. 玻璃纤维负载 TiO$_2$ 光催化填料的制备及应用研究［D］. 西安：西安建筑科技大学，2013.

［13］杨新宇. 玻璃纤维布负载纳米 TiO$_2$ 光催化剂的制备及其光催化性能研究［D］. 合肥：合肥工业大学，2007.

［14］王晓萍，于云，高濂，等. TiO$_2$ 薄膜的液相沉积法制备及其性能表征［J］. 无机材料学报. 2000(3)：573-577.

［15］张巧绸，杜进武. 纳米二氧化钛流态化固定技术研究的进展［J］. 城市建设理论研究：电子版. 2011(23).

［16］赵阳培，黄因慧. 电沉积纳米晶材料的研究进展［J］. 材料科学与工程学报. 2003，21(01)：132-135.

［17］朱永法，张利，姚文清，等. 溶胶-凝胶法制备薄膜型 TiO$_2$ 光催化剂［J］. 催化学报. 1999，V20(3)：362-364.

［18］Ma Y，Qiu J B，Cao Y A，et al. Photocatalytic activity of TiO$_2$ films grown on different substrates［J］. Chemosphere. 2001，44(5)：1087-1092.

［19］陈士夫，梁新. 空心玻璃微球附载 TiO$_2$ 光催化降解有机磷农药［J］. 影像科学与光化学.

1999，17(1)：85－91.

[20] 符小荣，张校刚，宋世庚，等. TiO₂/Pt/glass 纳米薄膜的制备及对可溶性染料的光电催化降解[J]. 应用化学. 1997(4)：77－79.

[21] 李越湘，徐玉欣，彭绍琴. 空心玻璃微球负载 TiO₂ 光催化回收银[J]. 分子催化. 2003，17(5)：376－379.

[22] 赵峰，魏宏斌. 光学纤维载 TiO₂ 膜光催化氧化降解苯酚[J]. 中国给水排水. 2002，18(12)：51－53.

[23] 赵俊杰，程俊. 锐钛矿 TiO₂(101)表面电子能带结构的理论研究[J]. 电化学. 2017(1)：45－52.

[24] 吴少林，谢四才，杨莉，等. 几种光催化反应体系中羟基自由基表观生成率的实验研究[J]. 影像科学与光化学. 2006，24(02)：24－31.

[25] 任学昌，史载锋，孔令仁，等. 纳米 TiO₂ 薄膜在不同陶瓷表面的负载及其光催化性能研究[J]. 环境工程学报. 2006，7(2)：25－29.

[26] 刘成，朱浩强，曹军，等.水厂处理工艺对藻源含氮有机物的去除效能分析[J].中国给水排水，2014(03)：35－38.

[27] Staehelin J, Hoigne J. Decomposition of ozone in water in the presence of organic solutes acting as promoters and inhibitors of radical chain reactions. [J]. Environmental Science & Technology. 1985，19(12)：1206－1213.

[28] 王丹，赵利霞，张辉，等. 二氧化钛光催化产生超氧自由基的形态分布研究[J]. 分析化学. 2017，45(12)：1882－1887.

[29] 侯乙东，李旦振，付贤智，等. TiO₂ 纳米晶表面羟基自由基的生成对光催化性能的影响[J]. 福州大学学报(自然科学版). 2004，32(6)：747－750.

[30] Henderson R K, Baker A, Parsons S A, et al. Characterisation of algogenic organic matter extracted from cyanobacteria, green algae and diatoms[J]. Water Research. 2008，42(13)：3435－3445.

[31] 崔旭海，孔保华，熊幼翎. 自由基氧化引起乳清蛋白理化性质变化的研究[J]. 中国乳品工业. 2008，36(9)：31－34.

[32] 刘平，林香华，付贤智，等. 掺杂 TiO₂ 光催化膜材料的制备及其灭菌机理[J]. 催化学报，1999，20(3)：325－328.

[33] S Lee, K Nishida, Motaki, S Ohgaki. Photocatalytic in activation of phage Q by immobilized titanium dioxide mediated photocatalyst[J]. Wat Sci Tech. 1997，35(11—12)：101－106.

[34] Tadashi Matsunga, Ryozo Tomoda, Toshiaki Nakajima, et al. Photoelectrochemical sterilization of microbial cells by semiconductor powders FEMS [J]. Microbiology Letters，1985(29)：211－214.

[35] James M. Montgomery, Consulting Engineers. Watertreatment principles and design [M]. New York：John Wiley, 1985，262－283.

[36] 何鸣皋，张树. 氙灯紫外区光谱特征的研究[J]. 计量学报，1988，9(3)：215－219.

[37] 张林华，王元. 全光谱太阳模拟器光源选择的实验研究[J]. 山东建筑大学学报，2007，22（6）：531 - 537.

[38] C. Liu，J. Wang，Z. Cao，et al. Characterization of DON in IOM derived from M. aeruginosa and its removal by sunlight/immobilized TiO₂ system[J]. RSC Advances，2015(5)：41203 - 41209.

[39] 王杰，刘成，朱浩强，等. 太阳光催化氧化工艺对藻源含氮有机物的降解研究[J]. 中国环境科学，2015(03)：792 - 796.

[40] C. Liu，J. Wang，W. Chen，et al. The removal of DON derived from algae cells by Cu-doped TiO₂ under sunlight irradiation[J]. Chemical Engineering Journal，2015，280：588 - 596.

[41] Z. Cao，C. Liu，D. Chen，et al. Preparation of an Au-TiO₂ photocatalyst and its performance in removing phycocyanin[J]. Science of the Total Environment，2019，69220：572 - 581.

[42] 刘成，王杰，陈彬，等. MIEX® 预处理对水源水中藻源 DON 的去除效能及机理[J]. 中国环境科学，2015，35(3)：1 - 10.

[43] T. Takaara，D. Sano，H. Konno，et al. Cellular proteins of Microcystis aeruginosa inhibiting coagulation with polyaluminum chloride[J]. Water Research，2007，41(8)：1653 - 1658.

[44] M. Pivokonsky，J. Safarikova，P. Bubakova，et al. Coagulation of peptides and proteins produced by Microcystis aeruginosa：Interaction mechanisms and the effect of Fe-peptide/protein complexes formation[J]. Water Research，2012，46(17)：5583 - 5590.

[45] J. Safarikova，M. Baresova，M. Pivokonsky，et al. Influence of peptides and proteins produced by cyanobacterium Microcystis aeruginosa on the coagulation of turbid waters[J]. Separation and Purification Technology，2013，118(9)：49 - 57.

[46] T. Takaara，D. Sano，Y. Masago，et al. Surface-retained organic matter of Microcystis aeruginosa inhibiting coagulation with polyaluminum chloride in drinking water treatment[J]. Water Research，2010，44(13)：3781 - 3786.

[47] D. Chatterjee，S. Dasgupta. Visible light induced photocatalytic degradation of organic pollutants[J]. Journal of Photochemistry and Photobiology C：Photochemistry Reviews，2005，6（2—3）：186 - 205.

[48] E. Grabowska，J. Reszczyńska，A. Zaleska. Mechanism of phenol photodegradation in the presence of pure and modified-TiO₂：A review[J]. Water Research，2012，46(17)：5453 - 5471.

[49] H. H. Lin，A. Y. Lin. Photocatalytic oxidation of 5-fluorouracil and cyclophosphamide via UV/TiO₂ in an aqueous environment[J]. Water Research，2014，48(1)：559 - 568.

[50] A. L. Giraldo，G. A. Peñuela，R. A. Torres-Palma，et al. Degradation of the antibiotic oxolinic acid by photocatalysis with TiO₂ in suspension[J]. Water Research，2010，44(18)：5158 - 5167.

[51] S. D. Black，D. R. Mould. Development of hydrophobicity parameters to analyze proteins which bear post-or cotranslational modifications[J]. Analytical Biochemistry，1991，193(1)：72 - 82.

[52] P. G. Coble. Characterization of marine and terrestrial DOM in seawater using excitation-emission matrix spectroscopy[J]. Marine Chemistry，1996，51(4)：325 - 346.

第❹章
饮用水磁性介质处理技术与应用

水处理材料是现代水质净化工艺的重要组成部分,水处理技术的进步离不开水处理材料的发展。水处理材料的理化特性直接关系其净化效能,对已有的水处理材料改性或研发新型水处理材料是供水行业提升净污效果的有效手段之一。

常用的水处理材料包括吸附材料、过滤材料、离子交换材料、具有催化氧化功能的载体材料等。近年来,磁分离技术应用于水处理的研究有了新进展。该技术利用磁性材料的高磁响应性,通过外加磁场作用或利用自身的磁凝聚性可实现快速固液分离的目的。将磁分离技术引入水处理领域,尤其结合河网地区湖库型微污染水源饮用水净化的特殊要求,研发磁性水处理复合介质材料(以下简称"磁性介质"),探寻其水处理效能,可为供水水质安全保障提供科学依据。

4.1 概述

水处理磁性介质研究在国内外已十分广泛,既有对现有水处理材料的磁改性研究,也有新型水处理磁性介质的研发。磁性介质常被作为吸附剂、絮凝(助凝)剂或离子交换剂使用,国内外的研究主要集中于磁性介质材料研发和磁性介质水处理技术研究。

4.1.1 水处理磁性介质材料研究进展

磁性介质制备过程实质是磁源物质与载体材料的复合过程。自然界可作为磁源的物质种类较多,比如铁、镍、钴、铜等多种金属的氧化物。鉴于铁源物质(如二价铁、三价铁)低毒、稳定且易于从自然界获取,常被作为磁源物质制备水处理磁性介质。与磁源物质复合的载体材料既有天然的生物材料、无机材料,也有人工合成的材料。

4.1.1.1 基于生物材料的磁性介质

生物质材料可作为吸附剂或絮凝剂用于净化水中污染物。但由于生物质材料自身理化性质的缺陷，致使其处理污染物质的能力较低，且不便于回收重复利用，极大限制了其在实际水处理中的应用。与磁性粒子耦合形成具有良好分离性能的磁性生物质是改善生物质材料净水性能的有效手段。

用于制备水处理磁性介质的天然生物材料有多种，比如纤维素、壳聚糖、生物炭等，其中以壳聚糖作为载体制备磁性生物基质水处理材料的研究最多。作为一种天然高分子生物材料，壳聚糖源于天然生物材料几丁质，通常为白色或淡黄色粉末状固体，无毒且易于生物降解。因原料和制备方法不同，壳聚糖的分子量可以从数十万至数百万不等。壳聚糖分子链上带有大量的氨基，易于质子化为带正电荷的阳离子聚电解质，具有水处理吸附剂、絮凝剂的潜能。但壳聚糖机械强度低、比重小等特性限制了其在水处理中的应用。通过适当的技术改性赋予壳聚糖以磁性更有利于改善其在水处理中的应用。

大量的研究表明，由壳聚糖直接制备的磁性生物基质，其净污效能并不理想。为改善材料的净污效能，可将制得的磁粒壳聚糖通过氨基化改性、羧基化改性等方法改变壳聚糖的理化性能。董长龙等首先对天然壳聚糖粉末进行氨化制得壳聚糖水凝胶，然后将壳聚糖水凝胶再通过一步原位共沉淀法制得对水中腐植酸具有较好吸附性能的磁性壳聚糖纳米颗粒（Magnetic Chitosan Nanoparticles，MCNP）。另外可将壳聚糖与其他材料混合，然后再通过一定的方法制备出基于壳聚糖的磁性介质。比如，蒲生彦等首先将壳聚糖与柠檬酸钠化学交联，然后通过原位共沉淀技术制备多孔磁性壳聚糖微球，并考察它对水中 Pb(Ⅱ)的吸附性能；贺盛福采用溶液分散聚合/ Ca^{2+} 表面交联制备聚丙烯酸钠包覆 Fe_3O_4 的磁性交联聚合物，并应用于水中 Pb(Ⅱ)和 Cd(Ⅱ)的吸附去除。

此外，也有其他种类的生物质材料可作为基质被用于制备磁性生物水处理材料，如纤维素、生物炭等。

目前，有关磁性生物介质在水处理中的应用研究多集中于对重金属离子的去除，却缺少关于地表水源中有机物去除的应用研究，究其原因是作为载体的生物材料本身的特性（比如表面荷电性、比表面积等）限制了其与有机物的反应。选择合适的载体材料或进一步改变现有载体的理化特性，将有助于提升基于生物质载体的磁性水处理介质的净水功能。

4.1.1.2 基于无机黏土矿物的磁性介质

无机黏土矿物在自然界大量存在，比如蒙脱土、膨润土、沸石、高岭土、海泡石、凹凸棒土等。无机矿物本身具有一定的净污效能,在水环境治理及水质净化中已有应用,比如助凝剂、吸附剂。天然无机黏土矿物作为吸附剂使用时存在吸附效率不高、难分离、产泥量大等方面的缺陷。磁性黏土是由磁性纳米材料与各种黏土矿物材料复合而成的新型功能性吸附材料。在外加磁场作用下,具有磁性的黏土吸附剂很容易与吸附液实现彻底分离,不仅提高了固液分离的效率,也避免了吸附剂的流失。

近年来,国内外有关磁性黏土吸附剂的制备及应用研究越来越多,无机载体多集中于蒙脱土、膨润土、凹凸棒土等。

作为一种富镁黏土矿物,天然海泡石(Natural Sepiolite,NSEP)也被用于磁粒的载体,制备磁性海泡石(Magnetic Sepiolite,MSEP)吸附剂,有关 NSEP 制备及其在水处理中的应用研究多限于国内。王维清等采用磁粒/黏土复配法制备了不同 Fe_3O_4 负载量的 MSEP 并用于对水样中重金属离子的吸附去除;杜婷等将化学共沉淀法制备的 MSEP 与好氧微生物工艺耦合,处理苯酚-铬复合废水;刘海成等应用一步原位共沉淀技术制备了 MSEP,应用到对地表水中腐殖质的去除研究并取得了一定的效果。

4.1.1.3 基于化学合成树脂的磁性介质

颗粒状树脂是重要的水处理材料,由于其可观的比表面积和大量的可交换基团,在水处理领域具有广泛的应用。在树脂合成过程中掺杂磁粒制备的磁性树脂是近些年来发展较快的一种水处理材料。

近年来国内外广泛开展了关于磁性树脂的相关研究,研发了一系列磁性离子交换/吸附树脂。20 世纪 70 年代澳大利亚南澳水务与 Orica® 公司联合研发了 MIEX® 磁性离子交换树脂专利技术,并开展了 MIEX® 对水中 NOM 去除效果、影响因素及联用工艺方面的研究,在美国、澳大利亚以及欧洲国家得到成功应用。MIEX® 技术引入国内之后,在我国饮用水净化方面开展了系列研究,有陈卫团队开展的 MIEX® 技术与混凝工艺联用净化湖泊水源水质的研究,邓慧萍团队以 MIEX® 对原水中典型阴离子去除相关机理研究等。在引进国外技术的同时,国内开展了新型磁性介质的自主研发工作。陈卫团队自主研发的磁性介孔阴离子交换树脂(Magnetic mesoporous anion exchange resin,m-MAER),实现了对水源水中 NOM 的有效去除;李爱民团队自主研发了一系列磁性离子交换/吸附树脂,针对不同污染物探讨了磁性离子交换/吸附树脂对污染物的去除效果及机理,并在饮用水净化应用中取得实效。此外,科研人员相继开发了其他一系列离子交换/吸附树脂,比如弱酸性树脂(NDMC)、磁性高交联结构吸附树脂(Q100)、固相萃取用磁性微球(NAND-1)等。

现阶段国内外研究的磁性树脂粒径多在 200 μm 以下,均具有较窄的粒径分布范围。相较于国外的 MIEX®，我国所研发的磁性离子交换树脂（NDMP 和 MAER）具有相似的平均孔径和可交换基团，但比表面积较低。研发的其他具有较大比表面积的磁性树脂大多为非离子交换树脂，目标物多为微量有机物或重金属离子等。

4.1.2　磁性介质水处理技术研究进展

随着水污染问题愈发复杂，传统水质净化技术的局限性也愈发凸显。传统水处理技术的改进或研发高效水处理新技术是解决当前复杂水环境污染的有效措施。基于磁性介质优良的物化性能，将其与传统水处理技术有机结合，衍生出一些高效的磁性介质水处理技术。

4.1.2.1　磁性介质吸附技术

在水处理领域内吸附技术是借助吸附材料（吸附剂）良好的物化性能，通过传质过程实现对水中特定物质（吸附质）的富集与分离。在确保吸附材料本身安全的前提下，用于水处理的吸附技术是一种安全、高效、绿色的技术。吸附剂的比表面积是影响其对吸附质的吸附分离效能的主要因素，而通过减小颗粒直径可实现吸附剂比表面积的增加。但由此也会产生不利影响，即吸附剂颗粒越小其固液分离效果越差，进而影响重复使用效率。由于具有良好的磁分离能力，磁性介质作为吸附剂在水处理中的应用可以克服传统吸附技术的不足。

活性炭是水处理领域应用广泛的吸附剂，以活性炭为载体的磁性介质研发及在水处理中的应用备受关注。马放等用化学共沉淀技术制备的磁性活性炭吸附初始浓度 100 mg/L 的亚甲基蓝溶液，300 min 的吸附时间对亚甲基蓝的去除率达到 98.9%，并能在 30 s 时间内实现完全的固液分离。天然无机黏土矿物也是磁性吸附材料的研究对象。刘海成等以黏土矿物海泡石为载体制备的磁性海泡石作为吸附剂，对地表水中的微量有机物阿特拉津的最大吸附效能达到 1.79 mg/g。在磁性海泡石基础上，进一步通过印迹改性制备出的有机改性磁性海泡石对阿特拉津的最大吸附效能达到 69.53 mg/g。

此外，磁性介质也被用于吸附水中的重金属离子、酚类有机物、有机染料、植物营养性元素磷等。

磁性介质也可以与其他水处理技术联用以提升水处理工艺的效能。王进等采用磁粉 Fe_3O_4 与 PAM 联用强化混凝处理长江原水，发现同时投加磁粉和 PAM 能够有效提高絮体沉降性能，促进出水水质的提高，并且可以在一定程度上提高对原水中有机物的去除效果。刘海成将磁性海泡石与 PAC 联用，强化处理含藻有机复合污染水源水，与单独的 PAC 处理相比，在实现对藻的去除率提升 9.2%、对腐殖质的去除提升 13.7%、对浊度的去除提升 8.1%的同时，絮体的沉降性明显改善。

4.1.2.2 磁性介质离子交换技术

离子交换技术是常用的水处理技术之一，它是借助于固体离子交换剂中的离子与水中的离子(污染物质)进行交换，以达到提取或去除溶液中某些离子(污染物质)的目的，属于一种传质分离过程的单元操作。离子交换剂的理化特性是影响其通过离子交换技术去除污染物质的首要因素。离子交换树脂是水处理实践中普遍应用的离子交换剂，而磁性离子交换树脂的出现极大推动了离子交换技术在水处理中的应用。

刘煜等以自行研发的新型磁性离子交换树脂 m-PGMA 处理太湖水源水中的有机物，实现了对水源水中亲水性有机物 52.97%的去除率；张玉玲等通过对苯乙烯型强碱性离子交换树脂磁化，制备出的磁性离子交换树脂对水中 Cl^- 的离子交换能力达到 140.43 mg/g。

原水水质的复杂性导致净水工艺系统运行存在效率不高的问题。在实际水处理应用中，磁性离子交换技术往往和其他的单元水处理环节联合，组成一套完整的水处理工艺系统，以实现对复杂原水的有效净化。陈卫等为解决传统吸附技术对原水中微量有机物去除效能不佳问题，将所制备的磁性离子交换树脂与粉末活性炭(PAC)联用，通过磁性树脂预处理，提高粉末活性炭应对水源水中突发以卡马西平(CBZ)为代表的药品和个人护理品(PPCPs)类有机物污染风险的能力。研究发现，磁性树脂与 PAC 联用相比单独使用 PAC 时，DOC 去除率提高了 40.64%，UV_{254} 去除率提高了 41.27%，CBZ 去除率提高了 14.72%。在去除水中有机污染物过程中，磁性树脂与 PAC 间存在协同作用，磁性树脂预处理强化了 PAC 对 CBZ 的去除效果。刘成等将磁性离子交换树脂与石英砂过滤工艺组合，通过控制通水倍数低于 500 BV、滤速小于 8 m/h、滤层厚度 50 cm 以上等，可有效去除地下水中的硝酸盐；李为兵等将磁性离子交换树脂作为预处理，与常规处理及活性炭吸附组合处理湖泊水源水，可将 COD_{Mn} 和藻类的去除率分别提高 32%和 9%，三卤甲烷含量降低 90%，同时节约混凝剂投加量 40%。此外，磁性离子交换树脂对有机物的预处理，可以有效减轻后续膜处理单元的不可逆膜污染。

4.1.2.3 磁性介质混凝技术

混凝是水质净化工艺中的重要环节。它通过向水中投加混凝剂使水中胶体和悬浮物脱稳聚集成密度大于水的絮凝体，并在后续工艺中沉降分离而去除。混凝机理复杂且影响因素较多。水源水污染趋于复杂的问题，给传统的混凝技术提出了挑战。磁性介质在混凝中的应用一定程度上可强化混凝对复杂污染原水的净化效能。

徐灏龙和王长智的研究发现,磁铁矿粉表面酸活化改性和包覆改性后的产物具有类似于聚合硫酸铁和聚合氯化铝的除浊性能。由表征分析可知,酸化后的磁铁矿粉表面具有以多羟基硫酸铁为主的混凝活性结构,相比于传统的聚合氯化铝和聚硫酸铁,形成的絮凝体更加密实,易于沉降且产泥量少。Hatamie 等利用自制的纳米磁流体混凝处理地表水,对地表水中重金属离子、浊度和 COD_{Mn} 的去除率分别达 90%、90% 和 60%。

另外,以传统的混凝剂氯化铝、聚丙烯酰胺等为基础制备磁性混凝剂,是当今的一个新热点。磁性混凝剂具有絮体沉降速率高、混凝效果好和可重复使用等特点。

4.2 水处理磁性介质制备基本原理

水处理磁性介质应兼具良好的水处理性能和分离性能。新型磁性介质的研发,首先应明确其在水处理应用时的工作原理,有针对性地设计材料制备方法,以确保材料本身具有较好的水处理效能;其次应充分考虑材料的磁分离性能,以满足材料具有高效的可回收利用性。

磁性介质的制备方法可总结为两类,一是原位制备技术,即将磁源物质与载体材料构成混合体系,再借助一定的技术手段,制备出磁性复合材料;二是复配制备技术,即首先制备出磁粒,而后再将磁粒与载体材料复合。本研究根据不同载体基于不同制备原理研发新型水处理磁性介质,即研发基于合成树脂材料的磁性离子交换树脂(m-MAER)、基于天然生物材料的磁性壳聚糖(MNCP)和基于天然黏土的磁性海泡石(MSEP)及其改性材料。

4.2.1 磁性介孔阴离子交换树脂(m-MAER)制备原理

树脂类材料净水原理可分为离子交换和吸附。对于吸附树脂而言,较小密度有利于其在水中呈悬浮状态,从而更有利于吸附质与树脂的接触。但低密度树脂不易沉淀,会影响其固液分离。离子交换树脂是一种具有可交换活性基团、网状结构、不可溶的高分子化合物,外形通常为球状。活性基团是决定树脂主要性质的结构,而其粒径大小、密度、溶解性、机械强度等物理性质决定了树脂的工作效能。离子交换树脂在水处理领域应用广泛,其需求量可达离子交换树脂产量的 90%,主要用于水中金属离子、无机阴离子、有色物质的吸附去除等。虽然离子交换树脂对水中的阴阳离子有较好的去除效能,但由于其本身为有机物质的合成物,易受到氧化分解、机械性破裂、单体的溶出等缺陷的影响,尤其是随着水质污染态势愈趋复杂化,各种不利影响也愈趋明显。因此,通过一定的技术手段改变离子交换树脂的物理性状,将有利于提升离子交换树脂的工作效能。因此基于传统离子交换树脂制备原理研发新型树脂,在水处理领域具有现实意义。

作为一种新型的磁性介孔离子交换树脂,m-MAER 的制备采用悬浮聚合原理。在剧烈的机械搅拌作用下,溶有引发剂的单体在分散剂的分散作用下,在与单体不相溶的介质中进行聚合反应而成高分子树脂。悬浮聚合体系由单体物质、分散剂、引发剂及水四部分组成,单体液层在机械搅拌的剪切力作用下分散成微小液滴,聚合反应后成为树脂颗粒。

m-MAER 制备过程分三步。

化学共沉淀法制备 Fe_3O_4 纳米粒子并表面改性:在氮气保护下,将一定摩尔质量比的氯化铁和硫酸亚铁加入装有机械搅拌器的四口烧瓶中,同时加入一定浓度的油酸-乙醇溶液,随后逐滴加入 1 mol/L 的氢氧化钠溶液,于水浴中快速搅拌,直至溶液呈亮黑色,测定 pH>12 即可停止加入氢氧化钠溶液,继续反应一定时间后,利用磁分离作用,分离出油酸改性后的 Fe_3O_4 纳米粒子,并置于无水乙醇中,即制备出 Fe_3O_4 纳米磁流体,待用。

制备过程中的化学反应式如下:

$$Fe^{2+} + 2\,OH^- \longrightarrow Fe(OH)_2 \qquad\qquad (式4-1)$$

$$Fe^{3+} + 3\,OH^- \longrightarrow Fe(OH)_3 \qquad\qquad (式4-2)$$

将上述反应式合并,得总反应(式4-3):

$$Fe^{2+} + 2\,Fe^{3+} + 8\,OH^- \longrightarrow Fe_3O_4 + 4H_2O \qquad\qquad (式4-3)$$

表面油酸改性示意见图 4-1。

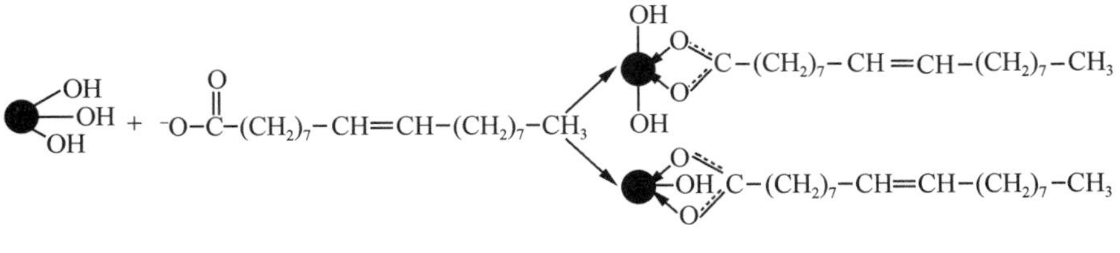

图 4-1 油酸与 Fe_3O_4 颗粒结合原理示意

悬浮聚合法制备 m-MAER 白球的反应原理见图 4-2。将一定体积 Fe_3O_4 纳米磁流体和一定质量的引发剂偶氮二异丁腈(AIBN)加入装有机械搅拌器、冷凝管的三口烧瓶中,恒温快速搅拌一定时间以保证料液充分混合。随后加入甲基纤维素溶液(MC)、NaCl 溶液、单体物质甲基丙烯酸缩水甘油酯(GMA)、交联剂二乙烯苯(DVB)以及致孔剂,恒温下快速搅拌进行聚合反应。用索式提取器抽提生成物中的致孔剂,而后烘干并过筛。

m-MAER 白球的铵化:将 m-MAER 白球置于装有冷凝管和搅拌桨的三口烧瓶中,并加入一定体积的盐酸三甲胺盐溶液,恒温下进行铵化反应。反应结束后,加入盐酸对铵化后的 m-MAER 白球进行氯化,再用去离子水洗至中性。

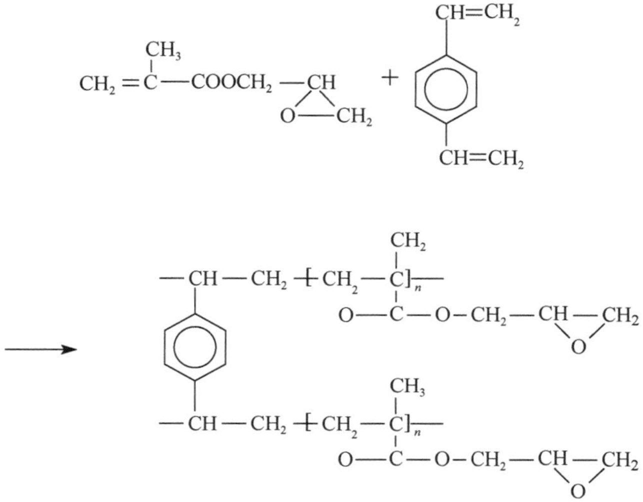

图 4 - 2　m-MAER 聚合反应原理示意

4.2.2　磁性壳聚糖纳米颗粒(MCNP)制备原理

壳聚糖所含的氨基($—NH_2$)和羟基($—OH$)官能团对 Fe^{2+} 和 Fe^{3+} 具有显著的螯合作用。在无氮气保护的开放体系中,螯合作用能保护 Fe^{2+} 不易被氧化,合适的温度也有助于 Fe^{2+} 和 Fe^{3+} 被壳聚糖快速螯合。随着浓氨水的加入,Fe^{2+} 和 Fe^{3+} 在螯合位点发生原位共沉淀反应生成 Fe_3O_4,随之螯合作用被壳聚糖与 Fe_3O_4 间的弱相互作用代替。

天然壳聚糖会溶于稀酸,耐酸性较差,但其含有的活性—OH 和—NH_2 能与双官能团的醛或酸酐等进行交联,使壳聚糖分子从单一的链状变为交织的网状,交联后的壳聚糖在酸性环境中不会发生溶解,化学稳定性大大提高。采用环氧氯丙烷进行交联时还可引入活性—OH,且在碱性环境中环氧氯丙烷主要与壳聚糖中的—OH发生反应,从而避免了活性最高的—NH_2 的消耗。因此,为提高壳聚糖的耐酸性并保持其天然优异的吸附性能,采用环氧氯丙烷对壳聚糖—Fe_3O_4 复合物中的壳聚糖进行交联,交联后产物 MCNP 的分子结构见图 4 - 3。

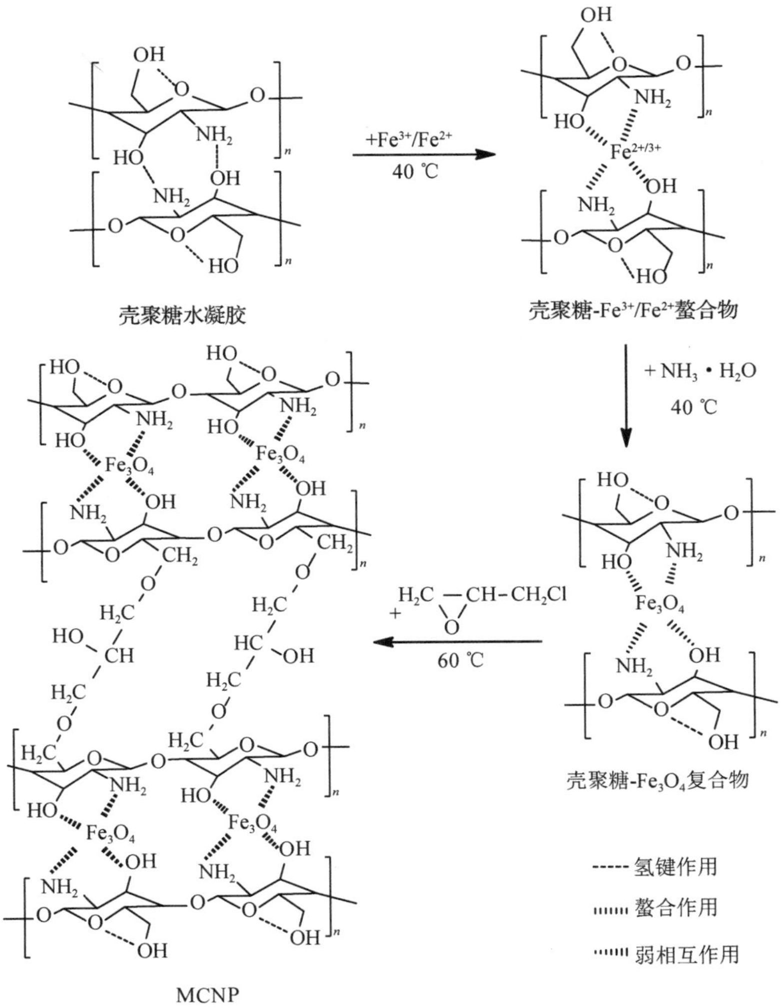

壳聚糖水凝胶　　　　　　　　　　壳聚糖-Fe^{3+}/Fe^{2+}螯合物

$+Fe^{3+}$/Fe^{2+}
40 ℃

$+NH_3 \cdot H_2O$
40 ℃

$H_2C—CH—CH_2Cl$
$+$
60 ℃

壳聚糖-Fe_3O_4复合物

----- 氢键作用

ⅢⅢ 螯合作用

ⅢⅢ 弱相互作用

MCNP

图 4-3　MCNP 制备过程反应原理示意

4.2.3　磁性海泡石(MSEP)制备及有机改性原理

采用开放体系中一步原位化学共沉淀法制备 MSEP。铁源离子与载体材料充分混合,将磁粒制备、磁粒与黏土的复合在同一反应体系中进行,简化了反应步骤,减少了反应时间。同时,较小的铁源离子可以进入黏土颗粒层,从而在黏土颗粒表面或晶体层间生成磁粒,增加磁粒的负载量,提高磁性黏土的磁性能。开放体系中制备 MSEP,虽然牺牲了部分磁性能,但有利于节约制备成本。为进一步拓展

MSEP 的理化特性,以 MSEP 为载体分别采用分散/吸附技术制备磁性壳聚糖改性 MSEP(Chi@MSEP)和通过表面分子印迹技术制备分子印迹聚合物改性 MSEP(MIP@MSEP)。

（1）化学共沉淀法制备 MSEP

NSEP 颗粒表面一般带有负电荷,在静电吸引力的作用下 Fe^{3+} 可被吸附到 NSEP 颗粒表面;另外,Fe^{3+} 也可以与黏土颗粒结构中的可交换阳离子(比如 Ca^{2+}、Mg^{2+}、Na^+、K^+)发生离子交换而转移到黏土颗粒内部。随后加入的 Fe^{2+} 会在沉淀剂($NH_4 \cdot OH$ 或 $NaOH$)的作用下与 Fe^{3+} 在 NSEP 颗粒表面或结构内部发生化学反应,生成具有磁性的 Fe_3O_4 纳米颗粒。图 4-4 为 MSEP 的制备原理示意。

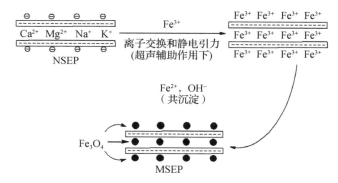

图 4-4　一步原位共沉淀法制备磁改性海泡石原理示意

（2）分散/吸附技术制备 Chi@MSEP

海泡石沿着纤维束的方向,具有实体与孔道交替存在的特性。其中海泡石实体由两个硅氧四面体片层夹着一个镁氧八面体层构成,导致硅氧四面体处于不连续的状态。硅氧四面体的不连续性导致了在孔道边缘存在大量的硅醇基团(Si—OH),而在海泡石的孔道内则填充了大量的配位水和沸石水。壳聚糖每个分子单元均具有一个氨基和两个羟基。在弱酸性条件下,氨基质子化作用将壳聚糖变成一种带有正电荷的聚合电解质,通过静电引力可以与表面负电性的黏土基质发生吸附作用。此外氨基和羟基也可与黏土外表面的硅醇基团及内部孔道内的沸石水形成氢键,使壳聚糖和黏土之间产生强烈的交互作用。

利用分散/吸附技术制备 Chi@MSEP 可分三步(见图 4-5)。首先将壳聚糖粉末用 1% 盐酸溶解制得壳聚糖胶体溶液;再将 MSEP 颗粒用去离子水分散均匀后加入壳聚糖胶体溶液中,机械搅拌,确保二者混合均匀;最后在外部磁场作用下分离固体颗粒,并用去离子水洗涤多次,真空干燥后即制得 Chi@MSEP。

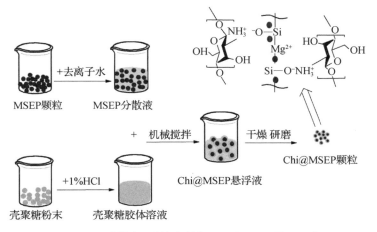

图4-5 分散/吸附技术制备 Chi@MSEP 原理示意

（3）表面分子印迹技术制备 MIP@MSEP

微量或痕量有机污染是地表水有机污染的一个重要体现。由于存在竞争性去除行为（比如竞争性吸附），传统的净水工艺或材料对于微量或痕量有机物的去除效能较低。研发新型净化材料是解决水源水微量或痕量有机污染的有效途径。基于分子印迹技术（Molecularly Imprinted Technology，MIT）制备的分子印迹聚合物（Molecularly imprinted polymer，MIP），具有对特定目标分子的"记忆"功能，使其在水处理领域微量或痕量有机物去除方面具有较好的应用前景。MIP 的制备是以一定的目标物质为模板分子，与功能单体、交联剂通过聚合反应制得有机高分子聚合物，再将模板分子洗脱后得到的分子印迹聚合物。MIP 对模板分子及与模板分子具有相似结构的物质具有高效稳定的吸附性能。MIP 中的印迹位点（即吸附位点）的多少及位置是决定其吸附目标物效能的关键。传统方法制备的印迹聚合物，有大量的印迹位点处于聚合物深处，该部分位点不利于对模板分子的洗脱及目标分子的吸附。表面分子印迹技术将识别位点固定在载体材料的表面，有利于模板分子的脱除及目标分子的吸附，可大大提升印迹位点的有效利用率。

表面分子印迹技术中载体的选择非常重要，不仅影响印迹效率，也会对 MIP 的机械稳定性产生影响。以无机的磁性海泡石为载体制备印迹聚合物改性 MSEP（MIP@MSEP），具有较好的热稳定性和机械稳定性。

MIP@MSEP 的制备原理见图4-6。以地表水中典型有机微污染物阿特拉津（Atrazine，ATZ）作为模板分子，ATZ 分子的乙氨基和异丙氨基上与 N 相连的氢离子通过非共价作用力（如氢键和静电引力）与功能单体甲基丙烯酸（MAA）完成自组装；自组装溶液与随后加入的交联剂乙二醇二甲基丙烯酸酯（EGDMA）在 MSEP 表面发生预聚合反应,并在偶氮二异丁腈(AIBN)引发剂的作用下,完成聚合反应,形成具有可逆特性的高聚物;将 ATZ 分子洗脱后即制备完成 MIP@MSEP。

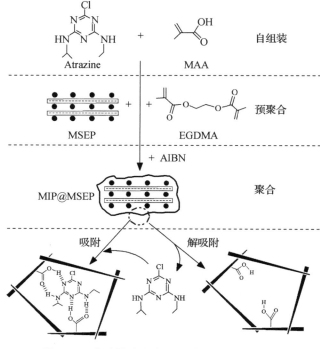

图 4-6 印迹聚合物有机改性 MSEP 路线示意

4.3 新型水处理磁性介质研发

以水中有机污染物有效去除为目的,根据不同载体基于不同制备原理,研发基于合成树脂材料的磁性介孔阴离子交换树脂(m-MAER)、基于天然生物材料的磁性壳聚糖(MCNP)和基于天然黏土的磁性海泡石(MSEP)及其改性材料。借助先进的表征技术,从新型水处理磁性介质的晶体结构、微观形貌、孔径分布、比表面积、热稳定性、表面活性基团及其荷电性等方面进行材料表征,通过其理化特性、磁学性能及其影响因素分析等,优化并建立新型水处理磁性介质制备方法。

4.3.1 m-MAER 研发与表征

磁性介孔阴离子交换树脂(m-MAER)是以聚丙烯为母体的季胺型树脂,利用其可交换氯离子与水中带负电的物质进行离子交换。m-MAER 的制备分两个阶段,首先基于共沉淀法制备纳米磁流体,然后以所制备的纳米磁流体为载体,借助悬浮共聚反应合成树脂。

(1) 纳米磁流体制备

如前所述,纳米磁流体的制备采用化学共沉淀法。在 N_2 气下将二价铁盐($FeSO_4 \cdot 7H_2O$)和三价铁盐($FeCl_3 \cdot 6H_2O$)按一定 $n(Fe^{2+})/n(Fe^{3+})$ 比例混合,加入 1 mol/L NaOH 溶液,迅速搅拌反应即得磁性纳米 Fe_3O_4。影响纳米磁流体制备的因素有以下几点。

① 铁源离子投料比

研究表明,铁源离子的投料比会影响磁性纳米粒子的晶相组成,进而影响磁粒的磁性能参数。由反应式 4-3,合成 Fe_3O_4 颗粒理论需要源离子 Fe^{2+} 和 Fe^{3+} 的比例为 1:2,但此条件下难以得到单一物相的产物。研究表明,适当提高反应物 Fe^{2+} 在铁源离子中的占比,可制备出单一物相的 Fe_3O_4 颗粒。

② 熟化温度

温度是利用化学共沉淀技术制备磁性介质的又一控制性因子。适当的反应温度可完善粒子的磁晶结构,有助于共沉淀反应中复杂中间反应的进行,保证产物成分更加单一,提升材料的比饱和磁化强度。较高的反应温度有利于制备磁性能较好的纳米磁性 Fe_3O_4 粒子。这主要由于在低温条件下 Fe_3O_4 晶体的生长效率较低,晶粒可以生成但生长速率较慢,所制备的 Fe_3O_4 的粒径小且磁性较弱。随着温度的升高,晶体生长更完全,且由于反应体系的粘度降低,传质速率加快,从而提高了晶粒的生长速度,所制备的 Fe_3O_4 粒子粒径较大且磁性较强。理论上认为 Fe_3O_4 粒子晶体结构的完整化只有在反应体系达到 50 ℃以上时才能彻底,但过高的温度会导致能耗的增加。

③ 油酸加入量

在制备过程中向反应体系加入表面活性剂油酸,可减小 Fe_3O_4 颗粒粒径至纳米尺度,同时油酸的脂肪长链使 Fe_3O_4 纳米颗粒表面具有亲油性,有助于减弱颗粒之间的团聚作用,从而达到分散 Fe_3O_4 纳米粒子的作用。

通过 Bekovdky B M 等提出的模型可估算油酸投加量的范围。模型假设:a. 表面活性剂已完全致密包覆在颗粒表面;b. 根据油酸主链的键角和 C—C 链长计算得出油酸的链长约为 1.5 nm;c. r 为磁性颗粒的半径,约为 10 nm。

由于四氧化三铁的总表面积等于油酸的总吸附面积,故可由式 4-4 计算油酸用量。

$$\frac{m}{0.75\pi r^3 \times \rho} \times 4\pi r^2 = \frac{M}{282.47} \times 6.02 \times 10^{23} \times S \qquad (式 4-4)$$

式 4-4 中：M 为油酸的质量，g；m 为四氧化三铁的理论产量，g。假设 Fe^{3+} 为 0.08 mol，Fe^{2+} 为 0.06 mol，则 m 为 10.83 g。282.47 为油酸分子量；r 为四氧化三铁半径，10 nm；ρ 为四氧化三铁密度；S 为油酸的吸附面积。计算可得油酸的理论用量为 2.889 g。

（2）m-MAER 的制备

① 影响树脂结构特性的因素分析

树脂结构的性质主要可以通过树脂的含水率、强碱性交换容量、比表面积、孔道结构和湿视密度等表示，在制备过程中影响上述性质的主要因素包括交联剂、致孔剂和磁流体的投加量。

其中交联剂投加量的影响效果要高于致孔剂。这主要由于交联剂 DVB 在聚合过程中，通过打开双键与单体 GMA 发生聚合，聚合物从线形逐渐转为网状三维结构，树脂结构的紧密程度取决于 DVB 的投加量，树脂结构越紧密，树脂孔径及含水率也越小、磁核的包裹程度越紧实等。

在聚合过程中，良溶性致孔剂会随着树脂骨架的聚合延伸而扩展，而非良溶性致孔剂会阻碍树脂骨架的延伸在树脂结构中生成中孔的孔道，所以树脂的平均孔径和含水率都与致孔剂的加入量有关。树脂结构的紧密程度和孔道的大小均决定了 m-MAER 功能化基团的数量，间接地影响了强碱性交换容量。

② 粒径分布影响因素分析

树脂粒径分布范围主要受到引发剂投加量、分散剂浓度和搅拌速度三个因素的影响。引发剂偶氮二异丁氰（AIBN）投加量和分散剂聚乙二醇（PEG）浓度的大小会影响树脂粒径的均匀性。这主要由于分散剂 PEG 分子尺寸较大，能够阻挡树脂颗粒成球过程中的碰撞；引发剂 AIBN 用量增加能够提高参与反应的自由基浓度，增加聚合中心数量，导致平均粒径降低。PEG 的包胶能力随其浓度的增加而提高，当达到一定浓度后，其包胶能力可保持反应稳定，使平均粒径趋于稳定。平均粒径随搅拌速率的增加呈现迅速降低的趋势。

此外，树脂粒径分布的均匀系数随引发剂投加量的增加呈下降趋势，这主要由于自由基数量的增加造成聚合中心点的增多，聚合过程较为均匀。

③ 季铵化反应条件研究

在树脂季铵化反应中，对树脂强碱性交换容量和树脂结构影响的主要因素为季铵盐投加量、反应温度和反应时间。季铵盐用量的增加可以推进反应向右进行，但过高的浓度导致反应体系 pH 值较高，从而造成树脂结构中酯基的水解，树脂结构随之解体。同时交换容量随反应温度和时间的增加逐渐升高并趋于稳定。树脂的湿视密度随反应温度升高呈快速下降趋势。

④ m-MAER 最佳制备方法

基于单因素影响法和响应曲面法试验结果,确定制备 m-MAER 的关键因素取值,见表4-1。

表4-1 m-MAER 的最优制备方法中关键因素的取值

制备条件	取 值
$n(Fe^{2+})/n(Fe^{3+})$	1.5 : 2
磁流体制备反应温度	80 ℃
磁流体制备反应时间	1 h
油酸加入量	2 g
m(交联剂):m(单体)	0.3
m(致孔剂):m(单体)	1.21
磁流体用量	40.06 ml
引发剂用量	3.55 g
分散剂浓度	9.53%
搅拌速度	1 505.88 r/min
m(铵化剂):m(树脂)	2.5
铵化温度	80 ℃
铵化时间	10 h

(3) m-MAER 物化性能表征

通过 m-MAER 和 MIEX® 物理化学性质的对比分析,比较两种树脂结构与性质差异。

① 基本性能

按照我国现行国家标准,对 m-MAER 和 MIEX® 各项基本理化指标进行检测(见表4-2)。两种树脂的湿视密度均高于水的密度,即两种树脂均可在水中由于重力作用自然沉降。两种树脂具有相似的强碱性交换容量,粒径分布范围均在150~200 μm。m-MAER 具有较开放的结构,能够允许较大的分子进入树脂内部,侧面说明对 NOM 具有更好的亲和力,同时两种树脂具有相同的离子交换序列。

② 电镜扫描(SEM)分析

对比 m-MAER 和 MIEX® 的 SEM 图(图4-7),m-MAER 树脂颗粒为球形、粒径分布较窄约在150~200 μm 范围内,而且具有较好的分散性;MIEX® 也呈均匀的球形,粒径约为200 μm 左右。m-MAER 和 MIEX® 均具有较为粗糙的表面,可以明显看出树脂表面的孔道结构。

表 4 - 2   m-MAER 和 MIEX® 基本物理化学性质对比

物化性质	m-MAER	MIEX®
外观色泽	棕黄色球体	红褐色球体
交换基团	Cl^-	Cl^-
湿视密度（g/ml）	1.15	1.2
粒径分布（μm）	150～200	150～180
强碱性交换容量（mmol/g）	2.36	2.23
含水率（%）	62.16	53.68
离子交换序列	$DOC > SO_4^{2-} > Br^- > NO_3^- > Cl^-$	$DOC > SO_4^{2-} > Br^- > NO_3^- > Cl^-$
膨胀率	12%	11%

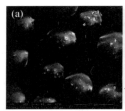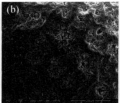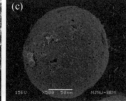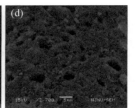

图 4 - 7   m-MAER((a),(b))和 MIEX®((c),(d))的 SEM 对比

③ 比表面积分析

根据氮气吸附/解析等温线及 BJH 孔径分析曲线（图 4 - 8），m-MAER 的比表面积为 40.03 m²/g，平均孔径 18.51 nm，总孔容为 0.19 cm³/g。同时，T-plot 法孔结构分析结果显示，m-MAER 孔径主要分布在介孔范围内（2 nm < 孔径 < 50 nm）。因此可以判定，m-MAER 属于介孔磁性离子交换树脂；MIEX® 树脂的氮气吸附-脱附曲线

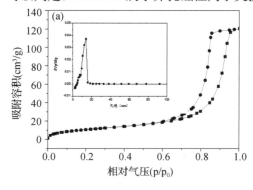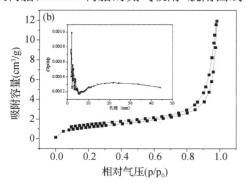

图 4 - 8   m-MAER(a)和 MIEX®(b)的氮气吸附-脱附曲线和孔径分布图

类型与 m-MAER 不同,说明二者具有不同的孔径结构。MIEX® 的比表面积为 21.47 m^2/g,平均孔径为 5.87 nm,但其孔径分布较 m-MAER 具有不均匀性。

④ 磁性能分析

经磁滞回线测算(图 4-9),m-MAER 的比饱和磁化强度为 10.79 emu/g,达到了块体纯 Fe_3O_4 比饱和磁化强度(92 emu/g)的 11.72%,剩余磁化强度为 0.37 emu/g,矫顽力为 4.68 Oe。较高的比饱和磁化强度确保其在外加磁场作用下具有良好固液分离效能,较低的剩余磁化强度可以保证外加磁场撤除后磁性介质恢复良好的分散状态。对比发现,MIEX® 的比饱和磁化强度仅为 4.96 emu/g,而其剩余磁化强度为 2.46 emu/g,磁滞现象明显。两种树脂在磁性能上的差异,与其内部磁核化学组分有关,对 m-MAER 内部磁核的表征可以确定其为纳米 Fe_3O_4 颗粒,而根据 Orica® 公司提供的资料,MIEX® 的磁性内核为 $\gamma\text{-}Fe_2O_3$。磁性能方面的差异,导致 m-MAER 和 MIEX® 的沉降方式不同。m-MAER 以单个树脂颗粒的形式发生沉降;MIEX® 则由于具有磁滞现象,在没有磁场的情况下,树脂颗粒仍具有弱磁性,颗粒彼此间相互聚集成大颗粒,最终以聚集体的形式发生沉降。

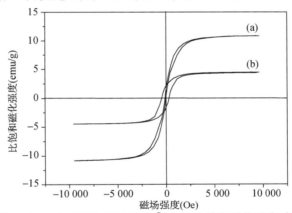

图 4-9　m-MAER(a)和 MIEX®(b)的比饱和磁化强度对比

⑤ 热重(TG)分析

热重分析显示(图 4-10),两种树脂在 100 ℃左右均达到第一次质量平衡阶段,这一阶段主要为孔道内水分的蒸发,MIEX® 在这一阶段的质量降低要高于 m-MAER。这说明 MIEX® 的含水率高于 m-MAER,在 270 ℃左右两种树脂均发生了第二次质量减少。这一变化为树脂结构的分解过程,其中 m-MAER 有三次质量变化,而 MIEX® 则仅有两次,说明两种树脂的主体结构存在差异性。最后 m-MAER 在 500~550 ℃处仍有一次质量降低,此为内部 Fe_3O_4 转化为 $\alpha\text{-}Fe_2O_3$,而 MIEX® 在这一温度变化范围未出现质量变化,说明两种树脂具有不同的磁性内核。

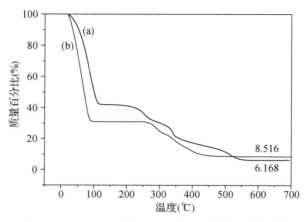

图4-10 m-MAER(a)和 MIEX®(b)的热重分析对比

⑥ 红外光谱(FTIR)分析

m-MAER 的 FTIR 光谱图中(图 4-11),在 580 cm⁻¹附近出现 Fe—O 的伸缩振动峰,说明 m-MAER 树脂中具有 Fe₃O₄纳米颗粒;在 1 630 cm⁻¹处为苯环的特征峰,表征交联剂二乙烯苯的存在;在 1 718 cm⁻¹处为单体 GMA 分子中酯羰基的伸缩振动峰;在 1 020 cm⁻¹ 和 1 080 cm⁻¹处为季铵基团的伸缩振动峰,说明 m-MAER表面已成功引入季铵基团。

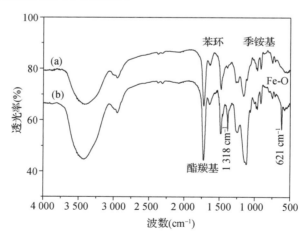

图4-11 m-MAER(a)和 MIEX®(b)的 FTIR 对比

⑦ X 射线光电子能谱(XPS)分析

基于材料的 XPS 谱图可以分析材料表面的化学性质及成分。XPS 谱图分析可知(图 4-12),两种树脂具有相似的元素组成,主要包括 Fe、O、C、Cl 和 N 元素。但二者的磁性内核不同,m-MAER 的 Fe 元素谱图中(图 4-12(b)),Fe $2p_{1/2}$ 和 Fe $2p_{3/2}$ 特征峰之间没有出现属于 Fe $2p_{3/2}$ 的卫星峰,指示其磁性内核为 Fe_3O_4。而在 MIEX® 的 Fe 元素 XPS 谱图中存在 Fe^{3+} $2p_{3/2}$ 和 Fe^{3+} $2p_{1/2}$ 的卫星峰,表明 MIEX® 的磁性内核为 $\gamma\text{-}Fe_2O_3$。此外,两树脂中 Cl 元素均以可交换基团的 Cl^- 形式居多(图 4-12(f)),且 m-MAER 较 MIEX® 含有更多的 Cl^-,m-MAER 具有强于 MIEX® 的交换性能。

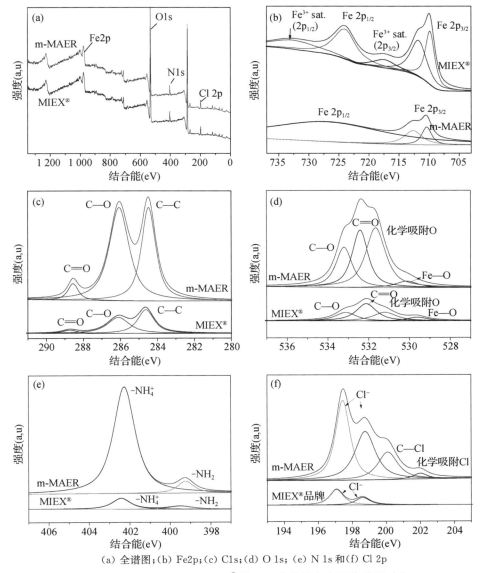

(a) 全谱图;(b) Fe2p;(c) C1s;(d) O 1s;(e) N 1s 和(f) Cl 2p

图 4-12　m-MAER 和 MIEX® 的 XPS 高分辨光电子能谱图对比

综上所述,m-MAER 和 MIEX® 均呈相对规则的球形颗粒,并具有相似的粒径分布范围、元素组成和元素结合形态。最优条件下制备的 m-MAER 具有较大的比表面积、平均孔径和较窄的孔径分布范围,且相较于 MIEX® 具有更为复杂的碳链结构、更强的离子交换性能、较高的比饱和磁化强度。m-MAER 是一种兼具良好分离性能和交换能力的磁性离子交换树脂。

4.3.2 MCNP 研发与表征

磁性壳聚糖纳米材料是以磁性铁氧化物(Fe_3O_4 或 γ-Fe_2O_3 等)为核、壳聚糖为表面涂层的新型磁性介质,具有比表面积大、表面官能团(—NH_2 和—OH)丰富且活性高等诸多优点,对于水和废水中的多数污染物质均具有良好的吸附分离性能。有关磁性壳聚糖的研发及应用受到较多关注,尤以纳米磁性壳聚糖微球(MCNP)的研发为热点。

(1) MCNP 的制备条件及优化

壳聚糖分子结构中氨基(—NH_2)和羟基(—OH)对 Fe^{2+} 和 Fe^{3+} 具有显著的螯合作用。在无氮气保护开放体系中,随着浓氨水的加入,Fe^{2+} 和 Fe^{3+} 在螯合位点发生原位共沉淀反应生成 Fe_3O_4,随之螯合作用被壳聚糖与 Fe_3O_4 间的弱相互作用代替。

天然壳聚糖耐酸性较差,对壳聚糖进行交联反应可提升其稳定性。壳聚糖分子结构中的活性—OH 和—NH_2 能与双官能团的醛或酸酐等进行交联,使壳聚糖分子从单一的链状变为交织的网状,化学稳定性提高。环氧氯丙烷是优良的交联剂,在碱性环境中主要与壳聚糖中的—OH 发生交联反应,可避免对活性基团—NH_2 的消耗;同时,交联剂分子中的—OH 也被作为活性—OH 引入材料结构中。环氧氯丙烷交联反应不仅提高了壳聚糖的耐酸性,也有利于保持其优异的吸附性能。

鉴于 MCNP 主要依靠纳米尺寸效应、壳聚糖中—NH_2 和—OH 的吸附作用,MCNP 制备的预期目标应为:MCNP 应为外层交联壳聚糖、内层 Fe_3O_4 的核-壳式结构,粒径需小于 100 nm 以保证一定的吸附接触面积,交联反应应避免过多消耗壳聚糖中的—NH_2,比饱和磁化强度值较高。

在制备过程中,壳聚糖、Fe^{3+}、浓氨水和环氧氯丙烷用量以及交联时间等制备条件对 MCNP 中壳聚糖和 Fe_3O_4 的含量、活性官能团数量等指标影响较大,直接决定 MCNP 的磁响应强度、化学稳定性以及对 NOM 的吸附效能。

以四因素、三水平正交试验筛选影响 MCNP 制备的各因素最佳组合方案。四因素分别为 Fe^{3+} 与壳聚糖质量比、浓氨水与壳聚糖溶液体积比、环氧氯丙烷与壳聚糖溶液体积比以及交联时间,各因素相应水平值见表 4-3。评价指标为对 HA 和 FA 的吸附容量、MCNP 比饱和磁化强度。

表 4-3 MCNP 制备方案各因素相应水平值

因素 水平	Fe^{3+} 与壳聚糖 质量比	浓氨水与壳聚糖 溶液体积比	环氧氯丙烷与 壳聚糖溶液体积比	交联时间 (h)
1	1:1	0.05:1	0.01:1	3
2	2:1	0.1:1	0.02:1	5
3	3:1	0.2:1	0.03:1	7

以 HA 吸附容量为评价指标的正交试验结果见表 4-4。较少的 Fe^{3+} 用量和交联时间、较高的浓氨水和环氧氯丙烷用量有利于 HA 的吸附。相对较少的 Fe^{3+} 用量可使 MCNP 中壳聚糖含量较高;较短的交联时间避免了交联过程过度消耗壳聚糖中的活性官能团;用量较高的浓氨水和环氧氯丙烷一方面确保了 Fe_3O_4 反应完全,另一方面使 MCNP 的化学稳定性较好。以 HA 吸附容量为评价指标时,最优制备方案为:Fe^{3+} 与壳聚糖质量比 2:1、浓氨水与壳聚糖溶液体积比 0.1:1、环氧氯丙烷与壳聚糖溶液体积比 0.03:1、交联时间 3 h,各因素对评价指标的影响程度为:环氧氯丙烷用量>交联时间>Fe^{3+} 用量>浓氨水用量。

表 4-4 以 HA 吸附容量为评价指标的正交试验($L_9(3^4)$)结果及分析

序号	Fe^{3+} 用量	浓氨 水用量	环氧氯丙 烷用量	交联时间 (h)	HA 吸附容量 (mg/g)
1	1:1	0.05:1	0.01:1	3	7.94
2	1:1	0.1:1	0.02:1	5	6.79
3	1:1	0.2:1	0.03:1	7	8.34
4	2:1	0.05:1	0.02:1	7	6.98
5	2:1	0.1:1	0.03:1	3	9.45
6	2:1	0.2:1	0.01:1	5	7.49
7	3:1	0.05:1	0.03:1	5	7.05
8	3:1	0.1:1	0.01:1	7	7.05
9	3:1	0.2:1	0.02:1	3	7.05
均值1	7.69	7.32	7.49	8.15	
均值2	7.97	7.76	6.94	7.11	
均值3	7.05	7.63	8.28	7.46	
极差	0.92	0.44	1.34	1.04	

以 FA 吸附容量为评价指标的正交试验结果见表 4-5。较少的环氧氯丙烷用量和交联时间、较高的 Fe^{3+} 和浓氨水用量有利于 MCNP 吸附 FA。与 HA 相比，FA 疏水性较弱，以亲水性组分居多。MCNP 表面的壳聚糖经环氧氯丙烷交联后引入了大量烷烃链，从而使表面疏水性增强。根据亲疏水效应原理，疏水性表面不利于亲水性物质的吸附。因此，与 HA 相比，FA 吸附容量较低。以 FA 吸附容量为评价指标时，最优制备方案为：Fe^{3+} 与壳聚糖质量比 2:1、浓氨水与壳聚糖溶液体积比 0.2:1、环氧氯丙烷与壳聚糖溶液体积比 0.02:1、交联反应时间 3 h，各因素对评价指标的影响程度为：交联时间＞Fe^{3+} 用量＞浓氨水用量＞环氧氯丙烷用量。

表 4-5　以 FA 吸附容量为评价指标的正交试验($L_9(3^4)$)结果及分析

序号	Fe^{3+} 用量	浓氨水用量	环氧氯丙烷用量	交联时间(h)	FA 吸附容量(mg/g)
1	1:1	0.05:1	0.01:1	3	7.10
2	1:1	0.1:1	0.02:1	5	5.20
3	1:1	0.2:1	0.03:1	7	6.56
4	2:1	0.05:1	0.02:1	7	7.46
5	2:1	0.1:1	0.03:1	3	8.01
6	2:1	0.2:1	0.01:1	5	7.46
7	3:1	0.05:1	0.03:1	5	5.74
8	3:1	0.1:1	0.01:1	7	5.65
9	3:1	0.2:1	0.02:1	3	8.28
均值1	6.29	6.77	6.74	7.80	
均值2	7.64	6.29	6.98	6.13	
均值3	6.56	7.43	5.77	6.56	
极差	1.36	1.15	0.24	1.66	

以 MCNP 比饱和磁化强度为评价指标的正交试验结果见表 4-6。Fe^{3+} 和浓氨水用量越高、环氧氯丙烷用量和交联时间越少，MCNP 比饱和磁化强度越高。最优制备方案为：Fe^{3+} 与壳聚糖质量比 3:1、浓氨水与壳聚糖溶液体积比 0.2:1、环氧氯丙烷与壳聚糖溶液体积比 0.02:1、交联反应时间 3 h，各因素对评价指标的影响程度为：浓氨水用量＞Fe^{3+} 用量＞交联时间＞环氧氯丙烷用量。

综上，通过正交试验确定的 MCNP 最优制备方案为：Fe^{3+} 与壳聚糖质量比 2:1、浓氨水与壳聚糖体积比 0.2:1、环氧氯丙烷与壳聚糖体积比 0.03:1、交联反应时间 3 h。

表 4-6　以比饱和磁化强度为评价指标的正交试验($L_9(3^4)$)结果及分析

序号	Fe^{3+}用量	浓氨水用量	环氧氯丙烷用量	交联时间 (h)	比饱和磁化强度 (emu/g)
1	1∶1	0.05∶1	0.01∶1	3	15.89
2	1∶1	0.1∶1	0.02∶1	5	21.07
3	1∶1	0.2∶1	0.03∶1	7	22.94
4	2∶1	0.05∶1	0.02∶1	7	18.14
5	2∶1	0.1∶1	0.03∶1	3	32.02
6	2∶1	0.2∶1	0.01∶1	5	32.14
7	3∶1	0.05∶1	0.03∶1	5	11.99
8	3∶1	0.1∶1	0.01∶1	7	38.28
9	3∶1	0.2∶1	0.02∶1	3	39.44
均值 1	19.97	15.34	28.77	29.12	
均值 2	27.43	30.46	26.22	21.73	
均值 3	29.90	31.51	22.32	26.45	
极差	9.94	16.17	6.45	7.38	

（2）MCNP 的物化性能表征

① XRD 分析

图 4-13 为 MCNP 和壳聚糖的 XRD 图谱。壳聚糖分子链中分布着大量的 —NH_2 和—OH，它们形成了壳聚糖分子链内和链间的氢键，使壳聚糖分子具有较高的规整性，从而使壳聚糖 XRD 图谱在 $2\theta=10.4°$ 和 $20.1°$ 处出现明显的衍射峰。MCNP 的 XRD 图谱在多处出现明显的衍射峰，但其中与壳聚糖相关的衍射峰只在 $2\theta=20.1°$ 处留有微弱的残峰，这是由于环氧氯丙烷的交联作用破坏了壳聚糖内的氢键作用，使壳聚糖分子链失去了规整性。其余衍射峰(111)，(220)，(311)，(400)，(422)，(511)，(440)和(533)与标准图谱(Fe_3O_4，PDF♯75—0449)相吻合。通过 Jade5.0 分析软件计算得到 MCNP 晶粒大小为 6.4 nm。由于壳聚糖因交联反应不具有晶体结构，该晶粒尺寸应为 MCNP 中 Fe_3O_4 颗粒的直径，也间接证明 MCNP 为外层交联壳聚糖、内层 Fe_3O_4 的核-壳式结构。

② 形貌及粒度分析

从 TEM 和 SEM 图像（图 4-14）可以看出，MCNP 粒径约为 10 nm。MCNP 立体形貌呈球形，且在干燥状态下颗粒间的团聚现象较严重，这是由纳米颗粒特殊的尺寸效应以及 MCNP 表面活性官能团间的氢键作用引起。

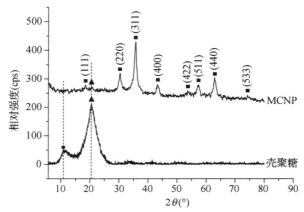

图 4-13　MCNP 和壳聚糖的 XRD 图谱

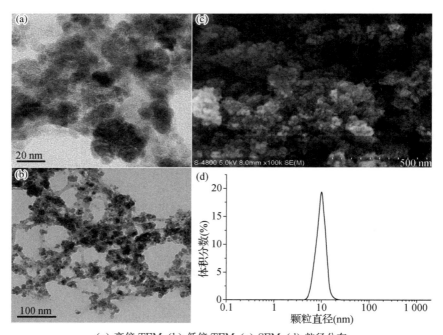

（a）高倍 TEM；（b）低倍 TEM；（c）SEM；（d）粒径分布

图 4-14　MCNP 形貌观察

③ 比表面积及孔径分析

基于 MCNP 的氮气吸附和脱附等温线及 BJH 孔径分布曲线（图 4-15），MCNP 的比表面积为 108.3 m²/g，平均孔径为 10.8 nm，累积孔体积为 0.4 cm³/g。依据 MCNP 粒径分析结果可知，直径 10 nm 左右的纳米颗粒不可能存在直径 10.8 nm 的孔结构。由于测定孔径分布时，MCNP 处于干燥状态，颗粒间存在严重的团聚,该孔径值应为纳米颗粒间存在的空隙大小。

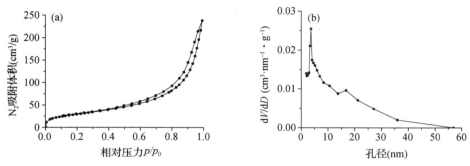

图 4 - 15　MCNP 的 N_2 吸附和脱附等温线(a)、孔径分布(b)

④ 磁性能分析

由 MCNP 的磁滞回线(图 4 - 16),可以看出 MCNP 不存在明显的磁滞现象,剩余磁化强度 M_r 和矫顽力 H_c 分别为 0.37 emu/g 和 4.68 Oe。撤销外加磁场后,MCNP 磁性基本消失,颗粒间不再团聚,在水中恢复到良好的分散状态。MCNP 比饱和磁化强度 M_s 为 44.4 emu/g,达到了块体 Fe_3O_4(92 emu/g)的 48.3%,磁响应度良好。较高的磁化强度使水中呈悬浮态的 MCNP 在外加磁场作用下 30 s 便可达到理想的固液分离效果。

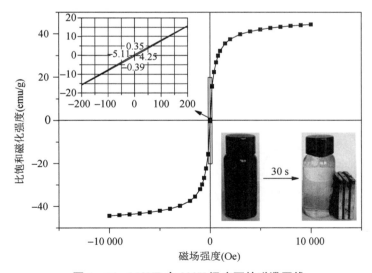

图 4 - 16　MCNP 在 300K 温度下的磁滞回线

⑤ TG 分析

壳聚糖在 200~800 ℃区间存在两个失重阶段(图 4 - 17(a)),并伴随两个显著的放热峰。200～300 ℃区间存在 31.5％的失重,该失重由壳聚糖分子链的断裂及化学结合水的失去引起;300～550 ℃区间出现 52.0％的失重,同时伴随较大的吸热过程,这是由壳聚糖中糖残基的热分解所引起。当温度达到 550 ℃时失重结束,壳聚糖完全分解。相比壳聚糖的热重变化过程,MCNP 在 200～800 ℃区间只存在一个失重阶段(图 4－17(b)),且仅在温度为 242.9 ℃处有放热峰,与壳聚糖相比放热过程提前。这是由于 MCNP 表面的壳聚糖因交联反应致使分子内氢键作用减弱,导致热稳定性下降。MCNP 在 200～400 ℃区间内仅失重 18.6％。

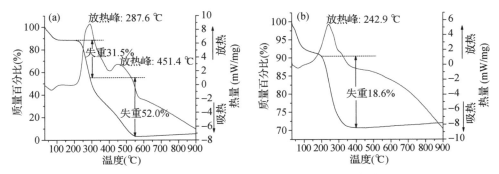

图 4－17　壳聚糖(a)和 MCNP(b)的热重变化曲线

⑥ FTIR 分析

壳聚糖、MCNP 的 FTIR 图谱如图 4－18 所示,吸收峰的归属见表 4－10。对比 MCNP 和壳聚糖的 FTIR 图谱发现,MCNP 中 O—H 及 N—H 伸缩振动峰向低波数大幅移动,且峰高显著变低,说明壳聚糖分子的氢键作用在交联过程中被破

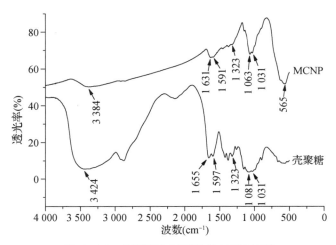

图 4－18　壳聚糖和 MCNP 的 FTIR 图谱

坏。MCNP在1 631、1 591和1 323 cm⁻¹处均出现了壳聚糖的三种特征吸收峰,表明 MCNP 表面覆盖的物质层确实为壳聚糖,而酰胺 Ⅱ 峰峰强有所减弱,证实—NH_2 与 Fe_3O_4 存在相互作用。C_3—OH 特征峰在合成反应后峰宽显著变窄并明显向低波数移动,而 C_6—OH 特征峰变化相对较弱,说明交联反应主要发生在 C_3—OH 上。壳聚糖中—NH_2 和—OH 的活性强弱为:—NH_2>—C_6—OH>—C_3—OH。由于交联反应消耗的—NH_2 和—C_6—OH 较少,因此 MCNP 的吸附性能得到了保证。此外,MCNP 在 565 cm⁻¹ 处还出现了与 Fe_3O_4 相关的 Fe—O 特征峰。

⑦ XPS 分析

为进一步确定 MCNP 的物相组成,利用 XPS 能谱对 MCNP 进行了表征,并单独给出了 MCNP 中 Fe 元素的 XPS 图谱(图4-19)。MCNP 主要由 Fe、O、C 和 N 元素组成,其中 Fe 元素来自 Fe_3O_4 内核,C 和 N 元素来自交联壳聚糖表层,O 元素由两者共同贡献。MCNP 中 Fe 元素的 XPS 图谱由 Fe $2p_{1/2}$ 和 Fe $2p_{3/2}$ 两座强峰组成,其结合能分别为 710.6 eV 和 724.1 eV,且两峰之间不存在 Fe $2p_{3/2}$ 的卫星峰。由此可以确定,MCNP 的磁性铁氧内核确实为 Fe_3O_4,而非 $\gamma\text{-}Fe_2O_3$。

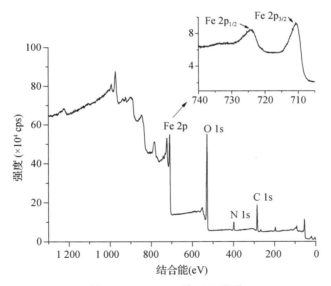

图4-19 MCNP 的 XPS 图谱

通过对比壳聚糖和 MCNP 中部分元素的结合能状态,可以阐述 MCNP 的合成机制。采用 XPS 分析壳聚糖和 MCNP 中 C、O 和 N 元素的结合能状态,并利用 XPS Peak 分峰软件对壳聚糖和 MCNP 的 C、O 和 N 图谱进行分峰拟合,结果见图4-20。

壳聚糖中 C 元素存在三种形式的结合能:285.1、286.6 和 288.1 eV,其中

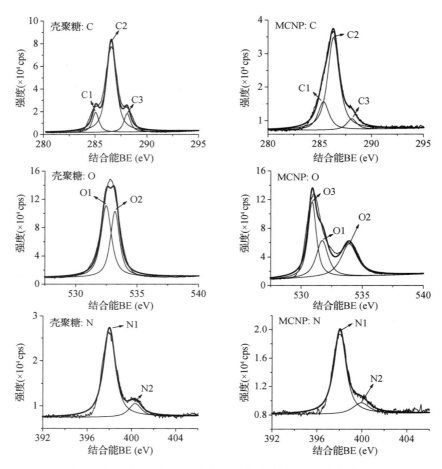

图 4 - 20　壳聚糖和 MCNP 中 C、O 和 N 的 XPS 图谱分峰结果

285.1 eV(C1)为碳单链骨架中 C 结合能(C—C),286.6 eV(C2)为氨基和糖苷键中 C 结合能(C—N,C—O—C),288.1 eV(C3)为乙酰氨基中 C 结合能(C=O)。对比壳聚糖 C 元素 XPS 图谱发现,MCNP 中 C3 峰高有所下降,这是由 MCNP 中 Fe_3O_4 含量较高导致其他元素含量相对变低所致,但 C1 峰高明显上升的原因为壳聚糖在交联过程中引入了大量的碳单链 C—C。

　　壳聚糖中 O 元素的 XPS 图谱呈现两种形式的结合能,分别为 532.5 eV 和 533.2 eV,其中 532.5 eV(O1)为自由羟基中 O 结合能(—OH),533.2 eV(O2)为参与氢键的羟基中 O 结合能(—OH—O,—OH—N)。MCNP 中 O 元素出现了新的结合能 530.8 eV(O3),为 Fe_3O_4 中 O 结合能(Fe—O)。O1 含量下降最为显著有两方面的原因:一是部分—OH 与 Fe_3O_4 存在弱相互作用(—OH—Fe_3O_4),二是碱性条件下—OH 参与了环氧氯丙烷的交联反应。

壳聚糖中 N 元素存在两种形式的结合能：398.0 eV 和 400.3 eV，其中 398.0 eV (N1)为自由氨基中 N 结合能(—NH_2)，400.3 eV(N2)为参与氢键的氨基中 N 结合能(—NH_2—O)。经原位共沉淀及交联反应后，MCNP 中 N 元素各结合能含量变化较小，表明交联反应消耗的—NH_2 数量较少。N1 含量下降不仅因 MCNP 中 Fe_3O_4 含量较高，还因部分—NH_2 与 Fe_3O_4 间也存在弱相互作用(—NH_2—Fe_3O_4)。

综上，壳聚糖中存在大量的—NH_2 和—OH，部分—NH_2 和—OH 参与形成壳聚糖分子内和分子间的氢键。经过原位共沉淀和交联反应后，交联壳聚糖层与 Fe_3O_4 内核由弱相互作用联系在一起。环氧氯丙烷的交联反应主要发生在壳聚糖的—OH 上，并且该反应引入了大量 C—C 单链，使 MCNP 表面具有一定的疏水性，能增强对疏水性有机物的吸附。活性最强的—NH_2 在改性过程中消耗较少，保证了 MCNP 优异的吸附性能。在最佳制备条件下所制备材料的比饱和磁化强度 M_s、剩余磁化强度 M_r 和矫顽力 H_c 分别为 44.4 emu/g、0.37 emu/g 和 4.68 Oe。MCNP 的比表面积为 108.3 m^2/g，是一种良好的磁性吸附材料。

4.3.3　MSEP 及其改性材料的研发与表征

天然海泡石晶体标准化学式为 $Si_{12}O_{30}Mg_8(OH,F)_4(OH_2)_4 \cdot 8H_2O$，是已知非金属矿中比表面积最大的矿物，理论比表面积高达 900 m^2/g。但由于其内在结构方面的原因，限制了其在污染物质去除方面的进一步应用：第一，碳酸盐类杂质造成了 NSEP 晶体内的微细孔道被堵塞，导致其实际比表面积较低，削弱了其整体的物化性能，进而影响到吸附性能；第二，表面硅氧结构使其具有极强的亲水性，同时层间可交换阳离子水合作用的存在，皆使其不能有效去除有机物；第三，层间存在的永久性负电荷，使其不能去除阴离子污染物。虽然 NSEP 对重金属离子有吸附作用，但容易解吸，难以从水体中彻底除去。另外为了提高污染物质的去除效果，黏土用量一般较大，导致产泥量增加。对 NSEP 进行磁改性，可以有效改善其理化性能及对污染物质的净化分离效率。此外，对磁改性后的产物 MSEP 进一步作壳聚糖有机改性和印迹聚合物有机改性，有助于提升其去除污染物质的应用范围。

（1）MSEP 的制备及影响因素

MSEP 制备采用一步原位共沉淀法。制备过程中，反应体系温度、搅拌速度、沉淀剂种类、比值 $m_{Fe_3O_4}/m_{NSEP}$、比值 $n_{Fe^{2+}}/n_{Fe^{3+}}$ 等 5 个工艺制备参数，是影响产物性能的主要因素。通过考察产物的 S_{BET} 值、M_s 值和 IEP 变化，筛选出最佳的制备条件，建立开放体系中制备具有高磁响应性能 MSEP 的方法。环境因子对 MSEP 制备的影响按照表 4-7 所列因素及水平进行。

表4-7 海泡石黏土矿物磁改性单因素优化试验设计表

试验序号		1	2	3	4	5	6	7	8	9	10	11	12	13	14	15	16
试验因子	磁粒负载比 $(m_{Fe_3O_4}/m_{NSEP})$(g/g)	1/1.5	1/3	1/4.5	1/6												
	搅拌速度 (r/min)	400	400	400	400	200	400	600	800								
	温度 (℃)	60	60	60	60	60	60	60	60	20	40	60	80				
	沉淀剂种类	氨水	氨水	氨水	氨水	氨水	氨水	氨水	氨水	氨水	氨水	氨水	氨水	氨水	氢氧化钠		
	Fe^{2+}/Fe^{3+}摩尔比 $(n_{Fe^{2+}}/n_{Fe^{3+}})$	3/4	3/4	3/4	3/4	3/4	3/4	3/4	3/4	3/4	3/4	3/4	3/4	3/4	3/4	1/2	3/4
待考察因子及相应试验水平										★			●		◆	■	

	磁粒负载比	搅拌速度	温度	沉淀剂种类	Fe^{2+}/Fe^{3+}摩尔比

注:★ 代表按照试验序号1—4所列试验条件得出最佳磁粒负载水平;
● 代表按照试验序号5—8所列试验条件得出最佳搅拌速度水平;
◆ 代表按照试验序号9—12所列试验条件得出最佳温度水平;
■ 代表按照试验序号13—14所列试验条件得出最佳沉淀剂种类。

① 磁粒（Fe_3O_4）负载比的影响

不同磁粒 Fe_3O_4 颗粒负载量的 MSEP 产物，在 S_{BET} 值、IEP 值及 Ms 值方面存在差异（表 4-8）。当 Fe_3O_4 颗粒负载比从 1/6 提升至 1/1.5 时，产物的 S_{BET} 先增后减，这可能是由于 Fe_3O_4 颗粒的负载增加了材料的表面粗糙度，进而带来材料 S_{BET} 的增加。但负载量过高时，大量的 Fe_3O_4 颗粒会堵塞孔道，不利于 S_{BET} 测定时 N_2 在材料微孔内的吸附，导致测定值不升反降；相比于 S_{BET} 较大的变化，不同负载比下所制备产物的 IEP 差别不大；随着 Fe_3O_4 颗粒负载比的增加，MSEP 的 Ms 值依次升高。所以综合考虑材料的 Ms、S_{BET} 及 IEP，在开放体系中制备 MSEP 时以磁粒负载比 1/3 较为合适。

表 4-8　不同 Fe_3O_4 含量的磁改性海泡石性能比较

样品	R_m[①]	海泡石质量（g）	铁氧化物质量（g）	S_{BET} 测定（m^2/g）	IEP[②]	Ms
MSEP	1/1.5	4	2.666 2	84.31	7.9	36.82
	1/3	4	1.327 9	112.44	7.7	31.82
	1/4.5	4	0.889 1	73.46	7.7	14.75
	1/6	4	0.666 8	59.39	7.5	8.02
Fe-ASEP[③]	—	—	—	99.04	—	
NSEP				70.92		
合成 Fe_3O_4	—	—	—	75.07		

注：① MSEP 中磁粒（Fe_3O_4）的负载比；② 材料表面零电荷点；③ 三价铁离子改性海泡石。

② 反应体系温度的影响

反应体系温度对材料的理化性能有较大影响（表 4-9）。反应体系温度的升高会促进磁粒 Fe_3O_4 的生成，导致磁响应能力增强；同时，由于较多磁粒的生成，材料内游离状态的三价铁离子越少，相应的材料表面的正电性减弱，由此带来 IEP 向着低 pH 值方向移动；而材料中负载的磁粒越多，磁粒本身也会带来比表面积的提升。

反应体系温度是影响材料合成的一个重要因素。温度的升高有助于增加反应物颗粒的碰撞概率，进而提高反应速率及反应的完全程度。但过高的温度必然导致产品制备时能耗的增加。兼顾样品 S_{BET} 值、Ms 值及 IEP 值，考虑以 60 ℃作为开放体系中制备 MSEP 的最优反应温度。

表 4 - 9　不同温度下制备 MSEP 样品的 S_{BET} 及 IEP 比较

反应温度(℃)	比表面积 S_{BET}(m²/g)	IEP	Ms
20	101.57	8.3	2.11
40	105.35	8.0	20.01
60	112.44	7.8	31.82
80	130.12	7.7	36.79

③ 搅拌速度的影响

适当的搅拌有利于反应物之间的充分结合,进而促进沉淀物的生成。但搅拌强度超过一定限制,对于开放体系中磁性介质的生成是不利的。搅拌过程会导致空气中氧向反应溶液体系中转移,搅拌强度越大,氧的转移越强烈。溶液中的氧会加剧已经生成的 Fe_3O_4 颗粒水解成 $Fe(OH)_3$ 沉淀,导致磁性能降低。同时,磁性 Fe_3O_4 颗粒含量的减少,导致材料比表面积降低。搅拌强度的变化对材料 IEP 值影响不大,相关的影响结果见表 4 - 10。高转速必然带来对能源的高消耗。综合样品 S_{BET} 值、IEP 值及 Ms 值,在开放体系中制备 MSEP 的最佳搅拌速度选择 400 r/min。

表 4 - 10　不同搅拌速度下制备 MSEP 样品的 S_{BET} 及 IEP 对比

机械搅拌速度(r/min)	比表面积 S_{BET}(m²/g)	IEP	Ms
200	110.13	7.9	24.37
400	112.44	7.8	31.82
600	104.63	8.2	14.33
800	100.57	8.3	2.22

④ 沉淀剂的影响

由制备原理可知,原位共沉淀反应的发生需要在碱性环境中进行,反应体系酸碱度的变化对磁性颗粒 Fe_3O_4 的大小及粒径分布的均匀性有直接影响,进而影响 Fe_3O_4 颗粒与海泡石颗粒之间的黏合力。浓氨水和高浓度 NaOH(5 mol/L)常被作为沉淀剂使用。但二者在沉淀反应过程中发挥作用的机理略有不同。高浓度 NaOH 倾向于一次性提供碱性反应条件,而浓氨水在反应过程中具有缓冲溶液的特性,可向反应体系中持续不断地提供 OH^-,更利于持续地保持反应过程中的碱性环境。

⑤ Fe^{2+}/Fe^{3+} 摩尔比($n_{Fe^{2+}}/n_{Fe^{3+}}$)的影响

理论上讲,Fe^{2+} 和 Fe^{3+} 应该按照摩尔比 1/2 的化学计量关系见(式 4 - 3)反应生成磁性的 Fe_3O_4 颗粒。但是,开放的反应体系,氧的存在使得部分 Fe^{2+} 按照反应

(式 4-5)发生氧化副反应,导致参与沉淀反应的 Fe^{2+} 摩尔浓度减小,从而生成的 Fe_3O_4 颗粒也相应减少,必然会降低 MSEP 的磁性能。考虑到部分二价铁离子氧化会带来不利影响,因此 $n_{Fe^{2+}}/n_{Fe^{3+}}$ 值略高于理论比值对于 MSEP 的制备是有益的。

$$4Fe(OH)_2 + 2H_2O + O_2 \longrightarrow 4Fe(OH)_3 \qquad (式 4-5)$$

综上,开放体系中,MSEP 最佳的制备条件如下:反应温度 60 ℃,机械搅拌速度 400 r/min,以浓氨水为沉淀剂,磁性 Fe_3O_4 颗粒在海泡石颗粒中的负载比 1/3, Fe^{2+}/Fe^{3+} 摩尔比 3/4。

(2) Chi@MSEP 的制备及影响因素

参照图 4-5 所示制备 Chi@MSEP。

壳聚糖在 Chi@MSEP 中的含量是影响材料吸附效能的主要因素。MSEP 载体引入壳聚糖分子后,会在 MSEP 颗粒表面形成一层具有网状结构的高分子聚合物膜,极大地改善 MSEP 载体的表面亲疏水性状。同时,由于壳聚糖分子中含有大量的质子化的氨基($-NH_3^+$),而质子化氨基的引入也有益于改善材料表面物化性能,提升对污染物质的吸附效率。MSEP 表面具有大量的$-OH$ 基团,当壳聚糖负载量过低时,相对较高的$-OH$ 基团与高分子网状结构中的活性位点发生交联反应,导致聚合物中大量活性位点被消耗掉,网状结构弹性降低,吸附效能随之下降;而壳聚糖含量较高时,由于壳聚糖的 S_{BET} 较小,因而会极大地减少 Chi@MSEP 与污染物质的接触反应面积,同样会导致吸附效能的降低。所以,壳聚糖过高或过低负载均不利于吸附效能的提升。刘海成等以水源水中代表性有机复合污染物铜绿微囊藻、腐植酸(Humic Acid,HA)和阿特拉津(ATZ)为目标物,研究了分散/吸附技术制备 Chi@MSEP 时壳聚糖负载量对吸附效能的影响(见图 4-21),发现随着壳聚糖与 MSEP 质量比的降低,所制备的 Chi@MSEP 对三种代表性污染物的去除率均呈现先升后降的趋势。

(3) MIP@MSEP 的制备及影响因素

基于表面分子印迹技术制备印迹吸附剂是近年来发展较快的一种印迹吸附剂制备方法。表面分子印迹技术中载体的选择非常重要,不仅影响印迹效率,也会对 MIP 的机械稳定性产生影响。由于具有较高的 S_{BET}、独特的形貌结构、优越的表面活性、较强的化学稳定性和廉价的使用成本,黏土材料成为理想的印迹载体。有关黏土矿物材料在表面印迹技术中的使用尚处于起步阶段。本研究以 MSEP 为载体,以除草剂阿特拉津(ATZ)为模板分子,利用表面分子印迹技术开展对 MSEP 的磁/分子印迹聚合物复合改性研究,制备具有高效分离效能的 MIP@MSEP,考察制备条件对材料性能的影响,并对该材料的物化性能进行表征。

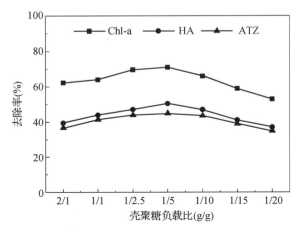

图 4-21　壳聚糖负载量对 Chi@MSEP 吸附去除 Chl-a 性能的影响

MIP@MSEP 的制备过程见图 4-6。

印迹材料的制备受到多种外界因子的影响,比如功能单体的选择将会直接影响材料的机械稳定性及印迹吸附效率。另外,分散剂的种类、溶剂的种类及用量以及引发剂的用量等都是影响最终材料表观物化特性的重要因素。

① 单体的选择及用量优化

ATZ 的分子结构为三嗪环上有一个氯取代基,并有两个氨基相连。因此选用带有羧酸官能基团的 MAA 为功能单体较为合适,其羧酸基团可与氨基以及三嗪环上的氮原子形成稳定性较强的氢键。以二甲亚砜(DMSO)为溶剂,保持 ATZ 的浓度为 10 mmol/L,逐渐增加 MAA 的量,调整 ATZ 与 MAA 的摩尔比例分别为 1/0、1/1、1/2、1/3、1/4、1/5、1/6 和 1/8,对各 ATZ 和 MAA 的混合液进行紫外扫描。扫描结果显示,随着功能单体 MAA 含量的增多,MAA 与 ATZ 混合液的吸光度随之增大,当二者的比例达到 1:5 时,吸光度值达到最大。此后进一步增加 MAA 的含量,吸光度值呈减小的趋势。所以选取 ATZ 与 MAA 的摩尔比1/5作为 MIP@MSEP 制备时的模板分子与功能单体的配比。

② 溶剂的影响

在 MIP 的合成过程中,溶剂的作用十分重要,不但要溶解反应中的各种物质,还在聚合反应中担当致孔剂。在溶剂存在的条件下聚合物可形成多孔结构,提高聚合物对模板分子的释放及结合速度,因此溶剂用量不仅会直接影响聚合物的微观形貌(表面粗糙度,孔穴尺寸),而且会显著影响聚合物对模板分子的印迹效率。以二甲亚砜(DMSO)为溶剂,随着溶剂用量的增加,聚合物由粘连状且形状不规则向着分散状且形状规则的趋势转变(图4-22)。可见,溶剂用量的增加有利于生成分散性较好、表面形状相对规则且粒度相对均匀的聚合物颗粒。

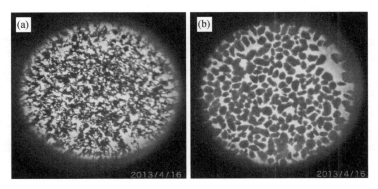

(a) 50 mL,(b) 100 mL

图4-22 溶剂用量对MIP@MSEP形态的影响

③ 分散剂的优化

分散剂用于改变MIP制备过程中溶液的分散程度,进而影响最终产物的颗粒大小和表面形貌。分别选用聚乙二醇-6000(PEG-6000)和聚乙烯吡咯烷酮(PVP)各0.5 g作为聚合反应时的分散剂。光学显微镜下观察发现,两种分散剂均能使印迹聚合物颗粒表现出良好的分散效果。但相比于PEG-6000(图4-23(a)),以PVP(图4-23(b))为分散剂所制备的MIP@MSEP具有更为规则的形状且表面更光滑。

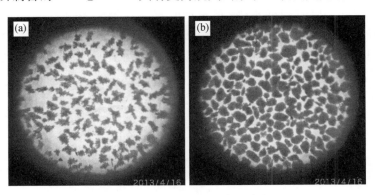

(a) 聚乙二醇-6000,(b) 聚乙烯吡咯烷酮

图4-23 分散剂对聚合物形态的影响

④ 搅拌强度的影响

搅拌强度对于生成粒径小、颗粒均匀的MIP有着重要影响。图4-24描述了不同搅拌速度(250、350、450及600 r/min)对聚合反应及产物的影响。搅拌速度

过低(250 r/min)或过高(600 r/min)时,均不能生成明显的聚合物。当搅拌速度处于 350 r/min 至 450 r/min 范围时,可生成明显的聚合物,并且搅拌速度越大,生成的印迹聚合物颗粒越均匀。

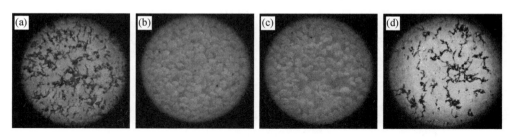

(a) 250 r/min,(b) 350 r/min,(c) 450 r/min,(d) 600 r/min

图 4 - 24　搅拌强度对聚合物形态的影响

⑤ 引发剂 AIBN 用量的影响

固定反应温度 70 ℃,载体 MSEP 用量 1.0 g,模板分子 ATZ 用量 1 mmol,MAA 用量 5 mmol,交联剂 EGDMA 20 mmol。分别考察不同 AIBN 用量(0.05、0.1、0.3 和 0.6 g)对聚合反应的影响。AIBN 用量为 0.05 g 时,在设定的整个反应时段内观察不到有明显的聚合物生成,将反应物用磁铁分离后经过乙醇和去离子水的清洗,用光学显微镜观察沉积物,也不能发现明显的聚合物(图 4 - 25(a));当 AIBN 用量为 0.1 g 时,聚合反应开始后 60 min 观察到有少量颗粒状微细聚合物生成,随着反应时间的延续,聚合物的量也越来越多且颗粒大小比较均匀(图 4 - 25(b));AIBN 用量增加到 0.3 g 时,聚合反应开始 40 min 观察到有明显的聚合物生成。反应进行到 60 min 时,大量的聚合物出现,烧瓶内壁处的聚合物搅

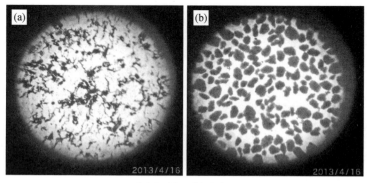

(a) 0.05 g,(b) 0.1 g

图 4 - 25　引发剂用量对聚合物形态的影响

动不佳。90 min 时除了反应器中间部位能够被搅拌桨片搅动外,其余位置搅动困难。设定反应时间到达后,得到大量块状聚合物,聚合反应基本失败;继续增加 AIBN 用量到 0.6 g,聚合反应开始后 10 min 即生成大量块状聚合物,20 min 后反应烧瓶内呈整体凝胶状,聚合反应失败。因此确定引发剂 AIBN 用量为 0.1 g。

综上所述,以 MSEP 为载体制备 MIP@MSEP 的最佳条件为:选取 MAA 为功能单体,且模板分子 ATZ 与 MAA 的摩尔比 1/5;以 100 mL DMSO 为溶剂和致孔剂;以 0.1 g AIBN 为聚合反应的引发剂;搅拌速度维持在 450 r/min;PVP 为聚合反应时的分散剂。

(4) MSEP 及其改性材料表征

① XRD 分析

由 XRD 谱图(图 4 - 26),2θ 角等于 7.30°、11.84°、19.71°、20.59°、23.80°、26.40°、33.13°、36.03° 和 60.90° 等处所出现的衍射峰应归属于海泡石(JCPDS card no. 13-0595),而在 2θ 角为 23.15°、29.45°、39.40°、43.20°、47.55°、48.53°、57.44°、60.50°、64.80° 和 73.00° 处所出现的衍射峰与方解石(JCPDS card no. 05-0586)一致。可以断定,天然海泡石样品(NSEP)由海泡石和主要成分为碳酸钙的方解石组成。NSEP 负载 Fe_3O_4 颗粒后成为 MSEP,海泡石的特征峰强度有所降低,方解石的特征峰基本消失,同时出现了 Fe_3O_4(JCPDS card no. 65-3107)的特征衍射峰,即 2θ 角在 30.39°、35.56°、43.29°、53.57°、57.37° 和 63.04° 处的衍射峰;Chi@MSEP 的 XRD 谱图包含了 MSEP 的一些特征衍射峰,衍射峰的强度并没有因为壳聚糖的负载而减弱。这说明壳聚糖与 MSEP 之间的作用没有引起载体 MSEP 结构的破坏;MIP@MSEP 的 XRD 图谱中可以看到 Fe_3O_4 的 6 个主要衍射峰,表明印迹改性没有对载体 MSEP 的晶体结构产生显著影响。

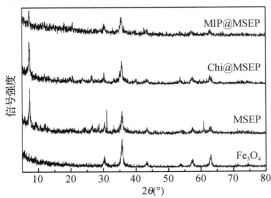

图 4 - 26　样品的 XRD 谱图

② SEM 分析

由 SEM 图片可见(图 4-27),附磁前后,样品的表面性状发生了极大改变,海泡石纤维由聚集态变为松散,且由于 Fe_3O_4 颗粒在海泡石纤维表面的负载提升了纤维的粗糙度;MSEP 经壳聚糖改性后,基本观察不到以分散状态存在的海泡石纤维,纤维多以大的聚集体的形式黏合在一起。另外可以发现,原有的负载在海泡石纤维表面的 Fe_3O_4 颗粒,由于其表面包覆了一层壳聚糖膜而粒径变大;印迹反应后,Fe_3O_4 颗粒或 Fe_3O_4 颗粒聚集体表面形貌发生了明显的变化,单个的 Fe_3O_4 颗粒观察不到,在海泡石纤维表面可以看到有较大的表面光滑的聚集体黏附。这是由于在 Fe_3O_4 颗粒或 Fe_3O_4 颗粒聚集体表面覆盖了一层聚合物所致。

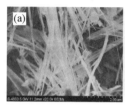

(a) NSEP,(b) MSEP,(c) Chi@MSEP,(d) MIP@MSEP

图 4-27　海泡石改性前后的 SEM 照片

③ 比表面积及孔径分析

借助氮气吸附/解吸附平衡曲线及 BJH 孔径分布曲线分析各样品的比表面积大小及孔结构(图 4-28)。可以看出,NSEP、MSEP 以及两种 MSEP 的改性材料均呈现出典型的 Ⅳ 型 N_2 吸附等温线,因此,结构中均有介孔存在。此外,滞后回线位移靠近相对压力等于 1,表明了在材料中含有大孔;MSEP 经壳聚糖或印迹表面有机改性后,小孔的占比减小,而大孔的占比略微增加,引起改性后材料的平均孔径有所增加,比表面积相应减少。

由 NSEP 附磁及有机改性前后 S_{BET}、孔径和孔容的对比可知(表 4-11),NSEP 附磁并进一步改性后,样品的孔径、孔容和 S_{BET} 均发生了明显变化。单纯的附磁,提升比表面积,而进一步的有机改性,导致比表面积有所降低。

④ 磁性能分析

由各样品的磁滞回线计算可得(图 4-29),所制备的 MSEP 及其改性材料 Chi@MSEP、MIP@MSEP 的 Ms 值分别为 31.82 emu/g、26.93 emu/g、18.43 emu/g。壳聚糖或聚合物在 MSEP 表面的负载减弱了材料的磁性能。但有机改性后的材料仍具有较高的 Ms 值,并不影响 Chi@MSEP 或 MIP@MSEP 在外加磁场中实现固液迅速分离。

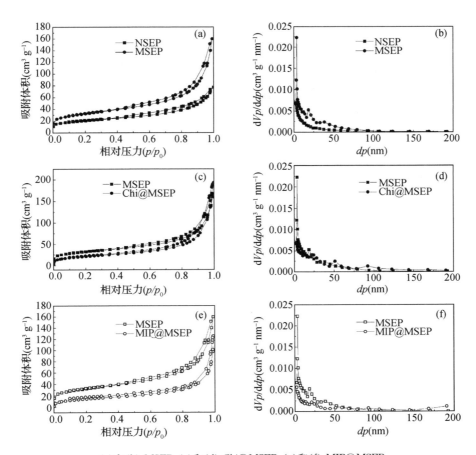

(a)和(b) MSEP,(c)和(d) Chi@MSEP,(e)和(f) MIP@MSEP

图 4 - 28　海泡石改性前后的 N₂ 吸附/解吸附平衡曲线及 BJH 孔径分布曲线

表 4 - 11　海泡石改性前后的比表面积、孔径和孔容对比

样品	比表面积 S_{BET}（m^2/g）	平均孔径（nm）	总孔容（cm^3/g）
NSEP	70.92	6.44	0.114 3
MSEP	112.44	8.67	0.243 7
Chi@MSEP	75.109	14.26	0.267 8
MIP@MSEP	52.313	13.696	0.179 1

⑤ TG 分析

分析材料的热重曲线（图 4 - 30），加热 NSEP 样品时，随温度的升高，样品有四个明显的失重变化阶段：室温－120 ℃，此阶段对应于样品中吸附水的脱出，失重

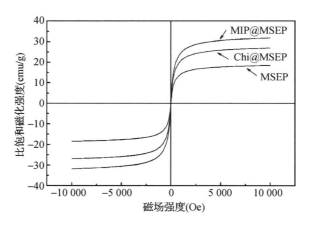

图 4 - 29　海泡石改性前后的磁滞回线

率约为 4%;200～600 ℃,此阶段失去结晶水,失重率约为 4.5%;600～700 ℃,此为结构水脱除阶段,失重率约为 1.3%;700 ℃以上,海泡石原有结构遭到较大的破坏而发生了相变,失重率急剧增加。

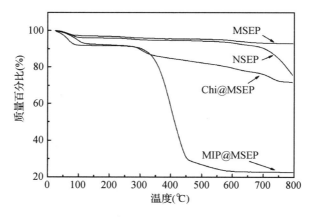

图 4 - 30　海泡石改性前后的热重曲线

相比之下,经 Fe_3O_4 纳米颗粒负载后生成的 MSEP,其热稳定性远高于 NSEP。当温度加热到 700 ℃时,失重率仅为 6%。可见温度的升高并未带来失重明显的变化。原因可能在于,Fe_3O_4 颗粒具有较强的热稳定性,其在海泡石颗粒上的负载提升了 MSEP 的热稳定性。

对于 Chi@MSEP 来说,两个失重阶段对应的温度范围分别为室温至 200 ℃ 和200 ℃ 至 780 ℃。第一阶段的失重同样可归因于样品颗粒中水分子蒸发,失重率约为 7.88%,第二阶段的失重则是由于材料中有机物的热分解,失重率约为20.25%;相对于 Chi@MSEP,MSEP 在高温下比较稳定,自室温到 800 ℃仅有7.19％的失重率。通过计算可得,所制备的 Chi@MSEP 中壳聚糖的含量约为 20.25％。

对于 MIP@MSEP,当温度从室温升至 100 ℃时,材料有 8.20％的质量损失,该损失应归因于吸附水随温度的升高而从材料中脱除。而后温度从 100 ℃升至 250 ℃时,质量没有明显的变化。当温度继续升高至 600 ℃,出现更为明显的质量损失(损失率约为 69.08％),该损失可解释为材料表面印迹聚合物的热分解。根据热重分析结果,可确定印迹聚合物成功负载到载体 MSEP 表面,其负载量约为 69.08％。

⑥ FTIR 分析

由傅里叶红外谱图(图 4－31)可知,在波数 586 cm^{-1}出现的吸收峰是 Fe_3O_4 的特征吸收峰,是由 Fe—O 的伸缩振动引起的。这个谱带在 MSEP 谱图中的出现表明磁性 Fe_3O_4 颗粒成功负载到 NSEP 的表面,而海泡石的结构并未发生改变。

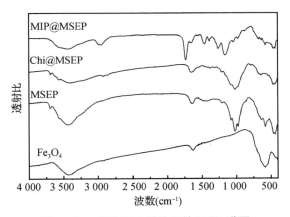

图 4－31 海泡石改性前后的 FTIR 谱图

Chi@MSEP 的谱图同时具有壳聚糖和 MSEP 的红外吸收特征,并且 N—H 键的特征吸收峰的位置由壳聚糖谱图中的 1 594 cm^{-1}移至 Chi@MSEP 谱图的 1 550 cm^{-1}。这主要是由于负载到 MSEP 表面的壳聚糖分子中的氨基发生了质子化($—NH_2+H^+\longrightarrow—NH_3^+$)。此外,在 Chi@MSEP 的谱图中 Fe_3O_4 的特征吸收峰(586 cm^{-1})明显减弱,同时出现了 Si—C 键的伸缩振动峰(753 cm^{-1}),进一步证明了壳聚糖在 MSEP 表面的成功负载。

另外,在 MIP@MSEP 的谱图中出现了一些有别于 MSEP 谱图的特征吸收峰。在波数 2 986 cm^{-1}和 2 955 cm^{-1}的吸收为 C—H 的伸缩振动,表明在 MIP@MSEP 中存在甲基($—CH_3$)和亚甲基($—CH_2$);在波数 1 725、1 260 和 1 160 cm^{-1}附近出现强烈的吸收谱带属于甲基丙烯酸(MAA)分子中羧基的 C—O 伸缩振动、交联剂二甲基丙烯酸乙二醇酯(EGDMA)分子中酯基的 C—O 对称伸缩振动和不对称伸缩振动。

此外,1 561 cm^{-1}处出现的吸收带也与 MAA 分子中的羧基有关。以上分析表明,在 MSEP 表面成功负载了印迹聚合物,而作为载体的 MSEP 的结构并未发生改变。

⑦ Zeta 电位分析

图 4-32 给出了 NSEP 和 MSEP 颗粒在不同 pH 下的电位值(zeta position, ZP)变化。对于 NSEP 来说,当溶液的 pH 值≤6.9 时,ZP 值均为正值;而当 pH>6.9 时则均为负值。因此可以得出 NSEP 的 IEP 值为 6.9。分析认为,溶液中 H$^+$ 和 OH$^-$ 浓度的变化会引起海泡石表面具备吸附作用的官能团(≡S—OH,其中 ≡S 代表海泡石纤维表面,—OH 代表含氧官能团)发生质子化或去质子化作用。在酸性环境中,海泡石表面官能团发生质子化作用(≡S—OH→≡S—OH$_2$$^+$)而使 其表面呈现正电位值;而在碱性环境中发生去质子化作用(≡S—OH →≡S—O$^-$) 而使其表面电位值为负。从图 4-32 还可以发现,MSEP 的 ZP 值变化趋势与 NSEP 相似。同时发现,在研究的整个 pH 值范围内(2~12),MSEP 均具有比 NSEP 高的 ZP 值,其 IEP 值为 7.7。IEP 值的增加可能缘于 MSEP 对铁离子的特 异性吸附。Fe$_3$O$_4$ 颗粒的负载有利于改善海泡石表面的电动性能,所引起的 ZP 的 增加不仅可以降低吸附剂颗粒间的静电排斥作用,促进吸附剂的固液分离,同时也 可降低吸附剂颗粒与负电性物质之间的排斥作用,强化对负电性物质的吸附去除。

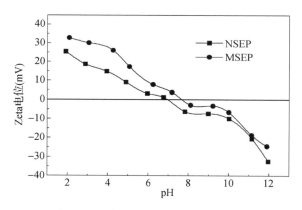

图 4-32 海泡石改性前后的表面电位

在最优组合条件下制备的 MSEP 磁性能参数如下:比饱和磁化强度 31.82 emu/g,剩余磁化强度 1.12 emu/g,矫顽力 11.77 Oe。制备所得 MSEP 比 表面积高达 112.44 m^2/g,属于一种介孔磁性吸附剂;对 MSEP 进一步采用壳聚糖 负载改性,由于材料结构中含有大量的可质子化氨基,极大改善了材料的表面理化 特性,对于水中负电性的污染物质具有良好的吸附性能;采用表面分子印迹技术对 MSEP 进一步有机改性制得的 MIP@MSEP,表面聚合物层具有大量的可识别与

模板分子具有类似结构的印迹位点,是一种针对水中微量有机物的吸附及分离性能良好的印迹吸附剂。对 MSEP 进一步有机改性后虽然磁性能有所降低,但并不影响其在外加磁场作用下实现迅速固液分离的目的。

综上所述,磁性介质材料的磁学性能、表面荷电性、离子交换容量或吸附容量、稳定性等物化特性,均会影响其技术在水处理中应用的实效。新研发的磁性介质水处理材料,原料易于获得,制备条件简单,材料性能突出,在水处理领域具有潜在的应用前景。

① 基于合成树脂材料研发的磁性阴离子交换树脂(m-MAER),粒径均一、磁分离特性及沉降性能好,在保持较高的强碱性交换容量的基础上,比表面积和平均孔径等指标均优于普通磁性离子交换树脂(MIEX®),是一种功能性离子交换剂。

② 基于天然生物材料壳聚糖研发的磁性壳聚糖纳米颗粒(MCNP)是一种水处理吸附剂。它为核壳式结构,具有粒径均一、比表面积大、比饱和磁化强度高等特点,在外加磁场中磁分离速度快,撤磁场后在水中仍具有较好的分散效果。

③ 基于天然黏土研发的磁性海泡石(MSEP)及其改性吸附材料 Chi@MSEP 和 MIP@MSEP,具有比表面积较大、分散性较好的特性,良好的磁学性能决定了其高效的固液分离效率。

4.4　磁性离子交换树脂(m-MAER)预处理技术

基于离子交换树脂的离子交换技术是常用的净水技术之一。在水处理中,离子交换过程受到诸多因素的影响,离子交换反应程度直接影响离子交换树脂交换能力的发挥。不同种类的离子交换树脂具有不同的理化特性,其离子交换反应过程及影响因素各有差异。前述研究表明,磁性阴离子交换树脂(m-MAER)在保持较高的强碱性交换容量的基础上,比表面积和平均孔径等指标均优于磁性离子交换树脂(MIEX®),是一种功能性离子交换剂。本节重点以水中的天然有机物腐殖酸(HA)、单宁酸(TA)为处理对象,研究 m-MAER 对有机物净化的作用机理及其影响因素,以及水中有机污染物对离子交换作用的影响机制。

4.4.1　m-MAER 预处理机理

预处理试验装置如图 4-33 所示。装置整体呈直径 10 cm、高 130 cm 的圆柱体,材质为透明有机玻璃,内设搅拌桨。试验装置上部为树脂沉降区,中间为反应区,底部设 10 cm 高的树脂回收斗。装置自底部进水,上部出水,下部侧面设有树脂进、出口。

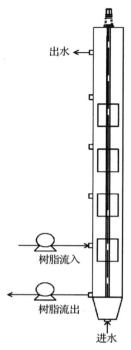

图 4-33 m-MAER 预处理装置示意

m-MAER 是以聚丙烯为母体的季胺型阴离子交换树脂,分子结构中的氯离子(Cl⁻)作为可交换离子与水中带负电的物质发生离子交换作用。m-MAER 在水中与小分子量 DOC 的亲合力大于与 Cl⁻ 的亲合力,故能发生 DOC 与 Cl⁻ 的交换反应,从而降低水中 DOC 的含量。m-MAER 去除有机物的表达式如下:

$$\text{R—NH}_3{}^+\text{Cl}^- + \text{DOC}^- \Leftrightarrow \text{R—NH}_3{}^+\text{DOC}^- + \text{Cl}^- \qquad (\text{式} 4-6)$$

m-MAER 常温下用浓度为 26% 左右的食盐水再生,再生表达式如下:

$$\text{R—NH}_3{}^+\text{DOC}^- + \text{NaCl} \Leftrightarrow \text{R—NH}_3{}^+\text{Cl}^- + \text{DOC}^- \qquad (\text{式} 4-7)$$

离子交换过程受到离子浓度、树脂对离子的亲合力以及离子扩散过程的影响。其中离子扩散过程大致可分为以下四个阶段:① 待交换的离子通过溶液介质向离子交换树脂表面迁移并通过树脂表面的边界水膜;② 待交换的离子在树脂孔道里移动,直到到达某个有效交换位置上;③ 待交换的离子与树脂上可交换的基团进行交换反应;④ 被交换的离子从树脂内向水膜扩散的过程。前三个阶段反映待交换离子自溶液到树脂结构中的全过程,也即离子交换反应发生的全过程。离子交换反应是一种快速的化学反应,离子交换过程中扩散速率的决定性因素为膜扩散和孔道内扩散速率。

以 m-MAER 与水样中的 HA、TA 之间发生的离子交换为例,探讨不同分子量有机物离子交换过程的速率控制性步骤,并以 MIEX® 作为对比研究。

粒内扩散模型常用来解释扩散过程中的速率控制性步骤(式 4-8):

$$Q_t = K_p t^{0.5} + C \qquad (式 4-8)$$

式 4-8 中,K_p 为孔道扩散模型参数(mg/g·min$^{0.5}$),C 为截距,代表颗粒表面液膜的厚度。如果颗粒内扩散存在,方程呈线性;如果截距 C 为 0,则代表离子扩散过程的速率主要由颗粒内扩散速率决定;如果截距 C 不为 0,离子扩散过程的速率则由液膜扩散和颗粒内扩散速率共同决定。研究还发现颗粒内扩散方程的拟合结果可能出现多线性拟合,不同线性阶段表明了在扩散过程中存在其他因素影响离子扩散速率。

对不同初始浓度水样的动力学试验数据进行拟合(数据见表 4-12)。两种树脂对不同浓度的 HA,离子交换过程模拟的第一阶段均过原点,表明在第一阶段只有颗粒内扩散速率对交换速率产生影响。随着 HA 浓度的增加,颗粒内扩散速率 K_p 值逐渐增加。分析认为,浓度推动力是 HA 分子在两种树脂颗粒内扩散速率逐渐增加的原因。

表 4-12　不同初始浓度 HA 溶液离子交换过程粒内扩散模型模拟结果

阶段	HA 浓度 (mg/L)	m-MAER			MIEX®		
		C	K_p	R^2	C	K_p	R^2
第一阶段	5	0	0.30	0.99	0	0.30	0.99
	15	0	0.78	0.99	0	0.66	0.99
	30	0	1.03	0.99	0	0.96	0.98
	45	0	1.14	0.98	0	1.11	0.97
第二阶段	5	1.07	0.10	0.85	1.49	0.032	0.91
	15	3.86	0.13	0.94	2.86	0.097	0.94
	30	5.43	0.13	0.99	4.05	0.120	0.96
	45	5.18	0.14	0.93	5.05	0.065	0.95
第三阶段	5	1.71	0.01	0.53	1.16	0.013	0.53
	15	4.66	0.03	0.53	3.43	0.027	0.99
	30	5.83	0.01	0.53	4.92	0.014	0.53
	45	5.83	0.05	0.53	5.37	0.027	0.99

第二阶段的模拟结果截距均不为 0,说明在这一阶段中边界扩散速率和颗粒

内扩散速率同时决定 HA 分子的扩散速率。且随着 HA 浓度的增加,两种树脂的截距 C 值呈现逐渐升高的趋势,说明树脂表面的扩散速率随着浓度的增加而升高。

与水中 HA 的离子交换过程类似,TA 离子交换过程(表 4-13)的第一阶段 TA 分子扩散速率只受粒内扩散速率影响,且随着 TA 浓度的增加,粒内扩散速率 K_p 值逐渐增加,同样 TA 分子在 m-MAER 颗粒内的扩散速率要高于 MIEX®。由两种树脂对 5 mg/L TA 去除的第二阶段的模拟结果可知,此时影响 TA 分子扩散速率仍是颗粒内扩散速率。TA 浓度较低,浓度差所带来的膜扩散驱动力较弱。当 TA 浓度逐渐增加后,TA 分子扩散速率由颗粒内扩散速率和膜扩散速率控制,且膜扩散速率也逐渐增加。m-MAER 的膜扩散速率高于 MIEX®。

表 4-13 不同初始浓度 TA 溶液离子交换过程粒内扩散模型模拟结果

TA	TA 浓度 (mg/L)	m-MAER			MIEX®		
		C	K_p	R^2	C	K_p	R^2
第一阶段	5	0	0.34	0.99	0	0.24	0.99
	15	0	0.92	0.99	0	0.8	0.99
	30	0	1.64	0.99	0	1.61	0.99
	45	0	1.92	0.99	0	1.8	0.99
第二阶段	5	0	0.27	0.99	0	0.22	0.99
	15	3.94	0.21	0.85	3.81	0.11	0.98
	30	7.69	0.21	0.85	7.08	0.23	0.97
	45	7.75	0.8	0.99	7.19	0.43	0.87
第三阶段	5	1.92	0.01	0.94	1.63	0.003	0.53
	15	5.5	0.01	0.94	4.56	0.011	0.53
	30	9.25	0.01	0.94	8.78	0.011	0.53
	45	12.17	0.01	0.94	10.33	0.019	0.53

对比 MIEX®,对 HA、TA 离子交换过程的第一阶段模拟结果,TA 分子在 MIEX® 颗粒内的 K_p 值要明显高于 HA 分子的 K_p 值。这主要由于 TA 分子尺寸为 3 nm 左右,即使在 5 nm 的 MIEX® 孔径内,也可以发生扩散。HA 分子尺寸明显较大,HA 分子会在 MIEX® 孔道内形成孔道堵塞,从而造成了第二阶段模拟结果中 HA 分子的 K_p 值要远小于 TA 的 K_p 值。由两种树脂对比可见,m-MAER 的 K_p 值变化趋势与 MIEX® 相似。m-MAER 对 HA 去除的第二阶段的 K_p 值明显高于 MIEX®,这正是由于 m-MAER 的平均孔径(18.5 nm)高于 MIEX® 的平均孔径

(5 nm),HA 分子在 m-MAER 孔道内造成的孔道堵塞较弱。

进一步考察水样不同初始 pH 值对扩散速率控制性步骤的可能影响(表4-14)。拟合结果表明,不同 pH 值时 HA 的离子交换过程并非线性关系。两种树脂离子交换过程的第一阶段均过原点,这表明在这一过程中只有粒子内扩散速率对 HA 分子扩散速率产生影响。随着 pH 值升高,HA 分子尺寸增大,导致孔道堵塞或体积位阻效应的产生,扩散速率 K_p 呈逐渐降低的趋势。第二阶段,HA 分子扩散速率同时由颗粒内扩散速率和膜扩散速率控制。随着 pH 值升高,HA 分子尺寸增加导致体积位阻和孔道堵塞(图4-34),膜扩散速率和颗粒内扩散速率均逐渐降低。

表4-14 不同 pH 值两种树脂对 HA 的离子交换过程模拟结果

阶段	pH	m-MAER			MIEX®		
		C	K_p	R^2	C	K_p	R^2
第一阶段	5	0	1.61	0.99	0	1.07	0.98
	7	0	1.44	0.99	0	0.96	0.98
	9	0	0.85	0.99	0	0.92	0.99
第二阶段	5	7.27	0.24	0.81	4.9	0.09	0.97
	7	6.92	0.16	0.82	4.05	0.12	0.96
	9	4.64	0.07	0.98	4.24	0.065	0.95
第三阶段	5	8.91	0.014	0.53	5.36	0.027	0.99
	7	8.19	0.013	0.53	4.92	0.014	0.53
	9	5.24	0.010	0.53	4.43	0.04	0.94

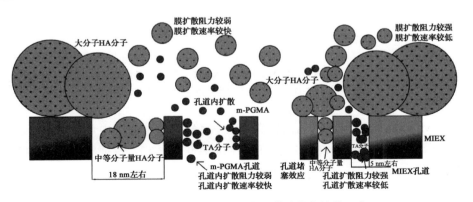

图4-34 HA 及 TA 在两树脂孔道结构中扩散示意

采用 XPS 同时检测 m-MAER 和 MIEX® 交换 HA、TA 前后的元素组成和价态,代表 C═O 键的峰面积比有小幅度的提高,说明 HA 和 TA 分子内的羧基已成功交换在 MIEX® 树脂表面。O1s 中代表化学吸附 O、C—O 和 C═O 三个峰(图 4-35(b))的峰面积比值在 MIEX®—HA 和 MIEX®—TA 样品中明显升高,说明 HA、TA 结构中的羟基和羧基确实被引入到 MIEX® 表面。MIEX®—HA 和 MIEX®—TA 样品中代表 Cl⁻ 的峰面积比同时出现了明显的下降,可以说明 MIEX® 表面 Cl⁻ 与 HA、TA 分子内羧基进行离子交换作用。

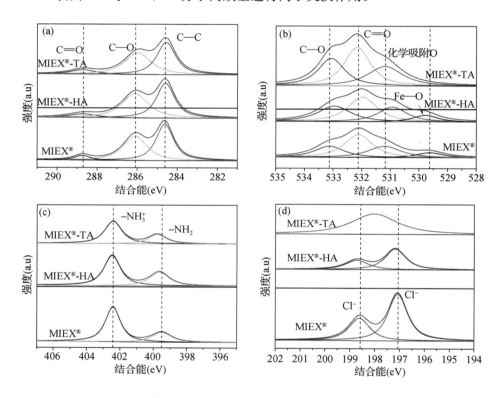

图 4-35 MIEX®、MIEX®-HA 和 MIEX®-TA 三种样品的 XPS 高分辨光电子能谱:C 1s (a), O 1s (b), N 1s (c) 和 Cl 2p (d)

与 MIEX® 相似,在 m-MAER-HA 和 m-MAER-TA 样品中可以发现,C═O、C—O 特征峰面积比例升高、Cl⁻ 特征峰比例降低和—NH₂ 特征峰峰位置偏移,表明 HA 和 TA 结构中的羟基及羧基与 m-MAER 表面官能团发生了离子交换和氢键作用(图 4-36)。

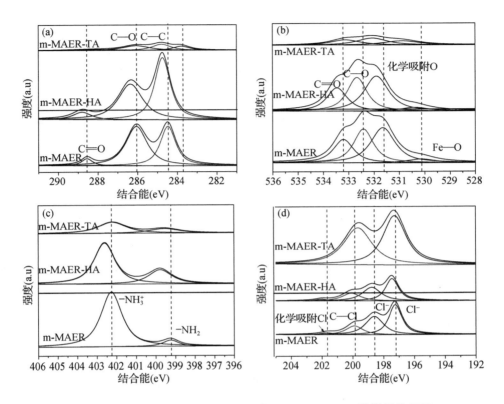

图 4‑36　m‑MAER、m‑MAER‑HA 和 m‑MAER‑TA 三种样品的 XPS 高分辨光电子能谱：(a) C 1s，(b) O 1s，(c) N 1s 和 (d) Cl 2p

4.4.2　预处理影响因素分析

以 m‑MAER 与水样中的 HA 或 TA 之间发生的离子交换为例，分析离子交换预处理的影响因素，并与 MIEX® 作对比。

4.4.2.1　树脂投加量和平衡时间

将树脂与待处理水样混合后，在交换初始阶段，两种树脂对 HA、TA 的工作交换容量均快速上升（图 4‑37）。在 90 min 时，对 HA 溶液（图 4‑37(a)～(b)），三种投加量的 m‑MAER 和 MIEX® 的去除效果达到稳定。这主要由于在反应初期，树脂表面有大量的离子交换基团，随着时间的推移，两种树脂的交换基团由于分子之间的体积排斥作用，交换基团难以再容纳其他的分子而达到平衡状态。m‑MAER 和 MIEX® 对 TA 的去除过程与 HA 相似（图 4‑37(c)～(d)），但交换平衡发生在 60 min 处。分析认为，TA 结构中含有较多的酚羟基，且分子尺寸较小，所以在树脂孔道内具有较快的扩散速率和较多的交换位点。此外，两种树脂对HA、TA 的工作交换容量均随投加量的增加而降低，这是树脂表面可交换机基团与水中 HA、TA 的浓度梯度降低所造成的。

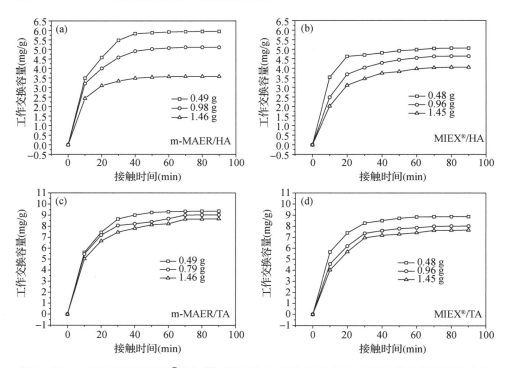

图 4‑37　m‑MAER 和 MIEX® 投加量对 HA((a),(b))或 TA((c),(d))工作交换容量的变化

4.4.2.2　初始浓度

图 4‑38 为 HA、TA 的初始浓度对两种树脂工作交换容量的影响。初始浓度增加，两种树脂对 HA、TA 的工作交换容量随之增加。这主要由于界面浓度梯度增加，导致传质推动力提高，更多的 HA、TA 分子和树脂交换位点进行交换，从而提高工作交换容量。

对比 HA、TA 的工作交换容量可以发现，由于 TA 分子尺寸较小，在树脂表面的空间位阻效应较弱，可以在树脂孔道内自由扩散，与更多的接触位点发生离子交换反应，所以两种树脂对 TA 的工作交换容量均高于 HA。

4.4.2.3　pH 值的影响

图 4‑39 反映了 m‑MAER 和 MIEX® 对 HA 的工作交换容量受水样初始 pH 值的影响情况。研究发现，随着 pH 值的升高，两种树脂对 HA 的工作交换容量都呈现明显下降的趋势。HA 是一种由弱酸基团组成的复杂有机物，其分子结构中的羧基

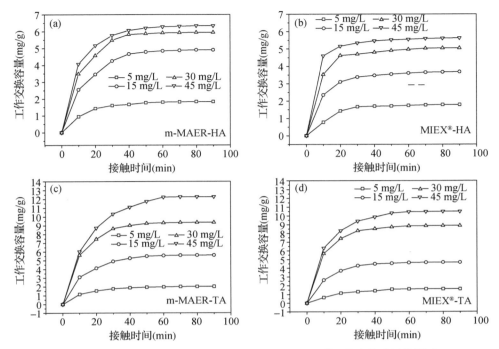

图 4-38　HA 和 TA 初始浓度对 m-MAER 和 MIEX® 工作交换容量的影响

和酚羟基(pKa 值分别为 3.0 和 9.0)在 pH 值大于 3 的环境下发生电离,HA 分子呈负电性。当水样 pH 值升高时,由于静电排斥作用,HA 分子结构由球状向线性结构转变。在碱性条件下,HA 分子线性结构明显,导致其与树脂接触面降低;在酸性条件下,HA 分子聚集呈球状结构,有利于增加可交换位点。对比两种树脂,当 pH 值为9 时,m-MAER 和 MIEX® 对 HA 的工作交换容量分别下降 34.7% 和 25.13%,前者受 pH 值影响较大。这是因为 HA 分子尺寸的变化,直接影响进入树脂孔道内部发生离子交换的 HA 分子数量,进而影响工作交换容量。pH 值为中性以上时,HA 分子尺寸高于 MIEX® 的平均孔径(5.87 nm),所以 pH 值的升高对能够进入 MIEX® 孔道内部的 HA 基本没有影响;在同样条件下,由于 m-MAER 的平均孔径较大(18.5 nm),导致过程中 HA 分子尺寸由小变大而部分 HA 无法进入 m-MAER 孔道内部。树脂孔道平均孔径越小,HA 分子尺寸变化对可进入树脂孔道内部的 HA 数量影响越小,树脂工作交换容量变化也越小。

图 4-40 为不同 pH 值时 MIEX® 对 TA 的工作交换容量。水样 pH 值的变化对于 MIEX® 与 TA 之间的离子交换作用影响较小,主要原因在于 TA 的分子尺寸较小,且受 pH 值变化的影响小,分子尺寸的变化对 TA 分子在树脂孔道内扩散基本没

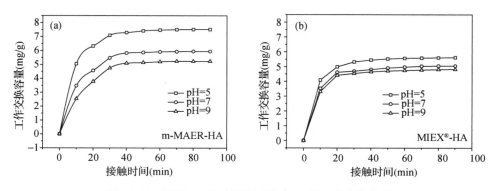

图 4-39　不同 pH 值时两种树脂对 HA 的工作交换容量

有影响。但有研究表明，在碱性条件下，水中过多的 OH⁻ 附着在树脂表面，与 TA 分子间的静电排斥作用对树脂与 TA 的交换作用有影响。m-MAER 孔径远大于 MIEX®，故 m-MAER 对 TA 的工作交换容量受水样 pH 值变化的影响更小。

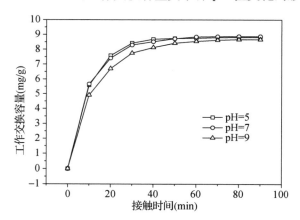

图 4-40　不同 pH 时 MIEX® 对 TA 的工作交换容量

4.4.2.4　有机物的亲疏水性影响

m-MAER 对水中有机物的去除效果与其亲水性(HPI)、过度亲水(TPI)或疏水性(HPO)有关，对 HPO 的去除率(69.29%)优于对 HPI 的去除(图 4-41)。这与 MIEX® 具有相似的结论。这是因为原水中 HPO 大多为腐植酸类物质，在天然水体中呈现负电性，有利于通过离子交换作用去除。对 HPI 和 TPI 的去除，m-MAER 优于 MIEX®。原因在于 MIEX® 孔径远小于 m-MAER，部分不带负电的胞外有机物(EOM)由于孔道堵塞及其在 MIEX® 表面的空间排斥作用，导致其去除效果较弱，但这部分有机物可进入 m-MAER 孔道内得以去除。

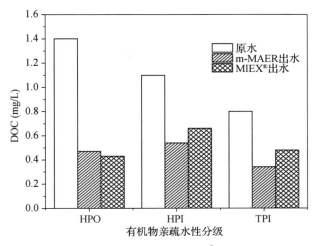

图 4‑41 太湖原水、m-MAER 和 MIEX® 出水亲疏水性分级

4.4.2.5 有机物分子量分布的影响

对不同分子量分布的有机物,m-MAER 的去除效率由高至低依次为(图 4‑42):小分子量有机物组分(相对分子质量<3 kDa)、中分子量有机物(3 kDa～10 kDa)和大分子量有机物(>30 kDa)。一般来说,有机物分子量与分子尺寸具有正相关。原水中腐植酸类物质分子大小在 1.4 nm～4.0 nm 左右,蛋白质类有机物具有更大的分子尺寸。由于孔道阻碍作用,大分子量有机物难以在 m-MAER 孔道内发生离子交换反应而被去除。MIEX® 具有与 m-MAER 相同的有机物去除规律,但由于 MIEX® 的平均孔径小于 m-MAER,其对中、大分子量有机物的去除效率明显低于 m-MAER。

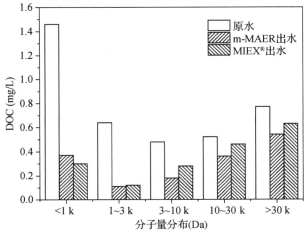

图 4‑42 太湖原水、m-MAER 和 MIEX® 出水中 NOM 分子量分布

4.5　磁性壳聚糖(MCNP)预处理技术

由4.3.2节可知,MCNP对水中的 HA 和 FA 均有较好的吸附作用,而 HA 和 FA 均为地表水中 NOM 的主要构成部分。可见,MCNP 可以作为吸附材料用于去除地表水体中的 NOM。水源水中 NOM 构成及含量的差异会影响净水工艺的处理效果。鉴于 MCNP 具有优良的吸附性能,研究 MCNP 预处理对 NOM 的去除效果,对强化常规工艺具有积极作用。

4.5.1　原水水质特性

天然地表水体水质特性受气象条件的影响较大,季节性变化突出。以河网地区的太湖 JSG 水源地为例,不同季节水源水质特性差异性明显(表4-15)。

表 4-15　太湖 JSG 水源地各季节原水水质情况

水质参数	春季(3月)	夏季(7月)	秋季(10月)	冬季(12月)
pH 值	7.8	8.9	7.9	7.7
水温(℃)	10.0	31.0	22.0	6.0
浊度(NTU)	20.0	4.2	15.7	30.3
UV_{254}(cm^{-1})	0.080	0.069	0.076	0.073
DOC(mg/L)	3.34	4.52	4.83	3.67
SUVA(L/(m・mg))	2.356	1.527	1.573	1.989
耗氧量(mg/L)	3.20	3.63	3.48	3.28
溶解氧(mg/L)	8.57	6.94	7.69	11.71
离子强度(M)	0.042	0.034	0.032	0.039
藻细胞数(10^4 个/L)	110	240	150	60

利用三维荧光分析水中 NOM 的组分特性(图4-43)和相对含量(表4-16)。水中 NOM 组分主要包括芳香蛋白酪氨酸类物质(区域Ⅰ)、芳香蛋白色氨酸类物质(区域Ⅱ)、FA 类物质(区域Ⅲ)、溶解性微生物代谢产物(区域Ⅳ)和 HA 类物质(区域Ⅴ)。以各荧光区域积分标准体积($\Phi_{i,n}$)占总荧光区域积分标准体积($\Phi_{T,n}$)的百分比代表 NOM 各组分的相对含量。

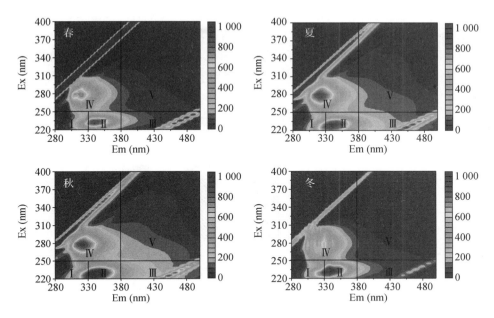

图 4-43　各季节 JSG 水源三维荧光图谱

表 4-16　各季节 JSG 水源水三维荧光区域积分标准体积及所占比例

荧光区域	春季 $\Phi_{i,n}$ (×10⁵)	比例 (%)	夏季 $\Phi_{i,n}$ (×10⁵)	比例 (%)	秋季 $\Phi_{i,n}$ (×10⁵)	比例 (%)	冬季 $\Phi_{i,n}$ (×10⁵)	比例 (%)
区域 I	53.0	15.0	55.8	12.3	87.6	17.2	88.2	23.9
区域 II	128.0	36.2	138.0	30.3	198.5	39.0	156.4	42.4
区域 III	55.1	15.6	79.6	17.5	87.6	17.2	29.1	7.9
区域 IV	96.7	27.3	151.7	33.3	106.0	20.8	87.5	23.7
区域 V	21.2	6.0	30.0	6.6	29.3	5.8	7.7	2.1

水中 NOM 以芳香蛋白色氨酸类物质和溶解性微生物代谢产物为主,二者所占比例之和均超过 60%,而 HA 类物质所占比例最少,各季节所占比例均不超过 10%。观察 NOM 各组分含量随季节的变化规律发现,溶解性微生物代谢产物含量随水温升高而增加,表明该类物质在水体中的浓度与藻类活性直接相关。在藻类活动最为频繁的夏季,溶解性微生物代谢产物含量甚至超过了色氨酸类物质,成为 NOM 中含量最高的组分。芳香蛋白酪氨酸类和色氨酸类物质含量在秋季达到最高值,主要因为这两类物质多为藻类胞内有机物,其浓度通常随藻细胞的不断破

裂而逐渐升高,而秋季属于藻细胞开始衰亡的高峰季节,藻细胞大量死亡破裂从而释放芳香蛋白类物质。FA 类和 HA 类物质含量均在夏季达到最高。

由 NOM 各组分的极性分析可见(图 4 - 44),春季亲水性、疏水性有机物所占比例相当,其他季节 NOM 均以亲水性有机物为主,比例占 60％以上。

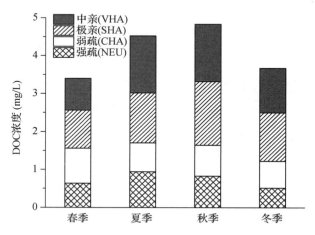

图 4 - 44　各季节原水中 NOM 亲疏水特性

综合分析可知,JSG 水源水中 NOM 常年以亲水性有机物为主,其中极性亲水有机物含量最高,疏水性有机物在春季和汛期时有所增加。水中 NOM 以亲水性为主时会增加水厂的处理难度。

4.5.2　MCNP 预处理机理及影响因素

水处理吸附过程是一个包含物理、化学反应在内的复杂反应过程,水的 pH 值、水温、溶质初始浓度等因素对吸附体系的溶质扩散有直接影响。在实际水环境条件下,吸附体系的工况条件将是影响溶质扩散、吸附效能的决定性因素。本节重点研究 MCNP 吸附预处理作用机理,探讨季节变化条件下吸附体系搅拌强度和吸附剂剂量两个重要因素的影响。

4.5.2.1　MCNP 预处理机理

MCNP 为纳米尺度吸附材料,比表面积大,表面活性基团丰富,具有优良的吸附性能。以水源水中的 HA 为目标物,分析 MCNP 的预处理机理。MCNP 对 HA 的吸附过程包括三个步骤:① HA 分子向 MCNP 迁移;② HA 分子在 MCNP 表面液膜内的扩散;③ HA 与 MCNP 表面的吸附位点发生吸附反应。由于浓度差的驱动,HA 分子向 MCNP 表面的迁移可迅速完成,所以步骤②和步骤③决定吸附过程的控制性步骤。分别采用 Fickian 扩散模型(式 4－9)和表面附着模型(式 4－10)对步骤②和步骤③的动力学过程进行拟合(拟合结果见图 4－45、表 4－17)。

$$q_t = \frac{2}{\sqrt{\pi}} C_0 S \sqrt{Dt} \qquad\qquad (式\ 4-9)$$

$$q_t = q_e(1 - e^{-kt}) \qquad\qquad (式\ 4-10)$$

式 4－9、式 4－10 中，q_t 为 t 时刻 HA 吸附容量(mg/g)；C_0 为 HA 初始浓度(mg/L)；S 为 MCNP 比表面积(m²/g)；D 为液膜扩散系数(mm²/min)；t 为吸附时间(min)；q_e 为平衡吸附容量(mg/g)；k 为质子化系数(1/min)。

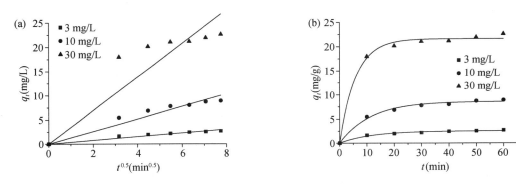

图 4－45　MCNP 对 HA 的吸附动力学拟合曲线((a) 液膜扩散模型；(b) 表面附着模型)

　　HA 分子在液膜内的扩散，同时受到液膜两侧浓度差产生的驱动力作用以及 HA 分子间静电排斥而产生的阻力作用。HA 浓度高时，浓度差产生的驱动力高于静电排斥产生的阻力，液膜扩散系数 D 值大，促进 HA 分子在 MCNP 表面液膜中的扩散。HA 浓度低时，驱动力减弱，液膜扩散受到抑制，成为吸附过程中的速率控制性步骤。HA 初始浓度对 MCNP 表面—NH₂ 质子化反应的影响较小。由表面附着模型的拟合数据(表 4－17)可知，模型对不同初始浓度吸附过程的拟合度均较高，表面吸附反应始终是吸附过程的速率控制性步骤。

表 4－17　不同 HA 初始浓度时吸附动力学拟合参数

C_0(mg/L)	液膜扩散模型		表面附着模型		
	D(mm²/min)	R^2	k(min⁻¹)	q_e(mg/g)	R^2
3	1.09×10^{-6}	0.93	0.08	2.57	0.98
10	1.21×10^{-6}	0.91	0.09	8.60	0.97
30	8.92×10^{-6}	0.74	0.11	21.65	0.99

吸附等温线反映吸附剂的表面结构以及吸附剂与吸附质间的相互作用关系。利用 Langmuir(式 4-11)和 Freundlich(式 4-12)模型拟合 MCNP 与 HA 间的等温吸附过程,分析等温吸附规律(拟合结果见图 4-46、表 4-18)。

$$q_e = \frac{q_m k_L C_e}{1 + k_L C_e} \qquad \text{(式 4-11)}$$

$$q_e = k_F C_e^{1/n} \qquad \text{(式 4-12)}$$

式 4-11、式 4-12 中,q_e 为饱和吸附容量试验值(mg/g);q_m 为理论单分子层饱和吸附容量(mg/g);k_L 为 Langmuir 吸附常数(L/mg);C_e 为吸附平衡浓度(mg/L);k_F 为 Freundlich 吸附常数($(mg/g) \cdot (L/mg)^{1/n}$);$1/n$ 为异质因子。

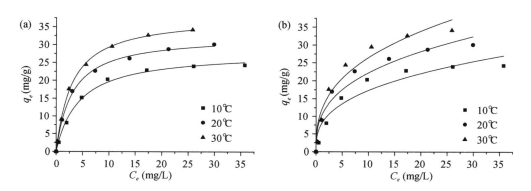

图 4-46　MCNP 对 HA 等温吸附拟合曲线((a) Langmuir;(b) Freundlich)

表 4-18　吸附等温线拟合解析结果

水温	Langmuir			Freundlich		
	q_m(mg/g)	k_L(L/mg)	R^2	k_F($(mg/g) \cdot (L/mg)^{1/n}$)	$1/n$	R^2
10 ℃	27.95	0.24	0.99	7.77	2.87	0.88
20 ℃	32.56	0.34	0.99	10.09	2.91	0.93
30 ℃	37.97	0.43	0.99	11.66	3.00	0.93

由拟合结果可知,MCNP 对 HA 的等温吸附过程更符合 Langmuir 模型,HA 分子在 MCNP 表面的吸附为单分子层吸附,吸附方式与 MCNP 表面特性及 HA 分子带电特性密切相关。吸附过程为吸热反应,较高的水温有利于吸附效能的提升。MCNP 表面分布着大量活性官能团—NH₂ 和—OH 以及疏水性烷烃链。—NH₂、—OH 的氢键作用和烷烃链的疏水作用属于物理吸附,—NH₂ 质子化产生的静电吸引作用属于化学吸附。

水的 pH 值对吸附作用力特性影响较大。分析不同 pH 值环境下吸附过程的 XPS 图谱(图 4-47),在中性和酸性条件下,MCNP 表面吸附位点与 HA 分子之间存在静电吸引作用、氢键作用以及烷烃链的疏水作用;碱性条件下,二者之间的作用力以氢键和疏水作用为主。

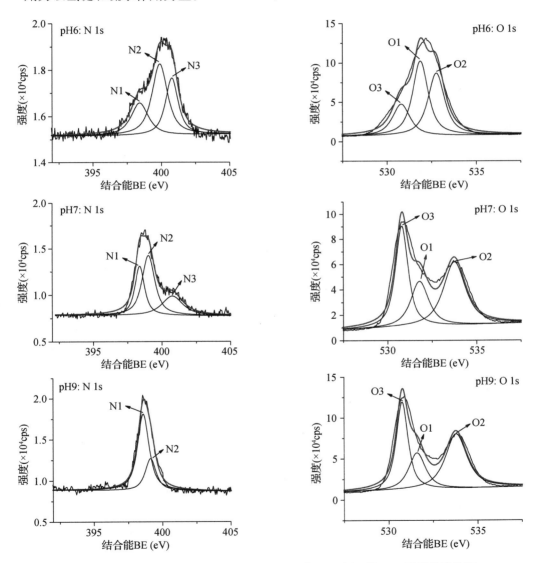

图 4-47 不同 pH 条件下吸附 HA 后 MCNP 表面 N 和 O 的 XPS 图谱分峰结果

图中,N1:—NH$_2$ 或—NH—中 N 的结合能;N2:利用氢键作用吸附 HA 的

—NH$_2$ 中 N 的结合能（—NH$_2$—A—）；N3：利用静电作用吸附 HA 的—NH$_3^+$ 中 N 的结合能（—NH$_3^+$—A—）；O1：—OH 中 O 的结合能；O$_2$：利用氢键作用吸附 HA 的—OH 中 O 的结合能（—OH—A—）；O3：Fe$_3$O$_4$ 中 O 的结合能。

4.5.2.2 搅拌强度的影响

针对 MCNP 与 NOM 组成的吸附体系，通过调节搅拌强度以减轻环境因素对 MCNP 吸附预处理不利影响。研究表明，在不同季节，MCNP 对 NOM 吸附效果受搅拌强度影响较大（图 4－48）。因春、冬季水温和 DOC 浓度均较低，NOM 分子在 MCNP 表面液膜中的扩散速率较慢。当搅拌强度较低时，NOM 吸附效果较差、吸附平衡时间较长；提高搅拌强度可显著提升吸附效果，吸附平衡时间也明显缩短。夏季水温较高有利于吸附，但此时水的 pH 值在 9.0 左右，—NH$_2$ 质子化缺失导致 MCNP 难以发挥静电吸引作用，仅依靠氢键和疏水作用吸附 NOM，而 NOM 分子间排斥作用较强，不利于发生吸附作用；适当提高搅拌强度可以克服 NOM 分子扩散阻力，NOM 吸附效果得到大幅改善。秋季时水的 pH 值较夏季降低，MCNP 的静电吸引、氢键和疏水作用协同发挥吸附 NOM，但吸附平衡需时较长；提高搅拌强度可缩短吸附平衡时间，改善吸附效果。

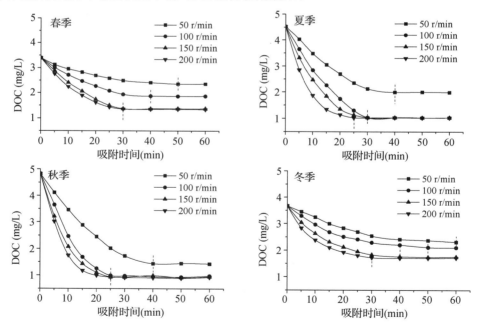

图 4－48 搅拌强度对 MCNP 吸附不同季节水中 NOM 的影响

4.5.2.3 MCNP 投加量的影响

MCNP 投加量决定吸附体系中 NOM 分子可利用的吸附位点数量。投加量过低难以取得理想的吸附效果，投加量过高导致 MCNP 表面吸附位点过剩，经济性差。

研究表明，MCNP 投加量对各季节水中 DOC 的去除规律相似（图4-49）。随投加量的增加，DOC 的去除率逐渐升高，并在达到一定水平后基本保持不变。相同的 MCNP 投加量对水中 DOC 的去除效果明显不同。由预处理机理可知，MCNP 对 DOC 的吸附为吸热反应（图4-46），水温高有益于吸附的进行。水温相对较高的夏、秋季节，DOC 的去除率明显高于春、冬季节。

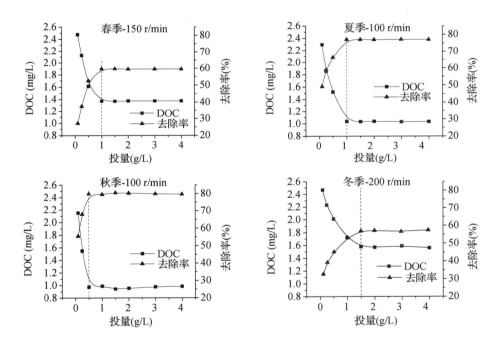

图4-49 MCNP 投加量对不同季节水中 DOC 去除效果的影响

UV_{254} 用以表征水中含不饱和键或芳香结构的有机物。MCNP 投加量对各季节水中 UV_{254} 的去除规律与 DOC 相似，但去除效果更好（图4-50）。这是由于 $UV254$ 代表的有机物疏水性较强，疏水性吸附作用在此类有机物与 MCNP 之间的吸附反应中优势明显。

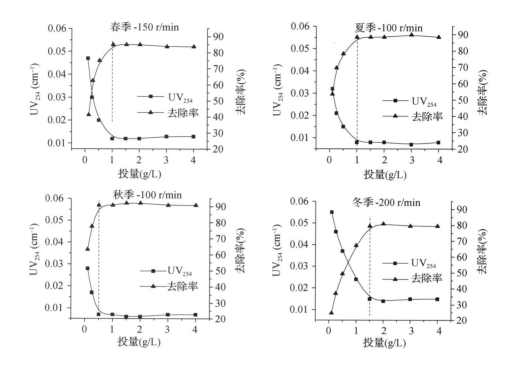

图 4 - 50　MCNP 投加量对不同季节水中 UV_{254} 去除效果的影响

4.5.3　MCNP 预处理后水中有机物的转化特征

借助三维荧光表征和亲疏水性分级,对 MCNP 吸附预处理后各季节原水后水中 NOM 组分转化特征进行分析,进一步明确 MCNP 对水中 NOM 各组分的吸附效能。

4.5.3.1　三维荧光特性

对比各季节原水的三维荧光光谱(图 4 - 43),经 MCNP 吸附后原水的三维荧光图谱各区域面积明显减小(见图 4 - 51),表明太湖原水中 NOM 各组分经 MCNP 吸附后均被有效去除,其中尤以 HA 类和 FA 类物质峰强减弱最为明显,MCNP 对这两类物质吸附效果最好,去除率均超过 50%(表 4 - 19)。就不同季节而言,夏、秋季各荧光区域的峰强明显较春、冬季弱,证实水温较高的夏、秋季 NOM 吸附去除效果更好。从图 4 - 51 可见,各季节水样吸附后的荧光峰大部分位于区域Ⅰ、Ⅱ和Ⅳ,表明经 MCNP 吸附预处理后水中剩余 NOM 仍然以芳香蛋白类物质和溶解性微生物代谢产物为主。

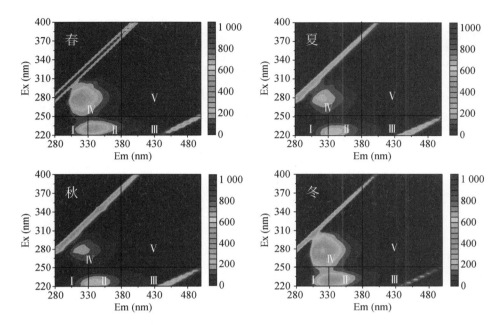

图4-51 各季节原水经 MCNP 吸附预处理后的三维荧光图谱

表4-19 各季节原水经 MCNP 吸附预处理后三维荧光区域积分标准体积及去除率

荧光区域	春季		夏季		秋季		冬季	
	$\Phi_{i,n}$ ($\times10^5$)	去除率 (%)	$\Phi_{i,n}$ ($\times10^5$)	去除率 (%)	$\Phi_{i,n}$ ($\times10^5$)	去除率 (%)	$\Phi_{i,n}$ ($\times10^5$)	去除率 (%)
区域 I	30.1	43.2	20.1	64.0	19.6	77.6	40.6	53.9
区域 II	52.8	58.8	37.3	73.0	38.1	80.8	54.7	65.0
区域 III	19.1	65.3	21.5	73.0	21.6	75.4	14.2	51.3
区域 IV	44.2	54.3	28.1	81.5	25.7	75.7	54.0	38.3
区域 V	6.0	71.6	4.6	84.8	5.2	82.1	3.7	51.3

4.5.3.2 有机物亲疏水特性

MCNP 与水中疏水有机物间的吸附反应主要通过疏水作用、静电吸引以及氢键作用,其中尤以疏水作用为首要作用力形式。因此 MCNP 的吸附预处理作用对各季节水中 NOM 的强疏水组分的去除效果优于弱疏水组分,更明显优于对亲水性组分的吸附去除(图4-52)。秋季时 NOM 与 MCNP 之间的疏水作用、静电吸引和氢键作用均能得到较好发挥,强疏水组分和弱疏水组分去除效果最好,去除率分别为93.8%和87.5%。

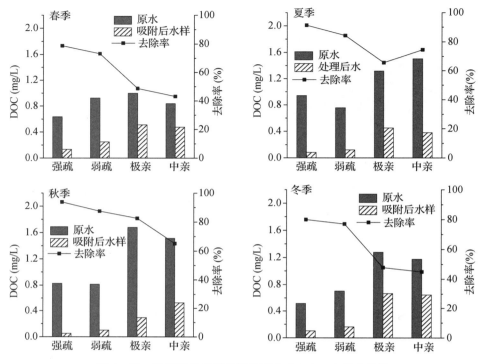

图 4-52　吸附预处理后各季节原水中 NOM 亲疏水特性

MCNP 与 NOM 中极性亲水组分的吸附作用力主要为静电吸引作用和氢键作用,对中性亲水组分的吸附作用力主要是氢键作用。吸附作用力形式的变化导致亲水性组分通过吸附去除的效果明显低于疏水性组分。

4.6　磁性海泡石(MSEP)及其改性材料的预处理技术

水环境是一个开放体系,也必然是多种物质的容纳体。目前,水源水有机污染已呈现天然有机物、人工合成有机物和藻等多种污染物共存的复合污染态势,由此产生的有机复合污染效应并不是单一污染物污染效应的累加,其中也可能存在彼此间的抑制、竞争等相互作用,加剧污染的复杂性,增加水处理工艺的处理难度。本节针对水源水有机复合污染特性,重点以天然有机物腐殖酸(HA)、除草剂阿特拉津(ATZ)和铜绿微囊藻(以叶绿素 a 表示)为处理对象,以六联搅拌机为预处理试验装置,研究 MSEP 及其改性材料 Chi@MSEP 和 MIP@MSEP 净化污染物的作用机理及其影响因素,探讨有机复合污染影响 MSEP 及其改性材料吸附预处理的作用机制。

4.6.1 MSEP 及其改性材料预处理机理

MSEP 是一种基于天然黏土海泡石制造的无机介孔磁性吸附材料,Chi@MSEP 和 MIP@MSEP 分别为经壳聚糖和印迹聚合物改性后的有机/无机复合磁性吸附材料。由 4.3.3 节的研究成果可知,三种磁性介质具有优良的吸附性能和磁分离性能。

4.6.1.1 MSEP 预处理机理

以原水中的 HA 为处理对象,利用 Langmuir 模型(式 4-11)、Freundlich 模型 (式 4-12)、D-R 模型(式 4-13)和 Temkin 模型(式 4-14)拟合等温吸附过程(拟合结果见图 4-53、表 4-20)。Langmuir 等温吸附模型对 MSEP 吸附 HA 的拟合度最好,表明 MSEP 与 HA 分子间的吸附反应以单分子层吸附为主,温度的升高不利于吸附反应的进行。D-R 模型对吸附过程的拟合度也较好,反映吸附过程中存在孔填充现象,小分子的 HA 进入到孔道内部,最终填满整个孔隙,并可能形成二分子层或三分子层的多层吸附。由于吸附过程的自由能 E 值较低,判断吸附作用力以范德华力、静电引力或氢键等较弱的物理作用力为主。

$$q_e = q_m \cdot \exp(-\beta\varepsilon^2) \qquad (式 4-13)$$

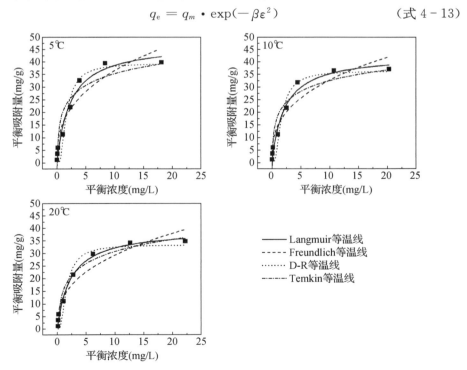

图 4-53 不同温度下 MSEP 对 HA 的等温吸附拟合曲线

式 4 - 13 中，ε 为波兰尼吸附势，由吸附质平衡吸附浓度 C_e 计算可得，$\varepsilon = RT\ln[1 + (1/Ce)]$。$\beta$ 为活度系数 (mol^2/kJ^2)，可通过非线性拟合或由 $\ln q_e$ 对 ε^2 曲线的斜率求得。由 β 值可进一步计算出吸附反应的平均自由能 $E = 1/(2\beta)^{0.5}$ (kJ/mol)，其余参数同式 4 - 11。

$$q_e = \frac{RT}{b}\ln(K_T) + \frac{RT}{b}\ln C_e \qquad (式 4 - 14)$$

式 4 - 14 中，K_T 为平衡键合常数(kJ/mol)，b 为与吸附热有关的常数(kJ/mol)，R 为气体平衡常数[8.314 J/(mol·K)]，T 为反应体系的绝对温度(K)，其余参数同上。

表 4 - 20　不同温度下 MSEP 对 HA 的等温吸附拟合结果

等温线模型	参数	值		
		5 ℃	10 ℃	20 ℃
Langmuir	K_L(L/mg)	0.428 9	0.453 0	0.437 4
	R_L	0.044 6	0.042 3	0.043 7
	R_2	0.974	0.976	0.988
	q_m(mg/g)	47.52	42.93	39.37
Freundlich	K_F($mg^{1-1/n}L^{1/n}/g$)	15.54	14.44	12.28
	$1/n$	0.370 4	0.355 0	0.376 0
	R^2	0.907	0.911	0.915
D-R	β (mol^2/kJ^2)	6.2×10^{-7}	5.9×10^{-7}	5.5×10^{-7}
	E (kJ/mol)	0.898	0.921	0.953
	R^2	0.949	0.945	0.941
Temkin	K_T(L/mg)	20.08	20.35	8.49
	b (J/mol)	347.6	384.8	353.1
	R^2	0.894	0.907	0.972

基于粒内扩散模型(式 4 - 8)拟合 MSEP 吸附 HA 的动力学过程。拟合曲线具有三重线性关系(图 4 - 54)，反映吸附过程包含多个阶段：在较大的浓度梯度的驱动下，水中的 HA 分子以较快的扩散速度向 MSEP 颗粒移动，并经过环绕 MSEP 颗粒表面的液膜层到达表面(液膜扩散阶段)，部分 HA 分子与 MSEP 外表面吸附位点发生吸附作用；小分子 HA 进入 MSEP 孔道内，在浓度梯度的驱动下向孔道内表面扩散(粒内扩散)并完成吸附。相比于 HA 在颗粒的外部扩散，孔道内的 HA 浓度梯度小，扩散速率低，是整个吸附过程的速率控制性步骤。

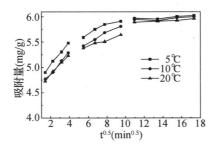

图 4－54　MSEP 吸附 HA 的粒内扩散模型拟合曲线

4.6.1.2　Chi@MSEP 预处理机理

以原水中的铜绿微囊藻（以叶绿素 a 表示）为去除对象进行等温吸附。由等温吸附的拟合结果（图 4－55，表 4－21），Langmuir 模型与吸附数据之间的拟合度较高。

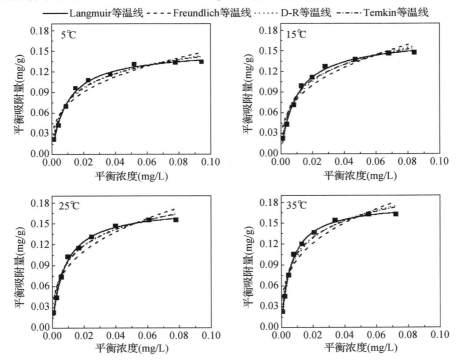

图 4－55　不同温度下 Chi@MSEP 对叶绿素 a 的等温吸附拟合曲线

壳聚糖高分子膜在 MSEP 颗粒表面的负载，导致颗粒的部分微孔道被堵塞。剩余孔道的孔径不足以使藻细胞进入孔道内部，所以藻细胞和 Chi@MSEP 之间的吸附过程不存在孔道填充现象。对藻细胞的吸附仅发生在 Chi@MSEP 的表面，倾向于均质表面上的单分子层吸附。吸附过程的 E 值随温度的升高而稍许增加，并在 8 kJ/mol 左右变化,说明 Chi@MSEP 对藻细胞的吸附机理比较复杂,低温下物理吸附作用高于化学吸附,而高温下化学吸附作用要强于物理吸附。

表 4‑21　不同温度下 Chi@MSEP 对叶绿素 a 的等温吸附拟合结果

模型	参数	值			
		5 ℃	15 ℃	25 ℃	35 ℃
Langmuir	q_m(mg/g)	0.151 2	0.167 8	0.173 2	0.179 2
	K_L(L/mg)	101.5	98.99	127.01	160.79
	R_L	0.048 77	0.050 0	0.389 8	0.030 79
	R^2	0.992 1	0.993 8	0.995 2	0.996 9
Freundlich	K_F(mg$^{1-1/n}$L$^{1/n}$/g)	0.314 3	0.371 6	0.391 4	0.408 4
	1/n	0.319 2	0.336 4	0.324 2	0.310 6
	R^2	0.903 4	0.914 9	0.913 0	0.904 1
D-R	β(mol^2/kJ^2)	8.1×10^{-9}	7.8×10^{-9}	6.0×10^{-9}	5.8×10^{-9}
	E(kJ/mol)	7.845	8.017	8.132	8.276
	R^2	0.964 2	0.924 2	0.931 1	0.954 1
Temkin	K_T(L/g)	1 365.1	1 367.8	1 723.3	1 177.3
	B_1(KJ/mol)	78.88	74.82	74.18	75.09
	R^2	0.971 2	0.973 6	0.978 9	0.978 5

对 Chi@MSEP 吸附藻细胞的动力学数据进行粒内扩散模型拟合(式 4‑8)。由拟合曲线(图 4‑56)可知,藻细胞与 Chi@MSEP 之间的吸附过程由两个阶段完成:速度较快的边界层扩散阶段和速度较慢的壳聚糖膜内的扩散阶段。

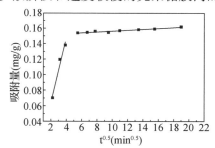

图 4‑56　Chi@MSEP 吸附叶绿素 a 的粒内扩散模型拟合曲线

由于铜绿微囊藻细胞(3~7 μm)远大于 Chi@MSEP 颗粒的平均孔径(14.26 nm),藻细胞并不能进入到 Chi@MSEP 颗粒的孔道内部,所有对藻细胞的吸附过程不存在孔道内部的扩散阶段,吸附发生在壳聚糖高分子膜内及颗粒表面。壳聚糖是一种具有链状结构的天然高分子材料。壳聚糖分子被引入到 MSEP 表面之后,在 MSEP 颗粒表面形成一层网状结构的高分子膜。高分子膜中的氨基易于发生质子化作用,质子化氨基的同性电荷排斥作用致使网状结构松散,并导致大量的质子化氨基裸露。

吸附的开始阶段,在较大的浓度梯度作用下,水中的藻细胞快速向 Chi@MSEP 颗粒表面迁移;带负电荷的藻细胞首先与裸露的质子化氨基借助静电引力作用发生吸附,游离态藻细胞数量减少;部分藻细胞在较低的浓度梯度下穿过松散的壳聚糖网状结构膜及液膜层到达 Chi@MSEP 颗粒表面,借助静电引力或范德华力在颗粒表面发生吸附作用。

4.6.1.3 MIP@MSEP 预处理机理

以原水中的微量有机物阿特拉津(ATZ)为处理对象,分析 MIP@MSEP 的吸附预处理机理。由等温吸附结果(图 4-57,表 4-22),ATZ 与 MIP@MSEP 之间的吸附过程更符合 Langmuir 模型。MIP@MSEP 的制备基于表面分子印迹技术,印迹位点(即吸附位点)多集中在材料颗粒的表面,为单分子层吸附。由 D-R 模型所得的吸附自由能 E 值判断,吸附反应为物理吸附。结合印迹技术原理可知,吸附过程的作用力主要为静电引力或氢键产生的非共价作用力。

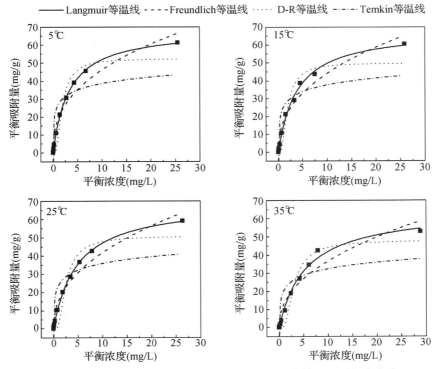

图 4-57 不同温度下 MIP@MSEP 对阿特拉津的等温吸附拟合曲线

表 4-22　不同温度下 MIP@MSEP 对阿特拉津的等温吸附拟合结果

模型	参数	值			
		5 ℃	15 ℃	25 ℃	35 ℃
Langmuir	q_m (mg/g)	68.68	68.41	69.53	64.88
	K_L (L/mg)	0.304 7	0.263 2	0.208 4	0.182 8
	R_L	0.061 6	0.070 6	0.087 6	0.098 6
	R^2	0.999 3	0.995 9	0.999 5	0.992 8
Freundlich	K_F (mg$^{1-1/n}$L$^{1/n}$/g)	18.69	17.02	15.28	13.15
	$1/n$	0.391 7	0.413 1	0.435 9	0.444 9
	R^2	0.957 5	0.958 2	0.966 1	0.931 6
D-R	β (mol^2/kJ^2)	7.27×10^{-7}	6.87×10^{-7}	1.09×10^{-6}	1.37×10^{-6}
	E (kJ/mol)	0.829	0.853	0.676	0.603
	R^2	0.936 8	0.924 2	0.931 1	0.9541
Temkin	K_T (L/g)	180.9	101.7	89.03	55.53
	b (J/mol)	448.9	439.4	468.7	499.1
	R^2	0.721 1	0.727 4	0.714 3	0.689 1

由粒内扩散动力学拟合结果(图 4-58),MIP@MSEP 对 ATZ 的吸附过程分为两个阶段,即表面吸附和粒内扩散。拟合曲线的初始部分反映了边界层的影响,与液膜扩散有关。在吸附的初始阶段,较高的浓度梯度提供了 ATZ 分子向颗粒表面较快的扩散速度,并迅速与暴露于印迹膜外部的印迹位点完成吸附;拟合曲线第二部分的线性关系则与粒内扩散(或孔扩散)有关。ATZ 分子的三维尺寸约为 0.96 nm×0.84 nm×0.3 nm,小于 MIP@MSEP 的平均孔径(13.7 nm)。部分 ATZ 分子经由印迹膜内的孔道扩散到达孔道内表面的印迹位点并完成吸附。相比于第一阶段,孔道内的扩散由于浓度梯度的降低而减弱,是整个吸附过程的速率控制性步骤。

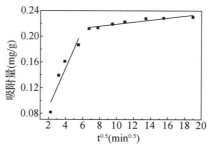

图 4-58　MIP@MSEP 吸附阿特拉津的粒内扩散模型拟合曲线

4.6.2 MSEP 及其改性材料预处理影响因素

天然水体中常见的有机污染物有 NOM(如 HA)和各种人工合成有机物(如农药 ATZ)。此外,多数的地表水体中含有大量的藻类,藻类生长繁殖或死亡均会分泌大量的有机物进入水体。以 HA、ATZ 和叶绿素 a(Chl-a)为预处理对象,分析 MSEP 及其改性材料 Chi@MSEP 和 MIP@MSEP 吸附预处理的影响因素。

4.6.2.1 MSEP 及其改性材料投加量

由吸附理论,吸附剂投加量的增加会带来吸附位点的增多,提高去除污染物的效率。

由图 4-59 可知,随着 MSEP 及其改性材料投加量的增加,三种污染物的去除效果均呈增加趋势。区别在于,同一材料对不同污染物的去除效果不同;而对同一污染物,不同材料也表现出不同的去除效能。相同的 MSEP 投加量时,对 HA 的去除效果明显高于对藻细胞和 ATZ 的去除(图 4-59(a))。

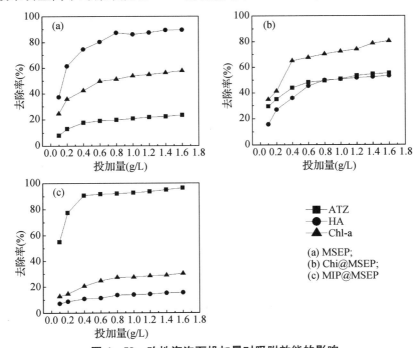

图 4-59 改性海泡石投加量对吸附效能的影响

相同的 Chi@MSEP 投加量时,去除规律为:藻细胞＞ATZ≥HA(图 4-59(b));而当 MIP@MSEP 的投加量相同时,对 ATZ 的去除率明显高于藻细胞和 HA(图 4-59(c))。

三种改性海泡石材料的物化性能以及污染物质本身特性是造成上述现象的主要原因。在 pH 值为中性时,MSEP 表面带有少量的正电荷,与负离子态的 HA 以及表面负电性的藻细胞发生静电吸附,但由于藻细胞体积较大吸附效果小于 HA;Chi@MSEP 表面覆盖一层生物高分子壳聚糖膜,壳聚糖分子中的氨基质子化而带正电荷,可以通过吸附-电中和、架桥作用及高分子链的网捕卷扫作用实现对负电性的藻细胞去除。水中的 HA 仅部分以负离子态形式存在,多数仍是中性分子的形式,去除率低于藻细胞。MSEP 和 Chi@MSEP 对中性 ATZ 分子的吸附以弱的疏水性作用为主,去除率明显要低于藻细胞和 HA;MIP@MSEP 表面具有的印迹聚合物膜与 ATZ 之间具有特异性吸附作用,对 HA 和藻细胞的吸附可能以弱的疏水性作用为主,所以 MIP@MSEP 对 ATZ 的去除率远高于 HA 和藻细胞。

4.6.2.2 搅拌强度

由吸附理论,吸附物质与吸附剂之间的有效碰撞是吸附反应发生的必要条件。过低的搅拌强度不利于吸附物质分子与吸附剂颗粒之间产生有效碰撞,进而影响吸附效率;搅拌强度过高时,吸附物质分子来不及与吸附剂颗粒形成有效的物理作用力。同时,较高的搅拌强度必然带来吸附剂颗粒之间较强的碰撞现象,会引起本已吸附在吸附剂颗粒表面的吸附物质分子发生解吸附作用重新进入到溶液中,也会导致吸附去除率的降低。所以三种材料对 ATZ、HA 和藻细胞的去除率均有随搅拌强度的增加先升后降的趋势(图 4-60)。

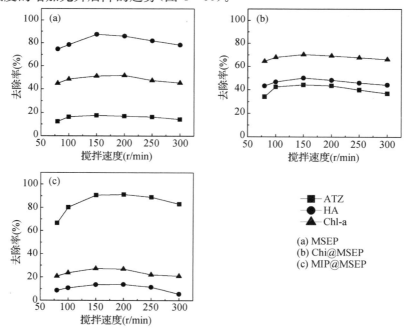

图 4-60 搅拌强度对 MSEP 及其改性材料吸附效能的影响

4.6.2.3　pH 值的影响

水的 pH 值影响 MSEP 及其改性材料以及水中污染物质的理化特性,导致三种吸附材料对污染物质表现出不同的吸附预处理效能(图 4-61)。

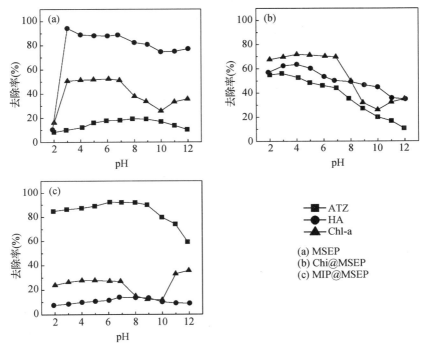

图 4-61　溶液 pH 值对改性海泡石吸附效能的影响

MSEP 的等电点约为7.7,当水的 pH 值小于 7.7 时,MSEP 表面呈正电性;pH 值大于 7.7 时,MSEP 表面呈负电性。ATZ 是一种弱碱,其 pKa 约等于 1.68,在强酸或强碱性条件下可发生小部分解离而以离子状态存在,而通常情况下几乎全部以中性分子的形式存在于水中。分子形式的 ATZ 通过分子结构中杂环上的氮原子与 MSEP 表面的吸附位点形成弱的氢键或疏水作用完成吸附。在强酸性条件下,部分 ATZ 因为分子结构中的氮原子质子化作用以正电性离子的形式存在,与正电性表面的 MSEP 之间因静电斥力作用而不利于吸附。随着水的酸性减弱,正电性的 ATZ 离子含量降低,静电斥力减弱,同时氢键作用增强,表现出去除率升高。而随着水的碱性越来越强,负电性离子形式的 ATZ 含量越来越高,同时,MSEP 表面带有负电荷,逐渐增加的静电斥力作用导致对 ATZ 的吸附效能减弱。所以随水的 pH 值升高,MSEP 对 ATZ 的整体去除率较低并保持先缓慢升高后缓慢降低的趋势;就 HA 来说,HA 在 pH 值大于 2 的水中多以负电性离子形态存在,电中和作用确保了 HA 较高的去除率。但随水的 pH 值升高,HA 与 MSEP 之间的静电斥力作用愈发明显,导致其吸附去除率逐渐下降。此外,HA 分子形态也会随水的 pH 值升高由球状转为直链或分支状,分子尺寸变大,不利于吸附;水中藻细胞带有负电荷,MSEP 对藻细胞的吸附与 HA 具有相似的规律,只是当 pH 值大于 10 时,由于藻细胞的自我凝聚作用导致去除率不降反升(见图 4 - 61(a))。

Chi@MSEP 表面覆盖一层网状结构的壳聚糖生物高分子膜。壳聚糖分子中的氨基在酸性条件下质子化而带正电荷。壳聚糖相邻的高分子链之间由于质子化氨基的静电斥力作用变得更加舒展,网状结构松散,可以通过吸附-电中和、吸附架桥及高分子链的网捕卷扫作用实现对负电性藻细胞和 HA 的吸附去除。但在中性和酸性条件下,少部分 HA 以中性分子的形式存在,所以其去除率要低于藻细胞。随水的 pH 值升高,壳聚糖分子中的氨基去质子化带负电,导致对藻细胞和 HA 的去除明显下降。Chi@MSEP 对 ATZ 的吸附去除主要以壳聚糖网状结构中高分子链的网捕卷扫作用及弱的疏水性作用为主。随着水的 pH 值升高,壳聚糖分子中的氨基质子化作用逐步消失,高分子链之间的静电斥力减弱,壳聚糖高分子膜的网状结构由松散变密实,网捕卷扫作用下降,导致对 ATZ 的去除率逐渐降低(见图 4 - 61(b))。

MIP@MSEP 为印迹吸附材料。根据印迹技术原理,结构与模板分子一致或相近的物质易于被选择性吸附。因此,相比于 HA 和叶绿素,ATZ 被 MIP@MSEP 吸附去除的效果较好(见图 4 - 61(c))。此外,低 pH 值将导致印迹吸附材料颗粒表面电位值下降,减弱吸附物质与吸附材料之间的相互作用;相反地,随着 pH 值的升高,表面电位升高,有利于吸附效率的提升。在 pH 值 9~12 的范围内,ATZ 负电性离子的形态越来越多。同时,功能单体 MAA 分子中的羧基在此 pH 值范围内因去质子化作用而使 MIP 表面带负电荷,ATZ 与 MIP@MSEP 之间的静电斥力作用大于键合力和疏水性作用,导致彼此之间的相互作用被削弱,吸附性能降低。

4.6.2.4 离子强度的影响

水中适量阳离子的存在有利于提升 MSEP 对藻细胞和 HA 的吸附效能,且 Ca^{2+} 对吸附效能的提升作用明显优于 Na^+。研究表明,MSEP 对溶液中二价阳离子的特异性吸附作用改变了其表面的荷电状态($\equiv S-O^- + Ca^{2+} \rightarrow \equiv S-OCa^+$),有利于降低与负电性物质(如 HA 分子、藻细胞)之间的静电斥力,提升对该类物质的吸附能力(见图 4 - 62(a)~(b));离子强度对 MSEP 与 ATZ 之间的作用力以氢键和疏水性作用为主,水中共存的阳离子会降低 MSEP 颗粒与 ATZ 分子之间的有效碰撞,导致疏水性作用减弱,降低对 ATZ 的吸附效能。

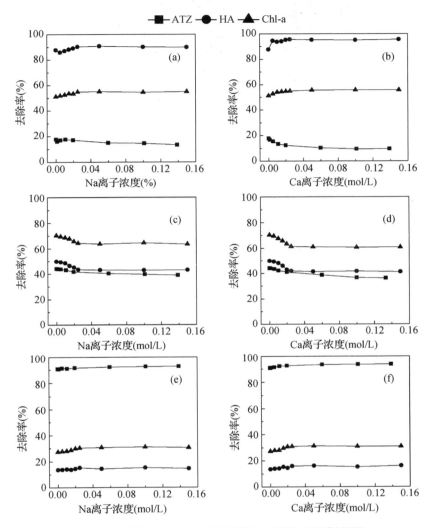

(a)和(b):MSEP;(c)和(d):Chi@MSEP;(e)和(f):MIP@MSEP

图 4-62　离子强度对改性海泡石吸附效能的影响

以 Chi@MSEP 为吸附材料时(图 4-62(c)～(d)),离子强度的增加,使得目标物质处于更多的离子氛围内,增加目标物与吸附剂结合时的空间阻碍;再者,由于大量离子聚集在壳聚糖分子链上带正电的质子化氨基周围,减弱了相邻壳聚糖分子链之间的正电性排斥作用,不利于壳聚糖高分子链的舒展。Chi@MSEP 对污染物质的网捕卷扫作用因壳聚糖高分子链舒展程度下降而明显降低。离子强度越大,对污染物去除能力的消极影响越显著。

MIP@MSEP 对 ATZ 的吸附为印迹材料中特定印迹空穴与模板分子之间的

选择性键合,共存阳离子与印迹位点之间的竞争性吸附现象可以忽略不计;MIP@MSEP 对 HA 和藻细胞的吸附是通过静电引力或疏水性作用完成的,虽然 MIP@MSEP 吸附少量的阳离子后可使其表面带有一定的正电荷,有利于对负电性 HA 和藻细胞的吸附,但这种提升作用并不十分明显(图 4 - 62(e)~(f))。

4.6.3 有机复合污染对预处理效能的影响

水体中多种污染物共存已成为水源水污染的普遍现象,各污染物之间可能通过联合作用、交互作用以及过程耦合作用而使水污染问题更为严重,水处理过程更为复杂。由 4.6.2 节可知,采用 MSEP 及其改性材料吸附预处理有机复合污染水源水时,同一磁性介质对共存的多种有机污染物表现出不同的吸附处理效果。对于复合污染状态下不同污染物之间相互作用规律的研究可为开发同步去除多类型有机污染物的新工艺提供理论依据。

基于前述分析,MSEP 对 HA 的吸附去除效果好于藻细胞及 ATZ,Chi@MSEP 对藻细胞的去除效果好于 HA 及 ATZ,MIP@MSEP 对 ATZ 的吸附去除效果好于 HA 和藻细胞。本节基于以上研究成果,以原水中 HA、铜绿微囊藻和 ATZ 为处理对象,探讨共存污染物对 MSEP 及其改性材料预处理复合污染的影响机理。

4.6.3.1 有机复合污染对 MSEP 吸附预处理 HA 的影响

配制不同污染物含量的复合污染水样,进行批处理试验,分析共存有机物对 MSEP 吸附 HA 的影响。水质条件如下(其中 HA 以 UV_{254} 表示,藻以 Chl-a 表示,以下相同)。

水样一:HA(5 mg/L,对应 $UV_{254}=0.169\ cm^{-1}$)

水样二:HA(5 mg/L) + Chl-a(0.109 mg/L) + ATZ(0.1 mg/L)

水样三:HA(5 mg/L) + Chl-a(0.172 mg/L) + ATZ(0.1 mg/L)

水样四:HA(5 mg/L) + Chl-a(0.172 mg/L) + ATZ(0.5 mg/L)

由图 4 - 63 可见,单污染物 HA 时(水样一),MSEP 对其吸附去除率最高,达到 97.7%。当水样处于由 HA、ATZ 和藻共存引起的复合污染状态时,复合污染效应使得 MSEP 对 HA 吸附效能减弱,其中藻细胞含量的升高对 HA 去除率下降的作用较为明显(水样二和三),而 ATZ 浓度的变化对 HA 去除率的变化影响很小(水样三和四)。可能原因在于 MSEP 对 HA 的吸附机理以静电引力为主。由前期研究可知,MSEP 的等电点约为 7.7,而在 pH 值 4 至 7.7 的范围内,HA 表面由于酚羟基的电离而呈负电性,易于通过静电引力与 MSEP 完成吸附作用。藻细胞表面也为负电性,必然存在对 MSEP 上活性位点的竞争性吸附,导致 MSEP 颗粒上用于吸附 HA 的活性位点减少,降低其对 HA 的吸附效能。藻细胞浓度越大,对

MSEP 活性位点的竞争性吸附越强,HA 的去除率越低。另外,在研究的 pH 值范围内,ATZ 一般以中性分子存在,和 HA 之间不存在对 MSEP 活性位点的竞争性吸附,故 ATZ 浓度的变化对 HA 去除率的影响较小。

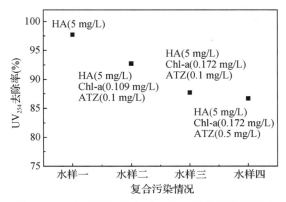

图 4 - 63　复合污染效应对 MSEP 吸附效能的影响

4.6.3.2　有机复合污染对 Chi@MSEP 吸附预处理藻细胞的影响

有机复合污染态势下,共存有机物对 Chi@MSEP 吸附藻细胞的影响可通过下述试验分析。配制有机污染物含量不同的模拟水样进行批处理吸附试验,水质条件如下。

水样一:Chl-a(0.172 mg/L)

水样二:Chl-a(0.172 mg/L)＋ HA(5 mg/L)＋ ATZ(0.1 mg/L)

水样三:Chl-a(0.172 mg/L)＋ HA(5 mg/L)＋ ATZ(0.5 mg/L)

水样四:Chl-a(0.172 mg/L)＋ HA(10 mg/L)＋ ATZ(0.1 mg/L)

共存 HA 及 ATZ 对 Chi@MSEP 吸附藻细胞的影响见图 4 - 64。当水样为单一的藻污染时,Chi@MSEP 对藻的去除率最高,达到 87％(水样一)。当水样中藻、HA 和 ATZ 共同存在引起复合污染时,藻的去除率明显下降,其中 HA 浓度升高对藻去除率降低的影响(水样二和四)要高于 ATZ 浓度升高所带来的影响(水样二和三)。前述已知,Chi@MSEP 颗粒表面覆盖一层壳聚糖有机高分子膜,质子化氨基使得壳聚糖相邻的高分子链之间由于静电斥力作用变得更加舒展,可以通过吸附-电中和、吸附架桥作用及高分子链的网捕卷扫作用实现对负电性的藻细胞去除。在中性 pH 值左右,部分 HA 分子由于酚羟基的电离而带负电荷,对质子化氨基产生竞争性吸附,占据了 Chi@MSEP 的部分活性位点而导致其对藻细胞吸附能力的减弱,HA 含量越高,这种竞争性吸附越明显。由于 ATZ 基本以中性分子形式存在,不会对 Chi@MSEP 的活性位点产生竞争性吸附作用,所以对藻细胞去除率的影响不明显。

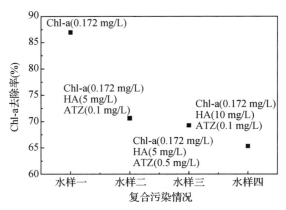

图 4 - 64   复合污染效应对 Chi@MSEP 吸附效能的影响

4.6.3.3   有机复合污染对 MIP@MSEP 吸附 ATZ 的影响

有机复合污染态势下,共存有机物对 MIP@MSEP 吸附 ATZ 的影响通过下述批处理试验分析。取有机污染物含量不同的四个水样进行吸附试验,水质条件如下。

水样一:ATZ(0.1 mg/L)

水样二:ATZ(0.1 mg/L)+ HA(5 mg/L)+ Chl-a(0.109 mg/L)

水样三:ATZ(0.1 mg/L)+ HA(5 mg/L)+ Chl-a(0.172 mg/L)

水样四:ATZ(0.1 mg/L)+ HA(10 mg/L)+ Chl-a(0.172 mg/L)

图 4 - 65 为共存 HA 及藻细胞对 MIP@MSEP 吸附 ATZ 的影响。当有机污染由 ATZ 单独引起时,MIP@MSEP 对 ATZ 的去除率最高,达 98.6%(水样一)。当水样处于由 ATZ、HA 和藻共同存在引起的复合污染状态时,ATZ 的去除率总体呈现下降的趋势。分析认为,虽然表面分子印迹技术使得绝大部分的活性键合位点暴露于印迹聚合物颗粒外部,但不可避免会有少部分吸附位点位于 MIP@MSEP 颗粒内。在 MIP@MSEP 制备过程中,借助于致孔剂的作用,可以在印迹高分子膜内形成微细孔道,正是借助这些孔道,位于颗粒内部的活性键合位点能最大程度地与 ATZ 分子发生键合作用。由于复合污染水样中的部分藻细胞和分子形态的 HA 被吸附于 MIP@MSEP 颗粒表面,堵塞了 MIP@MSEP 颗粒的孔道,位于孔道内的活性键合位点无法与 ATZ 分子发生键合作用,导致对 ATZ 的吸附量降低。复合污染时,水样中藻细胞含量的增加会提升 MIP@MSEP 对 ATZ 的吸附去除率(水样二和三),这是由于藻细胞本身对农药有富集作用。在利用高压液相色谱(HPLC)方法测定水样中的 ATZ 浓度时,在水样前处理环节,随着藻细胞被 $0.45~\mu m$ 滤膜过滤移除,被藻细胞富集的那部分 ATZ 也随之被移除出水样,导致测量值降低。藻细胞含量越多,随藻细胞移除的 ATZ 也就越多,测量值越低,相应

地计算所得的 ATZ 去除率越高。实际上该部分 ATZ 的去除率是由藻细胞的富集所导致而并非 MIP@MSEP 吸附所致。这种现象也说明,在含藻的有机复合污染水样中,藻类的去除同样有利于对 ATZ 的去除;水样中 HA 浓度的升高会引起 MIP@MSEP 对 ATZ 去除率的降低。这主要是由于 HA 分子堵塞 MIP@MSEP 孔道导致位于孔道内部的键合位点无法与 ATZ 分子发生键合作用所引起的,HA 分子越多,对孔道的堵塞越严重,ATZ 的去除率相应降低(水样三和水样四)。

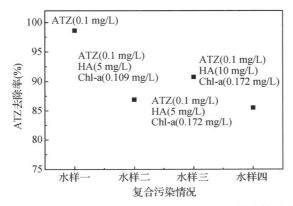

图 4 - 65　复合污染效应对 MIP@MSEP 吸附效能的影响

综上,在 HA、ATZ 和藻共存的有机复合污染水中,藻细胞的竞争性吸附作用会导致 MSEP 对 HA 的吸附性能下降,HA 的竞争性吸附则导致 Chi@MSEP 对藻细胞的吸附能力下降,ATZ 对 MSEP 吸附 HA、Chi@MSEP 吸附藻细胞的影响甚微;HA 和藻细胞在 MIP@MSEP 表面的吸附会堵塞印迹聚合物的微细孔道,导致 MIP@MSEP 对 ATZ 吸附效能减弱。藻类对 ATZ 的富集作用对于 ATZ 的去除有一定的贡献。

4.7　有机污染水源水的磁性介质预处理技术应用

河网地区水污染问题突出,尤其湖库水源水质呈现的复合污染特征,以及季节性藻类爆发等问题给水厂工艺增加了处理难度和水质安全风险。本章通过构建磁性介质预处理/混凝、磁性介质预处理/超滤、磁性介质预处理/臭氧氧化等组合技术,以太湖水源水为研究对象,研究其组合技术对水源水中有机污染物的净化效果及其技术条件,为新型磁性介质水处理技术应用提供科学依据。

4.7.1　m-MAER 预处理/混凝组合工艺

以东太湖(苏州)和西太湖(无锡)水源水为对象,构建 m-MAER 预处理/混凝联用组合工艺(见图 4 - 66),探究 m-MAER 预处理的强化混凝作用,分析水中有机物转化特性和絮凝体特征,明确 m-MAER 预处理对增强混凝效果的技术条件。

图 4 - 66　m-MAER/混凝组合工艺流程

4.7.1.1　m-MAER 预处理/混凝的水质提升作用

对太湖原水投加 m-MAER 进行预处理,再投加聚合氯化铝(PAC)进行混凝,与直接 PAC 混凝对比,组合对 DOC、UV_{254} 的去除率较高(图 4 - 67)。m-MAER 投加量为 5 ml/L、PAC 投加量为 11～13 mg/L,东太湖水样的 DOC、UV_{254} 去除率分别为88.16%、55.45%,西太湖水样的 DOC、UV_{254} 去除率分别为 83.93% 和43.11%;同等条件下与无预处理的混凝效果相比,东太湖水样 DOC、UV_{254} 去除率分别为 26.32%、16.67%,西太湖水样 DOC、UV_{254} 去除率分别为 26.75%、14.22%。可见,m-MAER 预处理/混凝组合可大幅度提升对有机物的处理效果,且可降低混凝剂投加量。

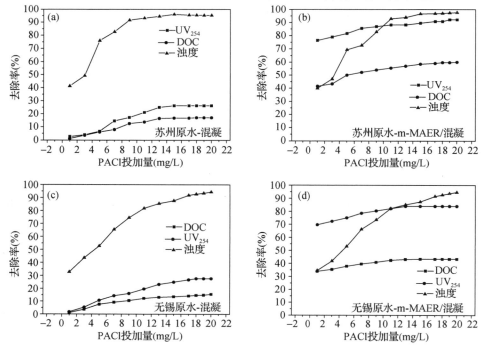

(a)和(b)东太湖,(c)和(d)西太湖

图 4 - 67　m-MAER/混凝联用处理后 DOC、UV_{254} 和浊度变化

4.7.1.2　m-MAER 预处理/混凝后水中有机物转化特征

太湖原水经 m-MAER 预处理可强化 PAC 混凝的效果。采用分级法对太湖原水以及组合工艺出水中的 NOM 进行亲疏水性鉴别,进一步理解 m-MAER 预处理强化 PAC 混凝机理。与直接 PAC 混凝对比,组合工艺对太湖原水的 HPO、HPI 和 TPI 组分具有较好的去除效果(图 4-68)。其中对东太湖原水 HPO、HPI 和 TPI 组分的去除率分别达到 71.43%、42.73% 和 35.05%,对西太湖原水中上述组分的去除率分别达到 66.32%、33.75% 和 32.04%;同等条件下,无预处理的混凝对东太湖原水上述组分的去除率仅为 17.14%、8.18% 和 15%,对西太湖上述组分的去除率仅为 25.83%、5.26% 和 15.73%。m-MAER 预处理明显强化了 PAC 混凝对太湖原水中不同特性有机物的去除效果。

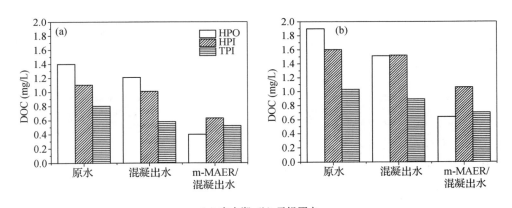

(a) 东太湖,(b) 无锡原水

图 4-68　不同工艺出水中 NOM 亲疏水性分级

铝盐混凝剂对 NOM 的混凝机理主要为网捕作用。NOM 的 HPO 组分与混凝剂结构中的疏水性基团发生疏水反应吸附在絮凝体表面得到去除。m-MAER 的离子交换作用对以腐植酸为主的疏水性有机物组分以及带负电的 NOM 类亲水性有机物均具有一定的去除效果。组合工艺中,m-MAER 的离子交换作用及铝盐混凝剂的网捕作用互为补充,实现了对有机物的强化混凝。

对太湖原水的三维荧光谱图分析,印证了 m-MAER 对亲水性有机物的离子交换作用强化了组合工艺的混凝效果。由三维荧光谱图可知,太湖原水中有机物以芳香类蛋白质、溶解性微生物代谢产物(SMP)、富里酸和腐植酸类物质为主(图 4-69),其中西太湖原水中有机物的亲水性更强(图 4-70)。由于原水中芳香类蛋白质含量较多,其中的负电性 NOM 与混凝剂形成的螯合物对混凝具有抑制作用。组合工艺的预处理环节,m-MAER 与原水中负电性的 NOM 发生离子交换作用,亲水性

NOM 被强化去除,缓解了负电性 NOM 对混凝过程的抑制作用,胶体颗粒的脱稳过程加快,颗粒有效碰撞的几率提高,提升了组合工艺对有机物的去除效能。

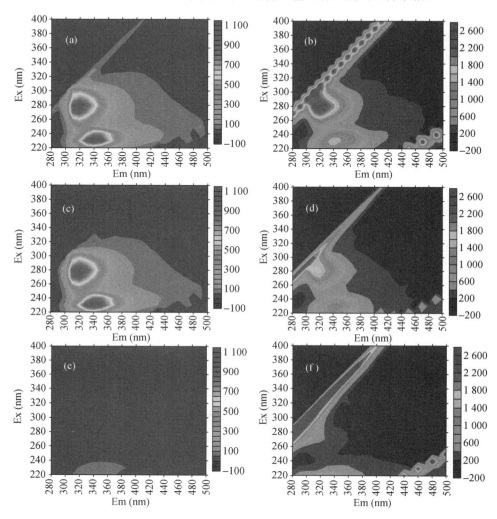

图 4 - 69 东太湖和西太湖原水((a)和(b))分别经混凝((c)和(d))、m-MAER/混凝联用工艺((e)和(f))处理后出水三维荧光谱图

由去除对象的分子量分布情况可以看出,组合工艺实现了对各级分子量有机物的去除(图 4 - 71)。以卷扫网捕效应去除机制为主的混凝仅对原水中>10k Da 的大分子有机物组分具有较好的去除效果,直接 PAC 混凝处理后水中 DOC 的含量仍然较高,且以<10 kDa 的中低分子量有机物为主。借助离子交换作用,m-MAER预处理大幅降低了出水中中低分子量有机物的含量,对 PAC 的强化混凝效果显著。

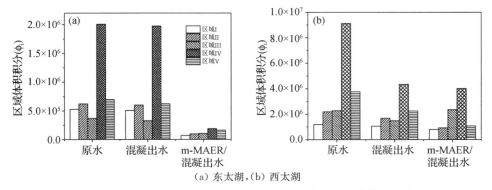

（a）东太湖，（b）西太湖

图 4-70 太湖原水经不同工艺出水的三维荧光各区域体积积分

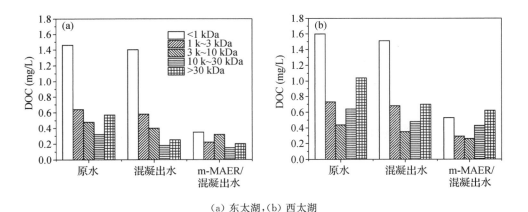

（a）东太湖，（b）西太湖

图 4-71 不同工艺出水 NOM 分子量分布

4.7.1.3 m-MAER/混凝絮凝体特性分析

絮凝体的稳定性及破碎后的再生能力对絮凝效果影响较大。原水中的 NOM 会与铝盐或者铁盐混凝剂发生电性中和吸附卷扫作用，混凝过程中的絮凝体特性会由于 m-MAER 预处理对 NOM 的去除有一定的改变。与直接 PAC 混凝对比，m-MAER 预处理可加速絮凝体的生长。在 2～10 min 的絮凝体增长阶段，经 m-MAER 预处理后，原水所形成的絮凝体生长速率明显提高（图 4-72）。

在絮凝体生长过程中，由于 NOM 在絮凝体颗粒表面的吸附作用，导致颗粒间的空间排斥作用增强和水动力层厚度的增加，不利于絮凝体生长。经 m-MAER 预处理后的出水中 NOM 含量减少，混凝过程中絮体颗粒间的空间排斥作用及颗粒表面水动力层对絮体颗粒间有效碰撞的抑制作用降低，有助于絮体尺寸的增加。组合工艺形成的絮体抗破碎能力、絮体强度及破碎后的再生性能均有明显提升（表 4-23）。

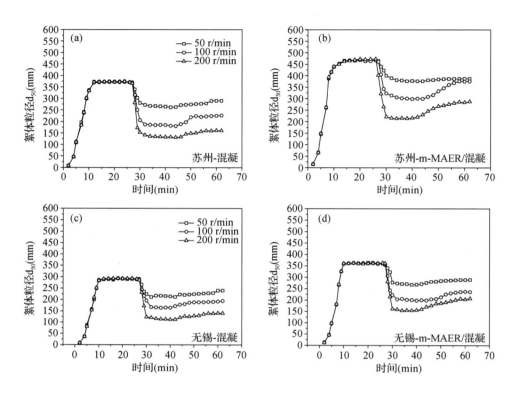

（a）和（b）东太湖，（c）和（d）西太湖

图 4‐72　太湖原水分别经混凝和 m-MAER/混凝工艺处理，混凝过程中絮凝体粒径的变化

表 4‐23　太湖原水经不同投加量 m-MAER 预处理后混凝/絮凝过程的絮凝体特性

原水	m-MAER 投加量 （ml/L）	生长 速率 （μm/min）	稳定期 絮体粒 径（μm）	强度 系数 （%）	絮体强 度系数 （logC）	絮体强 度常数 （γ）	再生期 絮体粒 径（μm）	再生 因素 （%）
东太湖	0	42.5	368	37	6.6	0.36	157	9
	5	62.4	458	47	6.8	0.3	278	26
西太湖	0	36.3	290	40	6.3	0.33	137	12
	5	46.5	361	43	6.4	0.29	198	21

4.7.2　m-MAER 预处理/超滤组合工艺

原水中有机物导致的膜污染是影响超滤膜技术进一步推广的制约因素。膜前预处理是解决膜污染的有效措施。以太湖地区某水厂沉后水为处理对象，构建

m-MAER预处理/超滤组合工艺(见图4-73),考察 m-MAER 预处理对超滤膜污染的抑制作用,分析有机物转化特性,明确 m-MAER 预处理对强化超滤效果的技术条件。

图4-73 m-MAER/超滤组合工艺流程

4.7.2.1 m-MAER 预处理对超滤膜性能提升作用

比通量(J_1/J_0,其中 J_1 表示运行过程的通量,J_0 为纯水通量)可用来表征膜污染过程,J_1/J_0 降低表示膜污染形成。膜滤开始时,进水中的 NOM(比如 AOM)沉积在超滤膜表面形成滤饼层,迅速造成膜污染,导致 J_1/J_0 在过滤初期即呈现迅速降低的态势。对原水进行 m-MAER 预处理,可有效降低 J_1/J_0 的下降趋势,显著减缓膜污染的速率和程度(图4-74)。

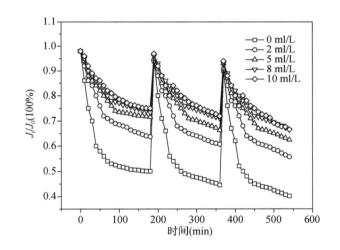

图4-74 m-MAER 投加量对超滤运行比通量的影响

利用扫描电镜观察不同状态超滤膜的表面性状及膜孔结构的变化(图4-75)。新膜丝表面光滑,膜孔结构均匀;直接超滤使用后的膜丝表面附着一层厚且致密的滤饼层,膜孔明显受到挤压;处理同样的水质,组合工艺中超滤膜的膜丝表面虽然也有滤饼层附着,但滤饼层的密度明显小于直接超滤后膜丝表面的滤饼层,而且组合工艺中的膜孔结构没有明显的变化。造成这种现象的原因主要是 m-MAER 预处理能够去除沉后水中粒径较小的有机物,避免了超滤过程中小的有机颗粒物堵塞膜孔,同时 m-MAER 对部分亲水性中等分子量有机物的去除作用,减少了膜丝表面滤饼层的形成。

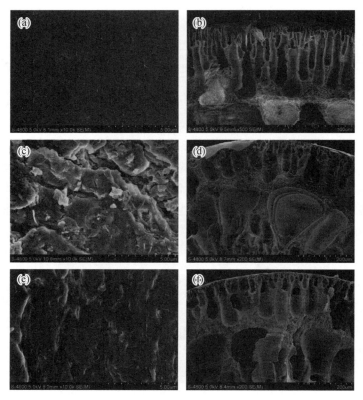

(a)和(b)新鲜膜丝;(c)和(d)直接超滤工艺膜丝;(e)和(f)联用工艺的膜丝

图 4 - 75　m-MAER 预处理对超滤膜表面及孔道结构的影响

4.7.2.2　m-MAER 预处理/超滤后水的有机物转化特征

超滤去除水中有机物的原理有二:一是有机物组分能够与超滤膜表面或者膜孔壁形成疏水性作用,被截留从而得到去除;二是通过超滤膜的筛分作用去除水中蛋白质及多糖等分子量较大的有机物组分。对原水、超滤膜出水及 m-MAER/超滤组合工艺出水中的有机物特性进行分析,与直接超滤对比,组合工艺对原水中各种亲疏水性及各分子量分布的有机物均具有明显的去除效果(图 4 - 76)。显然,直接超滤去除有机物的效果并不理想。

借助三维荧光谱图可进一步明确,m-MAER 预处理强化了超滤出水中有机物的高效去除,主要体现在 m-MAER 的预处理作用去除了超滤膜无法截留的小分子富里酸类物质(图 4 - 77)。

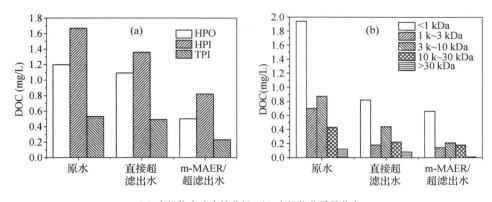

（a）有机物亲疏水性分级；（b）有机物分子量分布

图 4-76　原水、超滤膜出水和 m-MAER/超滤组合工艺出水的有机物特性

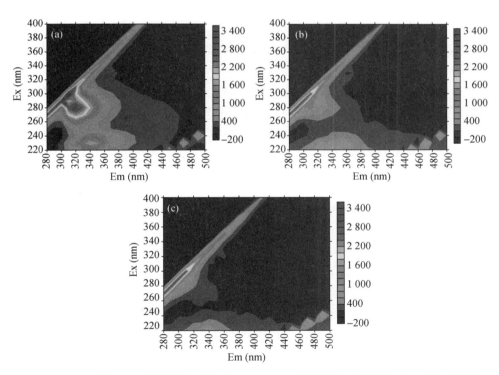

图 4-77　沉后水(a)、直接超滤出水(b)和 m-MAER/超滤组合工艺(c)出水三维荧光谱图

4.7.3　m-MAER 预处理-臭氧氧化组合工艺

臭氧氧化工艺已广泛应用于水的预处理或深度处理。原水中的有机物在与臭氧的氧化反应过程中易于产生"三致"性质的消毒副产物,引起新的水质安全性问题。对水源水进行 m-MAER 预处理,去除大部分的有机物质,可降低后续臭氧氧化带来的不利影响。

以东太湖(苏州)和西太湖(无锡)水源水为对象,构建 m-MAER 预处理/臭氧氧化组合工艺(见图 4-78),探究经 m-MAER 预处理的强化臭氧氧化作用,分析水中有机物转化特性,明确 m-MAER 预处理对增强臭氧氧化效果的技术条件。

图 4-78 m-MAER/臭氧氧化组合工艺流程

4.7.3.1 m-MAER 预处理/臭氧氧化的水质提升作用

臭氧投加量影响出水水质。在实际工艺中,为保证氧化效果,臭氧投加量需根据原水水质情况进行调整。对东太湖和西太湖的原水分别进行直接臭氧化处理和组合工艺处理。在 $0\sim0.5$ mgO$_3$/mg DOC 的投加范围内,水中的 UV$_{254}$ 去除率达到 70% 左右,出水溴酸盐浓度处于增长趋势,DBPs 生成势处于高位且没有明显的去除变化。同样的操作条件,组合工艺出水的 UV$_{254}$ 去除率明显提升至 90% 以上,出水溴酸盐浓度、DBPs 生成势明显降低。可见,m-MAER 预处理对于臭氧化出水水质提升效果明显,同时可显著减少臭氧投加量(表 4-24、表 4-25)。

表 4-24 m-MAER/臭氧氧化组合工艺的原水及出水水质变化(东太湖)

m-MAER 投加量 (ml/L)	臭氧投加量(mg/mgDOC)	UV$_{254}$ 去除率 (%)	DOC 去除率 (%)	BrO$_3^-$ (mg/L)	THMs 生成势 (μg/L)	HAAs 生成势 (μg/L)
0	0.2	23.68	16.94	<0.001	167.93	132.92
	0.5	72.37	22.91	0.002 5	155.67	127.71
	0.8	72.37	31.24	0.006 4	140.28	130.90
	1	76.32	32.33	0.010 1	148.65	127.78
5	0.2	76.32	46.88	<0.001	71.36	65.09
	0.5	88.16	55.33	<0.001	69.76	56.91
	0.8	92.11	56.73	0.001 2	72.14	51.40
	1	93.42	56.97	0.001 5	77.01	48.39

表 4-25　m-MAER/臭氧氧化组合工艺的原水及出水水质变化（西太湖）

m-MAER 投加量 (ml/L)	臭氧投加量(mg/mgDOC)	UV_{254} 去除率 (%)	DOC 去除率 (%)	BrO_3^- (mg/L)	THMs 生成势 (μg/L)	HAAs 生成势 (μg/L)
0	0.2	23.21	8.70	<0.001	262.10	233.56
	0.5	67.86	17.39	0.005 8	222.61	227.56
	0.8	76.79	23.91	0.009 4	188.78	183.10
	1	82.14	28.26	0.012 6	187.94	156.58
5	0.2	71.43	33.04	<0.001	150.85	130.24
	0.5	80.36	35.87	0.001 9	125.63	120.33
	0.8	85.71	39.13	0.002 6	105.96	98.63
	1	89.29	40.22	0.003 4	102.37	78.96

4.7.3.2　m-MAER/臭氧氧化后水的有机物转化特征

臭氧对有机物的降解作用体现在将大分子有机物氧化为小分子有机物,并彻底氧化为 CO_2 和 H_2O。在有机物的臭氧氧化过程中,一方面臭氧优先与含有芳香不饱和结构的 HPO 发生反应;另一方面将疏水性有机物氧化成亲水性有机物。由图 4-79 可知,与直接臭氧氧化对比,组合工艺对去除太湖原水中的有机物效果明显。m-MAER 参与臭氧氧化的预处理,去除了有机物中大量的 HPO 组分,有助于降低臭氧氧化过程中 HPO 与亲水性有机物对臭氧分子的竞争,增加臭氧氧化对亲水性有机物的去除效果。

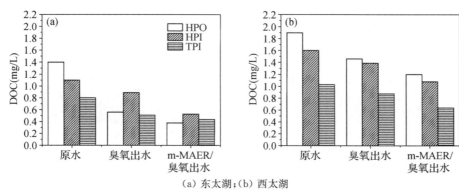

（a）东太湖；（b）西太湖

图 4-79　原水、臭氧出水和 m-MAER/臭氧组合工艺出水有机物亲疏水性分级

从有机物分子量分布来分析,臭氧氧化易于去除大分子量有机物,而 m-MAER 对中小分子量的有机组分去除效果较好(图 4-80)。m-MAER 有效强化了臭氧氧化工艺对中小分子量有机物的去除效果。该结论可借助水样的三维荧光分析得以验证,由三维荧光谱图可见,经 m-MAER 预处理后,代表小分子有机物(富里酸和 SMP)的三维分子荧光区域Ⅲ和区域Ⅳ的面积明显减小(图 4-81)。组合工艺实现了对各级分子量有机物的协同去除,强化了原水中有机物的臭氧氧化处理效能。

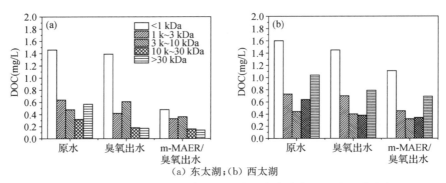

（a）东太湖；（b）西太湖

图 4-80　原水、单独臭氧出水和组合工艺出水有机物分子量分布

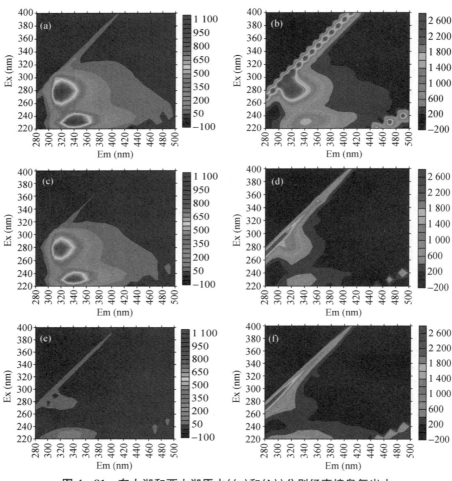

图 4-81　东太湖和西太湖原水（（a）和（b））分别经直接臭氧出水
（（c）和（d））和组合用工艺出水（（e）和（f））三维荧光谱图

4.7.4 MSEP 及其改性材料/混凝组合工艺

以西太湖某入湖口原水为对象,构建 MSEP 及其改性材料预处理/混凝组合工艺(见图 4-82),探讨 MSEP 及其改性材料的强化混凝作用,分析组合工艺的影响因素及絮凝体特征,明确 MSEP 及其改性材料预处理对强化混凝的技术条件。

图 4-82 MSEP 及其改性材料/混凝组合工艺流程

4.7.4.1 MSEP 及其改性材料/混凝组合工艺对水质的提升作用

同时兼顾水中浊度、藻细胞、腐殖质、ATZ 的去除效果,以 MSEP 及其改性材料(Chi@MSEP 和 MIP@MSEP)为预处理剂,与以 PAC 为混凝剂的混凝工艺联用处理有机复合污染水源水。与直接 PAC 混凝处理对比,原水经磁性黏土预处理后出水水质明显提升。其中尤以 Chi@MSEP 与 PAC 联用效果最好(图 4-83)。

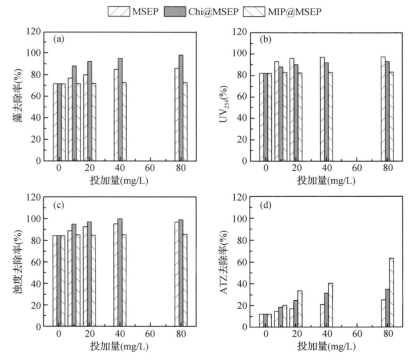

图 4-83 MSEP 及其改性材料/PAC 混凝组合工艺对藻(a)、UV$_{254}$(b)、浊度(c)及阿特拉津(d)的去除效果

Chi@MSEP 预处理对混凝效果的改善作用体现在以下三个方面:一是改变了水的 pH 值。PAC 的水解作用会导致水的 pH 值降低,影响 PAC 混凝作用的发挥。先于 PAC 投加的 Chi@MSEP,其表面壳聚糖膜内的高分子链上含有大量的氨基,氨基质子化作用可使水的 pH 值环境发生微调,增加水的碱度,抵消由于 PAC 水解可能带来的 pH 值的下降,维持水的 pH 值在 PAC 混凝作用所需的范围内。二是对小分子有机物的吸附作用。原水中的小分子溶解性有机物含量较多,而 PAC 混凝作用对相对分子量小于 10 kDa 的有机物去除效果较差。Chi@MSEP 预处理对水中小分子有机物的吸附去除,一定程度上提升了组合工艺对有机污染物的去除效率。三是对絮凝体结构的改善。Chi@MSEP 预处理可增加絮凝体的密实度,提升絮凝体的沉降效率。

4.7.4.2 影响 Chi@MSEP/混凝组合工艺的因素分析

以 Chi@MSEP 为例,重点考察原水 pH 值、搅拌强度及水温对组合工艺的影响。

(1) pH 值的影响

水的 pH 值对混凝效果的影响体现在两个方面:一是 pH 值的变化直接影响胶粒的表面荷电状态,zeta 电位随之改变,影响压缩双电层作用;二是 pH 值决定着混凝剂以何种优势形式存在于混凝体系中并充分发挥其混凝性能。由图 4-84 可知,原水 pH 值的变化对组合工艺出水中藻、UV_{254} 和浊度都有较大的影响。

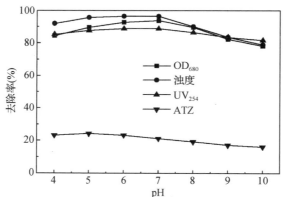

图 4-84 pH 值对 Chi@MSEP/PAC 混凝组合工艺去除藻、UV_{254}、浊度及阿特拉津的影响

天然水中的藻细胞表面带负电荷,HA 的零电位点约等于 pH 值 1.9,在天然水正常的 pH 值范围内(6~9),HA 的表面也带负电荷。而混凝剂 PAC 适用于弱酸性、中性及弱碱性的 pH 环境(pH 值 5~9),在此范围内,PAC 具有最大的吸附架桥性能,可借助吸附-电中和作用、网捕作用实现对负电性藻和 HA 的沉淀去除;

组合工艺中壳聚糖的 pKa 值约为 6.2～7.0。在弱酸性条件下,壳聚糖分子中的氨基质子化后带正电,可通过静电中和作用吸附去除藻细胞和 HA;再者,壳聚糖相邻分子链上的质子化氨基间存在静电斥力,致使 MSEP 表面的壳聚糖网状结构呈松散状态,舒展的高分子链伸向溶液中,对污染物具有一定的吸附架桥和网捕卷扫作用。可见壳聚糖的吸附架桥和网捕卷扫作用也是提高组合工艺对负电性物质去除率的因素。综合以上分析,Chi@MSEP 的预处理作用,在 PAC 适宜的 pH 值范围内可强化对有机复合污染的混凝效果。

(2) 搅拌时间及搅拌强度的影响

水力条件对混凝效果有重要影响,而搅拌强度(用速度梯度 G 值表示)和搅拌时间(t)是混凝工艺最为重要的两个控制参数。混凝过程由混合和絮凝两个阶段构成,二者在整个混凝过程中的目的不同,其对 G 值和 t 值的要求也有异。前者要达到药剂迅速且均匀地分散到水中的目的,因此需要较高的 G 值(常见 200～1 000 s^{-1})和较低的 t 值(不超过 2 min);后者要实现颗粒碰撞凝聚并逐渐形成大的絮凝体,所以 G 值不能过大(一般 20～70 s^{-1})、t 值不能过小(常见 10～30 min)。

在六联搅拌机上进行混凝试验,搅拌分快搅和慢搅两个阶段。在快搅阶段先投加 20 mg/L 的 Chi@MSEP,在设定的快搅强度下快速搅拌一定的时间(定义为快搅时间 1),而后加入 10 mg/L 的 PAC,以同样的快搅拌强度再搅拌 2 min(定义为快搅时间 2)完成混合过程;在慢搅阶段,以设定的搅拌强度搅拌一定时间,完成絮凝过程。

取快搅速度、快搅时间 1、慢搅速度和慢搅时间四个影响因素,每个影响因素考察 3 个水平(表 4-26),利用正交试验研究搅拌时间及搅拌强度对 Chi@MSEP/PAC 组合强化混凝的影响(见表 4-27),以藻去除率(OD_{680})为监测指标。

表 4-26　Chi@MSEP/PAC 混凝组合工艺试验各因素相应水平表

水平	因　　素			
	快搅强度(r/min)	快搅时间 1(min)	慢搅强度(r/min)	慢搅时间(min)
1	300	2	100	15
2	250	1.5	80	10
3	200	1	50	5

由正交试验结果,各因素对组合工艺强化混凝效果影响的主次为:慢搅强度＞快搅时间 1＞慢搅时间 > 快搅强度。对应的最佳水平组合为:慢搅强度及时间分别选 50 r/min 和 10 min,快搅强度和快搅时间 1 分别为 200 r/min 和 2 min。另外,从搅拌时间分析组合工艺的效能,Chi@MSEP 的预处理时间(即快搅时间 1)越

长,处理效果越好。这是由于较长的预处理时间可保证 Chi@MSEP 与污染物分子间充分接触,有益于发挥 Chi@MSEP 的吸附性能。而慢搅时间过短,PAC 的分子链来不及充分发挥其对目标物分子的吸附-电中和、吸附架桥作用;慢搅时间过长,对水流的剪切作用越明显,也不利于 PAC 吸附架桥作用的发挥,同时会加重对絮凝体的破坏作用,导致絮凝体中的有机物再次释放进入水体。

表 4 - 27 Chi@MSEP/PAC 混凝组合工艺正交试验($L_9(3^4)$)结果及分析

试验序号	因素及水平				指标
	快搅速度 (r/min)	快搅时间 1 (min)	慢搅速度 (r/min)	慢搅时间 (min)	OD_{680} 去除率
1	300	2	100	15	75
2	300	1.5	80	10	82
3	300	1	50	5	80
4	250	2	80	5	81
5	250	1.5	50	15	78
6	250	1	100	10	74
7	200	2	50	10	92.1
8	200	1.5	100	5	71
9	200	1	80	15	83
K_1	237	248	220	236	—
K_2	233	231	246	248	—
K_3	246	237	250	232	—
$\overline{K_1}$	79	83	73	79	—
$\overline{K_2}$	78	77	82	83	—
$\overline{K_3}$	82	79	84	78	—
R	4	6	10	5	—

(3) 水温的影响

水温对混凝效果影响显著(图 4 - 85)。当水温从 5 ℃升高至 35 ℃时,藻、浊度和 UV_{254} 的去除率均随水温的升高先升后降,并于 25 ℃时达到最高值(藻、浊度及 UV_{254} 的去除率分别达到 94.8%、96.5%、88.8%)。在整个升温过程中,对 ATZ 的去除率呈逐渐升高的趋势。导致四种污染物去除效果不同的原因可能在于去除机理的不同。藻、UV_{254} 和浊度的去除主要是依靠混凝剂 PAC 的吸附—电中和、吸附架桥及高分子沉淀网捕卷扫作用。低温不利于 PAC 水解生成带正电的高价阳离子聚合体,限制了其吸附—电中和、吸附架桥及高分子沉淀网捕卷扫作用的发挥。此外,温度对水体的黏度影响较大,较高的水温可降低水的黏滞性,有利于颗粒物的移动并发生有效碰撞。同时,搅拌产生的水流剪切力也因水的黏滞性降低而减小,有利于生成大的絮凝体。但水温过高会导致混凝反应的速率过快,形成的絮凝体微小而影响混凝的效果;ATZ 的去除则主要依靠 Chi@MSEP 的吸附作用。Chi@MSEP 对 ATZ 的吸附为吸热反应,水温的升高有利于吸附的进行。Liu 等的研究发现,用壳聚糖有机改性后的海泡石吸附去除水中的 ATZ 时,水温的升高有利于吸附效能的增强。

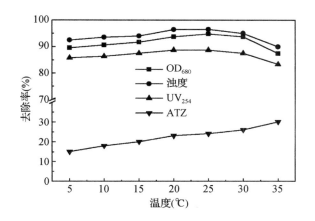

图 4 - 85　水温对 Chi@/MSEP/PAC 混凝组合工艺去除藻、UV$_{254}$、浊度及阿特拉津的影响

4.7.4.3　Chi@MSEP/混凝的絮凝体特性分析

絮凝体特性影响联用工艺净水效果。利用絮凝体的分形维数值(计算公式见式 4 - 15)可以表征絮凝体的密实度及沉降性能。絮凝体的分形维数值越大形成的絮凝体就越密实,其沉降性能也就越好;反之,分形维数值越小,絮凝体就越疏松,越不易沉降,出水水质越差。

$$\ln A = D_f \ln L + C \qquad\qquad (式 4 - 15)$$

式 4 - 15 中,A 表示单个絮凝体的投影面积(m^2);L 表示单个絮凝体投影周长(m);D_f 为二维分形维数,可由 $\ln A$ 对 $\ln L$ 作图,根据线性拟合所得直线的斜率求得;C 为常数。

对比分析单独 PAC 混凝以及 Chi@MSEP/PAC 组合时,不同投加量所形成的絮凝体几何特征及分形维数值,见表 4 - 28。

表 4-28 不同药剂投加量时絮凝体分形维数计算表

项目	PAC 投加量 (mg/L)	Chi@MSEP 投加量 (mg/L)	絮凝体平均投影面积 A ($\times 10^{-12}$ m^2)	絮凝体平均投影周长 L ($\times 10^{-6}$ m)	分形维数 D_f
1	5	—	2 325	259.4	0.978
2	10	—	2 937	261.4	1.122
3	20	—	3 386	297.5	1.019
4	10	10	34 404	990.6	1.195
5	10	20	35 021	1 144.9	1.234
6	10	40	35 952	1 165.8	1.292
7	5	20	33 817	909.4	1.128
8	10	20	35 021	1 144.9	1.234
9	20	20	37 055	1 195	1.201

随着 PAC 投加量的增加,直接混凝形成的絮凝体分形维数先增加后减小;固定 PAC 投加量、改变 Chi@MSEP 投加量,组合工艺形成的絮凝体分形维数随着 Chi@MSEP 投加量的增加而增大;固定 Chi@MSEP 投加量,改变 PAC 投加量,组合工艺形成的絮凝体分形维数变化趋势与无 Chi@MSEP 预处理的变化趋势基本一致,呈现随 PAC 投加量增加先增大后减小的趋势,只是在相同的 PAC 投量下,有 Chi@MSEP 预处理形成的絮凝体分形维数明显大于无 Chi@MSEP 预处理的情况。可见 Chi@MSEP 预处理可以显著改变絮凝体结构,增加絮凝体的密实度,有效提升混凝效率。

基于以上分析,先投加磁性介质预处理再投加混凝剂 PAC 的操作,即先充分发挥磁性介质的吸附性能,实现对有机物的预处理,再借助混凝作用实现对有机复合污染物的有效去除。

[参考文献]

[1] Dong C L, Chen W, Liu C. Preparation of novel magnetic chitosan nanoparticle and its application for removal of humic acid from aqueous solution[J]. Applied Surface Science, 2014, 292: 1067-1076.

[2] 蒲生彦,王可心,马慧,等. 磁性壳聚糖凝胶微球对水中 Pb(Ⅱ)的吸附性能[J],中国环境科学, 2018, 38(4): 1364-1370.

[3] 贺盛福,张帆,程深圳,等. 聚丙烯酸钠包覆 Fe$_3$O$_4$ 磁性交联聚合物的制备及其对 Pb(Ⅱ)和 Cd(Ⅱ)的吸附性能[J]. 化工学报, 2016, 67(10): 4290-4299.

［4］ 哈丽丹·买买提，张云飞，古尼萨柯孜·伊斯拉木，等. 纤维素基磁性吸附剂的制备及其吸附金属离子性能［J］. 功能材料，2018，49(2)：2174－2182.

［5］ Peng X M，Hu F P，Zhang T，et al. A mine-functionalized magnetic bamboo-based activated carbon adsorptive removal of ciprofloxacin and norfloxacin：A batch and fixed-bed column study［J］. Bioresource Technology，2018，249：924－934.

［6］ Peng X J，Luan Z K，Zhang H M. Montmorillonite-Cu(Ⅱ)/Fe(Ⅲ) oxides magnetic material as adsorbent for removal of humic acid and its thermal regeneration［J］. Chemosphere，2006，63(2)：300－306.

［7］ Mockoviakova A，Orolinova Z，Skvarla J. Enhancement of the bentonite sorption properties［J］. Journal of Hazardous Materials，2010，180(1－3)：274－281.

［8］ Fan Q H，Li P，Chen Y F，et al. Preparation and application of attapulgite/iron oxide magnetic composites for the removal of U(Ⅵ) from aqueous solution［J］. Journal of Hazardous Materials，2011，192(3)：1851－1859.

［9］ 王维清，冯启明，董发勤. 磁性海泡石的制备及表征［J］. 水处理技术，2010，36(7)：40－42，49.

［10］ 杜婷，戴友芝，王未平，等. 磁性海泡石-好氧微生物耦合体系处理苯酚-铬复合废水影响因素研究［J］. 水处理技术，2012，38(8)：92－95.

［11］ 陈卫，马龙，刘海成. 磁改性海泡石对水源水中腐殖酸的吸附性能［J］. 河海大学学报(自然科学版)，2017，45(2)：109－115.

［12］ 韩志刚，陈卫，刘成，等. MIEX® 处理某湖泊水源水中试研究［J］. 给水排水，2009，7(35)：21－24.

［13］ Ding L，Wu C，Deng H，et al. Adsorptive characteristics of phosphate from aqueous solutions by MIEX® resin［J］. Journal of Colloid and Interface Science，2012，376(1)：224－232.

［14］ Chen W，Liu Y，Liu C. The Preparation and Use of Magnetic Poly (Glycidyl Methacrylate) Resin in Drinking Water Treatment［J］. Journal of Applied Polymer Science，2013，130(1)：106－112.

［15］ 王琼杰. 基于新型磁性强碱离子交换树脂净化的水源水深度处理技术研究［D］，南京：南京大学，2014.

［16］ Fu L，Shuang C，Liu F，et al. Rapid removal of copper with magnetic poly-acrylic weak acid resin：Quantitative role of bead radius on ion exchange［J］. Journal of Hazardous Materials，2014，272：102－111.

［17］ Zhang M，Li A，Zhou Q，et al. Effect of pore size distribution on tetracycline adsorption using magnetic hypercrosslinked resins［J］. Microporous and Mesoporous Materials，2014，184：105－111.

［18］ Zhang M，Zhou Q，Li A，et al. A magnetic sorbent for the efficient and rapid extraction of organic micropollutants from large-volume environmental water samples［J］. Journal of

Chromatography A，2013，1316：44-52.

[19] 马放，周家辉，郭海娟，等. 磁性活性炭的制备及其吸附性能[J]. 哈尔滨工业大学学报，2016，48(2)：50-56.

[20] Liu H C，Chen W，Liu C，et al. Magnetic mesoporous clay adsorbent：Preparation，characterization and adsorption capacity for atrazine [J]. Microporous and Mesoporous Materials，2014，194：72-78.

[21] Liu H C，Chen W. Magnetic mesoporous imprinted adsorbent based on Fe_3O_4-modified sepiolite for organic micropollutant removal from aqueous solution [J]. RSC Advances，2015，5(34)：27034-27042.

[22] Sahu U K，Sahu S，Mahapatra S S，et al. Synthesis and characterization of magnetic bio-adsorbent developed from Aegle marmelos leaves for removal of As(V) from aqueous solutions[J]. Environmental Science and Pollution Research，2019，26(1)：946-958.

[23] Wang F. Novel high performance magnetic activated carbon for phenol removal：equilibrium，kinetics and thermodynamics[J]. Journal of Porous Materials，2017，24(5)：1309-1317.

[24] Guo F Q，Li X L，Jiang X C，et al. Characteristics and toxic dye adsorption of magnetic activated carbon prepared from biomass waste by modified one-step synthesis[J]. Colloids and Surfaces A-Physicochemacal and Engineering Aspects，2018，555：43-54.

[25] Rott E，Nouri M，Meyer C，et al. Removal of phosphonates from synthetic and industrial wastewater with reusable magneticadsorbent particles[J]. Water Research，2018，145：608-617.

[26] 王进，陈卫，刘成. 磁粉与PAM联用强化饮用水处理的试验研究[J]. 科学技术与工程，2014，14(5)：197-200.

[27] 刘海成. 改性海泡石研发及其对饮用水有机复合污染物净化作用机理研究[D]. 南京：河海大学，2015.

[28] 刘煜，陈卫，刘成，等. 2种磁性离子交换树脂对水源水中有机物去除特性对比研究[J]. 中南大学学报(自然科学版)，2016，47(6)：2174-2180.

[29] 张玉玲，李旭东，张利平，等. 磁性离子交换树脂的制备及其对Cl^-吸附性能[J]. 化工进展，2018，37(8)：3051-3055.

[30] 陈卫，陈文，刘成，等. 磁性树脂预处理对粉末活性炭吸附水中卡马西平的影响[J]. 中国环境科学，2014，34(3)：630-637.

[31] 刘成，张谦，曹军，等. 磁性离子交换树脂组合工艺对地下水中硝酸盐的去除效能[J]. 给水排水，2014，40(1)：130-134.

[32] 李为兵，陈卫，袁哲，等. 磁性离子交换树脂处理南方湖泊水的中试研究[J]. 中国给水排水，2011，27(1)：5-7,11.

[33] Imbrogno A，Tiraferri A，Abbenante S，et al. Organic fouling control through magnetic ion exchange-Nanofiltration (MIEX®-NF) in water treatment [J]. Journal of Membrane

Science，2018，549：474－485.

[34] 徐灏龙，王长智. 磁性混凝剂的制备及其在磁过滤工艺中的应用[J]. 中国给水排水，2011，27(9)：88－90.

[35] 徐灏龙，王长智，章一丹. 磁性絮凝剂的制备、表征及其絮凝性能研究[J]. 给水排水，2009，35：319－322.

[36] Hatamie A，Parham H，Zargar B，et al. Evaluating magnetic nano-ferrofluid as a novel coagulant for surface water treatment，Journal of Molecular Liquids[J]. 2016，219：694－702.

[37] Zhang M，Xiao F，Xu X Z，et al. Novel ferromagnetic nanoparticle composited PACls and their coagulation characteristics[J]. Water Research，2012，46：127－135.

[38] 苏毅严，段淑娥. Fe_3O_4-PAC 磁絮凝剂的制备及其絮凝性能研究[J]. 应用化工，2014，43(10)：1775－1777，1783.

[39] 尤雯，刘海成，曹家炜，等. 磁性壳聚糖接枝聚丙烯酰胺去除水体中腐殖酸[J]. 环境科学，2018，39(12)：5532－5540.

[40] Moussavi G，Khosravi R. Removal of cyanide from wastewater by adsorption onto pistachio hull wastes：parametric experiments，kinetics and equilibrium analysis[J]. Journal of Hazardous Material，2010，183(1－3)：724－730.

[41] Liu H C，Chen W，Cui B，et al. Enhanced atrazine adsorption from aqueous solution using chitosan-modified sepiolite[J]. Journal of Central South University，2015，22(11)：4168－4176.

第**5**章
饮用水臭氧-生物活性炭
深度处理强化技术

5.1 概述

目前臭氧-生物活性炭深度处理技术在水厂中应用广泛,有效解决了水中有机物及其引起的水质化学安全性问题,提升了出水水质。然而在实际应用中,溴酸盐、含氮消毒副产物等问题比较突出,受到高度重视。

我国部分地区(尤其是水产养殖的河网地区)水源水中溴离子含量较高,其在臭氧氧化过程中可产生具有危害性的溴酸盐。近年来随着水质检测技术的提升导致含氮消毒副产物在饮用水中的检出种类及频率日益增多。

本章主要结合平原河网地区典型水源水质特征,基于臭氧-生物活性炭技术的基本特点,研究溴离子在臭氧氧化过程中的转化及溴酸盐的生成机制,探讨含氮有机物在臭氧-生物活性炭处理过程中的转化规律及对工艺出水中颗粒物和生物安全等问题的控制技术措施。

5.2 臭氧-生物活性炭净化中溴离子转化与溴酸盐生成控制

原水中溴离子(Br^-)浓度较高时,水中的 Br^- 经臭氧氧化后会转化生成溴酸盐(BrO_3^-),水厂出水 BrO_3^- 浓度有超标风险。水中 Br^- 的存在还可能导致臭氧氧化阶段有机溴化物和氯化消毒阶段溴代消毒副产物的生成等问题。因此,本节在研究确定 BrO_3^- 生成途径和主要影响要素基础上,针对臭氧氧化工艺中 Br^- 的分配进行系统研究,以寻求控制 BrO_3^- 及溴代消毒副产物生成的有效途径。

5.2.1 臭氧氧化阶段溴酸盐生成规律及其影响因素研究

臭氧氧化过程中溴酸盐生成影响试验以去离子水为本底,配置含溴离子的水样,对其进行单独臭氧氧化。考虑到 Br^- 臭氧氧化过程中的中间产物只有 $HOBr/OBr^-$ 比较稳定,因此对 Br^- 的分配关系主要围绕 BrO_3^-、Br^-、$HBrO/BrO^-$ 三种形式的溴元素进行讨论。考虑到臭氧氧化过程中影响 BrO_3^- 生成的因素较多,本研究结合实际处理工艺和太湖流域水源水的水质特点,采用响应面方法,针对影响 BrO_3^- 生成的主要因素进行探讨。

5.2.1.1 响应面试验设计与数据分析

响应面试验设计是数学方法和统计方法结合的产物,可对受多个变量影响的响应关系进行建模和分析。本研究根据 Box-Behnken 设计方法,固定温度、臭氧投加方式等条件,选取 Br^- 浓度、臭氧投加量、接触时间、pH 值为四个独立变量,并结合太湖原水处理工艺中砂滤池出水的水质情况选取各因素浓度范围,设计四因素三水平试验测定响应值 R_1:BrO_3^- 含量,响应值 R_2:$HBrO/BrO^-$ 含量,其试验设计因素水平及编码对照见表 5-1。

表 5-1 响应面试验设计因素水平及编码

自变量	编码水平		
	−1	0	1
X_1:初始 Br^- 浓度/($\mu g/L$)	100	300	500
X_2:臭氧投加量/(mg/L)	1	2	3
X_3:接触时间(min)	5	15	25
X_4:pH	6.8	7.4	8.0

注:+1=高水平,−1=低水平,0=中心点

研究采用软件 Design Expert 对数据进行分析,通过软件自动选择合适的模型方程类型,并在将试验数据回归拟合与方差分析后得到描述响应变量与自变量关系的经验模型,采用决定系数 R^2、F-test 对响应面模型的拟合程度、统计显著性进行衡量和检验。通过对模型的分析解释,结合溶解臭氧浓度、CT 值等,研究各因素对 BrO_3^- 生成量的影响及对 BrO_3^-、$HOBr^-/OBr^-$、Br^- 分配的影响。

5.2.1.2 试验结果与模型建立

试验的具体运行参数和相应响应值数据见表 5-2。

表 5－2　试验具体运行参数和相应响应值

序号	因素 X_1	因素 X_2	因素 X_3	因素 X_4	响应值 $R_1(\mu g/L)$	响应值 $R_2(\mu g/L)$
1	0	−1	0	1	50.6	49.4
2	0	0	1	−1	42.6	133.7
3	1	0	−1	0	36.7	150.2
4	0	1	0	1	117.3	75.6
5	−1	0	0	−1	8.9	47.5
6	1	1	0	0	109.1	227.7
7	1	0	0	1	131.9	87.2
8	0	0	0	0	46.2	116.3
9	0	1	−1	0	28.4	119.2
10	0	−1	1	0	24.7	72.7
11	0	1	0	−1	51.2	180.2
12	0	0	1	1	107.3	46.5
13	0	0	0	0	46.9	127.9
14	0	−1	−1	0	0	43.6
15	0	−1	0	−1	10.6	113.4
16	0	1	1	0	97.8	110.5
17	−1	0	0	1	38.2	20.3
18	0	0	−1	1	68.2	69.8
19	0	0	0	0	45.0	98.8
20	1	−1	0	0	35.0	116.3
21	−1	−1	0	0	7.6	26.2
22	−1	0	1	0	28.9	21.3
23	1	0	1	0	97.3	150.2
24	1	0	0	−1	34.1	237.4
25	0	0	0	0	46.9	122.1
26	0	0	0	0	54.3	104.7
27	0	0	−1	−1	0	116.3
28	−1	1	0	0	34.0	43.6
29	−1	0	−1	0	11.8	32.0

根据试验结果,通过 Design Expert 软件分别对一次、二次和三次方程进行比较,其中二次方程符合两响应要求,故采用二次方程分别对 R_1,R_2 进行拟合,如式 5-1。

$$R = a_0 + \sum_{i=1}^{4} a_i x_i + \sum_{i=1}^{3} \sum_{j=2}^{4} a_{ij} x_i x_j + \sum_{i=1}^{4} a_{ii} x_i^2 + e \quad （式 5-1）$$

其中,R 为预测响应值;x_i、x_j 为自变量编码值;a_0、a_i、a_{ii}、a_{ij} 分别为偏移项、线性偏移、二阶偏移、交互作用系数;e 为误差项。

由响应面方法可以获得描述响应值 R_1、R_2 和各个因素之间关系的拟合模型,用下面的二次多项式模型式 5-2、式 5-3 来表达。

$$R_1 = 47.86 + 26.23X_1 + 26.12X_2 + 20.59X_3 + 31.39X_4 + 11.93X_1X_2 +$$
$$10.87X_1X_3 + 17.13X_1X_4 + 12.77X_2X_3 + 3.88X_2X_4 -$$
$$0.88X_3X_4 - 0.91X_1^2 - 2.33X_2^2 - 3.83X_3^2 + 8.69X_4^2 \quad （式 5-2）$$

$$R_2 = 113.95 + 64.84X_1 + 27.94X_2 + 0.32X_3 - 39.97X_4 + 23.50X_1X_2 +$$
$$2.66X_1X_3 - 30.77X_1X_4 - 9.45X_2X_3 - 10.17X_2X_4 - 10.17X_3X_4 -$$
$$7.44X_1^2 - 5.14X_2^2 - 19.19X_3^2 - 5.26X_4^2 \quad （式 5-3）$$

试验中采用方差分析分别对所得两项响应值的相应二次多项式模型进行充分性和显著性检查,其方差分析结果见表 5-3。

表 5-3　响应面二次多项式模型的方差分析(ANOVA)结果

R_1:溴酸盐生成量

变异来源	平方和	自由度	均方	F 值	p-value
模型	37 057.05	14	2 646.93	112.59	<0.000 1
X_1	8 253.01	1	8 253.01	351.05	<0.000 1
X_2	8 190.19	1	8 190.19	348.38	<0.000 1
X_3	5 088.20	1	5 088.20	216.43	<0.000 1
X_4	11 825.24	1	11 825.24	503.01	<0.000 1
X_1X_2	568.82	1	568.82	24.20	0.000 2
X_1X_3	473.06	1	473.06	20.12	0.000 5
X_1X_4	1 173.06	1	1 173.06	49.90	<0.000 1
X_2X_3	652.80	1	652.80	27.77	0.000 1
X_2X_4	60.06	1	60.06	2.55	0.132 3
X_3X_4	3.06	1	3.06	0.13	0.723 5
X_1^2	5.36	1	5.36	0.23	0.640 3

变异来源	平方和	自由度	均方	F 值	p-value
X_2^2	35.34	1	35.34	1.50	0.240 4
X_3^2	95.36	1	95.36	4.06	0.063 6
X_4^2	489.93	1	489.93	20.84	0.000 4
残差	329.13	14	23.51		
总变异	274.88	10	27.49	2.03	0.258 8

$(R^2=0.991\ 2, \text{Std. Dev}=4.85, \text{C. V.}=9.99)$

$$R_2：HOBr/OBr^- 生成量$$

变异来源	平方和	自由度	均方	F 值	p-value
模型	88 700.18	14	6 335.73	64.95	<0.000 1
X_1	50 454.21	1	50 454.21	517.22	<0.000 1
X_2	9 367.39	1	9 367.39	96.03	<0.000 1
X_3	1.25	1	1.25	0.01	0.911 4
X_4	19 172.41	1	19 172.41	196.54	<0.000 1
X_1X_2	2 208.67	1	2 208.67	22.64	0.000 3
X_1X_3	28.40	1	28.40	0.29	0.597 9
X_1X_4	3 786.13	1	3 786.13	38.81	<0.000 1
X_2X_3	357.04	1	357.04	3.66	0.076 4
X_2X_4	414.08	1	414.08	4.24	0.058 5
X_3X_4	414.08	1	414.08	4.24	0.058 5
X_1^2	358.77	1	358.77	3.68	0.075 8
X_2^2	171.08	1	171.08	1.75	0.206 6
X_3^2	2 387.74	1	2 387.74	24.48	0.000 2
X_4^2	179.25	1	179.25	1.84	0.196 7
残差	136 5.67	14	97.55		
总变异	784.27	10	78.43	0.54	0.804 6

$(R^2=0.984\ 8, \text{Std. Dev}=9.88, \text{C. V.}=10.01)$

根据方差分析，表 5-3 中 R_1、R_2 的 F 值远大于 1，p-value 均小于 0.000 1，说明两模型回归显著，能精度较高地模拟试验数据。在 R_1 的 ANOVA 中，X_1、X_2、X_3、X_4、X_1X_2、X_1X_3、X_1X_4、X_2X_3、X_4^2 为显著项，说明除四因素对 BrO_3^- 生成量有显著影响外，各因素间的交互作用也对其产生一定影响；R_2 的 ANOVA 中，X_1、X_2、X_4、X_1X_2、X_1X_4、X_3^2 为显著项，则接触时间对 $HOBr/OBr^-$ 生成量影响较小。

两响应值的模型"Lack of Fit p-value"项分别为 0.258 8、0.804 6,均远大于0.05,表明该模型可很好拟合试验数据。两模型的决定系数分别为 99.12%、98.48%,说明大部分变化可通过所得模型来预测,即在研究范围内,可用获得回归方程代替试验真实点对试验结果进行分析。因此,从方差分析和模型诊断多方面可看出,两响应面二次多项式模型均具高度显著性,能有效模拟和预测响应值。

5.2.1.3　影响因素的响应面分析

（1）臭氧氧化条件的影响

为直观说明各因素对 R_1、R_2 的影响,绘出两自变量为坐标的响应面图。臭氧氧化过程中的臭氧氧化条件包括臭氧投加量、接触时间、臭氧投加方式等,其中,BrO_3^- 的生成受臭氧投加量(X_2)与接触时间(X_3)的影响,见图 5-1。

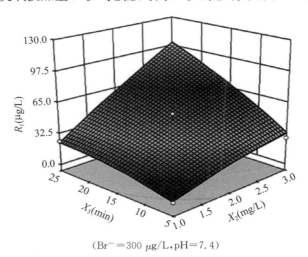

（$Br^-=300\ \mu g/L$,$pH=7.4$）

图 5-1　臭氧投加量(X_2)和接触时间(X_3)对 BrO_3^- 生成量的影响

图 5-1 中,BrO_3^- 生成量随臭氧投加量增加而增加。根据相关研究,在臭氧氧化过程中 BrO_3^- 生成途径复杂,主要通过臭氧分子(O_3)和羟基自由基($\cdot OH$)联合作用实现。在本研究中（图 5-2）,一方面臭氧投加量增加使溶解臭氧浓度大幅提高,如式 5-4～式 5-7,臭氧分子(O_3)直接氧化作用增强。

$$O_3 + Br^- \rightarrow BrO^- + O_2 \quad 160\ M^{-1} \cdot s^{-1} \qquad （式 5-4）$$

$$O_3 + BrO^- \rightarrow Br^- + 2O_2 \quad 330\ M^{-1} \cdot s^{-1} \qquad （式 5-5）$$

$$O_3 + BrO^- \rightarrow BrO_2^- + O_2 \quad 100\ M^{-1} \cdot s^{-1} \qquad （式 5-6）$$

$$O_3 + BrO_2^- \rightarrow BrO_3^- + O_2 \quad >10^5\ M^{-1} \cdot s^{-1} \qquad （式 5-7）$$

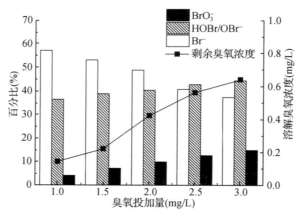

（Br⁻＝300 μg/L，接触时间＝15 min，pH＝7.4）

图 5 - 2　臭氧投加量对 BrO₃⁻、HOBr⁻/OBr⁻、Br⁻ 分配及溶解臭氧浓度的影响

另一方面，由图 5 - 2 和式 5 - 8 至式 5 - 10 可见，HOBr/OBr⁻ 随臭氧投加量增加而增大，羟基自由基（·OH）浓度亦因溶解臭氧浓度升高而维持在较高水平。

$$·OH+OBr⁻→BrO·+OH⁻\quad 4.5×10^9\ M^{-1}·s^{-1}\quad（式 5 - 8）$$

$$·OH+HOBr→BrO·+H_2O\quad 2×10^9\ M^{-1}·s^{-1}\quad（式 5 - 9）$$

$$2BrO·+H_2O→BrO_2⁻+BrO⁻+2H^+\quad 4.9×10^9\ M^{-1}·s^{-1}（式 5 - 10）$$

接触时间对 BrO₃⁻ 生成影响见图 5 - 1：5 min 时 BrO₃⁻ 生成量已接近 25 min 时生成量的 35%；15 min 后，BrO₃⁻ 生成量随接触时间增加而逐渐减缓。原因在于不同反应阶段的氧化活性物质种类的差异。反应初期主要通过氧化性较强的·OH氧化作用而快速生成 BrO₃⁻，后期臭氧因自身衰减等原因浓度显著降低，氧化作用减弱。方差分析的结果表明接触时间对 HOBr/OBr⁻ 的影响不显著。

因此，通过优化臭氧投加量、接触时间均可有效控制 BrO₃⁻ 生成。对于设置预臭氧氧化工艺的水厂，其预臭氧段接触时间一般在 5 min 左右，BrO₃⁻ 主要通过·OH氧化途径生成，可采用降低臭氧投加量进行控制，并实现减少溴代有机副产物生成的目的。

针对臭氧溶解浓度不能全部反映 BrO₃⁻ 生成情况的问题，采用 CT 值对 BrO₃⁻ 生成进行研究，CT 值即臭氧暴露值，可对溶解臭氧-接触时间的变化曲线进行积分求得。

图 5 - 3 分别为不同 Br⁻ 浓度、pH 值条件下，CT 值对 BrO₃⁻ 生成量的影响。可以看出 BrO₃⁻ 生成量与 CT 值间存在着一定的线性相关关系。其中，关系线斜率 k

即 BrO_3^- 生成势,k 值越大说明 BrO_3^- 生成势越大,BrO_3^- 生成量随 CT 值的变化越显著。

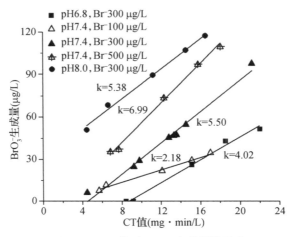

图 5-3　CT 值对 BrO_3^- 生成量的影响

由 BrO_3^- 生成量与 CT 值间的关系可知,CT 值可作为衡量臭氧氧化过程中 BrO_3^- 生成量的重要衡量指标,并可结合其他水质条件对 BrO_3^- 生成量进行预测。

(2) pH 和初始 Br^- 浓度的影响

初始 Br^- 浓度(X_1)、pH(X_4)对 BrO_3^-、$HOBr^-$/OBr^- 生成量影响见图 5-4、图 5-5,两者生成量均随 Br^- 浓度的升高呈线性增加,与式 5-4 至式 5-7 所示 O_3 直接氧化途径一致。

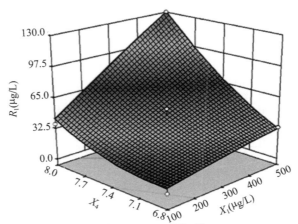

注:臭氧投加量 2 mg/L,接触时间 15 min

图 5-4　初始 Br^- 浓度(X_1)和 pH(X_4)对 BrO_3^- 生成量的影响

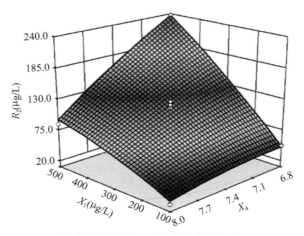

注:臭氧投加量 2 mg/L,接触时间 15 min

图 5－5　初始 Br$^-$ 浓度(X_1)和 pH(X_4)对 HOBr/OBr$^-$ 的影响

pH 值的升高使 BrO$_3^-$ 生成量大幅增加,而 HOBr/OBr$^-$ 生成量降低。分析认为,pH 值的升高,使中间产物多以 OBr$^-$ 形式存在,·OH 氧化作用增强;如图 5－6所示,溶解臭氧浓度则因 OBr$^-$ 与 O$_3$ 的反应降低,O$_3$ 直接氧化作用减弱。而·OH 与 OBr$^-$ 的反应常数大于 O$_3$,从而导致 BrO$_3^-$ 生成量增加,HOBr/OBr$^-$ 含量降低。

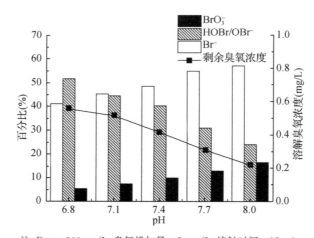

注:Br$^-$＝300 $\mu g/L$,臭氧投加量＝2 mg/L,接触时间＝15 min

图 5－6　pH 值对 BrO$_3^-$、HOBr/OBr$^-$、Br$^-$ 分配及溶解臭氧浓度的影响

由图 5－6 可知,在低 pH 值条件下,BrO$_3^-$、Br$^-$、HOBr/OBr$^-$ 的分配关系中多以 HOBr/OBr$^-$ 存在,此时臭氧氧化后溴代有机副产物的生成风险较高;而在高

pH 值条件下,除 BrO_3^- 外,Br^- 也处于较高水平,其作为消毒副产物前体物则会带来氯消毒后副产物生成量的增加。

因此,通过控制 pH 值可使 BrO_3^- 生成量、臭氧相对投加量均减小,而其对溴代有机副产物生成量的影响还有待在有机物存在条件下进一步研究。

(3)初始 Br^- 浓度与其他因素的交互影响

在 BrO_3^- 生成量的方差分析中,初始 Br^- 浓度与各因素的交互项均具显著性,表明此交互影响显著存在。考察 Br^- 浓度与各因素的交互影响,即不同 Br^- 浓度下 BrO_3^- 生成受各因素影响的差异,从而提出针对不同 Br^- 浓度的最佳控制措施。试验结果见图 5-7、图 5-8,r 为各设计因素编码值下 BrO_3^- 生成量占最大生成量的百分比,n 为影响面因素编码值。

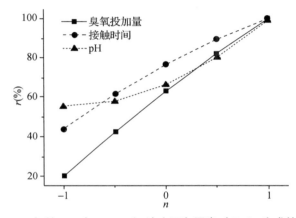

图 5-7 初始 Br^- 在 100 μg/L 浓度下各因素对 BrO_3^- 生成的影响

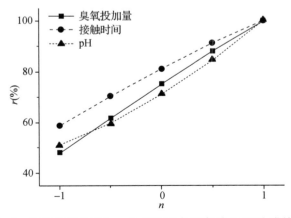

图 5-8 初始 Br^- 在 500 μg/L 浓度下各因素对 BrO_3^- 生成的影响

参考太湖原水中 Br^- 浓度在其正常范围值内(小于 300 $\mu g/L$),如为 100 $\mu g/L$ 时,降低臭氧投加量可使 O_3 直接氧化作用与 $\cdot OH$ 氧化作用均减弱,其对 BrO_3^- 生成量的影响最显著,可降低达 80%,见图 5-7。Br^- 浓度大于 300 $\mu g/L$,达到 500 $\mu g/L$ 时,较高水平的初始 Br^- 浓度使稳态 $\cdot OH$ 浓度相对较高,经 $\cdot OH$ 氧化途径生成的 BrO_3^- 比例增加,此时通过降低 pH 值可显著减弱 $\cdot OH$ 的氧化作用,降低 BrO_3^- 生成量,最高可降低 50% 左右,见图 5-8。根据静态小试试验结果,应根据不同时期水体中初始 Br^- 浓度水平进行溴酸盐控制技术选择,从而在保证处理效果和经济成本合理的同时,最大程度地减少 BrO_3^- 生成量。

(4) 氨氮含量的影响

采用超纯水配制不同浓度的氯化铵作为实验水样,考察臭氧氧化过程中氨氮含量变化对溴酸盐形成的影响(Br^- 浓度为 0.3 mg/L,臭氧投加量为 2 mg/L,pH 为 7.4,接触时间 15 min)。

如图 5-9 所示,水样中的氨氮能有效抑制含溴水臭氧氧化过程中 BrO_3^- 的生成。当水中氨氮含量为 1 $\mu mol/L$ 时,BrO_3^- 生成量相对未投加氨氮条件下降低了 30% 以上。随着氨氮含量在 1~6 $\mu mol/L$ 范围内的增长,氨氮对 BrO_3^- 的抑制作用更明显。当水中氨氮含量达到 10 $\mu mol/L$ 时,该抑制作用已基本稳定。分析认为,由于水中游离态的 NH_4^+ 会迅速与 Br^- 经臭氧氧化途径生成的中间产物 $HOBr/OBr^-$ 发生反应生成溴胺,且反应产物溴胺并不参与下一阶段的氧化反应,导致 OBr^- 的减少,从而减少了 BrO_3^- 的生成量。同时,在不同氨氮含量条件下,其含量的变化对水中剩余臭氧浓度并没有明显的影响,即可认为氨氮的投加并不会对臭氧的氧化效果产生影响。

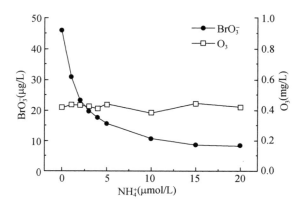

图 5-9　氨氮含量对溴酸盐生成量及剩余臭氧浓度的影响

5.2.2　臭氧氧化中溴类物质生成及其对溴代副产物影响

结合溴酸盐生成的影响因素，通过实验室模拟配水小试研究，对 BrO_3^- 和溴代消毒副产物的生成规律及关系进行考察，了解臭氧氧化阶段各影响溴类副产物生成的因素及各溴类物质之间分布变化规律，以探讨控制各溴类副产物生成的有效途径。

引入溴代因子 $n(Br)$ 表征 THMFP、HAAFP 中溴代程度，表示溴对 DBPs 的贡献大小。它是无量纲因数，n 值越大说明溴的取代程度越高，计算方法如下：

$$n(Br)_{THMs} = \frac{c(CHBrCl_2FP) + 2c(CHBr_2ClFP) + 3c(CHBr_3FP)}{c(THMFP)} \quad (0 \leqslant n \leqslant 3)$$

（式 5 - 11）

$$n(Br)_{HAA} = \frac{c(CHBrCl_2FP) + 2c(CHBr_2ClFP) + 3c(CHBr_3FP)}{c(HAAFP)} \quad (0 \leqslant n \leqslant 3)$$

（式 5 - 12）

并考察各溴类物质中溴元素分别占初始 Br^- 的百分比，其计算方法如下。

$$\frac{THMFP - Br}{Br^-}(\%)$$
$$= [THMFP - Br \text{ 中 } Br^-]/[Br^-] \times 100(\%)$$
$$= \frac{79.9([CHCl_2BrFP]/163.8 + 2[CHClBr_2FP]/208.25 + 3[CHBr_3FP]/252.7)}{[Br^-]}$$
$$\times 100(\%)$$
$$= (0.487 \times [CHCl_2BrFP] + 0.767 \times [CHClBr_2FP] + 0.949 \times [CHBr_3FP])$$
$$\times 100/[Br^-](\%) \quad\quad\quad （式 5 - 13）$$

$$\frac{HAAFP - Br}{Br^-}(\%)$$
$$= [HAAFP - Br \text{ 中 } Br^-]/[Br^-] \times 100(\%)$$
$$= \frac{79.9([CH_2BrCOOHFP]/138.9 + 2[CHBr_2COOHFP]/217.8)}{[Br^-]} \times 100(\%)$$
$$= (0.575 \times [CH_2BrCOOHFP] + 0.734 \times [CHBr_2COOHFP]) \times 100/[Br^-](\%)$$

（式 5 - 14）

$$\frac{BrO_3^- \text{ 中 } Br^-}{Br^-}(\%) = [BrO_3^- \text{ 中 } Br^-]/[Br^-] \times 100(\%)$$
$$= \frac{0.625 \times [BrO_3^-]}{[Br^-]} \times 100(\%) \quad\quad （式 5 - 15）$$

采用 TOBr 代表总有机溴，对臭氧氧化过程中有机溴化物的生成进行评估。

$$\frac{\text{TOBr 中 Br}^-}{\text{Br}^-}(\%)=[\text{TOBr}]/[\text{Br}^-]\times100(\%) \qquad (\text{式}5-16)$$

5.2.2.1　臭氧投加量的影响

在臭氧氧化试验中发现臭氧氧化除生成 BrO_3^- 外，还有少量的有机溴化物生成。图 5-10 为 O_3 投加量与 SUVA、BrO_3^- 和 $TOBr_0$ 生成量关系图，其中 $TOBr_0$ 为臭氧氧化后有机溴化物生成量。未通入 O_3 时，初始 $TOBr_0$ 浓度为 2 $\mu g/L$，随 O_3 投加量达到 0.5 mg/mg DOC 时，其生成量降低至最低，此后随 O_3 投加量的增加，$TOBr_0$ 持续增长；BrO_3^- 生成量则在 O_3 投加量达到 0.5 mg/mg DOC 后迅速增加。这表示臭氧优先与反应活性高的共存化合物反应，待共存化合物完全氧化后才会继续反应生成 BrO_3^-，这也从另一方面说明共存化合物会导致 BrO_3^- 的生成量减少。

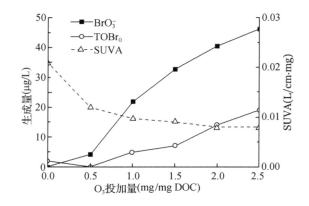

注：初始 Br^- 浓度=500 $\mu g/L$，pH=7.4，接触时间=15 min，DOC=2 mg/L

图 5-10　O_3 投加量与 SUVA、BrO_3^- 和 TOBr 生成量的关系

图 5-11 显示 SUVA 值的降低与 BrO_3^- 及 TOBr 生成量间的关系。SUVA 值是 UV_{254} 与 DOC 的比值，可以用来表征水中芳香性有机碳或含共轭不饱和双键有机物的含量在总有机物中所占的比例。当 SUVA 降低至 0.012 时，才会有 BrO_3^- 和 TOBr 快速生成。分析认为，在臭氧反应初期，O_3 与含双键或芳香性有机类物质反应，如含酚基类，O_3 与其反应速率是与 Br^- 的 10^4 倍。因此，在臭氧氧化初期中间产物 $HOBr/OBr^-$ 被大量消耗，抑制了 BrO_3^-、有机溴化物的生成。

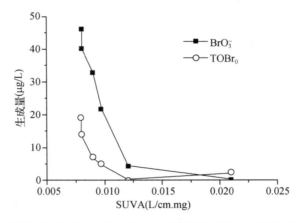

注:初始 Br⁻ 浓度＝500 μg/L,pH＝7.4,接触时间＝15 min,DOC＝2 mg/L

图 5-11 SUVA 与有机溴化物的关系

进一步考察在不同 Br⁻ 浓度下,O₃ 投加量对各溴类物质生成的影响。图 5-12 显示在低 Br⁻ 浓度下,BrO₃⁻ 生成量处于低水平,O₃ 投加量升至 1.5 mg/mg DOC, BrO₃⁻ 生成量仍小于 10 μg/L。图 5-13 所示高 Br⁻ 浓度下,BrO₃⁻ 随 O₃ 投加量增加呈稳步上升趋势,从 0.08 μmol/L 增加到 0.55 μmol/L。所以,控制水中 Br⁻ 浓度是控制 BrO₃⁻ 生成的首要途径,其次在 Br⁻ 质量浓度较低情况下,控制 O₃ 投加量低于 1.5 mg/mg DOC 可有效地减少 BrO₃⁻ 生成。

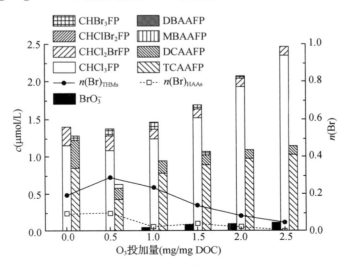

注:Br⁻ 浓度＝100 μg/L,pH＝7.4,接触时间＝15 min,DOC＝2 mg/L

图 5-12 O₃ 投加量对各溴类物质生成的影响

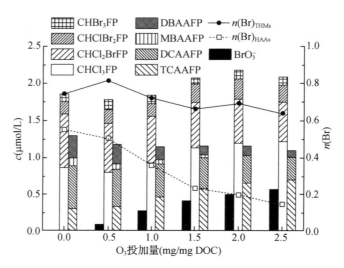

注：Br$^-$浓度＝900 μg/L,pH＝7.4,接触时间＝15 min,DOC＝2 mg/L

图 5 - 13　O$_3$投加量对各溴类物质生成的影响

当 O$_3$ 投加量在 0～0.5 mg/mg DOC 范围内时,THMFP、HAAFP 均略有降低,而 n(Br)THMs 却分别从 0.19、0.74 上升至 0.29、0.81。这是由于臭氧氧化改变了水中有机物表面电荷和反应活性,氯代反应的活性取代位置减少;而通入臭氧后,Br$^-$ 极易被氧化成高反应活性的 HOBr/OBr$^-$。由于 HOBr 的亲电性比 HClO 强,有机物被氧化后 HOBr 能够更快地与负碳离子发生取代反应生成 THMFP-Br、HAAFP-Br,使溴代程度增加。

当初始 Br$^-$ 浓度为 100 μg/L 时,随 O$_3$ 投加加量(＞0.5 mg/mg DOC)增加,THMFP、CHCl$_3$FP 生成量逐渐升高,而 THMFP-Br 所占总 THMFP 比例下降;在 Br$^-$ 浓度为 900 μg/L 时,由于 Br$^-$ 浓度增大使 THMFP 的溴代程度有所提高,但 n(Br)THMs 受 O$_3$ 投加量影响并不大,在 0.7 左右平缓变化。对比两种 Br$^-$ 浓度下 n(Br)THMs 相差数倍,可知 Br$^-$ 浓度对 THMFP 溴代程度的影响大于 O$_3$ 投加量对其的影响。

图 5 - 14 为 O$_3$ 投加量对 Br$^-$ 分配的影响。可以看出,TOBr 生成随 O$_3$ 投加量显著增加,TOBr 中 Br$^-$ 占初始 Br$^-$ 浓度比例从 1.8%增加到 6.2%,而 THMFP-Br$^-$ 占 Br$^-$ 的比例变化在 0.5 mg/mg DOC 处达到最大,HAAFP-Br 占 Br$^-$ 的比例则随 O$_3$ 投加量增加而逐渐降低。初始 Br$^-$ 转化成 BrO$_3^-$ 的比例从 0.4%增加到 14.1%。说明即使在低 Br$^-$ 浓度条件下,O$_3$ 投加量增加虽可使消毒副产物生成势的溴代程度降低,但过高的投加量仍导致臭氧氧化阶段 BrO$_3^-$ 或有机溴化物的生成量增加。

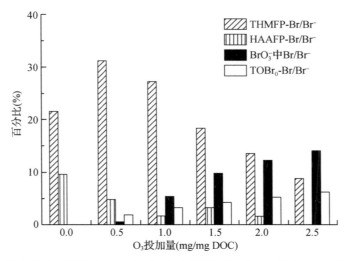

注:初始 Br⁻ 浓度＝100 μg/L,pH＝7.4,接触时间＝15 min,DOC＝2 mg/L

图 5-14 O₃ 投加量对 Br⁻ 分配的影响

5.2.2.2 接触时间的影响

图 5-15 为臭氧接触时间对各含溴类物质生成的影响。由图 5-15 可知,除在臭氧氧化反应初期,THMFP、HAAFP 生成量略有下降外,其他随接触时间的延长而维持稳定。分析认为,臭氧氧化改变了水中有机物的表面电荷和反应活性,减少了氯代反应的活性取代位置,从而使 THMFP、HAAFP 生成量下降。

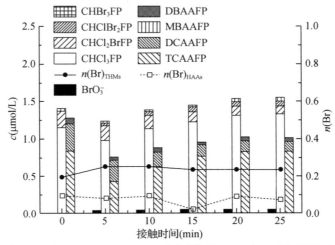

注:初始 Br⁻ 浓度＝100 μg/L,pH＝7.4,臭氧投加量＝1 mg/mgDOC,DOC＝2 mg/L

图 5-15 接触时间对含溴类物质生成的影响

5.2.2.3 pH 值的影响

图 5-16 为臭氧与有机物浓度比在 1 mg/mg DOC 条件下，pH 值与 BrO_3^- 和 $TOBr_0$ 生成量关系。可见，降低 pH 值时因 O_3 不断与 Br^- 反应生成 $HOBr/OBr^-$，再与 NOM 反应生成 TOBr，从而会导致溴代副产物生成量的增加，但却可使 BrO_3^- 生成量大幅降低。

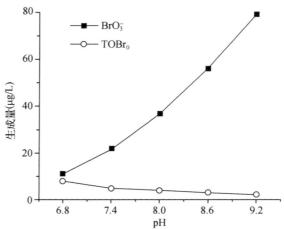

注：初始 Br^- 浓度＝500 $\mu g/L$，O_3 投加量＝1 mg/mgDOC，接触时间＝15 min，DOC＝2 mg/L

图 5-16 pH 与 BrO_3^- 和 TOBr 生成量关系图

图 5-17 显示在未通臭氧条件下，pH 值对各溴类物质生成的影响。由图 5-17 可知，随 pH 值升高 THMFP 显著增加，HAAFP 在 pH＝8.0 处达到最高值后缓慢下降。

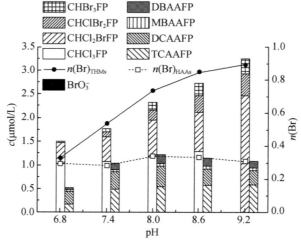

注：初始 Br^- 浓度＝500 $\mu g/L$，DOC＝2 mg/L

图 5-17 pH 对各溴类物质生成的影响（未通臭氧）

分析认为,一方面由于 pH 会影响水中有机物(特别是腐殖质)的存在形态,在酸性条件下腐殖质的酸性官能团不能解离,因而分子之间由于范德华力的作用而产生聚集或絮凝,减少了氯进攻的活性位置。因此,pH 值升高,有机物表面电荷和反应活性提高,碱催化反应强化了卤仿取代反应,THMs 增加。此外,由于氯化反应最后一步是氯化中间体在碱催化下水解而形成 THM 和 HAAs,因此 pH 值的升高利于卤代烃生成反应。

另一方面,pH 值变化会改变 $HOCl/OCl^-$ 和 $HOBr/OBr^-$ 的存在形式,卤乙酸的生成则是 Cl^+、Br^+ 对有机物中电荷密度高部位的亲电加成所致。Cl^+ 以 ClO^- 状态存在时,由于其带负电,不易接近反应的活性位置导致反应困难。有研究表明,在碱性条件下,由于 ClO^- 氧化能力减弱,导致 BrO^- 生成相对困难,因此溴对 THMs 的贡献在碱性条件下较低。所以 pH 值越高,ClO^- 比例越高,越不利于反应,同时 HOCl 和 HOBr 比例降低,氧化性下降使得 HAAs 及溴代 HAAs 生成量降低。

图 5 - 18 为通入臭氧(1 mg/mg DOC)条件下各类溴代副产物生成情况。THMFP、HAAFP 随 pH 值升高时的总体变化与未通臭氧条件下相似;其 $n(Br)_{THM}$、$n(Br)_{HAA}$ 较未通臭氧时均有所下降,但仍随 pH 值升高呈线性增长。分析认为,臭氧氧化改变了水中有机物的表面电荷和反应活性,减少了溴代反应的活性取代位置。而随着 pH 值升高,在碱催化反应下卤取代反应加强,同时臭氧氧化使得 HOBr 比例升高;氧化性升高,故溴代程度增加。

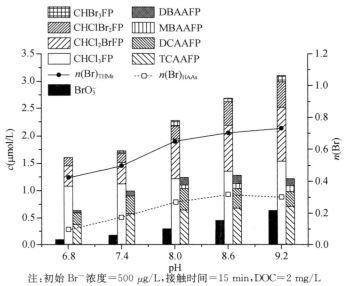

注:初始 Br^- 浓度 = 500 $\mu g/L$,接触时间 = 15 min,DOC = 2 mg/L

图 5 - 18　pH 对各溴类物质生成的影响(O_3 投加 1 mg/mg DOC)

图 5 - 19 为 pH 值对 Br^- 分配的影响。当 pH 值较低时,TOBr 所占组分较高,而 BrO_3^- 与 HAA-Br 所占比例较低。随 pH 值升高,$BrO_3^- - Br/Br$ 明显升高,THM-Br/Br、HAA-Br/Br 也不断升高,而 TOBr 却不断降低。这说明仅通过降低 pH 值虽然减少 BrO_3^-、THMs 及 HAAs 的生成量,但可能造成臭氧氧化阶段有机溴化物生成量的增加。

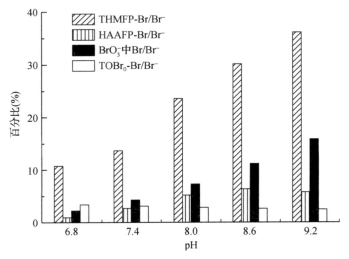

注:初始 Br^- 浓度＝500 $\mu g/L$,臭氧投加量＝1 mg/mgDOC,接触时间＝15 min,DOC＝2 mg/L

图 5 - 19 pH 值对 Br^- 分配的影响

5.2.2.4 初始 Br^- 浓度的影响

在无有机物条件下的静态小试研究中,初始 Br^- 对 BrO_3^-、$HOBr^-/OBr^-$ 生成影响显著,两者生成量均随 Br^- 浓度的升高呈线性增加趋势,而中间产物 $HOBr^-$ 可直接氧化水体中的天然有机物 NOM 生成有机溴化物。针对太湖原水中 Br^- 浓度主要集中在 70～250 $\mu g/L$ 范围内,在夏秋季节时甚至可达 400 $\mu g/L$ 的水质情况,本试验考察 Br^- 浓度在 50～900 $\mu g/L$ 范围内,臭氧氧化后 Br^- 的分配情况。图 5 - 20 为通入臭氧 1 mg/mg DOC 条件下,初始 Br^- 浓度与 BrO_3^- 和 $TOBr_0$ 生成量关系。可见,BrO_3^- 和 $TOBr_0$ 均随初始 Br^- 浓度的增加大幅增加。因此,通过降低初始 Br^- 浓度可大幅降低臭氧氧化阶段 BrO_3^- 和有机溴化物的生成。

本试验为腐植酸配水,配置 DOC 浓度为 2 mg/L。由于自然水体中 DOC 浓度变化较大,同时 Br^- 和 O_3 的反应与 DOC 存在竞争关系。因此,试验对不同 Br^-/DOC 条件下,DOC 浓度对 BrO_3^- 生成量的影响进行考察,如图 5 - 21。

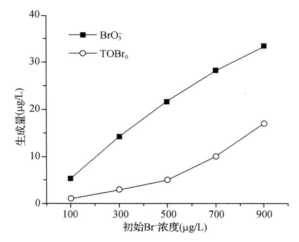

注：O_3投加量 1 mg/mg DOC，接触时间＝15 min，pH＝7.4，DOC＝2 mg/

图5-20　初始 Br^- 浓度与 BrO_3^- 和 TOBr 生成量关系图

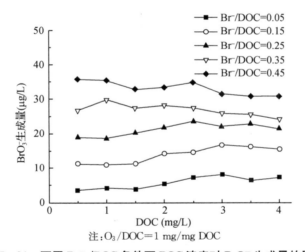

注：O_3/DOC＝1 mg/mg DOC

图5-21　不同 Br^-/DOC 条件下 DOC 浓度对 BrO_3^- 生成量的影响

由图5-21可知，在同一 Br^-/DOC 条件下，BrO_3^- 随 DOC 浓度的变化不大，约在5 μg/L 左右。因此，可认为当水体中有机物浓度在小范围内波动时，Br^-/DOC 可作为衡量 BrO_3^- 生成的重要指标。

如图5-22所示，未通臭氧条件下，THMFP 和 THMFP-Br 生成量均随 Br^- 浓度明显增加，当 Br^- 浓度达到 900 μg/L 时所生成的 THMFP-Br 已占 THMFP 的54%。3 种形态 THMFP-Br 生成量关系为：$CHBrCl_2$PF＞$CHBr_2$ClPF＞$CHBr_3$PF，而 $CHCl_3$ FP 逐渐降低，溴代因子 $n(Br)_{THM}$ 与 Br^- 浓度呈良好的线性关系。同时 HAAFP-

Br 和 $n(Br)_{HAA}$ 亦均随 Br$^-$ 浓度逐渐增加,而 HAAFP 则先降低后升高,在 Br$^-$ 浓度 500 $\mu g/L$ 时达到最低。这是由于在氯化阶段,由 Br$^-$ 生成的 HOBr 与 NOM 的反应速度大约是 HOCl 与 NOM 的 20 倍以上,因此有利于溴代 THMs 的生成。

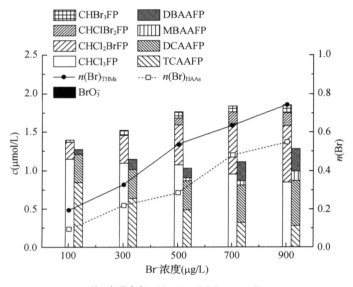

注:未通臭氧 pH=7.4,DOC=2 mg/L

图 5 - 22 初始 Br$^-$ 浓度对各溴类物质生成的影响

可见 Br$^-$ 和 NOM 在特定的氯化条件下形成 THMFP-Br、HAAFP-Br,两者的生成依赖于 Br$^-$ 与 Cl$^-$ 浓度比,对于固定加氯量来说,THMFP-Br、HAAFP-Br 生成量取决于水中 Br 浓度。

图 5 - 23 为臭氧投量 1 mg/mgDOC 条件下,Br$^-$ 浓度对各溴类物质生成的影响。当 Br$^-$ 浓度<300 $\mu g/L$ 时,BrO$_3^-$ 生成量维持在小于 $10\mu g/L$ 的较低水平;而 THMFP-Br 生成量、$n(Br)_{THMs}$ 却大幅增加。结合无有机物条件静态小试试验,低 Br$^-$ 浓度条件下,大部分 Br$^-$ 生成 HOBr/OBr$^-$,在有机物存下,有机物消耗大量 HOBr/OBr$^-$ 生成 THMFP-Br,从而抑制了 BrO$_3^-$ 的生成。而 Br$^-$>300 $\mu g/L$ 时,大部分 Br$^-$ 被氧化为 HOBr/OBr$^-$,使得 BrO$_3^-$、THMFP-Br、HAAFP-Br 持续增长。同时,Br$^-$ 浓度的增加可使氯代 THMs 和氯代 HAAs 逐渐向溴代 THMs 和溴代 HAAs 转化。

为研究经臭氧氧化后 Br$^-$ 的分配关系,对生成各溴代副产物所占 Br$^-$ 浓度百分比进行考察,如图 5 - 24。当 Br$^-$ 浓度较低时,如 Br$^-$ 浓度 100 $\mu g/L$,Br$^-$ 多以 THMFP-Br 形式存在;而随着 Br$^-$ 浓度的升高,THMFP-Br/Br 逐渐下降,TOBr$_0$/

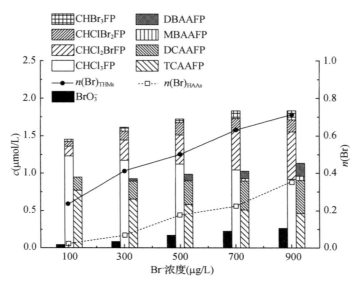

注：O_3投加 1 mg/mgDOC，pH＝7.4，接触时间＝15 min，DOC＝2 mg/L

图 5-23 初始 Br⁻ 浓度对各溴类物质生成的影响

Br、HAAFP-Br/Br 不断升高，说明在高 Br⁻ 浓度条件下，Br⁻ 在臭氧氧化阶段更易转化为有机溴化物，且高 Br⁻ 更易于 HAAFP-Br 的生成。不同于 THMFP-Br/Br 的变化，BrO_3^- 中 Br 随 Br⁻ 浓度变化则相对较小。

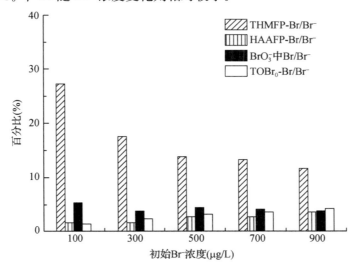

注：pH＝7.4，臭氧投加量＝1 mg/mgDOC，接触时间＝15 min，DOC＝2 mg/L

图 5-24 初始 Br⁻ 浓度对 Br⁻ 分配的影响

5.2.2.5 氨氮含量的影响

图 5-25 为氨氮对各溴类物质生成的影响,初始 Br^- 浓度为 100 $\mu g/L$ 时,BrO_3^- 生成量已不足 10 $\mu g/L$。而随着氨氮含量的增加,BrO_3^- 生成量维持在3 $\mu g/L$ 左右。Br^- 浓度为 900 $\mu g/L$,BrO_3^- 生成量随氨氮含量的增加从 33.3 $\mu g/L$ 降低至 17.9 $\mu g/L$,但氨氮含量达到 5 $\mu mol/L$ 后,BrO_3^- 生成量即稳定。这是由于氨氮对 BrO_3^- 生成的抑制作用仅是对 O_3 分子直接氧化作用的控制,并不能阻止通过·OH 氧化途径生成 BrO_3^-,如果水体中存在 NH_3,$HOBr$ 将与 NH_3 生成溴化胺(NH_2 Br),NH_2Br 在臭氧的作用下可以重新转化为 Br^-。因此氨氮的存在仅使 BrO_3^- 生成滞后,当氨氮消耗完后仍会有 BrO_3^- 的生成。因此,即使氨氮含量持续升高,仍无法完全抑制 BrO_3^- 的生成。

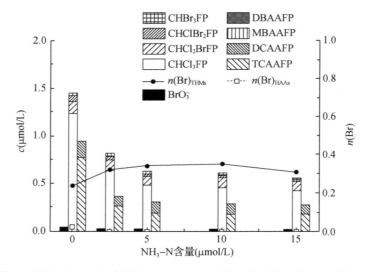

注:初始 Br^- 浓度=500 $\mu g/L$,臭氧投加量=1 mg/mgDOC,接触时间=15 min,DOC=2 mg/L

图 5-25 氨氮对各溴类物质生成的影响(Br^- 浓度 100 μg/L)

比较图 5-25 与图 5-26,Br^- 浓度较低时,氨氮可使 THMFP、HAAFP 有一定程度的降低,但对 $n(Br)_{THM}$ 影响较小。分析认为,水中含有溴离子较少,由于氯与氨反应生成一氯胺的速度远远快于氯与 Br^- 反应生成 $HOBr$,从而使 THMs 和 HAAs 生成量偏低。而 Br^- 浓度较高时,氨氮含量的增加对 THMFP、HAAFP 及溴代消毒副产物所占比例影响明显,$n(Br)_{THMs}$、$n(Br)_{HAAs}$ 持续下降,但当氨氮含量达到 10 $\mu mol/L$ 后,THMFP、HAAFP 生成量逐渐趋于稳定。这是由于一方面,氨与有机物间存在着对 Cl^- 的竞争作用,且两者与其反应同时进行,故即使氨氮含量很高,氯化过程中仍会有少量的 THM、HAA 生成。另一方面,当氨氮存在时,水

体中的 Br^- 多以 NH_2Br 形式存在,从而阻碍了 Br^- 转化为溴代消毒副产物,使 $n(Br)_{THMs}$、$n(Br)_{HAAs}$ 持续下降。

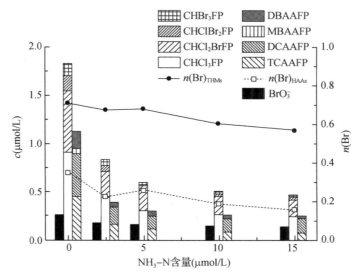

注:初始 Br^- 浓度$=500\ \mu g/L$,臭氧投加量$=1\ mg/mgDOC$,接触时间$=15\ min$,DOC$=2\ mg/L$

图 5-26 氨氮对溴类物质生成的影响(Br^- 浓度 900 μg/L)

5.2.3 臭氧氧化阶段溴酸盐及溴代副产物的控制研究

试验用水为某水厂滤后水,该厂工艺为太湖水经絮凝后进入平流沉淀池,出水经均质粗砂过滤,滤后水经 0.45 μm 醋酸纤维膜过滤后测得各项水质参数,如表5-4所示。

表 5-4 试验期间砂滤池出水水质

温度 (℃)	浊度 (NTU)	pH	COD (mg/L)	TOC (mg/L)	UV (cm^{-1})	氨氮 (mg/L)
15~25	0.2~1.0	7.1~9.0	1.87~3.00	1.63~3.70	0.040~0.064	0.002~0.710

5.2.3.1 多因素的溴酸盐控制试验

臭氧氧化过程中,除了臭氧投加量、接触时间等氧化条件的改变外,水厂的原水和滤后水水质也存在变化,根据小试试验选取 Br^-/DOC、臭氧投加量、接触时间、pH 为四个独立变量,设计四因素三水平响应面试验如表 5-5,对 BrO_3^- 生成量控制进行考察,由于水质之间的差异,为了使研究更具普遍性,用 Br^-/DOC 表征 Br^- 质量浓度。由于砂滤池出水中 Br^- 浓度较低,为配合试验,Br^- 浓度通过在臭氧氧化前投加 KBr 进行模拟。为减小氨氮含量对 BrO_3^- 生成的影响，该组响应面试验中选取水样的氨氮值均小于 $0.010\ \mu g/L$。

表 5-5　响应面试验设计因素水平及编码

自变量	编码水平		
	-1	0	1
X_1 : Br^-/DOC	0.05	0.25	0.45
X_2 : O_3/DOC	0.5	1	1.5
X_3 : T(min)	5	15	25
X_4 : pH	6.8	8.0	9.2

试验中采用方差分析对所得响应值的相应二次多项式模型进行充分性和显著性检查，其方差分析结果见表 5-6。

表 5-6　响应面二次多项式模型的方差分析(ANOVA)结果

变异来源	平方和	自由度	均方	F 值	p-value
Model	13 669.198	14	976.371 31	16.726 597	<0.000 1
X_1	1 647.363 3	1	1 647.363 3	28.221 623	0.000 1
X_2	887.52	1	887.52	15.204 451	0.001 6
X_3	560.333 33	1	560.333 33	9.599 288 6	0.007 9
X_4	8 954.403 3	1	8 954.403 3	153.401 37	<0.000 1
$X_1 X_2$	10.89	1	10.89	0.186 560 8	0.672 4
$X_1 X_3$	0.202 5	1	0.202 5	0.003 469 1	0.953 9
$X_1 X_4$	443.102 5	1	443.102 5	7.590 961 6	0.015 5
$X_2 X_3$	3.062 5	1	3.062 5	0.052 464 9	0.822 1
$X_2 X_4$	124.322 5	1	124.322 5	2.129 817 2	0.166 5
$X_3 X_4$	196	1	196	3.357 752 4	0.088 2
X_1^2	526.378 83	1	526.378 83	9.017 600 8	0.009 5
X_2^2	14.757 207	1	14.757 207	0.252 811 5	0.622 9
X_3^2	54.238 288	1	54.238 288	0.929 177 2	0.351 4
X_4^2	98.238 288	1	98.238 288	1.682 958 4	0.215 5
残差	817.213 33	14	58.372 381		
总变异	726.973 33	10	72.697 333	3.222 399 5	0.135 3

在溴酸盐生成量的 ANOVA 中，X_1、X_2、X_3、X_4、$X_1 X_4$、X_1^2 为显著项，说明除

四因素对溴酸盐生成量的显著影响外，Br^-/DOC 与 pH 间的交互作用也对其产生一定影响。从 ANOVA 中的 p-value 可知四因素的主次关系为：$X_4 - X_1 - X_2 - X_3$，依次分别为 pH、Br^-/DOC、O_3/DOC 和接触时间，且 pH 为主要影响因素，远超其他三因素，其次是 Br^-/DOC 和 O_3/DOC，而接触时间的影响水平相对较小。

根据响应面分析结果，水质对臭氧氧化过程中溴酸盐的生成量影响最大，而臭氧氧化条件对其控制的影响相对较小，验证了静态小试的结论。因此，对于溴酸盐的控制应根据不同时期水体中 Br^-/DOC、pH 水平进行溴酸盐控制技术选择，从而在保证处理效果和经济成本合理的同时，最大程度地减少 BrO_3^- 生成量。由于降低 pH 值虽可以获得较好的 BrO_3^- 控制效果，但控制成本较高，且会在一定程度上造成臭氧氧化阶段有机溴化物生成量的增加，因此，本试验重点对臭氧氧化工艺参数优化、预处理控制、投加氨氮控制进行研究。

5.2.3.2 臭氧氧化工艺参数优化对溴酸盐的控制作用

（1）调节臭氧接触时间对溴酸盐的控制

臭氧氧化水中有机物需要足够的反应时间，臭氧将水中的 Br^- 氧化为溴酸盐也需要一定的接触反应时间。由图 5-27 可知，与前面的小试试验相比，在前 15 min 的接触反应时间内溴酸盐的浓度随反应时间增加而上升。这说明，臭氧接触反应时间也是 Br^- 被氧化为溴酸盐的重要影响因素。当水中 $Br^-/DOC < 0.05$ 时，常规的接触时间内溴酸盐生成量均不会超过 10 $\mu g/L$；Br^-/DOC 在 $0.05\sim$ 0.25 之间时，有溴酸盐超标风险，可通过控制接触时间，如当 $Br^-/DOC = 0.15$、$t < 15$ min，$Br^-/DOC = 0.20$、$t < 10$ min，$Br^-/DOC = 0.25$、$t < 5$ min 时，可控制溴酸

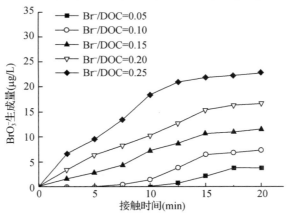

注：O_3 投加量 1 mg/mg DOC，pH$=8.0$

图 5-27　不同接触时间与溴酸盐生成关系

盐生成量不超标;Br^-/DOC 大于 0.25 时,仅通过调节接触时间已不能有效控制溴酸盐的生成,需配合其他控制方法。

(2) 调节臭氧投加量对溴酸盐的控制

臭氧投加量对物质的氧化程度产生影响,进而影响溴酸盐的生成量。由图 5-28 可知,在不同的 Br^-/DOC 条件下,当臭氧投加量<0.5 mg/mg DOC 时,溴酸盐生成量均不超过 10 $\mu g/L$。分析认为,这是由于滤后水中含有多种能够被臭氧氧化的有机物,而这些有机物会优先消耗一部分臭氧。滤后水中 Br^- 向溴酸盐的转化率比小试试验更低,这可能是因为滤后水中含有较多可与臭氧反应的物质,且滤后水含一定量的氨氮,Br^- 氧化为溴酸盐的反应受到一定程度的抑制。由图5-28可知,当 $Br^-/DOC=0.15$、O_3 投加量<1 mg/mg DOC 时;$Br^-/DOC=0.10$、O_3 投加量<1.5 mg/mg DOC 时;$Br^-/DOC=0.05$、O_3 投加量<2 mg/mg DOC 时,溴酸盐的生成量基本可小于 10 $\mu g/L$。

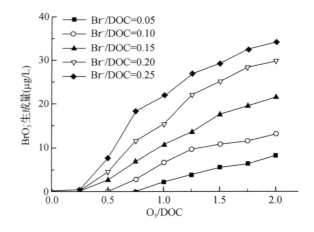

注:接触时间 15 min,pH=8.0

图 5-28　不同 O_3 投加量与溴酸盐生成关系

(3) 臭氧多点投加对溴酸盐的控制

采用臭氧多点投加的方式,如表 5-7、表 5-8 所示,即是通过降低臭氧在反应过程中的平均停留时间,同时因分点投加水中溶解臭氧的平均浓度相对较低,使臭氧的 CT 值降低,从而可有效减少 BrO_3^- 的生成。如表 5-7 中,臭氧两点投加方式相对臭氧单点投加方式,BrO_3^- 生成量降低了 27.1%～51.4%。在同样臭氧氧化条件下,臭氧三点投加方式相对单点投加 BrO_3^- 生成量降低达 66.4%,见表 5-8。

表 5-7 臭氧两点投加对 BrO_3^- 生成及剩余臭氧浓度的影响

（臭氧投加量为 1 mg/mg DOC，Br^-/DOC＝0.15，pH 为 8.0）

序号	0 min	7 min	BrO_3^- 浓度（$\mu g/L$）	剩余 O_3 浓度（mg/L）
1	100%	0%	10.7	0.43
2	75%	25%	7.8	0.62
3	50%	50%	5.2	0.76

表 5-8 臭氧三点投加对 BrO_3^- 生成及剩余臭氧浓度的影响

（臭氧投加量为 1 mg/mg DOC，Br^-/DOC＝0.15，pH 为 8.0）

序号	0 min	5 min	10 min	BrO_3^- 浓度（$\mu g/L$）	剩余 O_3 浓度（mg/L）
1	100%	0%	0%	10.7	0.43
2	30%	30%	40%	3.6	0.75
3	40%	30%	30%	6.4	0.64

然而此方法也会降低臭氧对有机物的去除效果，并造成后期投加的臭氧因反应不彻底而浪费，如表 5-7、表 5-8 中剩余臭氧浓度较单点投加时略高。

5.2.4 生物活性炭工艺对溴酸盐及溴代消毒副产物前体物去除与控制

试验用水为水厂臭氧接触池出水。据该水厂长期运行经验，其水源水中 Br^- 浓度一般为 70～250 $\mu g/L$，经过臭氧氧化（投加量为 2.0 mgO_3/L，接触时间为 15 min）后，BrO_3^- 生成量一般低于 5 $\mu g/L$。投加 $KBrO_3$，使 BrO_3^- 浓度为 50 $\mu g/L$ 左右，使活性炭柱长期在较高的 BrO_3^- 浓度条件下运行。试验在 2013 年 3 月至 2013 年 10 月期间进行，历时 8 个月，经历了活性炭吸附、活性炭向生物活性炭转化以及生物活性炭成熟三阶段，进行了溴酸盐及消毒副产物前体物（包括溴代消毒副产物前体物）去除效果比较，并对生物活性炭工艺的优化控制进行了研究。

5.2.4.1 活性炭工艺运行初期对 BrO_3^- 的去除效果

为了考察活性炭吸附（工艺运行初始阶段）对不同浓度 BrO_3^- 去除效果的影响，试验采用水厂臭氧接触池出水，并投加 $KBrO_3$，使进水 BrO_3^- 达到试验所需浓度。

由图 5-29 可知，活性炭柱运行初期，出水中 BrO_3^- 浓度随着进水浓度的增加而增加，去除率则基本随浓度升高而线性降低。当进水中 BrO_3^- 浓度为 20 $\mu g/L$ 时，出水浓度仅约 2 $\mu g/L$，去除率高达 90%；当进水中浓度为 100 $\mu g/L$ 时，去除率则降低至 70% 左右。活性炭柱运行初期,微生物尚未成熟、有机物的吸附量相对有限,因此活性炭此时对 BrO_3^- 的去除主要通过吸附作用。在水质变化不大的条件下,新炭对 BrO_3^- 吸附稳定且去除效果较好。

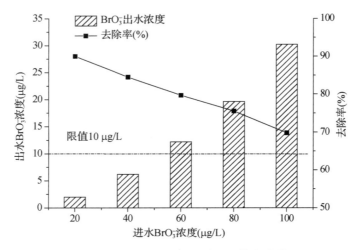

图 5‑29　活性炭运行初期,不同 BrO_3^- 进水浓度下的去除效果(EBCT=18 min)

5.2.4.2　活性炭向生物活性炭转化过程中对 BrO_3^- 的去除效果

在活性炭柱连续运行过程中,逐渐形成微生物菌群,同时活性炭逐渐转化为生物活性炭。附着的微生物会占据活性炭表面活性位,微生物菌群还可能导致活性炭孔隙堵塞,最终导致活性炭对溴酸盐的物理吸附效果降低。考察活性炭表面微生物繁殖生长情况以及进出水 TOC 变化情况,每隔一个月对其表面生物量进行取样分析。图 5‑30 中进出水 TOC 随着生物活性炭柱的运行,其对 TOC 的去除率逐渐降低,至最后 3 个月处于较稳定的状态,对 TOC 的去除率保持在 30% 左右,这也说明活性炭对有机物的吸附作用逐渐稳定,生物膜初步成熟。

图 5‑30 和图 5‑31 分别为活性炭柱上生物量和活性炭对 BrO_3^- 的去除效果随时间变化的关系。由图 5‑30 可知,随着活性炭柱的连续运行,活性炭表面生物量缓慢增加至 36 nmol/gGAC。在活性炭运行第 1 个月(3 月份,室温 15 ℃～20 ℃),生物量增加量较小;之后 4 个月(4～7 月份,室温 20 ℃～35 ℃),生物量增幅增大,在最后 3 个月(8～10 月份,室温 30 ℃～35 ℃),生物量增幅减小,至生物量稳定不变。可能的原因是,在运行初期,水温较低,影响了微生物在活性炭上的附着生长;在第 2 到 5 个月,随着温度的升高,微生物在其表面的繁殖速度加快,活性炭逐渐向生物活性炭转化。而从第 6 个月开始,活性炭表面的生物量变化趋缓,生物膜基本成熟。

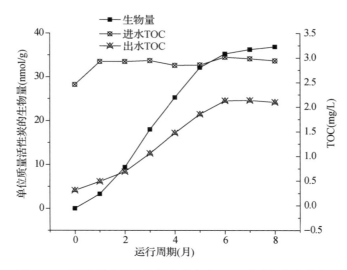

图 5 - 30　活性炭表面生物量和进出水 TOC 随时间变化的关系

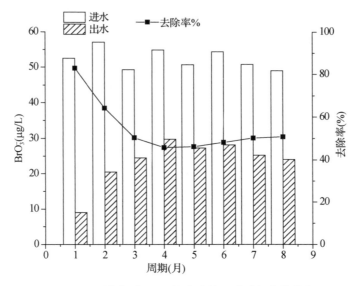

图 5 - 31　活性炭对 BrO_3^- 的去除效果随时间变化的关系

由图 5-31,在活性炭向生物活性炭转化过程中,活性炭对 BrO_3^- 的去除效果先降低后逐渐提高,最后趋于稳定,其最终去除效果低于新炭的去除效果。其原因是随着活性炭柱的运行,活性炭表面吸附有机物,占据活性位,同时可能堵塞微孔,阻碍了活性炭对 BrO_3^- 的吸附。有机物为微生物提供营养源,活性炭表面生物量逐渐增多,活性炭向生物活性炭转化,在活性炭表面逐渐形成生物膜。对 BrO_3^- 具有降解能力的微生物的量也增多,生物降解作用逐步增强。在活性炭运行的第 1 个月,活性炭柱对 BrO_3^- 的去除率达到 80% 以上;而后 3 个月活性炭柱对 BrO_3^- 的去除率逐渐降低至 45%;在生物活性炭稳定运行阶段,活性炭对 BrO_3^- 的去除率缓慢升高至 51% 左右。

活性炭柱运行约 6 个月后,活性炭生物量变化趋缓,活性炭表面的生物膜趋于成熟,生物活性炭对 BrO_3^- 的去除效果亦稳定。

如图 5 - 32,BrO_3^- 进水浓度为 20~100 $\mu g/L$ 时,出水浓度随着进水浓度的增加而增加,而活性炭柱对 BrO_3^- 的去除率随着浓度的增加而降低。当 BrO_3^- 进水浓度>40 $\mu g/L$ 时,BrO_3^- 的出水浓度有超标风险。比较图 5 - 29 和图 5 - 32 可知,随着 BrO_3^- 浓度的增大,活性炭对 BrO_3^- 的去除率由 90% 降低至 69% 左右,而生物活性炭对 BrO_3^- 的去除率由 56% 降低至 42% 左右,降幅较前者小,说明生物活性炭对 BrO_3^- 的去除作用虽弱于活性炭,但其对 BrO_3^- 浓度较高的进水有一定抗冲击能力。

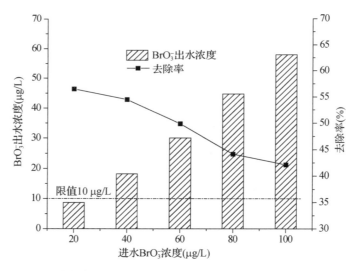

图 5 - 32　生物活性炭成熟阶段,不同 BrO_3^- 进水浓度下的去除效果(EBCT=18 min)

在活性炭柱稳定运行后,将活性炭柱内滤料在 80 ℃ 条件下烘干,对活性炭表面微生物进行灭活,使之失去活性。与湿炭进行吸附试验对比。

由图 5 - 33 可知,生物活性炭经巴氏灭菌后,其对溴酸盐的去除能力降低,说明生物活性炭表面微生物对溴酸盐具有去除作用。这可能是因为微生物通过共代谢作用将 BrO_3^- 转化为 Br^-;同时微生物分泌的一些粘性物质附在微生物表面,促进了活性炭对溴酸盐的吸附过程。而相较于活性炭吸附作用，微生物降解效能较差，平均约占其效率的 5％。因此，在生物活性炭对溴酸盐的去除过程中，活性炭吸附仍占主体作用。

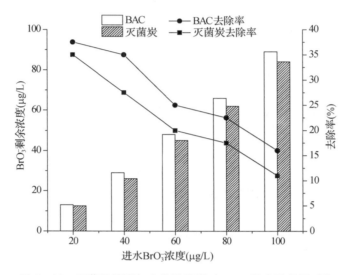

图 5-33　灭菌活性炭与生物活性炭对 BrO_3^- 的去除效果对比

5.2.4.3　活性炭对溴代消毒副产物前体物的去除研究

（1）臭氧投加量的影响

考察了臭氧投加量对活性炭去除消毒副产物前体物 THMsFP、HAAsFP 以及 THMsFP-Br、HAAsFP-Br 的影响。

由图 5-34 可知，随着臭氧投加量的增大，进水中 THMsFP 及 THMsFP-Br 的量逐渐升高，而 THMsFP-Br 所占 THMsFP 比例下降，溴代因子 $n(Br)_{THMs}$ 则降低，但总体变化幅度不大。经活性炭吸附后，活性炭出水 THMsFP、THMsFP-Br 去除率随着臭氧投加量的增大而增大，可能是因为随着臭氧投加量的增大，腐殖酸中复杂的芳香族有机物被氧化分解为简单的含氧链状有机物，分子尺寸变小，更易被活性炭吸附去除。由图 5-35 可知，在不同臭氧投加量下，进水中 HAAsFP 及 HAAsFP-Br 的量逐渐升高，而 HAAsFP-Br 所占 HAAsFP 比例升高，即溴代因子 $n(Br)_{HAAs}$ 升高，可能是因为随着臭氧投加量的增大，腐殖酸中复杂的芳香族有机物被氧化分解为简单的含氧链状有机物，产生较多的羧酸，成为 HAAs 前体物，使得溴代因子 $n(Br)_{HAAs}$ 增大。经活性炭吸附后，出水中 HAAsFP、HAAsFP-Br 的生成量随着投加量的增大而增大，溴代因子 $n(Br)_{HAAs}$ 也增大。

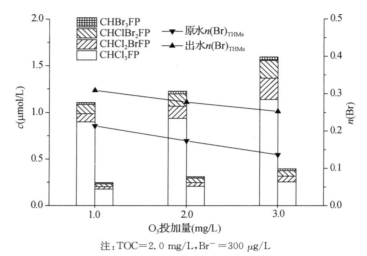

注：TOC＝2.0 mg/L，Br⁻＝300 μg/L

图 5 - 34　O₃ 投加量对活性炭去除 THMsFP 及 THMsFP-Br 的影响

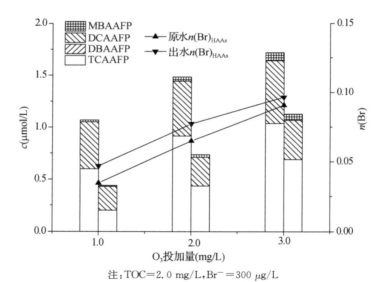

注：TOC＝2.0 mg/L，Br⁻＝300 μg/L

图 5 - 35　O₃ 投加量对活性炭去除 HAAsFP 和 HAAsFP-Br 的影响

（2）原水有机物的影响

图 5 - 36 和图 5 - 37 为有机物浓度对活性炭去除消毒副产物前体物的影响，臭氧投加量为 2.0 mg/L，Br⁻ 浓度为 300 μg/L。由图 5 - 36、图 5 - 37 可知，原水中 THMsFP、HAAsFP 生成量随着有机物含量的增加而升高，出水 THMsFP、HAAsFP 较原水则大幅度减小，但亦随着有机物浓度增加而升高，可能是因为有机物作为 DPBs 的主要前体物，其含量对 THMsFP、HAAsFP 的生成量起决定性

作用。原水经过活性炭吸附后,活性炭吸附去除部分有机物,使得出水中 THMsFP、HAAsFP 含量大幅降低。原水及出水溴代因子 $n(\mathrm{Br})_{\mathrm{THMs}}$、$n(\mathrm{Br})_{\mathrm{HAAs}}$ 均随着有机物浓度的增大而减小。

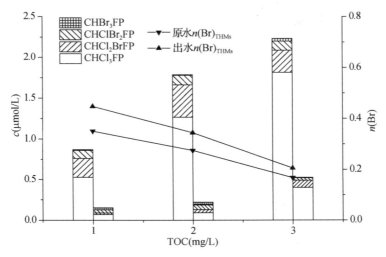

注:$\mathrm{Br}^-=300\ \mu\mathrm{g/L},\mathrm{O_3}=2.0\ \mathrm{mg/L}$

图 5‐36　有机物对活性炭去除 THMsFP 及 THMsFP-Br 的影响

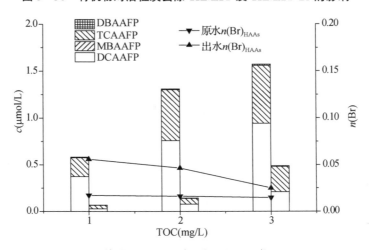

注:$\mathrm{Br}^-=300\ \mu\mathrm{g/L},\mathrm{O_3}=2.0\ \mathrm{mg/L}$

图 5‐37　有机物对活性炭去除 HAAsFP 及 HAAsFP-Br 的影响

活性炭对 THMsFP-Br、HAAsFP-Br 的去除作用随有机物浓度的增大而降低。Br/TOC 的值随着有机物浓度增大而减小,使得 Br 与 TOC 的比值 Br/TOC 减小,溴代因子 $n(\mathrm{Br})$ 也跟着减小。活性炭吸附过程中对 THMs、HAAs 主要前体物 NOM 的吸附能力高于其对 Br⁻ 的吸附,使得 Br 与 TOC 的比值 Br/TOC 进一步增大,出水溴代因子 $n(Br)$ 较进水大。

（3）Br⁻ 浓度的影响

针对原水水质,本试验考察 Br⁻ 浓度在 $100\sim500$ μg/L 范围内,TOC 浓度为 2.0 mg/L,臭氧投加量为 2.0 mg/L 时活性炭吸附去除 THMsFP 和 HAAsFP 的作用。图 5-38、图 5-39 分别为 Br⁻ 浓度对活性炭去除 THMsFP、HAAsFP 的影响。

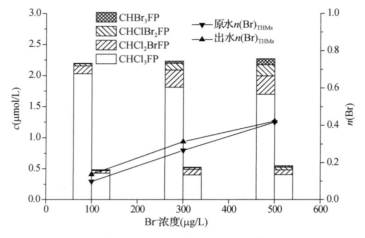

注:TOC=2.0 mg/L,O₃=2.0 mg/L

图 5-38　Br⁻ 浓度对活性炭去除 THMsFP 及 THMsFP-Br 的影响

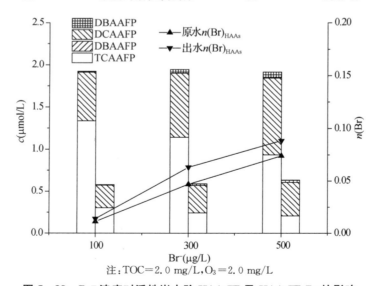

注:TOC=2.0 mg/L,O₃=2.0 mg/L

图 5-39　Br⁻ 浓度对活性炭去除 HAAsFP 及 HAAsFP-Br 的影响

由图5-38和图5-39可知,随着 Br⁻浓度增大,原水中 THMsFP、HAAsFP 的量稍有变化,而 THMsFP-Br、HAAsFP-Br 的量则明显增大,溴代因子 $n(Br)_{THMs}$、$n(Br)_{HAAs}$ 分别由0.10、0.01明显上升为0.4、0.07。说明在 TOC 浓度和臭氧投加量一定时,Br⁻浓度是 THMsFP-Br、HAAsFP-Br 生成的主要控制因素。而活性炭出水中 THMsFP、HAAsFP 的量与 Br⁻浓度无明显关联,THMsFP-Br、HAAsFP-Br 的量明显降低,这是因为生物活性炭对阴离子 Br⁻具有一定的去除效果,在出水中有机物浓度和 Br⁻浓度降低的双重作用下,THMsFP-Br、HAAsFP-Br 生成量降低。

综合以上分析,活性炭对溴代消毒副产物前体物的去除主要受原水中 TOC 和 Br⁻浓度影响,其中 TOC 浓度影响了活性炭对消毒副产物前体物的去除,而 Br⁻浓度影响了活性炭对溴代消毒副产物前体物的去除。

5.2.4.4 活性炭工艺运行条件对溴酸盐及溴代消毒副产物前体物去除影响

鉴于实际工况条件,主要考察空床接触时间(EBCT)以及反冲洗工况条件对活性炭吸附溴酸盐及溴代消毒副产物前体物的影响。考察了活性炭工艺在不同阶段(活性炭运行初期以及生物活性炭成熟期)不同 EBCT(12、15、18、21、24 min)时对溴酸盐及溴代消毒副产物前体物去除的影响。

活性炭柱工艺对溴酸盐浓度的控制效果受到吸附时间的影响。由图5-40和图5-41可知,在溴酸盐进水浓度为50 μg/L 时,随着接触时间的增加,活性炭出水中溴酸盐浓度逐渐降低。在工艺运行初期,活性炭对溴酸盐的去除效果较好,其去除效率与进水浓度呈线性相关。当吸附时间为18 min 时,在高浓度溴酸盐进水的条件下,

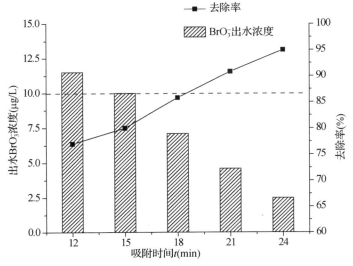

图5-40 工艺运行初期,活性炭对溴酸盐的去除

活性炭对溴酸盐的去除率达到 86%,出水浓度远小于限值。而在成熟阶段,在接触时间为 18 min 时,生物活性炭对溴酸盐的去除效果仍能达到 50%左右。

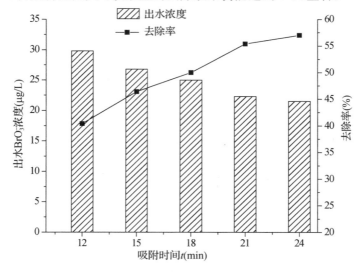

图 5-41 生物活性炭对溴酸盐的去除

由图 5-42 可知,在工艺运行初期,活性炭出水 TOC<0.5 mg/L(进水 TOC 为 3.0 mg/L 左右,对 TOC 的去除率约为 85%),活性炭柱对 THMsFP、HAAsFP 的去除效率很高,吸附时间 12 min 时,去除率分别达到 80%和 82%,随着 EBCT 时间的增

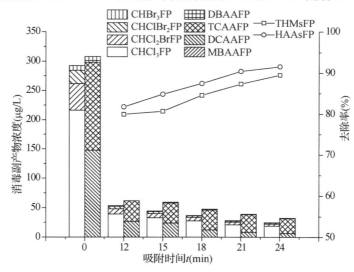

图 5-42 工艺运行初期,活性炭对溴代消毒副产物前体物的去除

加,其去除率亦进一步增大,在 24 min 时分别达到 89％和 91％。主要是因为活性炭对有机物去除率很高,达到 80％以上。有机物含量的减小使得 THMsFP、HAAsFP 大大降低,消毒副产物的生成量远低于限值 100 μg/L 的要求。

　　随着臭氧-活性炭工艺运行,活性炭的物理吸附作用逐渐降低,而生物降解作用增强,其去除效果仍随着 EBCT 的增加而增加。总体而言,生物活性炭对 THMsFP、HAAsFP 的去除作用较新活性炭的作用弱。在工艺运行第 5 个月,生物活性炭趋于成熟,其对 THMsFP 的去除率由 50％提高到 70％左右,当 EBCT＜ 18 min 时,炭后水的 THMsFP 含量＞100 μg/L,有超标的风险。生物活性炭对 HAAsFP 的去除效果较好,当 EBCT≥15 min 时,炭后水 HAAsFP 含量＜100 μg/L。 总体而言,当 EBCT 设为 18 min 时,能满足生物活性炭出水 THMsFP 及 HAAsFP 的限值要求。

　　综上,适当延长活性炭工艺的 EBCT 是控制活性炭出水中溴酸盐及消毒副产物包括溴代消毒副产物的有效手段。此外,结合图 5－40 和图 5－42 可知,在工艺运行初期,活性炭对溴代消毒副产物前体物的去除效果随时间变化的,其增幅较活性炭对溴酸盐的去除效果增幅大。可以推测消毒副产物前体物在活性炭上的吸附较溴酸盐的吸附过程快。而图 5－41 和图 5－43 则表明生物活性炭对溴酸盐及消毒副产物前体物的去除随时间变化而较平缓,活性炭表面微生物影响了溴酸盐及消毒副产物前体物在活性炭表面的传质过程。

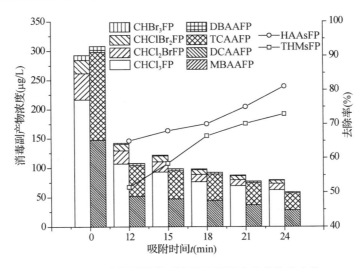

图 5－43　生物活性炭对溴代消毒副产物前体物去除

5.3 臭氧-生物活性炭工艺中含氮污染物转化及其消毒副产物控制

水中溶解性有机氮(Dissolved organic nitrogen,DON)是含氮消毒副产物(Nitrogen disinfection by-products,N-DBPs)的重要前体物,DON组成复杂而难以被常规工艺去除,消毒过程中与消毒剂反应产生的N-DBPs会对人体健康产生威胁。臭氧-生物活性炭深度处理工艺可以有效去除DON,但缺乏对其去除DON的相关机理研究。因此研究DON在生物活性炭工艺中去除规律和净化机理对保障水质安全有着重要意义。

目前国内外对饮用水中DON的关注主要集中在常规工艺以及臭氧-生物活性炭深度处理工艺对于DON的去除效能、含氮有机物在消毒过程中消毒副产物的生成状况及生成机理等方面,但对于含氮有机物在臭氧-生物活性炭处理工艺中的转化机制、生物活性炭在处理周期内生物活动的情况、生物活性炭对于含氮有机物吸附作用与生物降解/合成作用之间的关系以及在后续消毒过程中含氮有机物关于含氮消毒副产物生成的行为动力学都尚待研究。不同运行工艺(包括炭池的运行方式、臭氧接触时间、炭池运行周期长短)下出水含氮有机物的特征变化以及炭上生物量和生物种类的变化,DON的变化与生物量变化之间的关系以及对消毒副产物的生成量及种类分布的影响,含氮有机物的主动控制以及消毒副产物生成量的控制等都是亟待开展的研究。

5.3.1 臭氧-生物活性炭工艺运行中DON的变化与特性研究

为探讨臭氧-生物活性炭净化过程中含氮污染物转化与控制,对以长江为水源的BHK和LT两水厂的臭氧-生物活性炭工艺的运行情况开展了跟踪研究。

BHK水厂的运行工艺流程为:原水→沉淀池→砂滤池→臭氧→下向流生物活性炭池→消毒→清水池→二级泵站;LT水厂的工艺流程为:原水→沉淀池→臭氧→上向流生物活性炭池→砂滤池→消毒→清水池→二级泵站。两者的区别是砂滤池与生物活性炭池的位置,上向流为了控制出水的浊度,把砂滤池设置在生物活性炭池之后。

分别取水厂中不同工艺段出水以及活性炭池运行周期内的炭后水,对出水中的浊度、COD_{Mn}、UV_{254}、氨氮、硝态氮、总氮、三维荧光等指标进行测定,并测定活性炭池出水中DON的分子量分布和亲疏水性,以及对其进行加氯消毒处理,测定其消毒副产物的生成势。

5.3.2 DON含量的变化

通过研究出水中含氮物质的含量及性质变化,探究含氮消毒副产物前体物的变化规律。水厂的取样点分别为：原水、沉后水、臭氧化出水、炭后水（炭池一个周期内的单池出水）。采样时间分别为 2016 年 11—12 月和 2017 年 5—6 月。两个水厂不同时期工艺出水中氮类化合物的浓度变化如图 5-44、图 5-45 所示。

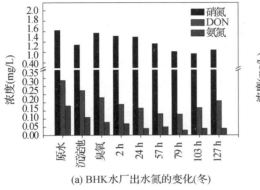

(a) BHK水厂出水氮的变化(冬)

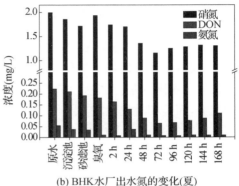

(b) BHK水厂出水氮的变化(夏)

图 5-44　BHK 水厂各工艺出水中氮含量的变化

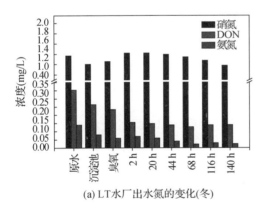

(a) LT水厂出水氮的变化(冬)

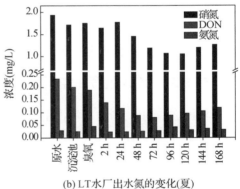

(b) LT水厂出水氮的变化(夏)

图 5-45　LT 水厂各工艺出水中氮含量的变化

研究结果表明，当水温较高时（2017 年 5、6 月），原水水质优于 2016 年 11、12 月份：2017 年 5、6 月原水的浊度、氨氮和高锰酸盐指数都较 2016 年 11、12 月低。分析认为，夏季长江水更替周期短，水质较好，而冬季枯水，水体流速低，自净效果差。

分析氮类污染物的去除效果，由于亚硝酸盐氮均低于检测限，故在后续不予讨论。长江水南京段水体中氮主要以硝酸盐氮为主，占总氮的 73.5%～88%，氨氮浓度占比较低约为 1.3%～8.4%，DON 占比约为 9.8%～19%。常规工艺对氨氮、硝氮和 DON 的去除率最高分别达到 42.9%、17.4%、21.7%。经过臭氧处理后，硝酸盐氮浓度在臭氧氧化后出现升高的现象，因为臭氧将部分有机氮氧化成了硝酸盐氮。对有机氮(DON)的去除,常规工艺去除率约为 21.7%,经臭氧生物活性炭后去除率升高至 50%左右,证明在试验期间的 O₃/BAC 工艺可以有效去除 DON。

经上/下向流生物炭处理工艺处理后,由于水体中氨氮浓度本身很低,故生物活性炭对其处理效率不明显。下向流生物活性炭工艺对 DON 的平均去除率为 51%,在一个反洗周期内,出水中 DON 呈现较明显的先下降后上升趋势,在运行第 3~4 d 左右,对 DON 的去除率达到最大,约为 62%~71%,且夏季去除率较冬季高;上向流生物活性炭工艺对 DON 的平均去除率为 60.1%,与下向流生物活性炭处理工艺不同的是,上向流 BAC 出水中 DON 含量并未出现明显的先下降后上升的趋势,而是相对较稳定。

针对 BAC 的生物量和生物活性以及生物种群结构的测定结果表明:下向流生物活性炭整个炭层不同深度和不同时期的变化较明显,整个周期内在第 3 d 左右生物量达到最大;下向流炭池中的生物种群较上向流丰富,不同时期的种群变化较上向流活性炭池工艺大,即上向流中生物种群分布在不同时期较稳定。相对稳定的生物种群和生物量是造成上向流生物活性炭工艺对水中含氮污染物处理效果稳定的主要原因。然而生物种群结构的丰度分布并不能完全地解释某种功能菌在生物活性炭工艺的生物处理过程中所起的作用,即需要通过进一步的研究,如宏基因测序等研究才能进一步确定特定菌种在此过程中的作用。

5.3.3 DON 性质的变化

根据之前的研究,含氮消毒副产物的生成不仅跟水中 DON 的含量有关,还跟水体中 DON 的性质密切相关,其中包括 DON 的亲疏水性、分子量分布等性质。为探究 BAC 出水中含氮消毒副产物的生成情况,本节将研究水体中含氮物质性质。

5.3.3.1 分子量分布

对两水厂各工艺出水中 DON 的分子量分布分析可知(如图 5-46 所示),长江原水中 DON 以中小分子量有机物为主,其中<1 kDa 的 DON 占了约 22%,<5 kDa 的 DON 占了约 50%,>10 kDa 的 DON 占比约为 31%。水厂常规工艺对于大分子量物质有一定去除作用,但是对于小分子量有机物,尤其是<1 kDa 的有机物,去除率低;臭氧工艺对于 UV₂₅₄ 去除效果较为明显,但是对 DON 的去除效果并不明显。研究表明,臭氧工艺可以改变水体中有机物的性质,将较大分子量的有机物氧化成分子量较小的有机物,这将有利于后续的活性炭工艺处理;活性炭工艺对于各分子量区间的有机物都有较好去除率,对 UV₂₅₄ 的去除效果也较好,这源于活性炭优异的吸附性能。常规工艺难以去除的小分子量有机物在活性炭工艺中也得到了良好的去除。下向流活性炭工艺对于<1 kDa、<5 kDa、>10 kDa 的 DON

的平均去除率约 54％、30％、67％；上向流生物活性炭工艺对 <1 kDa、<5 kDa、>10 kDa 的 DON 的平均去除率约 41％、60％、62％。由分析结果可知，下向流对大分子和小分子 DON 均有较好的去除效果，而上向流则对中分子量 DON 的去除效果更好。分析其原因为：下向流工艺中炭层处于相对稳定状态，水流经过时由于活性炭的吸附、降解作用，使得水中的大分子有机物得到较好的去除，而上向流生物活性炭则处于一个相对流化的状态，对有机物的去除主要通过生物作用进行，整个周期内生物活性炭上的微生物相对稳定。

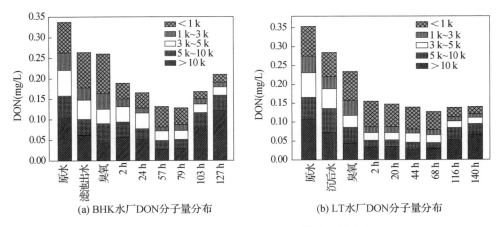

(a) BHK水厂DON分子量分布　　　　　(b) LT水厂DON分子量分布

图 5-46　两水厂工艺出水 DON 的分子量分布

5.3.3.2　亲疏水性分布

将水样依次通过 DAX-8 和 XAD-4 树脂（Amberlite），DAX-8 型树脂可以吸附强疏水性可溶性有机物，XAD-4 型树脂可以吸附弱疏水性可溶性有机物，最后剩下的为亲水性可溶性有机物。通过洗脱树脂可以将水中有机物分成疏水性有机物（DAX-8 吸附，hydrophobic fractions（HPO））、过渡性亲水性有机物（XAD-4 吸附，transphilic fractions（TPI））和亲水性有机物（未被吸附，hydrophilic fractions（HPI））。各工艺出水和 BAC 出水中 DON 亲疏水性的分析结果如图 5-47 所示。

根据卢宁等人的研究，当以 DOC 表征长江原水中有机物亲疏水性分布，疏水性部分占比大，HPO、TPI 和 HPI 三种组分的比例分别为 43.4％、25.8％ 和 30.8％；而以 UV_{254} 和 DON 表征水中有机物的亲疏水性分布时，亲水性部分占比较大，以 UV_{254} 为表征时 HPO、TPI 和 HPI 三种组分的比例分别为 35.6％、18.6％ 和 45.8％。在本研究中，以 DON 表征水中有机物的亲疏水性分布时，HPO、TPI 和 HPI 三种组分的比例为 36.4％、14.2％ 和 49.4％。分析认为，DOC 中疏水性物质主要来源于腐殖酸和富里酸，而 DON 中胺类（NH_2）、酰胺（$CONH_2$ 或 CONH-

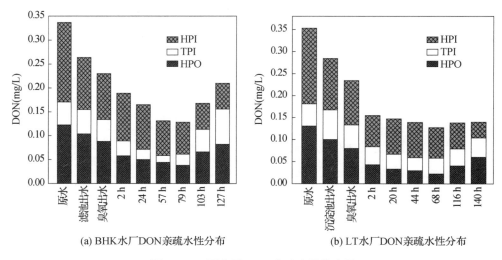

(a) BHK水厂DON亲疏水性分布　　　　(b) LT水厂DON亲疏水性分布

图 5 - 47　两水厂 DON 亲疏水性分布图

R)、硝基（NO₂）和腈类（CN）等多数含氮官能团均为亲水性官能团，使得 DON 中亲水性组分占大部分。这些官能团中也大多含有不饱和键，这也致使 UV₂₅₄ 的亲水性组分比例较高。

由试验结果可知，常规工艺可以去除一部分疏水性有机物，约为 23%～34%；但对亲水性组分效果不明显，约为 12%～21%。这是由于常规工艺中沉淀/砂滤过程中截留作用对水中的疏水性物质具有较好去除效果，而亲水性有机物则随沉淀池出水进入后续工艺。臭氧工艺对于疏水性组分去除效果明显，约能去除 30% 左右的疏水性物质。活性炭工艺对三种组分有机物的去除均有较好效果，下向流生物活性炭工艺对 HPO、TPI 和 HPI 三种组成 DON 的平均去除率分别能提高至 53.9%、26.9%、55.8%，上向流生物活性炭工艺对 HPO、TPI 和 HPI 三种组分 DON 平均去除率则比下向流工艺提高明显，分别为 70.7%、26.6%、61.7%。分析其原因在于两种类型生物活性炭工艺中炭上生物量以及生物群落结构的差异。

5.3.3.3　三维荧光特性的变化

为了研究各工艺出水中有机物分布情况，对两个水厂的各工艺出水水样进行三维荧光光谱（EEM）分析，结果如图 5 - 48 和图 5 - 49。根据 Chen 等人的相关研究，将三维荧光光谱图分为五个区，分别为：Ⅰ：芳香族蛋白质（酪氨酸为代表，$\lambda_{Ex}<250\ nm$，$\lambda_{Em}<330\ nm$）；Ⅱ：芳香族蛋白质（色氨酸为代表，$\lambda_{Ex}<250\ nm$，$\lambda_{Em}<380\ nm$）；Ⅲ：类富里酸（$\lambda_{Ex}<250\ nm$，$\lambda_{Em}>380\ nm$）；Ⅳ：类可溶性生物产物（包括类色氨酸、类酪氨酸和类蛋白质，$\lambda_{Ex}>250\ nm$，$\lambda_{Em}<380\ nm$）；Ⅴ：类腐殖酸（$\lambda_{Ex}>250\ nm$，$\lambda_{Em}>380\ nm$）。

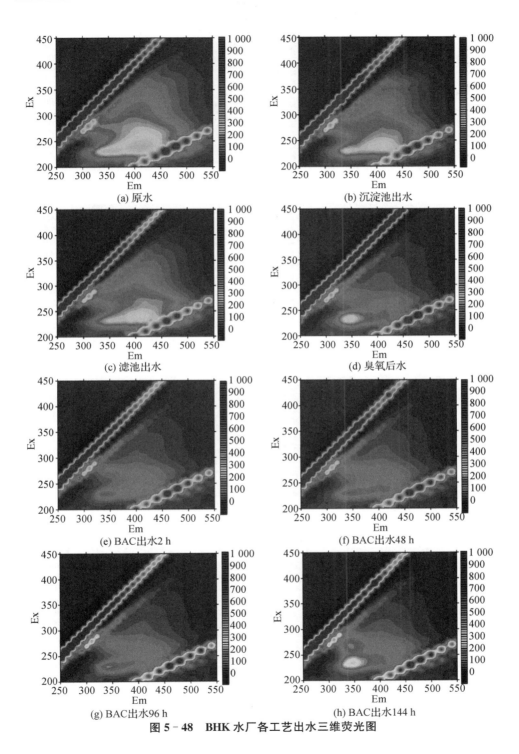

(a) 原水

(b) 沉淀池出水

(c) 滤池出水

(d) 臭氧后水

(e) BAC出水2 h

(f) BAC出水48 h

(g) BAC出水96 h

(h) BAC出水144 h

图 5-48 BHK 水厂各工艺出水三维荧光图

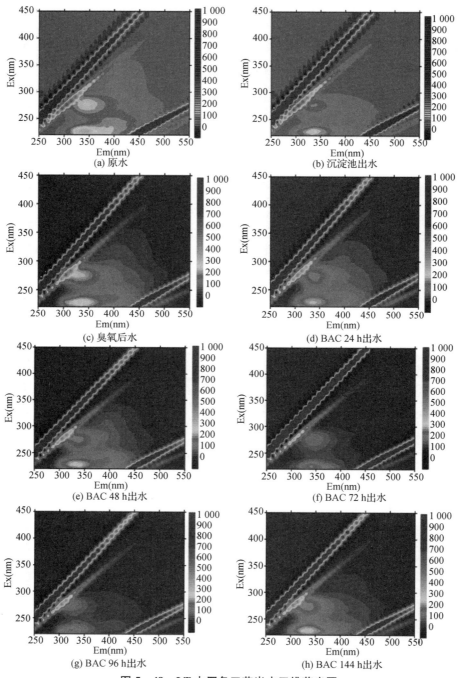

(a) 原水　　　　　　　　　　　　　(b) 沉淀池出水

(c) 臭氧后水　　　　　　　　　　(d) BAC 24 h出水

(e) BAC 48 h出水　　　　　　　　(f) BAC 72 h出水

(g) BAC 96 h出水　　　　　　　　(h) BAC 144 h出水

图 5 - 49　LT 水厂各工艺出水三维荧光图

图 5-48 和图 5-49 表明,常规处理工艺主要去除的有机物为腐殖酸和富里酸,臭氧对芳香族蛋白质类和可溶性生物产物去除率很高,生物活性炭可以对其进一步去除,而这两类有机物是 DON 的重要组成部分,也是含氮消毒副产物的主要前驱物。因此 O_3/BAC 工艺可以有效去除 DON,减少含氮消毒副产物的产生。

上、下向流 BAC 工艺均对有机物有较好的去除效果,在一个运行周期内,BAC工艺对出水中芳香族蛋白质类和类富里酸均有较好的去除效果。在 72 h 左右,出水中有机物的峰最小,结合对生物量和出水中 DON 含量的测定可知,此时微生物代谢作用达到最强,微生物利用水中有机物合成自身的物质,导致出水中 DON 浓度降低。随着运行时间的增加,出水中开始出现更多的芳香族蛋白质物质和一些更复杂的有机物,这可能是因为随着炭池运行时间的增加,有一部分膜上的生物代谢衰减开始死亡,分解出体内的一些更复杂的含氮有机物,导致出水中 DON 的增加。

为了进一步量化各工艺出水中有机物的组成以及去除情况,对各工艺出水中的三维荧光进行积分,结果如表 5-9 所示。

表 5-9　BHK 水厂各工艺出水三维荧光积分

BHK 水样	区域积分	Ⅰ类 色氨酸	Ⅱ类 酪氨酸	Ⅲ类 富里酸	Ⅳ类 SMPs	Ⅴ类 腐殖酸	总和
原水	积分值 (AU·nm²)	366 754	503 131	1 474 518	1 048 733	2 224 286	5 617 422
	比例%	6.5	9.0	26.2	18.7	39.6	100
沉淀池 出水	积分值 (AU·nm²)	359 202	504 783	1 434 651	1 056 271	2 140 478	5 495 386
	比例%	6.5	9.2	26.1	19.2	39.0	100
滤池出水	积分值 (AU·nm²)	346 610	483 150	1 461 839	1 015 631	2 124 785	5 432 015
	比例%	6.4	8.9	26.9	18.7	39.1	100
臭氧后 出水	积分值 (AU·nm²)	290 721	360 612	589 875	999 232	747 325	2 987 764
	比例%	9.7	12.1	19.7	33.4	25.0	100

BHK 水样		区域积分	Ⅰ类 色氨酸	Ⅱ类 酪氨酸	Ⅲ类 富里酸	Ⅳ类 SMPs	Ⅴ类 腐殖酸	总和
BAC 炭池 出水	24 h	积分值 （AU·nm²）	270 698	260 182	539 886	949 202	648 995	2 668 962
		比例%	10.1	9.7	20.2	35.6	24.3	100
	48 h	积分值 （AU·nm²）	490 517	289 626	581 133	987 387	709 209	3 057 872
		比例%	16.0	9.5	19.0	32.3	23.2	100
	72 h	积分值 （AU·nm²）	471 391	291 046	567 301	970 897	677 779	2 978 414
		比例%	15.8	9.8	19.0	32.6	22.8	100
	96 h	积分值 （AU·nm²）	310 093	397 250	586 469	1 090 001	718 718	3 102 531
		比例%	10.0	12.8	18.9	35.1	23.2	100
	144 h	值 （AU·nm²）	280 084	495 950	886 469	1 090 321	702 938	3 455 762
		比例%	8.1	14.4	25.7	31.6	20.3	100

5.3.4　炭后水的消毒副产物生成特性研究

通过对各工艺出水的常规水质参数、DON 的性质变化和三维荧光的研究，结合对工艺出水中消毒副产物的生成势的变化，探究各水质参数对炭后水中消毒副产物的生成势变化的影响。

取各工艺出水以及一个炭池运行周期内的出水水样，对所采集的水样进行加氯消毒处理：将水样预先通过 0.45 μm 滤膜预处理，加氯量采用 Krasner 等人研究的方法确定：$Cl_2(mg/L) = 3 \times DOC(mg \cdot C/L) + 7.6 \times NH_3 - N(mg \cdot N/L) + 10$ (mg/L)，加氯消毒反应时间为 24 h。消毒完成后，立即对水样进行萃取处理，将处理后的水样放入冰箱保存，并尽快进行检测。

水样的检测结果如图 5-50 所示。

由图 5-50 可知，除 TCNMFP 外，消毒副产物生成势随水厂常规处理工艺逐渐减少，主要卤代烃消毒副产物为 THM，其中又以 CHCl₃ 为主。就各单元工艺而言，混凝沉淀工艺对 THMFP、HANFP、TCNMFP、DcAcAmFP 的去除率分别达到 21.6%～22.4%、14.9%～19.1%、26.9%～28.8%、26.2%～30.8%；砂滤工艺对 THMFP、HANFP、TCNMFP、DcAcAmFP 去除率可分别达到 34%～

35.6%、27.6%～35.9%、30%～33.8%、28.7%～31.3%；砂滤工艺对消毒副产物生成势基本没有去除效果。

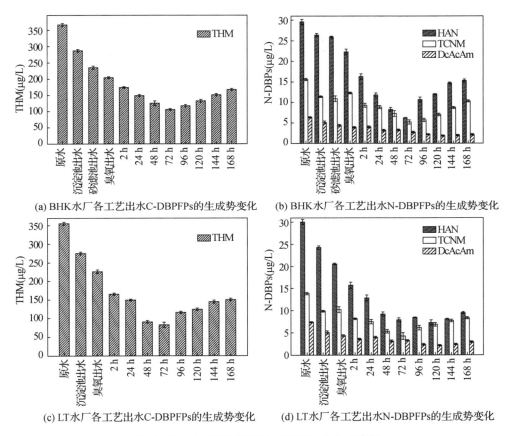

(a) BHK水厂各工艺出水C-DBPFPs的生成势变化　(b) BHK水厂各工艺出水N-DBPFPs的生成势变化

(c) LT水厂各工艺出水C-DBPFPs的生成势变化　(d) LT水厂各工艺出水N-DBPFPs的生成势变化

图 5－50　水厂各工艺出水 DBPFPs 的生成变化

臭氧氧化工艺单元可以去除 36.4%～44.2% 的 THMs、31.5%～33.3% 的 HAN 和 38.8%～40.5% 的 DcAcAmFP，原因在于臭氧可以直接氧化水中的不饱和有机物。但经过臭氧处理后，出水中 TCNMFP 的去除率不减反增，该研究结果与 Hu、Chu、Zhang 等人的研究一致，这是由于臭氧氧化作用增加了具有高 HNMFP 生成势的特定有机物的含量。生物活性炭工艺对 THMFP 的去除率为 61.7%～64.1%，对 DcAcAmFP 的去除率约为 58%。研究表明水中的类可溶性生物产物（SMPs）和芳香族蛋白质（APs）是 DcAcAm 的主要前体物，而生物活性炭工艺对 SMPs 和 Aps 的去除率较其他 DON 更高；生物活性炭工艺对 HANFP 和 TCNMFP 也有较好的去除率，其平均去除率达到 60.7%～70.1%、50.0%～

63.5%,同样源于生物活性炭对其前体物的有效去除。

就生物活性炭的类型而言,上向流生物活性炭工艺对各种消毒副产物的生成势的去除率较下向流生物活性炭工艺稍高,这是因为上向流生物活性炭中的生物量较下向流稳定,对水中 DON 的去除率较高。由前面对水中 DON 中各组分的研究可知,上向流生物活性炭工艺对水中小分子亲水性有机物的去除均较下向流生物活性炭工艺高,而亲水性小分子正是 TCNM 和 DcAcAm 的主要前体物,所以上向流生物活性炭工艺对 TCNM 和 DcAcAm 生成势的去除率(63.5%、58.9%)均高于下向流(50.0%、57.8%)。此外,夏季时的去除率比冬季要稍高,这可能有两个原因:一是冬季原水中的 DON 浓度比夏季高,二是夏季时生物活性炭中的生物量和生物活性较高,对水中 DON 的去除率较高,使得水中消毒副产物生成势的去除率也较高。

前述研究结果显示,水厂各工艺出水中 DBPs,尤其是 N-DBPs 的生成变化与水中 DON 的变化趋势相似,通过研究消毒副产物与 SUVA 和 DON 的线性关系可以探究水中消毒副产物生成势与其关系。水厂各工艺出水水质参数如表 5-10、表 5-11 所示。

表 5-10　LT 水厂工艺出水水质参数

	原水	沉后水	臭氧	2 h	24 h	48 h	72 h	96 h	120 h	144 h	168 h
SUVA	3.088	1.901	1.250	1.481	1.471	1.412	1.563	1.038	0.805	0.820	0.661
DON(mg/L)	0.234	0.201	0.191	0.139	0.116	0.088	0.080	0.089	0.096	0.105	0.119
浊度(NTU)	47	1.63	0.881	0.709	0.8	0.659	0.631	0.713	0.749	0.801	0.872
UV_{254}(cm^{-1})	0.042	0.023	0.012	0.008	0.006	0.006	0.005	0.006	0.005	0.006	0.006

表 5-11　BHK 水厂各工艺出水水质参数

	原水	沉后水	臭氧	2 h	24 h	48 h	72 h	96 h	120 h	144 h	168 h
SUVA	2.73	2.14	1.20	1.01	1.26	1.29	1.34	1.19	1.18	1.12	1.11
DON(mg/L)	0.223	0.210	0.183	0.164	0.130	0.089	0.065	0.068	0.078	0.088	0.110
浊度(NTU)	45.5	3.99	0.154	0.146	0.138	0.122	0.101	0.1	0.1	0.123	0.131
UV_{254}(cm^{-1})	0.063	0.029	0.027	0.023	0.016	0.014	0.013	0.013	0.012	0.016	0.017

根据水厂中水质参数和 DBPs 的生成量,分析其线性关系,结果如图 5-51、图 5-52、图 5-53 和图 5-54 所示。

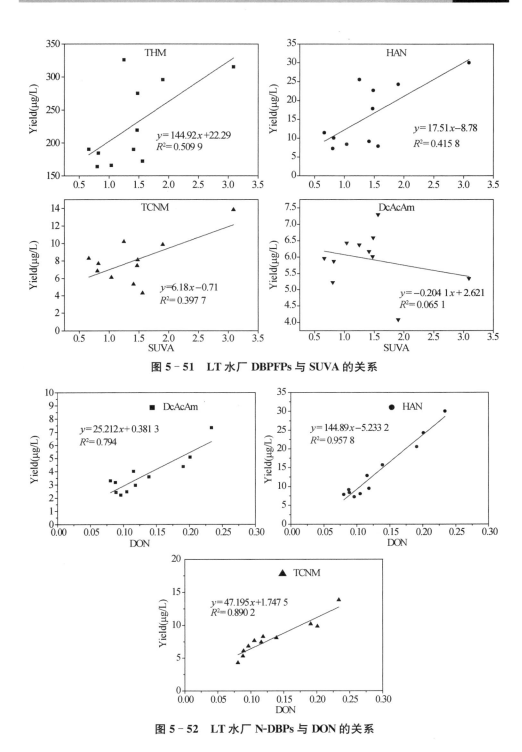

图 5 - 51 LT 水厂 DBPFPs 与 SUVA 的关系

图 5 - 52 LT 水厂 N-DBPs 与 DON 的关系

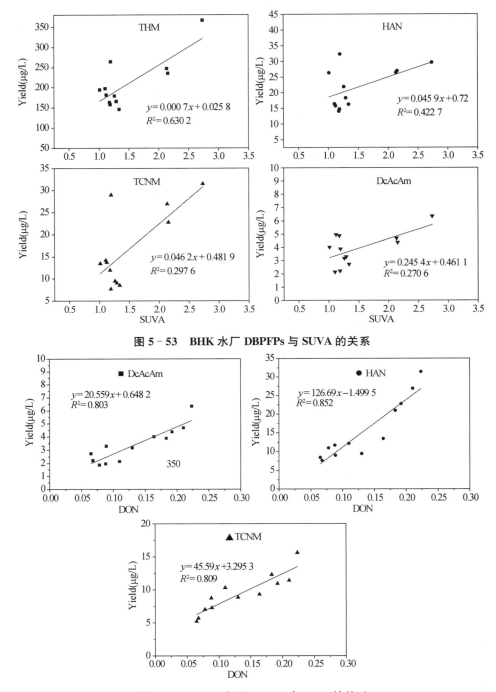

图 5 - 53　BHK 水厂 DBPFPs 与 SUVA 的关系

图 5 - 54　BHK 水厂 N-DBPs 与 DON 的关系

通常认为：当 $R^2 > 0.8$ 时，具有强线性关系；当 $0.7 < R^2 < 0.8$ 时，具有较强线性关系；当 $0.5 < R^2 < 0.7$ 时，具有较弱线性关系；$R^2 < 0.5$ 时，具有较差线性关系。归纳以往研究，当 SUVA 值 <2 时，水中 NOM 主要以非腐殖质类和非疏水性类有机物存在；当 SUVA 值在 $2 \sim 4$ 之间时，水中 NOM 主要由一些腐殖质类化合物和中分子有机物组成。由结果可知，经臭氧处理后，SUVA 值下降 $34\% \sim 43.9\%$，但经生物活性炭处理后，SUVA 值呈先上升后下降趋势，且均小于 2。

两个水厂（LT 水厂、BHK 水厂）中 DBPs 与 SUVA 值的线性相关性较低，其中 THM 与 SUVA 值有较弱的线性相关关系，$0.5 < R^2 < 0.7$；N-DBPs 与 SUVA 值的线性关系均较差，尤其 DcAcAm 与 SUVA 值几乎不存在线性相关关系。分析发现，N-DBPs 与 DON 的线性关系均比较好，如 HAN、TCNM、DcAcAm 与 DON 的 $R^2 > 0.8$，其中 HAN 与 DON 的 $R^2 = 0.957\,8$。结果说明 N-DBPs 的生成量与水体中 DON 含量密切相关。经过水厂各工艺尤其是生物活性炭处理后，水体中 DON 的性质，包括分子量大小和亲疏水性的分布均有一定的变化，并且 DBPs 生成量也随之变化，如经臭氧处理后水中 DON 浓度减小，但水中 TCNM 生成量不减反增，原因是增加的特定含氮有机物生成的 TCNMFP 量明显高于因 DON 减少而降低的 TCNMFP 量。

5.3.5 生物活性炭工艺中氮的转化机制研究

由前述可知，O_3-BAC 出水中 DON 含量和性质均对 DBPs 的生成有影响。分别以单一氮源、多种氮形式（氨氮、硝态氮、有机氮）为进水水质，研究各氮素与 DON 之间的转化关系和转化率，探究 DON 性质与 DBPs 生成量之间的关系，探究活性炭上微生物变化与 DON 生成之间的关系。

取 BHK 水厂实际运行的活性炭填装入有机玻璃炭柱，炭柱规格与运行参数见表 5-12，炭柱进水采用自配水，水质参数见表 5-13。试验炭柱运行周期为 7 d，定期监测出水中 DOC、总氮、无机氮和 DON 的变化。

表 5-12 炭柱规格及运行参数

柱高(cm)	炭层设计高度(cm)	内径(mm)	EBCT(min)	流速(m·s⁻¹)	进水量(L·d⁻¹)
80	60	25	20	5×10^{-4}	21.2

表 5-13　炭柱进水水质参数

指　　标	浓度(mg/L)
$MnCl_2 \cdot 4H_2O$	0.4
$ZnSO_4 \cdot 7H_2O$	0.5
$CuSO_4 \cdot 5H_2O$	0.05
TP	0.2
$Fe_2(SO_4)_3$	0.3
葡萄糖(以 C 计)	4.5
DO	>8
pH 值	6.8~7.2
水温	25~30 ℃

5.3.5.1　硝氮为唯一进水氮源

(1)以硝氮为唯一氮源时进出水中 DON 和 DOC 的变化

试验进水硝氮浓度分别为 1.2±0.3 mg N/L,DOC=4.0±0.5 mg C/L,图 5-55 为进水硝氮浓度为 1.2±0.3 mg N/L 时各氮及 DOC 的变化。如图所示,整个运行周期内,几乎未检测出氨氮,且在运行前期,总氮和硝氮有少量的减少。随着运行时间的增加,总氮开始有小幅度的增加,从进水的 1.3 mg/L 增加至 72 h 的1.44 mg/L,而硝氮几乎无明显变化。而在整个运行周期内,DON 的变化呈现逐渐增加的趋势。这可能是因为在初期,微生物主要是以合成作用为主,根据 DOC 的变化也可解释,随着运行时间的增加生物活性炭上的生物由合成作用为主

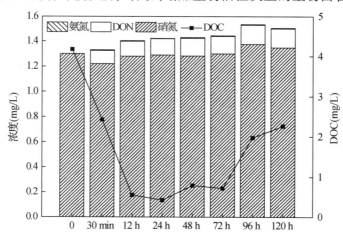

图 5-55　出水中各氮素和 DOC 的变化(硝氮为进水氮源)

转化为以降解作用为主,前期出水中出现的少量DON是炭上微生物代谢活动的产物,在进水后期,出现的大分子有机物以及类蛋白质DON,是微生物在生物活性炭运行后期大量衰亡过程的分泌物以及死亡的微生物随出水流出的结果。

实验数据显示,在120 h的进水时间内出水DON浓度随时间增加,出水DON由前期的0.105 mg/L增加到后期的0.156 mg/L。整个运行过程中出水的硝态氮宏观表现为浓度几乎不变,甚至高于进水硝氮浓度。根据相关文献研究,运行至中后期的生物活性炭吸附作用基本达到饱和,对无机氮的去除是通过生物作用来达到的。生物活性炭对硝酸盐氮不具有吸附去除作用,随着运行时间的增加,炭上生物进行生物代谢作用,其中的硝化细菌通过硝化作用生成 NO_3^-,致使到后期出水中的硝氮浓度高于进水的。

自配水进水采用葡萄糖作为碳源,进水DOC维持在 4 ± 0.5 mg/L。由图5-55可以看出,炭柱运行的前12 h,DOC出现大幅度下降,生物活性炭对DOC的去除率达到86.8%。这可能是由于进水碳源葡萄糖为小分子DOC,极易被微生物利用,有利于微生物的生长代谢。72 h之后,出水DOC出现了明显的上升,至120 h时达到2.24 mg/L左右。这一方面可能是由于过程中微生物种群与微生物量发生了变化导致有机物利用率出现了变化,另一方面可能是由于炭上生物已开始进入生长后期,对水中有机物的利用远低于对数生长期。DOC整体变化趋势与出水DON的变化是相一致的。

(2)以硝氮为唯一氮源时DON的特性变化

为探究硝氮是否参与生物的代谢过程,用 $KNO_3^{-15}N$(98 atom% ^{15}N)配制硝氮浓度为3.0 mg N/L的进水进行试验,试验结果如表5-14所示。

表5-14 出水中硝态氮浓度和 ^{15}N 丰度的变化

样品编号	含氮量(mg/L)	^{15}N 丰度(atom%)
0	3.00	98.00
1	3.18	86.75

注:编号顺序:0. 进水;1. 12 h出水、96 h出水、168 h出水混合水样。

经过生物活性炭工艺处理后,运行初期出水中硝态氮浓度未发生明显变化,到后期出水浓度升高至高于进水浓度,此结果与进水中硝态氮浓度为1.3 mg/L时的变化一致。但检测到出水中硝态氮 ^{15}N 丰度均低于进水中 ^{15}N 丰度,此结果说明硝氮不参与微生物的代谢过程,但是进水硝态氮与炭上硝态氮存在一定的物理交换作用,导致出水中的硝态氮 ^{15}N 丰度下降。到运行后期,由于生物衰亡速度大于生成速度,导致出水中硝态氮浓度升高,同时出水中^{15}N 丰度也有小幅度的上升。

为探究在进水氮源为硝氮时,经过生物活性炭工艺处理后出水中新产生的有机物,对出水中蛋白质进行鉴定,结果如表 5 - 15 所示。

表 5 - 15　蛋白质鉴定结果

序号	名　　称	分子量	占比%	功　　能
1	oligopeptide ABC transporter substrate-binding protein 寡肽 ABC 转运蛋白-底物结合蛋白	59 742.4	41.0	
2	elongation factor Tu 延长因子	43 289.23	12.8	GTP 结合蛋白
3	alkyl hydroperoxide reductase/Thiol specific antioxidant/Mal allergen 烷基过氧化氢还原酶/硫醇抗氧化剂	22 281.25	9.0	
4	AMP-dependent synthetase and ligase AMP 依赖性合成酶和连接酶	58 178.76	4.7	合成 AMP
5	RecName:Full＝Outer membrane protein A;Flags:Precursor 外膜蛋白 A	38 516.34	3.5	
6	glyceraldehyde-3-phosphate dehydrogenase 甘油醛-3-磷酸脱氢酶	35 660.29	3.2	NAD 与 NADP 的结合蛋白;参与葡萄糖代谢
7	phosphate ABC transporter periplasmic substrate-binding protein PstS 磷酸 ABC 转运蛋白周质底物结合蛋白 PstS	36 633.87	3.2	PstS 是 ABC 型转运蛋白复合物 pstSACB 的底物结合组分
8	glyceraldehyde 3-phosphate dehydrogenase, partial 甘油醛 3-磷酸脱氢酶,部分	20 447.47	2.5	作为所有生物体的几个中心代谢途径中的中间体发生的化合物
9	DNA helicase Ⅱ DNA 解旋酶Ⅱ	32 386.88	2.4	解旋酶Ⅱ是甲基取向失配和 uvrABC 切除修复所必需的,并被认为通过解开双链 DNA 起作用
10	ATP synthase subunit beta ATP 合成酶 β 亚基	50 289.89	2.3	ATP 分解为 ADP 的催化剂

续表

序号	名　　称	分子量	占比%	功　能
11	ATP synthase subunit alpha ATP 合成酶 α 亚基	55 421.02	2.0	ATP 的结合蛋白,水解 ATP 运输蛋白质
12	protein translation elongation factor Tu 蛋白质翻译延长因子	43 612.56	1.9	细胞的细胞周期和生 长过程中用于蛋白质 合成的一组蛋白质
13	fructose-bisphosphate aldolase 果糖二磷酸醛缩酶	39 350.68	1.6	
14	putative outer membrane pore protein N, non-specific 类外膜孔蛋白	40 629.59	1.6	
15	5-methyltetrahydropter-oyl triglutamate- homocysteine methyltransferase 5-甲基四氢邻苯三甲酸酯-高半胱氨酸 甲基转移酶	86 342.61	1.2	
16	streptococcal histidine triad protein 链球菌组氨酸三联体蛋白	131 558.6	1.2	
17	hypothetical protein HMPREF0189_00174 假想蛋白 HMPREF0189_00174	18 349.64	1.2	

以上为占比大于 1% 的蛋白质的检测结果。由检测结果可知,出水中的蛋白质类有机物分子量主要分布在 50 000 以内,其中,寡肽转运蛋白-底物结合蛋白占比高达 41%。

对活性炭不同时期出水进行三维荧光测定,结果如图 5-56 所示。

由分析结果可知,进水三维荧光出现两个峰,分别为芳香族蛋白质和类可溶性生物产物($\lambda_{Ex}<250$ nm, $\lambda_{Em}<380$ nm)。BAC 运行前期,进水中的有机物逐渐被去除,同时有少量的微生物代谢产物产生,出水三维荧光峰值逐渐变小且出现新的峰值;BAC 运行至中期,出水中出现了大量的更加复杂的有机物,如Ⅰ区类富里酸($\lambda_{Ex}<250$ nm, $\lambda_{Em}>380$ nm)、Ⅴ区类腐殖酸($\lambda_{Ex}>250$ nm, $\lambda_{Em}>380$ nm)。这是由于进水中缺乏微生物能利用的氮源,微生物开始时能利用自身物质进行代谢,随着运行时间的增加,微生物的生物合成速度小于衰亡速度,使得出水中大分子 DON 含量增加,运行至后期,炭上微生物减少,导致出水中有机物含量开始减少,即表现出三维荧光峰值变小。

(3)以硝氮为唯一氮源时 DBPs 的生成

硝氮为进水中唯一氮源时,取整个运行周期内不同时期出水进行加氯消毒处理,经一段时间培养后对水中的含氮消毒副产物进行测定。经 BAC 工艺处理后不同时期出水的 N-DBPs 的生成情况如图 5-57 所示。

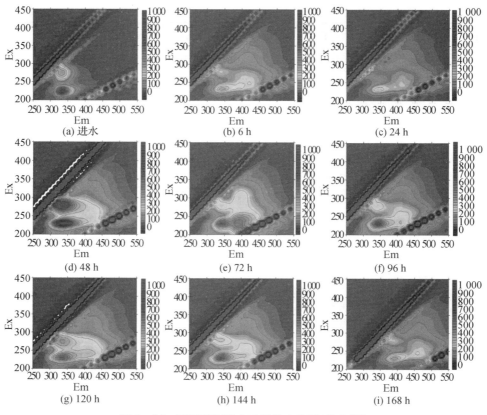

图 5 - 56　不同时期出水三维荧光(硝氮为氮源)

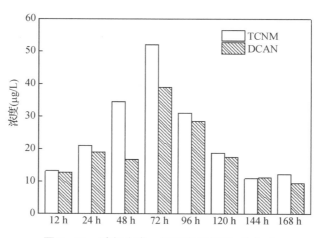

图 5 - 57　硝氮为唯一氮源时 N-DBPs 的生成

出水中的卤代腈(HAN)只检测出二氯乙腈(DCAN),且检测到出水中还生成了水合三氯乙醛、1,1-二氯-2-丙酮等消毒副产物,在此不做讨论。

当硝氮作为 BAC 进水的唯一氮源时,由于硝氮不参与 BAC 炭上微生物的代谢过程,故 BAC 工艺出水中 DON 主要来源于生物代谢产物和生物裂解产物。由出水中的 DON 含量的变化和 DON 三维荧光的特性可知,BAC 运行初期,消毒副产物的生成量较小,因为进水中不含 DON,且微生物代谢产物含量较小。随着运行时间的增加,伴随着微生物量的减小,生物裂解释放出较多的 DON,包括类可溶性生物产物,使得出水中的 N-DBPs 增加,TCNM 和 DCAN 由初始的 13.2 μg/L、12.7 μg/L 增加至 72 h 时的 52.0 μg/L、39.0 μg/L。随着运行时间的继续增加,炭上微生物逐渐死亡,生物量减少,裂解出较多的大分子 DON,出水中 N-DBPs 的生成势逐渐减小。

5.3.5.2　氨氮为进水氮源

(1) 以氨氮为唯一氮源时,进出水中 DON 和 DOC 的变化

以氨氮作为进水中的唯一氮源,试验进水氨氮浓度配制成 1.2±0.3 mg N/L,DOC=4.0±0.5 mg C/L,图 5-58 为各氮的变化及 DOC 的变化。如图所示,运行前期,生物活性炭对氨氮的去除率达到 42%～59%,平均去除率为 50.38%,与之前的研究变化规律一致。但是观察总氮的变化发现,由于是自配水,进水总氮浓度和进水氨氮是一致的,但是进出水总氮变化与氨氮变化有明显的区别:运行前期,进出水总氮下降 15.8%～35%,平均下降 26%。由于进水中无 DON,对比进出水氨氮变化和总氮变化,出水中有大量的 DON 生成,达到 0.39 mg/L,占出水总氮的 4%～38%。根据之前关于生物活性炭 DON 的释放规律研究可知,排除生物活性

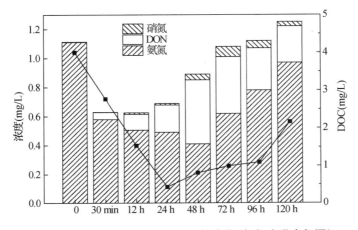

图 5-58　出水中各氮素和 DOC 的变化(氨氮为进水氮源)

炭释放 DON 的因素,在氨氮进水过程中存在 DON 的生成。在整个试验过程中,出水中几乎没有检测到硝氮的存在,表示在氨氮进水条件下,生物活性炭对氨氮的作用即通过生物作用将氨氮转化为 DON。

实验数据显示,在 120 h 的进水时间内,出水 DON 浓度随时间先增加后降低,出水 DON 由前期的 0.44 mg/L 下降到后期的 0.25 mg/L,48 h 之后,氨氮的去除率明显下降,这与 DON 的出水浓度是对应的。但是通过实验数据,氨氮的减少是明显多于出水 DON 浓度的。根据相关文献研究,生物活性炭对氨氮的去除是通过生物作用实现的。生物活性炭对硝酸盐氮不具有吸附去除作用,减少的氨氮即通过生物作用转化为 DON 的形式存在。考虑到进出水 DON 的平衡,出水中 DON 浓度明显小于氨氮的减少量。分析其中的原因,第一:与实际水厂生产炭池进水条件不同,实验是小试炭柱,进水中提供的氮、磷、碳源等营养元素在整个过程中是充足甚至过量的,为整个过程中生物生长提供了良好的环境;第二:小试炭柱在横截面积与过水高度上以及进水水量上都与实际生产炭池差别很大。整个过程中出水总氮在一定时期内出现一定幅度的下降,这可能是由于一部分氮源转化成 DON 后变成了炭上微生物的组成部分,以微生物组织的形式截留在活性炭上。

结果显示,部分氨氮在生物活性炭处理过程中的转化是通过生物作用向 DON 方向转化的。正常情况下氨氮向 DON 的转化率与进水条件相关。本研究进水氨氮为 1.2 mg/L,氨氮向 DON 的转化率可达 11.4%~91.7%。

自配水进水采用葡萄糖作为碳源,进水 DOC 维持在 4±0.5 mg/L 的范围。由图 5-58 可以看出,炭柱运行的前 24 h,DOC 出现大幅度下降,生物活性炭对 DOC 的平均去除率达到 60.6%。这可能是由于进水碳源葡萄糖为小分子 DOC,极易被微生物利用,有利于微生物的生长代谢。96 h 之后,出水 DOC 出现了明显的上升,到 120 h 时达到 2.2 mg/L 左右,DOC 的去除率出现了明显下降,平均去除率下降到了 45.9%。DOC 在整个运行周期内的变化与硝氮为进水氮源时表现出一致的变化规律。

(2) 以氨氮为唯一氮源时 DON 的特性变化

为探究进水氮源为氨氮时,氨氮向 DON 的转化情况,用 [15]N 标记的 NH_4Cl—[15]N (98 atom% [15]N)配制浓度为 3.0 mg N/L 的进水进行试验。由低浓度的氨氮试验结果可知,出水中检测到了硝氮,故对出水中的氨氮和硝氮均进行同位素的测定,检测结果如表 5-16 所示。

表 5-16 出水中 NH_4^+—N 和 NO_3^-—N 浓度和 ^{15}N 丰度的变化   单位:mg/L

样品编号	NH_4^+—N 浓度	^{15}N 丰度(atom%)	NO_3^-—N 浓度	^{15}N 丰度(atom%)
0	3.00	98.00	0.00	0.00
1	2.02	84.99	1.13	84.47

注:编号顺序:0. 进水;1. 12 h 出水、96 h 出水、168 h 出水混合水样。

对 BAC 运行过程中出水中各氮浓度的测定结果表明,经过生物活性炭工艺处理后,运行初期出水中铵态氮的浓度呈现先上升后下降的变化趋势,与低浓度铵态氮进水试验结果一致;但 NH_4^+—N 去除率最高的时间由低浓度时的 48 h 提前至24 h,这可能是由于在高氨氮和高浓度碳源培养条件下,生物代谢作用相对旺盛,加速了生物的合成作用。在运行前期,出水中以微生物代谢分泌的小分子有机物为主;随着运行时间的增加,氨氮和葡萄糖通过微生物的作用转化为相对复杂的含氮有机物以及硝态氮。

由 ^{15}N 丰度检测结果可知,出水中硝态氮的 ^{15}N 丰度由进水的 0% 提高至84.5%,说明出水中硝态氮大部分来源于进水中的铵态氮的转化,出水中减少的铵态氮一部分经过生物代谢转化成了硝态氮,另一部分参与了生物的合成转化成更复杂的有机物,包括氨基酸、蛋白质等。到运行后期,由于生物衰亡速度大于生成速度,导致进水中铵态氮的利用率下降,出水中铵态氮浓度升高,且由于微生物的分解,使得出水中总氮浓度升高,并大于进水浓度。

为探究出水中有机物的特性,对活性炭不同时期出水进行三维荧光测定,结果如图 5-59 所示。

由分析结果可知,进水三维荧光出现两个峰,分别为芳香族蛋白质($\lambda_{Ex}<$250 nm,$\lambda_{Em}<$380 nm)和类可溶性生物产物($\lambda_{Ex}<$250 nm,$\lambda_{Em}<$380 nm)。BAC运行前期,进水中的有机物逐渐被去除,同时有少量的微生物代谢产物产生,出水三维荧光峰值逐渐变小且出现新的峰值。BAC 运行至 72 h,出水中出现了明显的峰值的变化,分别在Ⅰ、Ⅱ、Ⅳ区出现明显的峰,说明出水中存在大量的可溶性生物产物(SMPs)。这是由于微生物在进行合成代谢过程中释放出了大量的代谢产物,随着运行时间的增加,微生物生物合成速度小于衰亡速度,微生物向水中分泌出胞外聚合物(EPS),而 EPS 富含 DON,从而使得出水中大分子 DON 含量增加。

(3)以氨氮为唯一氮源时 N-DBPs 生成

氨氮为进水中唯一氮源时,取整个运行周期内不同时期的出水进行加氯消毒处理,经一段时间培养后对水中的含氮消毒副产物进行测定。经 BAC 工艺处理后不同时期的出水 N-DBPs 的生成情况如图 5-60 所示。

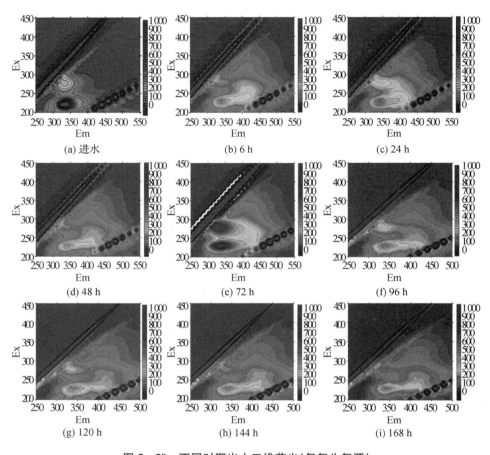

图 5 - 59　不同时期出水三维荧光(氨氮为氮源)

　　出水中的卤代腈(HAN)只检测出二氯乙腈(DCAN),且检测到出水中还生成了水合三氯乙醛、1,1-二氯-2-丙酮等消毒副产物,在此不做讨论。

　　当氨氮作为 BAC 进水的唯一氮源时,BAC 炭上微生物利用氨氮作为氮源进行代谢,故出水表现出氨氮减少而 DON 增加的变化趋势,出水中的 DCAN 生成量为 $12.9 \sim 67.2\ \mu g/L$,TCNM 的生成量为 $0 \sim 22.7\ \mu g/L$。由图 5 - 60 可知,当 BAC 运行至 48 h 时,两种 N-DBPs 的生成量均为最高,相比于硝氮作为氮源时,N-DBPs 的生成较早地达到最高值。这可能是微生物能够利用进水中的氮源,且进水中具有充足的营养物质,加快了炭上微生物的合成代谢速度,使得微生物在较早的时间开始分泌 EPS 和 SMP。随着运行时间的继续增加,炭上微生物逐渐死亡,生物量减少,裂解出较多的大分子 DON,出水中 N-DBPs 的生成势逐渐减小。BAC 运行至 120 h 时,出水中几乎检测不到 TCNM。分析其原因:一是溶解性腐殖质类有机

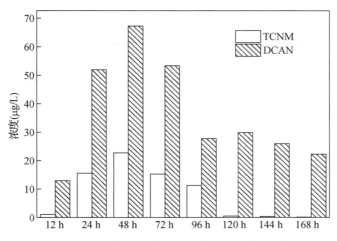

图 5 - 60　氨氮为唯一氮源时 N-DBPs 的生成

物是 CF 和 DCAN 的主要前体物,但几乎不生成 TCNM 和 DcAcAm;二是 TCNM 的主要前驱物是小分子 DON,BAC 运行后期,水中 DON 以大分子 DON 为主。

5.3.5.3　色氨酸为进水氮源

氨基酸广泛分布于地表水中,且通过常规的给水处理工艺难以去除,无论是氯化消毒还是氯胺化消毒,色氨酸、酪氨酸、天冬酰胺和丙氨酸相比其他含氮结构的前驱物会产生更多的 DCAN。活性炭对于色氨酸有很好的吸附去除效果,故试验选取色氨酸为含氮有机物典型代表作为进水中唯一氮源。

（1）以色氨酸为唯一氮源时 DON 和 DOC 的变化

试验进水 DON 分别为 1.0 ± 0.1 mg N/L、1.5 ± 0.1 mg N/L,DOC＝6.0 ± 0.5 mg C/L,图 5 - 61 为各氮的变化及 DOC 的变化。如图 5 - 61 所示,随着运行时间的增加,出水中 DON 的浓度逐渐降低,当进水中 DON 为 1.0 ± 0.1 mg N/L、1.5 ± 0.1 mg N/L 时,DON 去除率分别达到 22.31％～50.54％、23.08％～78.23％。在后期 DON 浓度开始有一定的上升,且对比两个浓度结果可知,高浓度 DON 条件下 DON 的去除率相对较高,且比低浓度时 DON 升高的时间点有所提前。这可能是因为在 DON 浓度较高时,加速了活性炭上微生物的生长代谢,使得炭上微生物提前进入衰亡分解期。在前 48 h,色氨酸的浓度下降得很快,同时,出水中的氨氮浓度在增加,而在运行后期 DON 浓度开始有一定的上升。观察总氮的变化发现,由于是自配水,进水总氮浓度和进水 DON 是一致的,但是进出水总氮变化与 DON 变化并不是完全一致的。由图 5 - 61 可以看出,运行前期,进出水总氮下降 22.1％～37.05％、2.24％～57.9％。对比进水氮源为氨氮、硝氮时,试验结果显示活性炭对 DON 的去除效果相对较差,这与之前的研究结果一致。在整个实验过程中,出水中有检测到氨氮的存在。氨氮的存在一部分是由生物的合成代谢产生,另一部分可能是由于生物的衰亡裂解产生。随着氨氮的生成,硝化反应持续进行,故出水中也能检测到硝态氮,且其变化趋势与铵态氮一致。因此,根据氮的元素守恒,新生成的氨氮和硝氮即为生物活性炭的生物降解产物,这部分氮是因为生物活性炭的生物降解过程转化所去除色氨酸而生成的。

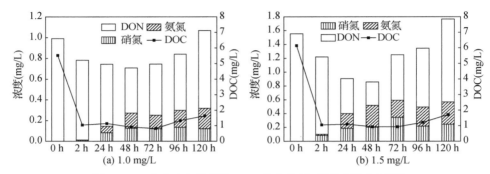

图 5-61　出水中各氮素和 DOC 的变化(色氨酸为进水氮源)

自配水进水采用葡萄糖作为碳源,由于氮源为有机氮,所以进水 DOC 较氮源为无机氮时相对较高,维持在 6 ± 0.5 mg/L 的范围。由图 5-61 可以看出,炭柱运行的前 2 h,DOC 出现大幅度下降,生物活性炭对 DOC 的去除率分别达到 81.06%、82.97%。这可能是由于进水碳源葡萄糖为小分子 DOC,极易被微生物利用,有利于微生物的生长代谢。72 h 之后,出水 DOC 出现了明显的上升。变化趋势与无机氮作为氮源时类似,这可能是由于炭上生物已开始进入生长后期,对水中有机物的利用远不如生长对数期。DOC 整体变化趋势与出水 DON 的变化是相一致的。

(2) 以色氨酸为唯一氮源时 DON 的性质变化

为探究出水中铵态氮和硝态氮是否由进水中的色氨酸转化而来,用 ^{15}N 标记的 L-Trp-^{15}N (99 atom% ^{15}N)配制色氨酸浓度为 3.0 mg N/L 的进水进行试验。由低浓度色氨酸进水试验结果可知,出水检测出了氨氮和硝氮,对此实验的 ^{15}N 丰度的检测结果如表 5-17 所示。

表 5-17　出水中 NH_4^+—N 和 NO_3^-—N 浓度和 ^{15}N 丰度的变化　　单位:mg/L

样品编号	NH_4^+—N 浓度	^{15}N 丰度(atom%)	NO_3^-—N 浓度	^{15}N 丰度(atom%)
0	0	0	0	0
1	0.602	81.49	1.03	82.42

注:编号顺序:0. 进水;1. 12 h 出水、96 h 出水、168 h 出水混合水样。

由检测结果可知,出水中的氨氮和硝氮的^{15}N丰度均高于80％,验证了出水的氨氮和硝氮主要来自BAC炭上微生物的代谢作用。

微生物在降解色氨酸过程中有新的有机物生成,并且这些有机物有着较高消毒副产物生成势,考虑到氨基酸是肽和蛋白质的基本组成,是生命活动必不可少的活性分子,可能在生物合成和代谢过程中产生了新的氨基酸,因此,试验过程中取不同运行时期的出水对其氨基酸进行测定。结果如下表5-18所示。

表5-18　氨基酸检测结果　　　　　　　　单位:μmol/L

氨基酸　＼　样品编号	1	2	3
丙氨酸	N/A	N/A	N/A
精氨酸	0.013	0.012	0.011
天门冬酰胺	N/A	N/A	N/A
天门冬氨酸	N/A	N/A	N/A
胱氨酸	N/A	N/A	N/A
谷氨酰胺	0.018	0.016	0.026
谷氨酸	N/A	N/A	N/A
甘氨酸	N/A	N/A	N/A
组氨酸	N/A	N/A	N/A
异亮氨酸	N/A	N/A	N/A
亮氨酸	N/A	N/A	N/A
赖氨酸	0.013	0.009	0.038
甲硫氨酸	N/A	N/A	N/A
苯丙氨酸	N/A	N/A	N/A
脯氨酸	N/A	N/A	N/A
丝氨酸	N/A	N/A	N/A
苏氨酸	N/A	N/A	N/A
色氨酸	16.906	48.478	69.978
酪氨酸	N/A	N/A	N/A
正缬氨酸	N/A	N/A	N/A

注:编号顺序:1. 24 h出水;2. 96 h出水;3. 168 h出水。

由检测结果可知,经BAC处理后,炭上微生物利用进水中的色氨酸作为氮源,进行生物合成和代谢作用,产生了新的氨基酸等有机物。出水中检测出三种新的氨基酸,分别是精氨酸、谷氨酰胺和赖氨酸,其结构式见图 5 - 62 所示。

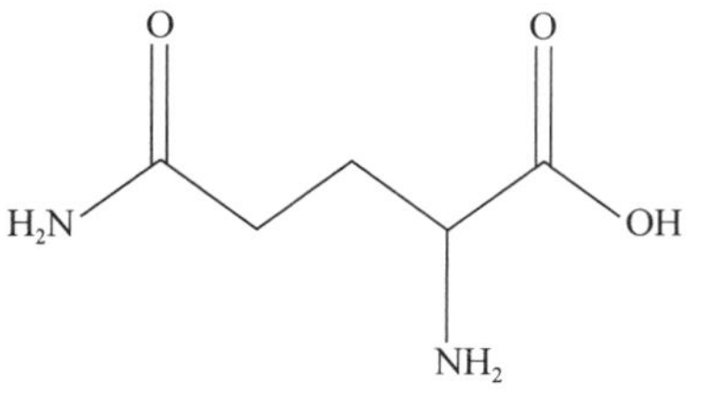

谷氨酰胺

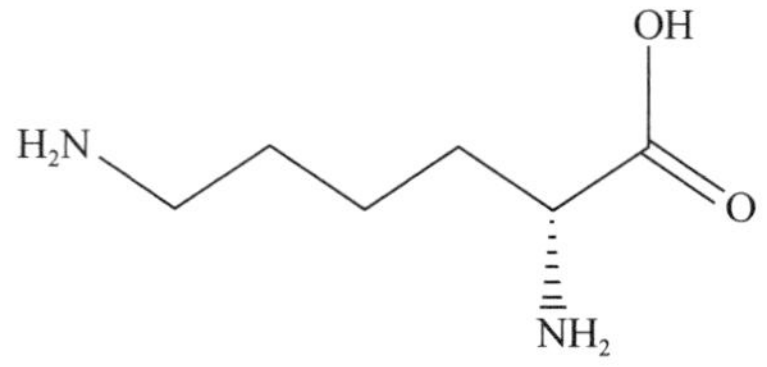

赖氨酸

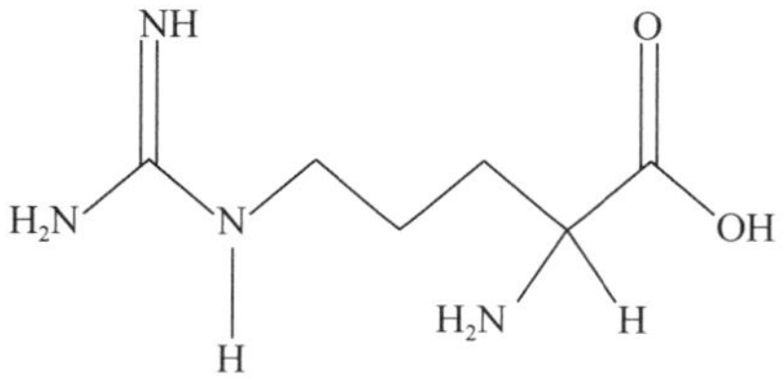

精氨酸

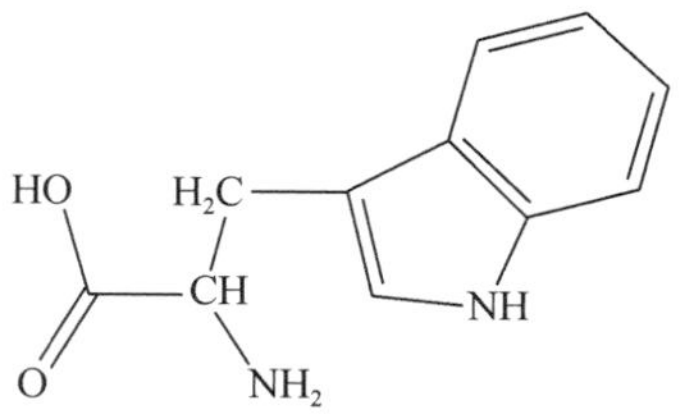

色氨酸

图 5 - 62　氨基酸结构式

L-精氨酸是目前发现在动物机体细胞内功能最多的氨基酸。由于其含有 2 个碱性基团氨基和胍基,属于碱性氨基酸,是 20 种氨基酸中碱性最强的氨基酸。L-精氨酸是谷氨酸家族的氨基酸,是以谷氨酸作为前体物质,共经过 7~8 种酶的催化最终合成的。精氨酸的合成主要与 *Bacillus stearothermophilus*、*Thermotoga maritime*、*Pseudomonas aeruginosa*、*Corynebacterium glutamicum* 和黄单胞菌(*Xanthomonas campestris*)等细菌有关。L-谷氨酰胺(L-Glut mine,Gln)在人体内含量极为丰富,其分子式为 $C_5H_{10}N_2O_3$,结构式见图 5 - 62。Gln 是一种条件必需氨基酸,相比于其它氨基酸,Gln 含有一个游离的酰胺基团,这使得其成为各组织间氮的载体,并维持机体氮平衡。除此之外,Gln 还有很多重要生理功能:Gln 是合成核苷酸、核酸、氨基酸及其他生物分子的前体物质;来源于鞘氨醇杆菌(*Sphingobacteriumsiyangensis*)的 α-氨基酸酯酰转移酶(α-amino acid ester acyltransferase,SAET)能够催化 L-丙氨酸甲酯盐酸盐(L-alanine methyl ester hydrochloride,Ala-OMe · HCl)和 L-谷氨酰胺生成 Ala-Gln。

为探究出水中有机物的特性,,对活性炭不同时期出水进行三维荧光测定,结果如图 5 - 63 所示。

由三维荧光特性分析可知,以色氨酸为唯一氮源时,进水经 BAC 工艺处理后,在运行前期 BAC 对色氨酸的去除效果较好,色氨酸浓度在前期大幅度降低,去除

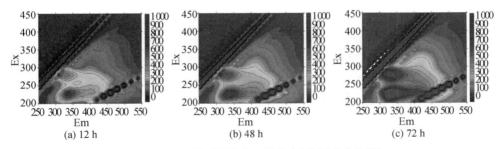

图 5-63 不同时期出水三维荧光(色氨酸为氮源)

率达到 84.2%。生物作用对色氨酸的去除起到了关键作用,随着运行时间的增加,生物量和生物活性逐渐下降,BAC 对色氨酸的去除率逐渐下降。到 168 h 时,色氨酸的去除率只有 34.6%;运行至 72 h 后,炭上微生物量急剧减少,出水中含有大量的生物裂解产物,水中有机物含量大量增加,三维荧光峰值较高。

(3) 以色氨酸为唯一氮源时 N-DBPs 的生成

色氨酸作为人体必备的氨基酸,是氨基酸的典型代表种类之一。色氨酸也是众多消毒副产物的前驱物,据研究,色氨酸是 20 种基本氨基酸中三氯甲烷生成潜能最高的氨基酸,它的其他消毒副产物生成潜能也很高。因此,为探究 BAC 工艺对于 N-DBPs 生成势的去除规律,研究色氨酸作为氮源时生成 N-DBPs 的生成规律对 N-DBPs 的控制尤其重要。当色氨酸为进水中唯一氮源经 BAC 处理后,取整个运行周期内不同时期的出水进行加氯消毒处理,经一段时间培养后对水中的含氮消毒副产物进行测定。经 BAC 工艺处理后不同时期出水的 N-DBPs 的生成情况如图 5-64 所示。

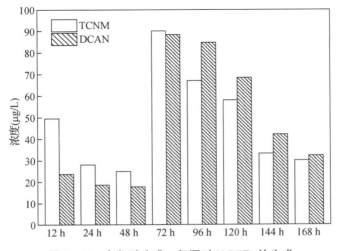

图 5-64 色氨酸为唯一氮源时 N-DBPs 的生成

出水中的卤代腈(HAN)只检测出二氯乙腈(DCAN),且检测到出水中还生成了水合三氯乙醛、1,1-二氯-2-丙酮等消毒副产物,在此不做讨论。

由消毒副产物的生成结果可知,在运行初期微生物对色氨酸的利用率较低,故N-DBPs的生成量较高。随着运行时间的增加,BAC对色氨酸的去除率逐渐升高,至 48 h 时,色氨酸的去除率最高达到 84.2%。此时 TCNM 和 DCAN 的生成势最低,分别为 25.0 μg/L、17.8 μg/L。随着运行时间的增加,出水中 N-DBPs 的生成量逐渐增加。分析原因,DON 主要包括未被去除的色氨酸、新生成的氨基酸和其他有机氮、微生物降解产物,这些增加的 DON 是造成出水中 N-DBPs 的生成势增加的主要原因。BAC 运行至后期时,由于炭上微生物的合成代谢作用减弱,且微生物量减少,释放至水中的 DON 也随之减少,所以出水中 N-DBPs 生成势又呈现下降趋势。且与运行前期相比,出水中 DCAN 的生成量比 TCNM 的生成量高,与以氨氮为唯一进水氮源时的结果一致,分析原因可能是出水中 DON 具有较高的DCAN 生成势。

5.4 生物活性炭工艺出水的颗粒物与生物泄漏控制

臭氧-生物活性炭净化是饮用水深度处理的主要技术之一,作为一种主要的深度处理方法,已在欧洲、美国和日本等地得到较多应用,近年来在我国东部地区开始大量应用。但活性炭处理工艺在有效去除藻毒素及有机物以提高饮用水化学安全性的同时,存在出水水质的生物安全隐患,无论是普通活性炭技术还是生物活性炭技术,运行中活性炭都会成为微生物载体,炭层中积累的大量生物颗粒和非生物颗粒随出水流出,对饮用水的生物安全性有一定影响。

美国对水中"两虫"与颗粒物数量的相关关系进行了深入研究,发现当水中粒径>2 μm 的颗粒数超过 100 个/mL 时,水中存在"两虫"的几率很大。同时,颗粒炭上脱附的微米级炭粒是炭后水颗粒物中的一部分,细菌被炭粒吸附而形成炭附着细菌,并对常规消毒工艺具有一定的抗性。因此,通过控制颗粒物可降低出水中的炭粒进而减少炭附着细菌的数量,提高炭后水水质的生物安全性。

控制目标:目前国内尚无颗粒物控制标准,借鉴已有国外研究成果,以活性炭出水中大于 2 μm 的颗粒数小于 100 个/mL 作为本研究中颗粒物的控制标准。

5.4.1 炭后水中颗粒物的特征效应研究

5.4.1.1 炭后水中颗粒物的能谱特征分析
炭后水中颗粒物成分复杂,对炭后水中颗粒物的组成元素特性进行研究,其能谱分析结果见表 5–19 和图 5–65。

表 5–19 炭进出水中颗粒物不同粒径元素成分组成分析 单位：%

元素	进水颗粒物粒径分布			出水颗粒物粒径分布		
	0.45～3 μm	3～10 μm	>10 μm	0.45～3 μm	3～10 μm	>10 μm
Ca	5.98	5.84	4.01	16.83	3.59	17.75
Fe	1.54	0.94	4.72	2.84	—	15.82
Al	13.53	7.98	13.31	10.65	12.86	15.57
Mg	0.89	12.40	5.94	2.81	18.45	—
K	0.73	7.29	3.75	7.79	—	6.56
Si	15.14	7.93	8.34	5.29	17.81	14.29
C	46.27	39.52	29.83	36.49	21.83	23.57
O	14.80	17.35	21.56	14.82	19.63	13.53
S	—	0.35	1.82	0.82	0.93	—
Cl	0.77	—	0.84	1.05	—	—
其他	0.35	0.40	5.88	0.61	4.90	6.44
总计	100.00	100.00	100.00	100.00	100.00	100.00

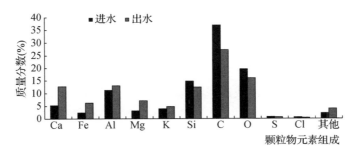

图 5–65 活性炭进出水中颗粒物元素成分总体组成

由表 5–19 和图 5–65 可知，不论是粗粒子还是细粒子，活性炭工艺进出水颗粒物中的金属及非金属元素组成在浓度水平上有较大差异。在活性炭进水中，颗粒物的元素组成以 Ca、Fe、Al、Si、C、O 为主，而且 Si、C、O 等非金属元素的比例明显高于金属元素，同时其他元素较为复杂，包括 Mg、K、Al、S、Cl 等。分析认为，Ca、Fe、Al 等金属元素比例出水高于进水，但大多数非金属元素比例出水低于进水。这说明活性炭工艺对金属离子或化合物的去除作用有限，而对天然非金属组分吸附作用明显，同时可能由于活性炭工艺对部分有机物的去除使得 C、O 等成分也有所下降。根据能谱分析结果，比较活性炭出水中颗粒物的组成元素原子摩尔比发现，(C+O)/(Ca+Fe+Al+Mg) 摩尔比值为 1.00～40.0，其间跨度较大。

所测的 10 个水样,只有 1 个样品比例在 1.00～5.00,其可能组成为 $CaCO_3$、$Fe_2(CO_3)_3$、$Al_2(CO_3)_3$、$MgCO_3$;其他样品元素的摩尔比在 8.00 以上,由于能谱仪对 H 检测不出,所以初步推测含 C、O 的颗粒物有可能为有机物或金属络合物。

5.4.1.2　炭后水颗粒物的微观形态分析

炭后水中颗粒物的微观形态多种多样,其形态特征可概括如下。

(1) 棒形体

棒形体的颗粒物多为条形颗粒堆积而成或是单个颗粒成棒状,颗粒间多孔。在所检测的颗粒物中某些以 C 和 O 元素为主的颗粒即为棒形体(见图 5 - 66)。

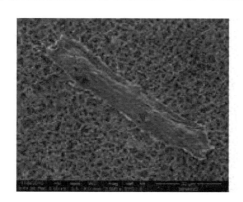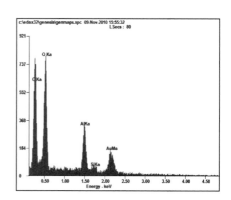

图 5 - 66　棒形体

(2) 球形体

炭后水中部分颗粒为球状或近球状,颗粒表面附着碎屑,部分颗粒表面具有孔隙结构。所检测颗粒物中某些主要成分为 C 或 Si 的颗粒物呈球形体(见图 5 - 67)。

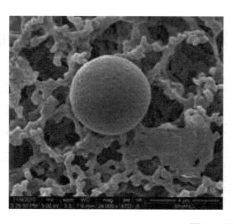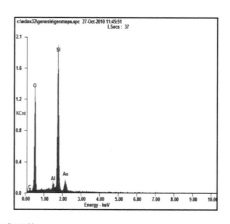

图 5 - 67　球形体

（3）不规则体

不规则的颗粒物主要是由圆状、片状、块状等形状各异的颗粒结合而成，颗粒间结合较紧密。不规则体在颗粒物中所占比例大，且元素组成复杂，所检测颗粒物中主要成分为 Al、Fe 的颗粒多为不规则体。

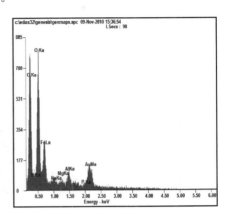

图 5 - 68   不规则体

由上述分析可见，活性炭工艺进出水中颗粒物的组成元素比例发生变化，说明在活性炭净水过程中由于活性炭的吸附和炭层微生物的降解作用使进水中部分元素被去除，剩余的部分元素以某些元素及其化合物为骨架，在各种物理和化学成键作用下生成不同形态的新颗粒物。

5.4.1.3   颗粒物、炭粒及炭附着细菌的粒径分布响应机制研究

对 C 元素进行重点分析，即通过活性炭工艺进出水中颗粒物的能谱分析发现，如图 5 - 69 所示，炭后水中仅出现 C 元素的颗粒物能谱图。

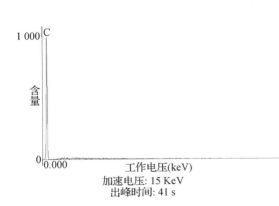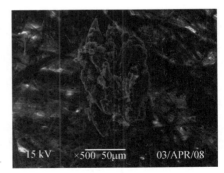

图 5 - 69   炭后水中细小炭粒的能谱分析及 SEM 扫描

炭后水中炭粒数量的变化规律见图 5 - 70。由图 5 - 70 可见,炭后水中炭粒数量在 $10×10^3 \sim 12×10^3$ 个/mL 变化,与炭后水中颗粒数相比,炭粒在颗粒物中所占比例不足 5%。尽管炭后水中炭粒很少,但炭粒上包裹携带的细菌等微生物会对消毒产生抗性,降低出水的安全性,并可能在管网中造成二次污染,因此控制出水中细小炭粒的数量是十分有必要的。对炭附着细菌与炭粒粒径的变化关系进行研究,结果见图 5 - 71。由图 5 - 71 可见,炭附着细菌的数量随炭粒粒径的增加而升高,粒径大于 2 μm 炭粒的细菌解吸附倍数增加明显。因此,控制活性炭出水中粒径大于 2 μm 的炭粒数量对降低炭附着细菌的水平,提高供水水质安全具有重要作用。

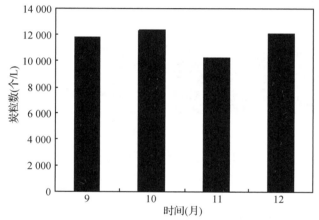

图 5 - 70 炭后水中炭粒的数量变化规律

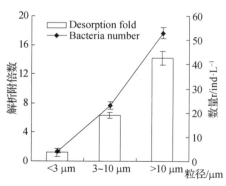

图 5 - 71 炭附着细菌与炭粒粒径的变化关系

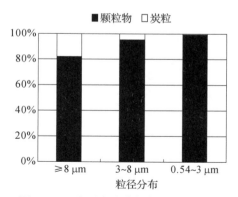

图 5 - 72 炭后水中炭粒粒径分布规律

进一步对炭后水中炭粒的粒径分布进行分析,研究结果见图 5 - 72。由图 5 - 72可见,炭后水中<3 μm 的炭粒只占该粒径颗粒物的 0.3%,粒径越大所占比例越大,3~8 μm 的炭粒所占相应粒径颗粒物的比例为 5.4%,≥8 μm 的炭粒达到

18.6%。总体上看,炭后水中炭粒所占颗粒物的比例较小,炭后水中炭粒的粒径主要分布在≥3 μm 的区间。因此,有效控制炭后水中颗粒物数量尤其是粒径>2 μm 的颗粒物数量,对减少出水中炭粒以及炭附着细菌均具有至关重要的作用。

5.4.2　炭后水中颗粒物的数量变化规律研究

5.4.2.1　初滤水中颗粒物的变化规律

鉴于目前对炭后水中颗粒物的控制研究较少,首先采用不同的反冲洗参数进行研究(见表 5－20),目的在于考察该工艺参数下活性炭工艺反冲洗后初滤水中的颗粒物变化水平,评价该工艺参数对颗粒物的控制作用。试验结果见图 5－73。

表 5－20　活性炭反冲洗工艺参数(强度:m³/(m²·h);时间:min)

工　况	气冲强度	气冲时间	水冲强度	水冲时间
一号工况	35	10	35	10
二号工况	15	10	35	10
三号工况	15	4	25	4

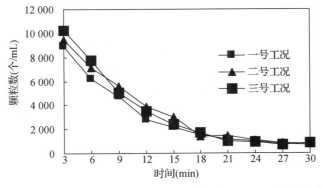

图 5－73　三组不同反冲洗工况下初滤水中>2 μm 颗粒数变化

由图 5－73 可见,三组不同反冲洗工况均在反冲洗结束过滤 18～21 min 后,活性炭工艺出水中颗粒数变化趋于稳定;三组工况条件下,初滤水中大于 2 μm 颗粒物含量均较高,前 5 min 内其数量平均为 7 000 个/mL,远高于美国现行水厂颗粒物控制的安全标准,即使达到稳定运行其数量仍然在 100 个/mL 以上的水平。由此可见,对初滤水颗粒物有效控制至关重要。三组反冲洗工况下初滤水中颗粒物粒径分布规律变化见图 5－74 至图 5－76。由图 5－74 至图 5－76 可见,三种反冲洗工况初滤水中颗粒物粒径变化规律基本一致,其中大于 2 μm 颗粒物主要由粒径分布于 2～7 μm 之间的物质组成,粒径小于 2 μm 的颗粒物占总颗粒物数量的

70%以上。初滤水中粒径大于 2 μm 颗粒物的组成变化与整个过滤周期基本一致，说明对于粒径在 2～20 μm 之间的颗粒物而言，过滤对不同粒径范围内的颗粒物没有表现出选择性截留。

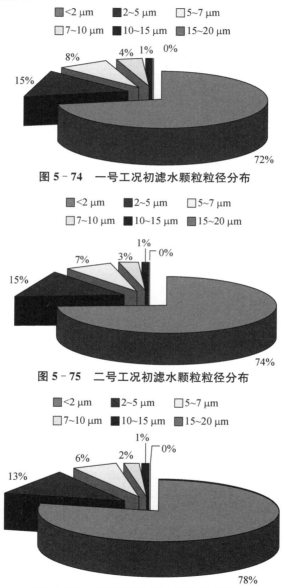

图 5-74 一号工况初滤水颗粒粒径分布

图 5-75 二号工况初滤水颗粒粒径分布

图 5-76 三号工况初滤水颗粒粒径分布

通过上述研究并考虑活性炭的接触时间大约为 18 min，确定后续的研究工作中活性炭过滤初期的炭后水取样过程时间为前 21 min。

5.4.2.2 活性炭工艺过滤周期内炭后水中颗粒物变化规律

研究各组反冲洗工况下过滤周期内炭后水中>2 μm 颗粒物的数量变化规律，试验结果见图 5-77。

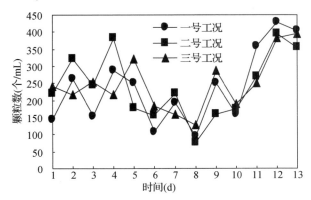

图 5-77 各组工况反冲洗周期内出水中>2 μm 的颗粒数变化

由图 5-77 的试验结果可见，几组试验数据均表明活性炭过滤过程存在以下变化规律：反冲洗结束时，活性炭滤层存在"成熟期"导致过滤初期的炭后水中颗粒物含量较高；随着活性炭恢复正常运行，活性炭滤料的截留作用增大，对颗粒物（尤其是大于 2 μm 的颗粒物）去除效能增强。运行周期内大于 2 μm 颗粒物的数量降低。当活性炭滤层接近"纳污"极限时，出现颗粒物穿透现象，此时不同粒径的颗粒物均有增加。该现象进一步表明活性炭过滤主要对大于 2 μm 颗粒物起截留作用，而这部分颗粒物水平与病原性原生动物密切相关。因此，以出水中大于 2 μm 颗粒物的数量水平作为炭滤池反冲洗控制参数，对保证水质极为重要。

但研究中同样发现，在目前所采取的反冲洗工况条件下，炭后水中大于 2 μm 的颗粒物难以控制在 100 个/mL 以下的水平。这说明需要在对炭后水颗粒物变化影响因素研究基础上，进行深入的控制技术研究，即通过优化控制使活性炭稳定运行时，炭后水中大于 2 μm 颗粒物数量控制在 100 个/mL 以下。

5.4.3 炭后水中颗粒物的影响因素研究

5.4.3.1 反冲洗方式对颗粒物的主要影响要素分析

通过正交试验研究反冲洗过程中气（水）冲强度、时间及反冲洗方式对炭后水中颗粒物的影响，列出 4 因素×3 水平的正交试验表，实验主要分为先气后水和气水混合两种类型的工况。

工况1:先气后水(气冲—水冲):气冲强度分别为15、25、35 m³/(m² • h),气冲时间为4、7、10 min,水冲强度分别为15、25、35 m³/(m² • h),时间为4、7、10 min。

工况2:气水混合(气水冲):气水混合阶段的气冲强度为15、25、35 m³/(m² • h),水冲强度为15、25、35 m³/(m² • h),混合的时间为4、7、10 min。

正交试验的结果总结如下:在先气后水的反冲洗试验中,炭后水中>2 μm 颗粒物数量变化的最主要影响因素是气冲强度,其次是气冲时间-水冲强度-水冲时间;在气水混合反冲洗试验中,气冲强度为主要影响因素,其次是水冲强度,最后是联合反冲洗时间。

两种不同反冲洗方式条件下炭后水中颗粒物的变化规律见图5-78和图5-79。由图5-78和图5-79的试验结果可见,以>2 μm 的颗粒数为控制对象,二种反冲洗方式下初滤水中颗粒物差别较小,差异呈现波动性,规律不明显;活性炭稳定运行后,气水混合反冲洗方式略优于先气后水的反冲洗方式;但以<2 μm 的颗粒数为考察对象(见图5-80),气水混合反冲洗方式下初滤水中颗粒物数量高于先气后水反冲洗方式。

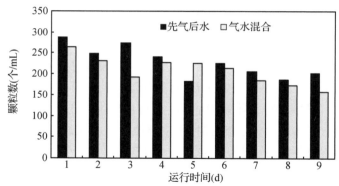

图5-78 两种不同反冲洗方式下稳定运行后炭后水中>2 μm 的颗粒数

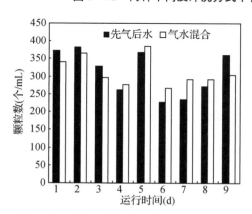

图5-79 两种工艺初滤水中>2 μm 颗粒数

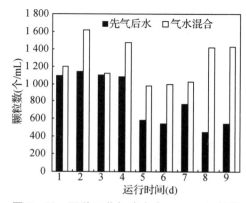

图5-80 两种工艺初滤水中<2 μm 颗粒数

分析认为,气冲强度是影响反冲洗效果的主导因素,而后续的水冲主要作用为漂洗。在气水混合反冲洗过程中存在气冲引起的颗粒物之间碰撞、摩擦和气冲对水流剪切力的改善作用,即气冲使得水流速度梯度G值增加。根据剪切理论,水流剪切力和G值成正比,所以水流剪切力得到较大的增强。气水反冲洗对颗粒物脱附的主要作用机理是通过水流的剪切和滤料相互碰撞的共同作用,使得吸附在活性炭颗粒上的杂物能够充分地洗脱。

先气后水的反冲洗过程中,在气冲阶段主要是气泡的搅动作用,在气泡不断上升的同时,尾迹所产生的压力差使得炭颗粒发生翻滚和摩擦,吸附在炭粒上面的污物得以脱落。但这种气泡搅动对吸附杂质的脱附效果低于气水混合反冲洗过程中的剪切作用和滤料碰撞的协同作用。这就是气水混合较先气后水的反冲洗方式,活性炭稳定运行后出水中$>2~\mu m$的颗粒数相对较少的原因。

另外在以上研究中可以看出,气水混合反冲洗工艺下初滤水中$<2~\mu m$的颗粒数量普遍略大于先气后水的反冲洗方式,而$>2~\mu m$的颗粒数量相差不大。分析认为:由于颗粒物中$<2~\mu m$的颗粒数量占总数的70%以上,所以它对反冲洗效果的体现较$>2~\mu m$的颗粒物更为明显。气水混合工艺由于能够更好、更快地使全部活性炭滤料通过通气区,造成颗粒的摩擦碰撞和水流剪切,使得炭粒之间以及炭粒上吸附的细小污物脱附更彻底。但由于该研究中水冲参数的选择不够理想,气水混合反冲洗后的水冲漂洗过程不够彻底,脱附下的颗粒物不能够完全冲出滤层,造成气水混合反冲洗方式下炭后水中$<2~\mu m$的颗粒数较多。可见在优化控制研究中,完善水冲过程有着同样重要的意义。

综上研究,气冲强度是控制炭后水中$>2~\mu m$颗粒数的主要影响因素,气水联合反冲洗方式效果略好于先气后水的反冲洗方式。但研究结果同样表明,上述研究中炭后水中$>2\mu m$的颗粒数还处于较高水平,需要进行反冲洗方式和工艺参数的优化研究。

5.4.3.2 进水水质对炭后水中颗粒物的影响

本试验中滤后水即为活性炭进水,对滤后水与炭后水中颗粒物(主要是$>2~\mu m$)的变化规律及其相关性进行研究,结果见图5-81。由图5-81可见,滤后水与炭后水中$>2~\mu m$的颗粒数相关性低($R^2<0.1$)。因此,控制滤后水中颗粒物对炭后水颗粒数的降低作用不明显。

分析认为,在活性炭处理过程中被炭粒截留的进水颗粒物多吸附于炭粒的表面或孔道中,被截留的有机颗粒物在微生物作用下发生生物的降解作用。有机颗粒产生的代谢产物及其原进水中被截留的无机颗粒可在微生物胞外酶作用下重新黏附结合或彼此间发生化学络合成键作用,而形成新的颗粒物。随着新的颗粒物

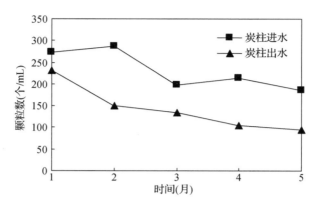

图 5‑81　活性炭进水与出水中＞2 μm 的颗粒数的变化规律

尺寸地逐渐成长,其结构变得相对松散,外层组成部分可在水流冲刷作用下发生脱附或破碎,形成出水颗粒物。因此,炭后水中颗粒物与其形成、成长过程及水流冲刷下的脱附作用有关,而与进水中颗粒物数量无直接关系。

5.4.3.3　砂垫层高度对活性炭出水中颗粒物的影响作用

试验中考虑增加活性炭滤层下的砂垫层高度作为出水中颗粒物的控制手段。结合实验室小试研究,在炭层下设计不同石英砂垫层的高度,分别为 10、15、20 和 30 cm(在反冲洗最佳工况的研究中活性炭层下砂垫层厚度为 10 cm),对活性炭正常运行时不同的砂垫层高度取样,检测出水中＞2 μm 颗粒数,结果见图 5‑82。

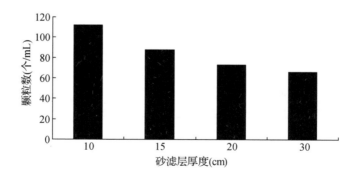

图 5‑82　不同砂垫层条件下活性炭出水中＞2 μm 颗粒物变化

从图 5‑82 可以看出,活性炭层下的砂垫层对活性炭出水颗粒物有一定的截留作用,在砂垫层高为 10、15、20 和 30 cm 的出水中大于 2 μm 的颗粒数依次减少,说明提高砂垫层的高度有利于活性炭出水中颗粒物的控制。但随着高度的增加,活性炭出水大于 2 μm 颗粒物的控制作用逐渐趋于平缓。分析认为:石英砂的截留作用主要是对迁移至其表面的颗粒物通过范德华引力和静电力发生一系列的物理化学黏附作用。常规水处理工艺中未被沉淀的大量微絮体能够被石英砂滤层有效截留,其关键在于经混凝后形成的微絮体表面结构有利于砂滤层黏附作用的发生。而活性炭出水中的颗粒物等其表面性状与微絮体差异较大,此时砂滤层对其的截留可能主要以物理截留作用为主。因此,砂垫层越高其所能接纳颗粒物数量的容量越大,其出水颗粒物控制作用也就越明显。但物理截留作用的作用力小,容易发生颗粒物的脱附和穿透,因此随着石英砂垫层的增加其对颗粒物的控制作用趋于平缓。另外,过高的砂垫层要求反冲洗强度提高,这样就会出现反冲洗出水"跑炭"的现象。由图 5-82 看出,砂垫层高 20 cm 与 30 cm 的出水中>2 μm 的颗粒数相差不是很大,结合水厂现有正常运行工艺的调研结果,认为砂垫层高度在 20 cm 左右为宜。

5.4.4 炭后水中颗粒物的反冲洗控制技术研究

前述研究表明,反冲洗对颗粒物数量变化影响作用明显。优化控制主要针对目前水厂常用的反冲洗过程,即先气冲再水冲的方式进行。这种反冲洗方式能够充分地使吸附于炭滤层中的物质脱落和漂洗,从而更好地恢复炭层的吸附和净化作用,并且不会使砂垫层翻滚,并随出水流出。试验以炭后水中>2 μm 的颗粒物数量超过 100 个/mL 作为反冲洗周期的控制标准。

(1) 反冲洗气冲强度的优化控制

首先针对气冲强度进行优化和比选,即控制其他参数,选用不同梯度的气冲强度进行比较。研究中采用 5 组反冲洗参数考察初滤水和运行周期内颗粒物水平变化,见表 5-21,试验结果见图 5-83 和图 5-84。

表 5-21 反冲洗气冲强度优化控制参数选择(强度:m³/(m²·h);时间:min)

工况	气冲强度	气冲时间	水冲强度	水冲时间
1	15	4	30	6
2	20	4	30	6
3	25	4	30	6
4	30	4	30	6
5	35	4	30	6

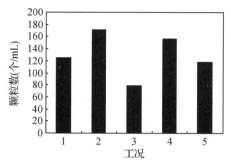

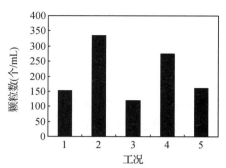

图 5 - 83　优化工艺稳定出水中＞2 μm 颗粒数　　**图 5 - 84　优化工艺初滤期＞2 μm 颗粒数**

由图 5 - 83 和图 5 - 84 可以看出,第 3 组工况即在气冲强度为 25 $m^3/(m^2 \cdot h)$ 的反冲洗条件下,活性炭工艺稳定运行后的炭后水中＞2 μm 颗粒数明显小于其他工况。这说明反冲洗过程中并非气冲强度越大越好,分析认为过大的气冲强度可能会造成一些炭粒剧烈碰撞,炭粒破碎后的碎屑也随之增多,使后续的漂洗过程延长;同时过大的气冲将会使砂垫层翻滚,一些细小沙粒也被搅动翻腾,在过滤初期随出水流出,这样会增加初滤时间,对于水厂的实际反冲工艺是不利的。

(2) 反冲洗气冲时间的优化控制

在确定 25 $m^3/(m^2 \cdot h)$ 为最佳气冲强度基础上,对气冲时间(即正交试验中第二位主要影响因素)进行研究,参数确定见表 5 - 22,试验结果见图 5 - 85 和图5 - 86。

表 5 - 22　反冲洗气冲时间优化控制参数选择(强度:$m^3/(m^2 \cdot h)$;时间:min)

工　况	气冲强度	气冲时间	水冲强度	水冲时间
1	25	2	30	6
2	25	4	30	6
3	25	6	30	6

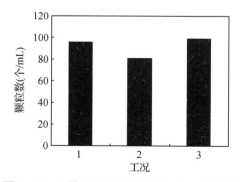

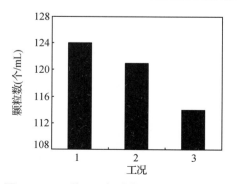

图 5 - 85　3 种工况稳定出水中＞2 μm 颗粒数　　**图 5 - 86　3 种工况初滤期＞2 μm 的颗粒数**

由图 5-85 和图 5-86 可以看出,在气冲时间为 4 min 的工况下,活性炭工艺稳定出水后的炭后水中>2 μm 颗粒数较少,均值在 80 个/mL 左右;3 组工况随着气冲时间的增加,过滤初期炭后水中>2 μm 的颗粒数均值逐渐减少,但颗粒物的绝对数量水平 3 组工况相差不大。这说明改变气冲时间对过滤初期的炭后水中颗粒数影响不明显。针对运行稳定后的炭后水中颗粒数进行比较,优化控制的气冲时间确定为 4 min。

(3) 反冲洗阶段水冲强度优化控制

水冲阶段主要作用是漂洗前面反冲阶段所脱落的污物杂质,故水冲强度首先应该满足炭层膨胀率的要求,即要求膨胀率在 20%～30% 之间。在本中试试验的炭滤装置中,当水冲强度达到 30 m³/(m²·h) 的时候,膨胀率在 22% 左右,过小的水冲强度达不到 20% 以上要求。故研究选用水冲强度的梯度下限值为 30 m³/(m²·h),同时根据水厂现行的工艺,再选用 35 和 40 m³/(m²·h) 两种工况。其他参数确定见表 5-23,试验结果见图 5-87 和图 5-88。

表 5-23　反冲洗水冲强度优化控制参数选择(强度:m³/(m²·h);时间:min)

工　况	气冲强度	气冲时间	水冲强度	水冲时间
1	25	4	30	6
2	25	4	35	6
3	25	4	40	6

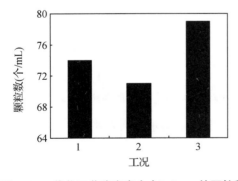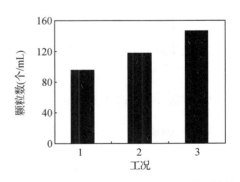

图5-87　优化工艺稳定出水中>2 μm 的颗粒数　图5-88　优化工艺初滤期>2 μm 的颗粒数

由图 5-87 和图 5-88 可以看出,在稳定出水中>2 μm 的颗粒数控制中,水冲强度为 30 m³/(m²·h) 和 35 m³/(m²·h) 时效果大体相同,40 m³/(m²·h) 的工况略差。在过滤初期>2 μm 的颗粒数控制效果的基础上,水冲强度为 30 m³/(m²·h) 的工况优于 35 和 40 m³/(m²·h) 两组工况。分析认为,较大的水冲强度在漂洗杂物的同时,可能会造成炭层的冲散和过度混层,导致炭层恢复正常运行的过程延长,从而使得过滤初期颗粒数增多。同时发现,水冲强度满足反冲洗20%左右膨胀率就可以达到漂洗强度的要求,因此本实验水中强度确定为 $30 \ m^3/(m^2 \cdot h)$。

(4) 反冲洗水冲时间的优化控制

在前面各种最佳工况参数已经确定的基础上,研究最佳的水冲时间,试验将水冲时间设为 6 min、8 min、10 min、12 min 四组梯度,见表 5-24,结果见图5-89和图5-90。

表 5-24　反冲洗水冲时间优化控制参数选择(强度:$m^3/(m^2 \cdot h)$;时间:min)

工　况	气冲强度	气冲时间	水冲强度	水冲时间
1	25	4	30	6
2	25	4	30	8
3	25	4	30	10
4	25	4	30	12

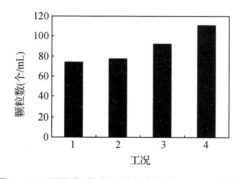 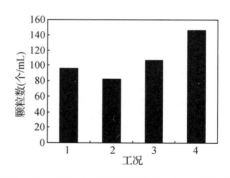

图5-89　不同水冲时间稳定出水中＞2 μm 颗粒数　图5-90　不同水冲时间初滤期＞2 μm 颗粒数

由 5-89 和图 5-90 可以看出,第 1 组工况稳定出水炭后水中＞2 μm 颗粒数最少,3、4 组工况中的较多;而对于过滤初期炭后水中＞2 μm 的颗粒数控制而言,第 1 组工况虽然不是最佳,但与控制效果最好的第 2 组工况相差很小。分析认为,较长的水冲时间也会造成炭层的冲散和过度混层,导致炭层恢复正常运行的过程延长,从而使得过滤初期颗粒数增多。另外,水冲时间的延长不利于水厂节水目标的实现。因此综合考虑,水冲时间以 6 min 为最佳。

综上研究,分析得出本试验中反冲洗的优化工况参数见表 5-25。

表5-25　反冲洗最优工况控制参数选择(强度：$m^3/(m^2 \cdot h)$；时间：min)

最佳 工况	气冲强度	气冲时间	水冲强度	水冲时间
	25	4	30	6

在最佳反冲洗工况运行条件下，活性炭正常运行期间出水的各项指标与活性炭挂膜后初期运行时进行比较，结果见表5-26。

表5-26　反冲洗最优工况下炭后水各项水质指标

工况	颗粒物 (个/mL)	浊度 (NTU)	COD_{Mn} 去除率(%)	UV_{254} (cm^{-1})	NH_3-N (mg/L)	DOC (mg/L)
最佳工况	83	0.23	73	0.004	0.021	1.13
初期运行	172	0.21	78	0.005	0.016	1.013

由表5-26可见，在最佳的反冲洗工况下活性炭的处理效能仍处于稳定运行状态，说明最佳的反冲洗工况不仅对颗粒物具有较好的控制作用，并对活性炭本身的净化功能未造成不利影响。

5.4.5　炭后水中炭附着细菌的安全消毒技术

研究表明，活性炭工艺出水中细菌较多，且部分细菌为微米级的活性炭颗粒吸附形成的炭附着细菌，并与出水一起流出，对饮用水生物安全造成影响，建立针对炭附着细菌的安全消毒控制技术对保障供水水质安全具有重要的现实意义。部分细菌被微米级炭粒吸附而形成炭附着细菌，因此活性炭表面细菌的数量及其种群对炭附着细菌具有重要的影响，为研究炭后水中炭附着细菌的特性，首先应对炭后水中的细菌变化规律进行研究。

5.4.5.1　炭后水中细菌变化规律研究

(1)不同工艺单元出水中细菌变化规律

实验期间，考察了中试装置净水工艺各单元细菌总数变化情况(见图5-91)。

实验结果表明，常规工艺对细菌有将近80%的去除作用，但经过活性炭过滤后，炭后水中细菌总数明显高于砂滤出水(即活性炭进水)。分析其原因：在水质净化过程中，活性炭颗粒作为微生物的载体，大量的微生物滋生附着在炭床上，且净化过程中伴随着生物脱落最终导致炭后水细菌数偏高，其中部分细菌被微米级炭粒吸附而形成炭附着细菌。

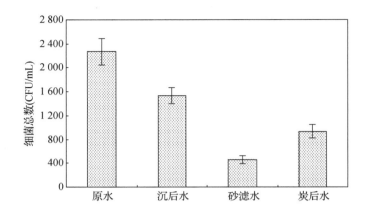

图 5-91　不同工艺单元出水细菌总数（R2A 培养基）

（2）活性炭工艺进出水中细菌变化规律

① 细菌检测培养基优选

水样中细菌总数的检测选用普通琼脂培养基和 R2A 培养基进行对比；琼脂培养参照国标，R2A 培养基培养过程包括调配、固化和接种等，接种体积为 0.2 mL，培养温度 28 ℃，培养时间 7 d。试验结果见表 5-27。

表 5-27　活性炭进出水细菌总数（CFU/mL）

培养基	检测次数	滤后水	炭后水
普通培养基	1	7	22
	2	7	26
	3	9	40
	4	5	18
R2A 培养基（28 ℃，7 d）	1	165	677
	2	415	775
	3	340	715
	4	465	750

进出水细菌的菌落特征及革兰氏染色分析结果见表 5-28、图 5-92 和图 5-93。

表 5-28　菌落特征及革兰氏染色

	菌落颜色	亮黄	乳黄	乳白
进水	所占百分比(%)	13.9	42.7	43.4
	G+/G−	G+	G+	G−
	菌落颜色	亮黄	乳黄	乳白
炭后水	所占百分比(%)	23.1	0	76.9
	G+/G−	G+	—	G−

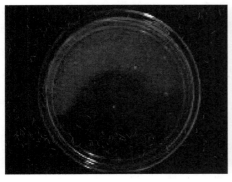
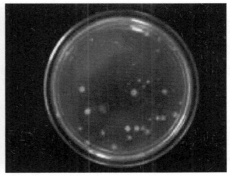

图 5-92　细菌菌落形态(左:滤后水　右:炭后水)

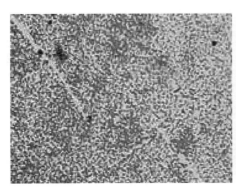
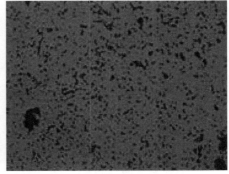

图 5-93　革兰氏染色(红色:阴性菌　蓝紫色:阳性菌)

实验结果显示,普通琼脂培养基培养的异养菌总数基本在 10^1 数量级,R2A 培养基培养的异养菌总数接近 10^3 数量级(见表 5-27)。炭柱进水中异养菌多形成球菌和杆菌菌斑,以革兰氏阳性为主;炭后水的异养菌多形成球菌或短杆菌菌斑,菌落以乳白色、革兰氏阴性菌为主(见图 5-92 和图 5-93)。与普通培养基相比,通过 R2A 培养基培养的细菌菌斑特征丰富,最终确定了 R2A 培养基培养作为炭后水中异养菌的检测方法。活性炭进、出水中细菌菌斑特征发生变化,说明在饮用水处理贫营养的理化环境下,与活性炭进水相比,炭层中微生物可能存在优势种属的变化。部分在贫营养环境形成的微生物种群具有更强的环境耐受性,国外有部分研究表明,炭后水中的细菌表现出一定的耐氯性。

② 活性炭进出水中细菌季节性变化规律

由图 5-94 和图 5-95 可以看出,实验期间滤后水中细菌总数在 260～430 CFU/mL 之间,炭后水中细菌总数维持在 600～1 000 CFU/mL,炭后水中细菌总数比滤后水中细菌总数平均高 2.1 倍左右。随着运行时间的延长,炭后水中的细菌数量表现出与水温较好的相关性,图 5-95 试验结果说明,夏、秋水温较高时炭后水中细菌数量较多。分析认为,在夏、秋水温较高时活性炭层中由于细菌生物量高导致颗粒炭上脱附的细菌数量相对较多。同时,进一步表明夏、秋季节炭附着细菌的数量可能较春、冬季节高,因此此时需要更好地做好水质监控工作。

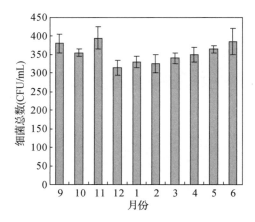

图 5-94 滤后水细菌总数变化情况

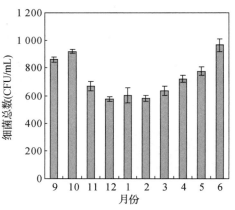

图 5-95 炭后水细菌总数变化情况

5.4.5.2 炭附着细菌的分离及检测方法研究

国外 Camper 等人提出针对炭附细菌的检测技术——均化技术,其原理为利用高压使细胞悬浮液通过针形阀,突然减压并在解析剂的作用下使细胞与吸附物的表面脱附。通过均化技术解析活性炭颗粒上所吸附的细菌,再利用培养基进行培养检测,可使计数结果能更准确地反映细菌实际情况。但均质化技术的预处理方法复杂,均质化仪器和解析剂的费用价格高,且解析过程操作复杂。因此,有必要研究更为方便、经济的炭附细菌解析附方法。

(1) 炭附着细菌的形成机制

炭后水中的部分细菌微生物被微米级的炭粒所吸附而形成炭附着细菌,试验中炭附着细菌的电镜照片见图 5-96。由图 5-96 清晰可见，在炭粒骨架的孔道内部以及炭粒的表面凹穴处吸附了一定数量的革兰氏阴性杆菌和球菌。

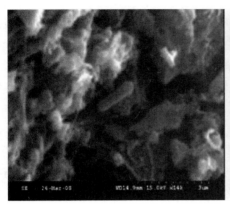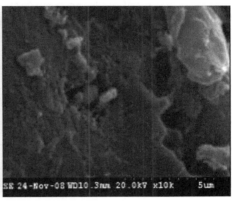

图 5-96　炭附着细菌的电镜照片

分析认为：炭附着细菌的形成是活性炭的吸附和细菌的黏附共同作用的结果。活性炭的吸附作用是由于构成其孔道表面的碳原子受力不平衡所致，具有这种作用的表面积越大，则吸附性能越好。对于吸附质在活性炭两相界面上发生吸附的原因，是由于活性炭和吸附质之间存在着三种不同的作用力，即分子间力、化学键力和静电力，从而形成三种不同类型的吸附即物理吸附、化学吸附和变换吸附。活性炭对细菌的吸附作用主要是物理吸附与化学吸附的综合作用，并在微观条件下存在一定程度的相互促进作用。物理吸附的作用力弱，吸附剂与吸附质之间容易发生脱附作用；而化学键构成的化学吸附作用力相对较强，吸附剂与吸附质之间不容易发生脱附作用。

同时试验发现，活性炭所能吸附的细菌多具有菌毛或荚膜结构，其功能包括提供细菌的保护、黏附物体或细胞运动。因此，菌毛或荚膜结构的存在促进了细菌黏附于宿主或载体表面的可能性。细菌黏附需要两个基本因素：一是细菌表面存在有黏附结构—黏附素，二是宿主表面有特异受体。具有黏附作用的细菌表面结构统称为黏附素，如 P 菌毛、Ⅰ型菌毛、Ⅳ型菌毛、Curli 菌毛、CS1 菌毛等。菌毛由蛋白亚基螺旋状排列而成，成细管状，其直径约 3～10 nm，长度可达数微米。以 Curli 菌毛为例：Curli 菌毛是大肠杆菌和肠炎沙门菌所产生的一种薄、不规则、高度聚合的表面黏附结构。它能介导细菌黏附到纤维结合素、纤溶酶原、接触相蛋白表面。另外，细胞壁外的荚膜和黏液层常由多糖组成，糖类亦可协助细菌黏附于水环境中固体物质的表面，或其他生物颗粒宿主的组织表面。活性炭颗粒多为不规则体，比表面积相对较大,表面粗糙度较高,常出现炭粒骨架的孔洞或凹陷。因此,炭粒的表面结构为细菌的黏附提供了必要的基础条件。

细菌的黏附机制可以分为以黏附素与受体为介导的特异性黏附和以钙桥、范德华力、氢键为介导的非特异性黏附。分析认为,特异性黏附是炭附细菌产生彼此吸附的基础;而非特性黏附则是二者稳定存在的关键。根据作用范围,细菌与炭粒之间的非特异性黏附力可分为两种:短距离作用力和长距离作用力。前者是指二者之间距离小于 2 nm,主要有水合力和氢键,它们形成化学吸附作用;后者是指吸附物与被吸附物之间距离大于 2 nm,包括静电力和范德华力,其中范德华力主要包括偶极-偶极力、偶极-诱导偶极力、分散力三种,它们形成了物理吸附作用。静电作用和氢键在生物大分子间相互作用时十分重要,在炭附细菌的黏附初始阶段发挥主要作用。同时作为细菌对炭粒的非特异性黏附机制之一,氢键对细菌与特殊官能团的黏附也起到一定作用。如炭粒中部分官能团含有磺酰基团和羧基,细菌细胞壁上的脂磷壁酸带有磷酸基团和羟基,细菌吸附初期可由这些基团之间形成分子间氢键为介导。

正是基于细菌菌毛特定的分子结构及其受体的特征,细菌表面的黏附素(主要是菌毛)和炭粒之间存在相应的受体结合关系,使得细菌得以附着于炭粒上;同时黏附素的定植作用使细菌得以驻足,并保持和炭粒长时间的接触。同时,在炭附细菌的吸附作用力中存在如形成物理吸附作用的范德华力和形成化学吸附作用的氢键等。

(2)炭附着细菌的解析作用原理研究

活性炭的吸附性能主要取决于内部表面积和孔隙分布,外表面提供与内孔穴相同的孔道,表面氧化物的作用是使疏水性的炭骨架具有亲水性,使活性炭对许多极性和非极性化合物具有亲合力。活性炭与其他多孔物体一样,吸附作用是由于构成孔洞壁表面的碳原子受力不平衡所致,具有这种作用的表面积越大,则吸附性能越好。对于吸附质在活性炭两相界面上发生吸附的原因,是活性炭和吸附质之间存在着三种不同的作用力,即分子间力、化学键力和静电力,从而形成三种不同类型的吸附即物理吸附、化学吸附和变换吸附。由于细菌的大小与活性炭微孔相当,细菌可以凭借细胞表面的黏着力吸附在微孔之中,较大的细菌主要存在于中孔。解析作用正好与吸附作用相反。首先微孔多少也决定了吸附的细菌的多少,即能够从炭粒上脱附下来的细菌数量,其次使用合适的外力作用破坏活性炭和吸附质之间存在着的三种不同作用力,使吸附表面具有的吸附作用降低或消失,并使亲水性能下降,从而使吸附的细菌脱离炭粒的表面。

因此,炭附细菌的解析技术原理即是在施加合适的外力作用下,配合解吸附剂的使用,破坏活性炭和细菌之间的吸附作用力,使吸附表面具有的吸附作用降低或消失,并使亲水性能下降,从而使吸附的细菌脱离炭粒结构。目前在水处理领域实验室外加作用力最常用的方式为离心作用力。

(3)炭附着细菌解析方法研究

① 离心解析试验研究

分析认为,影响解析效果的物理因素主要包括剪切力(离心力)、时间和离心温度等。采用离心技术,在不添加解析剂的前提下,运用正交试验确定以上影响因素的主次关系,并进行优化。

a. 正交试验设计

通过正交试验确定外界环境因素对炭粒解析效果的影响程度,找出相关的主要影响因素;试验中以 3～30 μm 和 30～200 μm 活性炭粒为试验底物,考察各影响因素对炭附着细菌的解析效果影响。

正交试验选取 3 个对解析效果有直接影响的外界环境因素进行考察,分别是离心转速、离心时间、离心温度。试验采用 3 因素 4 水平正交试验(表 5-29),列 L16(4^3)正交表。

表 5-29 正交试验方案试验

位级	离心转速(转/分)	离心时间(min)	离心温度(℃)
1	12 000	3	4
2	14 000	4	8
3	16 000	5	12
4	18 000	6	16

b. 正交试验结果及分析

根据表 5-29 的试验结果,对各影响因素进行正交试验的级差分析,见表 5-30。

表 5-30 解吸附试验方差分析结果

方差来源	3～30 μm 炭粒				30～200 μm 炭粒			
	S	f	F	显著性	S	f	F	显著性
离心转速	1.499	3	1.673	显著	6.880	3	1.638	显著
离心时间	0.367	3	0.410	不显著	1.933	3	0.460	不显著
离心温度	0.822	3	0.917	显著	3.784	3	0.901	显著
误差	2.690	9			12.60	9		

注:$F_{0.05}(3,3) = 0.860$,$F_{0.01}(3,3) = 1.990$。

根据正交试验结果得出如下结论：

（a）离心转速、离心温度、离心时间等因素的级差 R 逐渐减小。由方差分析可知，在显著水平 $\alpha=0.05$ 条件下，离心转速对解析效果的影响最为显著，是主要影响因素，其次为离心温度；而离心时间为非显著性影响因素。

（b）离心温度为次要影响因素，由方差分析可知，$F_{0.05}(3,3)=0.860<0.901$。分析认为，细菌在适宜的环境温度条件下其生物活性较高，与炭粒的吸附作用较强。在不损伤细菌细胞的前提下，较低的环境温度可在一定程度上抑制微生物的活性，降低其代谢程度，有助于细菌解析脱附。

（c）离心时间的延长并未增加炭附着细菌的解析倍数，5 min 作用基本可以解析出最大程度的微生物数量，进一步延长离心时间反而可能会造成部分细菌在较高的离心作用力下的机械损伤。

（d）根据正交试验结果，确定最佳的物理参数为：离心转速 18 000 rpm，离心时间 5 min，离心温度 4 ℃。在此组合条件下，解吸附试验结果如图 5 - 97 所示。

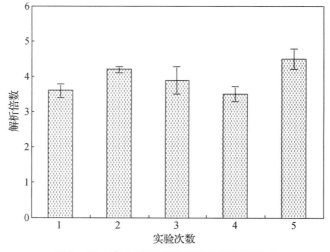

图 5 - 97　离心试验的炭附着细菌解析结果

由图 5 - 97 可见，在单纯的机械离心作用条件下炭附着细菌的解析倍数在 4 倍左右。此结果与国外均质化技术相比存在一定的差距（均质化解析倍数一般在 10 倍左右）。分析认为，在机械离心作用下细菌与活性炭之间的物理吸附被到破坏，范德华力等较弱作用力形成的吸附点位被消除，细菌得以解析脱附，同时部分相对较弱的化学吸附作用也可达到离心脱附的目的；但由氢键或更强作用力形成的化学吸附很难在离心力下产生完全的脱附，因而导致炭附着细菌不能被有效的解析。试验结果说明，在炭附着细菌的作用关系中化学性吸附作用占主导地位，单纯的高速离心并不能完全使炭菌解吸附。因此,有必要进行解吸附剂的研究,以减弱活性炭吸附表面具有的吸附作用,并使亲水性能下降,从而使吸附的细菌脱离炭粒结构。

② 解吸附剂的优化组合研究

由于细菌与活性炭形成炭附着细菌的黏附机制不同,故选择 6 种物质组成解析剂。这些化学物质已被证明可以有效清除黏附物质、反转接触表面、保护细胞,并且使分离作用力更集中有效。

在上述解析剂的组成中,两性表面活性洗涤剂(简称表面活性剂,Zwittergent3-12)是目前微生物研究领域应用最广的生物提取药剂,研究证明在 10^{-6} mol/L 时,其表面活性剂对土壤中的异养菌脱附效率最大。因此,表面活性剂是解析剂组成中的基本药剂,其他药剂如焦磷酸钠属于磷酸酶抑制剂。磷酸酶是一种底物去磷酸化酶,其通过水解磷酸单酯将底物分子上的磷酸基团除去,生成磷酸根离子和羟基,通过磷酸根与物质表面发生螯合或化学吸附作用。另外,焦磷酸根离子($P_2O_7{}^{4-}$)对于微细分散固体具有很强的分散能力,能促进微量物质的均一混合。三羟甲基氨基甲烷缓冲液(Tris Buffer)、盐溶液、乙二醇双(2-氨乙基醚)四乙酸(EGTA)和 0.01%蛋白胨则具有在解析过程中保护细胞物质或清除胞外酶等作用。

以表面活性剂为基础,通过不同药剂的浓度系列组合,测定它们的解析能力,试验中以手摇方式产生简单的混合和离心作用,结果见表 5－31。

表 5－31 组合物质对炭附着细菌解析作用的细菌计数

组合对比	表面活性剂(＋/－)	平均值±标准偏差
0.005%焦磷酸钠	＋	0.67±0.11
0.01%焦磷酸钠	＋	1.12±0.06
0.001 mol/L Tris Buffer	＋	0.89±0.20
0.01 mol/L Tris Buffer	＋	1.25±0.19
1%盐溶液	＋	0.77±0.14
2%盐溶液	＋	0.53±0.15
5%盐溶液	＋	0.46±0.35
1 mmol/L EGTA	＋	1.24±0.08
1 mmol/L EGTA	－	1.01±0.16
0.005%蛋白胨	＋	0.68±0.09
0.01%蛋白胨	＋	1.15±0.17
0.01%蛋白胨	－	0.90±0.03

注:表中数值为三组试验平均值,代表测定值与对比组(只加表面活性剂)的比例。

表 5-31 研究证明,在单纯手摇作用混合下解吸附剂也可以达到一定的解析效果。在前述研究基础上,进行离心作用与解析剂的优化组合研究。离心条件仍为:离心转速 18 000 rpm,离心时间 5 min,离心温度 4 ℃。试验结果见表 5-32。由表 5-32 可见,在高速离心条件下,最佳的解析剂组合仍为焦磷酸钠(0.01%)、Tris Buffer(0.01 mol/L,pH=7.0)、蛋白胨(0.01%)、表明活性剂(10^{-6} mol/L)、EGTA(1 mmol/L)。

表 5-32 不同解析条件的炭附着细菌解析效果

解析条件	10.12	10.30	11.06	11.15	11.27	平均值±标准偏差
a:手摇(1+2)	1.21	0.32	0.68	0.84	0.31	0.67±0.338
b:离心(无添加剂)	1.00	1.00	1.00	1.00	1.00	1.00
c:离心(1+2)	2.64	3.02	1.65	1.49	2.20	2.20±0.528
d:离心(1+2+3)	2.03	3.47	1.44	2.48	2.37	2.36±0.664
e:离心(1+2+3+4)	3.41	4.59	1.56	2.99	3.35	3.18±0.973
f:离心(1+2+3+4+5)	2.22	2.26	0.78	2.45	2.00	2.00±0.617

添加剂 1:三相缓冲液(pH=7.0)+蛋白胨;2:焦磷酸钠;3:表面活性剂;4:EGTA;5:淀粉酶。表中数值为五组试验平均值,代表测定值与对比组(无添加剂)的比例。

选择高速离心技术(转速 18 000 rpm),配合焦磷酸钠、三相缓冲液、蛋白胨,对炭附着细菌进行解析试验。结果表明(见图 5-98),在此解析附条件下炭附着细菌的解析附倍数稳定在 15 倍左右,结果与国外研究相类似,证明该解析方法是可行的。

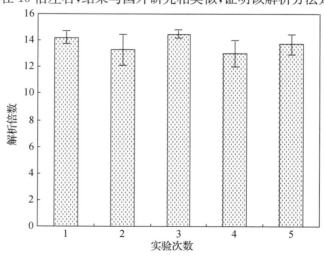

图 5-98 最佳工况下炭附着细菌解析效果

5.4.5.3 炭后水水质生物安全的消毒控制技术研究

目前我国水厂基本采用氯消毒作为饮用水处理中的生物安全屏障,针对炭后水中微生物增多且存在部分炭附着细菌问题,首先进行活性炭进出水细菌的常规氯消毒效能研究。

(1)炭后水氯(氯胺)消毒技术

① 活性炭工艺进出水的氯消毒效能研究

由图 5-99 和图 5-100 可知,滤后水中细菌耐氯性弱于炭后水中细菌的耐氯性:当有效氯投加量在 0.91 mg/L 时,滤后水中细菌总数去除率达 97%,而炭后水则需要有效氯 1.46 mg/L,是滤后水有效氯投加量的 1.6 倍。分析原因:一方面活性炭层中积累了大量的生物颗粒和菌落,其随水流穿透炭层造成炭后水细菌增多,其中贫营养条件下可能形成部分耐氯菌;另一方面炭后水中除游离细菌外还包括炭附着细菌,游离细菌容易被氯消毒灭活(如同滤后水消毒情况),炭粒对细菌存在保护作用使消毒过程不能完全灭活炭附着细菌,降低了炭后水细菌的总体消毒效率。

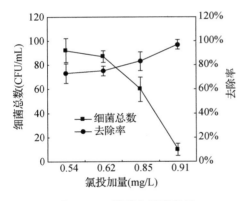
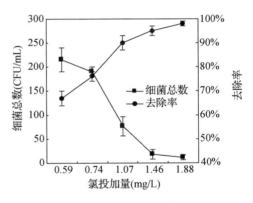

图 5-99 滤后水消毒效果   图 5-100 炭后水消毒效果

② 炭后水氯胺消毒效能研究

近年来,氯胺作为一种氯消毒的替代技术逐渐被水厂使用。这是因为氯胺的稳定性好,在水相中的持续时间长,可以有效控制水中的有害微生物的繁殖和生物膜的形成,杀菌持久性强,更可以保证余氯量的要求;氯胺消毒是由缓慢释放出的HClO 发生作用,可以大大减缓液氯消毒残留的臭味;氯胺消毒对供水管网的腐蚀性较小。

炭后水氯胺消毒效果见图 5-101。氯胺在 2.0 mg/L 投加量下,对细菌的去除率为 93.8%。图 5-102 为炭后水不同氯胺消毒时间的消毒效果,结果表明对活性炭后水进行氯胺消毒,在相同的氯胺投加量下最佳反应时间需 40~50 min。

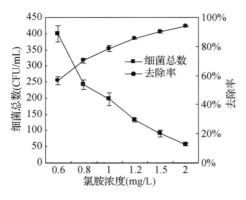

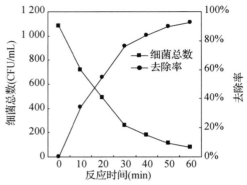

图 5－101　不同氯胺投加量下消毒效果　　**图 5－102　炭后水不同氯胺消毒时间消毒效果**

氯消毒受水体 pH 值和有机物影响大，并由于与有机物发生亲电或加成反应而在消毒过程中产生较多的氯代消毒副产物。研究人员以常规氯和氯胺消毒为研究对象，进行炭后水水质化学安全性研究。在有效氯 2 mg/L 条件下消毒后的消毒副产物试验结果见表 5－33。

表 5－33　不同工艺阶段出水氯化消毒副产物变化

消毒剂	原　水		滤后水		炭后水	
	DOC（mg/L）	THMFP（μg/L）	DOC（mg/L）	THMFP（μg/L）	DOC（mg/L）	THMFP（μg/L）
氯胺	4.211	138.8	3.584	121.3	1.013	47.6
氯		189.1		153.8		64.7

由表 5－33 可见，氯胺消毒的副产物少于氯消毒。氯胺用于饮用水消毒的优点：由于氯胺可以避免或减缓水中一些有机污染物发生氯化反应，因此氯胺消毒一般很少产生三卤甲烷（THMS）、卤乙酸（HAAs）。氯胺的消毒机理可能是氯胺通过分解，缓慢释放的次氯酸（HClO）具有较强的灭活能力，造成微生物失活，也可能是氯胺借助本身的电中性容易攻击细菌的细胞膜或者酶系统。在氯胺消毒过程中会存在少量的自由氯，因此氯和氯胺的协同消毒效果不能被忽视。氯胺对微生物的攻击是多靶位的，而氯能够直接伤害细胞壁和细胞膜，使细胞内物质泄露。氯的强破坏性为氯胺侵入细菌提供方便，而氯胺的多靶位攻击弥补了氯攻击性窄的缺点。

③ 炭后水中颗粒物对氯胺（氯）消毒的影响研究

有研究表明，炭后水中颗粒物含量大于 20 μg/L 时，氯的消毒效率会下降

10 倍以上,试验进一步研究了炭后水中颗粒物,对氯胺及氯消毒效能的影响。选择炭后水中大于 $2~\mu m$ 颗粒物,浓度量级为 $1\times10^2\sim2\times10^3$ 个/mL 进行消毒试验,试验结果见图 5-103。

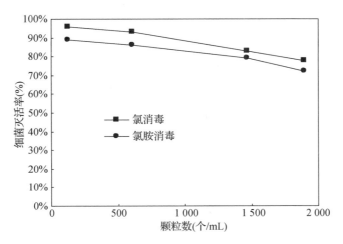

图 5-103 颗粒物数量对氯(氯胺)消毒效果的影响

图 5-103 表明,颗粒物浓度对氯和氯胺的消毒效率存在较强的拮抗作用。氯消毒效率随颗粒物浓度增加而降低,在颗粒物浓度到达 2×10^3 个/mL 时,消毒效能降到 78%,氯胺消毒效率则降到 72%。水体中的颗粒物具有非均一性和多分散性,不仅是微污染物流动迁移的载体,而且是各种化学反应及形态转化的宿主。当悬浮颗粒直径小于 $63~\mu m$ 时,通过表面吸附作用悬浮物会携带许多有毒有害化学物质,而且颗粒物作为一种载体还会影响污染物在水环境中的各种生物和化学转化行为,从而增加消毒剂在水环境中的动态循环过程的复杂性。同时,炭后水中颗粒物数量增加直接引起出水中炭粒数增加,从而导致炭附着细菌的数量水平提高;炭附着细菌的增多提高了未被灭活的细菌概率而导致灭活率的降低。另外,活性炭出水颗粒多为有机物与无机质的复合体,颗粒物数量增多使得颗粒附着有机物对消毒剂的竞争作用增强,从而减少了能产生消毒作用的有效剂量,使得细菌的灭活率降低。

(2) 炭附着细菌氯(氯胺)消毒技术研究

炭附着细菌的存在导致了炭后水氯消毒效率的降低,从而影响饮用水的生物安全性。因此,首先对氯消毒条件下炭附着细菌的消毒效能进行研究。

① 炭后水中炭附着细菌氯消毒效能

试验中氯投加量 1.04 mg/L,接触 30 min,温度 28 ℃,试验结果见表 5-34。

表 5 - 34　炭附着细菌氯消毒效果

检测次数	消毒前	消毒后	灭活率
1	30	20	33.3%
2	115	85	26.1%
3	175	130	25.7%
4	295	225	23.7%

由表 5 - 34 可见,吸附在炭粒上的细菌对氯消毒有较强的抵抗力,在有效氯量 1.04 mg/L 下,试验中消毒效率均在 35% 以下。

消毒后再对水样中的炭粒进行截留,在无菌溶液中进行培养,试验共 3 组次,每组平行试验 3 次,72 h 后的培养结果见图 5 - 104 所示。由图 5 - 104 可见,未被灭活的炭附着细菌经 72 h 培养后,其数量迅速提高,增长倍数大约为 8,同时培养后炭附着细菌出现更为丰富的菌落结构,包括丝状菌和芽孢等。结果说明,如果炭附着细菌未被有效灭活而进入清水池或管网中,可能导致二次生物污染,并对管网中剩余消毒剂的灭活起到抑制作用。同时被管壁截留的炭粒可以从包裹它的生物膜中释放出来,有随水流入用户的可能。因此,针对活性炭出水生物安全的问题选择新型或替代液氯消毒技术具有现实意义。

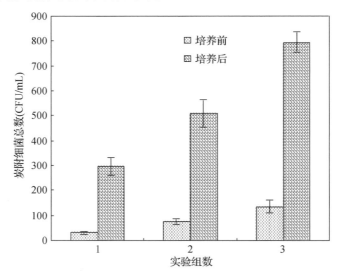

图 5 - 104　炭附着细菌培养 72 h 数量变化

② 炭后水中炭附着细菌氯胺消毒效能

试验考察了炭附着细菌的氯胺消毒效率,温度 28 ℃,接触时间 45 min,结果见

表 5 - 35。

表 5 - 35 不同氯胺投加量下炭附着细菌数量变化

氯胺	1 mg/L	2 mg/L	3 mg/L	4 mg/L	炭附着细菌
R2A(7 d)平均	120	97	45	15	165
去除率	27.3%	41.2%	72.7%	90.9%	—

由表 5 - 35 可见,在 4 mg/L 的有效氯浓度下,达到 90% 以上的炭附着细菌灭活率氯胺 CT 值要求在 180 mg/(L·min) 左右。分析认为:颗粒物中炭粒具有相对粗糙的比表面和较为丰富的孔道结构,附着其上的细菌受到很好的掩蔽作用,氯不能充分穿透颗粒物或进入颗粒物内部进行消毒;另外,颗粒物上吸附的还原性有机和无机物与氯反应而导致其消毒作用丧失。氯胺消毒的优势在于氯胺在水中稳定,其半衰期约为游离氯的 100 倍;氯胺的穿透能力比氯强,从而使氯胺更容易进入活性炭孔道内部;随着接触时间的延长,氯胺生成的可逆反应缓慢生成次氯酸,使得颗粒物内部 HClO 保持在一定的水平,细菌等微生物个体由于受到世代时间的影响和消毒剂的持续作用,消毒效率有所提高。

氯胺对炭附着细菌的消毒机理可能是氯胺通过分解缓慢释放的次氯酸(HClO)具有较强的灭活能力造成微生物失活,也可能是氯胺借助本身的电中性容易攻击细菌的细胞膜或者酶系统。在氯胺消毒过程中会存在少量的自由氯,因此氯和氯胺的协同消毒效果不能被忽视。Jacangelo 通过研究发现,氯胺对微生物的攻击是多靶位的,而氯能够直接伤害细胞壁和细胞膜,使细胞内物质泄露。氯的强破坏性为氯胺侵入细菌提供方便,而氯胺的多靶位攻击弥补了氯攻击性窄的缺点。由于炭粒对细菌的保护,氯直接消毒需要较高的剂量;尽管氯胺的消毒能力较氯差,但氯胺的穿透能力比氯强,从而使氯胺更容易进入活性炭孔道内部,一定程度弥补氯胺消毒能力弱的缺陷;另外,氯胺消毒过程中随着少量自由氯的产生,氯对细胞的破坏加速了氯胺的渗透过程,随着接触时间的延长,氯胺的消毒效果不断被加强。试验结果说明,以氯胺消毒进行炭后水的生物安全控制更为可行。

③ 炭后水颗粒物对氯胺(氯)消毒的影响研究

选择颗粒物数量为 $2 \times 10^2 \sim 3 \times 10^3$ 个/mL 进行炭附着细菌的消毒试验。由图 5 - 105 可见,颗粒物对氯及氯胺的消毒效率影响与其数量水平密切相关。炭附着细菌主要吸附在粒径 >2 μm 的炭粒上,而活性炭出水中粒径 >2 μm 的颗粒约占总数量的 30% 左右。因此,控制活性炭出水中粒径 >2 μm 颗粒数低于 600 个/mL(其中炭粒约占 5% 左右),对保障常规氯胺(氯)对炭附着细菌的消毒作用至关重要。

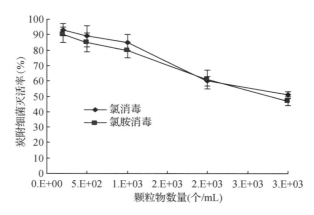

图 5‑105　颗粒物数量对氯胺(氯)消毒效果的影响

（3）炭附着细菌的紫外安全消毒技术研究

在饮用水处理领域中紫外线消毒由于其高效和无毒等特点受到广泛的关注和应用。紫外线消毒的原理主要是通过紫外光破坏微生物的遗传物质(DNA 或 RNA)，使其不能分裂、复制。与常规氯消毒相比，紫外消毒具有高效性。研究证明，高强度紫外线只需要几秒就可使大肠杆菌的去除率达 98%，细菌总数的平均去除率达 96.6%，而氯消毒则需 10～20 min。因此，有必要进行炭附着细菌的紫外消毒技术研究。

① 紫外消毒剂量关系研究

试验采用准平行光束仪(见图 5‑106)。该装置按照国际紫外协会的标准设

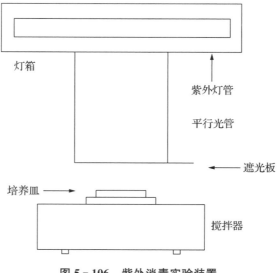

图 5‑106　紫外消毒实验装置

计,紫外灯管安装在一封闭的圆柱体内,在其中央开口,设置长 60 cm、直径 10 cm 的平行光管,其作用是形成平行的紫外线并使其能够垂直到达样品的表面。试验紫外灯管功率为 15 W,输出波长为 254 nm;通过调节平行光管的长度改变紫外强度。在直径为 90 mm 的培养皿中移入 40 mL 水样,培养皿放在准平行光束仪辐照窗下的磁力搅拌器上搅拌,打开遮光板照射一定时间后关闭遮光板,然后进行细菌数检测,以未辐射的水样作为空白对照,计算细菌的灭活率。

在相同的紫外照射剂量下,不同照射强度和时间对炭后水细菌及炭附着细菌的灭活效果见图 5–107 和图 5–108。由试验结果可以看出,低强度(0.08 mW/cm^2)紫外线对炭附着细菌的灭活效果好于高强度(0.16 mW/cm^2)。分析其原因是由炭粒对吸附在其表面孔穴和孔道内细菌的保护作用造成的。炭粒会对照射到其表面的紫外线产生散射作用,使实际作用于细菌灭活的紫外剂量减小;而炭粒的孔道则会形成对吸附其内细菌抵抗紫外辐射的保护屏障,使细菌难以灭活。同时由于炭附着细菌在炭粒上的吸附点位具有随机性,且微米级的炭粒容易在水中产生"翻滚"运动,使得紫外线能够照射的炭粒表面不断发生变化。而紫外线只有照射到炭粒上的微生物时才会产生灭菌作用(照射到炭粒的非生物区域只会产生散射作用)。因此在相同的照射剂量条件下,低强度意味着作用时间的延长,作用时间长则增加了紫外线作用于炭附着细菌生命体的概率,从而提高了灭活效率。

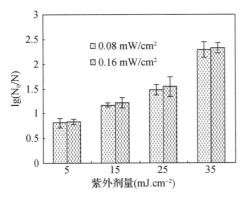
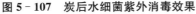

图 5–107 炭后水细菌紫外消毒效果

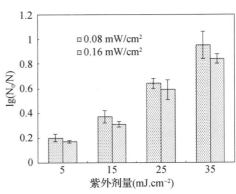

图 5–108 炭附着细菌紫外消毒效果

同时试验结果表明,炭后水整体紫外消毒效率高于炭附着细菌。分析认为,炭后水中细菌包含游离细菌和炭附着细菌,由于游离细菌的数量远高于炭附着细菌,使得其在整体消毒效果评价中掩蔽了炭附着细菌的问题。这一试验结果进一步表明,针对活性炭工艺而言,仅进行整体消毒效果的评价无法真正反映其水质的生物安全性。与氯消毒结果(在氯量 1.04 mg/L、接触 30 min 后,炭附着细菌的灭活率在

35％以下)相比,在紫外强度 0.08 mW/cm²、紫外剂量仅为 5 mJ/cm² 时,炭附着细菌的紫外消毒效率可达 37％(0.2-lg),优于 1.04 mg/L 条件下的氯消毒;紫外剂量为 35 mJ/cm² 时,炭附着细菌的紫外消毒效率可达 89％(0.95-lg)。分析认为:液氯消毒主要依靠次氯酸的杀菌作用。次氯酸为中性分子,能扩散到带负电荷的细菌表面,并穿透细胞壁,氧化破坏细菌的酶系统使细菌死亡。而炭附着细菌的载体、具有还原性的活性炭颗粒会与氯或次氯酸作用,使附着其上或进入孔道的细菌受到保护。紫外线消毒是通过紫外光的辐射,破坏生物体内的核酸(包括 DNA 和 RNA),改变其生物学活性,使微生物不能复制,造成致死性损伤。相比于水中的次氯酸这一均相体系,紫外光受炭粒的影响相对较小。

② 光复活现象研究

紫外消毒会产生光复活作用而降低紫外对生物安全的控制效果。进一步考察光复活对炭附着细菌的紫外线灭活效果影响。采用照度为 8 000 lx 的日光灯,2 h 光照时间;将 40 mL 水样经紫外消毒后,盛放于磨口试管中,盖上磨口塞,保证水样不受空气中细菌的污染;将水样置于日光灯下,2 h 后测定细菌总数。试验结果如图 5－109 所示。

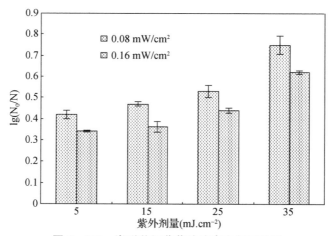

图 5－109　炭附着细菌紫外消毒光复活效果

由图 5－109 可知,经紫外线照射后炭附着细菌存在光复活现象。试验结果表明,提高紫外光强或者增加紫外剂量可以抑制光复活现象的发生。在较高的紫外线强度或紫外剂量下,紫外线对细菌产生彻底灭活的概率提高,经可见光照射后细菌通过自我修复机制而实现复活的可能性降低。需要指出的是,光复活率仅是表征在光照条件下可以实现自我修复细菌的数量,在较低的消毒效率下也可能取得较低的光复活率(即此时在消毒效率的贡献未被彻底失活的细菌数量较低),因此光复活率降低并不一定代表消毒效率的提高。

以炭附着细菌的灭活率超过 90%(1-lg)、紫外消毒后炭附着细菌的光复活率低于 10%(小于 0.1-lg)为标准,所需的紫外剂量为 35 mJ/cm²(光强 0.16 mW/cm²,时间 220 s)左右。

③ 炭后水动态紫外消毒研究

试验考察了活性炭出水动态紫外消毒技术(见图 5 - 110),装置参数如表 5 - 36,实验结果见图 5 - 111。

将反应器装置与现场活性炭中试柱联用,对炭后水进行消毒,图 5 - 111 为反应器运行效果。结果表明,UV 反应器的出水自由细菌总数低于现行的《生活饮用水卫生标准》(GB 5749—2006),提高了供水水质的生物安全性。

图 5 - 110　动态紫外装置实物图

表 5 - 36　动态紫外装置设计参数

设计参数	处理能力	容　积	停留时间	反应器内平均光强
设计值	0.5 t/h	25 L	3 min	0.3 mW/cm²

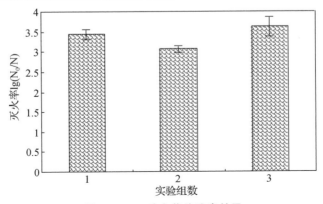

图 5 - 111　动态紫外消毒效果

[参考文献]

[1] 袁志彬，王占生. 臭氧-生物活性炭工艺在给水处理中的作用研究 [J]. 工业用水与废水，2005，36(1)：1-4.

[2] WHO. Guidelines for drinking-water quality, fourth edition [S]. Geneva：WHO，2011.

[3] USEPA，Health risk assessment/characterization of the drinking water disinfection by-product bromated [S]. FR Document，1998，61：15673-15733.

[4] USEPA，National primary drinking water regulations：disinfectants and disinfection by-products [S]. Final rule，Fed. Regist，1998，63(241)：69389-69476.

[5] APHA，AWWA and WPCF. Standard methods for the examination of water and wastewater. American Public Health Association [S]，Washington D C，2005.

[6] Richardson S D，Thruston Jr A D，Rav-acha C，et al. Tribromopyrrole，brominated acids，and other disinfecttion byproducts produced by disinfection of drinking water rich in bromide [J]. Environmental science and technology，2003，37：3782-3793.

[7] Tercero Espinoza L A，Frimmel F H. Formation of brominated products in irradiated titanium dioxide suspensions containing bromide and dissolved organic carbon [J]. Water resesrch，2008，42(6-7)：1778-1784.

[8] 陈卫，周悦，华伟，等. 臭氧化阶段溴酸盐生成影响因素的响应面研究[J]. 华中科技大学（自然科学版），2013，41(2)：124-127.

[9] 卢宁，高乃云，黄鑫. 黄浦江和长江原水臭氧化工艺中 BrO_3^- 的生成[J]. 湖南大学学报：自然科学版，2009，36(8)：64-68.

[10] Legube B，Parinet B，Gelinet K，et al. Modeling of bromate formation by ozonation of surface waters in drinking water treatment [J]. Water research，2004，38(8)：2185-2195.

[11] Liu B，Gu L，Yu X，et al. Dissolved organic nitrogen (DON) profile during backwashing cycle of drinking water biofiltration. [J]. Science of the Total Environment，2012，414(1)：508.

[12] 李伟，徐斌，夏圣骥，等. DON 的水处理特性及生成 NDMA 潜能的分析[J]. 中国给水排水，2009，25(17)：35-38.

[13] Chen W，Liu Z，Tao H，et al. Factors affecting the formation of nitrogenous disinfection by-products during chlorination of aspartic acid in drinking water[J]. Science of the Total Environment，2017，575：519-524.

[14] Chu W，Gao N，Yin D，et al. Ozone-biological activated carbon integrated treatment for removal of precursors of halogenated nitrogenous disinfection by-products [J]. Chemosphere，2012，86(11)：1087-1091.

[15] 卢宁，刘茵. 长江口原水中溶解性有机氮类化合物分析[J]. 人民长江，2013，44(21)：104-107.

[16] Chen W，Paul Westerhoff，J A L，et al. Fluorescence Excitation-Emission Matrix Regional Integration to Quantify Spectra for Dissolved Organic Matter[J]. Environmental Science &

Technology，2003，37(24)：5701.

[17] Leenheer J A，Dotson A，Westerhoff P. Dissolved Organic Nitrogen Fractionation[J]. Annals of Environmental Science，2007：45 - 56.

[18] Krasner S W，Sclimenti M J，Mitch W，et al. Using formation potential tests to elucidate the reactivity of dbp precursors with chlorine versus with chloramines[C]. American Water Works Association-Water Quality Technology Conference and Exposition 2007.

[19] Yan M，Wang D，Ma X，et al. THMs precursor removal by an integrated process of ozonation and biological granular activated carbon for typical Northern China water[J]. Separation & Purification Technology，2010，72(3)：263 - 268.

[20] Hu J，Song H，Addison J W，et al. Halonitromethane formation potentials in drinking waters[J]. Water Research，2010，44(1)：105.

[21] Zhang Y，Chu W，Yao D，et al. Control of aliphatic halogenated DBP precursors with multiple drinking water treatment processes：Formation potential and integrated toxicity[J]. 环境科学学报(英文版)，2017，58(8)：322 - 330.

[22] Rook J J. Formation of haloforms during chlorination of natural water [J]. Acta Polytechnica，2002，42(2)：234 - 243.

[23] Reckhow D A，Macneill A L，Platt T L，et al. Formation and Degradation of Dichloroacetonitrile in Drinking Waters [J]. Journal of Water Supply：Research and Technology -AQUA，2001，50(1)：1 - 13.

[24] Chu W H，Gao N Y，Deng Y，et al. Precursors of dichloroacetamide，an emerging nitrogenous DBP formed during chlorination or chloramination. [J]. Environmental Science & Technology，2010，44(10)：3908 - 3912.

[25] Chiang P C，Chang E E，Chang P C，et al. Effects of pre-ozonation on the removal of THM precursors by coagulation[J]. Science of the Total Environment，2009，407(21)：5735.

[26] Yan M，Wang D，Ma X，et al. THMs precursor removal by an integrated process of ozonation and biological granular activated carbon for typical Northern China water[J]. Separation & Purification Technology，2010，72(3)：263 - 268.

[27] 王莹,姜廷波,孙泽威. L-精氨酸代谢产物对动物营养调控的研究进展[J]. 中国畜牧杂志. 2017，53(3)：13 - 17.

[28] 程功,徐建中,张伟国. L-精氨酸生物合成机制及其代谢工程育种研究进展[J]. 微生物学通报. 2016，43(6)：1379 - 1387.

[29] Fernándezmurga M L，Rubio V. Basis of Arginine Sensitivity of Microbial N-Acetyl-l-Glutamate Kinases：Mutagenesis and Protein Engineering Study with the Pseudomonas aeruginosa and Escherichia coli Enzymes[J]. Journal of Bacteriology. 2008，190(8)：3018 - 3025.

[30] Ikeda M，Mitsuhashi S，Tanaka K，et al. Reengineering of a Corynebacterium glutamicum

L-arginine and L-citrulline producer[J]. Applied & Environmental Microbiology. 2009，75 (6):1635.

[31] Shi D, Morizono H, Yu X, et al. Crystal Structure of N-Acetylornithine Transcarbamylase from Xanthomonas campestris A NOVEL ENZYME IN A NEW ARGININE BIOSYNTHETIC PATHWAY FOUND IN SEVERAL EUBACTERIA[J]. Journal of Biological Chemistry, 2005，280(15):14366 - 14369.

[32] 鲁金凤,刘烜辰,冯瑛,等. 4 种氨基酸氯消毒后典型卤代碳、氮类消毒副产物生成潜能的研究[J]. 天津大学学报(自然科学与工程技术版),2015(7):632 - 636.

[33] Chen Wei, Lin Tao, Wang Leilei. Drinking water biotic safety of particles and bacteria attached to fines in activated carbon process [J]. Front of Environ Sci. Engin. China, 2007，1(3):1 - 6.

[34] Wang Lei-lei, Chen Wei, Lin Tao. Particles Size Distribution and Property of Bacteria Attached to Carbon Fines in Drinking Water Treatment [J]. Water Science and Engineering, 2008，1(2):102 - 111.

[35] 林涛,王磊磊,陈卫,等. 饮用水处理中颗粒物变化及粒径分布规律[J]. 河海大学学报,2008，36(3):326 - 329.

[36] Mohammad H. , Nasrin T. The effect of annealing on photocatalytic properties of nanostructured titanium dioxide thin films[J]. Dyes and Pigments，2007，73:103 - 110.

[37] W. A. M. Hijnen, E. F. Beerendonk, G. J. Medema. Inactivation credit of UV radiation for viruses, bacteria and protozoan (oo) cysts in water: A review[J]. Water Research, 2006，40: 3 - 22.

[38] Angela-Guiovana Rincon, Cesar Pulgarin Field solar E. coli inactivation in the absence and presence of TiO2: is UV solar dose an appropriate parameter for standardization of water solar disinfection [J] Solar Energy, 2004，77: 635 - 648.

[39] 吴素花,董炳直. BAC 滤池对浊度和颗粒数的控制研究[J]. 中国给水排水,2007，23(23): 42 - 45.

第❻章
饮用水含氮污染物消毒副产物
形成机制与控制

为控制氯化含碳消毒副产物(C-DBPs)的生成,部分水厂采取氯胺消毒方式来替代传统的液氯消毒。氯胺消毒可有效降低 C-DBPs 的生成量,但由此出现的 N-DBPs 等新问题备受关注。已有研究表明,N-DBPs 较 C-DBPs 具有更强的遗传毒性和细胞毒性。Plewa 和 Wagner 利用中国仓鼠卵巢细胞进行的试验结果表明,N-DBPs 的细胞毒性和遗传毒性分别是 C-DBPs 的 80 倍和 40 倍。虽然饮用水中 N-DBPs 的检出浓度相对较低,但其对人体健康的潜在威胁不容忽视。

N-DBPs 的控制主要从三个方面考虑:一是通过去除 N-DBPs 的前体物来降低 N-DBPs 生成的源头控制;二是通过优化氯消毒技术参数或者调整消毒方式来减少 N-DBPs 生成量的过程控制;三是去除已生成 N-DBPs 的末端控制。

河网地区水源水中含有大量含氮类有机物质,经过水厂消毒前各工艺单元的处理,源水中的大分子含氮有机物经过混凝、沉淀、臭氧氧化等单元工艺被去除或转化为小分子含氮有机物质,氨基酸类物质是典型代表物质之一。目前氨基酸已被证实是一类典型的 N-DBPs 前体物,在其生成途径控制和去除技术等方面已取得一定的研究成果,但尚有科学问题及关键技术有待深入研究:① 典型氨基酸在氯化过程中生成 N-DBPs 的特性及生成关键影响因子、经时变化规律,以及 N-DBPs的生成和水解的关联机制;② 常用氧化剂、磁性纳米复合吸附剂,以及相关联用技术等对混合氨基酸型原水中 N-DBPs 生成势的去除效能及作用机制;③ 多种 N-DBPs 共存时的综合毒性效应等。本章重点将研究典型氨基酸在氯化过程中 N-DBPs 的生成机制及相应的控制措施。

6.1 含氮消毒副产物生成特性与机制

氨基酸是天然水体中普遍存在的内源性天然有机物,是 N-DBPs 的重要前体物,氨基酸分子中均含有氨基和羧基两种官能团,它们被认为是和氯反应的主要官能团,同时连接的侧链也会导致其他氧化反应。天然水体中氨基酸种类丰富,本研究选择天然水体中普遍存在且 N-DBPs 生成势比较高的天冬酰胺酸(Asp)为研究对象,研究 pH 值、水温和溴离子水平等环境因子对 N-DBPs 生成的影响,探讨氯/氨基酸摩尔比、氯和氨氮投加时间间隔等关键技术参数对 N-DBPs 的生成特性和制约机制,建立连续反应模型,并由此确定氨基酸氯化生成各类典型 N-DBPs 的最大浓度及相应反应时间。

试验条件:配置 0.1 mmol/L 的 Asp 水样,加入 3 mmol/L 的次氯酸钠,pH 值范围在 5~9 之间,水温在 20~30℃。反应 24 h 取样后加入抗坏血酸终止反应,视不同试验要求检测水中 N-DBPs 的代表物 DCAN、DCAcAm、TCNM、NDMA 和 CNCl 的浓度。对于溴离子的影响研究,需在水样中分别加入不同浓度的 NaBr 溶液,并增加检测 TCAN、BCAN、DBAN 的浓度。

6.1.1 水质条件对含氮消毒副产物生成影响

6.1.1.1 pH 值

水的 pH 值对 Asp 氯化生成 N-DBPs 的影响见图 6-1。DCAN、TCNM 和 TCNM 的浓度变化趋势相似,即先随 pH 值增加而增加,达到一定 pH 值时呈现

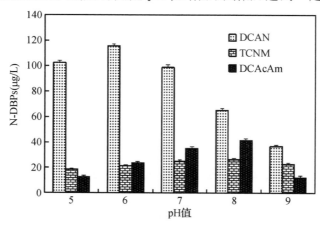

图 6-1 pH 值对 Asp 氯化生成 N-DBPs 的影响

逐渐降低趋势，但最高浓度及其出现时的 pH 值差异较大。而反应过程中，NDMA 和 CNCl 未被检出。N-DBPs 随 pH 值变化出现的明显差异是次氯酸钠氧化与 N-DBPs 自身水解的综合作用结果。酸性条件下，自由氯主要以次氯酸的形式存在，随着 pH 值的升高，次氯酸根比例逐步升高，次氯酸更容易与 Asp 发生反应，从而生成更多的 N-DBPs。而水解反应则不同，pH 值升高时，氯化生成的 DCAN 会进一步水解生成 DCAcAm，因为 DCAN 自身生成量的降低致使 DCAcAm 的生成量也随之下降。TCNM 含量变化则略有不同，pH 值升高会导致卤代硝基甲烷中间体增加，加速 TCNM 的生成，但会降低 TCNM 的稳定性导致部分 TCNM 转化。

6.1.1.2　水温

水温对 Asp 氯化生成 N-DBPs 的影响如图 6-2 所示。当水温从 10 ℃升高至 30 ℃时，DCAN 和 DCAcAm 的浓度逐渐降低，而 TCNM 的浓度逐渐升高，说明水温升高可以提高 N-DBPs 的生成速率和水解速率，但变化程度有一定差异。水温升高时，DCAN 和 DCAcAm 的分解速率增幅较生成速率增幅高，检出的 DCAN 和 DCAcAm 的浓度逐渐降低；而 TCNM 的情况则相反，生成速率增加的程度大于分解速率增加的程度。在试验水温条件下，NDMA 和 CNCl 均未检出。

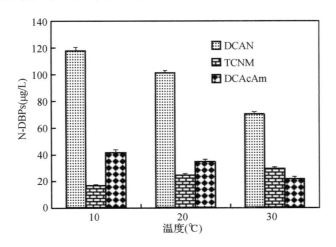

图 6-2　水温对 Asp 氯化生成 N-DBPs 的影响

6.1.1.3　溴离子水平

在湖库型水源水中溴离子的存在较为普遍。溴离子在氯化消毒过程中会生成溴代 DBPs，而溴代 DBPs 具有比氯代 DBPs 更高的细胞毒性和遗传毒性。图 6-3 和图 6-4 分别为溴离子对 Asp 氯化生成 HAN 和总 HANs 的影响。由图 6-3 可以看出,水中四种 HANs(DCAN、TCAN、BCAN 和 DBAN)均有被检出,其中 DCAN 和 TCAN 随着溴离子浓度的升高而逐渐降低,而 BCAN 和 DBAN 的浓度则逐渐升高;BCAN 在溴离子浓度高于 0.1 mg/L 时被检出,而 DBAN 仅当溴离子浓度高于1 mg/L 时被检出,但 DBAN 随溴离子浓度增加而增加的速率明显大于 BCAN。图 6-4 的结果表明,溴离子浓度升高会导致总 HANs 含量增加,溴代 HANs 增加尤为明显。主要原因是次氯酸可以将溴离子氧化为次溴酸或者次溴酸根,其更容易发生取代反应而生成更多的 DCAN,而 DCAN 会进一步和溴离子反应生成 BCAN 和 DBAN。

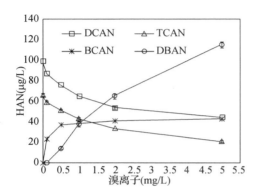 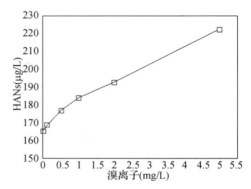

图 6-3 溴离子对 Asp 氯化生成 HAN 的影响   图 6-4 溴离子对 Asp 氯化生成总 HANs 的影响

图 6-5 和图 6-6 分别为溴离子对 Asp 氯化生成 DCAcAm 和 TCNM 的影响。随着溴离子浓度升高,DCAcAm 和 TCNM 的浓度均呈现逐渐降低的趋势,主要原因是反应过程生成了其他的溴代替代物。NDMA 和 CNCl 均未检出。

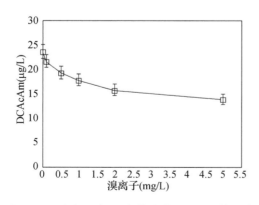 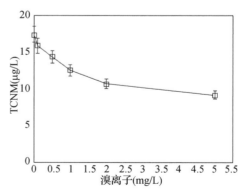

图 6-5 溴离子对 Asp 氯化生成 DCAcAm 的影响   图 6-6 溴离子对 Asp 氯化生成 TCNM 的影响

6.1.2 含氮消毒副产物的生成特性与控制条件

6.1.2.1 经时变化规律

Asp 氯化生成 N-DBPs 的经时变化规律如图 6－7 所示。DCAN 的浓度随反应时间呈现先升高后逐步下降的趋势,其中在反应时间为 4 h 时,达到最大值(128.5 μg/L)。这主要原因是在反应初始阶段 Asp 和氯反应主要生成 DCAN;随着 Asp 和氯的浓度的降低,DCAN 生成速率降低,而其水解速率增大,两者叠加导致 DCAN 在达到最大值后呈现浓度降低的趋势。

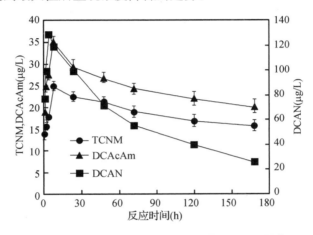

图 6－7 反应时间对 Asp 氯化生成 N-DBPs 影响

因为 DCAcAm 既可通过直接氯化生成,又可以通过 DCAN 的水解转化形成,故 DCAcAm 浓度随反应时间同样呈现先升高后降低的趋势,在反应时间为 8 h 时达到最大值(35.9 μg/L)。DCAcAm 的浓度最大值出现的时间滞后于 DCAN。TCNM 的浓度变化趋势与 DCAcAm 相同,在反应时间为 8 h 时浓度达到最大值(24.8 μg/L)。整个反应过程均没有 NDMA 和 CNCl 检出。

6.1.2.2 氯/氨基酸摩尔比对 N-DBPs 生成的影响

氯投加量对 Asp 氯化生成 N-DBPs 的影响结果见图 6－8。氯和 Asp 的摩尔比(Cl/Asp)对 DCAN 和 DCAcAm 的生成具有较明显的影响。当 Cl/Asp≤20 时,DCAN 和 DCAcAm 的生成量随 Cl/Asp 的增大而增加,并在 Cl/Asp 为 20 时达到最大值;继续增大 Cl/Asp,DCAN 和 DCAcAm 的生成量出现下降趋势。由此看出氯投加量的增加使氯和 Asp 反应更充分,从而增大了 DCAN 和 DCAcAm 的生成量,然而过量的氯会加速 DCAN 和 DCAcAm 的分解。

TCNM 只有在 Cl/Asp≥5 时有检出,其生成量随着 Cl/Asp 增大呈增大趋势,

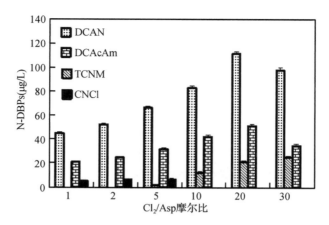

图 6-8　氯投加量对 Asp 氯化生成 N-DBPs 的影响

这与相关文献报道一致。Cl/Asp<5 时，检测出较低浓度的 CNCl(≤7 μg/L)；而 Cl$_2$/Asp≥10 时，没有 CNCl 检出，说明 CNCl 的生成与氯的投加量没有直接的关系，而过量的氯会加速 CNCl 的分解；NDMA 没有检测出。

6.1.2.3　氯和氨投加间隔时间的影响

氯胺消毒效能与投加氯和氨的间隔时间有关。试验中次氯酸钠和氨氮浓度分别为 3 mmol/L 和 0.06 mmol/L。图 6-9 为投加氯和氨氮间隔时间对 Asp 氯化生成 N-DBPs 的影响。随着氯接触时间的增加，DCAN 在氯胺溶液中更稳定，水解为 DCAcAm 的速率明显下降，而 TCNM 则逐渐升高，且氨氮的存在有利 DCAN 的生成。在氯胺消毒条件下没有 TCNM 检出。氯胺与 Asp 反应可生成 NDMA，且随与氯胺接触时间的增长而增加。

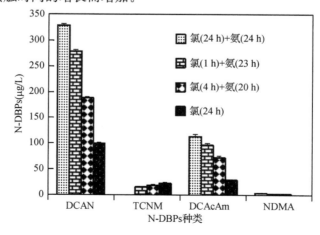

图 6-9　氯和氨投加间隔时间对 Asp 氯化生成 N-DBPs 的影响

6.1.3 氨基酸氯化生成含氮消毒副产物的反应动力学

6.1.3.1 连续一级反应动力学模型

连续化学反应即化学反应系多步完成,且持续进行。两步连续反应中,若两步反应都是一级反应,则称为连续一级反应(式 6-1)。

$$A \xrightarrow{k_1} B \xrightarrow{k_2} C \qquad (式 6-1)$$

由动力学反应可知其反应速率的表达式为:

$$\frac{\mathrm{d}_{C_A}}{\mathrm{d}t} = -k_1 C_A \qquad (式 6-2)$$

$$\frac{\mathrm{d}_{C_B}}{\mathrm{d}t} = k_1 C_A - k_2 C_B \qquad (式 6-3)$$

$$\frac{\mathrm{d}_{C_C}}{\mathrm{d}t} = k_2 C_B \qquad (式 6-4)$$

将式 6-2、式 6-3 和式 6-4 分别积分,得到各种物质的浓度:

$$C_A = C_{A,0} e^{-k_1 t} \qquad (式 6-5)$$

$$C_B = C_{A,0} \frac{k_1}{k_2 - k_1} (e^{-k_1 t} - e^{-k_2 t}) \qquad (式 6-6)$$

$$C_C = C_{A,0} \left(1 - \frac{k_2}{k_2 - k_1} e^{-k_1 t} + \frac{k_1}{k_2 - k_1} e^{-k_2 t} \right) \qquad (式 6-7)$$

式 6-5、式 6-6 和式 6-7 中三种物质的浓度随时间变化关系见图 6-10。初始反应物质 A 的浓度随着时间单调降低,以 A 为反应物,生成物 B 的浓度则开始逐渐升高,再逐渐降低,中间出现极大值,这是连续反应的突出特征,以物质 B 为反应,生成物 C 的浓度随着时间逐渐升高。

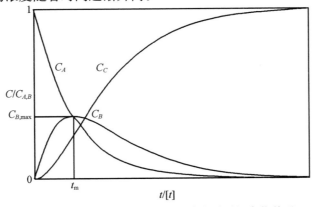

图 6-10 连续一级反应各物质浓度随时间变化关系

$C_B \sim t$ 曲线具有极大值，其突出特征为 $\dfrac{dC_B}{dT} = 0$，将式 6-6 代入求导，得式 6-8：

$$\frac{dC_B}{dt} = C_{A,0} = \frac{k_1}{k_2 - k_1}(e^{-k_1 t} - e^{-k_2 t}) = 0 \qquad (\text{式} 6-8)$$

进一步整理得式 6-9：

$$t_{\max} = \frac{1}{k_2 - k_1}\ln\left(\frac{k_2}{k_1}\right) \qquad (\text{式} 6-9)$$

式 6-9 中，$t_{\max}$ 为物质 B 达到最大浓度的反应时间，将式 6-9 代入式 6-6，得其最大浓度：

$$C_{B,\max} = C_{A,0}\left(\frac{k_1}{k_2}\right)^{\frac{k_2}{k_2 - k_1}} \qquad (\text{式} 6-10)$$

式 6-10 中，$C_{B,\max}$ 随着 $\left(\dfrac{k_1}{k_2}\right)$ 的增大而增大，若 $k_2 \gg k_1$，则 $C_{B,\max}$ 出现较早，相反则 $C_{B,\max}$ 出现较晚。

6.1.3.2 含氮消毒副产物水解性能

氨基酸氯化生成含氮消毒副产物的反应为典型的两步连续一级反应，其反动力学模型中涉及两个速率常数，即生成速率常数和水解速率常数。水解速率常数可以通过试验测定。本研究结合 Asp 氯化反应 24 h 时生成的 DCAN、DCAcAm 和 TCNM 的浓度水平，分别配置 DCAN、DCAcAm 和 TCNM 的浓度为 100 μg/L、50 μg/L 和 50 μg/L 的混合溶液，保持水温、pH 值等条件同前述，经不同静置时间后取样，测定 DCAN、DCAcAm 和 TCNM 的浓度。

图 6-11 为 DCAN、DCAcAm 和 TCNM 随时间变化的水解衰减图，拟合得出一级反应水解速率常数分别为 0.011 h^{-1}、0.008 h^{-1} 和 0.004 h^{-1}，相关系数均在

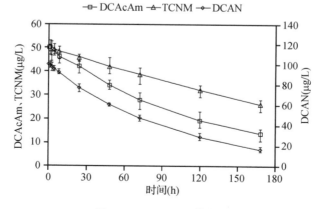

图 6-11　N-DBPs 的水解

0.99 以上，说明 DCAN、DCAcAm 和 TCNM 的水解均符合一级反应。由水解速率常数可以看出，DCAN 最不稳定，DCAcAm 其次，TCNM 最稳定。

6.1.3.3 氨基酸氯化过程中含氮消毒副产物生成模拟

为便于进行模拟，进一步将式 6-6 换算为式 6-11，即 DCAN 浓度的表达式：

$$C_{\text{DCAN}} = C_{Asp,0} \times M_{\text{DCAN}} \times \alpha_{\text{DCAN}} \times \frac{k_{\text{DCAN1}}}{k_{\text{DCAN2}} - k_{\text{DCAN1}}} (e^{-k_{\text{DCAN1}}t} - e^{-k_{\text{DCAN2}}t})$$

（式 6-11）

式 6-11 中，t 为反应时间（h）；C_{DCAN} 为 t 时溶液中检测出的 DCAN 浓度（μg/L）；$C_{Asp,0}$ 为 Asp 的初始浓度（mM），本研究中为 0.1 mM；M_{DCAN} 为 DCAN 的摩尔质量，为 110 g/mol；α_{DCAN} 为 DCAN 的反应系数；k_{DCAN1} 为 DCAN 的生成速率常数（h^{-1}）；k_{DCAN2} 为 DCAN 的水解速率常数（h^{-1}）。

DCAN 的最大浓度可表达为：

$$C_{\text{DCAN,max}} = C_{Asp,0} \times M_{\text{DCAN}} \times \alpha_{\text{DCAN}} \times \left(\frac{k_{\text{DCAN1}}}{k_{\text{DCAN2}}}\right)^{\frac{k_{\text{DCAN2}}}{k_{\text{DCAN1}} - k_{\text{DCAN1}}}}$$ （式 6-12）

根据式 6-11，应用 Matlab 软件对图 6-7 中 DCAN 的测定结果进行拟合，结果见图 6-12。拟合结果为：相关系数 R^2 为 0.97，α_{DCAN} 为 0.012，k_{DCAN1} 为 0.982 9 h^{-1}，k_{DCAN2} 为 0.010 6 h^{-1}，水解速率常数与前期研究结果相近（温度为 20 ℃、pH 值为 7.2 时，DCAN 的水解速率常数 0.011 h^{-1}）。这说明 Asp 和氯反应生成 DCAN 以及 DCAN 的水解均符合一级反应。由式 6-9 可计算出 DCAN 的最大浓度为 125.4 μg/L，对应的反应时间为 4.66 h。

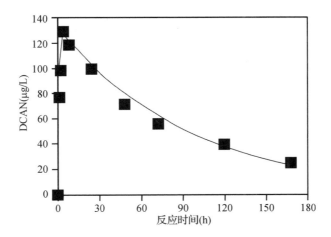

图 6-12　DCAN 连续一级反应随时间变化关系模拟图

　　DCAcAm 的生成过程与 DCAN 存在一定的差异,已有研究表明 DCAcAm 并不是全部来源于 DCAN 的水解,也可能直接来源于氨基酸和氯的反应或者其他途径。假设 DCAcAm 的生成途径有两种,一是 Asp 和氯反应生成 DCAN,DCAN 进一步水解生成 DCAcAm,即为式 6 - 7 中 C 物质;二是 Asp 和氯反应直接生成 DCAcAm,即为式 6 - 6 中 B 物质。然而,DCAN 的水解产物并非全部都是 DCAcAm。由式 6 - 13 可得经过 DCAN 水解生成的 DCAcAm 的浓度 $C_{DCAcAm-1}$,式 6 - 14 可得直接生成 DCAcAm 的浓度 $C_{DCAcAm-2}$,由式 6 - 15 得出 DCAcAm 浓度 C_{DCAcAm}。

$$C_{DCAcAm-1} = C_{Asp,0} \times M_{DCAN} \times \alpha_{DCAcAm-1} \times \left(1 - \frac{k_{DCAN2}}{k_{DCAN2} - k_{DCAM}} e^{-k_{DCAN1}t} + \frac{k_{DCAM}}{k_{DCAN2} - k_{DCAN1}} e^{-k_{DCAN2}t} \right)$$

（式 6 - 13）

$$C_{DCAcAm-2} = C_{Asp,0} \times M_{DCAcAm} \times \alpha_{DCAcAm-2} \times \frac{k_{DCAcAm1}}{k_{DCAcAm2} - k_{DCAcAm1}} (e^{-k_{DCAcAm1}t} - e^{-k_{DCAcAm2}t})$$

（式 6 - 14）

　　式 6 - 14 中,t 为反应时间(h);C_{DCAcAm} 为 t 时溶液中检测出的 DCAcAm 浓度($\mu g/L$);$C_{Asp,0}$ 为 Asp 的初始浓度(mM),本研究中为 0.1 mM;M_{DCAcAm} 为 DCAN 的摩尔质量,为 128 g/mol;$\alpha_{DCAcAm-1}$ 为 Asp 和氯反应生成 DCAN 再水解生成 DCAcAm 的反应系数;$\alpha_{DCAcAm-2}$ 为 Asp 和氯反应直接生成 DCAcAm 的反应系数;$k_{DCAcAm1}$ 为 DCAcAm 的生成速率常数(h^{-1});$k_{DCAcAm2}$ 为 DCAcAm 的水解速率常数(h^{-1})。

$$C_{DCAcAm} = C_{DCAcAm-1} + C_{DCAcAm-2}$$
（式 6 - 15）

　　由拟合结果(见图 6 - 13)得到,相关系数 $R^2 = 0.73$,$\alpha_{DCAcAm-1} = 0.091$,

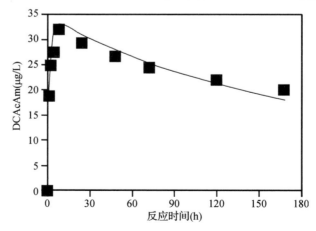

图 6 - 13　DCAcAm 连续一级反应随时间变化关系模拟图

$\alpha_{\text{DCAcAm}-2}$＝0.000 24，k_{DCAcAm1}＝0.655 3，k_{DCAcAm2}＝0.008 23。相关系数较低说明水解的 DCAN 除源于 Asp 和氯直接反应生成外，还存在其他途径生成 DCAcAm。DCAcAm 的生成速率常数明显高于水解速率常数，与实际检测的 DCAcAm 先升高再降低趋势相符。DCAcAm 的最大浓度为 33.03 $\mu g/L$，对应反应时间为 7.6 h。

TCNM 的生成过程，即由式 6-11 换算为式 6-16：

$$C_{\text{TCNM}} = C_{\text{Asp,0}} \times M_{\text{TCNM}} \times \alpha_{\text{TCNM}} \times \frac{k_{\text{TCNM1}}}{k_{\text{TCNM2}} - k_{\text{TCNM1}}} (e^{-k_{\text{TCNM1}}t} - e^{-k_{\text{TCNM2}}t})$$

（式 6-16）

式 6-16 中，t 为反应时间（h）；C_{TCNM} 为 t 时溶液中检测出的 TCNM 浓度（$\mu g/L$）；$C_{\text{Asp,0}}$ 为 Asp 的初始浓度（mM），本研究中为 0.1 mM；M_{TCNM} 为 TCNM 的摩尔质量，为 164.5 g/mol；α_{TCNM} 为 TCNM 的反应系数；k_{TCNM1} 为 TCNM 的生成速率常数（h^{-1}）；k_{TCNM2} 为 TCNM 的水解速率常数（h^{-1}）。

TCNM 的最大浓度如式 6-17 所示。

$$C_{\text{TCNM,max}} = C_{Asp,0} \times M_{\text{TCNM}} \times \alpha_{\text{TCNM}} \times \left(\frac{k_{\text{TCNM1}}}{k_{\text{TCNM2}}}\right)^{\frac{k_{\text{TCNM2}}}{k_{\text{TCNM2}} - k_{\text{TCNM1}}}} \quad \text{（式 6-17）}$$

拟合结果为（见图 6-14）：相关系数 R^2＝0.86，α_{TCNM}＝0.001 6，k_{TCNM1}＝0.431 7 h^{-1}，k_{TCNM2} 0.003 69 h^{-1}，说明 Asp 氯化过程中 TCNM 的生成基本符合一级反应，而 TCNM 的生成速率常数明显大于水解速率常数，所以 TCNM 浓度会呈现先升高后降低的趋势。由式 6-17 计算得 TCNM 的最大浓度为 24.99 $\mu g/L$，对应的反应时间为 11.13 h。

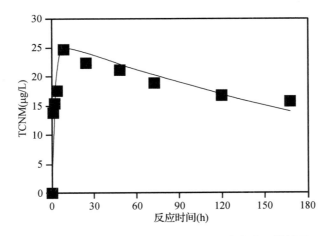

图 6-14 TCNM 连续一级反应随时间变化关系模拟图

就 TCNM、DCAN 而言,TCNM 的生成反应系数和水解速率常数均明显低于 DCAN,所以在反应体系中检测出的 TCNM 含量明显低于 DCAN,且最大浓度值出现的时间较晚。可见,含氮消毒副产物的生成控制需要视种类不同实施针对性的措施。

6.2 预氧化、吸附及其联用预处理对含氮消毒副产物的控制机制

天然水体中氨基酸种类丰富,本研究以天然水体中常见且 N-DBPs 生成势较高的组氨酸(His)、Asp 和 His 以及它们的混合物(A&H)为对象进行对比研究。鉴于 Asp 和氯反应生成 N-DBPs 过程中,主要生成 DCAN、TCAN、DCAcAm 和 TCNM,NDMA 和 CNCl 检出几率较低,而 DCAcAm 部分来源于 DCAN 的水解,且特性基本相近,故在后续研究中以 DCAN、TCAN 和 TCNM 为 N-DBPs 的典型代表。

基于氧化剂在氧化还原电位、氧化反应速率和氧化特性等方面的差异,结合应用可行性,选择高锰酸钾(PM)和臭氧(OZ)作为氧化剂,考察氧化技术对 N-DBPs 的控制效能;基于壳核结构的磁性吸附剂特性,探讨磁性纳米复合吸附剂 (Adsorbent of γ-AlOOH @ CS (pseudoboehmite and chitosan shell) magnetic nanoparticle,ACMN)控制 N-DBPs 的效能及机制,以及氧化-吸附联用对 N-DBPs 的控制效能。根据 N-DBPs 生成特性与控制技术条件的响应机制,并结合天然水体特性,对比分析混合氨基酸的变化规律。含氮消毒副产物生成势的试验条件为:反应时间 24 h,氨基酸浓度≤0.1 mmol/L,次氯酸钠投加量 3 mmol/L,pH 值 7±0.2,水温 22±1 ℃。

6.2.1 氨基酸氯化生成含氮消毒副产物经时变化规律

图 6-15 为 Asp、His 和 A&H 在氯化过程中生成 DCAN 的经时变化规律。三个水样中 DCAN 的生成均呈现先上升再下降的趋势,最大值均出现在 4 h。在各取样时间点 A&H 氯化生成的 DCAN 与 Asp 和 His 氯化生成 DCAN 的平均值基本一致,说明 Asp 和 His 在氯化生成 DCAN 过程中没有明显的相互干扰。His 氯化生成的 DCAN 明显高于 Asp 氯化生成的 DCAN。

Asp、His 和 A&H 在氯化过程中生成 TCAN 的趋势同 DCAN(图 6-16),最大浓度均出现在 4 h,Asp 和 His 在氯化生成 TCAN 过程中没有明显的相互干扰。与 DCAN 生成结果不同的是,在 Asp 氯化过程中生成的 TCAN 明显高于在 His 氯化生成的 TCAN,且在 120 h 之后 TCAN 无检出,原因在于发生了水解反应(在水温 20 ℃、pH 值 7.2 时,TCAN 的水解速率常数 1.74×10^{-5} s^{-1},远远高于 DCAN 的水解速率常数 3.06×10^{-6} s^{-1})。

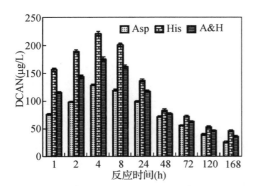

图6-15 Asp 和/或 His 氯化过程中
生成 DCAN 的规律

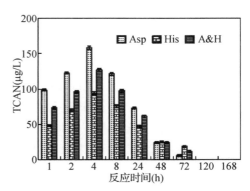

图6-16 Asp 和/或 His 氯化过程
生成 TCAN 的规律

图 6-17 为 Asp 和/或 His 氯化过程中 TCNM 的生成规律。氯化过程中 TCNM 均呈现先升高后降低的趋势,反应时间为 8 h 出现最大值,这与 DCAN、TCAN 的出现时间不同。His 氯化生成的 TCNM 明显高于 Asp,A&H 氯化生成的 TCNM 与 Asp 和 His 在氯化过程中生成的 TCNM 平均值相当,表明 Asp 和 His 在氯化生成 TCNM 过程中不会相互干扰。

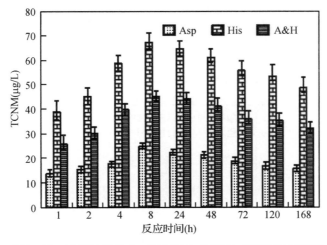

图6-17 反应时间对 Asp 和/或 His 氯化生成 TCNM 的影响

6.2.2 预氧化控制含氮消毒副产物生成机制

配置 0.1 mmol/L 的三组氨基酸试验水样(0.1 mmol/L 的 Asp,0.1 mmol/L 的 His,0.05 mmol/L Asp 与 0.05 mmol/L His 的混合溶液 A&H),分别加入 0、1、2 和 5 mg/L 的氧化剂高锰酸钾(PM)或臭氧(OZ),反应 30 min 后加入 3 mmol/L 的次氯酸钠

溶液,pH 值 7±0.2,水温 22±1 ℃,反应 24 h 后加入抗坏血酸终止反应,检测水样中 DCAN、TCAN 和 TCNM 浓度。对比分析预氧化对氯化生成 N-DBPs 的影响。

6.2.2.1 高锰酸钾的影响

PM 预氧化-氯化后生成 DCAN、TCAN 和 TCNM 的结果见图 6-18 至图 6-20。结果表明,PM 预氧化可以有效降低三种水样中的 DCAN、TCAN 和 TCNM 生成势,且随投加量增加生成势降低幅度大。投加量 5 mg/L 时,DCAN 生成势降低程度优于 TCAN 和 TCNM。这说明 PM 氧化作用与所生成的二氧化锰的吸附作用可协同强化去除氨基酸,有效降低 N-DBPs 生成势。在 A&H 氯化过程中 DCAN、TCAN 和 TCNM 的生成量与 Asp、His 氯化生成量的平均值基本一致,说明 PM 预氧化没有明显影响 Asp 和 His 相对独立的氯化过程。

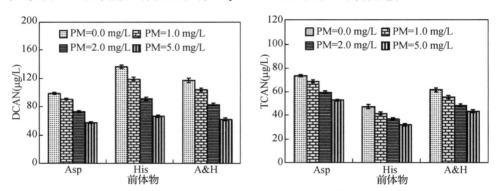

图 6-18 PM 预氧化对氯化生成 DCAN 的影响 图 6-19 PM 预氧化对氯化生成 TCAN 的影响

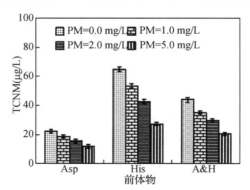

图 6-20 PM 预氧化对氯化生成 TCNM 的影响

6.2.2.2 臭氧的影响

OZ 预氧化-氯化后生成 DCAN、TCAN 和 TCNM 的结果见图 6-21 至图 6-23。结果表明,OZ 预氧化处理可以降低三种水样中 DCAN、TCAN 生成势,且降低程度与 OZ 投加量呈正比,而 TCNM 的生成势则有明显提高。OZ 的标准电极电位高(2.07 V),且反应速率较快,可以通过对氨基酸分子结构的改变而降低 DCAN、TCAN 的生成。然而,由于臭氧氧化氨基酸过程中形成的硝基导致 TCNM 生成量明显增加。可见,在实际应用中结合水源水水质特点合理确定预氧化方式或臭氧投加量范围是非常必要的。

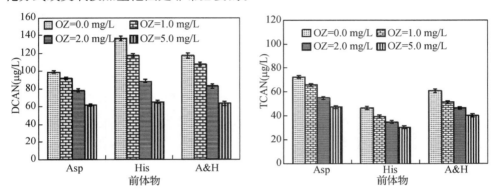

图 6‑21　OZ 预氧化对氯化生成 DCAN 的影响　图 6‑22　OZ 预氧对氯化生成 TCAN 的影响

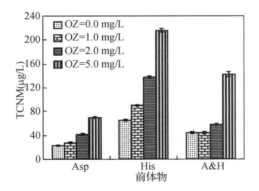

图 6‑23　OZ 预氧化对氯化生成 TCNM 的影响

6.2.3　吸附控制含氮消毒副产物生成机制

磁性吸附材料近年来在水处理领域广受关注。磁性赋加使其强化了固液分离能力,加之吸附性能改善使其更具良好应用前景。本节基于磁性纳米复合吸附剂(ACMN)的开发,探讨 ACMN 对氨基酸类前体物以及 N-DBPs 生成势的控制效能及其机理。

6.2.3.1　ACMN 研制及表征

依据异丙醇铝水解以及水凝胶诱导理论,利用水热合成法和水解法复合研制 ACMN,并进行官能团、成分、形貌等方面特性表征。

（1）XRD 分析

图 6-24 为 ACMN 的 XRD 谱图。2θ 分别为 27.7°和 50.8°（衍峰分别为 120 和 211）的位置和标准图谱（JCPDS No. 05—0355）相吻合，说明 ACMN 表面存在 γ-AlOOH，也证实了异丙醇铝会水解成 γ-AlOOH；2θ 为 20.3°时所呈现的衍射峰说明 ACMN 表面存在交联壳聚糖；Fe_3O_4 的衍射峰其位置与（JCPDS No. 19—0629）标准图谱相吻合。因 Fe_3O_4 和 $γ$-Fe_3O_4 的 XRD 衍射图谱类似，故需进一步做 XPS 分析。

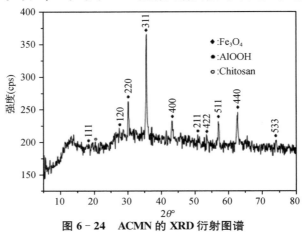

图 6-24 ACMN 的 XRD 衍射图谱

（2）XPS 分析

XPS 全谱图（见图 6-25）显示出 ACMN 中主要包括 C、O、Al、N 和 Fe 元素，对应质量分数分别为 49.87%、28.01%、15.65%、3.42% 和 3.05%，其中元素 C 和元素 N 来自交联的壳聚糖表层，元素 Al 来自 $γ$-AlOOH，元素 Fe 来自 Fe_3O_4 内核；$Fe2p_{1/2}$ 和 $Fe2p_{3/2}$ 特征峰之间并未出现 $Fe2p_{3/2}$ 卫星峰，说明磁性铁氧化物为 Fe_3O_4。

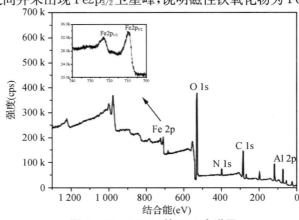

图 6-25 ACMN 的 XPS 全谱图

进一步对比分析 ACMN 中壳聚糖(CS)与 C、O 和 N 元素的 XPS 谱图(图 6 - 26),其特征峰归属分类列于表 6 - 1 中。

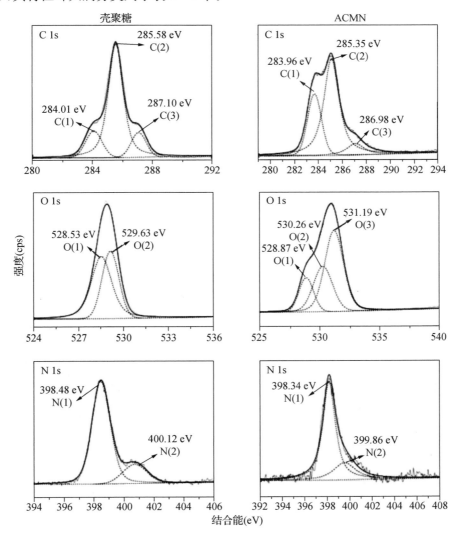

图 6 - 26 CS 和 ACMN 中 C 1s、O 1s 和 N 1s 的 XPS 谱图

(3) TEM 与 SEM 分析

图 6 - 27 为 ACMN 颗粒和 γ - AlOOH@CS 膜的 TEM 图像。ACMN 呈现为规则球状,颗粒均匀,粒径约为 400 nm,具有典型的壳核结构,表面薄膜约 40 nm。ACMN 表面负载的 γ - AlOOH@CS 膜层具有丰富的—NH$_2$ 和—OH 官能团,使其具有良好的亲水性和分散性。

表 6 - 1　CS 和 ACMN 中元素 C、O 和 N 特征峰归属及各元素原子数比例

元素	CS		ACMN		归　属
	结合能(eV)	原子数(%)	结合能(eV)	原子数(%)	
C(1)	284.01	5.41	283.96	9.13	C—O
C(2)	285.58	26.17	285.35	14.82	C—N,C—O—C
C(3)	287.10	4.52	286.98	4.06	C=C
Total C	—	36.1	—	28.01	
O(1)	528.53	32.02	528.87	8.13	—OH…O,OH…N,—OH…Al
O(2)	529.63	23.68	530.26	14.86	—OH
O(3)	—	—	531.19	26.89	Fe_3O_4,AlOOH
Total O	—	55.7	—	49.87	
N(1)	398.48	6.74	398.34	2.39	—NH_2
N(2)	400.12	1.46	399.86	1.03	—NH_2…O,—NH_2…Al
Total N		8.2		3.42	
Al	—	—	73.27	15.65	Al—O
Total Al	—	—		15.65	
Fe	—	—	723.02	3.05	Fe—O
			709.52		
Total Fe	—	—		3.05	

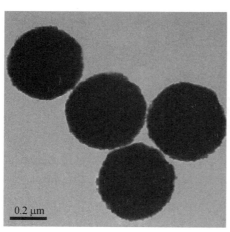
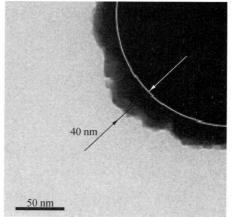

图 6 - 27　ACMN 颗粒和 γ-AlOOH@CS 膜的 TEM 图像

　　图 6 - 28 为 ACMN 的 SEM 形貌和粒径分布。由图 6 - 28(a)可见,在干燥环境下颗粒之间团聚明显,主要是 ACMN 表面活性官能团之间的氢键以及纳米颗粒存在特殊的尺寸效应。由图 6 - 28(b)可见,在水溶液中 ACMN 颗粒粒径分布在 250 nm~700 nm 之间,以 350~450 nm 为主,占 74.3%,平均粒径约为 390 nm,与

TEM 图像特征基本符合。

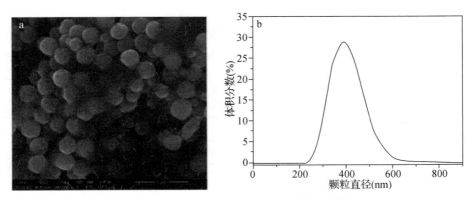

图 6 - 28   ACMN 的 SEM 形貌观察(a)和粒径分布情况(b)

（4）磁性能分析

图 6 - 29 为 ACMN 在 300 K 温度条件下的磁滞回线以及磁分离效果。ACMN 的比饱和磁化强度 Ms(39.25 emu/g)达到纯 Fe_3O_4(92.0 emu/g)的 42.63％,其中矫顽力 Hc 是 15.59 Oe,剩余磁化强度 Mr 是 0.755 emu/g,达到超顺磁性材料的要求,则可以认为 ACMN 属于超顺磁性材料。ACMN 具有良好的磁响应性,在外加磁场作用下 30 s 内能够达到很好的固液分离效果,当撤去外加磁性后,ACMN 能够继续恢复到良好的分散状态。

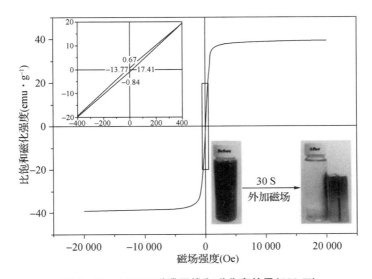

图 6 - 29   ACMN 磁滞回线和磁分离效果(300 K)

（5）比表面积和孔径分析

根据 BET/BJH 方法，测定并计算得到 ACMN 孔结构参数（见表 6-2）。根据国际纯粹与应用化学联合会对多孔材料孔径的定义，微孔材料孔径为小于 2 nm，介孔材料孔径为 2~50 nm，大孔材料孔径为大于 50 nm。可见 ACMN 为介孔磁性纳米颗粒吸附剂。

表 6-2　ACMN 孔结构参数

样品名称	比表面积（m^2/g）	总孔容（cm^3/g）	平均孔径（nm）
ACMN	111.8	0.17	6.03

（6）Zeta 电位

图 6-30 为 ACMN 的 Zeta 电位。当 pH 值小于 10 时，ACMN 带正电；pH 值大于 10 时，ACMN 带负电。在中性溶液以及本研究试验条件下 ACMN 带正电。

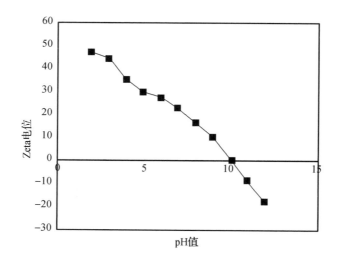

图 6-30　ACMN 的 Zeta 电位

6.2.3.2　ACMN 吸附控制含氮消毒副产物生成势

三组氨基酸试验水样与试验条件同 6.2.2。在水样中分别加入 1 g/L 的 ACMN，经不同吸附时间后将 ACMN 分离回收，再加入 3 mmol/L 的次氯酸钠，检测水中 DCAN、TCAN、TCNM 浓度。

由图 6-31 可以看出，ACMN 对 DCAN、TCAN、TCNM 生成势均有较好控制效果。利用式 6-18 对试验数据拟合，ACMN 对 DCAN、TCAN、TCNM 的控制过程均符合一级反应动力学，动力学拟合参数见表 6-3。系数 k 差别不大，说明

ACMN 对 DCAN、TCAN 和 TCNM 前体物的吸附过程相似。

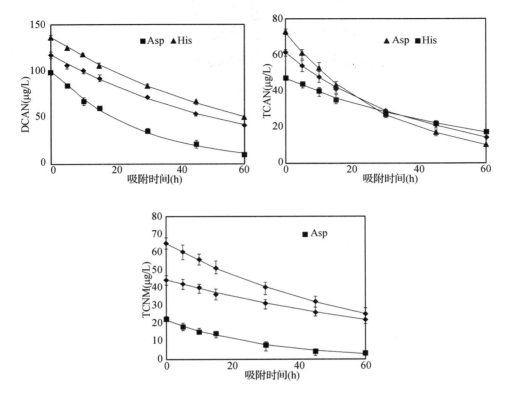

图 6 - 31　ACMN 吸附控制 DCAN、TCAN、TCNM 生成势

表 6 - 3　ACMN 吸附控制 N-DBPs 的动力学拟合参数

	前体物	k_{DCAN} (min^{-1})	C_{DCAN-0} (μg/L)	R^2
	Asp	0.037	101.51	0.994 4
DCAN	His	0.016	137.05	0.998 2
	A&H	0.018	118.13	0.998 4
	Asp	0.033	72.508	0.999 4
TCAN	His	0.017	46.956	0.997 5
	A&H	0.024	60.809	0.998 6
	Asp	0.035	21.745	0.989 9
TCNM	His	0.016	64.982	0.999 7
	A&H	0.012	44.183	0.996 9

鉴于 ACMN 吸附 30 min 之后对 DCAN、TCAN、TCNM 生成势的影响较弱，后续预氧化-吸附研究中选用吸附时间为 30 min。

$$C_{DCAN-t} = C_{DCAN-0}\,e^{-k_{DCAN}t} \qquad (式6-18)$$

式中，t 为吸附时间（min）；C_{DCAN-t} 为吸附 t 时间后加氯反应 24 h 后检测的 DCAN 的浓度（$\mu g/L$）；C_{DCAN-0} 为拟合方程未投加 ACMN 氯化，氨基酸生成 DCAN 的浓度（$\mu g/L$）；k_{DCAN} 为系数（min^{-1}）。

6.2.4　预氧化-吸附联用控制含氮消毒副产物生成效能

预氧化与吸附联用作为预处理在应用中比较多见。已有研究结果表明，氯化预氧化与粉末活性炭吸附联用时，药剂投加间隔 30 min 以上为宜；高锰酸钾预氧化与粉末活性炭吸附联用时投加顺序及时间间隔对处理效能有一定的影响。本节重点考察 PM 或 OZ 预氧化与 ACMN 吸附联用的影响关系及其对控制含氮消毒副产物生成的作用机制。

三组氨基酸试验水样与试验条件同 6.2.2。在水样中分别加入 0、1、2 和 5 mg/L 的氧化剂高锰酸钾或臭氧，反应 30 min 后再分别加入 1 g/L 的 ACMN 吸附 30 min，将 ACMN 分离回收后，再加入 3 mmol/L 的次氯酸钠，检测水中 DCAN、TCAN、TCNM 浓度。

6.2.4.1　高锰酸钾预氧化-ACMN 吸附控制 N-DBPs 生成势

PM 预氧化-ACMN 吸附控制 N-DBPs 生成势结果见图 6-32 至图 6-34。虽然原水中 DCAN、TCAN、TCNM 生成势有较大差异，但经过 PM 氧化-ACMN 吸附处理后，PM 改变氨基酸分子结构有利于 ACMN 对其吸附，协同作用的发挥使生成势控制效果明显。对 His 的去除效果更佳，原因在于氨基酸侧链芳香环官能团不稳定，更易与氧化剂发生反应而削弱其极性，有利于 ACMN 的吸附去除。

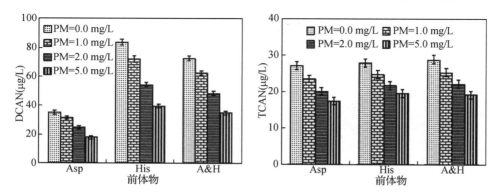

图 6-32　PM-ACMN 联用控制 DCAN 生成势　图 6-33　PM-ACMN 联用控制 TCAN 生成势

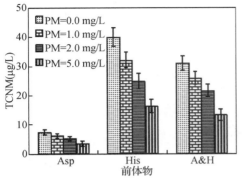

图 6-34 PM-ACMN 联用控制 TCNM 生成势

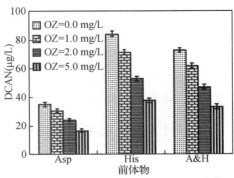

图 6-35 OZ-ACMN 控制 DCAN 生成势

6.2.4.2 臭氧预氧化-ACMN 吸附控制 N-DBPs 生成势

OZ-ACMN 吸附控制 N-DBPs 生成势效果良好（图 6-35 至图 6-37）。DCAN、TCAN 生成势降低 30% 以上，而对 TCNM 生成势的控制效果却截然相反，生成势不降反升达 100% 以上。原因同单纯臭氧氧化对三类典型 N-DBPs 生成的控制效果相类似，说明与 OZ-ACMN 吸附联用不能控制 TCNM 生成势。

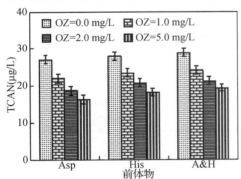

图 6-36 OZ-ACMN 控制 TCAN 生成势

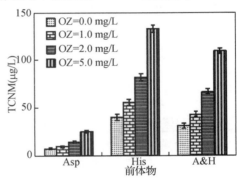

图 6-37 OZ-ACMN 控制 TCNM 生成势

6.3 预氧化-吸附联用控制氯化含氮消毒副产物的毒性潜能评价

前述研究反映出，对于控制氨基酸氯化生成 DCAN 和 TCAN，臭氧-ACMN 联用预处理效果最佳，PM-ACMN 次之；对于控制 TCNM 生成，PM-ACMN 效果良好，而 OZ-ACMN 效果不好。同时，不同的 N-DBP 其毒性差异较大。因此，在优选 N-DBPs 生成控制技术方法时有必要考虑 N-DBPs 的毒性潜能评价。

本节基于 CHO 细胞慢性毒性分析法和 SCGE 技术和相对富集因子算法构建

N-DBPs 的慢性细胞毒性和急性遗传毒性评价方法，对四种氧化剂高锰酸钾（PM）、过硫酸盐（PS）、过氧化氢（PO）和臭氧（OZ）的预氧化，以及它们分别与 ACMN 吸附联用作为预处理时，Asp、His 和 A&H 氯化生成 N-DBPs 的综合细胞毒性和综合遗传毒性进行评价，并与现行应用较多的高锰酸钾-粉末炭（PM-PAC）预处理技术进行对比研究。

6.3.1　含氮消毒副产物毒理学效应

中国仓鼠卵巢（CHO）细胞试验广泛应用于毒理学研究。CHO 细胞慢性细胞毒性试验是通过 CHO 细胞微板慢性细胞毒性试验测定在一定浓度的 N-DBP 溶液中暴露 72 h 后细胞密度的降低。DCAN、TCAN 和 TCNM 的 CHO 细胞毒性见表 6-4。可见，控制 DCAN 生成浓度是控制 N-DBPs 综合细胞毒性的关键。

单细胞凝胶电泳（SCGE）应用于 CHO 细胞急性遗传毒性试验，SCGE 是一项定量测定处理细胞单个核基因组 DNA 损伤水平的分子遗传学分析。通过计算 SCGE 遗传毒性的中位数来确定 N-DBP 的遗传毒性浓度。DCAN、TCAN 和 TCNM 的遗传毒性值见表 6-4。可见，控制生成物中 TCNM 的浓度是控制 N-DBPs 的关键。

表 6-4　N-DBPs 的 CHO 细胞毒性和遗传毒性

N-DBPs	细胞毒性%$C_{1/2}$（mol/L）	遗传毒性（mol/L）
DCAN	5.73×10^{-5}	2.75×10^{-3}
TCAN	1.60×10^{-4}	1.01×10^{-3}
TCNM	5.36×10^{-4}	9.34×10^{-5}

6.3.2　细胞毒性潜能和遗传毒性潜能评价

（1）遗传毒性潜能评价

N-DBPs 细胞毒性潜能是根据表 6-4 中细胞毒性，由相对富集因子算法计算得出式 6-19：

$$CTY = \sum_{i=1}^{n} \frac{C_{N\text{-}DBP}^{i}}{Ci\,0_{N\text{-}DBP}} \qquad \text{（式 6-19）}$$

式中 CTY 为 N-DBPs 的细胞毒性潜能；n 为 N-DBPs 的种类数量；i 为第 i 种 N-DBP，$i=1、2\cdots\cdots n$，本研究中 i 取 1、2 和 3；$Ci_{N\text{-}DBP}$ 为第 i 种 N-DBP 的浓度；$Ci0_{N\text{-}DBP}$ 为第 i 种 N-DBPs 的细胞毒性%$C_{1/2}$的浓度。

（2）遗传毒性潜能评价

N-DBPs 遗传毒性潜能是根据表 6-6 中遗传毒性，由相对富集因子算法计算得出式 6－20：

$$GTY = \sum_{j=1}^{n} \frac{Cj_{N\text{-}DBP}}{Cj0_{N\text{-}DBP}} \qquad (式 6－20)$$

式中 GTY 为 N-DBPs 的遗传毒性潜能；n 为 N-DBPs 的种类数量；j 为第 j 种 N-DBP，$j=1$、2……n，本研究中 j 取 1、2 和 3；$Cj_{N\text{-}DBP}$ 为第 j 种 N-DBP 的浓度；$Cj0_{N\text{-}DBP}$ 为第 j 种 N-DBPs 的遗传毒性的浓度值。

图 6－38 和图 6－39 为 Asp、His、A&H 分别与氯反应 24 h 后生成 DCAN、TCAN 和 TCNM 的综合细胞毒性潜能和综合遗传毒性潜能；图 6－39 为经四种氧化剂预处理，以及它们分别与 ACMN 吸附联用预处理时，Asp、His 和 A&H 氯化生成 DCAN、TCAN 和 TCNM 的综合细胞毒性潜能和遗传毒性潜能。过硫酸盐(PS)氧化、过氧化氢(PO)氧化，以及它们与 ACMN 联用的试验条件同前述高锰酸钾、臭氧氧化的条件。

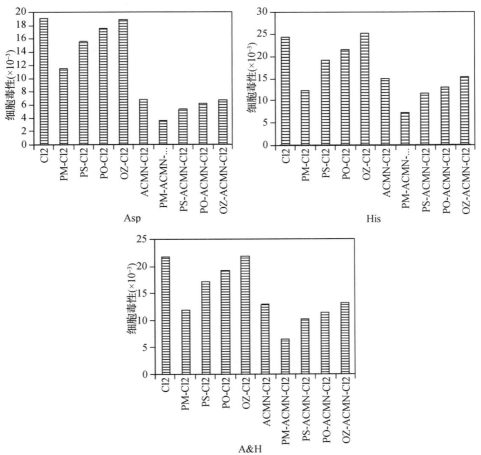

图 6－38 预处理控制 Asp、His、A&H 氯化生成 N-DBPs 的综合细胞毒性潜能

由图 6 - 38 结果可见,OZ 预氧化不能明显降低综合细胞毒性,其他预处理均能降低综合细胞毒性,其中以 PM-ACMN 联用预处理效果最佳。由图 6 - 39 结果可见,OZ 预氧化会增加综合遗传毒性,其他预处理技术均能降低综合遗传毒性。综合分析,以 PM-ACMN 联用预处理效果最佳,毒性风险最低。

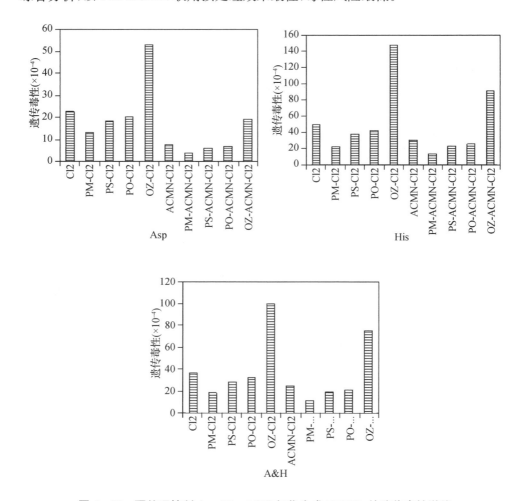

图 6 - 39 预处理控制 Asp、His、A&H 氯化生成 N-DBPs 的遗传毒性潜能

6.3.3 PM-ACMN 与 PM-PAC 控制生成 N-DBPs 的毒理效应对比

选用煤质 PAC,各项指标为:325 目,碘吸附值不小于 900 mg/g,亚甲蓝吸附值不小于 160 mg/g,比表面积不小于 800 m²/g,水分不超过 5%,灰分不超过 18%,pH 值为 7 时 Zeta 为 0,投加量 1 g/L。

　　由图 6-40、图 6-41 可知,PM-ACMN 控制 N-DBPs 生成效果比 PM-PAC 高出10~18个百分点。这主要与吸附剂在中性水溶液中所带电荷有关系,ACMN 在中性溶液中带正电,优先吸附带负电的前体物 Asp,有利于控制 Asp 氯化生成 DCAN、TCAN、TCNM;而以带正电的 His 或 A&H 为前体物时,PM-ACMN 联用控制 DCAN、TCAN、TCNM 的生成效果也优于 PM-PAC。同时,ACMN 相对 PAC 更易于回收。

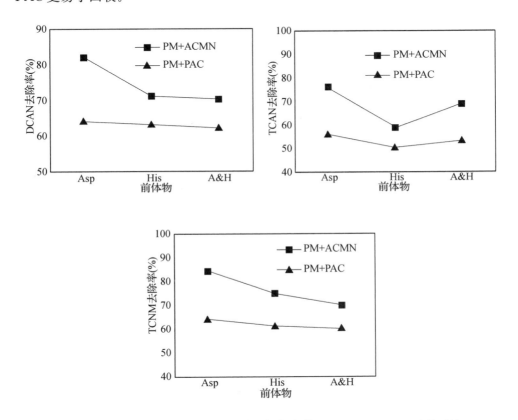

图 6-40　PM-ACMN 和 PM-PAC 控制氯化生成 DCAN、TCAN、TCNM 的对比

　　由图 6-42 和图 6-43 可见,PM-ACMN 预处理时氯化生成的 DCAN、TCAN 和 TCNM 的综合细胞毒性和综合遗传毒性控制均低于 PM-PAC。因为 Asp 在中性条件下均显带负电荷,较容易被带正电荷的 ACMN 吸附;His、A&H 虽然本身显带正电荷,但在 PM-ACMN 共同作用下,可通过 PM 被还原的中间产物二氧化锰吸附并与 ACMN 结合被去除。

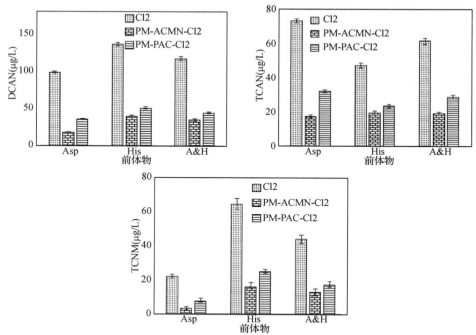

图 6‑41　PM-ACMN 与 PM-PAC 控制 DCAN、TCAN、TCNM 生成的对比

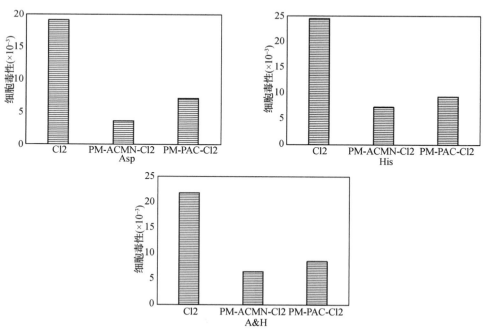

图 6‑42　两种联用方式控制 Asp、His、A&H 氯化生成 N-DBPs 的细胞毒性对比

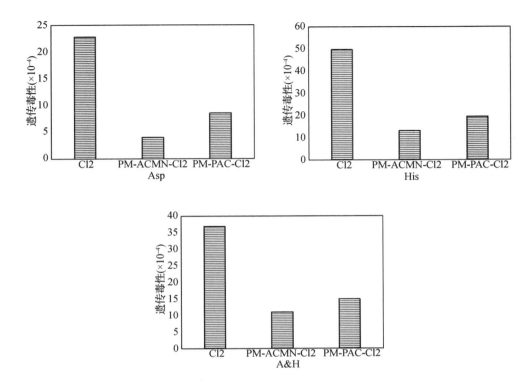

图 6 - 43　两种联用方式控制 Asp、His、A&H 氯化生成 N-DBPs 的综合遗传毒性对比

[参考文献]

[1] Chu W H，Gao N Y，Deng Y，et al. Formation of chloroform during chlorination of alanine in drinking water[J]. Chemosphere，2009,77(10):1346 - 1351.

[2] Yang Z，Sun Y X，Ye T，et al. Characterization of trihalomethane，haloacetic acid，and haloacetonitrile precursors in a seawater reverse osmosis system[J]. Science of the Total Environment，2017,576:391 - 397.

[3] Jia A，Wu C，Yan D. Precursors and factors affecting formation of haloacetonitriles and chloropicrin during chlor(am)ination of nitrogenous organic compounds in drinking water[J]. Journal of Hazardous Materials，2016,308:411 - 418.

[4] Zhang X，Yang H，Wang X，et al. Formation of disinfection by - products: effect of temperature and kinetic modeling[J]. Chemosphere，2013,90(2):634 - 639.

[5] Wang L，Chen B，Zhang T. Predicting hydrolysis kinetics for multiple types of halogenated disinfection byproducts via QSAR models[J]. Chemical engineering journal，2018,342:372 - 385.

［6］ Zhang H，Yang M. Characterization of brominated disinfection byproducts formed during chloramination of fulvic acid in the presence of bromide［J］. Science of the Total Environment，2018，627：118 - 124.

［7］ Hu J，Qiang Z，Dong H，et al. Enhanced formation of bromate and brominated disinfection byproducts during chlorination of bromide - containing waters under catalysis of copper corrosion products［J］. Water Research，2016，98：302 - 308.

［8］ Richardson S D，Schoeny R，Demarini D M. Occurrence，genotoxicity，and carcinogenicity of regulated and emerging disinfection by - products in drinking water：A review and roadmap for research［J］. Mutation Research/reviews in Mutation Research，2007，636(1)：178 - 242.

［9］ Ding S，Wang F，Chu W，et al. Rapid degradation of brominated and iodinated haloacetamides with sulfite in drinking water：Degradation kinetics and mechanisms［J］. Water Research，2018(143)：325 - 333.

［10］ Zhang Y，Zhang N，Zhao P，et al. Characteristics of molecular weight distribution of dissolved organic matter in bromide-containing water and disinfection by-product formation properties during treatment processes［J］. Journal of Environmental Sciences，2018，65(3)：179 - 189.

［11］ Hou S，Ling L，Shang C，et al. Degradation Kinetics and Pathways of Haloacetonitriles by the UV/Persulfate Process［J］. Chemical Engineering Journal，2017，320：478 - 484.

［12］ Shi W，Wang L，Chen B. Kinetics，mechanisms，and influencing factors on the treatment of haloacetonitriles (HANs) in water by two household heating devices. ［J］. Chemosphere，2017，172：278 - 285.

［13］ Zhang Y，Lu J，Yi P，et al. Trichloronitromethane formation from amino acids by preozonation-chlorination：The effects of ozone dosage，reaction time，pH，and nitrite［J］. Separation and purification technology，2019，209：145 - 151.

［14］ Chen H，Cao Y，Wei E，et al. Facile synthesis of graphene nano zero-valent iron composites and their efficient removal of trichloronitromethane from drinking water［J］. Chemosphere，2016，146：32 - 39.

［15］ Na C，Olson T M. Stability of cyanogen chloride in the presence of free chlorine and monochloramine［J］. Environmental Science & Technology，2004，38(22)：6037 - 6043.

［16］ Shihchi W，Blatchley E R. Ultraviolet-induced effects on chloramine and cyanogen chloride formation from chlorination of amino acids［J］. Environmental Science & Technology，2013，47(9)：4269 - 4276.

［17］ Ding S，Chu W，Bond T，et al. Contribution of amide-based coagulant polyacrylamide as precursors of haloacetamides and other disinfection by-products［J］. Chemical Engineering Journal，2018，350：356 - 363.

[18] Ding S, Chu W, Krasner S W, et al. The stability of chlorinated, brominated, and iodinated haloacetamides in drinking water[J]. Water Research, 2018,142:490 - 500.

[19] Rajewski J, Religa P, Gierycz P. The possibility of using a mathematical model based on consecutive first-order reactions to describe the Cr(Ⅲ) ions pertraction in DCSLM system [J]. Research on Chemical Intermediates, 2017,43(10):5569 - 5585.

[20] Park B S, Park T J. Chemical Kinetics of Consecutive and Parallel Reactions Both with a Reversible First Step [J]. Bulletin of the Korean Chemical Society, 2015, 36 (9): 2221 - 2223.

[21] Shi J Y, Jie L I, Wang Z Y, et al. Titration Calorimetry Applied to the Thermokinetics Study of Consecutive First-order Reactions[J]. Chinese Journal of Chemistry, 2010,26(2): 249 - 254.

[22] Croue J P, Reckhow D A. Destruction of Chlorination by Products with Sulfite[J]. Environmental Science & Technology, 1989,23(11):1412 - 1419.

[23] Huang H, Wu Q Y, Hu H Y, et al. Dichloroacetonitrile and dichloroacetamide can form independently during chlorination and chloramination of drinking waters, model organic matters, and wastewater effluents[J]. Environmental Science & Technology, 2012,46 (19):10624 - 10631.

[24] Croue J P, Reckhow D A. Destruction of chlorination byproducts with sulfite[J]. Environmental Science & Technology, 1989,23(11):1412 - 1419.

[25] Yun Y, Reckhow D A. Kinetic Analysis of Haloacetonitrile Stability in Drinking Waters [J]. Environmental Science & Technology, 2015,49(18):11028 - 11036.

[26] Prarat P, Ngamcharussrivichai C, Khaodhiar S, et al. Removal of haloacetonitriles in aqueous solution through adsolubilization process by polymerizable surfactant-modified mesoporous silica[J]. Journal of Hazardous Materials, 2013,244 - 245(2):151 - 159.

[27] 周旭光. 无机化学[M]. 北京:清华大学出版社,2012.

[28] Hojabri S, Rajic L, Alshawabkeh A. Transient reactive transport model for physico-chemical transformation by electrochemical reactive barriers[J]. Journal of Hazardous Materials, 2018,358:171 - 177.

[29] Chen J, Hu Y, Huang W, et al. Enhanced electricity generation for biocathode microbial fuel cell by in situ microbial-induced reduction of graphene oxide and polarity reversion[J]. International Journal of Hydrogen Energy, 2017,42(17):12574 - 12582.

[30] Hwang S, Potscavage W J, Yang Y S, et al. Solution-processed organic thermoelectric materials exhibiting doping-concentration-dependent polarity [J]. Physical Chemistry Chemical Physics, 2016,18(42):29199 - 29207.

[31] Plewa M J, Kargalioglu Y, Vankerk D, et al. Mammalian cell cytotoxicity and genotoxicity analysis of drinking water disinfection by-products [J]. Environmental & Molecular

Mutagenesis, 2010,40(2):134 - 142.

[32] Plewa M J, Wagner E D, Paulina J, et al. Halonitromethane drinking water disinfection byproducts: chemical characterization and mammalian cell cytotoxicity and genotoxicity[J]. Environmental Science & Technology, 2004,38(1):62 - 68.

[33] Mark G M, Elizabeth D W, Kristin Mccalla, et al. Haloacetonitriles vs. Regulated Haloacetic Acids: Are Nitrogen-Containing DBPs More Toxic? [J]. Environmental Science & Technology, 2007,41(2):645 - 651.

[34] Plewa M J, Wagner E D, Muellner M G, et al. Comparative mammalian cell toxicity of N-DBPs and C-DBPs[J]. Acs Symposium, 2008,995:36 - 50.

[35] Wagner E, Rayburn A D, Plewa M. Analysis of mutagens with single cell gel electrophoresis, flow cytometry, and forward mutation assays in an isolated clone of Chinese hamster ovary cells[J]. Environmental & Molecular Mutagenesis, 1998,32(4): 360 - 368.

[36] Tzang B S, Lai Y C, Hsu M, et al. Function and sequence analyses of tumor suppressor gene p53 of CHO. K1 cells[J]. Dna & Cell Biology, 1999,18(4):315.

[37] Rundell M S, Wagner EDPlewa M J. The comet assay: genotoxic damage or nuclear fragmentation? [J]. Environmental & Molecular Mutagenesis, 2003,42(2):61 - 67.

[38] Tice R R, Agurell E D, Burlinson B, et al. Single cell gel/comet assay: guidelines for in vitro and in vivo genetic toxicology testing[J]. Environmental and Molecular Mutagenesis, 2015,35(3):206 - 221.

第7章
超滤净水技术与工艺优化控制

超滤(Ultrafiltration)是在压差推动力作用下进行的筛孔分离过程。超滤膜孔径一般在 0.1 μm 以下,因此能够去除水中全部的颗粒物及细菌和病毒,有效提高饮用水的生物安全性。超滤技术易于实现自动控制、运行可靠,同时具备高效、经济、环保等优点,因此成为替代和弥补现有常规给水处理工艺最有前景的方法之一。目前,超滤膜组件及其装备已实现规模化生产,超滤技术的投资成本不断降低,使得其在饮用水处理领域的应用范围也越来越广泛。我国幅员辽阔,水源水质复杂,为进一步强化超滤膜的除污染效能并实现超滤技术的长效稳定运行,开展了常规-超滤组合工艺、短流程超滤组合工艺以及含炭污泥回流-超滤组合工艺等研究。常规-超滤组合工艺利于在现有常规工艺的基础上进行升级改造,保证后续超滤工艺的进水水质;短流程超滤组合工艺是在超滤膜对污染物的高效截留的基础上提出的,即在混凝工艺之后,不经过沉淀,直接进行超滤,该工艺简化了工艺流程,降低了建设成本。含炭污泥回流-超滤工艺则对水中有机物和氨氮具有良好的去除效果,在微污染水源水处理中具有良好的应用前景。膜污染问题是超滤技术应用中的关键问题,膜污染会造成膜通量下降或跨膜压差上升及反冲洗和化学清洗频率增加,并进而提高工艺运行的能耗;同时,不可逆污染和频繁的化学清洗会导致超滤膜使用寿命降低、水厂制水成本上升。因此,开展了超滤膜污染形成机制和作用机理研究,并针对超滤膜的污染控制开发了反冲洗优化控制技术和低浓度含氯水反冲洗技术,并优选了超滤膜的化学清洗方式。

7.1 常规-超滤组合工艺净水效能与膜污染控制

以原水水质较差的微污染湖库水源水为研究对象(指原水水质较差,常出现有机物超标的情况),依托苏北某水厂,采用以中试试验为主的研究方法,对比研究了混凝-沉淀-过滤-超滤和混凝-沉淀-超滤两种组合工艺的除污染效能和膜污染控制效果。

7.1.1 混凝-沉淀-过滤-超滤组合工艺

本试验以苏北某水厂滤后水作为超滤工艺进水,即混凝-沉淀-过滤-超滤的组合工艺。图 7-1 所示为混凝-沉淀-过滤-超滤工艺对浊度的去除效果。该水厂滤后水浊度为 0.2~0.35 NTU,而超滤出水浊度降仅 0.1 NTU 左右,远低于《生活饮用水卫生标准》(GB5749—2006)中对浊度不超过 1 NTU 的要求。超滤对于出水浊度低于 0.15 NTU 的保证率达到 100%。

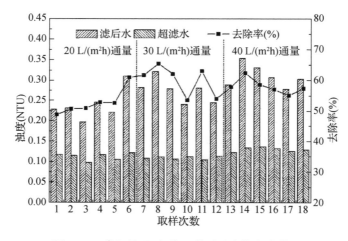

图 7-1 常规处理-超滤工艺对浊度的去除效果

超滤膜截留污染物为机械筛分原理,试验所用立升 PVC 合金超滤膜的标称孔径仅为 0.01 μm,理论上粒径大于 0.01 μm 的污染物可被完全截留。因此出水水质仅与膜孔径的大小有关,与原水水质以及运行条件无关。由图 7-1 可见,超滤膜进水浊度在 0.2~0.35 NTU 内变化时,超滤出水浊度并不随之变化,而是一直在 0.15 NTU 以下,这也证实了上述观点。与臭氧-生物活性炭相比,超滤工艺在控制浊度指标上的优势十分明显。

图 7-2 所示为常规处理-超滤工艺对水中颗粒物的去除效果。滤后水中含有大量的颗粒物,其中粒径大于>2 μm 的颗粒约为 900 个/mL,表明滤后水中存在一定的微生物和"两虫"风险。而超滤工艺对颗粒物的去除效果很好,其出水中>2 μm 的颗粒总量平均值仅为 41 个/mL,远低于 USEPA 提出的 100 个/mL 的指

导值,表明超滤工艺能很好地保障出水的微生物安全性。超滤膜对于水中污染物的去除主要依靠其微孔的机械筛分作用,而 PVC 合金超滤膜的孔径仅为 0.01 μm,远小于水中颗粒物的粒径,因而能够做到对水中颗粒物的有效去除。超滤出水未检出细菌总数和总大肠菌群的结果也进一步说明了超滤工艺能有效提高饮用水微生物安全性。因此,当水中存在颗粒物和微生物风险时建议采用超滤工艺。

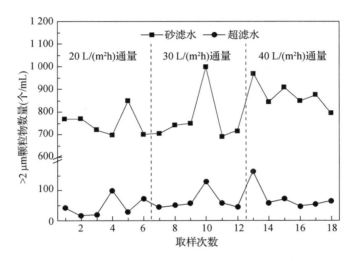

图 7 - 2　常规处理-超滤工艺对颗粒物的去除效果

试验在低温期(平均温度为 9.7 ℃)研究了混凝-沉淀-过滤-超滤工艺对 COD_{Mn} 的去除效果,研究结果如图 7 - 3 所示。超滤单元对 COD_{Mn} 的去除率在 5％～15％,平均去除率仅为 9.6％。常规处理工艺中,混凝对水中大分子量和疏水性有机物具有较好的去除效果,经过混凝、沉淀、过滤所组成的常规处理工艺后已去除了水中大部分大分子量和疏水性有机物。而试验所采用的立升 PVC 合金超滤膜标称截留分子量为 50 000 Dalton,因此对水中有机物的去除效果不理想。在超滤单元中去除的有机物主要有两种:一方面,部分未能在常规工艺中去除的有机物在超滤工艺中得到去除,另一方面,常规处理工艺对混凝所生成的絮凝体截留效果较差,这一点也从水厂滤后水浊度和颗粒物含量较高上可以看出。而这部分细小絮凝体上携带的一部分有机物在超滤工艺中可以得到有效去除,从而实现了一定的有机物去除效果。

由此可见,在原水有机物含量较高时采用常规-超滤工艺很难保证出水达到《生活饮用水卫生标准》(GB 5749—2006)要求的 3.0 mg/L 的要求。应当考虑增设其他强化处理手段,如强化常规处理工艺效能、预氯化等。

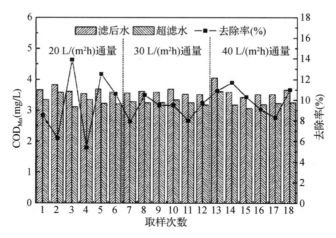

图 7-3 混凝-沉淀-过滤-超滤工艺对 COD_Mn 的去除效果

图 7-4 为混凝-沉淀-过滤-超滤工艺中超滤膜跨膜压差变化情况。从图 7-4 中可以看出在低通量下,超滤膜跨膜压差变化情况并不明显,呈平稳状态;在 $30 \text{ L}/(\text{m}^2 \cdot \text{h})$ 的通量下,跨膜压差在最后一周期内急剧上升;通量为 $40 \text{ L}/(\text{m}^2 \cdot \text{h})$ 时的跨膜压差呈线性增长且在大周期结束后增长了一倍。因此,在混凝-沉淀-过滤-超滤工艺中超滤膜宜采用低通量运行。

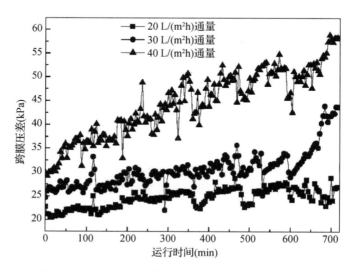

图 7-4 混凝-沉淀-过滤-超滤工艺中超滤膜跨膜压差

7.1.2 混凝-沉淀-超滤组合工艺

苏北某水厂采用混凝-沉淀-过滤-消毒的常规处理工艺,其中滤池的去除对象主要为水中悬浮物,去除机理主要为悬浮物在滤料上的沉淀、悬浮物的运动惯性造成其在滤料上黏附和滤料机械截留等物理作用。超滤对水中污染物的去除也主要是依靠膜孔的机械截留作用,因此为缩短水厂处理流程、简化水处理工艺的运行管理验证,试验考察了混凝-沉淀-超滤工艺对水中污染物的去除效能。本试验以该水厂沉后水为超滤工艺水处理对象,即混凝-沉淀-超滤的组合工艺,考察了混凝-沉淀-超滤的组合工艺对浊度、颗粒物、有机物的去除效能,并研究了膜污染增长情况。

由图7-5可见,混凝-沉淀-超滤工艺对浊度的去除效果较好,出水浊度低于0.1 NTU,且其与沉后水浊度无关。对比混凝-沉淀-超滤工艺和混凝-沉淀-过滤-超滤工艺出水浊度,可以看出,两者并无明显差别(混凝-沉淀-过滤-超滤工艺出水浊度为0.1 NTU左右)。这主要是由于超滤对水中浊度的去除是依靠膜孔的机械筛分作用,与进水浊度无关。

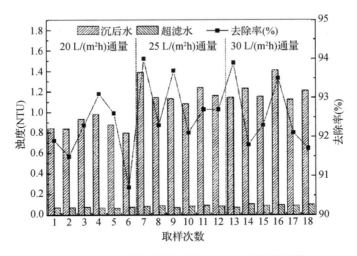

图7-5 混凝-沉淀-超滤工艺对水中浊度的去除效果

图7-6所示为混凝-沉淀-超滤工艺对水中颗粒物的控制效果。由图7-6可见,混凝-沉淀-超滤工艺对水中颗粒物的控制效果与混凝-沉淀-过滤-超滤工艺并无明显差别,两工艺出水中颗粒物总量分别为46个/mL和41个/mL,均能有效控制出水中颗粒物的数量,远低于USEPA提出的100个/mL的指导值,表明超滤工艺能较好地保障出水的微生物安全性。

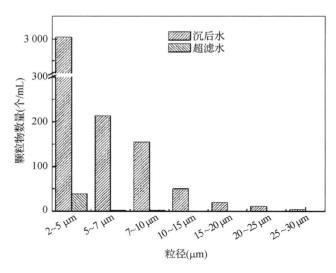

图 7 - 6　混凝-沉淀-超滤工艺对水中颗粒物的控制效果

图 7 - 7 为混凝-沉淀-超滤工艺对沉后水中有机物的去除效果。由图 7 - 7 可以看出,当直接超滤沉后水时,COD_{Mn} 的去除率平均为 18.8%,高于超滤对滤后水的去除效果(平均值为 9.6%)。根据前述超滤膜对水中有机物去除机理的讨论,超滤对水中有机物的去除主要是由于对未在混凝过程中去除大分子量有机物和对于吸附有机物的絮体去除所致。沉后水中含有大量细小絮体颗粒,而超滤对水中颗粒物去除效果较好,因此实现了对有机物的良好去除。

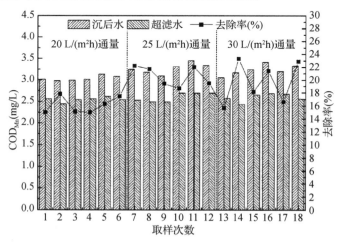

图 7 - 7　混凝-沉淀-超滤工艺对水中 COD_{Mn} 的去除效果

　　由于沉后水中悬浮物含量和颗粒物含量均远大于滤后水,因而对超滤膜在处理滤后水和沉后水时跨膜压差变化的研究具有意义。试验考察了超滤膜处理沉后水时的跨膜压差,结果如图7-8所示。当超滤膜通量为 20 L/(m² · h)时,超滤膜处理沉后水和滤后水时的初始跨膜压差基本相当,并无明显差异;而当超滤膜通量超 30 L/(m² · h)后,超滤膜处理沉后水的初始跨膜压差超过超滤膜处理滤后水时的情况,且超滤膜的跨膜压差增长情况亦明显低于其处理滤后水时的情况。

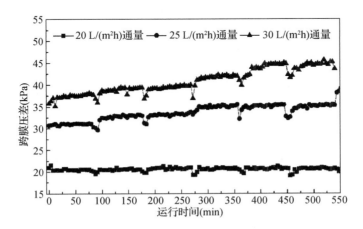

图7-8　混凝-沉淀-超滤工艺中超滤跨膜压差变化

　　从一般意义上来说,沉后水中颗粒物含量远高于滤后水,因此其产生的膜污染情况可能会高于滤后水的情况。但从水中颗粒物粒径的组成上来看,沉淀后水中颗粒物粒径远大于滤后水,因此沉后水中颗粒物所形成的滤饼层较滤后水松散,因此产生的滤饼层阻力较低。而松散的滤饼层又进一步阻止了水中细小颗粒与超滤膜表面的直接接触,从而降低了膜孔堵塞的机率,因此超滤膜在处理沉后水时的跨膜压差增长相对较慢(由图7-8也可见超滤膜跨膜压差增长较图7-4慢)。但应当指出,由于沉淀后水浊度和颗粒物含量较高,在超滤过程中可能会导致内压式膜组件内部或浸入式膜系统膜池内悬浮物含量增加较快,因此为优化超滤膜运行条件、保障超滤膜长效稳定运行,在采用混凝-沉淀-超滤工艺时注意加强膜组件冲洗或浸入式膜系统的排泥。

　　就混凝-沉淀-超滤和混凝-沉淀-过滤-超滤两种工艺对比来看,两者在浊度和颗粒物的去除上效果类似,虽然混凝-沉淀-超滤工艺中的超滤单元对有机物去除效果优于混凝-沉淀-过滤-超滤工艺,但从去除机理上仍是通过去除中细小颗粒物进而达到去除有机物的目的,因此为进一步强化有机物的去除还需考虑其他措施。

7.2 预氧化工艺对超滤净水效能提升及膜污染控制研究

以强化水中有机物的去除并控制超滤膜污染为目标,以原水水质较好的微污染江河水源水为研究对象(指总体水质条件较好,但偶尔会出现有机物超标的情况),依托南通某水厂为代表的长江水源,开展高锰酸钾预氧化-常规工艺-超滤膜联用的净水试验研究,探究预氧化技术对组合工艺净水效能和膜污染控制效果的影响,研究跨膜压差随进水有机物含量及其组分特性的变化规律,实现有机物强化去除和膜污染控制双重效果的组合工艺系统。

7.2.1 高锰酸钾预氧化对组合工艺净化效果和膜污染影响

7.2.1.1 高锰酸钾预氧化的剂量优化

超滤系统采用恒压运行,过滤压力为 40 kPa。利用比通量(J_1/J_0)表征膜污染程度,其中:J_0 表示纯水通量,J_1 表示运行过程的通量。高锰酸钾剂量分别选为 0、0.3 mg/L、0.4 mg/L、0.5 mg/L、0.6 mg/L 和 0.7 mg/L,试验结果如图 7-9 所示。

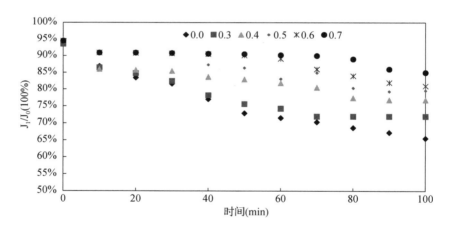

图 7-9 高锰酸钾投加量对超滤膜通量的影响

由图 7-9 可见,高锰酸钾投加量在 0.6 mg/L 和 0.7 mg/L 时,膜组件运行的比通量下降最为缓慢。高锰酸钾投加量为 0.7 mg/L 时,检测到出水锰离子浓度有超出饮用水水质指标中所规定的上限(0.1 mg/L)的可能。各投加量条件下进出水锰离子浓度如表 7-1 所示,可见,投加量在 0.3 mg/L 时,砂滤池出水锰离子浓度低于检测限,随着高锰酸钾投加量的增加,砂滤水中锰离子含量增加,进而造成进入膜池的原水含有一定浓度的锰化合物。当投加量增加到 0.7 mg/L,超滤膜的出水锰离子浓度超过饮用水水质指标中上限值 0.1 mg/L，所以最终确定投加量为 0.6 mg/L。同时，试验检测了在高锰酸钾投加量为 0.6 mg/L 时的滤后水水质指标，结果如表 7-2 所示。

表 7-1 水中锰离子浓度　　　　　　　　单位：mg/L

高锰酸钾投加量	砂滤出水中锰离子浓度	超滤出水锰离子浓度
0	0.015	—
0.3	0.015	—
0.4	0.021	0.01
0.5	0.032	0.017
0.6	0.172	0.071
0.7	0.207	0.102

表 7-2 不同高锰酸钾投加量下的砂滤池出水水质条件

	指　标	0.0 mg/L	0.6 mg/L
感官性状和一般化学指标	浊度	0.3～0.9	<0.4
	颜色	<5	<10
	锰离子（mg/L）	<0.01	0.226
	铝离子（mg/L）	0.011～0.015	0.010～0.014
	菌落总数（CFU/mL）	未检出	未检出
	硬度（按 $CaCO_3$ 计 mg/L）	85～108	79～101
其他	UV_{254}（cm^{-1}）	0.024～0.032	0.017～0.029
	DOC（mg/L）	1.96～2.85	1.76～2.51
	COD_{Mn}（mg/L）	1.64～3.02	1.38～2.36
	SUVA（L/(mg·m)）	1.12～1.26	1.01～1.14

从表 7-2 可见，在投加量为 0.6 mg/L 时，砂滤的出水检测指标值要明显优于未投加时的砂滤出水，表明高锰酸钾预氧化提高了超滤系统的进水水质。因此，高锰酸钾预氧化技术能够保障膜系统稳定运行，且在一定程度上提高了系统的出水水质。

7.2.1.2　膜污染控制指标评价预氧化控制膜污染效果

取超滤膜进水进行树脂富集，把有机物分成亲水性有机物和疏水性有机物，比较在高锰酸钾投加与否条件下对有机物性质和浓度的影响。试验结果如表 7-3 所示。

表7-3　高锰酸钾预氧化对超滤膜进水的亲、疏水性影响　　单位：mg/L

高锰酸钾投加量	0	0.6
亲水性有机物	1.87	1.23
疏水性有机物	1.02	0.82

由表7-3可见，在高锰酸钾预氧化作用下，亲、疏水性的有机物浓度都得到一定程度的降低，其中亲水性有机物浓度由未投加时1.87 mg/L降低到1.23 mg/L，疏水性有机物从1.02 mg/L降为0.82 mg/L。

进一步分析在该浓度条件下，膜进水中的有机物分子量分布变化，试验结果如表7-4所示。由表7-4可见，在高锰酸钾的作用下，超滤膜进水中分子量在小于1 kDa以及大于100 kDa的有机物浓度都有所降低。该试验结果证明，在高锰酸钾的作用下超滤膜进水中有机物浓度以及有机物的性质都得到改善，有利于超滤膜稳定的运行。

表7-4　高锰酸钾对超滤膜进水有机物分子量分布的影响　　单位：mg/L

高锰酸钾投加量	0.0	0.6
小于1 kDa有机物	0.86	0.54
大于100 kDa有机物	0.35	0.13

7.2.1.3　高锰酸钾/超滤工艺净化水质效果分析

高锰酸钾投加量为0.6 mg/L时超滤膜出水水质如图7-10所示。

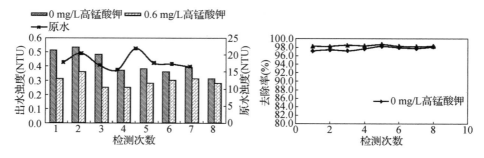

图7-10　高锰酸钾/超滤工艺对浊度的去除能效

由图7-10可见，超滤膜对浊度有良好的去除效果。采用高锰酸钾预氧化后，出水浊度略有降低。由于超滤膜对于浊度所表征的颗粒物以及胶体截留主要是通过膜截留完成的，而浊度表征的颗粒物粒径较大，基本上能被超滤完全截留。

图 7-11 为原水中不同粒径颗粒物的分布情况,2 μm 以上的颗粒物有 13 200 个/mL,其中 2~9 μm 的颗粒物占总颗粒物的 93.28%。

■2—3 μm ■3—5 μm ▨5—7 μm ▨7—9 μm ▨9—15 μm ▨15—20 μm ▨20—25 μm ▨>25 μm

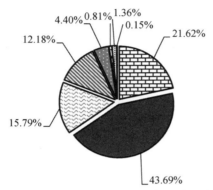

图 7-11   原水中不同粒径颗粒物的分布

图 7-12 为超滤膜膜出水颗粒物分布。颗粒物被超滤膜截留明显,呈数量级递减的趋势。采用高锰酸钾预氧化后,膜前颗粒数整体大幅下降,通过超滤截留后,出水中颗粒物含量较未投加高锰酸钾时更低。该试验结果说明,高锰酸钾预氧化在强化混凝降低浊度的同时也降低膜进水中的颗粒物的含量,提高膜进水水质条件。图 7-12 结果同时表明,超滤膜对较大尺寸颗粒物的截留效果优于较小尺寸颗粒物,表明膜对于颗粒物的去除主要依靠机械筛分作用。超滤膜膜出水中仍存在大于 2 μm 的颗粒物,这是由于某些膜孔径可能大于 2 μm,使得部分颗粒会透过该膜孔,出现在膜后水中。

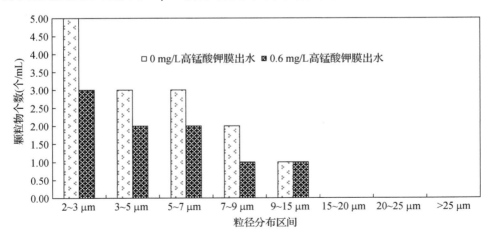

图 7-12   超滤膜出水中颗粒物粒径分布

高锰酸钾在混凝前投加,在缓解膜污染的同时能够提高对有机物的去除效能。图 7-13 为外压式 PVC 合金超滤膜在高锰酸钾预氧化作用下对有机物的去除效能。原水中 UV_{254}、DOC 含量分别为 $0.038~cm^{-1}$、$3.21~mg/L$,不投加高锰酸钾时膜出水 UV_{254} 和 DOC 含量分别为 $0.028~cm^{-1}$ 和 $2.57~mg/L$;而在 $0.6~mg/L$ 高锰酸钾的投加量下出水 UV_{254} 和 DOC 含量分别为 $0.021~cm^{-1}$ 和 $2.12~mg/L$。

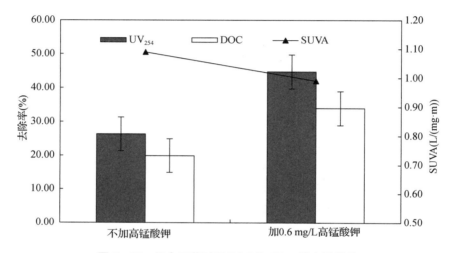

图 7-13 组合工艺对于 DOC 和 UV_{254} 的去除效能

由图 7-13 可见,在高锰酸钾投加量为 $0.6~mg/L$ 的条件下,组合工艺对于有机物的去除率比未投加提高了近 15%,表明高锰酸钾预氧化有效地提高了组合工艺对有机物的去除率。高锰酸钾可通过强化混凝以及改变有机物含量和性质使其更容易被超滤膜截留,从而提高出水水质。不仅出水中有机物含量有所降低,有机物性质也出现了改变。与紫外吸光度($SUVA=UV_{254}/DOC$)可以反映水样中所含成分不同,投加 $0.6~mg/L$ 的高锰酸钾后的系统出水 SUVA 值明显降低,表明高锰酸钾的投加使 UV_{254} 所代表的有机物(紫外吸光度大的一类疏水性有机物)去除率高于以 DOC 代表的有机物。因此,氧化剂可以氧化分解疏水性有机物,提高系统对于这类有机物的去除率。

组合工艺对 COD_{Mn} 的去除效果如表 7-5 所示。由表 7-5 可见,在高锰酸钾的作用下,膜出水中 COD_{Mn} 含量由 $2.09~mg/L$ 减少到 $1.75~mg/L$,去除率由 29.87% 增加到 41.55%。膜出水中有机物的亲疏水性变化试验结果如图 7-14 所示。

表 7-5　高锰酸钾/超滤膜去除 COD_{Mn} 能效分析

	进水 COD_{Mn} 含量（mg/L）	出水 COD_{Mn} 含量（mg/L）	去除率（%）
不加高锰酸钾	2.98	2.09	29.87
加 0.6 mg/L 的高锰酸钾	2.98	1.75	41.55

由图 7-14 可见，在混凝前投加 0.6 mg/L 高锰酸钾后，预氧化作用使超滤单元出水中强疏水性有机物由 0.92 mg/L 降低到 0.58 mg/L，而极性亲水性有机物由 0.80 mg/L 增加到 0.98 mg/L。结果表明，DOC 中分子量较大的疏水有机物无法通过超滤膜，而其他小分子亲水物质较易透过。膜出水中有机物的分子量分布变化试验结果如图 7-15 所示。

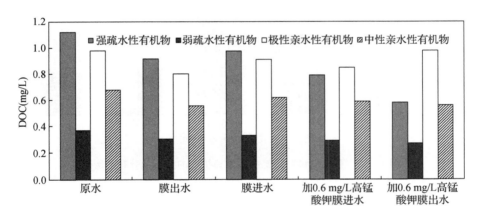

图 7-14 高锰酸钾预氧化对超滤进出水中亲疏水性有机物的影响

由图 7-15 可知，未投加高锰酸钾的超滤组合系统中主要去除的有机物分布在 1～10 kDa 和大于 100 kDa 区间。投加 0.6 mg/L 高锰酸钾后，在相同的条件下运行超滤系统，出水中大于 1 kDa 的分子量减少 0.24 mg/L，其中大于 100 kDa 有机物量减少的程度最大，减少 0.08 mg/L；有机物去除率变化的最大值在 10～100 kDa 之间，由未投加高锰酸钾时的 2.86% 增加到 25.43%。该数据表明，高锰酸钾能够氧化分解大分子有机物，减少膜表面大分子有机物的负荷，同时由于大分子量的有机物被氧化分解，导致吸附截留在膜表面和膜孔的有机物量减少，从而减少膜污染。

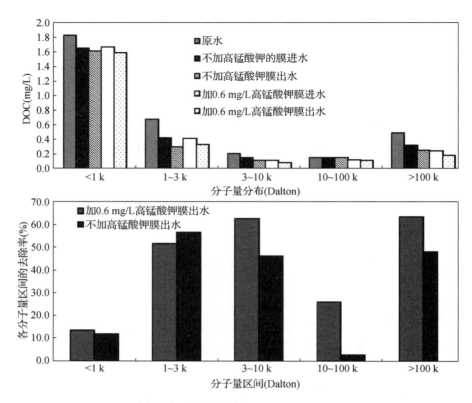

图 7－15　高锰酸钾对超滤出水中有机物的分子量分布的影响

7.2.2　高锰酸钾预氧化－常规工艺－超滤组合工艺净水研究

高效的预处理工艺是维持超滤工艺高效运行和规模化应用的关键所在。超滤膜的污染主要是由有机物和微生物相互作用形成的滤饼层以及吸附在膜表面、膜孔中污染物质造成的。氧化剂具有氧化有机物和杀菌的双重作用,即在改变有机物的量、性质以及控制微生物滋生的双重作用下控制膜污染。氧化剂的预氧化作用不仅可以通过强化混凝来提高对有机物的去除,还能减少处理水样中进入膜组件中的有机物负荷;同时,随水样流入膜组件中的氧化剂能进一步控制膜污染,维持膜组件长期处在一个氧化环境中。

现有的研究多从超滤膜运行的跨膜压差或过滤通量等角度来考察,较为单一,主要是考察手段精准度不高。因此,以实际工程应用为目标,寻求一种有效体现进水中有机物特征与膜污染作用关系的控制指标,对于优化前处理技术和指导膜工艺运行具有一定的应用价值。因此,有必要探求更为全面表征有机物对超滤膜污染影响的控制指标(兼顾有机物的总体水平、造成污染的有机物特性等),以此来优化前处理技术体系研究。

亲疏水性有机物及分子量分布试验:

腐植酸溶液配制浓度为 0.5～3.5 mg/L,富里酸溶液配制浓度为 1.5～4.5 mg/L。利用树脂将腐植酸和富里酸分离成亲水性有机物和疏水性有机物。各腐植酸和富里酸的浓度梯度以及其中有机物的含量如表7-6所示。

表7-6　各浓度下的腐植酸、富里酸的 DOC 以及 UV$_{254}$的值

腐植酸(mg/L)	0.5	1.0	1.5	2.0	2.5	3.0	3.5
DOC(mg/L)	0.38	0.74	1.21	1.85	2.36	2.86	2.38
UV$_{254}$(cm^{-1})	0.08	0.14	0.16	0.18	0.21	0.24	0.187
富里酸(mg/L)	1.5	2.0	2.5	3.0	3.5	4.0	4.5
DOC(mg/L)	0.45	0.74	0.94	1.23	1.52	1.84	2.13
UV$_{254}$(cm^{-1})	0.024	0.029	0.035	0.039	0.044	0.048	0.056

7.2.2.1　超滤膜进水中有机污染物亲疏水性对膜运行影响试验研究

取腐植酸原液用去离子水稀释至所需浓度,然后利用树脂进行亲疏水性的分离,分离后得到疏水性有机物,并用 HCl 和 NaOH 调节 pH 值尽量接近天然水体(7.5±0.1),水样中疏水性有机物性质如表7-7所示。

表7-7　疏水性有机物性质

项目	DOC(mg/L)	UV$_{254}$(cm^{-1})	SUVA(L·mg^{-1}·m^{-1})
水样1	0.30	0.053	17.94
水样2	0.59	0.100	16.93
水样3	0.97	0.102	11.51
水样4	1.68	0.119	10.07
水样5	1.88	0.125	8.46
水样6	2.09	0.165	9.31
水样7	2.38	0.187	9.04

利用腐植酸制备各浓度疏水性有机物的水样,进行超滤试验超滤膜材质为 PVC 合金,采用外压式运行,运行通量取 30 L/(h·m^2)。每种水样运行时间为 3 h,每个浓度运行过程中不进行水力清洗,而在不同浓度条件下更换新的膜组件。

试验结果如图 7 - 16 所示。

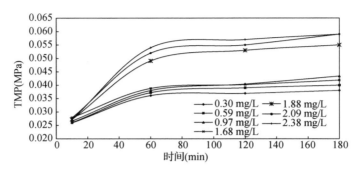

图 7 - 16　疏水性有机物各浓度下超滤膜跨膜压差的变化

由图 7 - 16 可知,运行 3 h 后各浓度条件下超滤膜跨膜压差都有一定增加。但当腐植酸的 DOC 浓度增加到 1.88 mg/L 时,跨膜压差增长幅度明显增大。该试验说明超滤膜进水的疏水性有机物的上限值 DOC 为 1.7 mg/L,当疏水性有机物浓度大于此值时,膜污染显著恶化。

对富里酸做类似研究,试验结果如表 7 - 8 和图 7 - 17 所示。由图 7 - 17 可见,超滤膜进水亲水性有机物的上限值为 1.6 mg/L。

表 7 - 8　亲水性有机物的 SUVA 值

项目	DOC(mg/L)	UV$_{254}$(cm^{-1})	SUVA(L・mg^{-1}・m^{-1})
水样 1	0.38	0.020	5.326
水样 2	0.63	0.025	3.962
水样 3	0.80	0.030	3.779
水样 4	1.06	0.033	3.107
水样 5	1.33	0.037	2.787
水样 6	1.60	0.041	2.567
水样 7	1.86	0.048	2.567

考虑到亲疏水性有机物造成超滤膜运行的跨膜压差增长幅度存在差异,试验采用 1.88 mg/L 亲水性溶液和 1.60 mg/L 疏水性溶液进行了对比,试验结果如图 7 - 18 所示。

由图 7 - 18 可见,疏水性有机物由于是大分子有机物组成,在过滤初期,滤饼层形成过程中造成的超滤膜系统运行的跨膜压差增加较快,因此在实际过程中应优先控制超滤膜进水中疏水性有机物对超滤膜运行造成的影响。

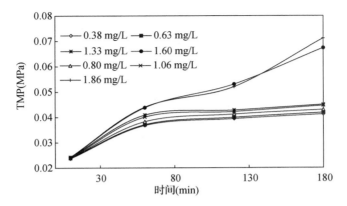

图7-17 亲水性有机物各浓度下超滤膜跨膜压差的变化

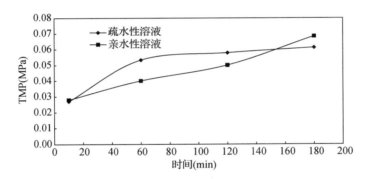

图7-18 临界值的亲、疏水浓度的跨膜压差运行情况

配置DOC含量基本一致(3.0 mg/L)但疏水性、亲水性有机物比例不同的水样,水质指标如表7-9所示,考察了亲疏水有机物混合水样对超滤跨膜压差的影响,结果如图7-19所示。

表7-9 亲、疏性有机物共存时的水质条件

项目	疏水性有机物 (mg/L)	亲水性有机物 (mg/L)	DOC (mg/L)	UV$_{254}$ (cm^{-1})	SUVA (L·mg^{-1}·m^{-1})
水样1	3.02	0.00	3.02	0.216	7.15
水样2	2.38	0.61	2.99	0.202	6.76
水样3	2.09	0.79	2.98	0.169	5.67
水样4	1.88	1.13	3.01	0.125	4.15
水样5	1.68	1.33	3.01	0.083	2.76
水样6	0.00	3.02	3.02	0.065	2.15

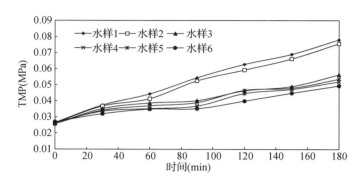

图 7 - 19　同 DOC 浓度条件下各水样的跨膜压差变化情况

由图 7 - 19 可见,在 DOC 浓度均为 3.0 mg/L 时,有机物亲、疏水性成分不同对超滤膜跨膜压差有明显影响。水样疏水性越强,超滤膜的 TMP 增加越快。该试验也进一步验证,在亲、疏水水样接近临界值时,超滤同样表现出良好的运行特性。虽然亲水性有机物(1.68 mg/L)、疏水性有机物(1.33 mg/L)的混合水质条件不是最佳过滤组合方式,但是在此水质条件下运行不会导致超滤膜跨膜压差的迅速增加。同时,由图 7 - 19 以及单独的亲疏水性有机物运行的跨膜压差可知,亲水性有机物、疏水性有机物共同存在时运行跨膜压差比单独运行时高。

7.2.2.2　有机物的分子量分布对超滤膜的膜污染影响

天然水体中有机物的特性不仅表现在有机物的亲、疏水性上,有机物的分子量分布也是表现有机物特性的一种方式。上述试验确定了亲、疏水性有机物造成膜污染的临界浓度,但是亲、疏水性有机物的分子量分布具有不同性质,可引起跨膜压差剧烈增加的分子量区间值得探讨。

上述试验确定进水中疏水性有机物造成膜污染的临界浓度 DOC 为 1.68 mg/L。在该浓度条件下进行疏水性有机物分子量分布试验,分别过 100 kDa,10 kDa,3 kDa,1 kDa 的膜;滤后水样进行超滤试验,确定导致跨膜压差急剧增加的分子量分布区间。

表 7 - 10 所示,2.0 mg/L 腐植酸中<1 kDa、1~3 kDa、3~10 kDa、10~100 kDa 和>100 kDa 有机物分别占 29%、13%、27%、23% 和 8%。由 UV_{254} 所表征有机物比例分别为 19%、8%、33%、27% 和 13%。

由表 7 - 10 可见,疏水性有机物中分子量分布主要为大于 1 kDa 的大分子有机物。对比表 7 - 6 可见,分子量越大 UV_{254} 所表征的有机物浓度越高。这与 UV_{254} 表征的有机物性质有关,DOC 是表征水体中溶解性有机物总含量,而 UV_{254} 是表征水体中芳香烃以及烯烃类不饱和键的有机物含量。

表 7 - 10   疏水性有机物中各分子量下的有机物的浓度

疏水性有机物	<1 kDa	1~3 kDa	3~10 kDa	10~100 kDa	>100 kDa
DOC(mg/L)	0.49	0.22	0.45	0.39	0.13
$UV_{254}(cm^{-1})$	0.023	0.010	0.039	0.032	0.015

各分子量区间内超滤膜运行的跨膜压差变化情况如图 7 - 20 所示。由图 7 - 20 可见,疏水性有机物中小于 1 kDa 和大于 100 kDa 的有机物对跨膜压差贡献较高。有机物主要是通过吸附在膜表面以及膜孔中导致跨膜压差增加,而由于吸附作用使之难以被水力清洗清除,可能造成超滤膜的不可逆污染。

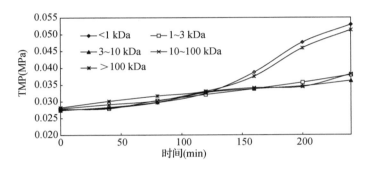

图 7 - 20   分子量分布对超滤膜运行的影响

表 7 - 11 所示为亲水性有机物的分子量分布,其中<1 kDa、1~3 kDa、3~10 kDa、10~100 kDa 和>100 kDa 的有机物分别占 34%、25%、21%、12% 和 8%,而由 UV_{254} 所表征的有机物比例分别为 29%、18%、18%、20% 和 15%,可见,亲水性有机物主要是小于 3 kDa 的小分子有机物。

表 7 - 11   亲水性有机物中各分子量下的有机物的浓度

亲水性有机物	<1 kDa	1~3 kDa	3~10 kDa	10~100 kDa	>100 kDa
DOC(mg/L)	0.45	0.33	0.28	0.16	0.11
$UV_{254}(cm^{-1})$	0.011	0.007	0.007	0.007	0.005

图 7 - 21 所示为各分子量区间亲水性有机物对超滤膜污染的影响。分子量小于 1 kDa 的亲水性有机物的水样导致跨膜压差增加最快,该区间内有机物易造成膜孔堵塞且吸附作用较为强烈。同时,有机物分子量大于 100 kDa 的水样在过滤初始阶段导致跨膜压差增加较迅速,其原因是由于该区间内的有机物分子量大,易造成滤饼层的形成以及膜孔堵塞。因此,亲水性有机物中小于 1 kDa 和大于

100 kDa 的组分是造成跨膜压差增长的主要原因。该试验结果与疏水性中造成膜污染的分子量分布区间相一致。

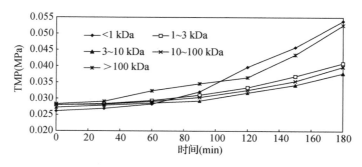

图 7 - 21 分子量分布对超滤膜运行的影响

因此,造成超滤膜污染有机物的分子量主要为小于 1 kDa 的小分子有机物和大于 100 kDa 的大分子有机物。

7.2.3 高锰酸钾预氧化技术控制膜污染效果的能效分析

7.2.3.1 组合工艺在最佳工况条件下运行的特性分析

为研究高锰酸钾预氧化对膜污染的缓解情况,开展了高锰酸钾预氧化对超滤膜污染控制效能的研究。超滤采用恒通量运行,运行通量为 30 L/($m^2 \cdot h$),过滤周期为 50 min。水力清洗程序及参数为:① 正冲:冲洗流量为 6 m^3/h,时间为 15 s;② 反冲:冲洗流量为 8 m^3/h,时间 30 s;③ 正冲:冲洗流量为 6 m^3/h,时间 15 s。清洗:当跨膜压差(TMP)上升到装置设定的报警值 0.1 MPa 时进行化学清洗,化学清洗工况为:100 mg/L 次氯酸钠浸泡 3 h,后利用 10 mg/L 次氯酸钠(pH 值为 9.9)反冲洗 10 min,再利用纯水反冲洗 10 min。高锰酸钾投加量在 0 mg/L 和 0.6 mg/L 时的跨膜压差的变化如图 7 - 22 所示。

由图 7 - 22 可见,在无高锰酸钾预氧化的条件下超滤的跨膜压差上升较快,运行一周后跨膜压差升到设定的报警值 0.10 MPa;而在高锰酸钾预氧化条件下 25 d 左右才达到设定的报警值。该试验结果证明,高锰酸钾预氧化能够较大程度上缓解超滤膜过滤时所造成的膜污染。高锰酸钾氧化剂在常规工艺前投加可以通过强化混凝作用,提高有机物去除;同时,膜组件进水中含有一定浓度的氧化剂,能够维持膜组件在氧化环境下运行,改善膜表面污染层的结构及改变有机物的性质等,从而提高超滤系统运行的长期稳定性。

高锰酸钾在中性条件下还原产物为二氧化锰,溶解度小,一般不会造成溶解性锰污染。高锰酸钾通过破坏有机物的有机涂层,使得原有的颗粒空间阻隔以及双

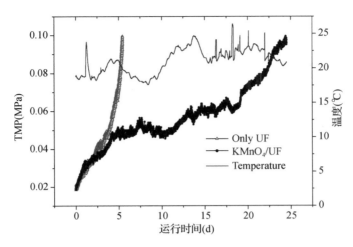

图 7 - 22　高锰酸钾对超滤膜跨膜压差的影响

电子层排斥作用得到改善,增强混凝剂与胶体颗粒的电中和作用,减弱颗粒的排斥作用,表现为沉后水以及滤后水的浊度下降。同时,在高锰酸钾的强氧化作用下,微生物很难在膜表面存活,进一步减缓了膜表面微生物的黏附和堵塞。在这种共同作用下,高锰酸钾膜前投加能够有效地控制膜污染。此外,高锰酸钾在氧化过程中将会产生二氧化锰的沉淀,而二氧化锰可以协同高锰酸钾强化混凝。

7.2.3.2　高锰酸钾预氧化技术缓解膜污染的原因分析

根据 Darcy 定律,膜通量可用下式表示:

$$J_v = \frac{P}{\mu(R_m + R_z)} \qquad (式 7 - 1)$$

上式表明,在温度一定即溶液黏度 μ 为定值的条件下,膜通量 J_v 与膜两侧压力 P 成正比,与膜总阻力($R_m + R_z$)成反比。其中 R_m 为膜的自身阻力,R_z 为膜过滤过程中的不可逆阻力和可逆阻力之和,$R_z = R_p + R_c$,R_p 为不可逆污染,R_c 为可逆污染。

由式 7 - 1 并利用超滤系统过滤过程采集的跨膜压差数据和过滤水样的黏度,可计算得到膜过滤过程所产生的阻力。本试验超滤膜的过滤水样为滤后水,其黏度采用 25 ℃时候的清水的黏度 $\mu = 1.0 \times 10^{-3}$ Pa·s。先利用纯水过滤,测定膜的自身阻力 R_m,然后在 0.6 mg/L 的高锰酸钾预氧化条件下和不投加氧化剂条件下运行超滤系统,测定水力清洗前后的过滤阻力。测定过滤 10 min、60 min、120 min 后的压差并计算出膜的可逆污染阻力和不可逆污染阻力,其结果如表 7 - 12 和图 7 - 23 所示。

表 7-12　各时段膜过滤的污染阻力

		10 min	60 min	120 min
UF 系统	R_m	1.040^a(99.05%)^b	1.040(94.00%)	1.040(79.8%)
	R_c	0.003(0.29%)	0.024(2.31%)	0.061(4.7%)
	R_p	0.007(0.66%)	0.040(3.69%)	0.20(15.5%)
	$R_m + R_z$	1.05(100%)	1.107(100%)	1.304(100%)
0.6 mg/L 高锰酸钾/ UF 系统	R_m	1.040(99.42%)	1.040(95.5%)	1.040(88.74%)
	R_c	0.002(0.19%)	0.021(1.93%)	0.030(2.56%)
	R_p	0.004(0.39%)	0.028(2.57%)	0.102(8.7%)
	$R_m + R_z$	1.046(100%)	1.089(100%)	1.172(100%)

注:a 为阻力值,($\times 10^{12} m^{-1}$),b 所占百分比

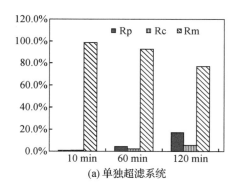
(a) 单独超滤系统

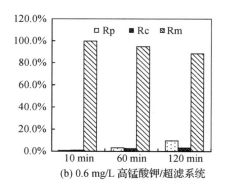
(b) 0.6 mg/L 高锰酸钾/超滤系统

图 7-23　膜阻力在有无高锰酸钾预氧化条件下的变化

由图 7-23 可见,膜过滤阻力主要来源于膜自身阻力。可逆污染 R_c 主要是由过滤过程形成的滤饼层所致;投加 0.6 mg/L 的高锰酸钾溶液后,膜的可逆污染在运行 10 min、60 min、120 min 后较不投加高锰酸钾时均明显下降。该结果表明高锰酸钾的氧化吸附作用可有效控制超滤膜的可逆污染。高锰酸钾对于膜过滤过程不可逆污染也有一定的控制作用。高锰酸钾预氧化提高有机物的去除率,同时改善有机物的性质;此外,高锰酸钾能够维持超滤膜在一个氧化环境工作,减少微生物污染,因此高锰酸钾投加的条件下可逆污染和不可逆污染同比不加高锰酸钾条件下有所降低。

7.2.3.3　预氧化后临界通量变化

临界通量采用逐级通量法测定:先将膜通量维持 55 L/(m² · h) 运行 30 min,然后对膜组件进行一个循环水力清洗,依次维持膜通量为 62.5 L/(m² · h)、

70 L/(m² • h)、75 L/(m² • h)、82.5 L/(m² • h)、87.5 L/(m² • h)、95 L/(m² • h)、100 L/(m² • h)分别运行 30 min,每一工况结束后进行水力冲洗,记录每一工况开始与结束后的跨膜压差 TMP_f 和 TMP_e,然后将每一工况平均跨膜压差对膜通量做图((TMP_f + TMP_e)/2),通过最小二乘拟合,两条直线交点即为膜临界通量。

图 7-24 为直接超滤系统临界通量的评估图,可见跨膜压差增长速率随运行时间的延长而增加,当恒通量超过 82.5 L/(m² • h)时,跨膜压差增长速率急剧增大。临界通量是平均跨膜压差-流量曲线变成非线性时的流量,可见直接超滤系统临界通量值为 68.5 L/(m² • h)。由图 7-25 可见,高锰酸钾投加量在 0.6 mg/L 时的超滤系统临界通量为 77.6 L/(m² • h),明显高于直接超滤时的情况。

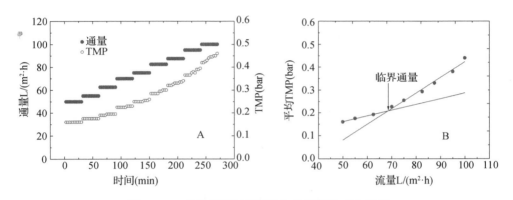

图 7-24　直接超滤过滤通量与跨膜压差变化关系

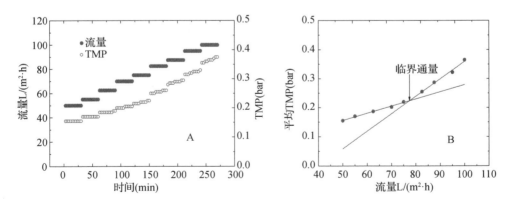

图 7-25　KMnO₄/UF 工艺过滤通量与跨膜压差变化关系

7.2.3.4　高锰酸钾投加后膜表面有机物的傅里叶红外光谱分析

傅里叶红外光谱图是表征膜表面及污染层结构的重要方法,可根据光谱图上特征波峰与波长带情况对膜表面特征基团进行分析。图 7-26 为洁净的新膜表面的红外光谱,PVC 合金膜具有聚氯乙烯的特征基团,如 C—H(2 915 cm^{-1})、CH$_2$(1 404 cm^{-1})、C—C(1 076 cm^{-1})以及 C—Cl(965 cm^{-1}和 710 cm^{-1})等,此外膜表面还具有羧基 C=O(1 680 cm^{-1})和 O—H(3 375 cm^{-1})等亲水性基团。

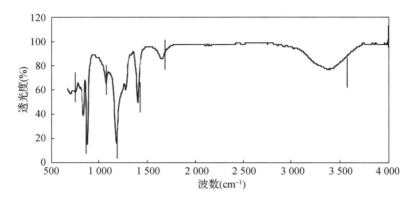

图 7-26　新膜表面官能团的红外光谱

图 7-27 所示为直接超滤工艺中膜表面及污染层傅里叶红外光谱图。与图 7-26 对比可见,膜表面官能团吸收峰值有部分的消失但增加了滤饼层中有机物的特征吸收峰,包括亲水性有机物特征基团 O—H(3 421 cm^{-1})和 C—O(972 cm^{-1})以及憎水酸的特征基团脂肪族 C—H(2 969 cm^{-1})和羧酸阴离子 COO—(1 655 cm^{-1}或 1 434 cm^{-1}),表明疏水性有机物和憎水酸可引起可逆污染。

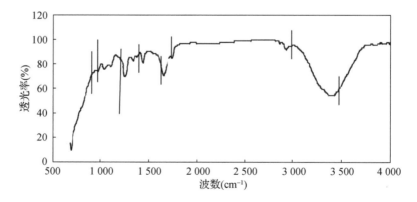

图 7-27　单独超滤后的污染膜表面官能团的红外光谱

图 7-28 反映在同样工况运行条件下,高锰酸钾预氧化后膜表面的红外光谱。在高锰酸钾预氧化条件下,导致超滤膜的有机污染物吸附峰在 1 261 cm^{-1}和 1 438 cm^{-1},为代表烷烃的官能团,这类有机物是在预氧化条件下造成膜污染的主要物质。可

见在高锰酸钾氧化条件下,芳香环烃内的 C—H 键在高锰酸钾作用下转化成了烷烃内的 C—H,说明高锰酸钾预氧化作用改变了污染超滤膜的有机物化学性质以及结构,从而缓解了膜污染。

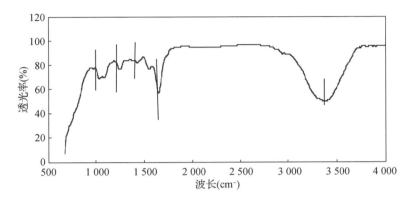

图 7 - 28　高锰酸钾预氧化后的污染膜表面官能团的红外光谱

7.2.3.5　高锰酸钾预氧化对膜表面的污染特征

考察高锰酸钾预氧化控制膜污染效果,对污染前后的膜表面进行了扫描电镜(SEM)表征,结果如图 7 - 29 所示。图 7 - 29 表明:在高锰酸钾预氧化工艺中超滤膜的膜表面只有少量、疏松球状污染物(图 7 - 29 C 和 D),而在没有高锰酸钾预氧

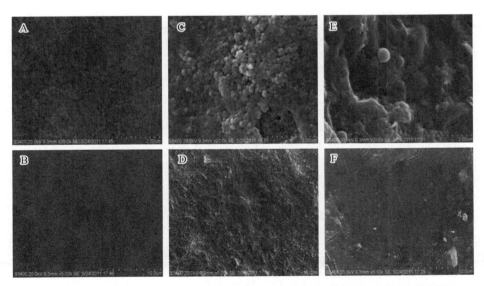

图 7 - 29　各种膜电镜扫描:新膜(A×20 000,B×5 000);高锰酸钾预氧化后膜表面(C×20 000,D×5 000);未预氧化系统中膜表面(E×20 000,F×5 000)

化的工艺中,超滤膜膜丝表面污染物浓度较大并且较为稠密(图7-29 E和F)。高锰酸钾预氧化后,膜表面污染层特性发生明显变化,主要表现在膜表面吸附或阻隔的大分子有机物以及天然有机物外表特征的不规则性。污染层的不规则性与膜表面电镜(图7-29C和E)反映出的粗糙表面结果相一致。这种松散的污染凝胶层形成有利于水样到达膜表面,从而减少过滤阻力;同时,松散的污染层与膜接触面积小,黏力较小从而易于被水力清洗过程所清除。

利用EDS进一步分析污染层结构,结果如表7-13所示。表7-13表明高锰酸钾预氧化后膜表面及膜孔内吸附的碳酸钙和硫酸钙较少,而正是这些沉淀物会造成污染沉淀在膜表面所致的可逆污染以及膜孔堵塞所致的不可逆污染。碳酸钙和硫酸钙的沉淀吸附在膜表面,不易被水力清洗,最终将转化为不可逆污染并会影响超滤膜的过滤性能。高锰酸钾在氧化过程会形成粒径在20~100 mm之间的不规则颗粒状态的二氧化锰中间产物,其具有较大的比表面积从而具有极强的吸附性能,能够吸附水中含有的碳酸钙以及硫酸钙沉淀,然后形成较为松散的污染层。另外由表7-13可见,采用高锰酸钾预氧化后检测到一定含量锰元素,表明尽管在工艺运行过程中会有水力清洗过程,但是仍有一部分锰离子残留在膜表面以及膜孔中。

表7-13 PVC合金超滤膜的EDS分析结果

元素	使用前的PVC 合金超滤膜丝		高锰酸钾/超滤 过滤水样后的膜丝		单独超滤过滤 水样后的膜丝	
	重量(%)	元素(%)	重量(%)	元素(%)	重量(%)	元素(%)
C	44.26	64.06	28.70	42.58	32.76	47.92
N	—	—	8.52	10.52	3.99	6.59
O	15.09	16.39	22.00	21.58	23.31	25.53
Al	—	—	1.27	0.82	3.00	1.89
Si	—	—	0.70	0.44	2.26	1.38
S	0.73	0.40	1.39	0.77	1.08	0.58
Cl	38.02	18.64	29.65	20.88	30.42	15.17
Ca	—	—	—	—	0.34	0.15
Fe	—	—	—	—	0.94	0.29
Mn	—	—	5.50	1.78	—	—
Cu	0.73	0.20	1.03	0.29	0.98	0.26
Zn	1.17	0.31	1.24	0.34	0.92	0.24
Totals	100.00	100.00	100.00	100.00	100.00	100.00

通常,膜污染层是由有机物吸附在膜表面所致,具有黏性及很低的渗透性能。而高锰酸钾预氧化形成的二氧化锰中间产物利用其巨大的比表面积可以吸附有机

物以及金属离子,形成松散的污染层,从而减少污染物到达膜孔内形成的不可逆污染并延长化学清洗周期。

7.3 再絮凝技术强化污染物去除和膜污染控制效果

7.3.1 再絮凝技术强化污染物去除效果

由前述的研究可以看出,超滤对水中有机物的去除主要是依靠对水中细小絮体颗粒的去除来实现,因此在膜进水中形成絮体颗粒可能有助于强化去除有机物进而控制超滤膜污染。采用再絮凝的方法进行试验,即在沉后水进入膜池之前,在进水管道上投加一定量的混凝剂,即混凝-沉淀-再絮凝-超滤组合工艺,以提高对有机物的去除并实现膜污染控制。

试验采取低通量 20 L/(m² · h) 运行,再絮凝剂(聚合氯化铝)投加量分别为 3 mg/L、6 mg/L 和 9 mg/L。混凝-沉淀-再絮凝-超滤组合工艺对浊度的去除效果见图 7 - 30。由图 7 - 30 可以看出,混凝-沉淀-再絮凝-超滤组合工艺出水浊度均在 0.15 NTU 以下。颗粒计数可以进一步地表征水中微粒数量,研究结果如图 7 - 31 所示。

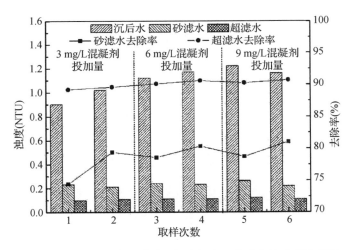

图 7 - 30 混凝-沉淀-再絮凝-超滤组合工艺出水浊度变化情况

从图 7 - 31 可以看出,超滤出水中大于 2 μm 颗粒物数量在 50 个/mL 左右(小于 100 个/mL),对沉后水中颗粒物的去除率在 95% 左右,远高于砂滤对沉后水中颗粒物的去除率。

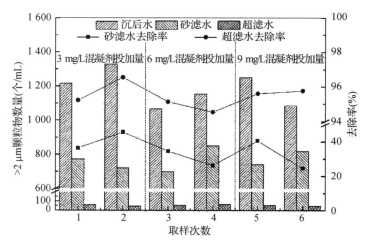

图 7 - 31　混凝-沉淀-再絮凝-超滤组合工艺出水颗粒数变化情况

混凝-沉淀-再絮凝-超滤组合工艺对有机物的去除效果见图 7 - 32。随着混凝剂投加量的增加,出水 COD_{Mn} 去除率逐渐上升,与前述混凝-沉淀-超滤组合工艺相比,在混凝剂投加量为 3 mg/L 时的 COD_{Mn} 的去除率高于未投加混凝剂的情况(高出 8% 左右)。当投加量增加到 9 mg/L 时,对 COD_{Mn} 的去除率可以达到 34%,出水 COD_{Mn} 可以降到 2.2 mg/L 左右。水厂砂滤工艺对沉后水中有机物的去除率仅在 10% 左右,而混凝-沉淀-再絮凝-超滤出水 COD_{Mn} 去除率可以提高 20%。可见再絮凝对强化超滤膜去除有机物具有较好的效果。

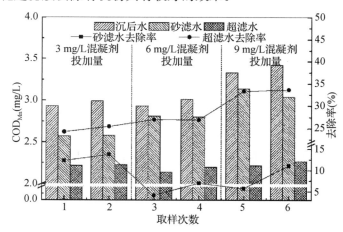

图 7 - 32　混凝-沉淀-再絮凝-超滤组合工艺出水有机物变化情况

从图 7 - 33 可以看出,在低混凝剂投加量下,超滤膜跨膜压差并未出现明显的差异;在投加量为 9 mg/L 时,跨膜压差高于其他两个投加量,说明此投加量下形成了较为密实的絮凝体。

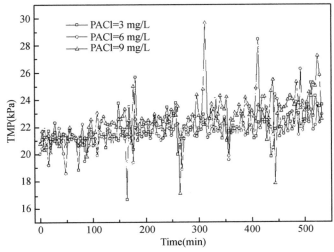

图 7-33 混凝-沉淀-再絮凝-超滤组合工艺跨膜压差变化情况

试验过程中,对混凝-沉淀-再絮凝-超滤组合工艺进行了重复对比实验,试验结果均一致。可见,在水中有机物含量较高的情况下,常规工艺对有机物的去除能力有限,采用混凝-沉淀-再絮凝-超滤组合工艺再絮凝,混凝剂投加量在9 mg/L 时对有机物去除效果比较理想。

7.3.2 再絮凝强化超滤除污染机理研究

7.3.2.1 混凝剂特性对再絮凝强化超滤除污染效果的影响

为进一步明确再絮凝强化超滤除污染的效果与机理,开展了硫酸铝、三氯化铁和聚合氯化铝三种混凝剂对再絮凝强化超滤除有机物效果的影响研究,结果如图 7-34 所示。

由图 7-34 可见,不同混凝剂种类对再絮凝强化超滤除有机物的效果不同。其中以硫酸铝对强化超滤除有机物的效果最好,聚合氯化铝对再絮凝强化超滤除有机物的效果最差。这表明,混凝剂的水解状态在再絮凝强化超滤除有机物过程中具有十分重要的作用。就聚合氯化铝而言,在生产过程中即已部分水解并生成具有一定聚合度的无机高分子物质,其在混凝过程中主要以吸附、电中和作用为主;而硫酸铝作为简单的无机盐,其在投加到水中后需先经过离解的过程形成 Al^{3+},然后才能进入水解状态。研究表明,水中高价金属离子与水中的天然有机物会产生络合作用从而消除水中有机物的带电性,同时也可能由于高价金属离子的架桥作用,使得水中的有机物之间(特别是大分子有机物)出现团聚作用,从而进一步增大水中有机物分子量,甚至形成微小的絮体进而在超滤过程中得以去除。

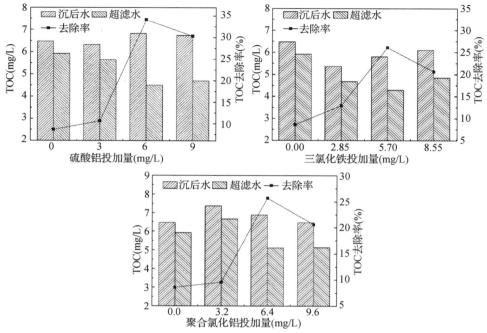

图 7 - 34　混凝剂种类对再絮凝强化超滤除有机物效果的影响

7.3.2.2　再絮凝-超滤技术对水中不同亲疏水性有机物的去除效果

再絮凝-超滤组合工艺对不同亲疏水性有机物的去除效果见图 7 - 35。可以看出,该水厂沉后水主要以疏水性有机物为主,占有机物总量的 70%,而在疏水性物质中以强疏水性物质为主。

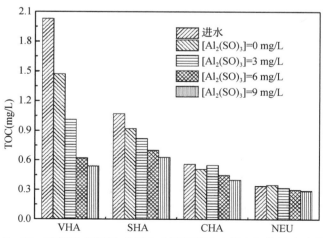

图 7 - 35　再絮凝-超滤技术对水中不同亲疏水性有机物的去除效果

超滤主要截留的有机物为疏水性物质。未采用再絮凝时,超滤对强疏水性物质和弱疏水性物质的去除率分别为 38.10% 和 14.02%,而亲水性物质基本不变。

而再絮凝-超滤组合对水中疏水性有机物的去除效果明显增加。当硫酸铝投加量为 3 mg/L 时,去除的有机物主要为疏水性有机物,对强疏水性和弱疏水性有机物的去除率分别为 50.25% 和 23.36%;当硫酸铝投加量为 6 mg/L 时,仍以去除疏水性有机物为主,对强疏水性和弱疏水性有机物的去除率分别为 69.46% 和 14.63%,同时,极性亲水物质去除率有所上升,去除率为 18.18%,中性亲水物质无明显变化。当硫酸铝投加量为 9 mg/L 时,对亲水性物质的去除率明显提升,达 27.27%。

7.3.2.3 再絮凝-超滤技术对水中不同分子量有机物的去除效果

图 7-36 为再絮凝-超滤处理腐植酸配水时对不同分子量区间有机物的去除情况。水厂沉后水中主要为分子量 >10 kDa 的组分,占有机物总量的 57.46%,而分子量区间为 5~10 kDa、3~5 kDa、1~3 kDa 以及 <1 kDa 的组分分别占总量的 10.45%、8.71%、5.97% 和 17.41%。

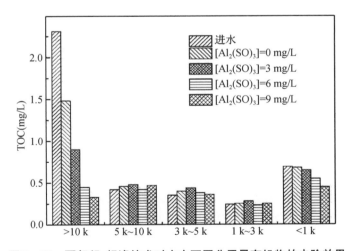

图 7-36 再絮凝-超滤技术对水中不同分子量有机物的去除效果

经过超滤处理后被截留的有机物主要为分子量 >10 kDa 的组分。未采用再絮凝时,超滤对其去除率为 35.93%。采用再絮凝工艺时进一步强化了水中大分子有机物的去除效果:当硫酸铝投加量为 3 mg/L 时,对水中分子量 >10 kDa 组分的去除率明显提高,由无再絮凝时的 35% 增加到了 61%;当硫酸铝投加量增加到 6 mg/L 时,对水中分子量 >10 kDa 组分的去除率达到 80% 以上,且对水中分子量

<1 kDa 的有机物组分也表现出一定的去除效果。

7.3.2.4　再絮凝工艺对水中有机物 Zeta 电位的变化情况

Zeta 电位是表征胶体分散系稳定性的重要指标，它的数值与胶体分散系的稳定性相关，Zeta 电位绝对值越小，胶体越容易快速凝结或凝聚。随着 Zeta 电位绝对值不断增大，颗粒之间会互相排斥，从而胶体分散系的稳定性就愈强，不利于凝聚。在 Zeta 电位为零即等电点时，此时质点间排斥力最小，胶体稳定性最低，也最容易发生聚沉。再絮凝工艺对水中有机物 Zeta 电位的影响如图 7 - 37 所示。

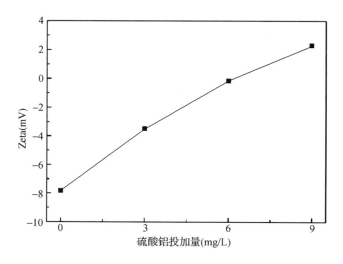

图 7 - 37　再絮凝工艺对水中有机物 Zeta 电位的影响

从图 7 - 37 可以看出，随着硫酸铝投加量的增大，水中有机物 Zeta 电位的绝对值逐渐变小，当硫酸铝投加量增加到 6 mg/L 时，Zeta 电位绝对值接近于零，水中的胶体稳定性最差（由于再絮凝之前的混凝、沉淀过程已去除了绝大部分的无机胶体，此时水中的胶体主要以有机物为主），易于聚凝现象的产生，有利于絮凝的进行。而当硫酸铝投加量进一步增加到 9 mg/L 时，水中有机物的 Zeta 电位则由零逐渐增加，胶体的电荷发生变号，出现了再稳现象，从而弱化了对水中有机物的去除效果。这也解释了硫酸铝投加量为 6 mg/L 时有机物去除效果最好，而当硫酸铝投加量进一步增加到 9 mg/L 时，有机物去除效果反而下降的原因。

7.3.3 再絮凝前处理工艺对超滤膜污染的控制

7.3.3.1 再絮凝前处理工艺对跨膜压差的控制效果

超滤膜的污染机理已经证明水中疏水性大分子有机物是造成膜污染的主要原因。在再絮凝-超滤组合工艺中,再絮凝过程极大地提高了对水中疏水性有机物的去除,为此研究了再絮凝前处理工艺对超滤膜污染的控制效果,结果如图7-38所示。

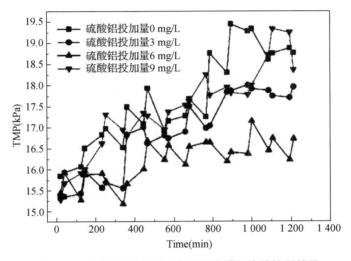

图7-38 再絮凝前处理工艺对超滤膜污染的控制效果

试验中超滤膜采用恒通量运行,膜污染状况可以通过跨膜压差(TMP)的变化来表征。选取稳定运行阶段12个周期内跨膜压差的变化。如图7-38所示,沉后水直接过滤时,TMP增长迅速,从初始的15.5 kPa增长到19.5 kPa,在12个周期内增长了4 kPa;而在再絮凝-超滤工艺中跨膜压差增长缓慢:当硫酸铝投加量为6 mg/L时,TMP平缓增长基本保持不变,随着硫酸铝投加量的增加,TMP逐渐升高但增长缓慢,表明再絮凝能够有效减缓膜污染。这是因为再絮凝中混凝剂改变了水中颗粒物的尺寸和表面性质,水中破碎的细小絮体重新凝结成大絮体,使其不易在膜孔内吸附、沉积,再絮凝形成的絮体能改变膜表面滤饼层的透水能力,从而降低了膜污染。但随着混凝剂投加量的增加,跨膜压差也逐渐升高。这是由于混凝剂的增多,形成的絮体数量也越来越多,滤饼层的厚度也增大,故跨膜压差也逐渐增加。

另外由图7-38可见,当硫酸铝投加为6 mg/L时再絮凝前处理工艺对超滤膜污染的控制效果最好;参考再絮凝工艺对水中有机物Zeta电位的影响可以发现,当硫酸铝投加量为 6 mg/L 时,水中有机物的 Zeta 电位最低,此时有机物与超滤膜表面的结合程度最低,因此对超滤膜污染的控制效果最好。

7.3.3.2 再絮凝-超滤工艺中膜污染特征研究

为了研究再絮凝-超滤去除有机物及膜污染机理,对膜表面污染层进行电镜扫描表征,结果如图 7-39 所示。新膜表面的膜孔分布较多且均匀,膜表面光滑。运行一段时间后,直接超滤和再絮凝-超滤膜丝表面都覆盖了一层滤饼层。但直接超滤时膜表面的滤饼层非常密实,呈片状结构,并且滤饼层上看不到膜孔;而再絮凝-超滤工艺中膜表面的滤饼层结构松散,颗粒聚集吸附在膜丝的表面,形成的滤饼层比较疏松。

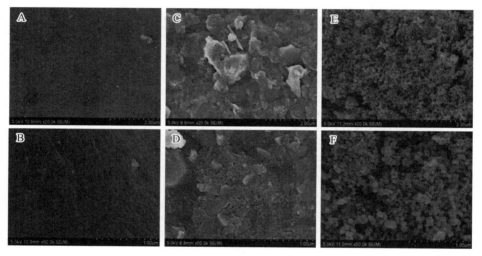

图 7-39 再絮凝-超滤组合工艺中膜污染层电镜扫描:新膜(A×20 000,B×5 000);高锰酸钾预氧化后膜表面(C×20 000,D×5 000);未预氧化系统中膜表面(E×20 000,F×5 000)

为了研究膜表面滤饼层的形态结构,进一步探究再絮凝-超滤去除有机物机理以及膜污染机理,对膜表面进行原子力显微观测(AFM),结果如图 7-40 所示。

图 7-40 中 A、B、C 分别为新膜、直接超滤和再絮凝-超滤后的膜丝表面。从AFM 三维图形可见,新膜、直接超滤和再絮凝-超滤后的膜丝表面粗糙度有很大的区别。图 7-40(a)显示新膜膜丝表面较为平坦光滑,说明膜表面干净无污染物。经过一段时间的运行,直接超滤和再絮凝-超滤膜丝表面都有一层较厚的滤饼层。图 7-40(b)显示直接超滤后膜丝表面滤饼层比较平坦,较为厚实,结构密实,表面粗糙度低,基本无指状突起。图 7-40(c)显示再絮凝-超滤膜丝滤饼层表面高低不平,滤饼层较粗糙,表面指状突起较多,滤饼层结构较疏松。

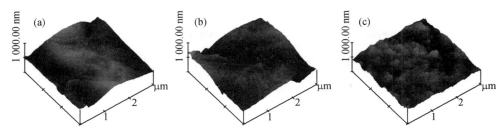

(a)新膜；(b)直接超滤；(c)再絮凝-超滤

图 7 - 40　直接超滤和再絮凝-超滤的 AFM 膜表面

通过扫描电镜和原子力显微镜观察表明,直接超滤比再絮凝-超滤形成的滤饼层密实得多,膜孔堵塞也更为严重,故再絮凝-超滤膜污染比直接超滤膜污染要小,这与两个系统中 TMP 显示的膜污染结果是一致的。直接超滤和再絮凝-超滤这两个系统中进水污染物浓度相同,但再絮凝过程中投加的混凝剂在水中发生水解和络合反应,形成的金属氧化物能够进一步将沉后水中残留的微絮体黏结在一起,形成粒度较大的絮体,从而不易堵塞膜孔,在膜表面形成疏松结构的滤饼层。同时,膜表面吸附的金属氧化物也能够有效地阻止有机物与膜表面的吸附与结合。

X-射线能谱仪(EDS)能够对膜表面的物质进行定性分析,确定膜表面元素组成及含量情况,从而可以确定膜污染层的物质组成。本次测试中,第一组膜丝为新膜,第二组膜丝为直接超滤后的膜,第三组膜丝为再絮凝-超滤后的膜,其中第二组和第三组膜丝为进水水质无区别且超滤运行相同时间、相同工况后被污染的膜丝。

由图 7 - 41 和表 7 - 14 可知,C、O、Cl 为中空纤维膜的组成部分,其中 C 的比例最高,达到 80.44%。通过膜污染层上元素所占质量比的变化,可以看出直接超滤膜污染层上 O 元素大幅度增加,Al 元素增加及 Si 和 S 元素少量增加。再絮凝-超滤膜丝表面污染层上 O 元素比直接超滤膜丝所占质量比更大,Al 元素也大幅度增加,所占比例达到 8.33%。O 元素比例的增大说明有机物含量的增多,Al 元素比例的增大说明膜丝表面吸附的金属 Al 的氧化物含量的增多。由于沉后水中含有少量的残留 Al,故直接超滤的膜丝表面 Al 元素含量有小幅增加。再絮凝-超滤系统中,再次投加的混凝剂进入水体中发生水解反应,改变了水中剩余微絮体的表面电荷,使得微小絮体凝结成较大的絮体,进行第二次絮凝,同时水中的有机物被金属氢氧化物吸附,截留在超滤膜表面,故膜丝表面的污染物以 O 元素和 Al 元素居多。

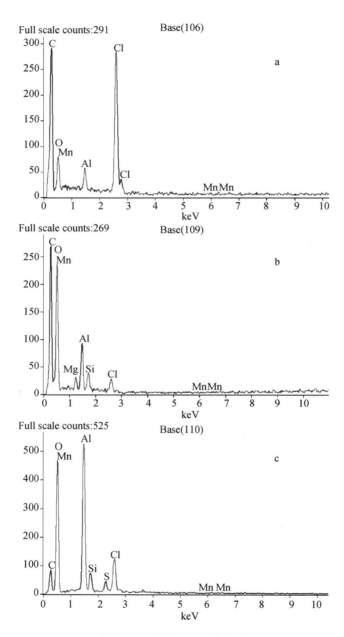

（a. 新膜；b. 直接超滤；c. 再絮凝-超滤）

图 7 - 41　膜表面 EDS 分析

表 7-14　EDS 能谱分析表　　　　　　　单位:%

元素组成	新　　膜	直接超滤膜	再絮凝-超滤膜
C	80.44	58.2	34.8
O	13.06	38.96	52.7
Al	0.59	1.45	8.33
Si	/	0.43	0.99
S	/	0.42	0.64
Cl	5.79	0.41	2.45
Mn	0.11	0.13	0.1

综上所述,膜前再絮凝处理可以有效地提高超滤工艺对水中有机物的去除效果,并控制超滤膜污染进程,有效地扩展了超滤技术在受有机污染较为严重水体中的应用。

7.4　粉末活性炭回流超滤膜前处理技术

近年来,部分微污染水源水存在有机物与氨氮的复合污染情况。前述针对有机物的强化去除提出了高锰酸钾预氧化技术和膜前再絮凝技术,取得了良好效果。但由于氨氮的分子量小、亲水性强,因此需要采用生物处理技术对其去除。关于臭氧-生物活性炭技术对水中的氨氮的去除已有较多的研究,但其存在造价高、运行成本高的问题,因此本研究开展了粉末活性炭回流与超滤组合工艺研究。

粉末活性炭(PAC)应用方式灵活多变,可与许多工艺联用。PAC 常和超滤(UF)联用,既可强化 PAC 对 NOM 的吸附效果,又可减轻膜污染,延长膜的清洗周期。但研究与实际运行经验表明,PAC 对于氨氮几乎没有去除效果。这主要是因为,氨氮在水中主要以 NH_4^+ 的形式存在,具有很好的亲水性,因而 PAC 对其吸附性能较差。另一方面,活性炭虽具有较为发达的孔隙结构,可以为微生物的生长提供合适的空间,但由于 PAC 在系统中的停留时间较短,而亚硝化菌和硝化菌的世代时间较长,因而不能在 PAC 上进行生长繁殖,从而使氨氮的去除效果较差。因此,本研究在粉末活性炭吸附技术的基础上,采用回流技术延长了粉末活性炭在系统中的停留时间,促进了亚硝化菌和硝化菌在粉末活性炭上的生长,形成了生物粉末活性炭,从而实现了对氨氮的去除。而超滤膜则由于其对微生物的优异截留效果实现了对微生物安全的保障。

以原水水质较差的微污染湖库水源水为研究对象(指原水水质较差,经常出现有机物和氨氮超标的情况),开展粉末活性炭回流前处理技术研究,探讨活性炭投加量、回流比等对粉末活性炭回流-超滤组合工艺除污染效能的影响,考察水温、pH 值、有机物含量、氨氮含量等因素对组合工艺除污染效能的影响,优选组合工艺控制参数,考察组合工艺运行过程中的膜污染特性并提出相应的控制方法。

7.4.1　PAC 回流技术的生物富集过程研究

同所有的生物法一样,PAC 回流技术在正常运行前也有一段启动期,因此研究其生物富集过程是相当必要的。生物量和生物活性是评价微生物生长情况的直观且有效的指标。

由于炭泥难以与其上附着的微生物分离,故选择磷脂法来测定炭泥上附着的微生物量。取出适量炭泥,用氯仿、甲醇和水来萃取炭泥上微生物的磷脂组分,消解后测定其磷酸盐含量,以单位质量炭泥中磷含量(nmol P/g)表示炭泥的生物量,1 nmol 磷约相当于大肠肝菌大小的细胞 10^8 个。生物富集阶段的生物量数据见图 7－42。在生物富集阶段,炭泥生物量不断增加,最后达到稳定。其变化趋势与氨氮去除的变化趋势一致,稳定时炭泥的生物量为 130 nmol/g 左右。

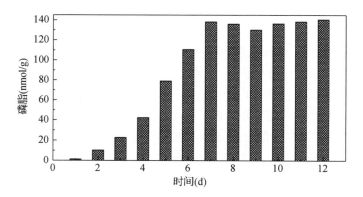

图 7－42　生物富集阶段的生物量随时间变化曲线

生物活性测定中,脱氢酶活性测定法是重要的方法。由于它可以反映处理体系中活性微生物量及其对污染物的降解活性,因而成为一项考察微生物的重要指标。采用氯化三四氮唑(TTC)法对生物活性进行研究,结果见图 7－43。在生物富集阶段,炭泥生物活性不断增加,最后达到稳定。其变化趋势与生物量的变化趋势一致。稳定时炭泥的生物活性为 75 μg/g 左右。

试验过程中氮的转化见表 7－15。由表 7－15 可知,反应前后三氮总量并不守恒。而由式 7－2 和式 7－3 可知,硝化过程反应前后,氨氮、亚硝氮、硝氮三者总量应该保持不变。而通过表中计算发现,反应后,三氮总量减少,存在氮损失。这可

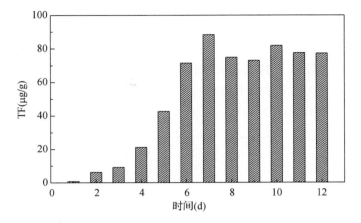

图 7-43 生物富集阶段的生物活性随时间变化曲线

能是由于混凝对三氮有一定的去除,另一方面,微生物自身的同化作用,也需要吸收一部分氮源。

$$NH_4^+ + 1.5O_2 \rightarrow NO_2^- + H_2O + 2H^+ \qquad (式 7-2)$$

$$NO_2^- + 0.5O_2 \rightarrow NO_3^- \qquad (式 7-3)$$

表 7-15 试验过程中的氮转化

	原水				沉淀水				氮损失 (mg/L)	氮损失率 (%)
	NH_3—N (mg/L)	NO_2—N (mg/L)	NO_3—N (mg/L)	总量 (mg/L)	NH_3—N (mg/L)	NO_2—N (mg/L)	NO_3—N (mg/L)	总量 (mg/L)		
1	1.050	0.117	1.077	2.244	1.030	0.105	1.016	2.151	0.093	4%
2	1.040	0.107	1.053	2.200	1.001	0.106	1.027	2.134	0.066	3%
3	1.054	0.164	1.127	2.345	0.945	0.126	1.205	2.276	0.069	3%
4	1.063	0.134	1.217	2.414	0.925	0.118	1.277	2.321	0.093	4%
5	1.197	0.105	1.063	2.365	1.028	0.108	1.127	2.262	0.103	4%
6	1.245	0.133	1.020	2.399	0.934	0.129	1.242	2.305	0.094	4%
7	0.965	0.135	0.924	2.025	0.534	0.131	1.295	1.960	0.065	3%
8	0.868	0.112	0.953	1.933	0.468	0.105	1.296	1.869	0.064	3%
9	0.968	0.105	1.123	2.196	0.490	0.108	1.520	2.118	0.078	4%
10	0.965	0.145	0.914	2.025	0.481	0.137	1.360	1.978	0.047	2%
11	0.940	0.111	1.105	2.156	0.510	0.107	1.480	2.097	0.059	3%
12	0.890	0.106	1.120	2.116	0.470	0.099	1.480	2.049	0.067	3%

水中有机氮会不同程度地转化为氨氮,而由于试验过程中原水中的有机氮为 $0\sim0.063$ mg/L,平均为 0.039 mg/L,即原水有机氮含量小,故转化量很小,对氨氮的硝化过程影响可以忽略,故在表 7 - 15 中未有显示。同时,由表 7 - 15 可见,作为氨氮硝化过程中间产物的亚硝酸盐氮在处理前后变化较小。因此,硝酸盐氮变化量主要来自氨氮经生物硝化而转化的量。表 7 - 15 中的氨氮去除量和硝酸盐氮增量随时间的变化见图 7 - 44。

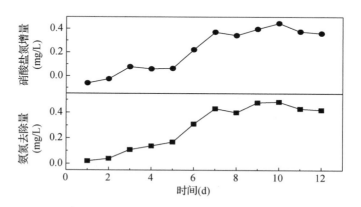

图 7 - 44 氨氮去除量和硝酸盐氮增量随时间的变化

由图 7 - 44 可见,氨氮去除量和硝酸盐氮增量趋于一致。启动初期,生化池氨氮去除量和硝酸盐氮增量均很小,此后两者逐渐上升,至第七天时氨氮去除量和硝酸盐氮增量已分别达到 0.43 mg/L 和 0.37 mg/L,此后两者保持稳定,说明稳定运行阶段生化池内氨氮转化为硝酸盐氮过程能够顺利进行。

7.4.2 PAC 回流技术去除污染物的影响因素

PAC 回流技术对污染物的去除效果受到很多因素的影响,例如 PAC 的投加量、炭泥回流比、温度、pH 值、原水氨氮浓度和有机物浓度等。每个因素的影响方式和影响程度是不一样的,由于外界条件的复杂性,且常常是多种因素同时作用,由此造成了评价的不确定性。试验采用单因素试验方法对 PAC 回流技术去除污染物的影响因素进行了初步探讨,旨在对各因素的影响有一个总体认识,为今后进一步研究提供参考。

7.4.2.1 氨氮去除的影响因素

使回流系统中所含的 PAC 分别为 0 mg/L、30 mg/L、50 mg/L 和 100 mg/L,考察不同投炭量对氨氮去除效果的影响。试验期间水温为 $11.4\sim16.8$ ℃。PAC 投炭量对氨氮的去除效果随时间变化见图 7 - 45。

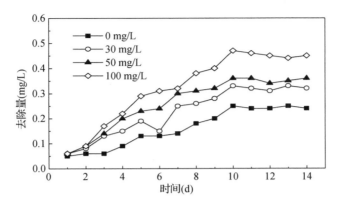

图 7－45　PAC 投加量对氨氮去除效果的影响

由图 7－45 可见,对于四种投炭量,一致的现象是前 9 d 氨氮的去除率逐渐增高,至第 10 d 对氨氮的去除率达到最高,此后氨氮去除率保持稳定。这主要是由于氨氮的去除主要是靠微生物的硝化作用。在硝化过程中,氨先被氧化成亚硝酸盐,接着氧化为硝酸盐,这大都是在亚硝化单胞菌和硝化细菌的分别作用下达到的。硝化菌属于自养细菌,其所有种类生长缓慢,平均世代周期都在 10 h 以上,要求在反应器中有较长的停留时间。第 9 d 后,在适宜的生长环境下,硝化菌数量已基本稳定,完成生物富集过程,氨氮去除效果稳定。

由图 7－45 还可以看出,对氨氮的去除效果随着投炭量的增加而提高,当 PAC 的投加量分别为 0 mg/L、30 mg/L、50 mg/L 和 100 mg/L 时,系统对氨氮的去除量分别为 0.2 mg/L、0.3 mg/L、0.35 mg/L 和 0.45 mg/L。即当不投加 PAC,仅排泥水回流时,能去除氨氮的量为0.2 mg/L,超过 0.2 mg/L 的部分是由于投加的 PAC 发挥了作用。这是由于活性炭具有发达的孔隙结构和巨大的比表面积,可以为细菌的增生扩散与生物反应速率的提高提供更多的表面积和富集点位。随着投炭量的增加,亚硝化菌和硝化菌生长条件更为适宜,从而对氨氮的降解效果更好。

改变炭泥回流比,补充新炭,使系统中活性炭含量仍为 50 mg/L。炭泥回流比定义为回流炭泥量与进水流量的比值。炭泥不同回流比对氨氮去除效果的影响见图 7－46。

由图 7－46 可以看出,当回流比为 5.6％时,对氨氮的去除效果最好。这主要是由于回流比较低时,回流炭泥中的硝化菌数量不够;而当回流比较高时,硝化菌自身的内源呼吸作用产生的剩余污泥不能及时从系统中排出,因此回流比过高或过低均导致对氨氮的去除率不高。在适宜回流比下,氨氮去除率最高,本试验中适宜的回流比为 5.6％。

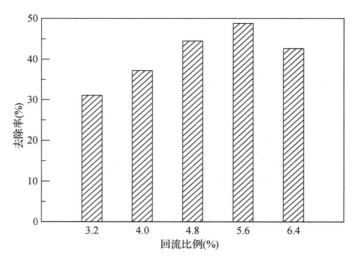

图 7 - 46   炭泥回流比对氨氮去除效果的影响

分别在 10 ℃、20 ℃ 和 30 ℃ 左右的水温下,考察不同温度条件下氨氮的去除效果,结果见图 7 - 47。

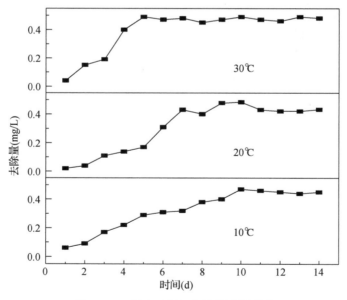

图 7 - 47   温度对氨氮去除效果的影响

由图 7 - 47 可知,随着温度的升高,所需的生物富集时间减少,即运行稳定所需时间减少,而稳定时对氨氮的去除效果基本一致。水温是影响微生物生长和生命代谢活性的主要因素,一般来说,温度越高,活性越大。有研究指出,温度变化对氨氮的去除效果影响不大,其原因在于:决定氨氮去除效果的亚硝化杆菌和亚硝化球菌适合在 2～40 ℃范围内生长,硝化杆菌也适合在 5～40 ℃条件下生长,即主要的微生物硝化细菌生长的温度范围较宽,生物生长相对稳定。由此可见,由于本试验的原水水温均在 10 ℃以上,因此温度并不会导致氨氮去除率的下降。

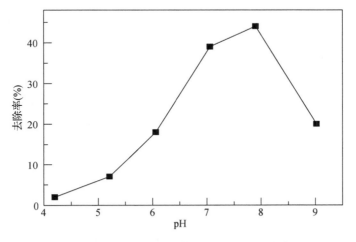

图 7-48　pH 值对氨氮去除效果的影响

　　pH 值对氨氮去除效果的影响见图 7-48。由图 7-48 可见,当原水 pH 值在 7.0～8.0 左右时,氨氮的去除率较高,pH 值过高或过低,氨氮的去除率都明显下降。这主要是由于不同种群的微生物有其适宜生长的 pH 值范围,所以 pH 值的变化会影响氨氮的硝化过程。硝化反应是一个耗碱的过程,其适宜的 pH 值范围为 7.0～8.5,超出其适宜范围,硝化细菌的活性便急剧下降,降低氨氮的去除效果。

　　向原水中加入氯化铵,改变原水中的氨氮浓度。原水氨氮浓度对氨氮去除效果的影响见图 7-49。

　　由图 7-49 可以看出,原水氨氮浓度在 0～3 mg/L 时,去除量逐渐升高,去除率较高;超过 3 mg/L 时,去除量保持稳定,在 1 mg/L 左右,去除率则不断下降。这主要是由于当氨氮浓度小于 1 mg/L 时,由于缺乏足够的营养物,硝化菌生长繁殖的速度缓慢,生物难以富集,而去除量与回流排泥水中的生物量有关,生物量少导致去除量少;由于原水氨氮浓度低,去除量少,也能保证较高的去除率。当氨氮浓度为 1～3 mg/L 时,有足够营养,生物量增加,对氨氮的去除量较大,保证了去除率。研究表明,进水氨氮浓度在较低范围时,水中氨氮浓度增加,则酶促反应速度增加,氨氮的去除量提高。但进水的氨氮浓度达到一定浓度后,反应速度达到最大,氨氮的去除量也就不再增加。当氨氮浓度大于 3 mg/L 时,由于溶解氧和有机

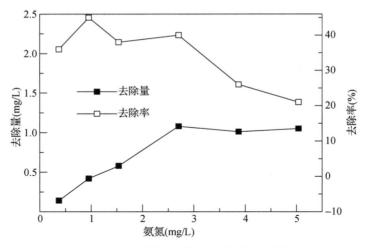

图 7-49　氨氮浓度对氨氮去除效果的影响

物等底物的限制,氨氮的去除量不再增加。因此根据氨氮的达标要求,PAC 回流工艺可应对原水氨氮浓度小于 1 mg/L 的情况。

向原水中加入腐殖酸,改变原水中的有机物浓度。有机物浓度对氨氮去除效果的影响见图 7-50。

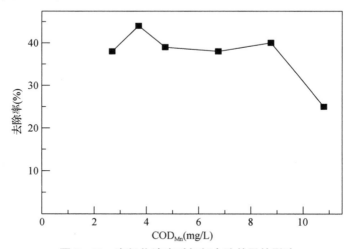

图 7-50　有机物浓度对氨氮去除效果的影响

由图 7-50 可以看出,原水 COD_{Mn} 在 0~10 mg/L 时,氨氮的去除率都维持在比较高的水平,为 40% 左右。用生物法对水进行处理时,若有机质含量较高,由于异养微生物的生长速率比自养的硝化细菌高至少一个数量级,因此异养微生物比较容易得到繁殖,限制了硝化细菌的生长,不利于硝化的进行。若水中有机质含量降至一定数量以下,且有一定量的无机碳酸盐的存在,环境因素将十分有利于自养型细菌的生长。此时,氨氮的生物硝化作用是很容易完成的。而原水中 COD_{Mn} 一般不超过 10 mg/L,因此对硝化反应的影响很小。

7.4.2.2 有机物去除的影响因素

不同投炭量对 UV_{254} 和 COD_{Mn} 的去除效果随时间变化见图 7-51。由图 7-51可见,前四天系统对 UV_{254} 的去除率随着投炭量增加而增加,这主要是由于活性炭对 UV_{254} 代表的有机物有吸附作用,因此去除率和投炭量之间呈正相关性。其后由于活性炭逐步吸附饱和,去除效果仅依赖于强化混凝,不同投炭量下系统的去除率差距逐渐缩小。

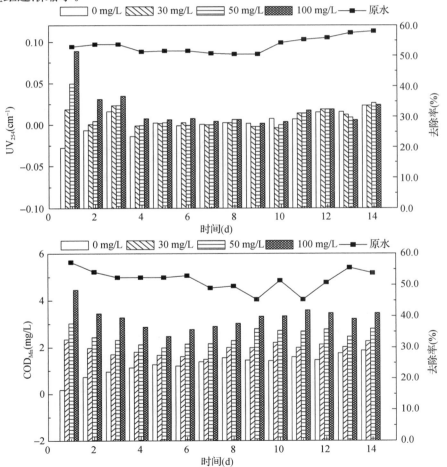

图 7-51 不同投炭量对 UV_{254} 和 COD_{Mn} 去除率随时间变化曲线

对 COD_{Mn} 的去除率随着投炭量的增加而增加,这主要是由于 COD_{Mn} 代表的有机物可被活性炭吸附且其中一部分可被生物降解,前期由于吸附作用,后期是由于活性炭能为微生物提供良好的生长环境,投炭量多的生物降解作用明显,去除率和投炭量之间呈正相关性。

改变炭泥回流比并补充新炭,使系统中活性炭含量仍为 50 mg/L,炭泥不同回流比对 COD_{Mn} 和 UV_{254} 的去除效果的影响见图 7 - 52。结果表明,回流比为 5.6% 时对 COD_{Mn} 的去除效果最好,而对 UV_{254} 的去除率随着回流比的增加而减少。对 COD_{Mn} 的去除趋势是由于回流比增加,生物作用增强;对 UV_{254} 的去除率减小是因为新加入炭量减少,吸附作用减弱。

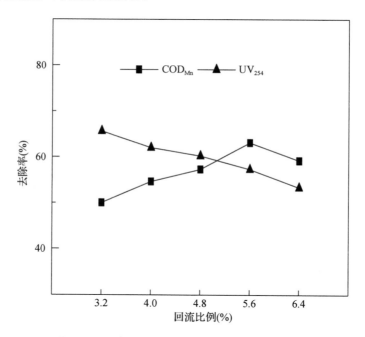

图 7 - 52　炭泥回流比对有机物去除效果的影响

分别在 10 ℃、20 ℃和 30 ℃左右的水温下,投加 100 mg/L 的 PAC,炭泥回流考察在不同温度条件下,对有机物的去除效果。由于 UV_{254} 主要由活性炭吸附和混凝沉淀去除,考虑还有生物降解的 COD_{Mn} 作为衡量指标。温度对有机物去除效果的影响见图 7 - 53。

由图 7 - 53 可知,随着温度的升高,COD_{Mn} 的去除率逐渐升高。10 ℃、20 ℃和 30 ℃左右的水温下对应的去除率分别为 45%、53% 和 56%。根据微生物的生长特性,大多数的微生物生长适宜的温度在 20～40 ℃之间,故 20 ℃和 30 ℃的温度条件是有利于微生物生长的。而在 10 ℃时,受到温度的限制,微生物生长缓慢。

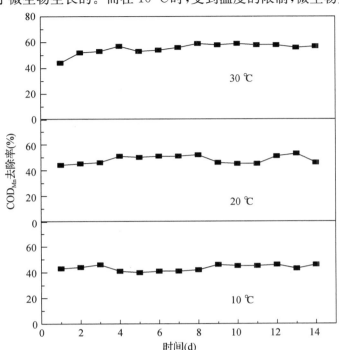

图 7-53　温度对有机物去除效果的影响

　　pH 值对有机物去除效果的影响见图 7-54。由图 7-54 可见,pH 值在6～8之间时对 COD_{Mn} 的去除率较高;pH 值为 5.0～6.0 时,对 UV_{254} 的去除率较高。这是由于强化混凝实验中去除有机物的最佳 pH 值为 5.0～6.0。由于 pH 值能影响混凝基团的类型、富里酸和腐殖酸的离解度,随着 pH 值的降低(当 pH 值 5.0～6.0 时),混凝剂水解产物带正电基团的电荷量增加,正电荷密度高,对水中溶解态有机物的电性中和、吸附作用更加明显。而异养菌生长的最适 pH 值为6.5～8.5,当 pH 值在 5～6 时,生物作用不明显,故综合两个因素,pH 值在 6～8 时对 COD_{Mn} 的去除率较高,而 UV_{254} 只受活性炭吸附和混凝的影响,故在 pH 值为 5～6 时,其去除率较高。

　　原水氨氮浓度对有机物去除效果的影响见图 7-55。由图 7-55 可知,当氨氮浓度大于 2 mg/L 时,对 COD_{Mn} 和 TOC 的去除率有一定的下降。这主要是由于进水氨氮浓度过高,硝化细菌将占优势,溶解氧会被硝化细菌迅速消耗。异养菌得不到足够的溶解氧来氧化去除有机物,会影响活性炭的生物再生效果,从而降低去除有机污染物的效率。而对 UV_{254} 的去除效果趋势刚好相反,这可能是由于随着氨氮浓度的增高,活性炭的吸附能力增强。

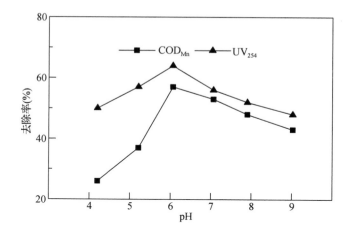

图 7－54　pH 值对有机物去除效果的影响

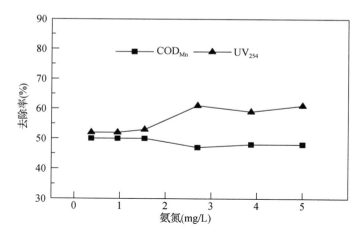

图 7－55　氨氮浓度对有机物去除效果的影响

原水有机物浓度对有机物去除效果的影响见图 7－56。由图 7－56 可知,随着进水 CODMn浓度的增加,对 CODMn的去除率均有所提高,当进水 CODMn浓度大于 10 mg/L 时,去除率均达到 70%左右。这是由于进水有机物浓度升高,使生物膜上的异养菌有较充足的营养,生长旺盛。随着进水 CODMn浓度的增加,对 UV254的去除率也显著增加。这主要是由于 UV254可代表腐殖类的有机物,这类有机物的特点是含有羧酸基和羟基等带负电性官能团,可通过混凝去除,出水 UV254值基本稳定。

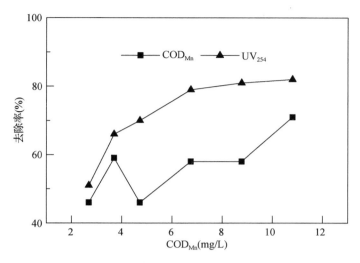

图 7‑56 有机物浓度对氨氮去除效果的影响

7.4.3 PAC 回流技术及其与超滤组合工艺的净化效能

鉴于 PAC 回流技术对氨氮和有机物的去除效果明显,构建 PAC 回流‑超滤组合工艺,研究不同投炭量条件下 PAC 回流‑超滤联用的净化效果及其对膜污染的控制作用。

试验规模为 1 m³/h,先后按照 0 mg/L、100 mg/L 和 200 mg/L 的投炭量进行 PAC 回流试验,三种投炭量对氨氮的去除效果随时间的变化趋势一致(见图 7‑57),均为运行初期对氨氮的去除量逐渐增加,100 h 左右时(即第 5 天)对氨氮的去除量达到稳定。稳定时,0 mg/L、100 mg/L 和 200 mg/L 的投炭量对应的氨氮去除量分别为 0.35 mg/L,0.60 mg/L 和 0.75 mg/L。氨氮的去除随时间的变化趋势以及投炭量对氨氮的去除量的影响,均与前述试验结果吻合,验证了 PAC 回流技术对氨氮的去除效果。而与前述试验相比,各投炭量下的氨氮去除量均有所增加,可能是由于在贮泥池里对回流污泥进行了曝气所致。

试验过程中原水和沉后水中亚硝酸盐氮的浓度变化见图 7‑58。由图 7‑58 可见,在去除氨氮的过程中没有发现亚酸盐氮的积累现象。研究表明,在 pH 值较高、DO 浓度低、氨氮负荷高或存在有害物质时,因亚硝化菌的世代期较短、生长率较快,与硝化菌相比较能适应冲击负荷和不利的环境条件,才容易出现硝酸菌受到抑制从而出现亚硝酸盐氮积累的情况。在本研究中未发生上述不良情况,因此未出现亚硝酸盐氮积累的情况。

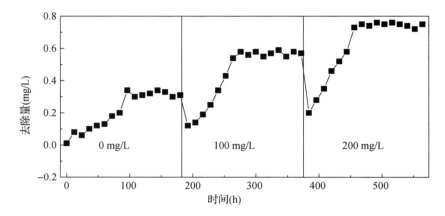

图 7－57　PAC 回流技术中试对氨氮的去除

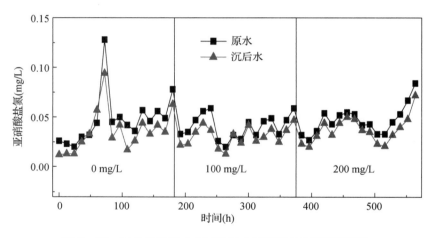

图 7－58　PAC 回流技术中试进出水亚硝酸盐氮的浓度变化

PAC 回流技术对 UV_{254} 的去除情况见图 7－59。在投炭量为 0 mg/L 时,系统对 UV_{254} 的去除率随时间变化逐渐增高,最后稳定在 30％左右,这主要是由于排泥水回流强化了混凝过程;而当投炭量为 100 mg/L 时,对 UV_{254} 的去除率先降后升,最后稳定在 40％左右;当投炭量加至 200 mg/L 时,去除率随时间变化不大,稳定在 45％左右,这可能是由于系统中残留污泥包裹活性炭,使其对 UV_{254} 吸附作用受到限制。

PAC 回流技术对 COD_{Mn} 的去除情况见图 7－60。在投炭量为 0 mg/L 时,系统对 COD_{Mn} 的去除率随时间变化逐渐增加,最后稳定在 20％左右,这首先主要是由于排泥水回流强化了混凝过程,其次随着时间的推移,系统中排泥水富集了一定的微生物，降解了部分有机物；当投炭量为 100 mg/L 时，对 COD_{Mn} 的去除率稳定在 35％左右，去除率随时间变化不大，前期主要是活性炭的吸附作用，后期是炭泥的生物降解作用，混凝作用贯穿整个过程；当投炭量加至 200 mg/L 时，去除率随时间有小幅上升，最后稳定在 50％左右。

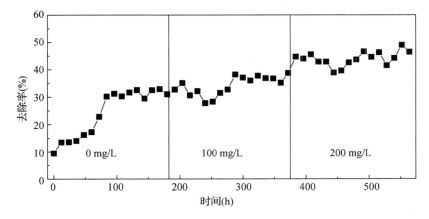

图 7－59　PAC 回流技术中试对 UV₂₅₄ 的去除

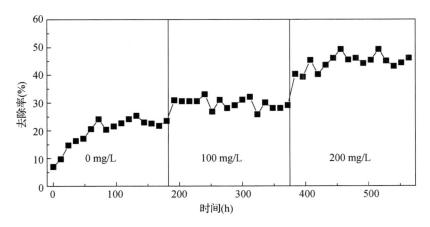

图 7－60　PAC 回流技术中试对 COD_Mn 的去除

比较图 7－59 和图 7－60 发现，在投炭量为 0 和 100 mg/L 时，系统对 COD_{Mn} 的去除率低于对 UV_{254} 的去除率，而当投炭量为 200 mg/L 时，系统对 COD_{Mn} 的去除率高于对 UV_{254} 的去除率。这验证了投炭量大有利于生物富集的结论。与前述试验比较，系统对有机物的去除率均随着投炭量的增加而增加，但相同投炭量下中试试验对有机物的去除效果远低于前述试验。

进出水的消毒副产物生成势情况见表 7-16。消毒副产物(DBPs)如三卤甲烷 (THM)、卤乙酸(HAA)等属三致物质,如在饮用水中含量超标会对人体健康影响 巨大。而对消毒副产物(DBPs)前体物的去除能有效减少饮用水中 DBPs 的形成。 消毒副产物的形成种类与原水的水质有关。如表 7-16 所示,原水的 THMs 的组 成为 41.8%的 CHCl₃、29.3%的 CHCl₂Br、7.9%的 CHBr₃ 和 20.9%的 CHClBr₂, 表明原水中大部分有机物为 CHCl₂Br⁻ 和 CHCl₃的前体物。

表 7-16 不同投炭量时进出水的消毒副产物生成势情况

	原水	沉后水			
		常规工艺	0 mg/L	100 mg/L	200 mg/L
CHCl₃ ($\mu g/L$)	40.54	31.43	34.07	20.24	11.16
CHCl₂Br($\mu g/L$)	28.37	21.56	26.34	13.77	10.50
CHClBr₂ ($\mu g/L$)	20.30	17.30	17.85	9.13	7.45
CHBr₃ ($\mu g/L$)	7.70	4.21	2.76	1.48	1.41
THMs($\mu g/L$)	96.91	74.50	81.02	44.62	30.52

由表 7-16 可见,常规工艺对 THMs 的去除率为 23.1%;不加活性炭时,对 THMs 的去除率为 16.4%,去除率有所下降。而排泥水回流虽能在一定程度上强 化对有机物的去除,却不能强化对消毒副产物前质的去除,这可能是由于排泥水的 回流改变了水中有机物的组成所致。当投加了 100 mg/L 和 200 mg/L 的 PAC 时,对 THMs 的去除率分别为 54.0%和 68.5%。可见 PAC 回流技术对前驱物的 去除效果明显优于常规工艺。其原因在于,常规混凝去除的主要是带负电荷的大 分子,对于其他低分子量的 NOM 有机物的去除能力很差,而 PAC 对低分子量不 带电的 NOM 物质吸附效果非常好,因此 PAC 可以有效去除 DBPs 的前驱物。

7.4.4 PAC 回流-超滤组合工艺中的膜污染跨膜压差

由图 7-61 看出,在低通量 30 L/(m³·h)条件下,超滤膜跨膜压差增长现象 并不明显,未产生明显的不可逆污染现象;在 35 L/(m³·h)和 40 L/(m³·h)的通 量下,跨膜压差呈线性增长,最终跨膜压差为初始跨膜压差的 1.3 倍左右。膜污染 的原因多种多样,如污染物与膜表面及孔内的吸附、污染物对膜表面孔和纵断面的 堵塞、凝胶层形成或浓差极化形成的边界层现象等。由于本研究中 PAC 回流技术 能够较好地去除原水中的非溶解性物质、溶解性胶体及有机物,从而较好地抑制了 膜污染。在通量为 30 L/(m³·h)条件下,可以使超滤膜长时间运行,且产生较少的不可逆污染。

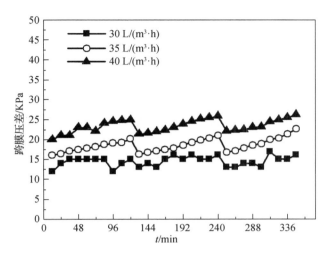

图 7‑61　不同通量下跨膜压差变化(反冲洗周期＝120 min)

7.5　超滤膜污染形成机制与作用机理

天然有机物是造成膜污染的主要原因。为了控制膜污染,目前将强化混凝、活性炭吸附、预氧化等前处理技术与膜联用,以减轻膜污染。但对于有机物造成膜污染的原理,仍不是很清楚。此外,对于膜污染的机理,宏观研究已越来越不能满足需求,从微观角度研究膜污染的形成机理,已经成为未来膜技术的研究方向。目前,在微观方面的研究,仅仅是定性地研究了有机物亲疏水性、电荷密度、微絮体尺寸、分子量大小等独立要素对膜污染的影响,并没有定量地研究各个因素对膜污染的具体贡献,且多因素作用下膜污染的形成过程复杂,缺少准确的评价方法。从微观上分析,在有机胶体与膜材料表面形成膜污染的过程中,主导膜污染的微界面力可以用范德华(LW)相互作用能、静电力(EL)相互作用能、疏水性(AB)相互作用能描述。XDLVO 理论是研究 LW、EL 和 AB 相互作用能的有力工具。

运用 XDLVO 理论,通过选择不同种类的膜、改变有机物的亲疏水性比例、改变溶液的 pH 值,定量研究膜污染中范德华力、静电力、疏水性力各自对膜污染的贡献,综合比较后确定膜污染的主要影响因素;通过实际原水验证 XDLVO 理论在实际工艺中适用性。据此,从理论上为膜材料改性和膜污染控制技术研究提供支持。

7.5.1 超滤膜污染机制研究

有机物可分为亲疏水性有机物,分别以富里酸(FA)和腐殖酸(HA)为代表。为确定腐殖酸与富里酸的特性,对腐殖酸、富里酸进行有机物分级。结果显示,腐殖酸强疏水性、弱疏水性、极性亲水性、中性亲水性有机物比例分别为 45.25%、26.27%、8.86%、19.26%;富里酸分别为 22.44%、7.92%、22.44%、47.20%。

为模拟不同亲疏水性比例的原水,分别称取一定量的 HA、FA 溶于去离子水中,搅拌充分溶解后用 0.45 μm 滤膜过滤去除颗粒态有机物,得到溶解态的 HA 和 FA 原液,存于冰箱中待用。实验时将原液用去离子水稀释至需要浓度,并用 0.1 mol/L的 HCl 和 NaOH 调节 pH 值至 6.5、7.5、8.5 后使用。

为研究不同亲疏水性比例的原水膜污染的影响,配制以下各水样:HA 溶液、HA:FA=3:1(溶液中 DOC 的 3/4 由 HA 贡献,1/4 由 FA 贡献,下同)溶液、HA:FA=1:1 溶液、HA:FA=1:3 溶液和 FA 溶液。为测试不同亲疏水性有机物比例的水样对膜污染的影响,将上述 5 个水样 DOC 稀释至相同水平。根据本研究中选择的腐殖酸与富里酸分级结果,得到各水样的亲疏水性比例,结果如图 7-62 所示。

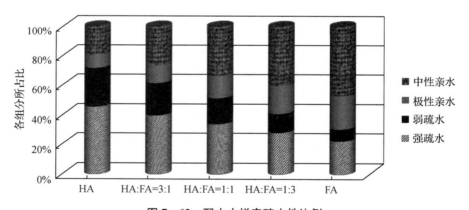

图 7-62　配水水样亲疏水性比例

从图 7-62 中可以看出,水样自 HA 到 FA,强疏水性/弱疏水性组分逐渐减小,极性亲水性/中性亲水性组分逐渐增多,这与 HA 是疏水性物质代表,FA 是亲水性物质代表相符。实际水体中水样的亲疏水性比例见图 7-63,与图 7-62 比较可以看出,水样 HA 与太湖原水较为接近,水样 HA:FA=1:1~1:3 与长江原水较为接近。各自配水样与实际原水的亲疏水性相似,具有一定的代表性。

对于水样 DOC,参考南京某水厂沉后水 2.7 mg/L,苏州 XC 水厂沉后水 3.2 mg/L,选择 3.0 mg/L 作为配水 DOC 标准。实际配水水样的各项指标如表 7-17 所示。

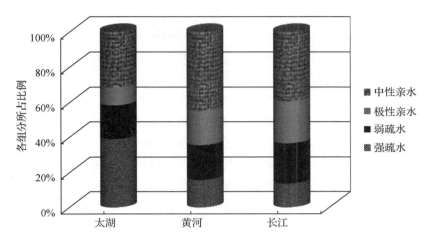

图 7-63　实际原水水样亲疏水性比例

表 7-17　实际配水水样常规指标

	浊度(NTU)	DOC(mg・L⁻¹)	UV(cm⁻¹)
HA	1.92	3.09	0.306
HA：FA=3：1	1.71	2.98	0.228
HA：FA=1：1	1.55	3.12	0.206
HA：FA=1：3	1.33	3.05	0.143
FA	0.63	2.96	0.098

7.5.1.1　相同 pH 值条件下有机胶体对膜污染影响作用

（1）膜与有机胶体接触时的相互作用能

根据膜与有机胶体的表面能参数,可以计算出膜与有机胶体接触时的 LW/AB/EL 相互作用能,具体结果见表 7-18。

膜与有机胶体接触时的相互作用能与膜污染有关。有机胶体与膜之间的相互作用能若为正,表示有机胶体与膜相互排斥,即抗拒膜污染;若为负,则相互吸引,即加剧膜污染。相互作用能越大,排斥或吸引效果越强。

表 7-18　XDLVO 理论预测的接触时相互作用能　　　单位：mJ/m²

	HA	HA：FA=3：1	HA：FA=1：1	HA：FA=1：3	FA
PVC 合金	−11.17	−8.67	−7.86	−3.30	−5.54
PVDF	−12.63	−9.88	−8.98	−3.94	−6.48

根据表 7-18 数据可以看出,不同的膜与同一个有机胶体之间的相互作用能相差不大,即同一有机胶体对不同的膜产生的膜污染情况差不多。分析认为,这可能与两种膜的表面能数据相差不大有关(PVC 合金为 44.209 mJ/m²;PVDF 为 44.130 mJ/m²)。尽管 PVC 合金膜与 PVDF 膜材质差别很大,但由于改性后膜的表面能相差不大,导致膜与同一有机胶体的相互作用能相差不大。这说明,就膜材料的特性而言,膜材料的表面能大小是影响膜污染的重要因素。在相同的外界环境情况下,膜材料的表面能越大,其对膜污染的抗拒能力越强。表面能与接触角有关,而接触角与膜的亲疏水性、极性有关。要研究膜材料的改性会对膜污染产生何种影响,应运用 XDLVO 理论模型进行数学分析,假设在膜原有接触角基础上增加或降低单独一种液体的接触角,探究总的相互作用能会如何改变。

以 PVC 合金膜与有机胶体 HA 之间的相互作用能为例(其他膜与有机胶体系统均表现出一样的变化趋势),在 PVC 合金膜原有接触角的基础上,单独增大或降低一种液体 5°的接触角,膜的表面能及相互作用能会相应改变,具体见表 7-19。根据表 7-19 可以看出,对膜来说,单独增大膜与水的接触角,会导致膜污染加大;单独增大膜与加甘油或二碘甲烷的接触角,会导致膜污染减小。

表 7-19　膜接触角改变导致的表面能和相互作用能的改变　单位:mJ/m²

接触角	接触角的改变	γ^{LW}	γ^{+}	γ^{-}	γ^{AB}	γ^{TOT}	相互作用能
	$-5°$	40.045	0.484	9.776	4.352	44.397	-4.215
水	$0°$	40.045	0.855	5.073	4.164	44.209	-11.174
	$+5°$	40.045	1.266	2.201	3.339	43.384	-17.291
	$-5°$	40.045	1.640	3.595	4.856	44.901	-14.795
甘油	$0°$	40.045	0.855	5.073	4.164	44.209	-11.174
	$+5°$	40.045	0.174	7.614	2.303	42.384	-6.019
	$-5°$	42.486	0.622	4.895	3.489	45.976	-11.447
二碘甲烷	0	40.045	0.855	5.073	4.164	44.209	-11.174
	$+5°$	37.543	1.141	5.264	4.901	42.444	-10.886

研究表明,为减小膜污染,应该降低水的接触角,增大甘油、二碘甲烷的接触角。水的接触角表明膜表面的亲疏水性,这说明降低膜表面的疏水性,即增大膜表面的亲水性能降低膜污染。而增大膜表面的亲水性能降低膜污染,是因为它能导致 Lewis 酸性降低,Lewis 碱性增大,以致膜与相同污染物的相互作用能降低。增大甘油、二碘甲烷的接触角,可以认为是增强膜的极性,以致膜与相同污染物的相互作用能降低。由此可得,为降低膜污染,可以对膜进行改性,改性方向为,增大膜

的亲水性(即降低膜与水的接触角)或增大膜的极性(即增加膜与甘油、二碘甲烷接触角)。

要研究有机胶体的变化对膜污染产生何种影响,应运用 XDLVO 理论模型进行数学分析,假设在有机胶体原有接触角基础上增加或降低单独一种液体的接触角,探究总的相互作用能会如何改变。

董秉直等在实际原水膜污染试验中发现,尽管混凝去除的有机物较少,但膜通量仍得到明显的改善,原因是混凝去除的有机物中多为疏水性有机物。这证明了在预处理阶段为降低有机胶体的疏水性具有实际意义。

以 PVC 合金膜与 HA∶FA=1∶1 有机胶体之间的相互作用能为例(其他膜与有机胶体系统均表现出一样的变化趋势),在有机胶体原有接触角的基础上,单独增大或降低一种液体 5°的接触角,有机胶体的表面能及相互作用能会相应改变,具体见表 7-20。由表 7-20 可以看出,对有机胶体来说,单独增加有机胶体与水的接触角,会导致膜污染加大;单独增加有机胶体与加甘油或二碘甲烷的接触角,会导致膜污染减小。与膜的分析类似,研究表明,为减少膜污染,应该降低有机胶体水的接触角,增大与甘油、二碘甲烷的接触角。水的接触角表明有机胶体表面的亲疏水性,这说明降低有机胶体的疏水性能降低膜污染,原因是它能导致 Lewis 酸性降低,Lewis 碱性增加,以致有机胶体与相同膜的相互作用能降低。增大与甘油、二碘甲烷的接触角,可以增大有机胶体的极性,以致有机胶体与相同膜的相互作用能降低。由此可得,为降低膜污染,可以对水中有机胶体进行预处理,预处理方向为降低有机胶体的疏水性或增加有机胶体的极性。

表 7-20 有机胶体接触角改变导致的表面能和相互作用能改变　　　单位:mJ/m²

接触角	接触角的改变	γ^{LW}	γ^+	γ^-	γ^{AB}	γ^{TOT}	相互作用能
水	$-5°$	31.504	1.116	56.333	15.860	47.364	-5.212
	$0°$	31.504	1.342	50.624	16.487	47.991	-7.863
	$+5°$	31.504	1.632	44.358	17.017	48.521	-10.951
甘油	$-5°$	31.504	2.188	46.164	20.101	51.605	-8.714
	$0°$	31.504	1.342	50.624	16.487	47.991	-7.863
	$+5°$	31.504	0.649	55.768	12.036	43.540	-6.953
二碘甲烷	$-5°$	34.330	0.965	49.891	13.880	48.210	-10.091
	$0°$	31.504	1.342	50.624	16.487	47.991	-7.863
	$+5°$	28.633	1.811	51.409	19.299	47.932	-5.493

（2）膜-有机胶体接触过程中相互作用能变化

为应用 XDLVO 理论模型计算膜与有机胶体在不同距离时的相互作用能，需要测量膜与有机胶体的 Zeta 电位与粒径，见表 7-21。

表 7-21　膜与有机胶体的粒径、Zeta 电位

	PVC 合金	PVDF	HA	HA：FA =3：1	HA：FA =1：1	HA：FA =1：3	FA
Zeta potential/(mV)	-30	-35	-38.9	-32.0	-26.1	-19.2	-31.5
Particle size/(nm)	N/A	N/A	158.8	142.5	135.5	117.4	289.6

根据 XDLVO 理论，膜-有机胶体之间的相互作用能包括静电力相互作用能、范德华力相互作用能和疏水性力相互作用能，计算出三者在膜与有机胶体相距不同距离时的具体的值，将三者相加即是总的相互作用能。以膜与有机胶体之间的距离为横坐标，相互作用能为纵坐标，可以作出总的相互作用能曲线，若结果为负，则相互吸引；若结果为正，则相互排斥。

图 7-64 中曲线从上到下依次为：EL 代表静电力相互作用能，AB 代表 Lewis 酸碱相互作用能，TOT 代表总的相互作用能，LW 代表范德华力相互作用能。相互作用能为正，表明抗拒膜污染；若为负，表明加剧膜污染。

由图 7-64 可以看出，从整体上看，总的相互作用能都是负的，这表明膜与有机胶体之间一直都是相互吸引，即加剧膜污染。随着膜与有机胶体之间距离的减小，其相互作用能越来越大，这表明其吸引力越来越强，膜污染越来越严重。对比图 7-64 中三种相互作用能曲线及总的相互作用能曲线可以看出，AB 相互作用能与总的相互作用能曲线最为接近。这表明 AB 相互作用能在总的相互作用能中起的作用最大。EL 相互作用能一直为正，这表明静电力一直在起排斥作用，即抗拒膜污染。LW 相互作用能一直为负，这表明范德华力相互作用能一直在起吸引作用，即加剧膜污染。

将 PVC 合金-有机胶体与 PVDF-有机胶体的相互作用能曲线对比可以看出，同一个有机胶体与两种膜的相互作用能曲线，形状较为相似，这与 PVC 合金膜、PVDF 膜的表面能参数接近有关；不同的有机胶体与同一种膜的相互作用能曲线，形状相差较大，这与不同有机胶体的粒径、Zeta 电位、表面能不同有关。从 PVC 合金-HA 到 PVC 合金-FA 这 5 幅相互作用能曲线图的变化可以看出，总的相互作用能随着 FA 含量的增加而逐渐降低，但 PVC 合金-FA 相互作用能反而增加。这表明亲水性组分的增加会降低总的相互作用能，但亲水性组分过多未必一定会降

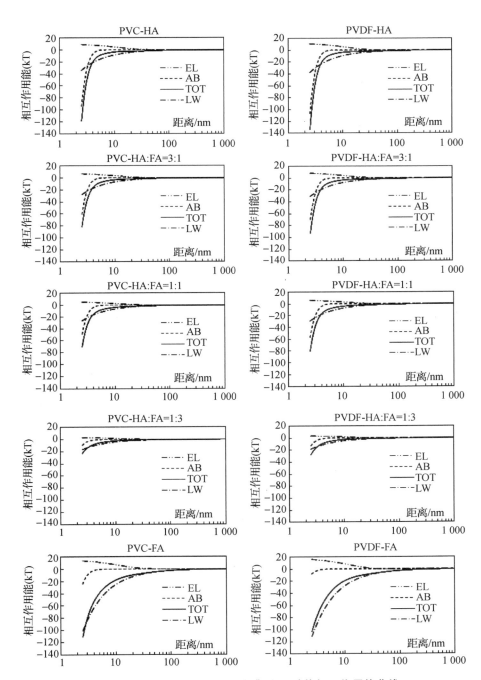

图 7 - 64　XDLVO 模型预测的膜-有机胶体相互作用能曲线

低相互作用能。观察 AB/LW 曲线发现,AB 相互作用能一直降低,LW 相互作用能先降低后在 PVC 合金-FA 中却突然增加。这表明 AB 作用能与 LW 作用能的共同作用,导致了相互作用能的复杂变化,但 AB/LW 作用能在总的作用中的所占比例还无法看出。

因此,考察 LW/AB/EL 相互作用能在 TOT 作用能中的所占比例,可观察其中 LW/AB/EL 相互作用能在膜与有机胶体不同距离时占总作用能的比例。整体而言,PVC 合金膜与 PVDF 膜对同一水样造成膜污染的 LW/AB/EL 相互作用能所占比例较为相似,而不同水样对同一膜中各作用能所占比例区别较大。尤其是 FA 水样,与前面 4 个水样差距最大。分析 FA 水样中有机胶体的表面能发现,FA 水样的 γ^{LW}、γ^{AB} 与前面几个有机胶体相差较大。这可能是由于腐殖酸本身就具有较强的吸附、螯合能力,单独组分的富里酸只能与自身聚集成较大胶团,而当有腐殖酸存在时,腐殖酸会与富里酸分子竞争吸附,形成其他胶团。这也与富里酸分子粒径突然增大相吻合。

由图 7-65 可以看出,在膜与有机胶体相距无穷远处,LW 相互作用能起决定性作用(占总作用能比例 100%);随着有机胶体与膜之间距离的减小,LW 相互作用能在总作用能中所占比例逐渐降低,EL 所占比例逐渐增加,但 LW 仍占主导地位,而 AB 作用能仍可忽略;当有机胶体与膜之间距离约 10 nm 处,EL 所占比例达到它所能达到的最大比例,但此时仍是 LW 占主导地位;当有机胶体与膜之间距离继续减小(低于 10 nm),AB 作用能所占比例开始显示,并迅速增加,同时 LW/EL 所占比例同时下降;当膜与胶体之间距离减至约 3 nm 处,AB 作用能所占比例开始超过 LW,成为总作用能中影响最大的因素。由此可见,在膜与胶体距离大于 5 nm 处,LW 占主导地位;当距离小于 2.5 nm,AB 占主导地位。EL 作用一直较弱,只在距离 10 nm 处对总作用能有些影响。

由于污染物最终都要与膜接触,当污染物最终接触到膜表面后,决定膜污染吸附在膜表面的主要因素是 AB 相互作用能。由此可以认为,在膜污染初期若能降低 LW 相互作用能,则能减缓膜污染的速率,即降低可逆膜污染;若能降低 AB 相互作用能,则能降低不可逆膜污染;而增加 EL 相互作用能,只能轻微降低膜污染。

(3)跨膜压差与作用能的相关性分析

跨膜压差是超滤膜正常运行所需的压力,可以用来反应膜污染程度。根据试验测得的跨膜压差数据,为量化膜污染程度,令过滤末期(8 h)跨膜压差上升最高的 HA 水样的膜污染程度为 P_0,将其他水样过滤末期上升的跨膜压差(过滤末期压差减去初始纯水压差)除以 HA 水样的过滤末期上升的跨膜压差的结果 $\Delta P/P_0$ 作为其相对膜污染,观察水样中 HA、FA 比例与相对膜污染的关系,结果如图 7-66 所示。

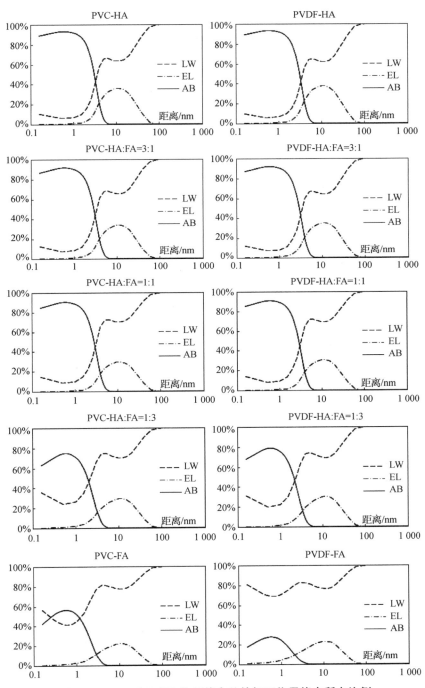

图 7-65　LW/AB/EL 作用能在总的相互作用能中所占比例

由图 7-66 可以看出,膜污染最严重的是 HA 含量最高的水样,膜污染最轻的是 HA：FA＝1：3 水样,同膜与有机胶体相互作用能相一致。

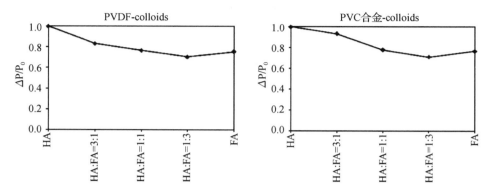

图 7-66　不同胶体对 PVC 合金/PVDF 膜的相对膜污染

为具体分析 XDLVO 理论模型预测的膜污染与实际膜污染是否一致,运用 SPSS 19.0 软件分别分析 PVC 合金/PVDF 膜与有机胶体接触时的相互作用能与相对膜污染的相关性,结果见表 7-22 及表 7-23。

表 7-22　PVC 合金膜表面能与有机胶体污染之间的相关性

		相对膜污染
	Pearson Correlation	−0.906*
PVC 合金接触表面能	Sig.（2-tailed）	0.034
	N	5

　＊ Correlation is significant at the 0.05 level (2-tailed).

表 7-23　PVDF 膜表面能与有机胶体污染之间的相关性

		相对膜污染
	Pearson Correlation	−0.910*
PVDF 接触表面能	Sig.（2-tailed）	0.032
	N	5

　＊ Correlation is significant at the 0.05 level (2-tailed).

由表 7-22 及表 7-23 可以看出,两种膜的接触表面能与膜污染的相关性绝对值都大于 0.8,检测水平都低于 0.05,由此可以认为,两种膜的接触表面能与相对膜污染都呈高度的负相关。可见,跨膜压差变化与 XDLVO 理论模型预测的膜污染相一致,即 XDLVO 理论很好地预测了实验室试验中膜污染情况。

7.5.1.2 不同 pH 值条件下膜与有机胶体的污染

由于 pH 值不同,同样的水样会对膜造成不同程度的膜污染。但目前对造成不同程度膜污染的原理尚不清楚。因此,以 XDLVO 理论为研究方法,研究不同 pH 值条件下膜污染中各影响因素的大小,确定其造成不同程度膜污染的原理。

(1)膜与有机胶体接触时的相互作用能

选择水样中具有代表性的 HA:FA=1:1 水样,pH 值=6.5、7.5、8.5 三个不同的值。由于不同 pH 值会改变 Zeta 电位,重新测量了有机胶体的 Zeta 电位依次为 -23.2 mV,-26.5 mV,-29.1 mV。粒径变化不大,因此仍旧使用表 7-21 中数据135.5 nm。表面能数据由于变化较大,重新测量。结果如表 7-24 和表 7-25 所示。

表 7-24 有机胶体的接触角

	Ultrapure water	Glycerol	Diiodomethane
pH 值=6.5	32.7(±1.9)	40.6(±0.5)	51.9(±0.2)
pH 值=7.5	30.0(±2.5)	42.8(±0.4)	55.1(±0.3)
pH 值=8.5	32.7(±2.6)	47.9(±0.7)	58.0(±0.3)

表 7-25 有机胶体的表面能参数

	γ^{LW}	γ^+	γ^-	γ^{AB}	γ^{TOT}
pH 值=6.5	33.208	1.548	44.912	16.677	49.885
pH 值=7.5	31.390	1.323	50.702	16.378	47.768
pH 值=8.5	29.726	0.918	52.923	13.941	43.667

表 7-26 膜与有机胶体接触时的相互作用能

	pH 值=6.5	pH 值=7.5	pH 值=8.5
PVC 合金	-11.20	-7.71	-7.01
PVDF	-12.78	-8.95	-8.19

膜与有机胶体接触时的相互作用能见表 7-26 所示。pH 值越低,相互作用能绝对值越大,即膜污染越严重;pH 值越高,膜污染越轻。PVDF 膜污染比 PVC 合金膜污染严重些。与表面能参数结合,可以发现,pH 值越低,有机胶体的总表面能 γ^{TOT} 越高,范德华表面能 γ^{LW} 越高,Lewis 酸性 γ^+ 越强,Lewis 碱性 γ^- 越弱,AB 表

面能 γ^{AB} 越高。分析有机胶体的组成,腐殖酸与富里酸均是弱酸性物质,在水中水解出 H^+,当 pH 值降低时,会增加水中 H^+ 含量,从而抑制腐殖酸与富里酸的水解,进而导致更多的胶团聚集。

（2）膜与有机胶体接触过程中的相互作用能变化

考察 LW/AB/EL 相互作用能在 TOT 作用能中的所占比例,观察其中 LW/AB/EL相互作用能在膜与有机胶体不同距离时占总作用能的比例,结果如图 7-67 所示。

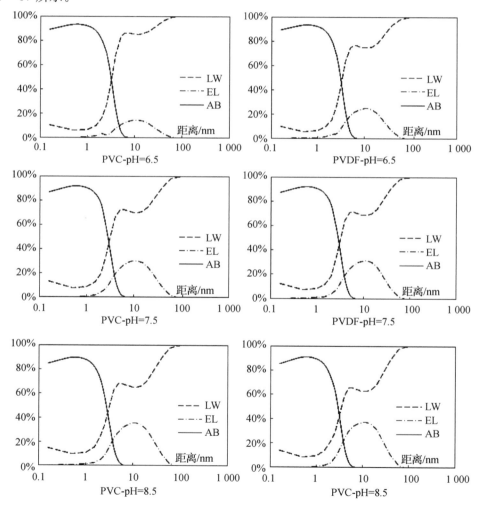

图 7-67　不同 pH 值条件下 LW/AB/EL 在不同距离时占总相互
作用能的比例(注:图中纵坐标表示各组分所占比例)

由图 7-67 可以看出,不同距离中 LW/AB/EL 相互作用能占总作用能比例在不同 pH 值时变化趋势大体相同,都是远处(>3 nm)LW 占主导地位,近处(<2.5 nm)AB 占主导地位。由此可以分析膜污染的微观机理:由于水流的作用,有机胶体被水流携带着接近膜丝。有机胶体距离膜较远时(>3 nm),在 LW 相互作用能的主导下,有机胶体被吸附至更近距离;较近距离时(<2.5 nm),由于 AB 相互作用能的主导,有机胶体被吸附至膜表面;EL 相互作用能一直起着抵抗吸引的作用,但影响较小。因此,可以认为,若能降低 LW 相互作用,即可降低膜污染的速率,减少反冲洗频率;若能控制 AB 相互作用能,即可控制膜污染。

7.5.2 实际水厂 XDLVO 理论的验证研究

根据上述分析结果,超滤膜有机污染形成是由 AB 相互作用能主导。因此,降低 AB 相互作用能即可降低膜污染。为降低这一相互作用,可以改变膜或者有机物的亲疏水性,来降低膜污染。氧化能改变水中有机物的特性,因此本研究选择氧化法预处理来验证 XDLVO 理论对实际水样是否适用,即观察氧化后水样与未氧化水样的跨膜压差变化是否与 XDLVO 理论预测一致。

7.5.2.1 沉后水氯氧化前后水样的变化

试验选择南京某水厂沉后水作为过滤水样,测定水样加次氯酸钠氧化前后的常规指标(pH 值、浊度、DOC、UV_{254})及粒径、Zeta 电位的变化,结果见表7-27。

表 7-27 水样氧化前后常规指标

	pH 值	浊度	UV_{254} (cm^{-1})	DOC ($mg \cdot L^{-1}$)	粒径 (nm)	Zeta 电位 (mV)
未加氯原水	6.8	0.83	0.038	2.73	616.8	−11.6
加氯后原水	7.4	0.58	0.034	2.52	536.6	−12.5

7.5.2.2 有机胶体及膜的表面参数

与前述有机胶体分析一致,选择氧化前后水样,测量有机胶体与 3 种待测液体的接触角,具体数据如表 7-28。

表 7-28 氧化前后水样的接触角

	Ultrapure water	Glycerol	Diiodomethane
未加氯原水	36.5(±3.2)	53.9(±0.6)	26.9(±0.4)
加氯后原水	29.6(±4.9)	41.6(±0.5)	43.7(±0.8)

根据氧化前后水样接触角数据,计算出氧化前后水样中有机胶体的表面能,结果见表 7-29。

表 7-29　氧化前后水样有机胶体的表面能

	γ^{LW}	γ^+	γ^-	γ^{AB}	γ^{TOT}
未加氯原水	45.452	0.110	50.428	4.717	50.169
加氯后原水	37.701	0.707	48.412	11.700	49.401

由表 7-29 数据可以看出,加氯氧化后水样有机胶体的 LW 表面能 γ^{LW} 降低了 17.1%,同时 AB 表面能 γ^{AB} 增加了 59.7%,结果导致总表面能 γ^{TOT} 降低了 1.5%。分析其原因,原水中含有大量 C=C、羧基 COOH、酚羟基 AR—OH 等容易发生氧化反应的官能团,在加氯后被氧化,形成新的亲疏水性、极性不同的官能团,从而导致整体有机胶体性质的改变。即氧化后水样疏水性降低(即亲水性增加),极性增加。

7.5.2.3　氧化前后膜与有机胶体的相互作用能

(1) 膜与有机胶体接触时的相互作用

应用 XDLVO 理论,计算膜与有机胶体接触时的相互作用能,具体见表 7-30。

表 7-30　PVC 合金膜与氧化前后水样有机胶体接触时的相互作用能

	未加氯原水	加氯后原水
PVC 合金	−16.346	−12.679

研究发现,加氯后原水造成的膜污染较轻。这主要是因为加氯氧化造成沉后水中有机物的性质改变,使得总表面能 γ^{TOT} 降低,其中范德华表面能 γ^{LW} 降低,Lewis 酸性 γ^+ 增加,Lewis 碱性 γ^- 降低,总的 Lewis 酸碱性 γ^{AB} 增加。具体来说,范德华表面能 γ^{LW},代表了较小颗粒间的相互吸引,是万有引力在微观上的表现;范德华表面能的降低,表明有机胶体的吸附能力降低。而 Lewis 酸碱表面能是亲水性有机胶体的水合作用的体现。

(2) 膜与有机胶体接触过程中的相互作用能

应用 XDLVO 理论,计算出膜与有机胶体接触过程中的相互作用能,以膜与有机胶体之间的距离为横坐标,相互作用能为纵坐标,画出总的相互作用能曲线,结果见图 7-68。

由图 7-68 可以明显看出,氧化前的 TOT 曲线比氧化后的曲线陡,这说明氧化前的总的相互作用能比氧化后的作用能大,即氧化前的膜污染比氧化后的膜污染严重。AB/LW 作用能都是负的,代表会加剧膜污染;EL 作用能是正的,代表会减轻膜污染,但 EL 相互作用能比其他两个作用能小很多。而总的作用能是负的,代表会加剧膜污染。在膜与有机胶体接近(>10 nm)的过程中,总作用能 TOT 曲线与 LW 曲线最为接近,这说明在膜与有机胶体接触过程中 LW 起主要作用;而当膜与有机胶体足够接近(<3 nm)时,AB 曲线急剧增大,超过 LW 曲线成为与 TOT 曲线最接近的曲线,这说明在膜与有机胶体足够接近时,AB 作用能起主要作用。

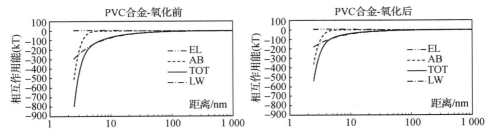

图 7‐68　氧化前后 PVC 合金膜与有机胶体在不同距离时的相互作用能变化

为考察 LW/AB/EL 相互作用能在 TOT 作用能中的所占比例的具体变化,以膜与有机胶体的距离为横坐标,各作用能所占比例为纵坐标,画出各作用能所占比例变化图,结果如图 7‐69。

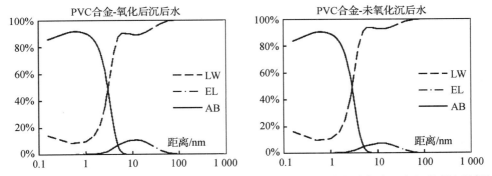

图 7‐69　不同距离处 LW/AB/EL 相互作用能所占比例(注:图中纵坐标表示各组分所占比例)

由图 7‐69 曲线可以看出,氧化前后水样中 LW 作用能在>100 nm 距离均占绝对地位,所占比例接近 100%;在 10~100 nm 之间 LW 仍占主导地位,其中氧化前水样 LW 作用能占 92% 以上,氧化后水样 LW 作用能占 89% 以上;在距离 1~10 nm 处,各作用能所占比例有较大变化,主要由 LW 作用能占主导变为 AB 作用能占主导,其中氧化前水样在距离 2.9 nm 处 AB 作用能所占比例开始超过 LW 作用能,氧化后水样在距离 3 nm 处 AB 作用能所占比例开始超过 LW 作用能;在距离<1 nm 时,AB 作用能一直占主导地位至有机胶体与膜接触,接触时氧化前水样 AB 作用能占 89.64%,氧化后水样 AB 作用能占 87.44%。EL 相互作用能在总作

用能中所占比例一直很低,在 10 nm 处达到了它所能达到的峰值,在氧化前占 7.11%,氧化后占 10.65%。由此可得,LW 作用能在距离较远处(>3 nm)起主要作用,AB 作用能在距离较近处(<2.9 nm)起主要作用,而 EL 作用能一直较小。

膜与有机胶体间的距离从 1 000 nm 接近到 10 nm 时,氧化前水样 LW 相互作用能从 -0.735 7 kT(单位为 mJ/m², 国际简称 kT,后略)变为 -73.572 6,AB 作用能从 0 变为 -0.001 9,EL 作用能从 0 变为 5.635 3;氧化后水样 LW 相互作用能从 -0.454 3 变为 -45.427 2,AB 作用能从 0 变为 -0.001 4,EL 作用能从 0 变为 5.414 0。由此可以看出,在 1 000 nm 接近到 10 nm 处的过程中,LW 作用能(即范德华力)的增加是造成有机胶体被吸附到膜表面附近的主要动力。氧化后 LW 作用能的降低将导致膜污染的增长速率降低。

膜与有机胶体间的距离从 10 nm 接近到 0.158 nm(即相互接触)时,氧化前水样 LW 相互作用能从 -73.572 6 变为 -4 656.521 2,AB 作用能从 -0.001 9 变为 -25 181.66,EL 作用能从 5.635 3 变为 10.325 5;氧化后水样 LW 相互作用能从 -45.427 2 变为 -2 875.1 364,AB 作用能从 -0.001 4 变为 -18 107.86,EL 作用能从 5.414 0 变为 6.310 8。由此可见,在膜与有机胶体相距 10 nm 到接触的过程中,LW 作用能与 AB 作用能的共同增加,是造成有机胶体被吸附到膜表面的主要动力。其中,AB 作用能增加的幅度更大。与图 7-68 结合发现,在接触时 AB 作用能占总作用能的 84%~87%,LW 作用能占 15%~13%。

因此研究认为,在膜与有机胶体接触时,AB 作用能起主要作用,即 AB 相互作用能是形成膜污染的主要原因。氧化后水样的 AB 相互作用能的降低将使得氧化后水样造成的膜污染较轻。

7.5.2.4 氧化前后跨膜压差变化

跨膜压差是超滤膜正常运行所需的压力。在恒流过滤(40 L/(m²·h))下,以自动记录仪记录的跨膜压差为膜污染指标,观察过滤过程中膜污染变化。

由图 7-70 跨膜压差的变化可以明显看出,加氯氧化后原水,其跨膜压差增长较缓慢,初始跨膜压差也较低。对于初始跨膜压差的降低,应与次氯酸钠氧化掉原水中部分有机物有关;对于跨膜压差增长的缓慢,应与次氯酸钠改变了水中有机物特性有关。测量原水及氧化后水的 DOC,发现原水 DOC 为 2.73 mg/L,加氯氧化后水 DOC 为 2.52 mg/L,降低了 7.69%;原水的初始跨膜压差为 21.4 kPa,加氯氧化后为 15.2 kPa,降低了 29.0%。这证明了初始跨膜压差的降低与加氯氧化掉了水中部分有机物有关。

对于跨膜压差的增长趋势,原水在 8 h 后有加快增长的趋势,而加氯后的原水没有这种趋势。这表明次氯酸钠改变了有机物的特性。这与有机胶体表面能参数表

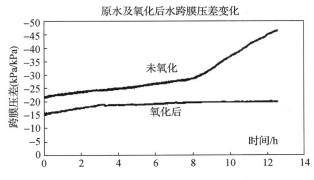

图 7-70　氧化前后水样过 PVC 合金膜跨膜压差变化

7-29 中有机胶体表面能参数的改变相符合。对于跨膜压差的增长速率，原水 0～8 h 增长了 7.2 kPa，氧化后水 0～8 h 仅增长了 4.4 kPa，这表明氧化降低了膜污染的增长速率。与前述氧化后 LW 作用能的降低将导致膜污染的增长速率的降低相符合。

对于有机胶体造成的膜污染（选择运行 12 min 后稳定运行时的跨膜压差作为比较），氧化前水样为 −22.0 kPa，氧化后水样为 −15.6 kPa，这表明氧化后水样造成的膜污染比氧化前轻。

7.5.2.5　傅里叶红外吸收光谱分析

在正常运行中，超滤膜会吸附、截留水中有机物。在本试验中，以正常运行 15 d 后的滤膜膜丝，进行傅里叶红外光谱分析，比较氧化前后水样中有机物的官能团变化，进而分析有机物的亲疏水性、极性的变化。与 XDLVO 理论计算出来的有机物亲疏水性、极性进行比较，验证 XDLVO 理论的适用性。

对于傅里叶红外光谱分析，分析的化合物越纯，吸收谱带越尖锐，对称性越好；若是混合物，则谱带会出现重叠、加宽，对称性破坏。但试验中分析的新膜或者污染膜均为混合物。

（1）清洁的新膜表面官能团分析

图 7-71 为新膜所测得红外光谱图，根据光谱图上特征波峰与基团所对应特征波长带，分析得出新膜的 PVC 合金特征基团。PVC 合金膜具有聚氯乙烯的特征基团，如 CH_2(1 430 cm^{-1})、C—C(1 025 cm^{-1})以及 C—Cl(965 cm^{-1} 和 695 cm^{-1})等，膜表面还具有 CH_3(2 915 cm^{-1})、羧基 C=O(1 654 cm^{-1})和 O—H(3 425 cm^{-1})等亲水性基团。图中各吸收峰大部分较为尖锐，说明新膜表面很干净，没有杂质干扰。

（2）沉后水过膜表面官能团分析

超滤膜过滤沉后水一定时间后，膜表面会吸附、截留一层污染层。图 7-72 为沉后水过膜表面红外光谱图，根据光谱图上特征波峰与基团所对应特征波长带，可

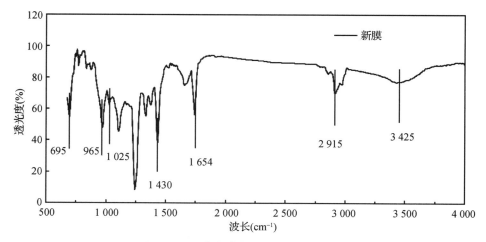

图 7 - 71　清洁膜表面红外光谱分析图

以分析出膜表面污染层特征基团。与图 7 - 71 比较,膜表面的官能团吸收峰值
C—Cl(965 cm^{-1}和 695 cm^{-1})消失,表明污染层覆盖住膜表面,且污染层中不含有
C—Cl 基团;新的官能团吸收峰在 917 cm^{-1}处出现,属于芳烃弯曲振动,代表污染
层中含有苯环类有机物;C—C(1 029 cm^{-1})吸收峰加强加宽,说明污染层中含有大
量 C—C 官能团;羧基 C≡O(1 646 cm^{-1})、羟基 O—H(3 313 cm^{-1})吸收峰变平滑
并向左偏移,说明污染层中多种物质含有羧基、羟基。与图 7 - 71 比较,图 7 - 72
吸收峰较平缓,这主要是由于污染层是混合物的缘故。

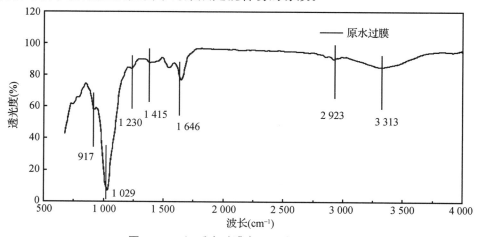

图 7 - 72　沉后水过膜表面红外光谱分析图

(3) 氧化沉后水过膜表面官能团分析

对沉后水选用次氯酸钠氧化,在相同工况下过膜,对膜表面进行红外光谱分

析,结果如图 7-73 所示。与图 7-72 比较可以看出,大部分吸收峰与未氧化原水较为相似,只是吸收峰有所偏移,这是由于官能团的浓度不同所致。新出现了吸收峰 C—Cl(690 cm^{-1}和 802 cm^{-1}),O—H(3 791 cm^{-1})。另外,原有的羟基吸收峰(3 317 cm^{-1})变宽变深。

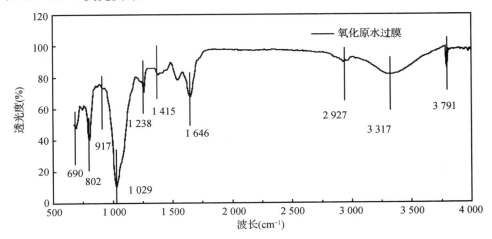

图 7-73　氧化沉后水过膜表面红外光谱分析图

出现 C—Cl 吸收峰是因为次氯酸钠中含有 Cl,原水被氧化成新的有机物时吸收了 Cl,因此此处 C—Cl 吸收峰与 PVC 合金膜结构中的 C—Cl(965 cm^{-1}和 695 cm^{-1})吸收峰不完全一致。出现新的羟基 O—H(3 791 cm^{-1})吸收峰是因为氧化原水后出现了新的羟基基团,因此此处吸收峰较尖锐。原有的羟基吸收峰(3 317 cm^{-1})变宽变深表明有机物中羟基浓度增大。由于羟基基团具有很强的极性和亲水性,可以说明氧化后的污染层的极性和亲水性比氧化前强。污染层是由水样中的有机物组成,污染层的极性和亲疏水性代表了水中有机物的极性和亲疏水性。因此,根据傅里叶红外光谱分析结果,氧化后水中有机物的极性和亲疏水性比氧化前强,这再次证明了 XDLVO 理论在实际原水中的适用性。

7.6　超滤膜清洗技术

7.6.1　基于膜污染控制的反冲洗优化控制研究

超滤膜在运行过程中,膜表面会吸附、沉积水中的污染物,而膜表面的污染物会降低膜通量,增加膜阻力,影响超滤膜的正常过滤。常规的气水联合反冲洗是在曝气和水力清洗的共同作用下,利用水流紊动产生的剪切和机械作用,使膜表面的污染物松动、脱落,易于从膜表面被去除掉,进而被反冲洗水流带走。因此,合适的气水联合反冲洗可以大大缓解膜表面可逆污染的形成。本章试验以物理清洗作为研究对象,深入探究了物理清洗对超滤膜有机污染的影响,分别从清洗强度、清洗时间以及累计清洗等方面研究物理清洗对超滤膜的影响,并从超滤膜膜阻力、清洗效果等方面分析了物理清洗对超滤膜有机污染的作用机理。

以原水水质较好的水源水为研究对象,依托新疆某水厂为代表的低温湖库水源,研究超滤反冲洗前后的可逆阻力和不可逆阻力数值变化,进而确定超滤反冲洗方式。利用反冲洗水中颗粒数、有机物等的变化规律,研究超滤膜的反冲洗时间对膜阻力变化的影响。从膜的可逆阻力和不可逆阻力数据变化,研究超滤膜反冲洗水量和反冲洗气量对膜通量恢复的影响。基于超滤膜的产水率,研究水力清洗频率对膜通量恢复的影响,优化超滤反冲洗工况。

7.6.1.1 曝气清洗对膜污染控制试验研究

通过试验设计,考察气洗对于污染膜的清洗效果。独立试验包括 A、B、C、D、E 五组,每组进行 10 次试验。其中 A 组试验设计如表 7-31 所示,其余四组试验改变气洗清洗强度,分别为 160 L/h、240 L/h、320 L/h 和 400 L/h,持续时间与表 7-31 相同。过滤周期为 2 h,曝气强度为 320 L/h;水洗 3 min,流量为 60 L/(m² • h)。过滤压力为 0.03 MPa,反冲洗压力为 0.06 MPa。

表 7-31 气洗试验设计表

编号	气洗清洗强度(L/h)	持续时间(min)	累计消耗(L)
1	80	0.5	0.67
2	80	0.5	0.67
3	80	1	1.33
4	80	1	1.33
5	80	2	2.67
6	80	2	2.67
7	80	3	4
8	80	3	4
9	80	4	5.33
10	80	4	5.33

气液两相流状态对膜表面流场的影响:浸没式膜组件在水处理工艺中的应用受到广泛关注,运行及反冲洗过程中膜丝表面的水流流态对膜污染控制具有一定

的改善作用。优化膜表面流场的湍流程度被认为是控制膜污染的有效方法之一。因此,曝气被证实为一种有效的膜污染控制手段。

当对超滤膜系统进行曝气时,曝气引起的膜表面流场的流态发生了明显变化,并直接影响超滤膜跨膜压差的波动幅度,这种变化与曝气时的气液两相流状态密切相关。图7-74为不同曝气强度下压力变化系数的变化情况。由图7-74可知,曝气平板曝气方式的压力变化系数要比曝气头曝气的压力变化系数大,膜表面流场的湍流变化程度明显,曝气效果更为理想。分析认为,当采用曝气头曝气方式时,单个气泡体积很小,且产生过程较为随机,表现出来的压力变化系数较小,湍流变化无规律性;而采用曝气平板曝气时,曝气气泡的体积变大,在上升过程中引起膜表面流态强烈变化且由于曝气平板的气孔布置均匀,气泡产生具有一定规律性,压力变化系数较大,湍流变化程度明显。

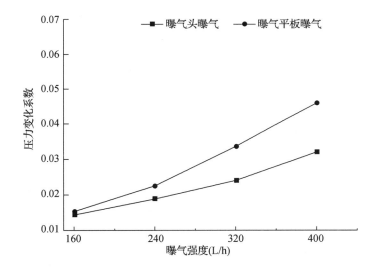

注:TOC=3.76 mg/L,水温=26 ℃,pH值=6.9

图7-74 不同曝气强度对压力变化系数的影响

气洗强度、时间对膜阻力和膜表面流场的影响:超滤膜系统进行曝气时,利用曝气时气泡上升的剪切作用,对膜表面的污染物进行清洗,降低超滤膜系统的可逆阻力,减轻膜污染。研究表明,曝气时间、强度和清洗效果并不成正比。对于曝气时间,并非越长越好。曝气作为一种通过改善水流剪切作用的物理清洗方法,只有当膜表面的滤饼层较为松散且易被去除时,清洗效果才比较明显。当曝气的时间超过一定限度时,膜表面较为松散的滤饼层基本被去除的情况下,膜过滤的运行阻力将不再产生明显的变化。此外,过大的曝气强度会引起水流的剪切作用增大,导致从膜表面清洗下来的絮体破碎,小粒径物质增多,更加容易吸附、沉积在膜表面从而使滤饼层结构更加致密,膜的不可逆阻力上升。而当曝气强度较小时,曝气引起的水流的剪切作用不明显,无法达到使膜表面的污染物松动、脱落从而被反冲洗水流带走;曝气效果不理想,将最终导致超滤膜系统过滤能力得不到有效恢复。因此,适宜的曝气强度、清洗时间对降低膜过滤阻力十分重要。

图 7-75 反映了不同曝气强度、清洗时间下膜阻力的变化情况。在同一曝气强度下,随着清洗时间的延长,膜阻力呈现先迅速上升后变化平缓的趋势。当曝气强度为 320 L/h 和 400 L/h,曝气清洗时长为 3 min 时,膜阻力较低且上升较为平缓,分别上升 14.5% 和 11.5%;当曝气强度为 160 L/h 和 240 L/h 时,清洗时间 3 min 后,膜阻力仍有上升的趋势。因此,适当增加曝气强度有利于减缓膜阻力的增加,从而减轻膜污染。

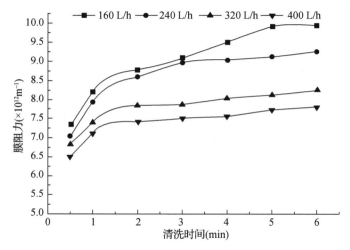

TOC=3.36～3.89 mg/L,水温=24～26 ℃,pH 值=6.9～7.0

图 7-75　不同气洗强度、时间对膜阻力的影响

作为超滤膜系统反冲洗方式之一,曝气清洗可以有效减轻过滤阶段的不可逆污染,降低过滤阶段的膜阻力,恢复膜的过滤能力。随过滤过程的进行,水中的污染物逐渐吸附、沉积在膜表面,超滤膜污染随之增加。曝气利用水流紊动产生的剪切作用,使膜表面的污染物松动、脱落,易于从膜表面被去除,从而有效控制膜阻力。相对于较高的曝气强度,在较低的曝气强度下膜阻力增加较快。这主要是因为当曝气强度较低时,曝气水流的紊动产生的剪切作用不能有效防止水中污染物在膜表面的沉积和吸附;而随着曝气强度的增加,曝气水流的紊动产生的剪切作用增大,水中污染物在膜表面沉积和吸附得越来越少,膜过滤阻力的增加速率出现减缓现象。因此,当曝气强度增加到一定强度时,膜过滤阻力增加速率会逐步减慢并趋于平缓。有试验结果表明,通过改变膜表面的错流速度,可以减少滤饼层在膜表面的沉积从而减轻膜污染。对于曝气时间,曝气强度越大,膜过滤阻力达到稳定所需的时间越短。分析认为:曝气作为物理清洗方法,对于松散滤饼层的清洗效果较为明显,曝气强度越大,松散滤饼层越易被去除,所需的时间越短。

图7-76为不同曝气强度下超滤膜压力变化系数的变化情况。曝气对于超滤膜系统而言,主要是通过改变膜表面流场的湍流强度来达到减轻膜污染的目的;压力变化系数通过对跨膜压差的概率统计近似量化超滤膜表面的跨膜压差的波动情况,从而反映超滤膜表面的流场变化情况。当曝气强度相同时,压力变化系数存在一个最大值;当曝气强度为160 L/h和240 L/h时,压力变化系数最大值出现在3~4 min之间,曝气强度为320 L/h和400 L/h时,压力变化系数最大值出现在1~2 min之间。这说明曝气强度为160 L/h和240 L/h时,膜表面流场湍流强度在清洗时间为3~4 min之间较大,曝气强度为320 L/h和400 L/h时,膜表面流场湍流强度在清洗时间为1~2 min之间较大。此外,曝气强度为320 L/h和400 L/h时的湍流强度明显要比曝气强度为160 L/h和240 L/h时要强,这说明当曝气强度较大时,膜表面流场湍流强度较大,达到理想清洗效果所需时间就越少。因此,曝气强度为320 L/h和400 L/h的湍流强度明显优于曝气强度为160 L/h和240 L/h的湍流强度,清洗效果更理想。综上所述,结合膜阻力变化情况,当曝气强度为320 L/h,清洗时间为3 min时,膜表面流场的湍流程度较大,膜阻力得到有效控制,曝气效果理想。

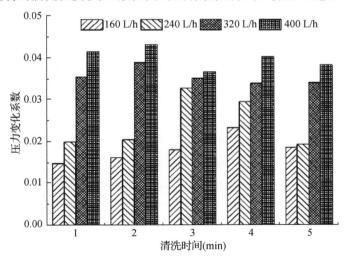

TOC=3.36~3.89 mg/L,水温=24~26 ℃,pH值=6.9~7.0

图7-76　不同气洗强度、时间对压力变化系数的影响

累计曝气量对超滤膜系统运行阻力的影响:曝气作为物理清洗方法,曝气强度增大,水流紊动产生的剪切力也相应增加,有机物和絮体也越容易从膜表面上剥离下来。当曝气强度达到一定大小时,所需的曝气时间较少。图 7 - 77 为超滤膜膜阻力随累计曝气量的变化情况。当曝气强度为 320 L/h 和 400 L/h,累计曝气量为 15 L 时,超滤膜的膜阻力上升进入平缓的上升阶段;当曝气强度为 160 L/h 和 240 L/h,累计曝气量为 15 L 时,超滤膜的膜阻力仍处于快速上升阶段,膜阻力相对于曝气强度为 320 L/h 和 400 L/h 时较大。综上所述,曝气强度较大时,取得较理想的曝气效果所消耗的曝气量比曝气强度较小的更少。因此,曝气强度为 320 L/h 较为合适,当累计曝气量达到 25 L 时,膜阻力进入平缓上升阶段且膜阻力较低,且达到稳定所需的曝气量相对较少。

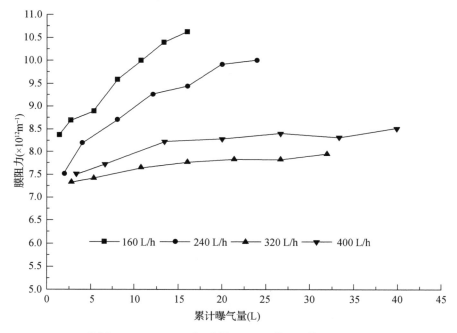

TOC＝3.36～3.89 mg/L,水温＝24～26 ℃,pH 值＝6.9～7.0

图 7 - 77　累计曝气量对超滤膜膜阻力的影响

7.6.1.2　气水联合反冲洗对膜污染控制的效果

在超滤膜系统运行过程中,膜表面会截留水中的污染物,包括颗粒物、胶体、微生物等,这些污染物会在膜表面累积进而造成膜污染。因此,只要超滤系统运行,膜污染就是不可避免的。气水联合反冲洗作为超滤系统最常用的反冲洗方式,集合了曝气清洗和水力清洗的优点,增强了清洗效果,可以大大降低过滤阶段的膜阻力,延长化学清洗的周期。

超滤膜系统水洗运行参数的优化:气洗主要是通过曝气水流的紊动产生的剪切作用来减少水中污染物在膜表面的沉积和吸附;而超滤膜系统的水力清洗是利用水流的物理作用清洗膜表面的污染层,带走曝气清洗松动脱落的滤饼层以及残留在中空纤维膜内的浓水。因此,对水洗运行参数优化的研究对于研究气水联合反冲洗对膜污染控制有重要影响。图7-78(A)为水洗的反冲洗流量和过滤流量的比值 r 对膜通量恢复率的影响。由图7-78(A)可知,膜通量恢复率伴随 r 值的增加而迅速上升,但 r 值达到2之后,膜通量恢复率的变化不明显;此外,在过滤流量不同的情况下,当水洗的反冲洗流量和过滤流量的比值 r 稳定在2~2.5时,反冲洗后膜通量恢复率能维持在90%。由此可知,水洗的反冲洗流量最佳值为过滤流量的2~2.5倍。

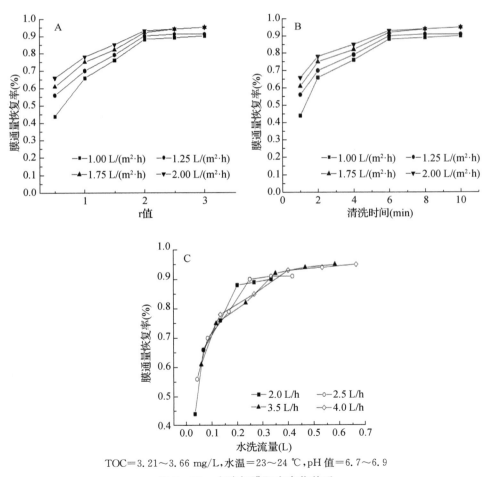

TOC=3.21~3.66 mg/L,水温=23~24 ℃,pH 值=6.7~6.9

图7-78 水洗与膜阻力变化关系

以超滤膜水力清洗时间为横坐标,膜通量的恢复率为纵坐标作图 7 - 78(B)。由图 7 - 78(B)可见,当水力清洗时间较短时,超滤膜反冲洗后的膜通量恢复率较低;而随着水力清洗时间的增加,膜通量恢复率越来越高。当水力清洗时间达到 6 min 后,水洗后膜通量恢复率的变化不明显;此外,当运行周期的时间一定时,水洗时间的延长会减少正常过滤时间,导致产水率下降,进而影响超滤膜的正常运行。分析认为,当水洗达到一定时间后,再延长水力清洗时间,会使已经清洗掉的污染物重新吸附、沉积到膜表面,加剧膜表面的污染,不利于恢复膜通量和提高水洗效果。因此,本试验中较为理想的清洗时间为 6 min。

以超滤膜水力累积流量为横坐标,膜通量的恢复率为纵坐标作图 7 - 78(C)。由图 7 - 78(C)可见,不同过滤流量下,膜通量恢复率随着水洗流量的增加逐步上升。当水力清洗流量上升到 0.4 L 后,膜通量随着水力清洗流量的增加变化不明显,因此,可以看出对于 4 种不同的过滤流量,水力清洗的流量最佳值为 0.4 L,超过 0.4 L 之后,膜通量增加不再明显,此外,随着水力清洗的流量的增加,超滤膜产水率将逐步降低,即降低了超滤膜的处理效能。

水洗周期、产水率对超滤膜系统运行影响:超滤膜运行周期作为实际运行中常用的控制超滤膜膜组的主要参数之一,现有研究中多以跨膜压差变化作为其控制标准。但对跨膜压差的控制限值尚未有明确的判别依据,且多为工程实践运行经验。分析认为:过滤周期短则产水率低,但水力清洗效果作用较好;过滤周期长产水率提高但可能不利于水力清洗后的膜通量恢复。因此,有必要全面考虑过滤周期对膜阻力、水力清洗效果和产水率的综合影响,基于降低工艺能耗和保障膜系统稳定运行的考虑,实施超滤膜过滤周期的优化控制研究,并进一步探讨可能的运行控制指标。

本试验开展对超滤运行周期的优化研究,重点考察膜阻力变化率、水力清洗效果和产水率三者对于超滤系统过滤周期的影响,研究运行过程中膜阻力变化率与水力清洗效果(反冲洗水中污染物含量)、产水率的交互作用,探求超滤膜运行最佳周期的表征方法,为工程实践提供科学依据和技术支持。

在超滤膜系统运行过程中,为了减缓膜污染增长速率,恢复超滤膜过滤能力,过滤一段时间后会对其进行气水联合反冲洗。在相同运行工况下,过滤周期越长,膜污染就越严重;当污染累积程度较高时,反冲洗效果会不理想。为了获得理想的反冲洗效果,减缓膜污染的增长,本试验主要考察运行周期对膜污染控制的影响。

在膜通量为 30 L/(m² · h)、气洗时间 3 min 和水力清洗时间 6 min 的条件下,4 种工况膜阻力变化情况如图 7 - 79 所示。由图 7 - 79 可知,膜阻力随运行时间的增加呈现出逐渐上升的趋势;而不同过滤周期情况下,膜阻力增速不相同,过滤周期较长的情况下,膜阻力增加较快;过滤周期较短的情况下,膜阻力增加较慢。分析认为,伴随着过滤周期的延长,超滤膜的污染较高,清洗效果不如较短过滤周期明显,不可逆阻力增加较快。因此,合适的过滤周期有助于控制膜污染,本试验确定的合适的过滤周期为 2 h。

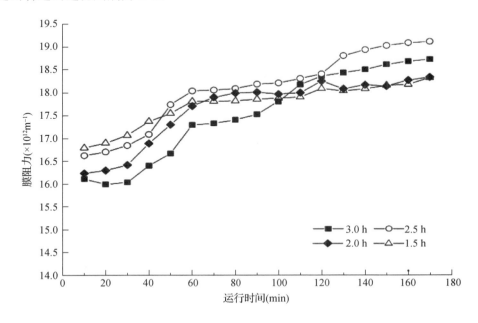

TOC 值＝3.21～3.66 mg/L,水温＝23～24 ℃,pH 值＝6.7～6.9

图 7 - 79　超滤膜系统运行膜阻力随时间变化图

过滤周期对于超滤膜过滤的产水率有重要影响,在超滤膜实际运行中,由于过滤周期不同,超滤膜产水率变化较大。本试验中通过考察不同过滤周期情况下,超滤膜产水率变化来研究过滤周期对于产水率的影响结果如图 7 - 80 所示。过滤周期为 3 h 和 2.5 h 时,初始产水率相对于过滤周期为 2 h 和 1.5 h 较高,且随着运行周期的增加,在过滤周期为 3 h 和 2.5 h 情况下,产水率下降较快;运行 4 个周期后,产水率出现低于过滤周期为 2 h 和 1.5 h 的情况。此外,随着运行周期的增加,过滤周期为 2 h 和 1.5 h 的产水率逐步趋于稳定,而在过滤周期为 3 h 和 2.5 h 情况下,产水率有下降的趋势。分析认为,由于运行初期,膜污染较轻,较长的过滤周期由于反清洗的频率较低,产水率相对于较短的过滤周期情况较高;但是,随着运行周期增加,膜污染的增加,过滤周期较长的情况下,膜污染比较短过滤周期的情况下严重,产水率下降得较快。因此,为取得较为理想的产水率,选择合适的过滤周期十分重要。本试验确定的合适的过滤周期为 2 h。

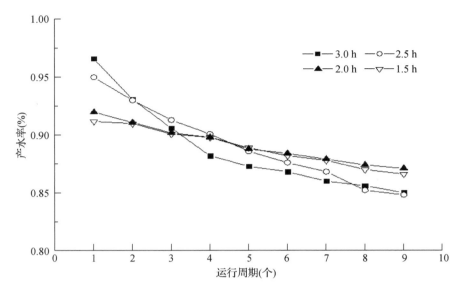

TOC＝3.21~3.66 mg/L，水温＝23~24 ℃，pH 值＝6.7~6.9

图 7－80　超滤膜系统运行产水率随时间的变化

　　气水联合反冲洗对膜阻力的影响：现有试验结果表明，气水联合反冲洗作为超滤膜系统最常用的反冲洗方式，清洗效果理想，能有效减缓膜污染的增长，延长维护性清洗周期，而气水联合反冲洗中最重要的参数之一就是气水体积比。

　　本试验通过对膜阻力和压力变化系数的变化研究了气水比对膜污染控制的影响。试验中曝气平板位于膜组件下方，利用气泡垂直上升的混合搅动以及水流紊流产生的剪切作用对纤维膜丝外表面进行擦洗；同时，水洗利用超滤产水反向清洗膜丝，并将装置内的浓水及气洗清洗的污染物带出，强化曝气清洗效果。试验在膜通量为 30 L/(m² · h)、过滤周期为 2 h、曝气时间为 3 min 和水力清洗时间为 6 min 的条件下进行，不同气水体积比下膜通量恢复率随时间变化情况如图 7－81 所示。随着过滤时间的增加，膜阻力呈现逐步上升的趋势；在不同气水比的情况下，随着气水比增大，膜阻力逐步减少，当气水比到达 160 之后，膜阻力相较其他气水比情况下的膜阻力却变大。在气水比较小的情况下，膜阻力随着气水比的增大逐步下降，当气水比上升到一定程度后，水中反冲洗后的污染物不能有效排出超滤膜系统，超滤膜系统中的污染物浓度上升，清洗后的污染物会再次污染超滤膜。因此，当气水比达到一定程度后清洗效果不如相对较小但是更合适的气水比情况。适当的气水比有助于增加气水联合清洗；过小的气水比不能有效清洗受污染的超滤膜；过大的气水比则会增加超滤膜的污染，降低清洗效果。

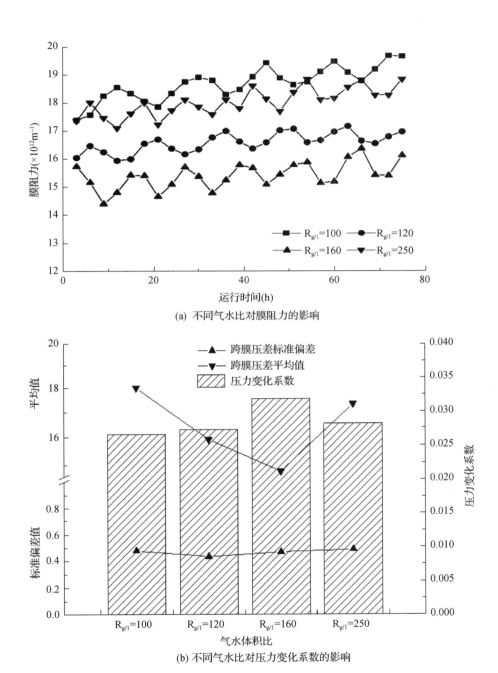

(a) 不同气水比对膜阻力的影响

(b) 不同气水比对压力变化系数的影响

图 7-81　气水联合反冲洗对膜污染控制的影响

7.6.1.3　清洗出水中颗粒数的变化

超滤膜水洗出水中颗粒物数目变化情况如图 7-82 所示。采用 2 倍过滤水量作为水洗流量，反冲洗水也通过顶部的排污口排出。2～5 μm、5～7 μm、7～10 μm、10～15 μm 四个粒径区间的颗粒数随着清洗时间的增加呈现出下降的趋势，而 15～20 μm、20～25 μm、25～50 μm、>50 μm 四个粒径区间的颗粒数随着清洗时间的增加呈现出稳步上升的趋势。因此，可以看出水力清洗反冲排出的颗粒物集中在 2～20 μm。

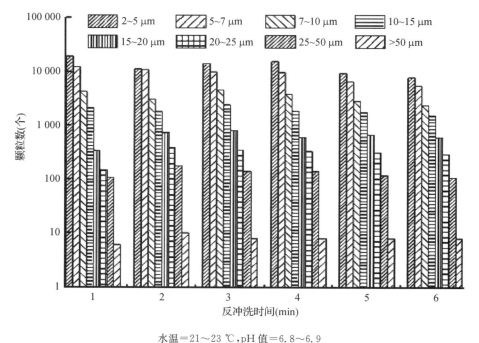

水温＝21～23 ℃，pH 值＝6.8～6.9

图 7-82　超滤膜清洗出水中颗粒物数量

7.6.2　低浓度含氯反冲洗技术研究

在工程意义上，超滤膜的污染由可逆污染和不可逆污染两部分组成。可逆污染一般可通过膜的水力清洗得到控制，而不可逆污染则需要由化学清洗清除，而化学清洗时所采用的高浓度化学药剂可能对超滤膜污染产生不利影响。因此，控制超滤膜不可逆污染积累对于优化超滤膜工作条件、延长超滤膜化学清洗周期具有重要意义。因此有必要开展采用低浓度含氯水反冲洗技术控制超滤膜污染的研究。

7.6.2.1　含氯水反冲洗对跨膜压差的恢复效果

图7-83所示为氯浓度为10 mg/L时的含氯水对跨膜压差和膜通量的恢复效果。由图7-83可见,采用常规的气水反冲洗仅能在一定程度上延缓超滤膜的污染,并不能有效控制超滤膜的污染。随着运行周期的延长,超滤膜跨膜压差不断上升,经过40个周期的运行,超滤膜跨膜压差由初始时的39 kPa增加至56 kPa。而当采用含有效氯浓度为10 mg/L含氯水进行反冲洗后,超滤膜的污染状况得到了有效控制,并随着周期加氯反冲洗,跨膜压差以及运行通量逐渐得到恢复,表明10 mg/L含氯水反冲洗对腐殖酸造成的膜污染具有明显的清洗效果。

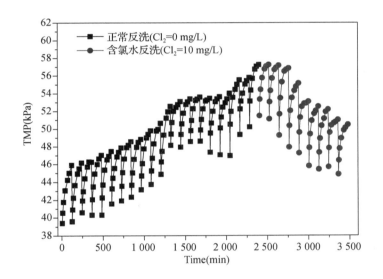

图7-83　含氯水反冲洗对超滤膜跨膜压差的恢复效果(Cl₂＝10 mg/L)

7.6.2.2　有效氯浓度对超滤膜跨膜压差恢复效果的影响

图7-84和图7-85分别为有效氯浓度为2 mg/L和5 mg/L时对超滤膜跨膜压差的恢复效果。由图7-84可见,腐殖酸同颗粒物的协同作用造成了更为严重的膜污染;但当采用有效氯浓度为2 mg/L的含氯水进行反冲洗时,超滤膜的污染情况明显得到了遏制,跨膜压差和通量均趋于稳定。

由图7-85可见,当反冲洗水中有效氯浓度增加到5 mg/L时,其对超滤膜的跨膜压差恢复更为明显。经过9次含氯水反冲洗,超滤膜跨膜压差恢复到了其初始运行压,表明超滤膜污染得到有效清除。

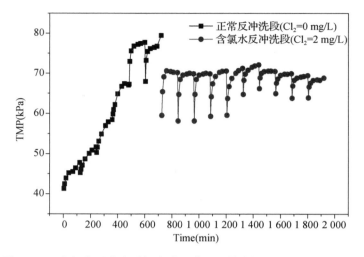

图 7‑84　含氯水反冲洗对超滤膜跨膜压差的恢复效果(Cl₂＝2 mg/L)

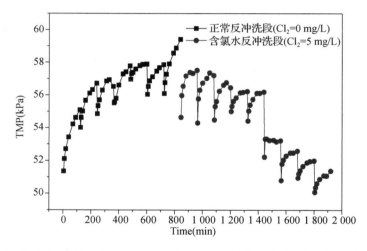

图 7‑85　含氯水反冲洗对超滤膜跨膜压差的恢复效果(Cl₂＝5 mg/L)

含氯水反冲洗试验结果表明:低浓度条件下含氯水反冲洗能够对疏水性有机物造成的超滤膜污染实现有效控制,且能在一定程度上使超滤膜性能得到恢复,并能够维持超滤膜的稳定运行,在一定范围内随着含氯水浓度的增加对超滤膜有机污染的清洗效果也更好。

7.6.2.3　低浓度含氯水反冲洗对超滤膜污染控制效能

在中试装置上考察了含氯水反冲洗对超滤膜跨膜压差的恢复效果,结果如图7‑86所示。

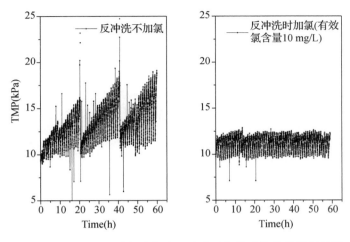

图7-86　常规反冲洗与含氯水反冲洗对超滤膜污染的控制效能

超滤膜进水水温均在10~11℃左右,过滤周期为1 h,反冲洗水流量为超滤膜过滤流量的2倍。达到周期反冲洗时,先气水联合冲洗60 s。其中一组直接采用膜系统出水作为反冲洗水;另一组采用向反冲洗水管中投加次氯酸钠的方式,使其有效氯浓度为10 mg/L。反冲洗废水每20个反冲洗周期排空一次,回收率95.6%。

由图7-86可见,当采用常规的反冲洗方式时超滤膜的污染现象十分明显:经过近60 h的运行,超滤膜跨膜压差由初始时的8~9 kPa增加至18~20 kPa,增加了1倍多;而当采用有效氯浓度为10 mg/L的含氯水进行反冲洗时,经过60 h的运行,超滤膜跨膜压差始终保持在9~12 kPa,未发现有明显的超滤膜污染现象。

因此,含氯水反冲洗能够控制超滤膜污染现象,能够保证超滤膜的长效稳定运行。而由于采用有效氯浓度较低(低于10 mg/L),也不会对后续的反冲洗废水的处理与处置造成困难。

7.6.3　膜污染化学清洗方式优选

为了减轻膜污染,在实际生产过程中,水厂会根据原水水质的不同特点,采用改进预处理工艺、优化反冲洗参数等方式,来达到减少膜污染的生成,增加超滤膜的运行周期以及降低运行成本的目的。周期性气水联合反冲洗对去除膜表面污染的效果较为理想,但随着超滤膜运行时间的增加,无法被反冲洗去除的不可逆污染逐步上升。因此,膜不可逆阻力随着运行时间的增加而上升,导致膜组的运行工况变差。为了避免反冲洗效果的下降,需要采用合适的化学药剂对超滤膜膜组进行维护性清洗(如周期性采用次氯酸钠对超滤膜系统进行清洗)。通过维护性清洗来减少不可逆阻力的上升,恢复膜的过滤能力,弥补了反冲洗的不足。但是,化学药剂在减少膜污染力的同时,会对膜材料性能产生一定的影响。因此,本章试验针对实际生产中最常用的维护性清洗的化学药剂次氯酸钠(NaClO),模拟在次氯酸钠长期作用下,膜阻力和膜表面性能的变化,从而研究其清洗效果以及对膜性能的影响。

研究人员主要采用实验室配水试验模拟针对有机物的膜污染,分析酸洗、碱洗及灭菌剂清洗液中各化学物质的组成,筛选化学清洗药剂。依据化学清洗前后不可逆污染阻力数值变化,确定清洗投加顺序。分别用不同浓度的 NaClO 浸泡膜丝,借助能谱分析膜化学成分变化,检测不同时间变化的膜丝性能变化,研究化学药剂对超滤膜性能的影响,优化膜化学清洗技术。

7.6.3.1　NaClO 清洗效能研究

根据现有的试验研究发现,化学清洗药剂对膜材料性能的影响是通过浸泡时间和药剂浓度的累积作用来实现的,即化学清洗的效果与药剂浓度与浸泡时间的乘积相关。

表 7-32　NaClO 化学清洗不可逆膜比阻力(R_c/R_m)变化情况

天数 ＼ 浓度	100 mg/L	200 mg/L	400 mg/L	600 mg/L	800 mg/L
1 d	—	0.5	0.45	0.53	—
2 d	0.51	0.45	0.4	0.47	—
3 d	—	0.41	0.46		
4 d	0.42	0.39	—	—	

NaClO 化学清洗不可逆膜比阻力(R_c/R_m)变化情况如表 7-32 所示。在表7-32中,表格斜角方向上的数据代表着不同化学清洗条件下,化学清洗效果与浸泡时间、药剂浓度的累积作用的关系。如 200 mg/L 次氯酸钠浸泡 4 d、400 mg/L次氯酸钠浸泡 2 d 的不可逆膜比阻力是接近的;100 mg/L 浸泡 2 d、200 mg/L 浸泡 1 d 的不可逆膜比阻力相差较小;100 mg/L 浸泡 4 d、200 mg/L 浸泡 2 d、400 mg/L 浸泡 1 天的不可逆膜比阻力都是基本相同的。化学清洗的累积作用是存在的,即经过浓度与时间的乘积相同的化学清洗后,膜阻力的变化也基本相同。因此,在研究实际生产运行中长期周期性化学清洗的情况时,可以采用短期连续化学清洗来近似模拟,以完成对它的研究。

在实际生产运行中,维护性清洗的周期为 15 d 左右,即 1 个月约进行 2 次;每次维护性清洗的时间为 1~3 h。试验研究按照 1 个月维护性清洗 2 次,每次维护性清洗时间为 1 h 来进行,实验室中利用化学清洗药剂连续浸泡超滤膜 1 d 等同于实际生产中化学药剂周期性清洗长达 1 年的膜。因此,试验中用次氯酸钠连续浸泡 1~4 d 的膜组件模拟实际生产中维护性清洗了 1~4 年的膜组件。

7.6.3.2 次氯酸钠浸泡对膜丝过滤性能的影响

图 7‑87 中显示了经过反冲洗的污染膜在次氯酸钠浸泡下不可逆膜比阻力的变化。经过化学清洗后,不可逆膜比阻力得到较大降低,效果明显,但化学清洗超过一定限度后污染膜的不可逆膜比阻力较化学清洗前大,分析认为,化学清洗已经对超滤膜表面产生一定的影响。

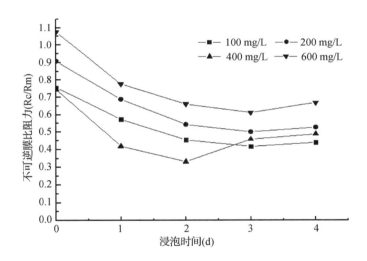

图 7‑87　NaClO 化学清洗跨不可逆膜比阻力(R_c/R_m)变化

用 100 mg/L 和 200 mg/L 次氯酸钠清洗后,不可逆膜比阻力随着浸泡时间的延长而不断下降并趋于平缓;而用 400 mg/L 和 600 mg/L 次氯酸钠清洗后,随着浸泡时间的延长先下降后上升,400 mg/L 和 600 mg/L 次氯酸钠清洗的浸泡时间在 1 d 和 2 d 时,不可逆膜比阻力呈现下降趋势,浸泡时间大于 2 d 时,不可逆膜比阻力呈现上升趋势,说明在污染物去除的同时,次氯酸钠溶液已经对膜表面造成了损伤。此外,随着次氯酸钠浓度的增加,浸泡后期不可逆膜比阻力上升更越快。因此,对于此种污染膜,400 mg/L 次氯酸钠具有最好的清洗效果,最佳浸泡时间为 2 d。

7.6.3.3 次氯酸钠对膜材料的拉升性能的影响

作为超滤膜材料性能的一个参数,膜材料的拉升性能的变化反映出膜材料自身强度的变化。化学清洗药剂由于具有一定的氧化性,对膜材料的强度会有影响。因此,可以用拉升性能的变化表现化学清洗药剂对膜材料的影响。本试验利用简易测力装置,检测在不同浓度次氯酸钠溶液浸泡后超滤膜拉升性能的变化。膜丝初始长度为 10 cm,试验中的砝码重为 150 g;用不同浓度次氯酸钠浸泡的膜丝进行检测,测定频率为 1 天 1 次,膜丝拉升性能的变化如表 7 - 33 所示。

表 7 - 33 超滤膜膜丝拉升长度变化情况

次氯酸钠浓度(mg/L)		100	200	400	600
次氯酸钠浸泡的膜丝长度(cm)	第一天	10.3	10.6	11.2	12.6
	第二天	10.6	11.5	12.5	13.8
	第三天	11.0	12.5	13.9	15.7
	第四天	11.6	13.7	15.5	膜丝断裂

研究表明在砝码重量相同的情况下,次氯酸钠的浓度、浸泡时间对膜丝的拉升性能有着一定影响。当次氯酸钠浓度不变时,膜丝的拉升长度随着浸泡时间的增加而延长;当浸泡时间不变时,膜丝的拉升长度随着次氯酸钠浓度的变大而增加。此外,随着次氯酸钠浓度增加,膜丝的拉升长度的变化幅度也越来越大。当次氯酸钠浓度达到一定限值后,膜丝达到断裂长度。如表 7 - 33 所示,600 mg/L 次氯酸钠浸泡 4 d 后,膜丝断裂。该试验结果表明不同浓度不同浸泡时间的次氯酸钠与超滤膜组合处理,次氯酸钠将会减弱超滤膜材质的抗拉强度;并且,超过一定浓度和浸泡时间后,膜丝将达到断裂极限,这对于超滤膜在有压条件下工作是不利的。

7.6.3.4 次氯酸钠对膜材料的表面极性的影响

膜材料表面亲疏水性直接影响到水中污染物在膜表面的吸附和沉积。相对于亲水性有机物,水中疏水性有机物对膜污染的影响较大;而膜材料的亲水性越好,对疏水性有机物的排斥力就越大,抗污染的能力就越强。因此,研究化学清洗之后膜材料表面亲疏水性的变化也是研究化学清洗对膜材料性能影响的重要方面。

本试验研究针对次氯酸钠对膜材料表面亲疏水性的影响进行了研究。通过观察纯水浸泡和维护性清洗之后超滤膜的接触角变化,来探索以次氯酸钠为清洗剂的维护性清洗对膜材料的影响。通常采用纯水接触角表征膜表面亲疏水性的变化,本试验的接触角检测照片如图 7 - 88 所示,具体结果如图 7 - 89 所示。

上排:纯水浸泡过的PVC合金外压超滤膜;下排:用400 mg/L次氯酸钠浸泡2 d的
PVC合金外压超滤膜,从左到右分别是0 s、1 s、2 s、3 s、4 s、5 s时所拍摄

图7‐88　接触角测试照片

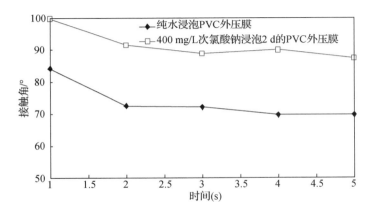

图7‐89　接触角测定结果

从图7‐89可知,纯水浸泡的超滤膜和最佳化学清洗下的超滤膜的接触角测定结果不同,400 mg/L次氯酸钠浸泡2 d之后膜接触角增大了20°,试验结果表明次氯酸钠浸泡后膜材料表面的接触角变大,亲水性减小;而膜材料表面亲水性减小将导致膜污染的增加。由于亲水性减小,超滤膜过滤过程中水中疏水性有机物更易于吸附在膜的表面造成更多的污染,膜阻力将增加,因此随着水力反冲洗以及化学清洗的频率提高,对于超滤膜的长期稳定运行将会造成一定程度的影响。

从图7‐89还可知,在同一浸泡溶液中,随着拍摄时间的增加,接触角将越来越小。分析认为,试验中采用的超滤膜膜孔径为0.01 μm,过滤时需要较大运行压力,在检测时接触角的变化很小,而图中接触角变化幅度较大可能是膜表面有一层涂层,因此增加了透水能力。

7.6.3.5 次氯酸钠对膜材料的表面官能团变化分析

如图 7-90 所示,污染膜在次氯酸钠浸泡前后的红外吸收光谱变化。图中 O—H 振动吸收峰位于 3 284 cm^{-1},C—H 振动吸收峰位于 2 969 cm^{-1},C—C 键振动位于 1 099 cm^{-1},C=O 键振动位于 1 738 cm^{-1},COO—键振动位于 1 655 cm^{-1},C—O 振动吸收峰位于 972 cm^{-1}。对比新膜和污染膜,发现物理清洗之后膜材料的特征官能团除了部分峰的宽度稍有偏移,其余变化较少。维护性清洗之后,膜材料所代表的特征官能团的峰则发生部分变化。在 400 mg/L 的次氯酸钠溶液中浸泡 2 d 后,C—O、C—C、COO—的吸收峰增强了,说明膜表面的污染物质主要以疏水性有机物为主,同时还存在亲水性有机物;另一方面,C=O 和 O—H 的吸收峰消失了,表明在膜表面的污染物被去除的同时,膜表面性能遭到了一定程度的破坏。这些现象表明,次氯酸钠清洗对超滤膜表面性能有着一定影响,但次氯酸钠的清洗作用是改变膜表面的污染物对膜性能的影响还是次氯酸钠直接影响膜材料性能,有待进一步的试验研究。

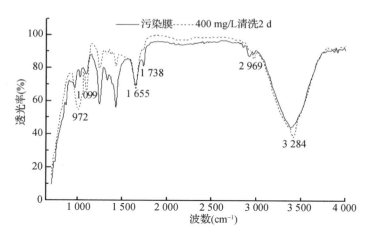

图 7-90　化学清洗红外吸收光谱图

第8章

水厂节水潜力与排泥水再利用

水资源短缺是我国国民经济与社会可持续发展的重要制约因素,建设节水型社会已经成为解决我国水资源短缺问题最根本、最有效的战略举措。党的十八大将节水型社会建设列为我国政府工作的重要内容,城市节水被列为政府工作的重要考核指标。国家"十三五"规划中更是明确指出:实施最严格的水管理制度,提倡建设节水型社会。大力推行节约用水措施,推广节约用水新技术、新工艺,是建立节水型社会的重要技术举措。作为城镇自来水的生产者和供水安全的保障主体,降低水厂自用水量和实施生产废水安全回用既是节水型社会建设的要求,也是供水企业发展的技术需求。水厂生产废水主要为排泥水,其来自沉淀池或澄清池的排泥水和滤池、炭池的反冲洗废水,可占整个水厂日产水量 5%~8%。降低排泥水产生量并实施其安全回用或再利用,对节约水资源、减少废水排放量和提升水厂技术管理水平具有重要的现实意义。

8.1 概述

水厂节水成为供水行业发展的迫切要求,因地制宜地提出科学合理的节水技术措施是实现其节水的重要保障。通过水厂节水潜力综合评价,提出水厂节水控制关键问题,是水厂实施相应的节水控制关键技术和实现节水降耗的前提和基础。水厂节水潜力与工艺单元的排泥工况、排泥水水质、水量特性及回用水的水质安全密切相关。因此,有必要建立水厂综合节水潜力评价指标体系,构建降低各工艺单元耗水量的工况控制模式,为水厂自用水节水关键技术提供依据。在此基础上,研发絮凝、沉淀、滤池等工艺的排泥工况节水控制关键技术,为实施水厂节水实践运行提供技术支撑。

8.1.1　水厂节水潜力综合评价

国内城镇水厂大部分建于 2000 年以前,其排泥水耗水量约为平均日处理水量的为 3%～8%,对于供水量为 100 万 m^3/d 的城市,其排泥水量一般约为 3 万～8 万 m^3/d,接近 1 个中小型水厂的水量规模,可见其节水潜力巨大。针对工艺单元的排泥工况节水潜力研究,国内外多集中在排泥节水的工况运行模式方面。现有的沉淀池排泥节水工况研究主要针对排泥历时和排泥周期展开,如崔福义等通过建立原水浊度与排泥历时的关系曲线,确定了一种简单直观的时间模式控制沉淀池排泥;陈琦涛和金戈等利用污泥沉降曲线研究了平流沉淀池底部的积泥规律,并在此基础上对其排泥周期进行优化;陶辉则提出应根据原水浊度季节性变化规律确定相应的沉淀池排泥周期。针对滤池的反冲洗排泥节水工况,刘俊新等通过推导气水反冲洗时排水浊度变化的数学模式,确定了去除污染物质的速度常数 K 值,并提出了最佳的气水反冲洗历时;张建锋等通过建立气水反冲洗等效 G 值的概念和计算公式,确定了滤池气水反冲洗强度的控制指标;曹相生等则利用正交试验确定了滤池的反冲洗历时和强度,实现了滤池反冲洗工况的优化;陶辉等针对不同的反冲洗周期提出滤池截污能力范围。但目前来看,已有的个案研究报道缺乏系统性,单个或几个水厂的样本资料难以反映变化规律的普适性。因此,有必要系统地开展水厂排泥水节水潜力评价,为水厂节水技术研究提供重要基础。

8.1.2　水厂节水型净水工艺设计与控制技术

节水型水处理工艺主要通过改变构筑物池型结构,在提高出水水质的同时,间接降低构筑物排泥水量。如高密度澄清池和中置式高密度沉淀池,集混合、絮凝和沉淀于一体,在保证出水水质稳定在≤1.0 NTU 的同时,实现浓缩泥渣的浓度维持在≥20 g/L,排泥耗水量仅相当于平流沉淀池的 20%～30%。同样,V 型滤池、翻板滤池在提高反冲洗效果的同时,也降低了反冲洗耗水率。上海市政院的研究结果表明,翻板型滤池、V 型滤池、普通快滤池的反冲洗耗水率分别为 3.3 m^3/(m^2·次)、3.63 m^3/(m^2·次)、5.4 m^3/(m^2·次),三种滤池的反冲洗耗水量关系约为 1∶1.1∶1.64。其中翻板滤池和 V 型滤池耗水量较小,按反冲洗周期 24 h 计,反冲洗水量占产水量的 1.56%。

影响沉淀池排泥耗水率的因素主要有排泥周期、排泥历时和排泥强度。排泥周期指构筑物相邻两次排泥的时间间隔;排泥历时指构筑物单次排泥经历的时间;排泥强度指构筑物单位时间的排泥水量。由于沉淀池在完成排泥设备的选型和安装后其排泥强度就已确定,故现有的节水排泥工况研究主要针对排泥历时和排泥周期展开。

影响滤池或炭池反冲洗耗水率的因素主要有反冲洗周期、反冲洗历时和反冲洗强度。反冲洗周期指构筑物相邻两次反冲洗的时间间隔；反冲洗历时指构筑物单次反冲洗经历的时间；反冲洗强度指构筑物单位时间的反冲洗气量或水量。目前，水厂为了便于操作管理，一般将滤池的反冲洗周期设置为 24 h、36 h 或 48 h，这往往造成滤池运行周期结束时出水水质仍然较好，未能充分发挥滤池截污能力。

8.1.3 水厂排泥水回用技术

回收水厂排泥水可节约水资源，减少废水的排放量，对于水厂节水运行意义重大。排泥水富集了大量从原水中截留的含氮污染物、悬浮物、有机物、无机金属离子等污染物，其回用后水质的安全性值得关注。目前，国内外最常见的排泥水回用方式分为未处理直接回用和处理后回用两种方式。国内外水厂普遍采用的是将排泥水全部进行预处理后再回用。常见的回用水预处理方法有：沉淀法、气浮法、微滤膜法和超滤膜法等，其中应用最广泛的是沉淀法（见表 8-1）。

表 8-1　美国给水协会统计的水厂排泥水回用处理方法

编号	处理方法	比例（%）	编号	处理方法	比例（%）
1	未处理	30	4	沉淀和水质均衡	10
2	沉淀	38	5	浓缩	3
3	水质均衡	14	6	其他	5

大量研究表明，排泥水回流到工艺中与原水混合对出水存在一定的风险，容易导致水体中颗粒物、有机物、含氮污染物和重金属含量增加，对水质安全构成威胁。美国 EPA 认为回用浓缩了微生物和化学物质，部分污染物可能会超过水厂的处理能力，出于对回用水安全性的担心，2001 年美国 EPA 颁布了《滤池反洗水回用规则（FBRR）》，包括了滤池反冲洗水、沉淀池排泥水、浓缩上清液和脱水滤液的回用规则。2013 年 AWWA 回用水影响的专题报告认为：滤池反冲洗水中含有明显高于原水浓度的原生动物孢囊，其活性尚不能确定；在直接回用的条件下，滤池出水中孢囊的浓度与回用的关系还不明确；在回用之前通过澄清去除悬浮颗粒，可明显减少三卤甲烷（THMs）生成势和总有机碳（TOC）含量；回用会增加滤池出水可同化有机碳（AOC）的浓度；当回用水量超过原水水量 5% 时，采用高分子聚合物作絮凝剂的水厂，其澄清池运行更容易受到负面影响。

欧美、日本等发达国家重视水厂排泥水的处理和处置，多按工艺及水质对回用水进行分类并进行处理回用。Arora 等人在 2000 年对美国 368 个采用快滤流程的水厂的调查报告显示，有 226 个水厂回收反冲洗水，其中有 65％的水厂采用处理后回收的工艺。226 个水厂中 75％回收至混凝单元前，15％回收至沉淀单元前，还有 10％回收至过滤单元前。另一份 AWWA 对美国 335 个水厂的调查结果显示，回收反冲洗水的水厂中，54％的回收工艺为沉淀，20％为调节，14％为沉淀与调节，4％为氧化塘，7％为其他工艺。Tom（2012 年）研究发现，砂滤池截留的颗粒物中有机物的含量较高时，采用含氯水反冲可能造成排泥水中消毒副产物三氯甲烷的增加。Lawrence K. Wang（2013 年）等研究了将反冲洗水直接回用到水厂原水端时对整个处理效果的影响，发现直接回用后滤池出水的浊度比不回用时升高，如果要达到同样的出水浊度，回用时混凝剂投量要比不回用高 3.4 mg/L。

8.2　典型供水厂排泥水耗水量现状评价

由于区域位置、供水水源水质的差异性，水厂水处理工艺运行参数需要因地制宜。开展不同区域的典型供水厂耗水量现状评价，是开展水厂节水潜力研究和实施针对性控制技术的前提和基础。

8.2.1　典型水厂排泥水耗水量现状研究

8.2.1.1　调研区域及水厂样本

根据水源水质特征、供水规模和水厂数量三方面的因素，确定调研区域。东北地区、华北地区、长江三角洲地区和珠江三角洲地区，人口密集、经济发展迅速，地表水供水量约占全国总供水量的 90％左右，并且集中了约全国 90％的水厂（《城市供水统计年鉴》（2012 年））。同时，这些地区的地表水饮用水源地由于受到气候和水环境污染等因素影响，均普遍不同程度地存在低温低浊、有机微污染和富营养化高藻等代表性问题。因此，确定上述区域为重点调研区域，同时对中部、西南和西北地区进行抽样调查。

调研水厂样本总计为 49 个，其中东北地区 16 个、华北地区 6 个、长三角地区 10 个、珠三角地区 12 个、中部和西南地区各 2 个、西北地区 1 个（见表 8 - 2）。

调研样本的水源类别显示，水库型水源是城镇水厂的主要水源地。水库型水源由于气候和水环境污染的影响以及自身水文、水动力条件，普遍存在不同程度的有机微污染和富营养化高藻等问题，其对水处理工艺、运行工况和出水水质安全产生影响的同时，也对水厂排泥工况和排泥水耗水量产生重大影响。

表8-2 调研样本基本情况表

调研地区	水源类别	水厂数量(个)	备 注
东北地区	江河、水库	16	水源类别分布:江河型10个;湖泊河网型6个;水库型33个
华北地区	水库	6	
长江三角洲地区	江河、湖泊	10	
珠江三角洲地区	水库	12	
中部地区	江河、水库	2	
西南地区	水库	2	
西北地区	水库	1	
合计		49	

8.2.1.2 水源水质特征分析

比较各地水源特征(表8-3、表8-4),无论江河还是湖库水源,由于受纬度影响,水温差异是最明显的特征之一:东北和华北地区水温最低,年均为15℃以下;长三角地区年均为18.3～20.7℃,深圳地区水温最高,年均为22.6～24.1℃。在同一季节南北年均温差最大达到15℃以上。由于水温的差异,尽管水厂规模和处理工艺相似,但工艺运行工况的不同将直接影响水厂的排泥工况,导致不同地区的排泥耗水状况不同。其次是浊度的差异,江河水源中松花江年均及四季浊度明显低于长江及河网地区,松花江年均浊度为1.9～50.8 NTU,长江、嘉兴地区的河网年均浊度为37～114.5 NTU;湖库水源浊度呈现北低南高,其中华北地区浊度最低年均为2.73～3.22 NTU,东北和深圳水库的年均浊度分别2～26 NTU 和13.4～19.89 NTU,南北湖库浊度差异较小,不足以对水厂的运行工况产生影响,可见以湖库为水源水厂的运行和排泥工况应该具有较大的相似性。再次是湖库水源藻类问题,南北地区的水库均存在不同程度的季节性高藻问题,藻密度级别处于10^6个/L,太湖、深圳水库和华北水库年均藻密度分别为$(2.31～3.48)×10^6$个/L、$(1.65～3.26)×10^6$个/L 和 $6.64×10^6$个/L;有机物COD_{Mn}指标$(12.31～3.48)$,水库水源明显好于江河、湖泊水源,深圳、东北和华北地区好于长三角地区。

通过分析可见,江河水源(以长三角地区为例)主要存在有机微污染问题;湖库水源(以长三角、珠三角和华北地区为例)主要存在藻类问题;此外,北方地区湖库水源还存在低温低浊问题。

8.2.1.3 典型水厂的水处理工艺及排泥耗水率

我国目前运行的大多数城市供水厂建设年代为1990—2004年,这些水厂基本

表 8-3　各地区江河水源水质情况

水源名称 指标	长 江				
	1 季度	2 季度	3 季度	4 季度	年均值
水温(℃)	5.7~11	17.7~22.3	25.7~28.7	9.3~17	15.6~19.4
pH 值	7.87~8.02	7.67~8	7.4~8.04	7.84~8.04	7.75~8
浊度(NTU)	24~62.3	26~78.7	55.7~360	36.8~108	37~114.5
高锰酸盐指数(mg/L)	2.6~3.23	2.83~3.23	4~4.13	3.3~3.43	3.34~3.35
氨氮(mg/L)	0.13~0.61	0.05~0.26	0.02~0.23	0.02~0.24	0.06~0.30
总大肠菌群 (MNP/100 mL)	21~1600	20~1600	33~1600	28~1600	25~1600

水源名称 指标	长三角地区河网				
	1 季度	2 季度	3 季度	4 季度	年均值
水温(℃)	7.53~11.7	16.9~21.7	25.7~29.3	22.73~25	18.3~20.7
pH 值	7.2~7.31	7.26~7.55	7.3~7.4	7.3~7.4	7.27~7.42
浊度(NTU)	15.1~78.1	24.3~75.4	34.2~58.5	40.6~53.4	41.5~63.2
高锰酸盐指数(mg/L)	4.57~6.36	6.73~7.77	5.88~6.84	4.89~5.49	6.05~6.09
氨氮(mg/L)	1.78~2.61	1.16~2.56	0.74~1.69	1.02~1.28	1.45~1.76
总大肠菌群 (MNP/100 mL)	334~1384	874~1 600	1 556~1 600	1 337~1 503	1 218~1 485

水源名称 指标	松花江等东北地区河流				
	1 季度	2 季度	3 季度	4 季度	年均值
水温(℃)	0~5.5	6~12.5	13~23	2~16	7.5~15
pH 值	6.8~7.8	7.4~7.9	7.2~7.9	7.2~7.5	7~7.8
浊度(NTU)	1.2~8	1.8~45	2.5~120	2~35	1.9~50.8
高锰酸盐指数(mg/L)	1.2~3	1.8~2.6	2~2.5	1.4~2.5	1.6~2.5
氨氮(mg/L)	0.04~0.5	0.04~0.6	0.08~0.8	0.04~0.5	0.05~0.6
总大肠菌群 (MNP/100 mL)	0~920	0~1 600	0~1 600	0~1 600	0~1 430

表 8-4 各地区湖库水源水质情况

水源名称 指标	太 湖				
	1 季度	2 季度	3 季度	4 季度	年均值
水温(℃)	8.1~9.5	20.9~22.1	27.4~29.3	17.9~22.1	18.6~21.4
pH 值	8~8.18	7.28~8.1	7.8~8.39	7.7~8.19	7.86~8.22
浊度(NTU)	7.28~12.71	6.75~29.83	7.71~66	8.54~43.7	7.57~38.1
高锰酸盐指数(mg/L)	3.74~4.31	3.38~3.98	4.1~4.64	3~4.95	3.53~4.48
氨氮(mg/L)	0.08~0.23	0.07~0.55	0.06~1.2	0.1~0.3	0.08~0.59
藻密度(10^6个/L)	1.88~3.12	1.65~1.74	3.15~5.76	2.47~3.37	2.31~3.48
总大肠菌群 (MNP/100 mL)	5~22	62~169	17~214	5~66	26~114

水源名称 指标	深圳水库				
	1 季度	2 季度	3 季度	4 季度	年均值
水温(℃)	16.4~19	23.3~25	27~29	22~25.1	22.6~24.1
pH 值	7~7.9	6.8~7.47	6.8~7.66	6.9~7.4	6.9~7.59
浊度(NTU)	10.2~14.1	18.4~24.88	12.9~22.9	12~21.83	13.4~19.89
高锰酸盐指数(mg/L)	1.24~1.68	1.42~1.86	1.42~1.76	1.11~1.57	1.33~1.65
氨氮(mg/L)	0.1~0.19	0.08~0.34	0.02~0.4	0.02~0.55	0.06~0.36
藻密度(10^6个/L)	1.2~4.64	1.14~2.89	0.77~3.96	0.74~3.62	1.65~3.26
总大肠菌群 (MNP/100 mL)	2~135	11.9~368	12.1~313	2~107	33~229

水源名称 指标	华北水库				
	1 季度	2 季度	3 季度	4 季度	年均值
水温(℃)	5.27	16.60	23.10	12.93	14.48
pH 值	7.96~8.22	8.09~8.1	7.76~8.03	8.08~8.23	8~8.09
浊度(NTU)	1.58~2.85	3.65~4.2	2.54~3.69	2.48~2.64	2.73~3.22
高锰酸盐指数(mg/L)	1.52~3.2	1.8~3.16	1.81~3.41	1.89~3.36	1.75~3.21
氨氮(mg/L)	0.02~0.05	0.02~0.09	0.02~0.09	0.02~0.1	0.02~0.08
藻密度(10^6个/L)	4.26	11.07	5.04	6.19	6.64
总大肠菌群 (MNP/100 mL)	1	1~43	1~161	1	1~51

续表

水源名称 指标	东北水库				
	1 季度	2 季度	3 季度	4 季度	年均值
水温(℃)	3～10	7～13	14～27	3～12	7.3～14
pH 值	6.7～8	6.8～8.2	6.9～8	6.7～8	6.8～8.1
浊度(NTU)	1.8～38	1.9～28	2.4～23	1.9～17	2～26
高锰酸盐指数(mg/L)	1.3～6.9	1.5～7	1.7～7.1	1.5～7.8	1.5～7.2
氨氮(mg/L)	0.02～0.5	0.02～0.43	0.05～0.47	0.02～0.34	0.02～0.44
藻密度(10^6个/L)	20	30	50	40	35

注:东北水库中藻密度仅为汤河水库,其余水库无;高锰酸盐指数、氨氮高值均为七台河桃山水库。

以常规水处理工艺为主,个别设置了排泥水收集和处理系统;2004 年以后的新扩建水厂,特别是以水库水为原水的水厂,在常规工艺基础上,还增设了预处理和深度处理工艺,设计排泥水收集和处理系统的水厂数量明显增加。

我国的城市供水厂设计规模大体上分为三类:<5 万 m^3/d、5 万～10 万 m^3/d 和 $\geqslant 10$ 万 m^3/d。设计规模<5 万 m^3/d 的水厂多为 20 世纪 60—70 年代建设的乡镇或企业自备水厂,这部分水厂由于供水总量小、管理落后,自动化水平较低,供水安全性和可靠性不高,大多数处于停产和供水高峰期应急状态。目前全国各地的在运行水厂以$\geqslant 10$ 万 m^3/d 为主,因此确定调研水厂设计规模为<10 万 m^3/d 和$\geqslant 10$ 万 m^3/d。

(1)典型水厂水处理和排泥水处理工艺

① 典型水处理工艺

尽管南方、北方和江河、湖库水源存在水质差异,但调研表明:目前我国水厂的典型水处理工艺仍为常规工艺(混凝沉淀-过滤)(表 8 - 5)。江河水为水源的水厂多采用常规工艺;湖库水为水源的水厂多采用预处理-常规工艺。

以湖泊和水库为水源水厂,预处理工艺主要以预氯化为主,部分新建水厂增设了臭氧-生物活性炭深度处理工艺;长江三角洲的河网地区水厂,由于 NH_4^+—N 含量较高,预处理以生物预处理为主,主要工艺为曝气生物滤池。各单元处理工艺由于处理规模的不同略有差异,具体为:

混凝沉淀单元:设计规模为<10 万 m^3/d 的以澄清工艺为主;

设计规模$\geqslant 10$ 万 m^3/d 的以絮凝、沉淀工艺为主。

过滤单元:设计规模为<10 万 m^3/d 的以普通快滤池为主;

设计规模$\geqslant 10$ 万 m^3/d 的以普通快滤池和 V 型滤池为主。

② 典型排泥水处理工艺

20 世纪 90 年代前建设的水厂和水资源相对丰沛(长江、松花江沿岸的城市)或水资源保护相关政策不完善(中原和西部)的地区,基本无排泥水收集和处理设施,排泥水以排入附近水体和市政下水道为主。

在北京、上海、天津、深圳和太湖周边地区,由于水资源匮乏和水质型缺水严重,实行了严格的环境保护制度,都有明确的国家政策和相应的经济措施(较高的水资源费)。这些地区改扩建和新建城市水厂普遍设置了排泥水的收集处理构筑物,并有部分水厂将沉淀池和滤池排泥水的上清液回用。

典型排泥水处理工艺:浓缩-脱水。

表 8-5 典型水厂处理工艺和排泥水耗水率(49 个样本)

典型工艺		设计规模(万 m³/d)					
		<10			≥10		
水源水质		水处理工艺	排泥水处理工艺	排泥水耗水率(%)	水处理工艺	排泥水处理工艺	排泥水耗水率(%)
有机微污染江河水	长江东北地区河流	常规工艺[混合→澄清/(絮凝→沉淀)→过滤→消毒]	无	4.50～11.00	常规工艺(混合→絮凝→沉淀→过滤→消毒)	无	4.20～6.40
	河网				生物预处理+常规+深度处理	浓缩+脱水	3.50～6.00
富营养化高藻	湖泊水库	常规工艺(混合→絮凝→沉淀→过滤→消毒)	浓缩+脱水	4.51～7.33	预氧化+常规工艺+深度处理	浓缩+脱水	4.51～5.51
					预氧化、氯化+常规工艺(混合→絮凝→沉淀→过滤→消毒)		2.11～5.00

(2) 典型单元工艺排泥构筑物型式及排泥工况

① 典型单元工艺排泥构筑物型式

目前广泛使用的常规工艺典型构筑物见表 8-6。

絮凝工艺:折板絮凝池、网格絮凝池和机械絮凝池,排泥方式为穿孔管重力排泥,其中折板絮凝池应用最广泛。

澄清工艺:机械加速澄清池,采用集泥斗重力排泥,主要用于<5 万 m³/d 的

水厂。

沉淀工艺:平流沉淀池、斜管/斜板沉淀池,排泥方式为机械排泥,南方以平流沉淀池为主,东北地区以斜管沉淀池居多。

过滤工艺:普通快滤池和 V 型滤池,反冲洗方式为气冲—气水冲—水冲水。

生物活性炭工艺:V 型滤池和翻板滤池,反冲洗方式为气冲—气水冲—水冲。

② 典型单元工艺排泥构筑物的排泥工况

絮凝和沉淀单元的排泥工况与水源水质的关系密切,主要受原水浊度影响较大,江河水源水厂这两个单元的排泥周期夏季一般为 12 h,冬季一般为 24 h;湖库水源水厂的排泥周期夏季一般为 24 h 和 36 h,冬季一般为 48 h 和 72 h(表 8-6)。过滤单元工况基本不受水源水质影响,常见反冲洗周期为 24 h 和 36 h(表 8-6)。

同种工艺单元的排泥工况,由于处理规模不同,也存在差异(表 8-6)。供水规模<10 万 m³/d 水厂较≥10 万 m³/d 水厂排泥周期普遍较短,排泥时间普遍较长。

表 8-6　典型单元工艺排泥构筑物型式和排泥工况

规模 (万 m³/d)	工艺 名称	池型	排泥工况		
			排泥方式	排泥周期(h)	排泥时间(min/次)
<10	澄清	机械加速澄清池	集泥斗重力排泥	6~24	3~5
	絮凝	网格絮凝池	穿孔管重力排泥	24~48	2~30
	沉淀	斜板、斜管沉淀池	机械刮泥	24~48	10~40
	过滤	普快滤池	单水反冲排泥	24~48	5~10
≥10	絮凝	折板絮凝池	穿孔管重力排泥	2~72	0.5~5
		隔板絮凝池		6~24	0.5~2
		机械絮凝池		2~72	3~15
		网格絮凝池		2~96	0.5~5
	沉淀	斜管沉淀池	穿孔管重力排泥、 虹吸机械排泥	4~72	0.5~8
		平流式沉淀池	虹吸机械排泥	12、24、72	90~240
	过滤	V 型滤池	气水反冲排泥	24~60	8~15
		普快滤池	单水反冲或气水 反冲排泥	16、24、 48、72	5~10
	炭滤	V 型滤池	气水反冲排泥	24、36、48	8~15
		翻板滤池		36~216	20~40

（3）典型水厂排泥水耗水量分析

① 处理单元耗水量

水厂的排泥耗水率由各单元处理工艺决定（表8-6）。絮凝池排泥耗水率受原水浊度的影响最大，沉淀池次之，滤池最小。这是因为絮凝池直接将原水中的悬浮杂质和混凝剂混合絮凝，原水浊度对絮凝池积泥量影响大；原水经混凝、沉淀处理后再进入滤池时，其浊度已降至几度，处于较低水平，因此原水浊度对滤池影响最小。对于不同设计规模的同类构筑物，规模大的平均排泥水量低。

絮凝单元：通过池型比较（表8-7），相同水源水质、相同规模条件下，机械絮凝池虽然排泥耗水率最低，江河水源一般为0.25%，湖库水源仅为0.13%，甚至不进行排泥，但能耗和维护保养费用高于折板和网格絮凝池。由于东北地区原水低温低浊对水力絮凝效果影响较大，因此机械絮凝池在东北地区使用比其他地区多。折板絮凝池由于结构简单，维护运行方便，使用率高于网格絮凝池。对于湖库水源，折板絮凝池和网格絮凝池的排泥耗水率差异不明显，一般为0.3%左右；江河水源，网格絮凝池排泥耗水率为0.6%，折板絮凝池为1.15%，网格絮凝池耗水量仅为折板的一半，但是由于折板絮凝池比网格絮凝池的维护和管理要简单，因此折板絮凝池的应用最广泛。

表8-7　不同水源典型排泥构筑物现状排泥耗水率对比

水源类型	排泥构筑物类型	排泥耗水率（%）	
		范围	平均值
江河水源	折板絮凝池	1.0~1.3	1.15
	机械絮凝池	0.25	0.25
	网格絮凝池	0.5~0.66	0.60
	斜管沉淀池	0.9~1.35	1.13
	平流沉淀池	1.22~1.55	1.44
	普通快滤池	2.04~4.05	2.74
	V型滤池	1.01~1.05	1.03
湖库水源	折板絮凝池	0.01~0.62	0.31
	机械絮凝池	0.01~0.22	0.13
	网格絮凝池	0.02~0.50	0.25
	斜管沉淀池	0.32~0.68	0.50
	平流沉淀池	0.56~2.08	1.19
	普通快滤池	1.41~2.37	1.77
	V型滤池	0.71~2.57	1.46

沉淀单元:斜管沉淀池比平流沉淀池的排泥耗水率低 20%～50%,但是由于平流沉淀池具有较强抗冲击性,且沉淀效果优于斜管沉淀池,出水水质稳定,因此是除在东北地区以外,使用最广泛的沉淀池类型。斜管沉淀池的排泥耗水率一般为0.5%～1.1%左右;平流沉淀池的排泥耗水率一般为1%～1.5%左右。

过滤单元:各区域单元设计规模相近,受原水水质影响较小,反冲洗工况直接影响排泥耗水率,V型滤池较其他池型排泥耗水率较低,一般为 1%～1.5%左右;气水反冲的普通快滤池一般为 2%～2.5%左右;单水冲普通快滤池一般为 3%～4%左右。

浊度是影响构筑物排泥耗水率的主要因素,相比而言,因此江河水源的年均浊度基本在 40 NTU 以上,而湖库水源的年均浊度一般在 20 NTU 以下。受到原水浊度的影响,江河水源水厂的沉后水浊度一般为 3～5 NTU,滤后水浊度一般<0.5 NTU,而湖库水源水厂的沉后水浊度一般为 1～3 NTU,滤后水浊度一般<0.2 NTU。这就导致在相同排泥工况下,江河水源排泥构筑物截留的悬浮杂质要远多于湖库水源排泥构筑物,因此江河水源水厂的排泥耗水率明显高于湖库水源水厂。

2)供水厂耗水量

供水规模≥10 万 m³/d 水厂:常规工艺和预处理-常规工艺,平均排泥耗水率为 2.1%～5.4%左右。由于江河比湖库水源的原水浊度高,各水处理构筑物的排泥周期相对较短且排泥时间较长,因此江河水厂排泥水耗水率高于湖库水厂 2%左右。

常规处理-深度处理工艺,平均排泥耗水率为 4.8%～5.1%。由于增加炭池的排泥耗水率,这种组合工艺排泥的平均耗水率高于常规工艺约 1%～1.5%。

供水规模<10 万 m³/d 水厂:常规处理工艺和预处理-常规工艺,平均排泥耗水率为 6.0%～8.6%左右,明显大于供水规模≥10 万 m³/d 水厂,水厂规模效应对排泥耗水率的影响显著,其中东北地区此类水厂排泥耗水率平均高于≥10 万 m³/d 水厂约 4%。另外,小型水厂水处理构筑物的运行受原水水质影响大,自动控制和管理滞后,排泥水量占供水量的比例大,也导致排泥水耗水率较高。因此建议以提倡发展区域供水为契机,新建水厂规模应以大于 10 万 m³/d 为主。

调研供水规模为<10 万 m³/d 的 11 个水厂,采用机械加速澄清池只有 2 个,供水规模均为 5 万 m³/d,建设年代为 20 世纪 90 年代,单元排泥耗水率为 2.1%～10%,由于受管理维护水平的制约,2000 年以后的新扩建水厂基本不再采用机械加速澄清池,因此后续不再对该单元工艺进行深入研究。

8.2.2　典型水厂排泥水耗水量现状综合评价方法

上述研究表明,沉淀和过滤工艺单元的排泥水量是水厂排泥耗水量的主要组成部分,也是评价水厂排泥耗水量的关键所在。

8.2.2.1 现状评价影响因素的确定

影响排泥耗水量的因素主要分为处理单元的进出水水质、运行工况和排泥工况三个方面。保证处理单元的出水水质是水厂运行的根本,运行工况和排泥工况的控制和调节要以水质保证为基本条件。

(1)沉淀工艺排泥耗水量现状评价因素

调研数据表明,沉淀单元表征排泥耗水量的影响因素大体分为进出水水质、水量、构筑物尺寸、水流条件和排泥周期。

可去除浊度:目前水厂对水源水和出厂水进行水质指标的全面检测,而水厂中各处理单元的过程水只对个别指标进行检测,由于浊度指标的检测简单易行,是目前我国水厂用于工艺全过程检测的主要指标。处理单元的可去除浊度为单元进水浊度和单元出水浊度之差,以可去除浊度作为沉淀单元排泥水耗水量的现状评价因素,反映单元的处理效果。调研发现,城市供水厂为了保证滤后水浊度≤1 NTU,沉后水浊度一般控制在2~5 NTU。

沉淀池利用效率:沉淀池利用效率为沉淀池实际流量与设计流量之比。调研数据表明,沉淀池利用效率一般为65%~90%,在夏季用水高峰时可超过90%。由于沉淀池未满负荷运行,实际运行工况与设计工况存在差异,影响沉淀池的去除效果,同时影响排泥工况的设置,因此以沉淀池利用效率作为沉淀单元排泥水耗水量的现状评价因素,反映了单元运行和排泥的适宜流量区段。

排泥周期:排泥周期是影响耗水量的直接因素。排泥周期越长,则耗水量越低,反之,耗水量增加。同时出水浊度影响排泥周期的确定,以排泥周期作为沉淀单元排泥水耗水量的现状评价因素,反映了单元排泥工况对排泥耗水量的影响。

停留时间、表面负荷:它们是沉淀池设计的控制性参数,用来表征沉淀池的尺寸。以停留时间和表面负荷作为沉淀单元排泥水耗水量的现状评价因素,反映了沉淀池的沉淀条件。

雷诺数、弗劳德数:沉淀池的实际水流条件决定了沉淀效率的高低,以雷诺数和弗劳德数作为沉淀单元排泥水耗水量的现状评价因素,反映了沉淀池水流条件。

(2)过滤工艺反冲洗排水量现状评价因素

调研数据表明,过滤单元表征反冲洗耗水量的影响因素大体分为进出水水质,各段反冲洗强度、时间和周期。

进、出水浊度:过滤单元是常规工艺的最后一道工艺单元,是消毒工艺前的最后水质保障屏障。进水浊度(沉后水浊度)和出水浊度是保证排泥工况稳定运行的关键。

反冲洗强度：气水反冲的普通快滤池包括气冲和水冲强度，V 型滤池包括表扫强度，气冲、气水冲和水冲强度。

反冲洗时间：气水反冲的普通快滤池包括气冲和水冲时间，V 型滤池包括气冲、气水冲和水冲时间。反冲洗效果直接影响滤池出水水质，目前许多水厂的水冲阶段中反冲洗时间过长，导致反冲洗排水量较大。目前城市供水厂依据《城镇供水厂运行、维护及安全技术规范》(CJJ58—94)规定，判断反冲洗干净的标准为反冲洗排放水浊度低于 10 NTU。

反冲洗周期：为保障滤后水达标，一般设定的反冲洗周期较短，从而保证过滤单元处理效果。调研中发现，许多大城市水厂的出水浊度在 0.2～0.5 NTU，低于《生活饮用水卫生标准(GB 5749 — 2006)》的 1 NTU 标准。反冲洗周期为 24 h、36 h 和 48 h，即沉后水浊度控制在 2～5 NTU，24 h 和 36 h 的反冲洗周期可以适当延长，以便充分发挥滤层的截污能力，减少滤池反冲洗次数，节省反冲洗水量，降低反冲洗排水量。

8.2.2.2 评价方法

由于处理单元的排泥水耗水量涉及水质、处理规模、设计工况、运行工况、排泥工况以及维护管理等多方面因素，其中很多为不确定因素。模糊数学是以不确定性的事物为其研究对象，用模糊集合的理论找到解决模糊性对象加以确切化，从而使研究确定性对象的数学与不确定性对象的数学联系起来。

由于各影响因素对排泥耗水量的影响程度存在差异，通过传递闭包法比较各影响因素，对处理单元按排泥耗水量进行初步分类。

为了避免传递闭包法的"传递偏差"影响，用模糊 C 均值聚类方法，定量地确定样本的亲疏关系，从而客观地划分处理单元耗水量类型：模糊 C 聚类结合各影响因素权重的基础上，对传递闭包法分类结果组成的矩阵进行 C 均值聚类计算，进行 F 判定，找出最大 F 值及对应的分类结果，从而得到更合理的分类结果，即为最佳分类。

将模糊 C 聚类的水厂分类结论，结合该分类水厂的平均耗水率及各影响因素的平均值，形成水厂或构筑物各影响因素的标准模型库。

输入任意一个待测水厂或构筑物的与标准模型库相同的节水影响因素，运用贴近度方法，将待测水厂或构筑物的影响因素和标准模型库进行比较，寻找与标准模型库中最贴近的分类，即判定待测水厂或构筑物属于的类型。

评价模型的主要公式见表 8 - 8。

表 8-8 评价模型的主要公式

标准模型 初步分类	$b_{ji} = \dfrac{a_{ji} - \min\limits_{1 \leqslant j \leqslant m}\{a_{ji}\}}{\max\limits_{1 \leqslant j \leqslant m}\{a_{ji}\} - \min\limits_{1 \leqslant j \leqslant m}\{a_{ji}\}}$
	$r_{ij} = \begin{cases} 1, & i = j \\ \dfrac{1}{M}\sum\limits_{k=1}^{m} b_{ik} \cdot b_{jk}, & i \neq j \end{cases}$ 其中 $M = \max\limits_{i \neq j}\left\{\sum\limits_{k=1}^{m} b_{ik} \cdot b_{jk}\right\}$

标准模型 合理分类	（1）初始分化矩阵 $U^{(0)}{}_{m \times c}$ $U_{c \times m}{}^{(0)} = \begin{bmatrix} u_{11}, \cdots, u_{1m} \\ u_{21}, \cdots, u_{2m} \\ \cdots \\ \cdots \\ u_{c1}, \cdots, u_{1m} \end{bmatrix}$ ① 当分类数 $1 \leqslant c < 10$ 时 若样本 x_j 属于 i_0 类，则 $u_{i_0 j} = 1.1 - \dfrac{c}{10} u_{ij} = 0.1 \, (1 \leqslant i \leqslant c, i \neq i_0)$ ② 当分类数 $10 \leqslant c \leqslant 100$ 若样本 x_j 属于 i_0 类，则：$u_{i_0 j} = 1.01 - \dfrac{c}{100} u_{ij} = 0.01 \, (1 \leqslant i \leqslant c, i \neq i_0)$
	聚类中心 $V_i{}^{(l)}$ $V_{c \times m}{}^{(l)} = \begin{bmatrix} V_1{}^{(l)} \\ V_2{}^{(l)} \\ . \\ . \\ . \\ V_c{}^{(l)} \end{bmatrix}$ $V_i{}^{(l)} = (v_{i1}{}^{(l)}, v_{i2}{}^{(l)}, \cdots, v_m{}^{(l)})$ 即：$v_{is}{}^{(l)} = \dfrac{\{u^{(l)}{}_{i1}\}^2 x_{1s} + \cdots + \{u^{(l)}{}_{im}\}^2 x_{ms}}{\{u^{(l)}{}_{i1}\}^2 + \cdots + \{u^{(l)}{}_{im}\}^2}, 1 \leqslant s \leqslant n$ （$l = 0, 1, 2, \cdots; i = 1, 2, \cdots, c;$）
	（2）修正分化矩阵 $U^{(l)}{}_{c \times m}$ 得出 $U^{(l+1)}{}_{c \times m}$ $u_{ij}{}^{(l+1)} = \left\{ \sum\limits_{h=1}^{c} \dfrac{\sum\limits_{k=1}^{n} [\omega_k (x_{jk} - v_{ik}{}^{(l)})]^2}{\sum\limits_{k=1}^{n} [\omega_k (x_{jk} - v_{hk}{}^{(l)})]^2} \right\}^{-1}$ （$i = 1, 2, 3, \cdots, c; j = 1, 2, 3, \cdots, m; k = 1, 2, \cdots, n; l = 1, 2, \cdots;$） $U_{c \times m}{}^{(l+1)} = \begin{bmatrix} u_{11}{}^{(l+1)}, \cdots, u_{1m}{}^{(l+1)} \\ u_{21}{}^{(l+1)}, \cdots, u_{2m}{}^{(l+1)} \\ \cdots \\ \cdots \\ u_{c1}{}^{(l+1)}, \cdots, u_{1m}{}^{(l+1)} \end{bmatrix}$ （m：样本数；c：分类数，$c = 2, 3, \cdots, m-1$）

标准模型 合理分类	(3) 矩阵范数 分化矩阵中各对应元素最大差值：$\| U^{(l+1)}{}_{c\times m} - U^{(l)}{}_{c\times m} \| = \max\{\| u_{ij}{}^{(l+1)} - u_{ij}{}^{(l)} \|\}$ (4) 模糊 F 统计量 $$F = \frac{(m-c)\times t_r(S_B)}{(c-1)\times t_r(S_W)}$$ 其中：模糊类间散布矩阵：$S_B = \displaystyle\sum_{i=1}^{c}\sum_{j=1}^{m}(u_{ij}{}^{(l+1)})^2 V_i^{(l+1)\,T}\cdot V_i^{(l+1)}$， 模糊类内散布矩阵：$S_W = \displaystyle\sum_{i=1}^{c}\sum_{j=1}^{m}(u_{ij}{}^{(l+1)})^2 (x_j - V_i^{(l+1)})^T (x_j - V_i^{(l+1)})$ （$t_r(A)$：A 的迹；x_j：原始矩阵中第 j 行元素集合；$u_{ij}{}^{(l+1)}$：经 $l+1$ 次计算后分化矩阵中各元素；$V_i^{(l+1)}$：经 $l+1$ 次计算后，分化矩阵 $U_{c\times m}{}^{(l+1)}$ 的聚类中心中第 i 行元素集合）
模型预测	严格贴近度 $$\sigma(z_1,x_i) = \frac{2\displaystyle\sum_{k=1}^{n}(b_{1k}\wedge x_{ik})}{\displaystyle\sum_{k=1}^{n}(b_{1k}+x_{ik})}$$ （n：影响因素个数，$n=1,2,3,\cdots$；$i=1,2,\ldots,c$；$\vee$：取大运算符，如：$\vee\{0.1,0.3,0.6,1,3\}=3$；$\wedge$：取小运算符，如：$\wedge\{0.1,0.3,0.6,1,3\}=0.1$）

8.2.2.3　典型处理单元排泥耗水量现状综合评价模型

在水厂各单元处理构筑物样本数据的基础上，运用传递闭包和模糊 C 类-均值聚类分析方法评价水厂现状耗水量，为水厂各单元处理系统提供排泥运行工况的指导，使系统排泥水耗水率维持在较低水平。

评价模型由四部分组成：耗水量评价因素集、耗水量评价因素权重集、处理单元分类集、标准模型库（图 8-1）。

耗水量评价因素集：由同类水源下，不同水厂的同类型处理单元进出水水质、运行工况和排泥工况指标组成，它表征处理单元排泥特征的集合。

耗水量评价因素权重集：由于处理各因素对排泥耗水量的影响程度不同，它以权重的形式表征因素的影响程度。

处理单元分类集：用传递闭包法结合权重对不同水厂的同类型构筑物进行初步分类，用模糊 C 聚类对初步分类结果进行进一步的精确分类，形成标准分类。

标准模型库：标准分类结合不同水厂同类型处理单元的排泥现状耗水率，形成该水源下此类处理单元排泥耗水量的现状标准模型库。它表征此类处理单元的耗水程度的级别，即高耗水、中耗水、低耗水和节水，并形成各级别对应的标准进出水

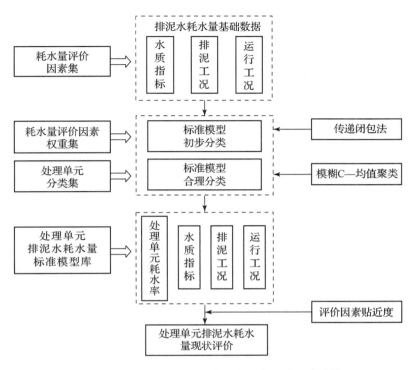

图 8 - 1   水厂排泥水耗水量现状综合评价系统结构

水质、标准运行工况和排泥工况参数。

模型预测：将待测水源类别相同的处理单元出水水质、运行工况和排泥工况指标输入，通过贴近度法，与标准模型库中的耗水量分类进行归类分析后，评估出待测处理单元的排泥耗水量。

该模型既可对已运行水厂处理单元排泥耗水量与同类其他水厂的进行比较，又可以对设计状态下的水厂处理单元的排泥耗水量进行预测。

8.2.2.4   城市供水厂节水潜力分析

（1）絮凝单元节水潜力分析

① 排泥水节水潜力分析

典型絮凝池排泥水水质变化规律表明，现行排泥工况未充分考虑絮凝池的积泥规律和各段排泥耗水率。对于絮凝单元，水厂应根据不同季节水源水质特点，建立絮凝池的积泥规律资料，采用分段设置排泥周期和排泥历时的排泥工况，可实现江河水源和湖库水源折板絮凝池的排泥耗水率分别控制在1%和0.2%以内。

② 排泥水直接回用潜力分析

从折板絮凝池排泥水水质来看，其 COD_{Mn} 和总大肠菌群数均远高于原水，必须进行处理，不能直接回用。

（2）沉淀单元节水潜力分析

① 排泥水节水潜力分析

对于排泥方式为穿孔排泥管排泥的斜管沉淀池，排泥周期和单次排泥时间可由排泥水的含固率和浊度确定。现行排泥工况的设置未充分利用三者关系。例如：对于江河水源的斜管沉淀池，现行的排泥历时可缩短至 3 min 左右；湖库水源斜管沉淀池，现行的排泥历时可缩短至 2 min 左右，可实现江河水源和湖库水源斜管沉淀池的排泥耗水率分别控制在<0.6%和<0.4%。

降低平流沉淀池的排泥耗水率，应根据平流沉淀池沿池长方向积泥高度和排泥水含固率变化规律，分区确定排泥周期和优化虹吸式吸泥机的运行方式。例如：设置平流沉淀池沿池长方向的高、中、低区，缩短高浓度区排泥周期，延长低浓度区排泥周期，并相应增加或减小吸泥机行驶路线等。通过改进排泥工况，可实现江河水源和湖库水源平流沉淀池的排泥耗水率分别控制在 1%和 0.8%。

② 排泥水直接回用潜力分析

斜管沉淀池排泥水的 COD_{Mn} 和总大肠菌群数均明显高于原水，必须进行处理，不能直接回用。

对于江河和湖库水源，平流沉淀池后 60 m 的排泥水水质，COD_{Mn} 和总大肠菌群数接近或低于原水。根据原水水质的变化，严格控制回流比例，这部分排泥水可以进行直接回用，而且回用的水质安全风险可控，这部分排泥水回用可进一步降低排泥水耗水率约 0.3%~0.4%。

（3）过滤单元节水潜力分析

① 排泥水节水潜力分析

过滤单元的现行反冲洗工况比较合理，各反冲洗阶段的反冲洗强度均为设计规范的取值下限，已经实现设计和运行上节水。但由于不同水源水质使得沉后水浊度不同，各段的反冲洗时间和反冲洗周期设置存在差异。例如：普通快滤池的反冲洗历时偏长，缩短普通快滤池水冲历时，可实现反冲洗耗水率降至 1.5%左右。湖库水源 V 型滤池的反冲洗历时偏长，其反冲洗水浊度在反冲洗进行至 12 min 时就已达到了小于 10 NTU 的要求，将湖库水源 V 型滤池的反冲洗水冲历时缩短 2 min，可实现反冲洗耗水率从原来的 1.47%降至 1%左右。

② 排泥水直接回用潜力分析

普通快滤池和 V 型滤池反冲洗水混合后，COD_{Mn} 和总大肠菌群数接近原水，可以直接回流利用,但需严格控制回流比例;水冲阶段反冲洗水的水量约为滤池总反冲洗水量的 50%左右,这部分水质优于原水,直接回用安全风险比混合水更低。过滤单元可实现零排放或至少使排泥水耗水率降低约 0.5%左右。

(4)供水厂排泥水节水潜力总结

水厂通过设置排泥节水工况,控制各单元处理的排泥耗水率,使水厂排泥耗水率由现状 3%～4.5%降至 3%以内,实现排泥水节水(表 8-9);同时通过平流沉淀池低浓度区排泥水和滤池水冲阶段反冲洗水直接回用,进一步降低排泥水耗水率约 0.8%,可实现城市供水厂的排泥水耗水率＜2.5%。

表 8-9　城市供水厂节水潜力对照表

单元工艺	现状工况耗水率(%)		节水工况耗水率(%)		直接回用降低耗水率(%)
	江河水源	湖库水源	江河水源	湖库水源	
折板絮凝池	1.15	0.3	1	0.2	0
平流沉淀池	1.44	1.19	1	0.8	0.3～0.4
斜管沉淀池	1.13	0.55	0.6	0.4	0
普通快滤池	2.04	1.69	1.5	1	0.5
V 型滤池	1	1.47	1	1	
水厂合计	3～4.5		2～3		1.2～2.2

8.3　典型工艺单元的排泥水水量变化规律研究

在水厂排泥水耗水量现状评价基础上,深入开展其排泥过程中排泥水的水量变化规律研究,明确耗水量变化的关键环节,为开展节水控制技术提供科学依据。以南京地区城市水厂作为江河水源的典型代表,以深圳地区城市水厂作为湖库水源的典型代表,开展典型单元工艺排泥水水量规律研究。

8.3.1　典型絮凝池排泥水水量变化规律

典型絮凝池为折板絮凝池和网格絮凝池。由于两者均采用穿孔管重力排泥,且排泥管的布置形式也基本相同,因此,仅以折板絮凝池作为典型絮凝构筑物开展排泥水水量变化规律研究。

南京地区 NJ01 水厂折板絮凝池,单组设计规模 10 万 m^3/d,每组絮凝池设 18 根排泥管,两侧各 9 根,在池底沿池长方向按一定间隔布置(见图 8-2 a),排泥周期 2 h,排泥历时后面 4 根排泥管为 20 s/次,前面 5 根排泥管为 40 s/次,各排泥管依次排泥。

深圳地区 SZ07 水厂折板絮凝池,单组设计规模 10 万 m³/d,每组絮凝池设 16 根排泥管,两侧各 8 根,在池底沿池长方向均匀布置(见图 8-2 b),排泥周期 24 h,所有排泥管排泥历时均为 1 min/次,相邻两根排泥管同时排泥。

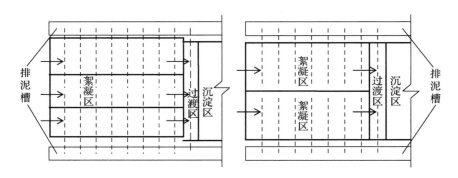

a. NJ01 水厂折板絮凝池　　b. SZ07 水厂折板絮凝池
注:虚线表示排泥管敷设位置;箭头表示水流方向。

图 8-2　折板絮凝池排泥管布置示意图

由图 8-3 可见,江河水源和湖库水源折板絮凝池底部积泥高度也和排泥水含固率变化规律基本相同。由于江河原水浊度是水库原水的 10 倍以上,图 8-3 a 的含固率和积泥高度也是图 8-3 b 的数倍,前者最大积泥高度为 10 cm,排泥水含固率最大为 6.69%,而后者分别只有 3 cm 和 0.38%。絮凝池同波折板和异波折板前段,流速大,絮体颗粒粒径小、不易沉积,所以排泥管所在位置均无积泥,排泥水含固率也较低;从异波折板的后段到过渡段,流速逐渐减小,小颗粒的胶体逐渐凝聚成大而密实的胶体,部分开始沉淀,池底的积泥高度沿程增加,相应的排泥水含固率也增加。

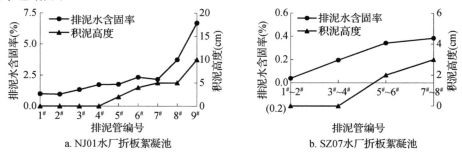

a. NJ01水厂折板絮凝池　　b. SZ07水厂折板絮凝池

图 8-3　折板絮凝池底部积泥高度与排泥水含固率

由于长江原水浊度年均为 37～115 NTU，NJ01 水厂的絮凝池排泥水平均含固率＞2%，COD_{Mn} 年均＞50 mg/L，总大肠菌群＞10 000 个/L(表 8-10)。可见，对于浊度较高的江河水源，絮凝单元排泥水应进行处理。但对于年均浊度＜20 NTU 的水库原水，絮凝单元排泥水虽各项水质指标低于江河原水，但以 COD_{Mn} 为代表的有机物指标超过原水 2～3 倍，也应进行处理。

表 8-10 折板絮凝池排泥水水量、水质情况

折板絮凝池来源	排泥耗水率 (%)	平均含固率 (%)	COD_{Mn} (mg/L)	总大肠菌群 (个/L)
NJ01 水厂	1.29	2.41	＞50	12 000
SZ07 水厂	0.21	0.24	11.6	300

8.3.2 典型沉淀池排泥水水量变化规律

典型沉淀池为平流沉淀池和斜管沉淀池，由于两者在排泥方式上存在较大差异，因此，分别对这两种沉淀池开展排泥水水量规律研究。

(1) 斜管沉淀池

南方水厂的斜管沉淀池主要采用穿孔排泥管排泥，穿孔排泥管在底部沿池长方向均匀布置，北方地区建造在室内的斜管沉淀池采用虹吸机械排泥，尽管排泥方式不同，但二者水质特征相似。

南京地区 NJ01 水厂斜管沉淀池，单组设计规模 9 万 m^3/d，采用穿孔管排泥，排泥周期 8 h，排泥历时 5 min/次；深圳地区 SZ02 水厂斜管沉淀池，单组设计规模 8 万 m^3/d，采用穿孔管排泥，排泥周期 24 h，排泥历时 8 min/次。

江河水源与湖库水源斜管沉淀池排泥水含固率随时间变化趋势基本相同(图 8-4)，在排泥至 10 s 时达到峰值，随后迅速下降，至 30 s 后下降趋于缓慢，120 s 后

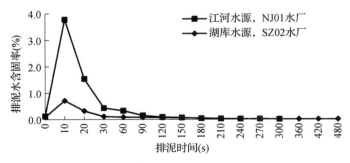

图 8-4 斜管沉淀池排泥水含固率随时间变化规律

排泥水变化规律趋于一致,其排泥水含固率均<0.1%,240 s时排泥水含固率均接近为零。

经过絮凝单元的排泥,沉淀单元排泥水水质指标进一步降低(表8-11)。江河水源COD$_{Mn}$<50 mg/L,总大肠菌群降低近一半,但此排泥水仍需处理。水库水沉淀单元的有机物指标已接近地表水Ⅲ类,可根据原水具体情况,处理后回用。

表8-11 斜管沉淀池排泥水水量、水质情况

排泥水来源	排泥耗水率 (%)	平均含固率 (%)	COD$_{Mn}$ (mg/L)	总大肠菌群 (个/L)
NJ01 水厂	0.90	0.98	26.4	7 000
SZ02 水厂	0.63	0.17	6.42	54

（2）平流沉淀池

现行平流沉淀池排泥方式基本采用虹吸机械排泥,排泥周期大多采用12 h和24 h;虹吸式吸泥机大多采用单程吸泥,空车返回的运行方式,行车速度采用基本1 m/min。

江河、湖泊、水库水源的平流沉淀池沿池长方向排泥水含固率变化规律基本相同(图8-5),尽管从沉淀池起端至20 m处,排泥水含固率与水源浊度呈正相关,江河水源可达到6%,湖库水只有0.6%左右,但水源浊度对含固率的影响从沿池长60 m后消失,含固率平均为0.01%~0.03%,接近原水水质。

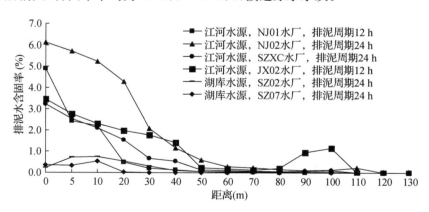

图8-5 不同水源平流沉淀池排泥水含固率沿池长变化规律

比较江河水源与湖库水源平流沉淀池排泥水污染物变化(表8-12):由于江河水源原水浊度较高,其排泥水平均含固率是湖库水源3倍以上,COD$_{Mn}$>50 mg/L,总大肠菌群为3 500 MNP/100 mL,此排泥水应进行处理;水库水源沉淀单元排泥水

的有机物指标已接近地表水Ⅲ类,分段研究平流沉淀池的排泥水还可以发现,后60 m的排泥水,江河水源排泥水水质接近地表水Ⅲ类,而湖库水源排泥水基本与原水水质相同,可以考虑直接回用。同时说明,在水厂实际工程实践中分段收集后,后半段的排泥水直接回用需要进行收集系统的改造。

此外,个别沉淀池尾部排泥水含固率出现突然上升的现象,调查后发现主要是由于出水负荷过高造成的,建议参考已有改造经验,通过增加出水堰长度等方式降低出水负荷,以免影响沉淀池出水水质。

表 8-12　平流沉淀池排泥水水量、水质情况

排泥水来源		排泥耗水率(%)	占排泥水量百分比(%)	平均含固率(%)	COD_{Mn}(mg/L)	总大肠菌群(个/L)
NJ01水厂	前段 0~20 m	1.29	20	2.27	>50	7 900
	中段 20~60 m		40	0.16	>50	4 900
	后段 60~98 m		40	0.02	8.3	1 700
	混合	1.29	100	0.44	>50	3 500
SZ02水厂	前段 0~60 m	1.64	45	0.28	12.31	630
	后段 60~135 m		55	0.01	2.85	50
SZ07 水厂		0.93	100	0.14	6.65	62

表 8-13　不同水源沉淀池排泥耗水率

排泥构筑物类型	水源类型	排泥耗水率(%)	
		范围	平均值
斜管沉淀池	江河	0.9~1.35	1.13
	湖库	0.32~0.68	0.50
平流沉淀池	江河	1.22~1.55	1.44
	湖库	0.56~2.08	1.19

8.3.3　典型砂滤池反冲洗水水量变化规律

典型滤池是普通快滤池和Ⅴ型滤池。鉴于两者在反冲洗方式上存在差异,对这两种滤池分别开展反冲洗水水量规律研究。

(1)普通快滤池

目前运行的普通快滤池因反冲洗方式不同分为单水反冲洗普通快滤池和气水

反冲洗普通快滤池。由于气水反冲洗方式优越性地不断显现,新建普通快滤池均为气水反冲,老的也逐步改建为气水反冲。

南京地区 NJ01 水厂气水冲普通快滤池,单池设计规模 1.667 万 m³/d,采用气洗 5 min+水洗 10 min 的反冲洗方式,反冲洗周期 30 h;NJ01 水厂单水冲普通快滤池,池设计规模 1.8 万 m³/d,采用水洗 10 min 的反冲洗方式,反冲洗周期 30 h。

深圳地区 SZ05 水厂普通快滤池,单池设计规模 1 万 m³/d,采用气洗 4 min+水洗 8 min 的反冲洗方式,反冲洗周期 48 h。

对于气水冲普通快滤池,江河水源和湖库水源的反冲洗水浊度随时间变化规律基本相同(图 8-6),气洗阶段反冲洗水浊度维持在较高水平,水冲后 1~2 min,反冲洗水浊度快速下降,至冲洗结束时,反冲洗水浊度降至 10 NTU 以下。由于江河水源滤池进水浊度为 5~6 NTU,湖库水源进水浊度为 2 NTU,前者气冲阶段反冲洗浊度平均达到 1 258 NTU,高于湖库水源 2 倍(表 8-14)。对于单水冲普通快滤池,同为江河水源,相同反冲洗周期,由反冲洗水浊度、COD$_{Mn}$和总大肠菌群指标可见,单水冲的去污强度明显小于气水冲。由 COD$_{Mn}$指标可见,滤池反冲洗水的水质接近地表水Ⅲ类,总大肠菌群指标接近原水水质,可考虑进行直接回用。

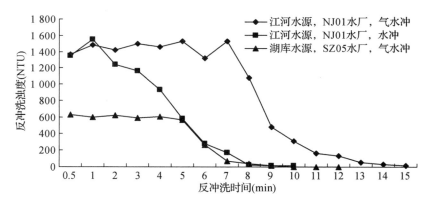

图 8-6 普通快滤池反冲洗水浊度随时间变化规律

表 8-14 普通快滤池反冲洗水水量、水质情况

反冲洗水来源	反冲洗耗水率(%)	平均浊度(NTU)	COD$_{Mn}$(mg/L)	总大肠菌群(个/L)
NJ01 水厂(水冲)	4.02	665	5.1	1 560
NJ01 水厂(气水冲)	2.04	866	7.4	1 600
SZ05 水厂	1.69	120	6.42	54

（2）V型滤池

南京地区 NJ01 水厂 V 型滤池,单池设计规模 1.875 万 m³/d,采用气洗 3 min＋气水洗 5 min＋水洗 6 min 的反冲洗方式,反冲洗周期 48 h;深圳地区 SZ07 水厂 V 型滤池,单池设计规模 2.5 万 m³/d,采用气洗 3 min＋气水洗 6 min＋水洗 5 min 的反冲洗方式,反冲洗周期 48 h。

江河水源 V 型滤池反冲洗水浊度与湖库水源随时间变化规律基本相同(图 8-7),反冲洗水浊度的峰值出现在气洗 1 min 左右,此后反冲洗水浊度快速下降,至冲洗结束时,反冲洗水浊度降至 10 NTU 以下。由于沉后水浊度的差异,江河水源 V 型滤池气冲和气水冲阶段反冲洗水浊度的峰值远高于湖库水源,平均浊度、有机物和总大肠菌群数分别相差 6～10 倍、2～7 倍和 2～3 倍。水冲阶段的平均浊度和 COD_{Mn} 指标接近或好于原水,总大肠菌群指标也满足水源水质标准的要求,可以考虑直接回用。

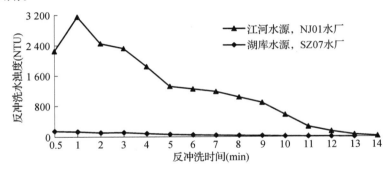

图 8-7　V型滤池反冲洗水浊度随时间变化规律

表 8-15　V型滤池反冲洗水水量、水质情况

反冲洗水来源		反冲洗耗水率（%）	占反冲洗水量百分比（%）	平均浊度（NTU）	COD_{Mn}（mg/L）	总大肠菌群（个/L）
NJ01 水厂	水冲前		44	1 722	17.4	2 900
	水冲	1.01	56	182	5.1	1 100
	混合		100	859	11.3	2 000
SZ07 水厂	水冲前		42	69.2	7.7	70
	水冲	1.47	58	12.6	3.2	20
	混合		100	41.4	5.45	45

比较表 8-16 中的数据可以看出,无论是江河水源还是湖库水源,V 型滤池反冲洗耗水率明显低于其他类型滤池,为 1%～1.5%,其次是气水反冲的普通快滤

池,耗水率为 2% 左右,单水冲的普通快滤池耗水率最大,为 4% 左右,可见反冲洗方式是影响反冲洗耗水率的重要因素。

表 8-16　滤池反冲洗工况及耗水量

池型	反冲洗水来源	水源	反冲洗方式	反冲洗周期(h)	反冲洗时间(min)	反冲洗耗水率(%)	反冲洗水平均浊度(NTU)
V型滤池	NJ01	江河	气水反冲	30	14	1.01	860
	SZXC	湖泊		48	15	1.37	258
	TS01	水库		36	15	1.8	74
	SZ07			36	14	1.47	51
普快滤池	NJ01	江河		30	15	2.04	612
	JX02	河网		28	12	2.13	302
	SZ05	水库		48	12	1.69	174
	NJ01	江河	水冲	30	10	4.02	542

8.4　单元工艺排泥节水控制关键技术与应用

基于前述研究,以实现水厂的节水为目标,研究不同水处理构筑物的节水控制模式与关键节水控制技术,依托示范水厂,实施关键技术应用研究,为今后水厂的节水控制提供借鉴。

8.4.1　单元工艺排泥节水控制模式研究

通过对城市供水厂典型工艺排泥耗水量现状的分析,以及典型单元工艺水量特征的研究,根据典型单元工艺的现状排泥工况和相应变化规律,以保证单元工艺出水水质为前提,以降低排泥耗水量为控制目标,本研究提出典型工艺单元节水排泥控制模式,并在深圳地区南山水厂进行节水排泥控制模式的可行性和有效性验证。

8.4.1.1　典型絮凝单元排泥节水控制模式

絮凝单元的典型池型为折板絮凝池,该池型通过同波、异波折板和平板的三段布置,具有较强的水量适应性。现有折板絮凝池从设计到运行,从穿孔排泥管的布置方式、管径到排泥工况的设置,均采用前后段完全相同,即各段排泥管的位置、间距、管径相同,各段排泥工况排泥阀的开启时间及历时相同,因而造成了折板絮凝池前段排泥过量而后段排泥不足的普遍问题。

以上分析表明，合理设置排泥工况，即分段设置排泥阀的开启时间和历时，不仅可以解决后段积泥问题，而且还可能起到节水的作用。

絮凝池节水排泥控制模式：各段排泥管的排泥周期和排泥历时是折板絮凝池排泥节水的控制因素。根据各排泥管的排泥水水质变化规律确定相应的排泥历时，各排泥管的排泥历时以排泥结束时排泥水浊度恰好接近原水浊度为佳。这是因为絮凝池排泥水来源于原水，当絮凝池排泥水浊度接近原水时，表明其积泥已被充分排除，此时结束排泥能在确保排泥效果的前提下取得最佳的节水效果。

8.4.1.2　典型沉淀单元排泥节水控制模式

典型的沉淀单元为斜管沉淀池和平流沉淀池。斜管沉淀池的排泥方式为穿孔排泥管排泥时，类似絮凝单元的控制模式；当排泥方式为虹吸排泥时，类似平流沉淀池的控制模式。

（1）斜管沉淀池

对于排泥方式为穿孔排泥管排泥，排泥周期和单次排泥时间是排泥节水的控制因素。排泥周期和单次排泥时间可由排泥水的含固率和浊度确定。对于原水浊度较高的江河水源水厂，以单次排泥水含固率最高可达达到 5％ 的排泥时间间隔为 1 个排泥周期；以排泥水浊度下降至原水浊度的时间为单次排泥时间。通过优化后，斜管沉淀池排泥耗水率可控制在＜0.6％。

对于东北地区的虹吸机械排泥方式，根据排泥水含固率沿池长方向的变化规律，建议以产生 0.5％ 排泥水最高含固率的时间间隔作为斜管沉淀池排泥周期，从池长 1/4 至 3/4 处的排泥时间可在现有基础上缩短一半。

（2）平流沉淀池

平流沉淀池排泥方式为虹吸机械排泥，排泥周期和虹吸吸泥机的运行方式是排泥节水的控制因素。将平流沉淀池沿池长方向分为三个区，即 0～20 m 高浓度区，20～60 m 中浓度区，60 m 以后低浓度区。对于江河水源的水厂，0～20 m 高浓度区的排泥水含固率最高可达 6％，排泥水平均含固率可达 2％～5％，可直接脱水干化；20～60 m 中浓度区排泥水含固率迅速下降，平均含固率降至＜0.2％，高、中浓度区排泥水的有机物浓度和总大肠菌群数远高于原水；60 m 以后低浓度区排泥水平均含固率只有 0.01％～0.02％ 左右，且有机物浓度和总大肠菌群数接近原水。湖库水源与江河水源类似，高、中浓度区的排泥水浓度比江河水源低 5～10 倍，60 m 后低浓度区水质基本没有差别。现行排泥方式没有充分考虑排泥水沿程浓度的变化，绝大多数前后段采用相同的排泥工况，导致平流沉淀池后段水质较好的排泥水大量浪费。

因此需要根据平流沉淀池沿池长方向排泥水平均含固率和池底积泥高度，分别确定各区的排泥周期和虹吸吸泥机的运行方式。

8.4.1.3 典型过滤单元反冲洗节水控制模式

典型过滤单元为 V 型滤池和气水反冲的普通快滤池,由于均采用气水反冲洗方式,根据排泥水水质水量特性表明,反冲洗周期、气冲和气水冲阶段的反冲强度及反冲时间是降低过滤工艺排泥水耗水率的控制因素。以提高砂滤池反冲洗排水的平均浊度为出发点,根据反冲洗排水浊度、气水冲结束时的排水总量、气水冲排水的最高浊度选取特征点,确定滤池反冲洗周期、气冲和气水冲阶段的反冲强度及反冲时间。建议气水冲阶段的排水量为总排水量的 45%,水冲阶段为 55%。

8.4.2 深圳 N 水厂排泥水节水控制案例

8.4.2.1 水厂工艺概况及水源水质

深圳市 N 水厂,设计规模 20 万 m³/d,实际处理规模约 10 万 m³/d。水厂共设两组制水构筑物,每组规模 10 万 m³/d,采用混凝、沉淀、过滤的常规处理工艺(见图 8-8),主要排泥构筑物为折板絮凝池、平流沉淀池和 V 型砂滤池。

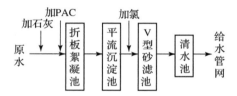

图 8-8 N 水厂制水工艺流程

N 水厂原水水质见表 8-17。原水年均浊度只有 5~8 NTU,最高不超过 40 NTU;pH 值为 7.1~7.4;原水水质较好,除存在藻类问题外,高锰酸盐、氨氮和总大肠菌群指标均符合地表水Ⅱ类标准。试验在 11~12 月份展开,原水水质接近 4 季度平均值。

表 8-17 N 水厂原水水质

指　标	1 季度	2 季度	3 季度	4 季度	年均
水温(℃)	20.70	25.20	29.20	22.70	24.40
pH	7.18	7.22	7.22	7.34	7.24
浊度(NTU)	7.87	6.54	5.79	7.57	6.94
COD_{Mn}(mg/L)	1.39	1.65	1.80	1.41	1.56
氨氮(mg/L)	0.17	0.07	0.06	0.05	0.09
藻浓度(10^6个/L)	4.68	3.93	4.64	0.49	3.44
总大肠菌群(MPN/L)	0	20	7	3	8

8.4.2.2 现行处理单元排泥工况及存在问题

N 水厂主要排泥构筑物(折板絮凝池、平流沉淀池和 V 型滤池)的排泥耗水量约占水厂制水总量的 3.07%,各构筑物现行排泥工况及排泥耗水量见表8-18。

表 8-18 N 水厂排泥构筑物现行排泥工况及排泥耗水量

构筑物名称	排泥工况			排泥水	
	周期(h)	历时(min/次)	方式	水量(m³/d)	耗水率(%)
折板絮凝池	24	1	穿孔管排泥	192	0.19
平流沉淀池	24	90	虹吸机械排泥	933	0.93
V 型滤池	36	14	气水反冲洗	325	1.95

(1)絮凝单元排泥工况及存在问题

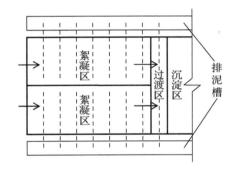

注:虚线表示排泥管敷设位置;箭头表示水流方向

图 8-9 折板絮凝池排泥管布置示意

N 水厂折板絮凝池采用穿孔管排泥,每组絮凝池设 16 根排泥管,两侧各 8 根,在池底沿池长方向均匀布置(见图 8-9)。絮凝池现行排泥周期为 24 h,排泥时每根排泥管对应的排泥阀开启 1 min,相邻两个排泥阀同时开启。

对折板絮凝池现行工况和底部积泥规律的监测结果显示(表 8-19),前段 1#~4# 排泥管所在廊道无积泥,5#~8# 排泥管所在廊道在排泥周期内有2~3 cm积泥。

表 8-19 絮凝池现行排泥工况

穿孔排泥管编号	排泥水平均含固率(%)	排泥水平均浊度(NTU)	排泥时间(s)	排泥水量(m³/d)	积泥高度(cm)	
					排泥前	排泥后
1# 和 2#	0.08	224	60	12	0	0
3# 和 4#	0.26	824	60	12	0	0
5# 和 6#	0.43	1 383	60	12	2.5	0
7# 和 8#	0.44	1 542	60	12	2.5	0

从图8-10可见,折板絮凝池1#、2#和3#、4#排泥管分别排泥至20 s和40 s时,排泥水浊度已接近原水浊度;而5#~8#排泥管在排泥结束时,排泥水浊度也基本接近原水浊度。

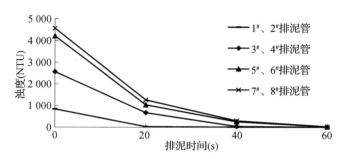

图8-10　折板絮凝池各排泥管排泥水浊度随时间变化规律

根据折板絮凝池节水排泥控制模式,应将1#、2#和3#、4#排泥管的排泥历时分别缩短至20 s和40 s;而5#~8#排泥管现行排泥历时较为合理,可维持现状。

(2)沉淀单元排泥工况及存在问题

N水厂的平流沉淀池采用虹吸机械排泥,排泥周期为24 h,平流沉淀池长90 m,考虑到沉淀池一般前段积泥较多,排泥时桁车先从距池首30 m处排泥至池首,再反向折回排泥至池尾,最后从池尾空车返回距池首30 m处。

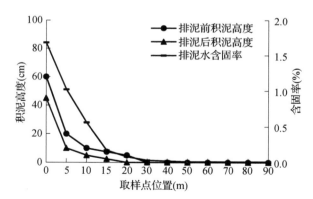

图8-11　平流沉淀池积泥高度与排泥水含固率沿程变化规律

对平流沉淀池排泥周期内底部积泥高度和排泥水含固率沿程变化规律监测结果显示(图8-11):沉淀池的积泥集中在前20 m,20 m以后的积泥高度几乎为0。这也导致前20 m的排泥水含固率较高,为0.08%~1.68%,而后70 m的排泥水含固率均在0.03%以下,平均值仅为0.014%。

因此根据平流沉淀池节水排泥控制模式,应加强或维持平流沉淀池前 20 m 的排泥次数,而适当延长 20 m 以后的排泥周期。

(3)过滤单元反冲洗工况及存在问题

N 水厂的 V 型滤池共 8 格,目前实际运行 6 格。滤池反冲洗周期为 36 h,6 格错开冲洗,每天反冲洗 4 格。单格反冲洗方式为:排水(2 min)+气洗(3 min)+气水洗(6 min)+水洗(5 min),全程表面扫洗。反冲洗强度为:气洗强度 15 L/(s·m²);水洗强度 10 L/(s·m²),气水洗阶段 3 L/(s·m²),水洗阶段 6L/(s·m²);表面扫洗强度 1.4～2 L/(s·m²)。现行反冲洗工况下,1# 和 2# 滤池反冲洗排水浊度随时间的变化规律见图 8-12。

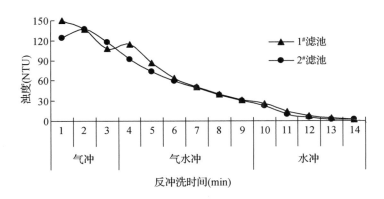

图 8-12　滤池反冲洗水浊度随时间变化规律

从图 8-12 可见,1# 和 2# 两格滤池反冲洗水浊度随时间的变化规律十分接近:气洗阶段,反冲洗水浊度较高,平均值在 100 NTU 以上;气水洗阶段,反冲洗水浊度呈快速下降趋势,平均值降至 60 NTU 左右;水洗阶段,反冲洗水浊度已处于较低水平,下降幅度也趋于缓慢,至水洗 3 min 时,反冲洗水浊度均小于 10 NTU,已满足砂滤池反冲洗结束时排水浊度小于 10 NTU 的要求。

因此根据 V 型滤池节水反冲洗控制模式,应适当延长滤池的反冲洗周期或缩短滤池的反冲洗历时。

8.4.2.3　处理单元排泥节水控制模式的节水效果

(1)絮凝单元排泥节水控制模式及效果分析

根据折板絮凝池节水排泥控制模式,将 1#、2# 和 3#、4# 排泥管的排泥历时分别缩短至 20 s 和 40 s,5#～8# 排泥管的排泥历时维持 60 s 不变。采用节水排泥控制模式前后,絮凝池运行工况及排泥水水量、水质情况见表 8-19 和表 8-20。

表 8-20　折板絮凝池节水排泥控制模式及排泥水情况

排泥管编号	排泥水平均含固率(%)	排泥水平均浊度(NTU)	排泥历时(s)	排泥水量(m³/d)	节水率(%) 各部分	节水率(%) 合计	积泥高度(cm) 排泥前	积泥高度(cm) 排泥后
1#、2#	0.19	495	20	4	67		0	0
3#、4#	0.31	1068	40	8	33	25	0	0
5#、6#	0.39	1 475	60	12	0		2.5	0
7#、8#	0.41	1 627	60	12	0		2.5	0

比较表 8-19 和表 8-20 可见,折板絮凝池采用节水排泥控制模式后,1#～4#排泥管的排泥效率明显提高,其中 1#、2# 和 3#、4# 排泥管排泥水的平均含固率和浊度分别比原工况提高了 100% 和 20% 左右,且节水排泥控制模式不会造成折板絮凝池底部积泥高度的增加。

与原工况相比,节水工况可节水 25%,使絮凝池排泥水量从原来的 192 m³/d降至 144 m³/d,排泥耗水率从 0.19% 降至 0.14%。

(2)沉淀单元排泥节水控制模式及效果分析

根据沉淀池节水排泥控制模式,结合平流沉淀池底部积泥高度和排泥水含固率沿程变化规律(图 8-11),平流沉淀前 20 m 排泥周期和排泥方式较为合理,但后70 m 排泥周期可适当延长。因此,将平流沉淀池的排泥工况调整为:前 20 m 排泥周期仍为 24 h,每次双程排泥;后 70 m 排泥周期延长至 48 h,每次单程排泥。新老排泥工况下吸泥桁车运行情况见图 8-13。

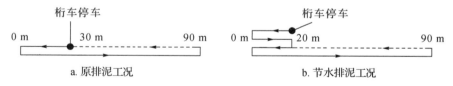

a. 原排泥工况　　　　　　　　　　b. 节水排泥工况

注:实线表示桁车排泥运行;虚线表示桁车空车运行;箭头表示桁车运行方向。

图 8-13　平流沉淀池两种排泥工况对比

采用节水排泥控制模式后,沉淀池后 70 m 排泥水的水质变化情况见表 8-21。从表 8-21 可见,运行节水排泥控制模式后,后 70 m 排泥水的平均含固率从原来的 0.014% 提高至 0.019%,平均浊度从原来的 74.5 NTU 提高至 92.6 NTU,排泥效率得到了大幅度提高;虽然排泥水的微生物和有机物指标有所升高,总大肠菌群数从 487 MPN/L 上升到了 550 MPN/L,COD_{Mn} 含量从 5.65 mg/L 上升到了6.08 mg/L,但总体而言,这些指标仍处于较低水平。

表 8-21　平流沉淀池后 70 m 排泥水水质

水质指标		平均含固率（%）	平均浊度（NTU）	总大肠菌群（MPN/L）	COD$_{Mn}$（mg/L）
原工况	第1组	0.012	74.7	620	5.34
	第2组	0.017	71.5	390	5.86
	第3组	0.013	77.3	450	5.74
	平均	0.014	74.5	487	5.65
节水工况	第1组	0.018	95.8	620	6.11
	第2组	0.024	89.6	540	5.91
	第3组	0.015	92.4	490	6.21
	平均	0.019	92.6	550	6.08

节水排泥控制模式使平流沉淀池的排泥水量减少了 37.5%，从原先的 933 m³/d 降至 583 m³/d，排泥耗水率从 0.93% 降至 0.58%。在线浊度监测结果显示，新排泥工况未造成沉淀池出水浊度的上升。

就排泥水水质而言，沉淀池后 70 m 排泥周期延长至 48 h 后，其排泥水平均含固率仍远低于前 20 m，且微生物和有机物指标也未大幅升高，存在继续延长排泥周期的潜力。但水厂以往的运行经验显示，当平流沉淀池排泥周期达到 72 h 时，排泥水中出现红虫孳生的现象，进而影响出水的感官性状。有研究表明，珠三角地区常年高温高湿，排泥周期过长极易导致红虫和摇蚊幼虫等水生微型动物在沉淀池积泥中的孳生。所以，为了确保供水水质安全，平流沉淀池后 70 m 的排泥周期不宜再作延长。

（3）过滤单元排泥节水控制模式及效果分析

根据 V 型滤池节水反冲洗控制模式，V 型滤池的反冲洗历时和反冲洗周期有待改进。为此，开展了优化 V 型滤池反冲洗历时和反冲洗周期的试验研究。

结合现有 V 型滤池气水反冲洗工况的调研结果，并考虑节水反冲洗工况应便于实施操作，最终确定 V 型滤池反冲洗周期的研究水平为 36 h 和 48 h；反冲洗历时的研究水平为气洗 2 min 和 3 min、气水洗 3 min 和 4 min，水洗时间视水洗阶段反冲洗水浊度而定。试验一共分为 8 组，V 型滤池不同反冲洗工况下的耗水量对比结果见表 8-22。

从表 8-22 可见，当采用第 7 组（周期 48 h，气洗 3 min＋气水洗 3 min＋水洗 5 min，表面扫洗 11 min）反冲洗工况时，反冲洗水平均浊度最大而反冲洗耗水量最小，即反冲洗效率最高，所以工况 7 为最优节水反冲洗工况。

表 8‑22　Ⅴ型砂滤池不同反冲洗工况对比

编号		反冲洗周期(h)	气洗时间(min)	气水洗时间(min)	水洗时间(min)	表面扫洗时间(min)	反冲洗水平均浊度(NTU)	反冲洗耗水量(m³)		节水率(%)
								单次	每天	
原工况		36	3	6	5	14	40.1	488	325	/
节水工况	1	36	2	3	5	10	45.4	380	253	22.2
	2	36	2	4	4	10	48.9	360	240	26.2
	3	36	3	3	4	10	51.7	340	227	30.2
	4	36	3	4	3	10	53.8	320	213	34.5
	5	48	2	3	6	11	54.3	432	216	33.5
	6	48	2	4	5	11	55.2	412	206	36.6
	7	48	3	3	5	11	55.6	392	196	39.7
	8	48	3	4	5	12	53.1	424	212	34.8

注:节水工况的水洗时间取反冲洗水浊度恰好满足冲洗要求(浊度小于 10 NTU)的时间点;节水率=(原耗水量-节水工况耗水量)/原工况耗水量。

与原工况相比,最优工况可节水 39.7%,使反冲洗水量从原来的 1 952 m³/d降至 1 176 m³/d,反冲洗耗水率从原来的 1.95%降至 1.18%。同样,在线浊度监测结果显示,节水反冲洗工况未造成滤池出水浊度的升高。

(4) 供水厂排泥水节水效益

南山水厂各处理单元采用节水排泥工况后(表 8‑23),絮凝池可节水 25%、沉淀池可节水 37.5%、滤池可节水 39.7%,水厂排泥耗水率由 3.07%降至1.9%,降幅为 38.1%,水厂排泥水由 3 070 m³/d 降至 1 900 m³/d,每天可节水1 170 m³。

表 8‑23　南山水厂排泥水耗水率变化情况对比

单元工艺	现状工况耗水率(%)	节水工况耗水率(%)
折板絮凝池	0.19	0.14
平流沉淀池	0.93	0.58
Ⅴ型滤池	1.95	1.18
水厂合计	3.07	1.9

8.5　排泥水中含氮污染物的赋存形式

含氮污染物是近年来饮用水处理中关注的热点,其在水处理过程中的控制研究是领域研究的前沿问题。深入研究排泥水中含氮污染物的迁移转化规律，明确不同氮素间的转化机制，可为排泥水安全回用提供更为全面的科学依据。

8.5.1 沉淀池排泥水含氮污染物特性

为了能更准确分析沉淀池排泥水的水质特性，将沉淀池排泥水按池长方向分为三段，分别为：排泥水前段（0～20 m）、排泥水中段（20～70 m）、排泥水末段（70～90 m）。水源水与沉淀池各时段排泥水的水质参数测定结果如表 8-24 所示，原水有机物含量水平较高，UV_{254} 值较低，说明原水中含有较多的亲水性有机物。

表 8-24 原水及沉淀池排泥水水质特性分析

	TOC (mg/l)	DOC (mg/l)	COD$_{Mn}$ (mg/l)	DON (mg/l)	THMs (μg/l)	HAcAms (μg/l)	HANs (μg/l)	HNMs (μg/l)
原水	4～5	3～4.5	2～4	0.3～0.4	152～183	4～6	2～3	0.5～1
排泥水	6～8	5～7	3～6	0.5～0.8	215～265	11～15	4～6	1～2

8.5.1.1 沉淀池排泥水中有机物存在特性

排泥水中有机物的存在特性包括含量水平和存在状态。含量水平表示存在多少，存在状态表示以什么形式或状态存在。有机物的存在特性与消毒过程中生成消毒副产物（总三卤甲烷、卤代乙酰胺等）的量有直接关系。掌握排泥水中有机物的存在特性是研究其迁移转化及去除过程的基础与依据。

如图 8-14 所示，沉淀池沿池长方向上各段排泥水中的有机物指标整体呈现出一定的变化规律，即随着排泥过程的进行，有机物指标除 UV_{254} 外都不断降低。但排泥水末段的有机物含量还是要高于相应原水。而排泥水中的 UV_{254} 值随着排泥过程的进行出现先升高后降低的趋势，但仍高于相应原水中的值。排泥水中的有机物含量高，导致消毒过程中生成较多的消毒副产物。

由排泥水的 UV_{254} 和溶解性有机碳（DOC）的值可以计算得出比紫外吸光度值（SUVA）。SUVA 值可以表征排泥水中有机物的亲疏水性组分所占比例多少，SUVA＞4 L/(m·mg) 表明有机物以疏水性为主，SUVA＜3 L/(m·mg) 表明有机物以亲水性组分居多。根据表 8-25 数据得出沉淀池各时段排泥水 SUVA 值均远远小于3 L/(m·mg)，表明排泥水中存在较多的亲水性有机物。图 8-14 中还可以看出，沉淀池排泥水中还存在小部分颗粒态的有机物（POC），POC 在静止时会随着大体积的无机颗粒物一起沉降，不影响上清液中有机物的变化。由于存在较多溶解性有机物，建议降低有机物含量后再进行回用。

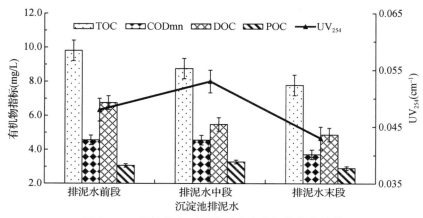

图 8 - 14　沉淀池各时段排泥水中有机物存在特性

8.5.1.2　沉淀池排泥水中有机物分子量大小分布

前文已经研究了排泥水中有机物的存在特性,即有机物含量高于相应原水且大部分以溶解态的形式存在。为了研究消毒副产物的主要前体物,应进一步对溶解态的有机物根据某种性质分类,为后续的去除过程提供依据。本节根据溶解性有机物的分子量将有机物分为<1 kDa,1～3 kDa,3～5 kDa,5～10 kDa,>10 kDa 5 个组分。了解每个组分所占总溶解性有机物的比例,为降低有机物浓度提供依据和方法。

图 8 - 15 显示,沉淀池排泥水中小于 3 kDa 的有机物占总有机物比例高,达到 65％,且有机物存在特性与原水相似。研究认为,亲水性小分子量有机物是常规水处理工艺中最难去除的一类污染物,小分子量有机物被证实为氯消毒副产物的主要前体物质。因此,在进行回用处理时应重点减少此类有机物的含量。目前,应用较多的是高级氧化技术和粉末活性炭吸附。

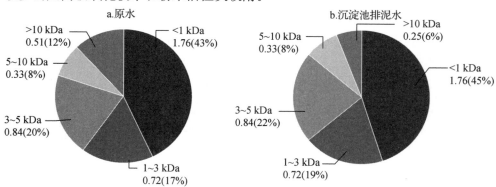

图 8 - 15　沉淀池排泥水有机物分子量分布图

8.5.1.3 沉淀池排泥水中有机物亲疏水性分布

作为有机物的另一种分类方式,根据亲疏水、酸碱性将有机物分成:疏水中性(hydrophobic neutral,HPON),疏水碱性(hydrophobic base,HPOB),疏水酸性(hydrophobic acid,HPOA),亲水碱性(hydrophilic base,HPIB),亲水酸性(hydrophilic acid,HPIA),亲水中性(hydrophilic neutral,HPIN)6个组分。如图8-16所示,沉淀池排泥水中亲水性有机物占总有机物的比例最高,达到75%,与通过计算得出的 SUVA 值是一致的。亲水酸性有机物又是亲水性有机物中的主要成分。该类物质主要是蛋白质或氨基酸类和微生物代谢产物,是消毒副产物的主要前体物。疏水性组分只占25%左右,该类物质是常规水处理工艺比较容易去除的。因此,沉淀池排泥水不宜直接回用。

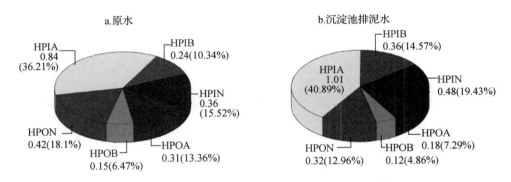

图 8-16 沉淀池排泥水中有机物亲疏水性分布图

8.5.1.4 沉淀池排泥水中的含氮污染物存在特性

含氮有机物是氯消毒过程中形成高毒性含氮消毒副产物的主要前体物,其在常规水处理过程中难以有效去除。如图8-17所示,沉淀池各时段排泥水无机氮中氨氮是主要成分,亚硝酸盐氮含量很低几乎为零。无机氮整体上随着排泥的进行含氮污染物存在量呈缓慢降低的过程,沉淀池排泥水中的含氮有机物(DON)变化小,但要高于相应原水中的含量。含氮有机物的量是我们重点关注的,DON 值较高导致排泥水具有高的含氮消毒副产物生成势。

8.5.1.5 沉淀池排泥水中含氮有机物分子量分布

如图8-18所示,沉淀池排泥水和原水中 DON 分子量分布结果相似,即分子量小于3 kDa 的占 DON 的大部分比重(分别为66.6%和51%)。可见,排泥水中的小分子量 DON 要高于相应原水。

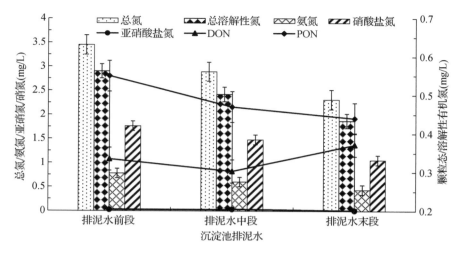

图 8 – 17　沉淀池各时段排泥水中含氮污染物存在特性

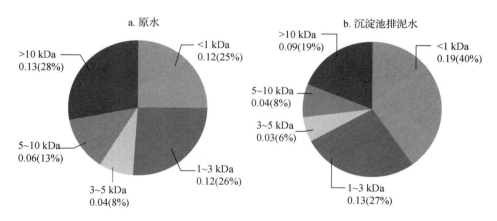

图 8 – 18　沉淀池排泥水中 DON 分子量分布图

8.5.1.6　沉淀池排泥水中含氮有机物亲疏水性分布

同样地,对沉淀池排泥水中的含氮有机物 DON 依据亲疏水、酸碱性进行分类研究,得到每个组分占总 DON 的比例。如图 8 – 19 所示,沉淀池排泥水中亲水性 DON 占总有机物的比例最高,达到约 65%。这与原水中相应组分的存在特性相似。在亲水性 DON 中亲水中性又占有绝大部分,该类物质主要是蛋白质或氨基酸类和微生物代谢产物,被认为是高毒性含氮消毒副产物的主要前体物。亲水性 DON 的大量存在会导致随后的氯消毒过程中形成二氯乙酰胺等副产物。因此,在考虑沉淀池排泥水回用时需降低亲水性 DON 的含量,目前高级氧化技术应用得较为广泛。

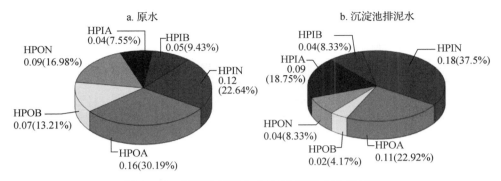

图 8‑19　沉淀池排泥水中 DON 亲疏水性分布图

8.5.1.7　沉淀池排泥水中分子荧光吸收光谱

排泥水中有机物是由各种组分有机物组成的一类复杂混合体系，三维荧光技术是研究排泥水中有机物组分特性的最适手段。根据吸收峰的位置将三维荧光吸收光谱图划分为 5 个不同区域，每个区域代表一类有机物组分。

图 8‑20 为沉淀池各时段排泥水的三维荧光光谱图，表 8‑25 为各时段排泥

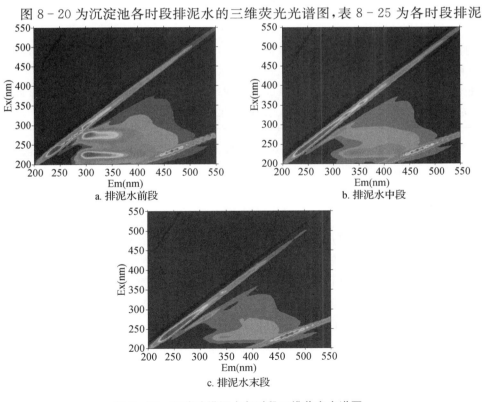

图 8‑20　沉淀池排泥水各时段三维荧光光谱图

水的特征荧光吸收峰强度的变化情况,表8-26为各时段排泥水的三维荧光光谱中各个区域的荧光积分结果变化情况。

表 8-25　沉淀池各时段排泥水荧光吸收强度变化

峰位置 ＼ 类别	排泥水前段	排泥水中段	排泥水末段
激发波长/发射波长		荧光吸收强度(A.U)	
225.0/305.0 nm	701.3	268.1	141.5
275.0/305 nm	643.4	201.4	159.4
235.0/415.0 nm	134.6	97.7	76.8

表 8-26　沉淀池排泥水三维荧光区域积分

排泥水	区域积分	Ⅰ 类色氨酸	Ⅱ 类酪氨酸	Ⅲ 类富里酸	Ⅳ 类 SMPs	Ⅴ 类腐殖酸	总和
排泥水 前段	值(AU·nm²)	92 327.2	63 502.9	100 789	125 231.7	76 430.3	458 281.1
	比例	21.15%	13.86%	21.99%	27.33%	15.65%	1
排泥水 中段	值(AU·nm²)	42 612.6	26 853.2	81 281.2	110 308.5	131 996.9	393 052.4
	比例	10.84%	6.83%	20.68%	28.06%	33.58%	1
排泥水 末段	值(AU·nm²)	35 062.2	18 953.3	63 079.6	75 630.7	91 255.5	283 981.3
	比例	12.35%	6.67%	22.21%	26.63%	32.13%	1

从图8-20和表8-25可以看出,沉淀池各时段排泥水的三维荧光光谱图中有两个高荧光吸收强度的特征吸收峰(Ex/Em＝225/305 nm,Ex/Em＝275/305 nm),一个荧光吸收较弱吸收峰(Ex/Em＝235/415 nm)。两个强荧光特征吸收峰为氨基酸类有机物,另一个弱吸收峰为富里酸类有机物,且都随着沉淀池排泥过程的进行,吸收峰的强度呈现降低趋势。表8-26的荧光区域积分结果也呈现出不断降低的趋势。这说明随着排泥的进行蛋白质类含氮有机物的含量不断下降,即沉淀池排泥水后半段的有机物含量低于前段,但也高于原水中的相应值。沉淀池各时段排泥水中有机物含量变化较大,蛋白质类难降解有机物较高,而蛋白质类有机物又是常规处理工艺难以有效去除的。

有研究定义参数 T/(A＋B)为荧光区域积分中(酪氨酸类＋色氨酸类)与(富里酸类＋腐殖酸类)荧光积分面积的比值,T/(A＋B)值反映了水中有机物的结构性质,T/(A＋B)比值大小,代表着水中难降解物质占有比例。T/(A＋B)比值越大,表明该水体越难处理。沉淀池各时段排泥水的荧光区域积分 T/(A＋B)比值见表8-27,可见沉淀池各时段排泥水中的 T/(A+B)比值变化大,排泥水前端的 T/(A+B)比值为0.88,表明排泥水中难降解有机物占有比例高,说明排泥水中蛋白质类含氮有机物含量高,氯消毒过程中形成的含氮消毒副产物生成势高。

表8-27　各时段排泥水的三维荧光区域积分 T/(A+B)比值

积分面积 排泥水	色氨酸 T_1 （AU·nm²）	酪氨酸 T_2 （AU·nm²）	类富里酸 A （AU·nm²）	类腐殖酸 B （AU·nm²）	区域积分比值 $(T_1+T_2)/(A+B)$
排泥水前段	92 327.2	63 502.9	125 231.7	76 430.3	0.88
排泥水中段	42 612.6	26 853.2	110 308.5	131 996.9	0.33
排泥水末段	35 062.2	18 953.3	75 630.7	91 255.5	0.35

8.5.1.8　沉淀池排泥水消毒副产物生成势

本节选择两类典型的消毒副产物——总三卤甲烷(THMs)和含氮氯消毒副产物二氯乙酰胺(DcAcAm)进行副产物生成势(FP)研究。

如图8-21所示,沉淀池排泥水的消毒副产物生成势随着排泥过程的进行表现出相同变化趋势,即随着排泥的进行不断降低。但 DcAcAmFP 的变化幅度明显小于相应的 THMFPs,这与排泥水中存在的特征有机物种类相关。研究表明三卤甲烷的前体物为能被混凝沉淀处理工艺有效去除的强疏水性天然有机物 NOM 中的腐殖酸和富里酸类,这类物质是三卤甲烷的主要前体物质。而二氯乙酰胺的主要前体物为亲水性小分子量的含氮有机物,如蛋白质、氨基酸类等,难以被常规处理工艺有效去除。沉淀池各时段排泥水的 THMFPs 和 DcAcAmFP 都要高于相应原水中的值,说明排泥水中存在一定的消毒副产物的前驱物类有机物。

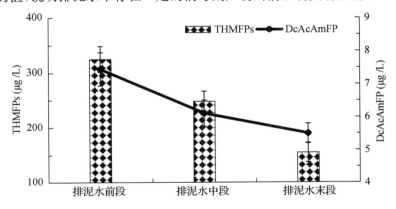

注:图中 THMFPs 代表总三卤甲烷生成势、DcAcAmFP 代表二氯乙酰胺生成势,下同

图8-21　沉淀池各时段排泥水的消毒副产物生成势

8.5.1.9 排泥水中消毒副产物前体物存在特性

前述研究结果表明,沉淀池排泥水具有较高的消毒副产物生成势是其不能直接回用的根本原因,而消毒副产物生成势较高的直接原因是排泥水中含有较多前体物。本节进一步探讨有机物 DON/DOC 比值与 DcAcAmFP 之间的关系,以期更深入地解析二氯乙酰胺主要前体物存在特性。

如图 8 - 22 所示,沉淀池排泥水中 DcAcAmFP 随着水中 DON/DOC 比值的增加而增大,可见 DcAcAmFP 与 DON/DOC 比值之间存在很强的线性关系($R^2 = 0.868$)。研究结果表明,DcAcAm 的主要前体物为蛋白质、氨基酸、微生物代谢产物(SMPs)类陆源有机物。表 8 - 26 中数据计算结果表明三维荧光吸收光谱中氨基酸类荧光区域积分与排泥水中 DcAcAmFP 之间存在线性相关性($R^2 = 0.934$),进一步说明 DcAcAm 的主要前体物为蛋白质类含氮有机物。

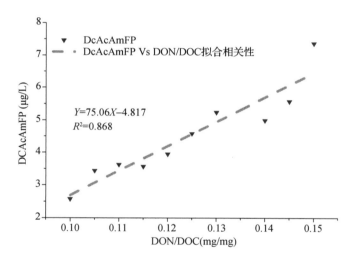

图 8 - 22 沉淀池排泥水中 DcAcAmFP 与水中 DON/DOC 比值之间的相关性

将沉淀池排泥水按照性质分成若干组分,各组分含量与消毒副产物生成势之间的结果见表 8 - 28 和表 8 - 29。

表 8 - 28 和表 8 - 29 数据显示,THMs 的主要前体物为疏水酸性和疏水中性及分子量小于 3 kDa 和大于 10 kDa 的有机物,这类物质主要是天然腐殖酸。排泥水中 DcAcAm 的主要前体物质为亲水中性、亲水酸性和小于 3 kDa 和大于 10 kDa 的有机物,主要为蛋白质、氨基酸和有机胺类含氮有机物。

表 8-28 沉淀池排泥水的有机物亲疏水性及氯消毒副产物

	DON (mg/L)	DOC (mg/L)	DON/DOC /	三卤甲烷 (μg/L)	二氯乙酰胺 (μg/L)
沉淀池排泥水	0.54	4.76	0.11	353	4.78
HPOA	0.05	0.89	0.06	90	0.45
HPOB	0.06	0.29	0.21	46	0.28
HPON	0.11	1.36	0.08	80	0.36
HPIA	0.16	0.78	0.21	56	1.36
HPIB	0.03	0.46	0.07	29	0.92
HPIN	0.13	0.98	0.13	52	1.41

表 8-29 沉淀池排泥水的有机物分子量分布及氯消毒副产物

	DON (mg/L)	DOC (mg/L)	DON/DOC /	三卤甲烷 (μg/L)	二氯乙酰胺 (μg/L)
沉淀池排泥水	0.54	4.16	0.13	353	4.78
<1 kDa	0.21	1.55	0.14	107	1.54
1~3 kDa	0.15	1.12	0.13	88	1.23
3~5 kDa	0.04	0.28	0.14	34	0.52
5~10 kDa	0.03	0.27	0.11	32	0.54
>10 kDa	0.11	0.94	0.12	92	0.95

8.5.2 砂滤池反冲洗水中有机物与含氮污染物

为了能更准确分析 V 型滤池各时段反冲洗水的水质特性,将反冲洗过程按反冲洗历时分为三个时段,分别为:反冲洗水的前期(2~4 min)、反冲洗水的中期(4~8 min)、反冲洗水的后期(8~12 min)。原水与砂滤池各时段反冲洗水的水质测定结果见表 8-30。

8.5.2.1 砂滤池反冲洗水中有机物存在特性

如图 8-23 所示,砂滤池反冲洗水中有机物指标随着反冲洗过程的进行不断降低。总体而言,砂滤池反冲洗水中有机物含量接近原水且低于沉淀池排泥水中的浓度。砂滤池反冲洗水中存在小部分颗粒态的有机物,会随着颗粒物一起沉降不影响上清液中有机物的变化。因此,砂滤池反冲洗废水是可以直接回用的,安全回用比例需要根据具体情况进行实验确定。

表 8 - 30　原水及砂滤池各时段反冲洗水的水质特性

水质类别	TOC (mg/l)	DOC (mg/l)	CODmn (mg/l)	UV_{254} (cm^{-1})	NH_4-N (mg/l)	NO_3-N (mg/l)	TN (mg/l)	TDN (mg/l)	DON (mg/l)	THMFPs ($\mu g/l$)	DcAcAmFP$_s$ ($\mu g/l$)
原水	3~5	3~4	3~4	0.025~0.04	0.1~0.2	1~2	2~3	2~3	0.3~0.5	152~183	2~3
砂滤池反冲洗前期	7~9	6~8	4~7	0.03~0.05	0.1~0.2	1~3	2~4	2~4	0.5~0.7	415~465	5~9
砂滤池反冲洗中期	5~7	4~6	3~5	0.02~0.03	0.1~0.3	1~2	2~3	1~3	0.4~0.8	324~375	4~8
砂滤池反冲洗后期	4~5	3~5	2~4	0.015~0.02	0.05~0.1	1~2	1~3	1~3	0.3~0,4	184~215	4~8

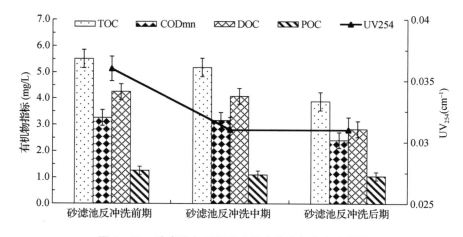

图 8 - 23　砂滤池各时段反冲洗水中有机物存在特性

8.5.2.2　砂滤池反冲洗水中有机物分子量与亲疏水性分布

与沉淀池排泥水中有机物存在特性相比,砂滤池反冲洗水中有机物含量较低,但分子量<1 kDa 的小分子有机物所占比例却更高,约为 48%;砂滤池反冲洗水中含有更多的亲水性有机物组分,占比达到 78%。反冲洗不同阶段的有机物分子量和亲疏水性分布变化小。

8.5.2.3　砂滤池反冲洗水中的含氮污染物存在特性

砂滤池反冲洗水中含氮污染物的变化情况如图 8 - 25 所示。同样可以发现,砂滤池反冲洗水中有机物含量接近原水且低于沉淀池排泥水中的浓度。砂滤池反冲洗水中无机氮的主要成分是硝酸盐氮,氨氮含量次之,亚硝酸盐氮几乎为零。砂滤池反冲洗过程中的有机氮 DON 含量变化很小,接近原水中相应有机氮的值,但低于沉淀池排泥水中的含量。与沉淀池排泥水相比,最明显的区别是砂滤池反冲洗水中颗粒态有机氮 PON 值在整个反冲洗过程中变化小且含量水平低。因此,针对于砂滤池反冲洗水中含氮污染物存在水平,考虑将其直接回流到工艺中,根据试验确定最佳回用比例。

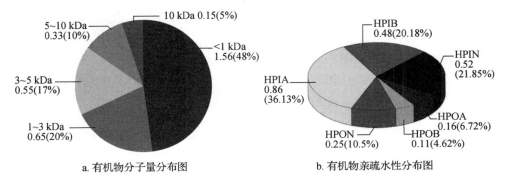

a. 有机物分子量分布图　　　　　b. 有机物亲疏水性分布图

图 8-24　砂滤池反冲洗水中有机物分子量与亲疏水性分布图

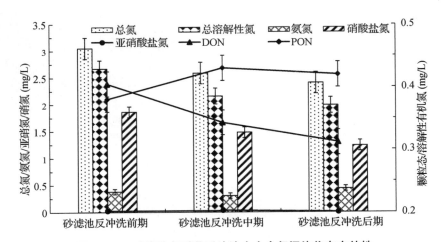

图 8-25　砂滤池各时段反冲洗水中含氮污染物存在特性

8.5.2.4　砂滤池反冲洗水中 DON 分子量与亲疏水性分布

砂滤池反冲洗水中 DON 分子量与亲疏水性分布结果见图 8-26。可以看出,分子量<3 kDa 组分占总 DON 的比例为 55.5%,>10 kDa 的大分子组分占比约为 14%。对于 DON 的亲疏水性组分分布而言,亲水性的组分占有总 DON 的比例达到 70%,亲水性的组分中亲水中性最多,疏水性组分中疏水酸性最多。

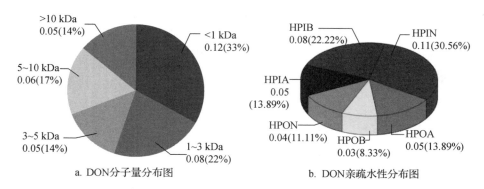

a. DON分子量分布图   b. DON亲疏水性分布图

图 8 - 26　砂滤池反冲洗水中 DON 分子量与亲疏水性分布

8.5.2.5　砂滤池反冲洗过程中分子荧光吸收光谱

图 8 - 27 为砂滤池各时段反冲洗水的三维荧光吸收光谱图,表 8 - 31 为砂滤池各时段反冲洗水的三维荧光吸收强度的变化情况,表 8 - 32 为砂滤池各时段反冲洗水的三维荧光光谱中各个区域的荧光积分结果变化情况。

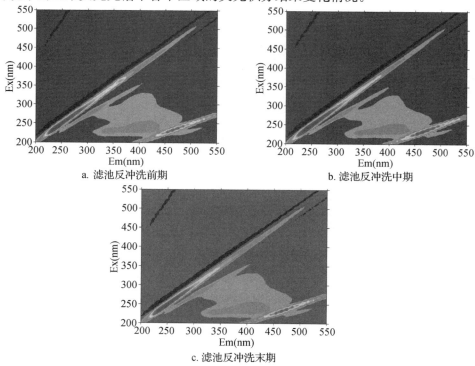

a. 滤池反冲洗前期   b. 滤池反冲洗中期

c. 滤池反冲洗末期

图 8 - 27　砂滤池各时段反冲洗水三维荧光光谱图

表8-31 砂滤池各时段反冲洗水的三维荧光吸收强度变化

峰位置 \ 类别	反冲洗水前期	反冲洗水中期	反冲洗水末期
激发波长/发射波长	荧光吸收强度(A. U)		
230.0/340.0 nm	236.7	227.5	194.2
275.0/305.0 nm	226.4	204.7	190.3
245.0/415.0 nm	245.3	235.6	199.8

表8-32 砂滤池各时段反冲洗水的三维荧光区域积分

水样	区域积分	I 类色氨酸	II 类酪氨酸	III 类富里酸	IV 类SMPs	V 类腐殖酸	总和
反冲洗水前期	值(AU·nm²)	33 053.1	15 685.6	56 948.1	75 087.5	83 557.5	264 331.8
	比例	12.50%	5.93%	21.54%	28.41%	31.61%	1
反冲洗水中期	值(AU·nm²)	33 705.3	14 950.4	57 041.1	69 391.9	79 900.4	254 989.1
	比例	13.22%	5.86%	22.37%	27.21%	31.34%	1
反冲洗水末期	值(AU·nm²)	34 272.1	16 106.2	57 896.3	73 955.9	83 426.7	265 657.1
	比例	12.90%	6.06%	21.80%	27.84%	31.40%	1

如图8-27和表8-31所示,砂滤池各时段反冲洗水的三维荧光光谱图中存在三个中等荧光吸收强度的特征吸收峰(Ex/Em=230/340 nm,Ex/Em=275/305 nm,Ex/Em=245/415 nm)。根据荧光区域的划分结果可知,其分别为色氨基酸类蛋白质、微生物代谢产物类(SMPs)和富里酸类,且都随着砂滤池反冲洗过程的进行,吸收峰的强度变化小。表8-32中荧光区域积分的结果表明其小于相应沉淀池排泥水中的值(见表8-26)。

砂滤池各时段反冲洗水的荧光区域积分T/(A+B)比值如表8-33所示,砂滤池各时段反冲洗水中的T/(A+B)比值小,且几乎不随反冲洗过程的进行而发生改变。这表明砂滤池反冲洗水中难降解有机物占有比例很低,说明砂滤池反冲洗水中富里酸类等常规处理工艺能有效去除的疏水性有机物含量较高。因此,针对砂滤池反冲洗水中污染物存在特性,可考虑将砂滤池各时段反冲洗水直接回流到工艺中。

8.5.2.6 砂滤池各时段反冲洗水的消毒副产物生成势

继续选择两类典型的消毒副产物—THMs和DcAcAm进行副产物的FP研究。

砂滤池各时段反冲洗水中的消毒副产物生成势见图8-28。结果可见,随着排泥或者反冲洗过程的进行,消毒副产物THMFPs降低幅度大,而DcAcAmFP降低不明显。主要原因在于砂滤池反冲洗水中消毒副产物前体物有机物存在特性与沉淀池排泥水不同。

表 8－33　砂滤池各时段反冲洗水中 T/(A＋B)比值

积分面积 反冲洗水	色氨酸 T_1 （AU·nm^2）	酪氨酸 T_2 （AU·nm^2）	类富里酸 A （AU·nm^2）	类腐殖酸 B （AU·nm^2）	区域积分比值 (T_1＋T_2)/(A＋B)
砂滤池反冲 洗水前期	33 053.1	15 685.6	56 948.1	83 557.5	0.35
砂滤池反冲 洗水中期	33 705.3	14 950.4	57 041.1	79 900.4	0.36
砂滤池反冲 洗水末期	34 272.1	16 106.2	57 896.2	83 426.7	0.36

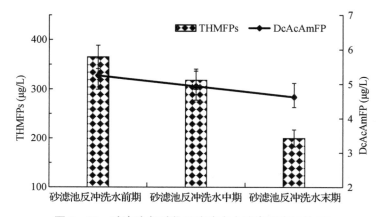

图 8－28　砂滤池各时段反冲洗水中消毒副产物的 FP

8.5.2.7　反冲洗水中二氯乙酰胺前体物存在特性

砂滤池反冲洗水中 DcAcAmFP 与水中 DON/DOC 比值之间的关系见图 8－29,不同组分有机物对消毒副产物生成势的贡献结果见表 8－34 和表 8－35。

如图 8－29 所示,砂滤池反冲洗水中 DcAcAmFP 随着水中 DON/DOC 比值的增加而增大,与沉淀池排泥水中研究结果基本一致,说明 DcAcAmFP 与 DON/DOC 比值之间的关系存在很强的线性关系($R^2 ＝ 0.866$)。研究结果表明, DcAcAm 的主要前体物为蛋白质、氨基酸、微生物代谢产物(SMPs)类陆源有机物。

表 8－34 和表 8－35 中数据显示,砂滤池反冲洗水中 THMs 的主要前体物为疏水中性、疏水酸性的疏水性有机物和分子量小于 3 kDa 的有机物,这类物质主要是天然腐殖酸和富里酸类。砂滤池反冲洗水中 DcAcAm 的主要前体物质为亲水中性和亲水酸性的亲水性有机物和分子量小于 3 kDa 的含氮有机物 DON,主要为蛋白质、氨基酸和有机胺类含氮有机物。

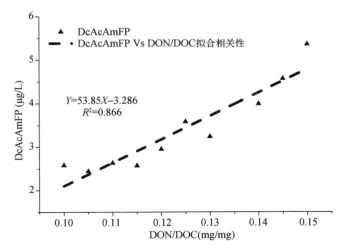

图 8-29 砂滤池反冲洗水中 DcAcAmFP 与 DON/DOC 比值之间的相关性

表 8-34 砂滤池反冲洗水的有机物亲疏水性及氯消毒副产物

	DON（mg/L）	DOC（mg/L）	DON/DOC /	三卤甲烷（μg/L）	二氯乙酰胺（μg/L）
砂滤池反冲洗水	0.42	3.46	0.12	315	3.65
HPOA	0.1	0.89	0.11	90	0.25
HPOB	0.02	0.19	0.11	26	0.28
HPON	0.04	0.36	0.11	42	0.36
HPIA	0.07	0.52	0.13	56	0.96
HPIB	0.03	0.26	0.12	29	0.62
HPIN	0.16	1.24	0.13	72	1.18

表 8-35 砂滤池反冲洗水的有机物分子量分布及氯消毒副产物

	DON（mg/L）	DOC（mg/L）	DON/DOC /	三卤甲烷（μg/L）	二氯乙酰胺（μg/L）
砂滤池反冲洗水	0.42	3.46	0.12	315	3.65
<1 kDa	0.16	1.25	0.13	83	1.24
1～3 kDa	0.11	0.92	0.12	86	1
3～5 kDa	0.03	0.28	0.11	50	0.42
5～10 kDa	0.03	0.27	0.11	36	0.44
>10 kDa	0.09	0.74	0.12	60	0.55

8.5.3　炭池反冲洗水中有机物与含氮污染物

8.5.3.1　有机物与含氮污染物变化规律

对炭池反冲洗水水质特性进行研究,结果如图 8 - 30 和表 8 - 36 所示。研究结果表明与滤池反冲洗水类似,随着反冲洗的进行,炭池反冲洗水浊度有了大幅的降低,高锰酸盐指数、氨氮、亚硝氮、硝氮、总氮的浓度略有降低,pH 基本不变。DOC 和 DON 均有降低,而 UV_{254} 变化不大。

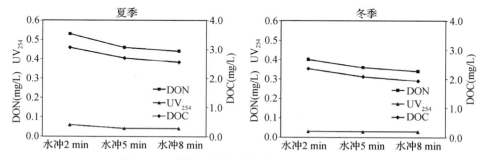

图 8 - 30　炭池反冲洗水水质- DON、DOC、UV_{254}

表 8 - 36　炭池反冲洗水水质特性

	项目	水冲 2 min	水冲 5 min	水冲 8 min	原水
夏季	pH	7.8	7.7	7.7	7.8
	浊度(NTU)	28.6	11.2	7.8	31.0
	COD_{Mn}(mg/L)	1.02	0.93	0.92	4.2
	氨氮(mg/L)	0.133	0.119	0.093	0.080
	亚硝氮(mg/L)	0.003	0.002	0.001	0.004
	硝氮(mg/L)	0.461	0.429	0.368	0.431
	总氮(mg/L)	1.127	1.01	0.902	1.057
冬季	pH	7.8	7.7	7.8	7.8
	浊度(NTU)	16.3	11.8	6.2	25.0
	COD_{Mn}(mg/L)	2.368	2.08	1.984	5.63
	氨氮(mg/L)	0.205	0.145	0.110	0.22
	亚硝氮(mg/L)	0.004	0.003	0.003	0.012
	硝氮(mg/L)	0.583	0.552	0.481	0.75
	总氮(mg/L)	1.192	1.06	0.934	1.35

夏季和冬季炭池反冲洗水各项指标的变化趋势基本一致,然而冬季 DOC、DON 低于夏季,除了进水的原因,还有可能与冬季活性炭上微生物活性低有关,冬季氨氮、硝氮、总氮则略高于夏季。

8.5.3.2 有机物分子量分布

炭池反冲洗水的分子量分布结果如图 8-31 所示。将反冲洗水中有机物按照分子量大小的不同分为 4 个区间:<1 kDa、1~3 kDa、3~10 kDa、>10 kDa。夏季反冲洗水中小于 1 kDa 的有机物与原水基本持平,其余的均低于原水,冬季反冲洗水中各分子量有机物均低于原水。各分子量的有机物随反冲洗时间逐步降低,其中小分子物质占主要部分,原因可能是大分子物质在炭池前面的常规工艺中,已经在混凝剂的作用下絮凝沉淀从而被去除。在不同阶段,各分子量区间有机物浓度变化不大且与原水相近。因此从反冲洗水有机物分子量分布判断,各阶段反冲洗水都可以直接回用。

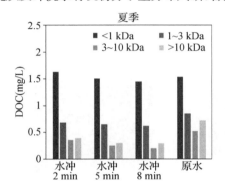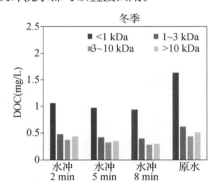

图 8-31 炭池反冲洗水分子量分布

8.5.3.3 有机物亲疏水性

炭池反冲洗水的有机物亲疏水分布结果如图 8-32 所示。原水中疏水性有机物与亲水性有机物含量基本相当;在反冲洗水中疏水性有机物占比略有升高,亲水

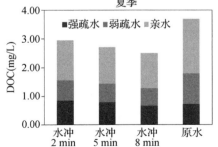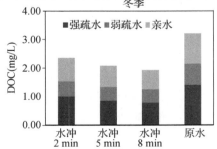

图 8-32 炭池反冲洗水亲疏水性

性有机物占比降低,这是因为大分子有机物(主要是富里酸类亲水性有机物)被混凝沉淀去除,从而使小分子的类一色氨酸等疏水性有机物占比升高,这是由于小分子物质难以被混凝沉淀去除。另外,各区间有机物浓度变化不大,说明依据有机物亲疏水分布进行判断,不同阶段反冲洗水都可以一起回用。

8.5.3.4　分子荧光吸收光谱

图 8-33 反映的是炭池两个季节不同排水阶段反冲洗水中有机物三维荧光的变化规律。与砂滤池相似,夏季和冬季炭池反冲洗水中出现了以色氨酸为代表的芳香族蛋白质和类可溶性生物产物有机物峰。两个季节同类有机物相比,夏季含量略高,说明夏季截留的有机物浓度更高,这是由于夏季进水中有机物量较高和微生物的代谢导致的。各类有机物随反冲洗的进行而逐渐减少,随着排水时间的增加三维荧光图变化不明显,说明不同排水阶段反冲洗水中不同种类有机物含量变化不大。因此依据不同种类有机物三维荧光图判断,反冲洗过程中各排水阶段没有出现有机物含量明显增高的现象。

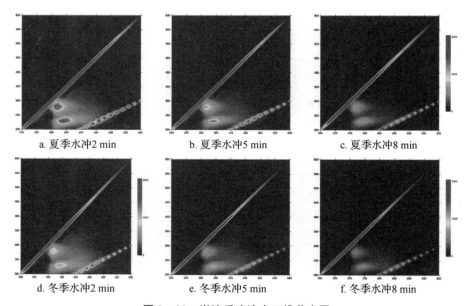

a. 夏季水冲2 min　　b. 夏季水冲5 min　　c. 夏季水冲8 min

d. 冬季水冲2 min　　e. 冬季水冲5 min　　f. 冬季水冲8 min

图 8-33　炭池反冲洗水三维荧光图

8.5.3.5　消毒副产物前体物变化

(1) THMFPs

炭池反冲洗水的 THMFPs 见图 8-34,炭池反冲洗水中三氯甲烷含量最高,占 THMs 的 50% 以上。但各种 THMs 的浓度低于砂滤池反冲洗水中浓度,并且符合《饮用水卫生标准》里出厂水规定。因此其浓度水平较低,各类 THMFPs 浓度随时间略有下降,但基本持平,可混合回用。

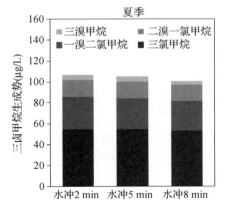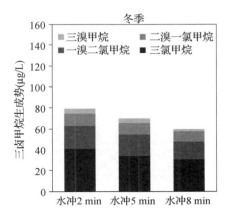

图 8 - 34 炭池反冲洗水三卤甲烷生成势

（2）含氮消毒副产物生成势

炭池反冲洗水中 DcAcAmFP 在反冲洗水中随时间逐步降低(图 8 - 35),这与其前体物(DON)的变化一致(图 8 - 36)。另外,反冲洗水中 DcAcAmFP 均低于原水,因此回用时累积风险较低。

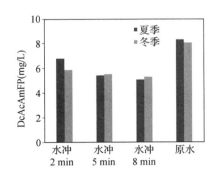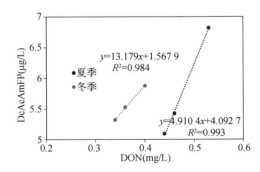

图 8 - 35 炭池反冲洗水中 DcAcAm 生成势   图 8 - 36 炭池反冲洗水 DcAcAm 生成势与 DON 关系

夏季和冬季砂滤池反冲洗水中 DcAcAm 的变化趋势基本一致。值得注意的是,在水冲前期和原水中 DcAcAm,夏季高于冬季,但在水冲中期和后期,冬季高于夏季,这与活性炭上微生物受到冬季气温低的影响而生长代谢缓慢有关。

与 DcAcAm 相似,炭池反冲洗水中二氯乙腈(DCAN)的生成势也逐步降低(图 8 - 37)。另外,如图 8 - 38 所示,反冲洗水中 DCAN 的生成势与其前体物 DON 呈正相关的关系。不同排水阶段 DCAN 生成势变化不大,因此整个排水阶段反冲洗水可以一起回用,混合反冲洗水中 DCAN 低于原水,在反冲洗水回用时累积风险较低。

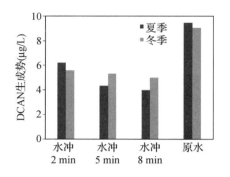 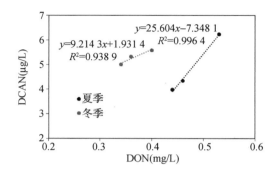

图 8 - 37　炭池反冲洗水中 DCAN 生成势　　　**图 8 - 38　炭池反冲洗水 DCAN 生成势与 DON 关系**

8.6　排泥水安全再利用的新方法与关键技术

针对排泥水中典型含氮消毒副产物前体物开展安全回用技术研究,研发预处理技术、直接回用模式下的安全评价方法,为水厂基于节水回用和水质安全的排泥水安全再利用工程实践提供科学依据。

8.6.1　沉淀池排泥水回用的预处理技术研究

基于沉淀池排泥水水质特性的研究结果,以 DcAcAmFP 为主要控制指标,采用 UV/H_2O_2 组合氧化工艺处理沉淀池排泥水,评价组合氧化工艺对排泥水中 DcAcAmFP 的控制效果。

8.6.1.1　预处理技术的选择

沉淀池排泥水不能直接回用的主要原因在于具有高的 DcAcAmFP,而控制 DcAcAm 前体物是降低 DcAcAmFP 的最直接、最有效的手段。因此,结合前人的研究结果,以去除排泥水中含氮有机物 DON 为目标。高级氧化法产生强氧化性的羟基自由基(·OH),使难降解有机物氧化成低毒或无毒的有机物质。针对常规处理工艺难以有效去除含氮有机物,选择 UV/H_2O_2 氧化工艺期望能有效去除 DON,达到降低 DcAcAmFP 的目的。

紫外光为低压紫外光发射系统,UV 波长为 254 nm。为了得到最佳的处理效果,UV/H_2O_2 试验中 UV 照射强度设定范围 0～1 000 mJ/cm²,分别为 0 mJ/cm²、100 mJ/cm²、200 mJ/cm²、300 mJ/cm²、400 mJ/cm²、600 mJ/cm²、800 mJ/cm²、

1 000 mJ/cm²；H_2O_2 的反应时间为 30 min，投加量设定范围 0～50 mg/L，分别为 0 mJ/cm²、10 mJ/cm²、20 mJ/cm²、30 mJ/cm²、40 mJ/cm²、50 mg/L。排泥水经高级氧化工艺处理后进行氯消毒实验测定 DcAcAmFP。

8.6.1.2 UV/H_2O_2 高级氧化工艺对排泥水处理效果

（1）单一紫外 UV 光照射下，研究不同辐射强度下排泥水中含氮有机物 DON 及 DcAcAmFP 的控制效果。

如图 8-39 所示，单一紫外 UV 光照射对排泥水中 DON 和 DcAcAmFP 的控制效果较差，UV 辐射强度为 600 mJ/cm² 下去除率分别为 12.5% 和 22.6%。至于 DcAcAmFP 的控制效果优于 DON 的去除率，是因为紫外光 UV 照射下会断裂 DON 结构中的化学键或者破坏某些官能团的性质，从而降低 DcAcAmFP。该结果与 Choi 等人的研究结果相一致。因此，针对排泥水中的 DON 和 DcAcAmFP 的控制，单一紫外光 UA 辐射光降解作用有限。

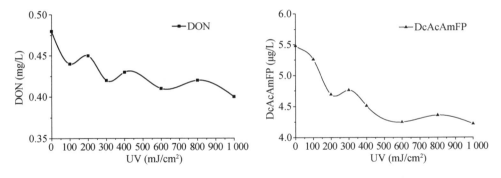

图 8-39 不同 UV 辐射强度下排泥水中 DON 和 DcAcAmFP 变化

（2）单一双氧水 H_2O_2 存在下，研究不同投加量对于排泥水中 DON 及 DcAcAmFP 的去除效果。

单一 H_2O_2 处理对排泥水中 DON 和 DcAcAmFP 的控制效果与单一 UV 光照相似，效果不理想，且随着投加量的增加整体去除效果出现下降趋势。如图 8-40 所示，当 H_2O_2 投加量大于 30 mg/L 时，对 DON 和 DcAcAmFP 的控制效果较好。但考虑到 H_2O_2 的投加会改变水体酸碱性，因此，H_2O_2 投加量 30 mg/L 为宜。过氧化氢氧化可产生氧化性极强的羟基自由基（·OH），对含有 C—C 键的有机物具有很好的降解作用。DcAcAm 的主要前体物为 DON，而含氮有机物中蛋白质和氨基酸类均含有较多的可被过氧化氢降解的化学结构。因此，只要能激发 H_2O_2 产生较多的 ·OH，就能有效控制沉淀池排泥水中的 DON 和 DcAcAmFP。然而，单一 H_2O_2 存在下难以产生较多的羟基自由基（·OH）。因此，需要有相应的触发剂。

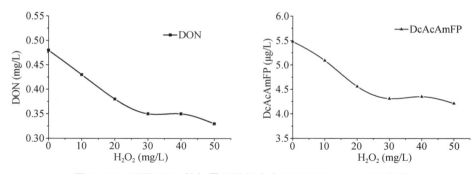

图 8-40　不同 H_2O_2 投加量下排泥水中 DON 和 DcAcAmFP 变化

（3）UV/H_2O_2 组合氧化工艺对于排泥水中 DON 及 DcAcAmFP 去除效果。

综合考虑上述两种处理工艺的特点，选择 UV/H_2O_2 组合氧化工艺处理沉淀池排泥水。UV 光照射强度设为 600 mJ/cm²，H_2O_2 的投加量为 30 mg/L。

实验结果表明，UV/H_2O_2 组合氧化工艺对于排泥水中 DON 及 DcAcAmFP 有很好的去除效果，分别达到 62.5% 和 67.3%，处理后 DON 及 DcAcAmFP 值低于相应原水中的值。对于 DON 和含氮消毒副产物指标而言，达到安全回用的目的。表 8-37 中数据显示，UV/H_2O_2 组合氧化工艺对有机物和 THMs 的控制效果也很好。对于 UV/H_2O_2 组合氧化工艺，紫外光 UV 的作用主要有两点：① UV 光照射会断裂 DON 结构中的化学键或者官能团、改变 DcAcAm 前体物的化学结构；② 作为 H_2O_2 的触发剂，使 H_2O_2 产生更多的羟基自由基（·OH），从而氧化 DcAcAm 前体物，改变其化学性质，使其在氯消毒过程中无法与消毒剂反应形成 DcAcAm，因此能达到减量控制 DcAcAmFP 的目的。

表 8-37　UV/H_2O_2 组合氧化工艺对排泥水中 DON 及 DcAcAmFP 控制效果

指标 工艺	DON （mg/L）	DcAcAmFP （μg/L）	DOC （mg/L）	THMFPs （μg/L）
无 UV/H_2O_2	0.48	5.48	7.65	325
单一 UV	0.41	4.25	6.88	274
单一 H_2O_2	0.35	4.31	6.52	226
UV/H_2O_2 组合	0.18	81.79	3.84	125

试验条件：UV 辐射强度为 600 mJ/cm²，H_2O_2 投加量为 30 mg/L

8.6.2　砂滤池反冲洗水的直接回用技术研究

基于对砂滤池反冲洗水水质特性研究结果，考虑将其反冲洗水直接与原水混合后回流到工艺中；研究砂滤池反冲洗水直接回用过程中 DcAcAmFP 及其生物毒性，以 DcAcAmFP 为控制指标，确定直接回用比例。

砂滤池反冲洗水不同回用比例下，模拟混凝－沉淀－过滤工艺出水水质参数变化，结果见图8-41和图8-42。从图8-41和8-42中可以看出，当回用比例大于20％时，出水中 DOC 和 DON 值明显升高，DON 组分在后续消毒过程中会与消毒剂反应生成含氮消毒副产物。针对本研究中就低浊度原水而言，反冲洗水回用可增加水中的颗粒絮凝体，提高混合水中颗粒物浓度，增加颗粒碰撞机率。

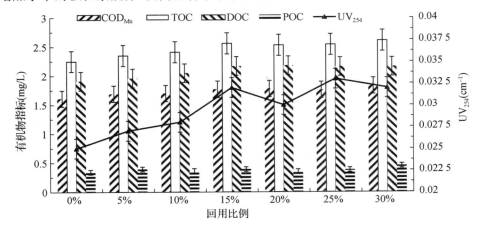

图8-41 不同回用比例下混凝－沉淀－过滤出水的有机物变化

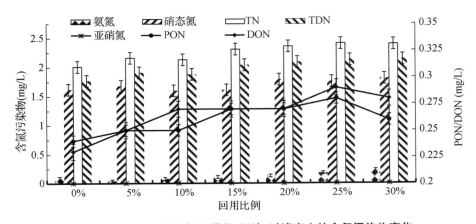

图8-42 不同回用比例下混凝-沉淀-过滤出水的含氮污染物变化

表8-38中列出了回用过程中两类消毒副产物（含碳消毒副产物 THMs 和含氮消毒副产物 HAcAms）的变化情况，当回用比例大于20％时，两类消毒副产物生成潜能高于无回用时的对照组。较高的消毒副产物潜能势必会对回用过程造成影

响,无法达到回用安全的目的。因此,建议控制回用比例在 20%以下。

表 8 - 38　氯消毒过程中卤代乙酰胺(HAcAms)和总三卤甲烷生成势(THMFPs)

水样		卤代乙酰胺生成势 HAcAms(ng/L)			总三卤甲烷生成势 THMFPs (μg/L)
		一卤乙酰胺 CAcAm	二卤乙酰胺 DcAcAm	三卤乙酰胺 TCAcAm	
原水		73(65)*	6 425(7 130)*	1 610(1571)*	312.46
回用比例	0%	42	1 380	448	168.55
	5%	48	1 910	566	234.16
	10%	53	2 831	714	279.63
	15%	66	3 675	1 045	307.24
	20%	78	5 780	1 250	457.72
	25%	76	6 472	1 580	483.88
	30%	80	7 210	1 632	506.11

从表 8 - 38 中还可以看出,DcAcAm 是含氮消毒副产物卤代乙酰胺中占有比例最大的一类,其次是三卤乙酰胺,最后是一卤乙酰胺。该实验结果说明,水中卤代乙酰胺的前体物在消毒过程中更容易形成 DcAcAm,与前人的研究结果一致。已有的研究证明,20 种氨基酸中有 7 种可以形成 DcAcAm,通过取代反应-消除反应-脱羧反应-取代反应,具体反应步骤见图 8 - 43。从理论上分析,中间产物(R—CH_2—CN)中的氢原子可以被卤素原子替代且更有可能替代两个氢原子。可见,降低消毒副产物生成势特别是含氮消毒副产物,成为保证回用安全性的关键措施。

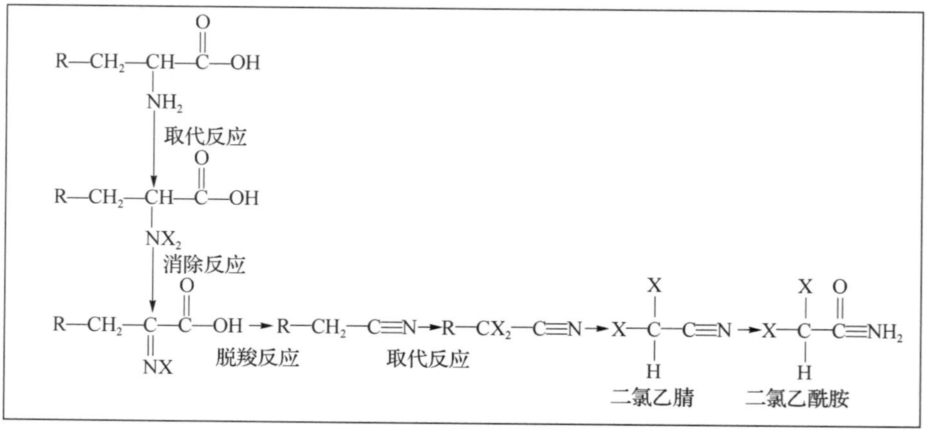

图 8 - 43　卤代乙酰胺的生成途径

8.6.3 反冲洗水(以炭池反冲洗水为例)超滤回收技术

前述研究表明,活性炭池反冲洗水中有机物含量甚至低于原水水平,可以直接回用。近年来超滤净化水厂排泥水的回收技术正在为国内外所关注。由于炭池反冲洗水中颗粒物数量多,会造成较高程度的膜污染。在超滤工艺前投加混凝剂能够有效地降低颗粒物和有机物的含量,改善膜前进水水质,降低膜污染。故选择预混凝/沉淀作为超滤回收炭池反冲洗水的预处理技术。

8.6.3.1 混凝剂投加量和混凝时间的确定

选择两组工艺,分别编号1—6号炭池和7—12号炭池,主要表现为炭池的反冲洗水中污染物含量存在差异。如图8-44所示,1—6号炭池和7—12号炭池反冲洗水未经任何预处理直接超滤处理时的跨膜压差高,这是由于未经任何处理的炭池反冲洗水中含有大量的颗粒物和有机物,会迅速造成超滤膜堵塞,导致跨膜压差高。1—6号炭池反冲洗水直接超滤处理的跨膜压差高于7—12号炭池,这是因为前者反冲洗水中颗粒物和有机物更高。因此,炭池反冲洗水经超滤回收前需要进行预处理。混凝可以去除水中颗粒物和有机物,采用聚合氯化铝进行炭池反冲洗水的混凝预处理,减少超滤膜污染,提高超滤对炭池反冲洗水的回收效率。因此需要确定合理的混凝剂投加量和混凝后静沉时间。

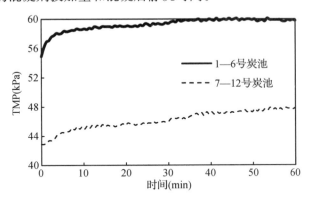

图8-44 炭池反冲洗水直接过超滤膜跨膜压差

表8-39和表8-40反映了炭池反冲洗水在不同混凝剂投加量下超滤工艺的进出水水质。加入混凝剂后,超滤进水中颗粒数和有机物含量明显降低。随着混凝剂量的增加,水质指标改善程度加大,考虑Al离子在《生活饮用水卫生标准》中的浓度限值为0.2 mg/L,最佳混凝剂投加量为16 mg/L。

表8-41和表8-42反映了炭池反冲洗水在不同的混凝后静沉时间下,超滤进出水的水质变化。随着静沉时间的增加,各项水质指标得到改善:如颗粒数、

DOC、UV$_{254}$、菌落总数都随着静沉时间的增加而减少,静沉时间为 10 min 和 15 min时与膜前的进水水质差异较小,从优化停留时间和提高净化效率的角度,以 10 min 作为最佳静沉时间。

表 8-39 超滤过程 1—6 号炭池反冲洗水在不同混凝剂量下水质

	0 mg/L		8 mg/L		16 mg/L		24 mg/L	
	膜前	膜后	膜前	膜后	膜前	膜后	膜前	膜后
Al 离子(mg/L)	0.02	0.01	0.1	0.07	0.21	0.14	0.32	0.2
颗粒数(个/mL)	16 829	65	3 621	52	2 837	48	1 962	45
DOC(mg/L)	3.89	3.75	3.68	3.54	3.48	3.32	3.26	3.17
UV$_{254}$(cm^{-1})	0.046	0.042	0.042	0.041	0.04	0.037	0.037	0.036
SUVA(L·mg^{-1}m^{-1})[a]	1.182	1.125	1.141	1.158	1.149	1.114	1.134	1.135
菌落总数(CFU)	640	12	320	11	216	10	191	10

[a]SUVA=100×UV$_{254}$/DOC

表 8-40 超滤过程 7—12 号炭池反冲洗水在不同混凝剂量下水质

	0 mg/L		8 mg/L		16 mg/L		24 mg/L	
	膜前	膜后	膜前	膜后	膜前	膜后	膜前	膜后
Al 离子(mg/L)	0.02	0.01	0.12	0.08	0.25	0.16	0.43	0.21
颗粒数(个/mL)	11 614	51	2 701	49	1 902	43	1 431	42
DOC(mg/L)	2.29	2.21	2.02	1.95	1.82	1.73	1.71	1.67
UV$_{254}$(cm^{-1})	0.028	0.023	0.022	0.021	0.021	0.019	0.018	0.017
SUVA(L·mg^{-1}m^{-1})	1.222	1.040	1.089	1.076	1.153	1.098	1.052	1.017
菌落总数(CFU)	560	10	288	9	187	8	162	8

表 8-41 超滤过程 1—6 号炭池反冲洗水在不同混凝静沉时间下水质

	静沉 0 min		静沉 5 min		静沉 10 min		静沉 15 min	
	进水	出水	进水	出水	进水	出水	进水	出水
Al 离子(mg/L)	8	7.2	0.34	0.26	0.21	0.14	0.19	0.1
颗粒数(个/mL)	18 861	79	4 631	56	2 837	48	2 046	45
DOC(mg/L)	3.89	3.76	3.64	3.55	3.48	3.32	3.11	3.05
UV$_{254}$(cm^{-1})	0.046	0.043	0.042	0.039	0.04	0.037	0.034	0.033
SUVA(L·mg^{-1}m^{-1})	1.182	1.143	1.153	1.098	1.149	1.114	1.093	1.081
菌落总数(CFU)	651	14	294	12	216	10	201	10

表8-42 超滤过程7—12号炭池反冲洗水在不同混凝静沉时间下水质

	静沉 0 min		静沉 5 min		静沉 10 min		静沉 15 min	
	进水	出水	进水	出水	进水	出水	进水	出水
Al 离子(mg/L)	8	7.4	0.35	0.26	0.25	0.16	0.21	0.11
颗粒数(个/mL)	12 636	65	3 292	45	1 902	43	1 498	40
DOC(mg/L)	2.29	2.21	1.93	1.84	1.82	1.73	1.53	1.46
UV$_{254}$(cm^{-1})	0.028	0.023	0.022	0.019	0.021	0.019	0.016	0.015
SUVA(L·mg^{-1}m^{-1})	1.222	1.040	1.139	1.032	1.153	1.098	1.045	1.027
菌落总数(CFU)	581	11	269	10	187	8	172	8

8.6.3.2 超滤工艺对颗粒物净化效能

确定了混凝剂投加量为 16 mg/L,混凝后静沉时间 10 min 后,继续对超滤工艺回收炭池反冲洗水的净化效能进行研究。

图8-45 和图8-46 反映的是超滤工艺进出水中颗粒数变化规律。不论炭池反冲洗水是否采用混凝预处理,超滤后出水中颗粒数都远远低于进水。因此,超滤工艺对颗粒数有很好的去除效果,这同时意味着更多的颗粒物会对超滤膜造成更严重的堵塞污染。炭池反冲洗水加入混凝剂并静沉后颗粒数有明显的降低,尤其是反冲洗水中大粒径颗粒在混凝后沉降 10 min 基本沉降完全,因此炭池反冲洗水混凝预处理可以有效减少颗粒物造成的膜污染。图8-46 反映的是超滤工艺进出水中不同粒径颗粒物所占比例。炭池反冲洗水经混凝预处理后,2~5μm 粒径的颗粒所占比例明显高于其他粒径颗粒所占比例,说明混凝预处理对大颗粒有较好的去除效果,大颗粒在沉降过程中被去除,这对缓解颗粒物造成的膜污染具有重要作用。

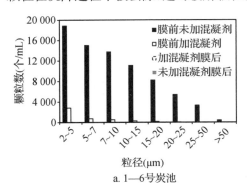

a. 1—6号炭池

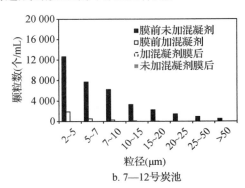

b. 7—12号炭池

图8-45 超滤过程颗粒数变化

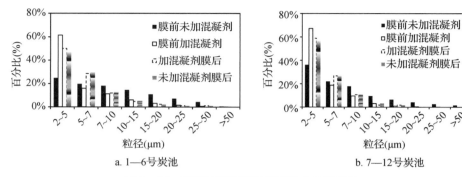

a. 1—6号炭池   b. 7—12号炭池

图 8 - 46　超滤过程不同粒径颗粒占比例变化

表 8 - 43 和表 8 - 44 反映的是炭池反冲洗水经混凝预处理后的水中颗粒物能谱分析。对表 8 - 43 和表 8 - 44 比较发现：未经混凝预处理的反冲洗水颗粒物中 Fe 元素小于加混凝剂时 Fe 元素含量，这是因为加入混凝剂后 OH^- 浓度增加，$Fe(OH)_3$ 比 $Al(OH)_3$ 溶解度更低，所以 Fe 和 OH^- 形成氢氧化铁颗粒物；钙离子会与水中有机物形成络合物，加入混凝剂后形成的部分络合物在静沉中去除，所以混凝后水中的钙元素减少；混凝预处理后 Al 元素的增加是因为混凝剂含有 Al，导致水中形成许多含有 Al 元素的颗粒物；C 的减少是因为混凝对有机物的去除；O 的增加可能是由于 C 元素的减少造成 O 元素百分比的增加；Si 的减少是由于加入混凝剂后含有 Si 元素的悬浮杂质被去除。$2\sim5~\mu m$ 颗粒物与大于 $5~\mu m$ 颗粒物的元素分析比较：Fe、Ca、P、Si、Al 元素在 $>5~\mu m$ 的颗粒中更多，它们分别形成大颗粒氢氧化铁胶体、钙络合物、细菌、悬浮杂质、混凝絮体。C 元素在 $2\sim5~\mu m$ 的颗粒中含量更多是由于其他元素含量的减少导致 C 百分比增加，也可能是由于 C 元素粒径分布比较均匀，在 $2\sim5~\mu m$ 和 $>5~\mu m$ 区间都含有 C 元素的颗粒。1—6 号和 7—12 号炭池反冲洗水颗粒物元素分析比较：不论反冲洗水是否经混凝预处理，Al、Si、P、Ca、Fe 元素在 1～6 号炭池中都比 7—12 号炭池的反冲洗水中所占百分比多，说明 1—6 号压块破碎炭池的反冲洗水较 7—12 号柱状炭池的污染物含量更高，更容易造成膜污染。由于超滤膜具有很好的颗粒物截留效果，所以膜后出水中颗粒物元素分析无法测定。

8.6.3.3　超滤工艺对细菌净化效能

图 8 - 47 代表了超滤工艺进出水中游离细菌和附着细菌变化规律。从 8 - 47 a 看出炭池反冲洗水经混凝预处理后游离细菌有明显减少，经超滤处理后水中的游离细菌在 10 CFU/mL 以下，符合《生活饮用水卫生标准》要求。超滤处理后，炭池反冲洗水中游离细菌的去除率在 98％以上。附着细菌经超滤处理后减少得更明

显。这是由于超滤工艺有效地减少了颗粒数,超滤出水中检测均不出附着细菌,说明超滤工艺有效地截留了附着细菌,降低了水质生物安全风险。

表 8‑43　1—6 号炭池反冲洗水超滤过程颗粒物能谱分析　　　　单位：%

百分比元素	2～5 μm		>5 μm	
	膜前未加混凝剂	膜前加混凝剂	膜前未加混凝剂	膜前加混凝剂
C	44.1	43.45	39.2	27.13
N	12.6	9.69	6.04	2.75
O	41.26	45.38	44.15	54.96
Al	0.82	1.12	3.81	9.75
Si	0.49	0.22	4.85	3.54
P	0.38	0.13	0.96	0.65
Cl	0.03	0	0.06	0.02
Ca	0.24	0	0.64	0.27
Fe	0.07	0.01	0.3	0.94

表 8‑44　7—12 号炭池反冲洗水超滤过程颗粒物能谱分析　　　　单位：%

百分比元素	2～5 μm		>5 μm	
	膜前未加混凝剂	膜前加混凝剂	膜前未加混凝剂	膜前加混凝剂
C	47.18	46.55	46.59	37.75
N	6.53	12.81	7.63	6.5
O	43.54	39.58	38.5	48.59
Al	1.33	0.6	2.02	4.18
Si	1.06	0.22	3.98	1.68
P	0.19	0.19	0.61	0.31
Cl	0	0	0	0.06
Ca	0.17	0.03	0.47	0.07
Fe	0	0.01	0.19	0.86

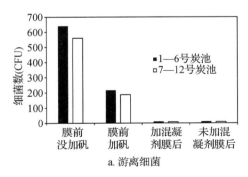

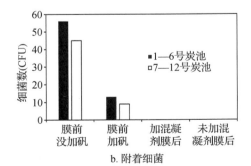

图 8‑47　超滤工艺不同阶段细菌变化规律

8.6.3.4　超滤工艺对有机物净化效能

图 8－48 反映的是超滤工艺进出水中有机物分子量分布变化规律。炭池反冲洗水中含量最高的是小于 1 kDa 的有机物,这说明炭池反冲洗水中小分子有机物含量高。1—6 号炭池反冲洗水中有机物含量高于 7—12 号炭池,有机物容易堵塞超滤膜造成膜污染。因此,1—6 号炭池反冲洗水经超滤处理时跨膜压差会更大,膜污染更重。炭池反冲洗水经混凝预处理后,1—6 号炭池反冲洗水中＜1 kDa、1～3 kDa、3～10 kDa、＞10 kDa 有机物去除率分别为 7.5％、13.1％、20.9％、25.3％;7—12 号炭池反冲洗水的去除率分别为 11.2％、25.9％、38.7％、41.3％,大于 10 kDa 的有机物减少最多。这说明混凝预处理可以有效地去除炭池反冲洗水中有机物,尤其是去除水中大分子有机物。大分子腐殖酸类有机物的去除可以减少 THMs 等消毒副产物的生成,保证水质安全,并减轻膜污染。以 7—12 号炭池反冲洗水的超滤回收为例,采用混凝预处理和未加混凝剂时,超滤工艺对有机物的去除率分别为 24.5％ 和 7％。因此,超滤回收炭池反冲洗水时,水中有机物去除主要通过混凝控制。

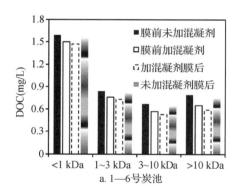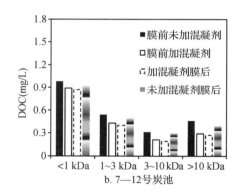

图 8－48　超滤过程水中有机物分子量分布

图 8－49 反映的是超滤工艺进出水中有机物亲疏水性分布变化规律。炭池反冲洗水中疏水性有机物与亲水性有机物含量相当。在超滤工艺净化过程中,亲、疏水有机物都有所减少,1—6 号炭池反冲洗水超滤净化过程中疏水性有机物含量由 1.91 mg/L 减少为 1.51 mg/L,去除率约为 20.9％,亲水性有机物含量由 1.96 mg/L 减少为 1.79 mg/L,去除率约为 8.7％;7—12 号炭池反冲洗水超滤净化过程中疏水性有机物和亲水性有机物去除率分别为 38.7％和 12.2％,减少最明显的是疏水性有机物。这说明混凝预处理更易去除疏水性有机物,这与疏水性有机物是大分子有关,大分子有机物在混凝过程中更容易聚合形成絮体而沉降。疏水性有机物主要包括腐殖酸类有机物和类－色氨酸有机物,腐殖酸类有机物是

THMs 等消毒副产物的前驱物,类-色氨酸是 DcAcAm 等消毒副产物的前驱物。因此,混凝预处理对于疏水性有机物的去除保证了水质的化学安全。

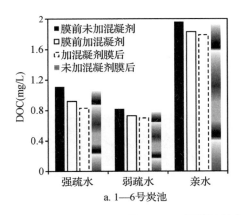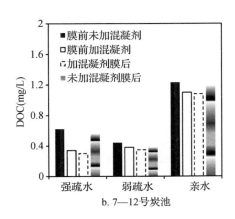

图 8-49 超滤过程水中有机物亲疏水性分布

图 8-50 和图 8-51 反映的是超滤工艺进出水中有机物三维荧光变化规律。炭池反冲洗水中含五类有机物:类-色氨酸、类-酪氨酸、溶解性微生物产物、富里酸类、腐殖酸类有机物。反冲洗水经混凝预处理后,荧光反应均变弱,五类有机物含量都有所减少。类-色氨酸和溶解性微生物产物明显减弱,说明这两类有机物明显减少。因为这两类有机物是 DcAcAm 等消毒副产物的主要前驱物,超滤回收炭池反冲洗水时,混凝预处理有效地减少了这两类有机物的含量,保证了水质化学安全。表 8-45 是炭池反冲洗水经超滤净化后有机物分布比例。1—6 号炭池和 7—12 号炭池的反冲洗水经混凝预处理、未经处理、预处理后超滤出水中类腐殖酸含量分别是 42%、28.16%、24.81% 和 27.31%、21.65%、17.45%,炭池反冲洗水中类腐殖酸所占比例在混凝预处理后明显减少,膜滤后进一步减少,充分说明混凝预处理协同超滤工艺能有效去除类腐殖酸有机物。因为类腐殖酸有机物是 THMs 的主要前驱物,因此类腐殖酸有机物的减少意味着 THMFPs 的降低。图 8-50 和图 8-51 的(c)与(d)对比,加混凝剂膜后荧光反应更弱,说明膜后超滤出水中各类有机物含量更低,进一步保证水质化学安全。7—12 号炭池反冲洗水各类有机物荧光反应均弱于 1—6 号炭池反冲洗水,这由于 7—12 号炭池运行负荷低于 1—6 号炭池,导致 7—12 号炭池截留更少的有机物,反冲洗时也就释放更少的有机物。因此,7—12 号炭池反冲洗水回收时,生成消毒副产物风险低,水质更安全。

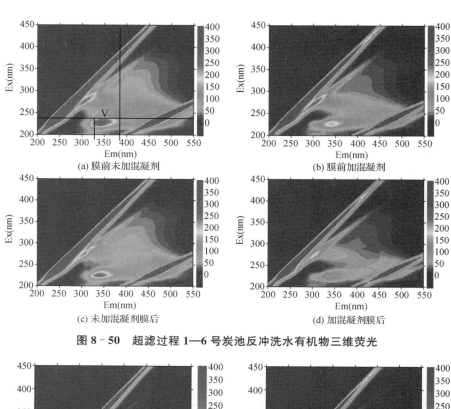

图 8‑50 超滤过程 1—6 号炭池反冲洗水有机物三维荧光

图 8‑51 超滤过程 7—12 号炭池反冲洗水有机物三维荧光

表 8-45　超滤过程炭池反冲洗水有机物三维荧光分布比例表

水　样	Ⅰ	Ⅱ	Ⅲ	Ⅳ	Ⅴ
	类酪氨酸	类色氨酸	类富里酸	类 SMPs	类腐殖酸
膜前未加混凝剂（1—6 号炭池）	8.22%	12.57%	21.15%	16.06%	42.00%
膜前加混凝剂（1—6 号炭池）	10.69%	11.05%	26.63%	23.47%	28.16%
未加混凝剂膜后（1—6 号炭池）	11.23%	11.82%	23.20%	17.34%	36.41%
加混凝剂膜后（1—6 号炭池）	10.88%	12.84%	29.08%	22.39%	24.81%
膜前未加混凝剂（7—12 号炭池）	15.82%	11.93%	22.41%	22.53%	27.31%
膜前加混凝剂（7—12 号炭池）	18.87%	12.24%	27.51%	19.73%	21.65%
未加混凝剂膜后（7—12 号炭池）	17.24%	10.37%	25.20%	21.46%	25.73%
加混凝剂膜后（7—12 号炭池）	15.71%	14.98%	31.94%	19.92%	17.45%

图 8-52 反映的是超滤工艺进出水中 THMFPs。在 1—6 号和 7—12 号炭池反冲洗水未经混凝预处理，三氯甲烷（$CHCl_3$）生成势分别是 95 $\mu g/L$ 和 78.2 $\mu g/L$，高于《生活饮用水卫生标准》中限值 60 $\mu g/L$，而反冲洗水经混凝预处理，膜后水中 $CHCl_3$ 含量都低于 60 $\mu g/L$。反冲洗水中未经混凝预处理，膜后水 $CHCl_3$ 含量

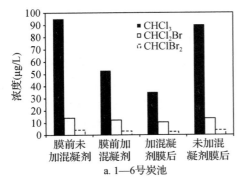

a. 1—6 号炭池

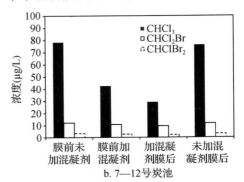

b. 7—12 号炭池

图 8-52　超滤净化炭池反冲洗水的三卤甲烷生成势变化

超标。因此,混凝预处理协同超滤净化可以有效控制 CHCl$_3$ 含量。一溴二氯甲烷(CHCl$_2$Br)和二溴一氯甲烷(CHClBr$_2$)在超滤出水中的含量都低于《生活饮用水卫生标准》中规定的限值 60 μg/L 和 100 μg/L。四氯化碳(CCl$_4$)和三溴甲烷(CHBr$_3$)在超滤工艺中没有检测出。综合 THMFPs 五项指标,超滤工艺后水质符合《生活饮用水卫生标准》,水质安全。

8.6.3.5　超滤回收炭池反冲洗水的膜污染形成机制

(1) 膜污染的作用力解析

超滤系统运行时膜污染程度是由膜与有机胶体之间的相互作用力决定的,膜-有机胶体之间的相互作用力包括范德华相互作用力(LW)、疏水性相互作用力(AB)、静电相互作用力(EL)和渗透拉力(PD),四者在膜材料表面与有机胶体相距不同距离时的具体相互作用力可由计算得出,将四者相加,即是总的相互作用力。以膜与有机胶体之间的距离为横坐标,相互作用力为纵坐标,可以作出总的相互作用力曲线。若结果为负,则相互吸引,说明胶体容易吸引到膜表面造成膜污染;若结果为正,则相互排斥,说明胶体不易吸引到膜表面造成膜污染。

超滤系统运行时,进水有机物胶体与超滤膜之间各相互作用力曲线如图 8-53 所示。由图 8-53 可以看出,从整体上看,总的相互作用力都是负的,这表明膜与有机胶体之间一直都是相互吸引,即加剧膜污染。随着膜与有机胶体之间距离的减小,总相互作用力越来越大,这表明其吸引力越来越强,膜污染越来越严重。对比图中四种相互作用力曲线及总的相互作用力曲线可以看出,膜与有机胶体之间距离小于 4 nm 时,AB 相互作用力曲线与总的相互作用力曲线最为接近几乎重合,这表明此时 AB 相互作用力在总的相互作用力中起的作用最大;EL 相互作用力一直为正,这表明静电力一直在起排斥作用,即抗拒膜污染;LW 相互作用力一直为负,这表明范德华相互作用力一直在起吸引作用,即加剧膜污染;PD 一直为负,这表明渗透拉力一直起吸引作用,即加剧膜污染。TOT 总相互作用力在距离减小的过程中先为正后为负,由于相互作用力为正时,膜与胶体是排斥的即两者抗拒相互接触,而之后两者距离继续减小的原因是胶体在水中存在布朗运动产生动能,动能使得膜与胶体之间的距离继续减小,距离减小到总相互作用力为负时,膜与胶体产生吸引使得膜与胶体距离继续减小至胶体附着在膜表面。由于 TOT 总相互作用力最终为负,加剧膜污染,因此 EL 相互作用力虽然为正抗拒膜污染,但对膜污染程度影响不大。7—12 号炭池膜与有机物胶体 EL 相互作用力大于 1—6 号炭池、AB 相互作用力小于 1—6 号炭池、渗透拉力(PD)小于 1—6 号炭池、LW 相互作用力接近 1—6 号炭池、TOT 相互作用力趋向负无穷的速度小于 1—6 号炭池,所以 1—6 号炭池进水有机物更容易造成膜污染。

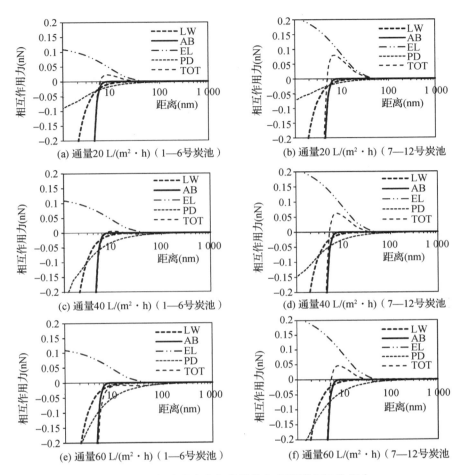

(a) 通量20 L/(m²·h)（1—6号炭池）

(b) 通量20 L/(m²·h)（7—12号炭池）

(c) 通量40 L/(m²·h)（1—6号炭池）

(d) 通量40 L/(m²·h)（7—12号炭池）

(e) 通量60 L/(m²·h)（1—6号炭池）

(f) 通量60 L/(m²·h)（7—12号炭池）

图 8‑53 超滤进水有机物胶体与超滤膜相互作用力

为了更好地研究四种相互作用力在有机物胶体趋向膜表面的过程中产生的作用，计算 LW/AB/EL/PD 相互作用力在总相互作用力 TOT 中所占比例如图8‑54所示。可以看出，在膜与有机胶体相距大于 100 nm 时，渗透拉力（PD）起决定性作用（占总相互作用力比例100%），实际过滤过程也正是由于渗透拉力的存在使得水样通过超滤膜；随着有机胶体与膜之间距离的减小，渗透拉力在总相互作用力中所占比例逐渐降低，EL 相互作用力所占比例逐渐增加，而 AB 相互作用力仍可忽略；当有机胶体与膜之间距离继续减小到约 10 nm 处，EL 相互作用力所占比例达到它所能达到的最大比例，随后与渗透拉力一起急剧减小；当有机胶体与膜之间距离继续减小（低于 10 nm），AB 相互作用力所占比例开始显示，距离小于 8 nm 时迅速增加，同时 LW/EL

所占比例继续下降;当膜与胶体之间距离减至约 4 nm 处,AB 相互作用力所占比例接近 100%,成为总作用力中影响最大的因素。由此可见,在膜与胶体距离大于 100 nm 处,PD 占主导地位;当距离在 4~100 nm 之间时,PD/EL 起主导地位;当距离小于 4 nm,AB 占主导地位。LW 作用一直较弱,只在距离 8 nm 处对总作用力有些影响。PD 作用力是在有机胶体与膜距离较远时起主导作用,PD 作用力的作用是推动污染物向膜表面靠近。AB 作用力在有机胶体与膜即将要接触时起主导作用,AB 作用力的作用是将有机胶体与膜表面紧紧的黏结。因此,PD 作用力决定了膜污染的速率,AB 作用力决定了有机物附着在膜表面的紧实程度。

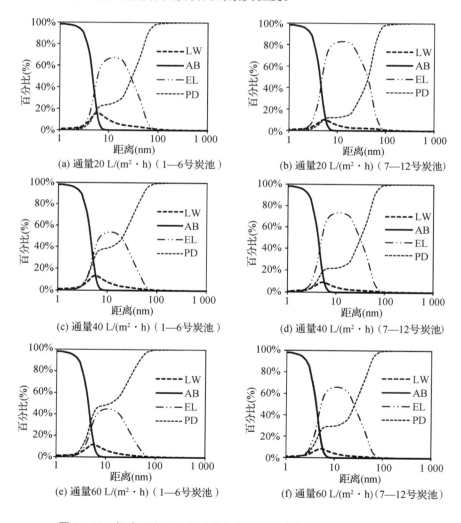

(a) 通量20 L/(m²·h)（1—6号炭池）

(b) 通量20 L/(m²·h)（7—12号炭池）

(c) 通量40 L/(m²·h)（1—6号炭池）

(d) 通量40 L/(m²·h)（7—12号炭池）

(e) 通量60 L/(m²·h)（1—6号炭池）

(f) 通量60 L/(m²·h)（7—12号炭池）

图 8-54　超滤进水有机物胶体与超滤膜间各相互作用力所占比例

（2）超滤膜表面有机物污染物特性

将运行一个反冲洗周期（1 h）的超滤膜表面污染物反洗收集，测定反洗水的污染物中有机物特性，包括分子量分布、亲疏水性、有机物种类三维荧光分析。

图 8-55 是超滤系统不同通量下超滤膜表面有机物污染物分子量分布。超滤膜进水中＜1 kDa 的有机物含量在 1—6 号炭池和 7—12 号炭池中分别为 43.1％和 48.9％，在有机物各分子量区间中比例最大。超滤膜反冲洗水中＜1 kDa 的有机物所占比例远低于超滤膜进水，超滤膜反冲洗水中＞10 kDa 的有机物所占比例最大，这是由于超滤膜孔径限制了大分子有机物无法通过，大分子有机物更容易被超滤膜截留附着在膜表面造成膜污染。通量为 20 L/(m² · h)、40 L/(m² · h)、60 L/(m² · h)时，＞10 kDa 的有机物在 1—6 号炭池中分别是 35.6％、36.88％、38％，在 7—12 号炭池中分别是 34.69％、35.08％、36.66％，大分子有机物所占比例逐渐增加，说明通量增加后大分子有机物更容易被驱使附着在膜表面，PD 作用力由通量和胶体粒径决定，通量增加后 PD 作用力增强，更容易驱使有机胶体附着在膜表面造成膜污染。

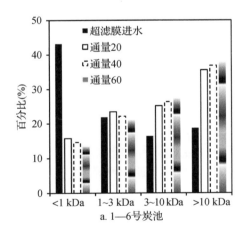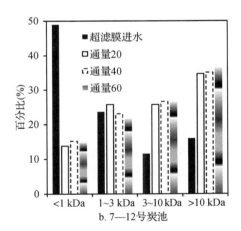

图 8-55 不同通量下超滤膜表面有机物污染物分子量分布

图 8-56 是超滤系统不同通量下超滤膜表面有机物污染物亲疏水性分布。超滤膜进水中，疏水性有机物（强疏水性有机物和弱疏水性有机物）和亲水性有机物含量相当。在超滤膜反冲洗水中疏水性有机物含量则远高于亲水性有机物，说明超滤系统运行过程中，更多的疏水性有机物附着在膜表面造成膜污染。AB 相互作用力在有机物与膜接触时（＜4 nm）起主导作用造成膜污染，AB 相互作用力与有

机物疏水性有关,有机物疏水性增强时 AB 作用力增强。混凝预处理可以有效降低水中疏水性有机物含量,因此混凝剂可以有效控制膜污染。通量为 20 L/(m² · h)、40 L/(m² · h)、60 L/(m² · h)时,疏水性有机物在 1—6 号炭池中分别是 80.03%、82.11%、83.17%,在 7—12 号炭池中分别是 79.08%、82.92%、83.94%,疏水性有机物比例逐渐增大,说明通量增加后更多的疏水性有机物附着在膜表面造成膜污染,降低通量会有效控制膜污染。

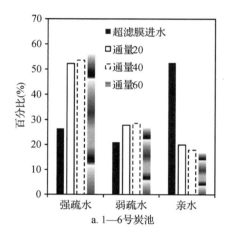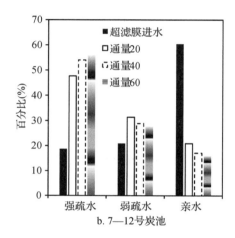

a. 1—6号炭池   b. 7—12号炭池

图 8‑56   不同通量下超滤膜表面有机物污染物亲疏水性分布

图 8‑57 是超滤系统不同通量下超滤膜表面有机污染物荧光特性。随着通量的增加荧光反应越来越强烈,说明更多的有机物附着在膜表面造成膜污染。膜表面各类污染物中类色氨酸(Ⅰ)和类酪氨酸(Ⅱ)(见表 8‑46)荧光反应最强烈,说明膜表面污染物中类色氨酸和类酪氨酸含量较高。这主要来自两个方面,一个是超滤膜进水中本身类色氨酸和类酪氨酸含量较高,另外一个原因则是类色氨酸和类酪氨酸是疏水性有机物,疏水性有机物更容易附着在膜表面造成膜污染。表 8‑46 是不同通量下超滤膜表面有机物污染物三维荧光分布比例,类色氨酸和类酪氨酸所占比例随着通量的增加逐渐增加,这是由于这两类有机物是疏水性有机物,疏水性有机物大多是大分子有机物,大分子有机物更容易受渗透拉力驱使附着在膜表面。

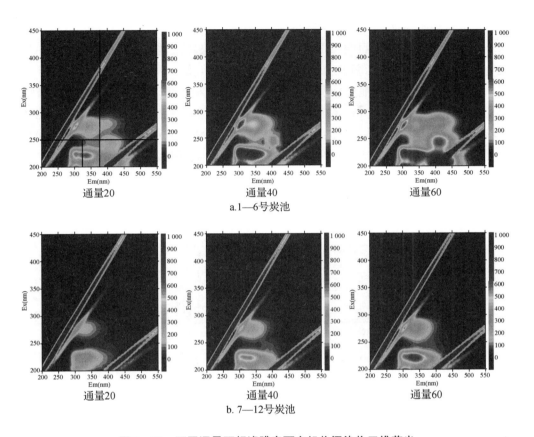

图 8-57　不同通量下超滤膜表面有机物污染物三维荧光

表 8-46　不同通量下超滤膜表面有机物污染物三维荧光分布比例表　单位:%

水　样	I	II	III	IV	V
	类酪氨酸	类色氨酸	类富里酸	类 SMPs	类腐殖酸
通量 20 (1—6 号炭池)	23.68	18.42	24.54	16.81	16.55
通量 40 (1—6 号炭池)	26.56	22.69	20.22	14.08	16.45
通量 60 (1—6 号炭池)	29.62	24.80	14.62	20.95	10.01
通量 20 (7—12 号炭池)	25.55	16.18	17.84	25.32	15.11
通量 40 (7—12 号炭池)	27.14	18.92	17.09	25.52	11.33
通量 60 (7—12 号炭池)	29.44	21.60	15.33	24.86	8.77

（3）超滤膜表面颗粒物污染物特性

将运行一个反冲洗周期（1 h）的超滤膜表面污染物反洗收集，测定反洗水中污染物的颗粒特性，包括颗粒物粒径分布和颗粒物元素分析。

图 8-58 是两种炭池反冲洗水不同运行通量下超滤膜表面颗粒物粒径分布情况。超滤膜进水中 2～5 μm 粒径颗粒物所占比例明显高于膜表面 2～5 μm 粒径颗粒物比例，说明造成膜污染的颗粒物中小粒径比例（2～5 μm）减少，大粒径颗粒物更容易附着在膜表面造成膜污染。随着通量的增加，膜表面＞5 μm 的颗粒物所占比例越来越大，这是由于大颗粒物更容易受渗透拉力的影响附着在膜表面。

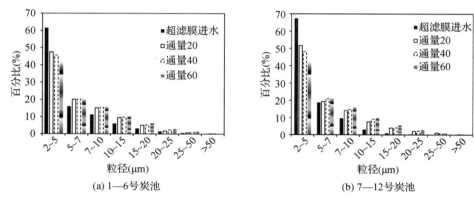

(a) 1—6号炭池　　　　　　　　　　(b) 7—12号炭池

图 8-58　不同通量下超滤膜表面不同粒径颗粒物比例

图 8-59 表示 Al、Si、P、Ca、Fe 元素在大粒径与小粒径颗粒物中的密集度，大于 5 μm 粒径颗粒物中 Al、Si、P、Ca、Fe 元素分布明显比 2～5 μm 粒径颗粒物分布密集，说明 Al、Si、P、Ca、Fe 元素更容易形成大粒径颗粒物。表 8-47 是炭池反冲洗水不同运行通量下超滤膜表面颗粒物能谱分析，反映了颗粒物中不同元素的比例。随着通

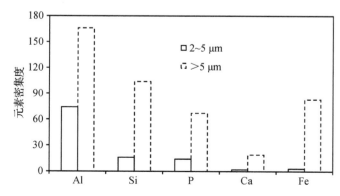

图 8-59　Al、Si、P、Ca、Fe 元素在大粒径颗粒物与小粒径颗粒物中密集度

量的增加,Al、Si、P、Ca、Fe 元素所占比例逐渐增加,这是由于这些元素容易形成大粒径颗粒物,渗透拉力的增加使得大粒径颗粒物更容易附着在超滤膜上造成膜污染。

表 8-47(a)　1—6 号炭池反冲洗水不同通量下超滤膜表面颗粒物能谱分析

单位:%

百分比元素	通量 20		通量 40		通量 60	
	2~5 μm	>5 μm	2~5 μm	>5 μm	2~5 μm	>5 μm
C	43.17	34.22	47.32	35.53	46.69	37.14
N	7.05	4.73	5.67	3.16	8.34	2.96
O	48.27	41.24	45.29	38.64	43.18	35.79
Al	1.24	12.33	1.37	14.11	1.43	14.88
Si	0.16	4.59	0.18	4.92	0.21	5.26
P	0.1	1.26	0.17	1.65	0.15	1.78
Cl	0	0.1	0	0.17	0	0.22
Ca	0	0.41	0	0.44	0	0.5
Fe	0.01	1.12	0	1.38	0	1.47

表 8-47(b)　7—12 号炭池反冲洗水不同通量下超滤膜表面颗粒物能谱分析　单位:%

百分比元素	通量 20		通量 40		通量 60	
	2~5 μm	>5 μm	2~5 μm	>5 μm	2~5 μm	>5 μm
C	53.36	42.75	47.26	45.77	45.29	48.35
N	4.31	5.72	6.49	6.42	5.37	3.43
O	41.28	40.29	44.99	33.68	48.02	33.06
Al	0.87	6.73	1.06	8.83	1.13	9.21
Si	0.1	2.71	0.14	3.16	0.12	3.54
P	0.07	0.58	0.06	0.71	0.07	0.85
Cl	0	0.05	0	0.07	0	0.07
Ca	0	0.13	0	0.2	0	0.26
Fe	0.01	1.04	0	1.16	0	1.23

（4）超滤膜表面 SEM 分析

为了直观地显示膜表面的污染情况,采用扫描电镜(SEM)观测超滤膜表面,如图 8-60所示。将纯膜电镜图片作为对照,依次拍摄通量为 20 L/(m² · h)、40 L/(m² · h)、60 L/(m² · h)时 1—6 号炭池和 7—12 号炭池反冲洗水中污染物附着在膜表面的图片。1—6 号炭池相比 7—12 号炭池膜表面污染物更加粗糙不平,有明显的大颗粒状污染物。这是由于超滤系统短期运行时(1 h),主要是颗粒物对超滤膜造成膜污染,1—6 号炭池反冲洗水中含有更多的污染物,包括悬浮杂质、大分子有机物等污染物。通量为60 L/(m² · h)时,膜表面污染物明显更加粗糙,通量由 40 L/(m² · h)变为 60 L/(m² · h)后,渗透拉力的增强明显加快了膜的污染速率的。

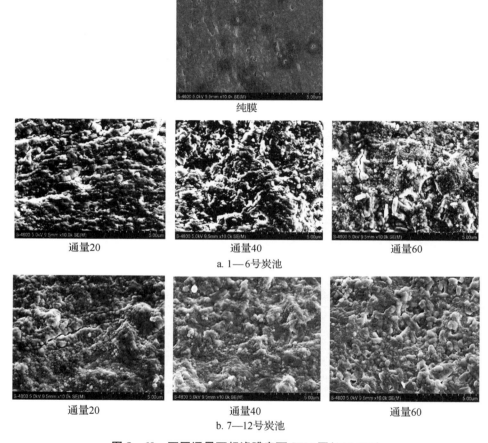

纯膜

通量20 通量40 通量60

a. 1—6号炭池

通量20 通量40 通量60

b. 7—12号炭池

图 8 - 60 不同通量下超滤膜表面 SEM 图(×5 000)

8.6.3.6 超滤回收炭池反冲洗水的膜污染控制

(1)混凝预处理对膜污染(AB 作用力)控制

混凝预处理可以改变超滤进水有机胶体亲疏水性,影响 AB 作用力控制膜污染。图 8 - 61 和图 8 - 62 表示超滤净水中投加混凝剂对 AB 作用力的影响。超滤进水中加入混凝剂后 AB 作用力绝对值变小,说明 AB 作用力作用减弱,由于 AB 作用力作用效果是,使得有机胶体与超滤膜黏结更紧密而加重膜污染,因此 AB 作用力减弱后膜污染得到控制。表8-49是超滤膜及水中胶体在加混凝剂与未加混凝剂时的参数。1—6号炭池反冲洗水加入混凝剂后纯水接触角为72.7°,低于加混凝剂之前的76.6°,说明加入混凝剂后水中有机胶体的疏水性减弱,膜污染减轻,与图8-61计算结果一致。7—12号炭池膜与有机物胶体AB相互作用力小于1—6号炭池,这是由于1—6号炭池超滤膜进水有机物胶体与纯水接触角为72.7°大于7—12号炭池的68.6°,导致1—6号炭池超滤膜进水有机物胶体疏水性更强。

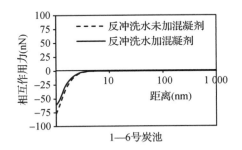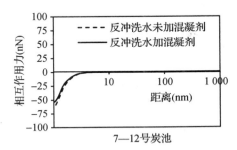

图 8-61　超滤净水初期混凝剂对 AB 作用力影响

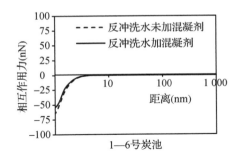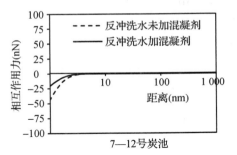

图 8-62　超滤净水后期混凝剂对 AB 作用力影响

表 8-48　超滤膜与水体有机物胶体参数

	接触角(°)		
	纯水	甘油	二碘甲烷
超滤膜	75.4	59.3	39.1
1—6号炭池(未加混凝剂)	76.6	73.1	41.3
7—12号炭池(未加混凝剂)	71.4	68.5	42.6
1—6号炭池(加混凝剂)	72.7	75.2	42.8
7—12号炭池(加混凝剂)	68.6	70.5	44.7

不同混凝剂量下在静沉相同时间时两种炭池反冲洗水跨膜压差结果如图 8 - 63 所示。图 8 - 63(a)与(b)(c)(d)跨膜压差相差很大,说明炭池反冲洗水经混凝预处理可以有效降低跨膜压差,减少超滤膜的污染,提高反冲洗水回收利用效率以及达到节能的目的。对比(b)(c)(d)三张图,随着混凝剂量的增加跨膜压差逐渐减小,(c)(d)两张图跨膜压差相差不大。因此为优化混凝剂投加量和防止出水 Al 离子浓度超标,取 16 mg/L 为最佳混凝剂投加量。1—6 号炭池反冲洗水跨膜压差高于 7—12 号炭池,是由于 1—6 号炭池反冲洗水颗粒数、浊度及有机物浓度均高于 7—12 号炭池反冲洗水,这些都是影响跨膜压差的主要因素。随着混凝剂投加量的增加,两种反冲洗水跨膜压差在缩小,也说明混凝预处理有效地减轻了膜污染。

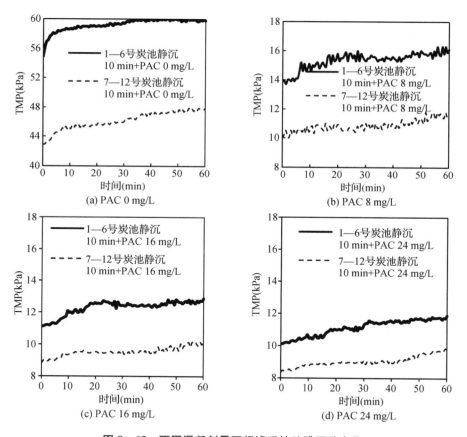

图 8 - 63　不同混凝剂量下超滤系统跨膜压差变化

相同混凝剂投加量下,不同静沉时间时两种炭池反冲洗水跨膜压差结果如图 8 - 64 所示。图 8 - 64(a)与(b)(c)(d)跨膜压差相差很大,这是由于加入混凝剂后,在静沉时间为 0 min 时直接将反冲洗水过超滤膜,混凝剂还未来得及起到改善水质的作用。对比(b)(c)(d)三张图,随着静沉时间的增加跨膜压差逐渐减小,这说明随着静沉时间的增加,混凝剂的效果显现越来越明显。(c)(d)两张图跨膜压差相差不大,说明反冲洗水加入混凝剂后静沉 10 min 后静沉效果已经基本稳定。因此从节省时间以及提高处理效率的角度判断,静沉 10 min 作为最佳静沉时间。1—6 号炭池反冲洗水跨膜压差依然高于 7—12 号炭池,这与之前的研究相符。随着混凝静沉时间的增加,两种反冲洗水跨膜压差在缩小。因此,超滤进水中加入 16 mg/L 混凝剂静沉 10 min 可以有效控制膜污染。

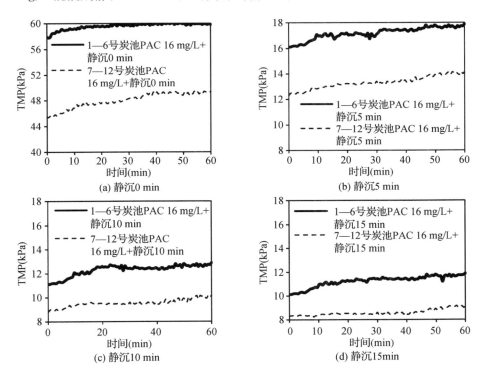

图 8-64　不同混凝静沉时间下超滤系统跨膜压差变化

(2) 优化通量(PD 作用力)膜污染控制

有机胶体渗透拉力在不同通量下的曲线如图 8-65 所示,通量从 20 L/($m^2 \cdot h$)到 60 L/$m^2 \cdot h$ 时,渗透拉力全部为负,绝对值越来越大,说明随着通量增加膜污染速率越来越快。通量 20 L/($m^2 \cdot h$)与 40 L/($m^2 \cdot h$)时渗透拉力接近,通量从 40 L/($m^2 \cdot h$)到 60 L/($m^2 \cdot h$)时渗透拉力增加较多。因此,通量 20 L/($m^2 \cdot h$)与 40 L/($m^2 \cdot h$)时膜污染速率较低,为了保证超滤膜过水通量,提高处理效率,超滤通量定为 40 L/(m² · h)较为合理。1—6 号炭池渗透拉力绝对值大于 7—12 号炭池,由渗透拉力计算公式知渗透拉力由通量和胶体粒径两个参数决定,1—6 号炭池超滤进水中含有更多大分子有机物,1—6 号炭池渗透拉力作用更明显。因此控制渗透拉力可以很好地控制有机膜污染,颗粒物对超滤膜的污染也与渗透拉力有关。由于颗粒物形状杂乱无章,渗透拉力只能定性分析颗粒物对超滤膜的污染,无法定量计算颗粒物对超滤膜的污染。渗透拉力增大后,颗粒物更容易受渗透拉力驱使附着在膜表面造成膜污染。因此渗透拉力可以很好地控制颗粒物膜污染。

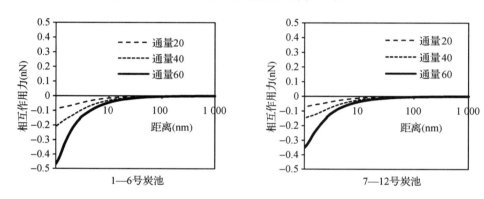

图 8 - 65　不同通量下有机胶体渗透拉力变化图

（3）原位臭氧预氧化对膜污染（AB 作用力）控制

炭池反冲洗水经过混凝预处理后,虽然去除了颗粒物,减轻了膜污染。但水中有机物仍有进一步去除的空间,且在工艺长期运行情况下,水中残留的细菌在膜表面附着并滋生,加重膜污染,水力反洗难以保证膜通量的恢复,需要更加频繁的化学反洗。

臭氧氧化作为一种高级氧化技术,对有机物有较好的去除效果,也有一定的灭菌作用。选择混凝/臭氧工艺预处理技术可以进一步提高污染物去除效能和膜污染的控制效果。

① 臭氧投加量对水质评价指标的净化效果

选取三氯甲烷生成势、GSM 和 MIB 作为控制臭氧投加量的指标,选取 0.5 mg/L,1.0 mg/L,1.5 mg/L,2.0 mg/L 和 2.5 mg/L 的投加量,接触时间为 20 min。

由图 8 - 66 可知,随着臭氧投加量的升高,TCM 生成势不断降低,投加到 1.5 mg/L 时,TCM 的生成势已经低于生活饮用水限值的 60 μg/L。此时 GSM 和 MIB 的含量依旧高于限值 10 μg/L,投加到 2.0 mg/L 臭氧后,GSM 和 MIB 的含量低于限值。说明 2.0 mg/L 的投加量可以满足对反冲洗水净化的要求,继续增高投加量,TCM 成势降低不明显,但 GSM 和 MIB 依旧有所下降。

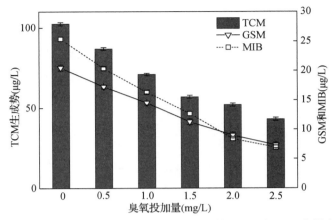

图 8-66 不同臭氧投加量下三氯甲烷生成势、GSM 和 MIB 含量变化

② 臭氧投加量对膜污染的控制效果

试验选取 0 mg/L,0.5 mg/L,1.0 mg/L,1.5 mg/L,2.0 mg/L 和 2.5 mg/L 的臭氧投加量来研究臭氧氧化对膜污染的影响情况。如图 8-67 所示,记录了混凝后的反冲洗水经臭氧化,超滤净水跨膜压差的变化情况。

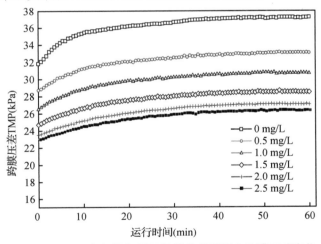

图 8-67 不同臭氧投加量下超滤处理排泥水跨膜压差变化

可以看出,臭氧预氧化对超滤净化反冲洗水运行时的膜污染有着较好的控制作用。未投加臭氧直接超滤,运行 1 h 后,跨膜压差从 32.4 kPa 增加到 37.8 kPa,上升了 5.4 kPa。投加臭氧后,超滤膜运行跨膜压差增长趋势减缓,从开始运行至 20 min,跨膜压差增长速率有着明显的降低。投加 0.5 mg/L 臭氧后,超滤初始跨膜压差降低了 4 kPa,运行 1 h 时内上升了 4.3 kPa。继续增大投加量至 1 mg/L 和 1.5 mg/L 的臭氧后,跨膜

压差继续降低。而 2.0 mg/L 的臭氧与投加 2.5 mg/L 相比，并未进一步减少跨膜压差的增长速度，可能是更高的臭氧投加量对排泥水中某些成分，如细菌等造成破坏，使其释放出的体内的多糖和蛋白质等，对控制膜污染起到一定限制作用。

图 8-68 反映了未投加臭氧和投加 2 mg/L 臭氧，在运行 1 h 内，超滤膜阻力的变化情况。

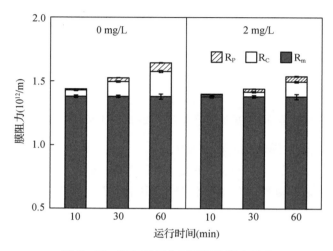

图 8-68　臭氧预氧化对膜污染阻力影响

由图 8-68 可知，主要的膜污染阻力来自于超滤膜自身。因为其孔径很小，需要一定的初始压力才能实现过滤。在未经过臭氧预处理时，超滤过滤混凝后的反冲洗水产生的膜阻力上升较快，对滤饼层阻力而言，10 min 时占总膜污染阻力的 3.4%，30 min 时占总膜污染阻力的 7.6%，60 min 时占总膜污染阻力的 12.5%；在臭氧投加量为 2 mg/L 时，10 min 占总膜污染阻力的 0.9%，30 min 时占 2.6%，60 min 时占总膜污染阻力的 6.3%。可见臭氧预处理减缓了超滤净化反冲洗水时的滤饼层污染。同样，臭氧对于膜孔吸附阻力也有一定的减缓作用：在未投加臭氧情况下，60 min 时膜孔吸附阻力占总膜污染阻力的 4.1%，而投加 2 mg/L 臭氧后，60 min 的膜孔吸附阻力占总膜阻力的 2.9%。

从膜污染阻力成分分析，在超滤运行过程中，臭氧的投加，对滤饼层污染阻力有着有效的控制，可能是形成了阻力较小的滤饼层，或是滤饼层形成得更加缓慢。对膜孔吸附污染阻力也有着一定的控制，可能是因为臭氧的氧化作用使得部分原本会吸附在膜孔或是堵塞膜孔的污染物，能够通过膜孔，减少膜孔吸附污染。

XDLVO 理论是分析微观界面作用力的有效手段，也被应用于研究有机物与超滤膜之间的微观相互作用，用来预测和分析膜污染的情况。应用 XDLVO 理论来分析有无臭氧预处理对超滤膜污染的影响。分别计算研究有无臭氧投加下,反冲洗水中有机物与超滤膜之间的相互作用,以期分析得到臭氧对膜污染的控制原理,超滤膜和水中有机物胶体参数见表8-49。

表8-49　超滤膜和排泥水中有机物胶体参数

类别	接触角(°)			Zeta 电位（mV）	粒径（nm）
	水	甘油	二碘甲烷		
纯膜	47.7	43.2	31.1	−17.6	—
未经臭氧预处理	73.7	62.7	44	−1.6	1 356
臭氧氧化后	65.7	54.7	40	−1.9	1 087

由图8-69可以看出,范德华力、疏水性作用力和渗透拉力为负值,说明其会加重超滤膜的污染;而静电力为斥力,其存在会缓解膜污染。未经臭氧预处理的超滤膜有机物的总作用力一直为负,说明有机物一直在被吸引至膜表面。在距离超滤膜表面较远处,有机物在渗透拉力的作用下,向膜表面靠近,然后随着距离减小,被占主导地位的疏水性作用力吸引,加重膜污染。

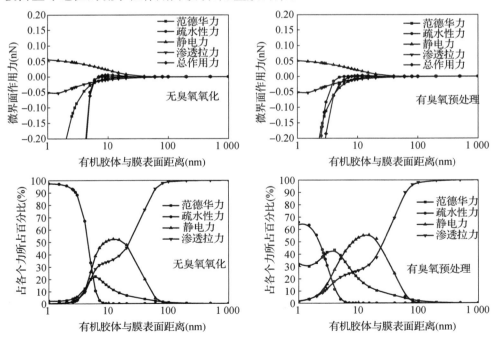

图8-69　有无臭氧投加下微界面作用力大小和占比变化

投加臭氧预氧化处理后,有机物接触角减小,与超滤膜之间的疏水性作用力降低。臭氧氧化减小了有机物与膜表面之间疏水性作用力,使其在 10 nm 距离内的作用比重降低,减缓了有机物与膜之间的吸引作用,降低膜污染。臭氧分解有机物使得有机胶体粒径降低,进一步降低了有机物与膜之间的疏水性作用力。

[参考文献]

[1] 林明榕. 城市供水厂水质现状分析[J]. 化学工程与装备,2009,10, 191-196.

[2] 王烨,朱琨. 我国水资源现状与可持续利用方略[J]. 兰州交通大学学报,2005,24(5):77-80.

[3] 陶辉,王玲,徐勇鹏,等. 滤池反冲洗水的直接回流利用研究[J]. 中国给水排水,2008,24(9):1-4.

[4] 陶辉,王毅,韩伟,等. 城镇给水厂节水策略及效益分析[J]. 给水排水,2007,33(12):9-12.

[5] 韩宏大,何文杰. 滤池反冲洗水回用试验研究[J]. 工业水处理,2001,21(12):38-39.

[6] 尹军,于玉娟,薛喜权,等. 净水厂滤池反冲洗废水回用的试验研究[J]. 吉林农业大学学报,2008,30(6):839-841.

[7] 王冬. 污泥回流强化低浊度水混凝的实验研究[D]. 哈尔滨:哈尔滨工业大学,2014.

[8] 向平,蒋绍阶. 给水厂排泥水处理回用的若干问题[J]. 重庆建筑大学学报,2004,26(4):70-72

[9] Gálvez A, Zamorano M, Ramos-Ridao A F. Efficiency of a biological aerated filter for the treatment of leachate produced at a landfill receiving non-recyclable waste [J]. Journal of Environmental Science and Health, Part A, 2012, 47(1):54-59.

[10] Pizzi N. Filter Operations Field Guide [M]. American Water Works Association, 2011.

[11] 周志伟. 污泥回流强化混凝处理低温低浊水试验研究[D]. 北京:北京工业大学,2012.

[12] 费霞丽,崔福义,吴灿东. 净水厂生产废水回用对供水水质的影响[J]. 环境污染与防治,2006,28(1):8-10.

[13] Hu W P, Zhai S J, Zhu Z C, et al. Impacts of the Yangtze River water transfer on the restoration of Lake Taihu [J]. E. coli Model, 2008, 34:30-49.

[14] Westerhoff P, Mash H. Dissolved organic nitrogen in drinking water supplies: a review [J]. Water Supply: Research Technology, 2002, 51:415-48.

[15] TanushWaadhawan, HalisaSimsek, et al. Dissolved organic nitrogen and its biodegradable portion in a water treatment plant with ozone oxidation[J]. Water Research, 2014, 54:318-326.

[16] 张学青,夏星辉,杨志峰. 水体颗粒物对有机氮转化的影响[J]. 环境科学,2007,28(9):1954-1959.

[17] Chang H, Chen C Y, Wang G. Characteristics of C/N-DBPs formation from nitrogen-enriched dissolved organic matter in raw water and treated wastewater effluent [J]. Water Research, 2013, 47 (8):2729-2741.

[18] 吴丰昌,金相灿,张润宇,等. 论有机氮磷在湖泊水环境中的作用和重要性[J]. 湖泊科学,

2010，22（1）：1 - 7.

[19] 沈志良，刘群，张淑美. 长江总氮和有机氮的分布变化与迁移[J]. 海洋与湖沼，2005，134（16）：577 - 585.

[20] Wontae Lee，Paul Westerhoff et al. Dissolved Organic Nitrogen as a Precursor for Chloroform，Dichloroacetonitrile，N-Nitrosodimethylamine，and Trichloronitromethane [J]. Environment Science & Technology，2007，41，5485 - 5490.

[21] Her N，Amy G，Jarusutthirak C. Seasonal variations of Nano filtration（NF）foulants：identification and control [J]. Desalination，2000，132：143 - 60.

[22] Lee W，Kang S，Shin H. Sludge characteristics and their contribution to microfiltration in submerged membrane bioreactors [J]. Journal of Membrane Science，2003，216：217 - 227.

[23] Plewa M J，Wagner E D，Jazwierska P，et al. Halonitro methane drinking water disinfection by products：chemical characterization and mammalian cell cytotoxicity and genotoxicity [J]. Environment Science & Technology，2004，38：62 - 8.

[24] Richardson S D，Plewa M J，Wagner E D，et al. Occurrence，genotoxicity，and carcinogenicity of regulated and emerging disinfection byproducts in drinking water：a review and roadmap for research [J]. Mutation Research，2007，636：178 - 242.

[25] Bin Xu，Tao Ye，et al. Measurement of dissolved organic nitrogen in a drinking water treatment plant：Size fraction，fate，and relation to water quality parameters [J]. Science of the Total Environment，2011，409，1116 - 1122.

[26] Chu W H，Gao N Y. Formation of haloacetamides during chlorination of dissolved organic nitrogen aspartic acid [J]. Journal. Hazard Material，2010，173(1/3)82 - 86.

第9章
水源保护与突发污染应急处理技术

    饮用水水质保障是城镇公共安全体系中最重要和最核心的安全问题之一。它既关系到广大城镇居民的身体健康、生命安全和社会稳定，又涉及城镇社会经济的可持续发展，还直接影响到投资环境质量和国际声誉。但长期以来，水源污染始终是大多城镇水源地安全的重要威胁。这些水污染既包括工业点源、生活污水和农业面源等常规污染，也包括船舶化学品和石油泄露、工业事故排放、暴雨径流污染等突发性水污染。相比而言，突发性水污染有可能在短时间内对水源地水质和饮用水供水系统造成重大影响，并可能进一步触发更严重的城市安全问题，处置不当还会产生影响深远的后遗症。突发性水污染具有不确定性、流域性、应急主体不明确性和处理的艰巨性。水源突发污染物具有地域特征和发生的随机性，污染物的合理预测是应对水污染的前提和基础；针对特征污染物构建有效的水污染应急处理技术体系，是保障供水水质安全的关键环节；加强现有水源地保护、积极开辟第二水源或备用水源是改善城市单一水源供水脆弱性的重要措施。

9.1   概述

9.1.1   饮用水源突发水污染的特点

    饮用水源地作为敞开体系，容易受到人为的或其他不可预见的污染，饮用水水源突发性水污染往往具有以下特点：

9.1.1.1   不确定性

    （1）发生时间和地点的不确定性：突发性水污染发生的直接原因可能是水上交通事故、企业违规操作或污水排放、公路交通事故和管道破裂等，这些事故发生时间和地点的不确定性,决定了突发性水污染的不确定性。

(2)事故水域性质的不确定性:水域可以分为河流、水库、湖泊和河口等类型,均有可能发生突发性水污染。

(3)污染源的不确定性:事故释放的污染物类型、数量、危害方式和环境破坏能力具有不确定性,而这些数据对于应急救援而言极为重要,也是水污染事故处理的基本参数。

(4)危害的不确定性:同等规模和程度的水污染事故,造成的污染危害是千差万别的,如污染事故发生地点距离城市水源地近,城市供水就可能中断,其后果是灾难性的。

9.1.1.2 流域性

水体具有流域属性决定了水污染事故同样具有流域性。水体被污染后呈条带状,线路长,危害容易被放大。一切与该流域水体发生联系的环境因素都可能受到水体污染的影响,如河流两侧的植被、饮用河水的动物、从河流引水的工农业用户等,流域内地下水与地表水交换还会导致地下水污染。

9.1.1.3 处理的艰巨性和影响的长期性

突发性水污染处理涉及因素较多,且事发突然,危害强度大,必须快速、及时、有效地处理,这对应急监测、应急措施要求更高,难度更大。当污染事故得到控制后,已经产生的污染还可能对当地的环境和自然生态造成严重的破坏,甚至对人体健康造成长期的影响,需要长期的整治和恢复。

9.1.1.4 应急主体的不明确性

由于污染物随流输移,造成事故现场的不断变化,在输移扩散过程中还可能因为各种水力因素产生脱离,出现多个污染区域。这直接造成应急主体不明确,例如污染事故发生在两个地区交界处,按照快速响应的原则,就近的基层组织或企业应迅速组织起来处理事故,但由于协调权力在上一级组织,经过若干次的通报、请示、指示程序,可能已经错过最佳的处理时间。

9.1.2 国内外应对突发水污染的研究现状

9.1.2.1 国外的应急响应发展现状

在国外,美国是较早认识到水源突发污染危害并迅速开展相关应急管理研究和实践的国家。20世纪60年代就已经开展了国家应急计划,建立了联邦紧急事务管理署,对自然灾害信息进行统计,保障紧急应对及事后修复和重建。"9.11"事件后,美国国家环保总局(USEPA)在《清洁水法》和《公众健康安全和反恐怖准备及应对法》的基础上,于2003年12月发布了《饮用水源污染威胁和事故的应急反应编制导则》(*Planning for and Responding to Drinking Water Contamination Threats and Incidents*)。该导则主要由供水系统规划导则、污染物威胁管理导则、场地描述采样导则、分析导则、公共健康应对导则、恢复和重建导则等 6 个相互关联的模块构成,为各地水务部门制定水源地突发污染事件的应急预案提供了指导。在此基础上,俄亥俄州率先编制了该州的饮用水源应急预案《Drinking Water Supply Emergency Plan》,其他各州的应急预案也相继制定。

欧洲多瑙河流域的德国、奥地利、捷克等 9 个国家的相关研究机构和行政部门,针对多瑙河的突发性事故(主要是船舶溢油和污染品泄漏事故)建立了"多瑙河突发性事故应急预警体系"。日本、澳大利亚、英国、法国等国为控制突发性环境事故的发生,建立了环境应急机构和系统,这为事故提供了救援措施。

9.1.2.2 我国的应急响应发展现状

依据突发事件应对和环境保护的需要,我国前后又出台了《国务院关于全面加强应急管理工作的意见》(2006 年)、《中华人民共和国突发事件应对法》(2007 年),修订了《中华人民共和国水污染防治法》(2008 年)和《中华人民共和国环境保护法》(2014 年),发布了《国务院关于加强环境保护重点工作的意见》(2011 年)、《突发事件应急预案管理办法》(2013 年)等法规和文件。

自松花江水污染事故发生后,2006 年 1 月发布了《国家突发环境事件应急预案》,并要求各主管部门和企业都制定相应的突发事件应急预案;环保部 2010 年也发布了《突发环境事件应急预案管理暂行办法》等一系列有关环境的保护法律法规,对政府和企业编制环境应急预案有了明确的要求。2014 年底,国务院印发了修订后的《国家突发环境事件应急预案》(简称新《预案》)。新《预案》定位更为确切,层级更为清晰明了,职责更为明确,"环境"特点更为突出,应急响应流程更为顺畅,指导性、针对性和可操作性也更强。

不少学者在研究水源地突发性污染事故应急预案上也取得了相应的成果。在国内几起典型的突发性水污染事件,特别是松花江硝基苯污染事件和广州北江镉污染事件中,一些供水应急净化技术已经得到成功应用。刘文君和张丽萍等人在总结国内几起典型城市供水应急处理技术的基础上,编制了《城镇供水应急技术手册》。该手册根据《生活饮用水卫生标准》(GB5749—2006)、《城镇供水水质标准》(CJ/T206—2005)以及《地表水环境质量标准》(GB3838—2002)中规定的"在城镇供水中可能因突发事件而超标的 135 项水质指标及炭疽杆菌等污染物",提出了具体的应急对策。

由于水污染突发事件的不确定性和地域性特征,供水应急净化技术必须具有针对性,才能起到有效保障水质安全的作用。因此有必要根据当地的实际情况和污染物特征,进行深入研究并形成可操作的应急技术体系。

9.2 典型城镇水源突发污染物预测研究

水源污染突发事件往往具有随机性和污染类型的不确定性等特点,污染物与水源地的实际状况密切相关,表现出明显的地域特征。因此,针对不同水源类型及其所处的地域环境、污染源分布和水系特征等,开展可能的潜在突发性污染物科学预测是实施针对性应急技术的重要前提。本章以扬州市为例(该课题研究时间为2008年,现状情况与当时研究时状况已发生变化,因此文本中涉及的数据资料等仅为该案例的举例说明服务,不代表目前相关地域的现状情况),对其水源突发性污染物开展预测研究。

扬州地处长江下游平原,地理位置优越,工业基础雄厚,是长江三角洲重要的工业和旅游城市。作为长江中下游的重要中心城市,其供水安全问题不容忽视。扬州饮用水水源主要包括:供给第一、第三水厂的万福闸水源地;供给第四水厂的瓜洲水源地和在建的第五水厂三江营水源地。由此可见,扬州水源地原水主要取自长江。长江水源地的上游江段企业密集,其中石化类企业众多。长江上游企业发生的水污染事故屡见报道,上游来水水质成为影响扬州供水安全的潜在威胁。另一方面,长江是横贯我国东西水上运输的大动脉,航运船只数目庞大,来往船舶舱底水产生的油污每年可达上万吨;航运货物中石油类和有毒化学品的运输量近年来大幅增长,由于船舶运输固有的风险性,航运安全对扬州水源地的影响值得关注。扬州境内的京杭大运河作为城市主要的纳污通道,市内大量工业企业的污水通过运河或直接排入长江,对于一些污染重、潜在危害大的企业,若不严格控制其排污,极有可能对城市供水安全产生威胁。另外,淮河泄洪期时,淮河的来水将会影响万福闸水源地水质,主要表现为有机物增加和臭味物质出现;闭闸期间则会出现藻类孳生等影响供水安全的现象。

9.2.1 长江水源突发性污染预测

9.2.1.1 长江国控监测断面水质情况

长江发源于世界屋脊——青藏高原的各拉丹冬雪山西南侧,正源沱沱河,南源当曲河,北源楚玛尔河。长江从西到东,流经青海、西藏、四川、云南、重庆、湖北、湖南、江西、安徽、江苏、上海等11个省、市、自治区,在崇明岛以东注入东海。支流还流经甘肃、陕西、贵州、河南、广西、广东、福建、浙江等8个省、自治区。长江扬州段上游(包括扬州段)共有7个国控断面,从上游往下依次为四川攀枝花断面,重庆朱沱断面、湖北宜昌断面、湖南岳阳城陵矶断面、江西九江断面、安徽安庆断面、南京林山断面,见图9-1。

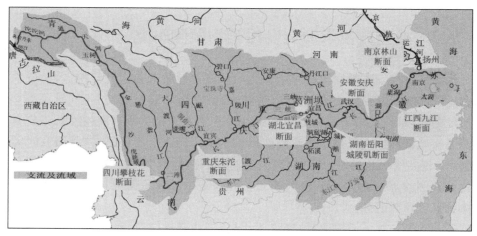

图 9-1　长江扬州段上游国控断面示意图

根据 2005 年 7 月 11 日—2008 年 2 月 29 日国家环保总局公布的数据：7 个国控断面中溶解氧、高锰酸盐指数和氨氮 3 个指标的平均值均符合 Ⅱ 类水标准，个别指标最高值有时达 Ⅲ 类水平，见表 9-1。

表 9-1　2005 年 7 月 11 日—2008 年 2 月 29 日国家环保总局水质监测结果统计　单位:mg/L

断面名称	溶解氧		高锰酸盐指数		氨　氮	
	平均值	最低值	平均值	最高值	平均值	最高值
四川攀枝花	9.5	8.2	2.8	6.5	0.2	0.5
重庆朱沱	9.3	7.5	2.1	4.3	0.2	0.6
湖北宜昌	8.6	6.5	2	3.8	0.2	0.7
湖南岳阳城陵矶	10.5	7.4	4.3	5.8	0.4	0.6
江西九江	7.5	6.2	2.3	3.3	0.1	0.3
安徽安庆	8.3	6.6	2.2	3.7	0.2	0.4
南京林山	7.6	6.2	2.4	3.6	0.2	0.6
Ⅱ类水标准	≥6		≤4		≤0.5	
Ⅲ类水标准	≥5		≤6		≤1	

可见，长江日常水质状况较好，对扬州市水源地的水质变化影响小。因此，长江航运安全和沿线企业的安全生产将是长江突发性污染物的主要潜在源头。

9.2.1.2　船舶航运对长江水域安全的影响

长三角地处中国沿海和长江这两大经济带交汇处，是华东地区重要的综合性工业基地，工业经济和航运发达，尤其是作为区域经济重要支柱之一的石油化工产业近年来发展迅速,石油化工原料和产品的水路运输量大幅增长。据长江港航监督局统计,1985—2007 年之间长江的船舶石油类污染事故达 917 起。此外,近年来长江又不断发生运输化学品船只翻沉事故,大量硫酸、甲苯酚、农药等化学品倾覆江中,对沿线供水安全造成了一定的影响。

9.2.1.3 石油类污染

（1）石油类的水上运输现状

根据 2006 年江苏省交通厅统计,江苏境内港口货物吞吐量中石油及其制品占到了 49% 以上,每年长江航行的船舶因舱底水产生污油为 6 万 t 左右,长江每年因沉船造成的油污染有 100 多 t。另外油轮如发生碰撞、爆炸等事故,则极易造成大规模的溢油。石油是烷烃、烯烃和芳香烃的混合物,进入水体后在水面容易形成薄膜,阻止空气中的氧气向水中溶解,同时石油的分解也会消耗水中的溶解氧,引起大面积的水体缺氧现象,使水质恶化。饮用水中含油时,不仅影响了感官性指标如口感、嗅和味,一些油类毒性很强,饮用后人体感官反应强烈,体质敏感者会出现恶心、呕吐、腹泻、胸闷等症状。因此,一旦发生大规模的油类泄漏事故,饮用水的供水安全将面临极大的威胁。

（2）油类污染事故

近几年,长江干线上因油轮碰撞、爆炸发生的油泄漏事故每年发生约 4～5 起,典型事故有:

① 1996 年 6 月 19 日,万县铜鼓附马油库趸船因工作人员操作不当,导致 1 028 t 航空煤油泄漏入江。

② 2001 年 3 月 21 日,南京时顺油公司"宁顺 2 号"在安庆石化 8 号码头溢油入江 200～300 kg。

③ 2001 年 10 月 20 日,"皖湾止货 0298"轮与"赣吉安油 1024"轮发生碰撞,造成水域油污染。

④ 2002 年 3 月 12 日,鄂州"拖 128"轮在宜昌港夷陵长江大桥水域排放机舱油污水 1.2 t 左右。

⑤ 2008 年 4 月 15 日,长江马鞍山段游船与装运 1 100 t 柴油的油轮相撞事故,导致大量柴油泄漏。

因此,一旦发生大规模的船舶石油类泄漏,长江沿线城市的饮用水供水安全将面临极大的威胁。

9.1.2.4 化学品污染

（1）化学品水路运输状况

长三角地区是我国散装有毒化学品的主要集散地。据统计,2000 年有毒化学品运输总量占全国 54.9%,运输量达到 600 多万 t;2001 年运输总量占全国 57.1%,运量达到 800 万 t;2006 年长三角地区有毒化学品运输总量占全国 63.4%,运量达 1 200 万 t/a,近几年运输量都以 20% 左右的速度增长。

江苏境内有毒化学品装卸能力较强,共有近百个码头泊位,占全国同类码头总量的 40%,仓储能力占全国 63%,其中挥发酚是主要的运输货物之一。江苏沿江水域的码头数量占 50% 以上,码头泊位分布于长江两岸,主要集中在南京、江阴、张家港和南通港。

进出长三角区域装载有毒化学品的船舶艘次量大。据 2006 年统计,全国各港口载运有毒化学品的船舶共约 2 万艘次,其中进出长三角区域各港口的船舶艘次占全国 54%。这些船舶以舱容 1 000～3 000 m³、船龄 10 年以上的为主,船况相对较差。

长三角区域通过船舶运输的化学品有 120 余种,涉及 A、B、C、D 四类,各类物质所占比例见图 9-2。其中 A、B 类毒性较高的物质占 14% 左右,若发生泄漏,危害性极强。

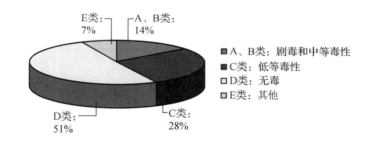

图 9-2 长三角区域船舶运输化学品分类

从 20 世纪 90 年代到 2006 年,长三角地区共发生散装有毒化学品船舶污染事故十几起。从事故类别分:有生产事故性溢漏污染、操作性溢漏污染、航行事故污染和码头泄漏污染。按物质品种分:共有十多个品种发生污染事故,泄漏量达 1 000 多 t,B 类物质发生频率占 35.3%,泄漏量占总量 60.8%;C 类物质发生频率占 29.4%,泄漏量占总量 15.4%;D 类物质发生频率占 35.3%,泄漏量占总量 23.8%。由此可见,长江水域的有毒化学品污染事件不容忽视。

(2) 有毒有害化学品典型污染事故

1990—2001 年间,长江干线船只泄漏有毒有害化学品的重大污染事故共有 20 余起,其中典型事故有:

① 1990 年 6 月 27 日,1 艘装运苯酚的钢甲驳在荆江口沙嘴附近翻倾,船载

250 桶(50 t)的苯酚进入长江,由于沉桶位置难以确定,至今未打捞上来,隐患仍存在江中。

② 1997 年 10 月 8 日,赣抚"油 0005 号"油轮在云阳下游不幸触礁,149 t 工业苯酚泄入江中,这是国内罕见的剧毒污染。

③ 1997 年 10 月 20 日,四川南溪县航运公司所属"南溪 2"号拖轮拖 4 艘驳船航行至涪陵平西南航段遇雾,"川南溪驳 0016"触礁,该驳船所载 826 桶 2 046 t 四氯化碳全部掉入江中。

④ 2000 年 6 月 18 日,"衡山机 180"在长江七弓岭翻船,49 t 农药(甲胺磷)倾入江中。

⑤ 2001 年 9 月 4 日,"州货 1780"和"枞阳化 0170"两船在武穴港沉没,203 t 桶装浓硫酸沉入江中。

⑥ 2002 年 7 月 11 日,江西乐平航运公司"赣景货 0005"轮在武穴锚地发生碰撞事故,导致浓度为 30% 的纯碱 240 t 落入江中。

可见,长江水域运输中有毒化学品如挥发酚、农药等突发性水污染不容忽视。

9.2.1.5　船舶垃圾污染

防止船舶垃圾污染是长江船舶防污工作的又一重点目标,早在 1983 年颁布的《船舶污染物排放标准》以及 1984 年颁布的《中华人民共和国水污染防治法》都已明文规定,船舶垃圾一律不得排入内河。为全面推动长江干线船舶垃圾管理工作,杜绝船舶垃圾对长江水域的污染,交通部、建设部、国家环保局于 1997 年 12 月 24 日联合颁发的《防止船舶垃圾和沿岸固体废物污染长江管理规定》再次强调"禁止将船舶垃圾排放入江"。随后,交通部、交通部长江港航监督局颁布了一系列配套规定。但由于种种原因,这些规定并未得到很好地贯彻执行。

船舶产生的垃圾包括生活垃圾和运行垃圾。生活垃圾有塑料袋、一次性餐盒等,运行垃圾包括破旧轮胎以及钢丝绳等固体杂物垃圾。

据统计,长江轮船运送旅客约 3 000 万人次/年,至少产生垃圾约 2.4 万 t/a;常年航行 11 万余艘船舶,船员产生的垃圾约 16 万 t/a,合计高达 18.4 万 t/a。

针对船舶生活垃圾,应该做好取水头部的安全防护工作,加密栅条。

9.2.1.6　沿线企业对长江水域安全的影响

我国现有化工企业 21 000 家,其中沿长江、黄河分布的占 50% 以上。2005 年 12 月 9 日至 17 日,国家环保总局对江苏、四川、重庆等 10 个省市进行环境督察,结果表明石化企业环境安全隐患突出。重点督察的 127 个石化企业中,长江流域的企业 38 个,其中长江扬州段 1 个,扬州段上游 17 个,下游 10 个,长江支流 10 个。

石化工业是以石油和天然气为原料,通过各种不同工艺途径制成所需的油品、化工产品和生活用品的工业形式。石油化工过程中使用的原料、生产过程、产品（包括副产品）都有可能产生污染物，其排出污染物的种类和数量是随着生产工艺、生产规模所采用不同的原材料及产品品种的变化而改变。对长江干流扬州段及其上游18个企业生产种类和规模进行分析，见表9-2和图9-3。

表9-2　长江干流扬州段及其上游化工企业的统计

序号	项　　目	个　　数	总规模（万 t）
1	含硫原油	5	2 100
2	对苯二甲酸	1	265
3	磷铵	1	180
4	甲醇	1	110
5	乙烯	1	80
6	芳烃	1	150
7	对二甲苯芳烃	1	60
8	柴油加氢	1	250
9	1,4-丁二醇	1	2.5
10	合成氨	1	50
11	磷酸	1	30
12	焦炭	1	240
13	醋酸	1	50
14	红矾纳	1	5

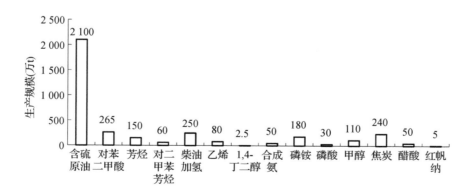

图9-3　18个化工企业生产规模排序

由此可见,长江干流扬州段及其上游18个企业生产过程中含硫原油总量高居第一位。因此,沿线企业的原油污染对扬州水源地造成的潜在威胁值得关注。

另外,2007年《江苏省环境状况公报》表明,江苏企业第一位的污染物石油类排放总量为1588.55t,除石油类污染外,工业废水主要有机污染物中苯酚的排放总量为111.61t。江苏境内货运码头的有毒化学品装卸能力占全国40%(主要集中在南京、江阴、张家港和南通港),仓储能力占全国63%,其中挥发酚是主要的运输货物之一。各类工业废水包括煤气、焦化、石油化工、制药、油漆等大量排放的挥发酚,可产生刺激性味道的物质,溶于水,毒性较大,能使细胞蛋白质发生变性和沉淀,人们饮用含酚水,可引起头昏、贫血及各种神经系统症状,甚至中毒。

可见,沿线企业苯酚类污染突发事件是对饮用水安全构成潜在威胁的有机污染。

9.2.1.7　长江污染事故分析

1985年至2008年22年间长江干、支流73起各类污染事故中,扬州及上游段58起,下游段15起。对长江扬州上游及扬州段58起事故进行统计,结果见图9-4,可见上游污染对扬州饮用水水源地水质的影响不容忽视。

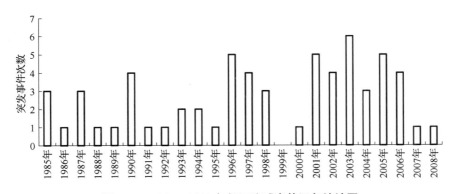

图9-4　1985—2008年长江流域事故逐年统计图

从图9-4可以看出,1985—2008年长江干流突发事件发生次数呈总体上升趋势,特别是2001年后的6年中每年发生的污染事件都在3起以上(2008年统计到3月份),这充分表明突发性水污染存在隐患和不安全因素增多,饮用水污染应急保障工作任重道远。

对上述事故中污染物进行分类,统计结果见表9-3。

由表9-3可见:化学品(41.37%)、石油类(34.48%)和农药(12.08%)是目前长江发生水污染事故最多的三大有毒有害污染物。其中,化学品污染事故居首位,由于其种类繁多,对化学品进行分类,其结果见表9-4。

表 9-3　各种事故污染物情况统计表

污染物种类		发生起数	所占百分比
化学品	苯酚	4	41.38%
	苯类	3	
	硫酸类	7	
	氰化物	2	
	其他	8	
污水		4	6.90%
石油类		20	34.48%
农药		7	12.07%
未知		3	5.17%

表 9-4　化学品事故率统计表

化学品种类	发生起数	占化学品污染比例
硫酸类	7	29.17%
苯酚	4	16.67%
苯类	3	12.50%
氰化物	2	8.33%
纯碱	2	8.33%
四氯化碳	1	4.17%
五硫化二磷	1	4.17%
尿素	1	4.17%
硫磺	1	4.17%
砷	1	4.17%
其他	1	4.17%

由表 9-4 以看出,硫酸(29.17%)、苯酚(16.67%)和苯类(12.5%)化学物在化学品中发生事故频率较高,分别约占总污染事故(58 起)的 12.07%,6.9% 和 5.17%。

石油类污染事故频频爆发与目前长江流域的航运及沿线企业状况密切相关。

农药制造业是关系到农业生产的重要农资产品行业,在化工行业中占据重要地位。我国已经成为世界第二大农药生产国,2007 年农药产量高达 100.9 万 t,比上年增长 20.3%。我国农药产品中杀虫剂的生产量占农药总产量的 75% 左右,其中有机磷杀虫剂占杀虫剂总产量的 77%,常用的有对硫磷、内吸磷、马拉硫磷、乐果、敌百虫及敌敌畏等，其中对硫磷使用最多（占总量40％以上）。长江流域是我国最大的水稻产区，农药的使用量大，通过长江水道的运输量高，并且每年呈上升趋势。农药属于有毒化学品，若发生溢漏、包装破损或生产事故，可以直接污染地表水，危害性极大。

9.2.1.8　长江江苏上游突发性污染物预测小结

综上分析，长江扬州段上游水污染状况如下：

（1）长江扬州段上游日常水质状况良好，对扬州水厂水源地水质影响不大；

（2）长江上游船舶航运状况表明：长江航运中石油类和化学品的货运量大、运输船次多，石油类和化学品挥发酚（以苯酚为代表）是对扬州水源地构成潜在威胁的主要航运污染物；

（3）沿线企业的调研表明：长江流域石化企业环境安全隐患突出，沿线企业的石油对饮用水安全构成的潜在威胁不容忽视；

（4）长江扬州段上游污染事故表明：目前化学品（硫酸、苯酚和苯类，分别占总污染事故29.17％、16.67％和12.50％）、石油类（34.48％）和农药（12.08％，以对硫磷为代表）是长江流域发生污染事故最多的三大污染物。

小结：长江上游易对扬州水源造成威胁的污染物为石油类、硫酸、农药、苯酚。

9.2.2　淮河万福闸水源地污染物预测

扬州万福闸水源地供给第一、第三水厂原水。水源地位于淮河入江水道廖家沟，平时水道泄洪闸关闭主要取水长江，6月—8月淮河泄洪时上游淮河来水经洪泽湖—高邮湖—邵伯湖进入廖家沟入江。因此，淮河泄洪期间上游淮河来水会影响万福闸原水水质。

9.2.2.1　淮河干支流污染物分析

淮河干流发源于河南省桐柏山，由西向东流入洪泽湖，全长约1 000 km。出洪泽湖后分为两支：一支经高邮湖、邵伯湖在江苏省扬州市东南经万福闸由廖家沟流入长江，最大泄洪能力为12 000 m³/s；另一支经苏北灌溉总渠流入黄海。淮河主要支流有史灌河、潪河，洪汝河、沙颖河、涡河、浍河、新汴河、濉河等，见图9-5示意。

（1）国控监测断面水质情况

根据2006年8月2日—2008年2月29日国家环保总局公布的数据，以淮河14个国控断面中溶解氧、高锰酸盐指数和氨氮、石油类4个指标进行分析，淮河水质的基本情况如图9-6、图9-7和表9-5所示。淮河劣于Ⅲ类水断面为35％，主要污染指标石油类、氨氮、溶解氧和有机物不达标出现频率在检测期间为66％、39％、39％、4％。

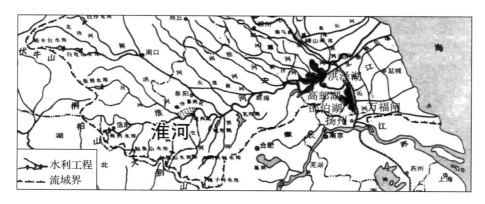

图 9-5 淮河水系示意图

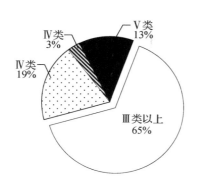

图 9-6 国控监测断面水质状况

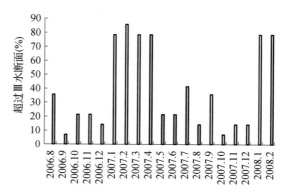

图 9-7 超Ⅲ类水国控监测断面时间变化

表 9-5 2006 年 8 月 2 日—2008 年 2 月 29 日淮河 14 个国控断面统计

时间	Ⅲ类断面	Ⅳ类断面	Ⅳ、Ⅴ类断面	劣Ⅴ类	主要污染指标
2006.8	9		5		溶解氧
2006.9	13	1			石油
2006.10	11	3			石油、溶解氧
2006.11	11	3			石油、溶解氧
2006.12	12		2		氨氮、石油
2007.1	3		2	9	氨氮
2007.2	2		5	7	氨氮、五日生化需氧量

续表

时间	Ⅲ类断面	Ⅳ类断面	Ⅳ、Ⅴ类断面	劣Ⅴ类	主要污染指标
2007.3					
2007.4	3		9	2	氨氮、五日生化需氧量
2007.5	11		3		石油、五日生化需氧量
2007.6	11	3			溶解氧、石油、五日生化需氧量
2007.7	4	10			溶解氧、石油、五日生化需氧量
2007.8	12		2		溶解氧、石油
2007.9	9	5			溶解氧、石油
2007.10	13	1			石油
2007.11	12	2			石油、五日生化需氧量
2007.12	12	2			石油五日生化需氧量、氨氮
2008.1	3	6	5		石油五日生化需氧量、氨氮
2008.2	3	6	5		氨氮、石油

从全年来看,春季1月和2月份水质相对较差,出现Ⅳ类和Ⅴ类水质断面的比例较高,污染物主要为石油类、氨氮和有机物。

由此可见,淮河干支流日常主要污染物为石油类、氨氮和有机物,这一现象也与淮河泄洪期间万福闸原水出现有机物和氨氮增高现象相吻合。

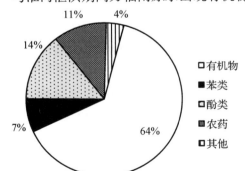

图9-8 沿线企业的污染物化学需氧量占比

（2）沿线企业

淮河沿线企业众多,主要对淮河水质造成污染的为造纸厂和化工厂,分别占企业数量31%和23%,见表9-6。沿线企业主要污染物为有机物（造纸、酿造等非化工行业）、苯类和酚类和农药等,见图9-8。另外,淮河流域耕地面积占全国的六分之一,其生产过程使用的农药、化肥对淮河也形成污染。

表9-6 淮河流域企业分析

企业类型	造纸	化工	酿造、加工	其他
所占比例（%）	23	31	17	29

由此可见,淮河沿线企业污染物中的有机物、苯类、酚类和农药等是主要的潜在污染物。

（3）污染事故

淮河自 1978 年以来共发生过 13 次重大污染事故，主要是污水大量下泄造成。典型的污染事故包括：

① 1989 年，1.1 亿 m^3 的污水经蚌埠闸下泄，形成 60 km 污水带，造成淮阴市经济损失 1 250 万元；

② 1994 年，水污染事故持续 55 d，污染农田 5 000 余亩（1 亩＝1/15 hm^2，下同），经济损失 1.7 亿元；

③ 2001 年，淮河上游 1.44 亿 m^3 污水形成 20 余 km 污水带，水利部门从骆马湖调水 8 亿 m^3 补进洪泽湖；

④ 2002 年，1.3 亿 m^3 污水下泄，仅盱眙受污染的水面就达 5.3 万亩；

⑤ 2004 年 7 月 16 日到 20 日，淮河支流沙颍河、洪河、涡河上游局部地区降下暴雨，沿途泄洪闸门打开，5.4 亿 m^3 高浓度污水形成了长度为 130～140 km 的污水团，洪泽湖一带的水产养殖受损严重。

综合上述信息可见：

① 随着国家环保力度的加大，2004 年后淮河流域未再发生可见报道的典型流域性污染事故；

② 已见污染事故均为企业排污或泄洪产生的有机污染，在一定的污染程度范围内，供水企业可采取高锰酸盐氧化或粉末活性炭吸附进行有效应对；

③ 洪泽湖作为淮河污染的重要缓冲区域，为下游水环境的保护起到了至关重要的作用，但目前淮河污染对下游长江及沿江城市均未造成可见报道的影响。

扬州水源地位于淮河入江水道廖家沟，上游淮河来水经洪泽湖－高邮湖－邵伯湖进入廖家沟入江。因此，一旦上游淮河发生突发性水污染事故，经洪泽湖－高邮湖－邵伯湖的缓冲、净化作用，污染物含量将会有较大程度的降低，对扬州供水安全的影响有限。

9.2.2.2　淮河下游湖泊污染物分析

作为淮河入江的沿途湖泊洪泽湖-高邮湖-邵伯湖，在万福闸泄洪期间其污染物会进入廖家沟万福闸水源地，对原水水质产生直接影响。

（1）洪泽湖

洪泽湖以淮河为主要补给河流，为富营养型湖泊，湖中主要污染物为有机物、氨、酚和总汞。对 2006 年 8 月 2 日—2008 年 2 月 29 日国家环保总局公布的洪泽湖水质数据分析如表 9－7 和图 9－9 所示。

由图 9－9 可见，18 个月中洪泽湖水质基本为 Ⅴ 类和劣 Ⅴ 类，出现时间比例分别为 62％和 38％。表 9－7 表明，污染物中总氮和总磷超标较严重，超标率分别占到检测时期的 94％和 72％,湖体污染物主要为氮、磷和有机物。

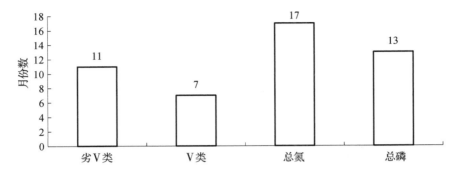

图 9-9　18 个月中洪泽湖超标污染物出现频率及水质状态分析

表 9-7　洪泽湖水质数据分析

时间	水质状态	超标污染物	富营养化程度
2006.8	V	总氮、总磷	轻度富营养
2006.9	劣V	总磷	轻度富营养
2006.10	劣V	总氮	轻度富营养
2006.11	劣V	总氮	轻度富营养
2006.12	V	总氮、总磷	轻度富营养
2007.1	V	总氮、总磷	轻度富营养
2007.2	V	总氮、总磷	轻度富营养
2007.4	V	总氮、总磷	轻度富营养
2007.5	V	总氮、总磷	轻度富营养
2007.6	V	总氮、总磷	轻度富营养
2007.7	劣V	总氮	轻度富营养
2007.8	劣V	总氮	轻度富营养
2007.9	劣V	总氮	轻度富营养
2007.10	劣V	总氮、总磷	轻度富营养
2007.11	劣V	总氮、总磷	轻度富营养
2007.12	劣V	总氮、总磷	轻度富营养
2008.1	劣V	总氮、总磷	轻度富营养
2008.2	劣V	总氮、总磷	轻度富营养

（2）高邮湖、邵伯湖

高邮湖大部分湖区处于高邮市,邵伯湖地处高邮市、邗江区和江都市交界处。高邮市、邗江区和江都市有很多排污企业,这些企业对高邮湖、邵伯湖水质有较大影响。对其中 44 家重点企业进行分类统计,结果见表 9-8。

表 9-8　万福闸上游高邮湖、邵伯湖重点企业分析

污染物	苯类	石油	酚类	甲醛	硫酸	醚类	铅	农药
企业数	20	5	9	1	4	1	3	1
COD 总量(t)	866	378	48	2	0.8	0.5	0.5	0.01

表 9-8 表明,高邮湖和邵伯湖排污重点企业的污染物有苯类、石油、酚类、农药、硫酸等,其中石油、苯类和酚类有较大可能成为影响扬州水源取水的突发性污染物。

9.2.2.3　万福闸取水口常见污染物调研

万福闸水源地位于淮河入江水道廖家沟,平时水道泄洪闸关闭主要取水长江,6—8 月淮河泄洪时上游淮河来水经洪泽湖-高邮湖-邵伯湖进入廖家沟入江。因此,万福闸水源地较其他水源地有以下特点。

（1）淮河泄洪期间致臭有机物

每年 6—8 月淮河泄洪时,万福闸原水水质主要表现为有机物和氨氮增高,并有臭味物质出现。分析认为:有机物和氨氮的增高与上游来水水质有关;而致臭物质的出现可能与泄洪期间沉积底泥污染物的泛起有关。2008 年,万福闸开闸后原水中致臭物质明显,水厂采用粉末活性炭吸附在投加量 40 mg/L 时才能有效去除出厂水中臭味。因此,致臭有机物成为泄洪期间影响扬州日常供水安全并可能成为引发突发性水污染事故的重要因素。

（2）闭闸期间藻类问题

万福闸关闭时,廖家沟原水主要来自长江水,但由于闭闸束水,廖家沟在夏季泄洪闸门关闭期间会由于滞留产生藻类,数量多在 1 000 万个/L 左右。

因此,夏季藻类成为每年影响扬州日常供水的典型污染物。

9.2.2.4　淮河干支流、下游湖泊及万福闸水源地常见污染源调查结果

综合淮河干支流、下游湖泊及万福闸常见污染源调查与分析,结论总结如下:

（1）淮河干支流污染源调查

① 淮河干支流水系日常主要污染物为石油类、氨氮和有机物;

② 沿线企业主要污染物为有机物、苯类、酚类和农药等;

③ 淮河污染事故以有机物为主,洪泽湖作为淮河污染的重要缓冲区域,淮河的污染对下游长江及沿江城市均未造成可见报道的影响。

（2）淮河下游湖泊污染源调查

① 洪泽湖主要污染物为氮、磷和有机物，沿线企业主要污染物为苯系化合物和农药；

② 高邮湖和邵伯湖排污企业中石油、苯类和酚类可能成为影响扬州水源取水安全的潜在污染物。

（3）万福闸水源地常见污染物调查

万福闸水源地泄洪期间的致臭有机物和闭闸期间藻类是影响扬州日常供水的重要问题。

综合淮河干支流、下游湖泊和万福闸水源地的污染物预测分析，万福闸水源地可能出现的突发性污染物为致臭有机物、藻类、苯类、农药和石油类。

9.2.3　水源地突发性水污染预测结论

在分析扬州饮用水源地的长江及淮河水体潜在突发性污染物的基础上，对预测结果总结如下：

① 扬州长江水源地可能造成威胁的污染物为石油类、苯系化合物（以苯酚为代表）、农药和硫酸。

② 扬州万福闸水源地由淮河泄洪和闭闸可能造成威胁的污染物为致臭有机物、藻类、苯类、农药和石油类。

③ 结论：综合扬州长江水源地和淮河及万福闸水源地特点，扬州水源地可能造成威胁的突发性污染物为：石油类、苯系化合物（以苯酚为代表）、农药、硫酸、致臭有机物和藻类（其中致臭有机物和藻类仅限于万福闸水源地）。

9.3　突发污染的特征污染物关键净水应急技术

水污染应急处理技术与设施通常作为一种突发性水污染的临时性水质保障技术，在正常情况下多不作为水厂生产工艺的组成部分。因此，"立足强化、平战结合"的指导策略，应立足于现有工艺的强化与改造，辅以简便易行有效的预处理技术和应急措施；采用投资小、占地省的设备，平时可以强化常规处理效能，突发水污染时可以保障城市供水水质安全。本节将以上述污染物预测案例中的扬州市供水系统为例，对突发污染的特征污染物关键净水应急技术进行研究（同样此节文本中涉及的数据资料等仅为该案例的举例说明服务，不代表目前相关水厂的现状情况）。

9.3.1 水厂现行处理工艺效能分析及技术对策

通过对三个扬州水厂现场调研和水处理工艺效能分析,扬州市供水系统中水处理工艺普遍存在的问题有:

① 沉淀池出水浊度高;

② 冬季原水的低温低浊问题。

上述两个问题是影响扬州各水厂水处理工艺效能的普遍问题,也是必须加以重视和解决的主要问题。

解决问题的基本思路:针对上述亟待解决的问题,立足"强化常规"的工作原则,进行水处理构筑物的局部改造,并实施简便、易行的水处理强化技术,提高水厂常规水处理工艺的处理效能。

9.3.1.1 水厂供水现状及水处理效能分析(以第一水厂为例)

(1) 水厂供水现状

第一水厂经多年来的扩建和挖潜改造,目前形成 3 个相对独立的净水系统,工艺流程如图 9-10 所示,总净水能力为 15.5×10^4 m³/d。

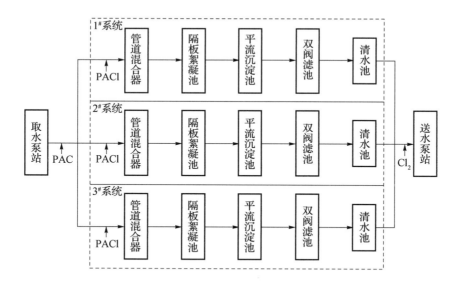

图 9-10 第一水厂净水系统示意图

① 1# 和 2# 系统的设计参数相同,产水能力均为 6.0×10^4 m³/d。

絮凝池采用往复式隔板絮凝池,平面尺寸为 24.78 m×18.30 m,池深为 4.30 m,絮凝时间为 20 min;

沉淀池采用平流式沉淀池,平面尺寸为 67.36 m×18.30 m,池深为 3.80 m,沉淀时间为 1.2 h;

滤池形式为双阀滤池,设计滤速为 8 m/h。

② 3# 系统设计产水能力为 3.5×10⁴ m³/d。

絮凝池采用往复式隔板絮凝池,平面尺寸为 19.50 m×14.75 m,池深为 4.30 m,絮凝时间为 26 min;

沉淀池采用平流沉淀池,平面尺寸为 67.10 m×14.75 m,池深为 4.30 m,沉淀时间为 2.1 h;

滤池采用双阀滤池,设计滤速为 8 m/h。

(2) 水处理工艺处理效能分析

① 预处理系统效能分析。

第一水厂的预处理在水源厂(即万福闸水源厂)实施,预处理工艺为粉末活性炭吸附,用以去除水中的有机污染物,通常情况下投量为 1 mg/L。

建议:在发生有机污染较重的水质期(COD$_{Mn}$超过 4 mg/L),适当提高 PAC 的投量(以 5 mg/L 左右为宜),以强化水中有机污染物的去除,提高水质安全性。

② 常规工艺效能分析。

第一水厂三个系统的混凝工艺设计合理,运行效果良好。

第一水厂内三套处理系统的平流沉淀池均按照 1986 年版的《室外给水设计规范》(GBJ13—86)进行设计。其中 1# 和 2# 系统沉淀池的沉淀时间为 1.2 h、出水堰负荷接近 500 m³/(m·d),大于新的《室外给水设计规范》(GB50013—2006)的"宜为1.5～3.0 h"和"不宜超过 300 m³/(m·d)"的要求,导致絮体随水流出沉淀池(即"跑矾花"现象)和出水浊度较高的问题;3# 系统沉淀池的沉淀时间略高于 1# 和 2# 系统,但其出水堰负荷也较高,也存在絮体随水流出沉淀池的现象,导致出水浊度较高。

第一水厂内三套系统过滤工艺均采用双阀滤池,设计滤速为 8 m/h,目前运行状况良好,出水水质稳定达标。

③ 第一水厂药耗分析。

第一水厂 2006 年至 2007 年混凝剂投加量与加氯量变化如图 9-11 所示。

由图 9-11 可见,第一水厂 2006 年的平均矾耗为 5.6 mg/L,最高为 8.2 mg/L;2007 年平均矾耗升至 9 mg/L,最高值则达到 15 mg/L。这表明原水水质有所下降,是原水污染加重的表现。另外可看出,在夏季和冬季矾耗较高,这主要是由于在夏季万福闸开闸泄洪,原水为水质较差的淮河水,浊度和有机物含量均较高,造

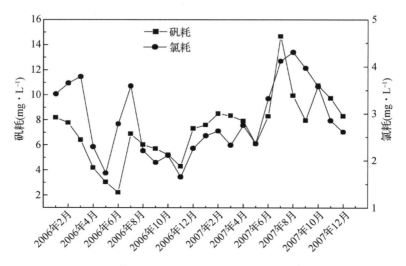

图 9 - 11　第一水厂 2006 年至 2007 年矾耗和氯耗变化

成矾耗较高；而冬季虽原水为水质较好的长江水，但此时处于低温低浊期，处理较为困难，因而矾耗较高。

对于氯耗而言，也存在相同的趋势：2006 年平均氯耗为 2.6 mg/L，而到 2007 年氯耗升至 3.1 mg/L，说明原水水质有所下降，水中耗氯物质含量有所上升。在夏季和冬季氯耗高于其他时段，分析原因认为：第一，在夏季由于万福闸开闸泄洪，原水为水质较差的淮河水，其中的有机物含量较高，造成氯耗较高；第二，冬季水温较低、水体自净能力较差，使得长江水中有机物含量也较高，造成氯耗较高。水中有机物极易造成消毒副产物升高，需要给予足够重视。

分析可知：有机物可以通过预处理——粉末活性炭吸附解决。

（3）沉淀池出水浊度较高的问题分析与技术对策

① 沉淀池出水浊度较高的问题分析。第一水厂建成时间较长，其工艺设计均按照 1986 年版的《室外给水设计规范》（GBJ13—86）进行设计，当时因水质标准较低和原水水质较好而运行稳定。2006 年我国颁布的《生活饮用水卫生标准》（GB5749—2006）中要求出厂水及管网水浊度不大于 1 NTU。按一般水厂的运行经验，达到此要求需将沉淀池出水浊度降至 5 NTU 以下，最好降至 3 NTU 以下。根据新的水质要求，第一水厂沉淀池运行中出水浊度较高的问题凸显，这主要表现在两个方面：

1# 和 2# 系统沉淀池的沉淀时间较短，在絮凝过程中形成絮体的沉淀效能差，因此造成出水浊度较高。

三套系统沉淀池的出水堰负荷较高,造成较强的水流抽吸作用,使得已经沉淀的絮体又重新浮起,随水流出池外造成浊度较高。

② 沉淀池出水浊度较高的技术对策。沉淀池出水浊度较高主要由两个方面的原因造成:第一是由于沉淀池的沉淀时间过短,第二是由于出水堰负荷较高。针对以上两个方面的原因,提出以下处理措施。

a. 沉淀时间过短的处理措施:针对 1# 和 2# 系统沉淀时间过短的问题,可考虑在沉淀池出水处增设斜板或斜管,以降低上升流速,提高沉淀效果,降低出水浊度,如图 9 - 12 所示。

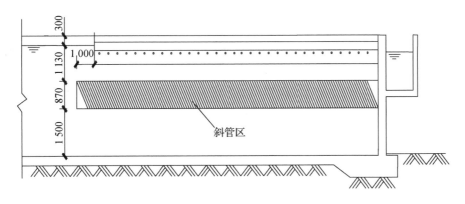

图 9 - 12　沉淀池出水处增设斜板或斜管示意图(单位:mm)

从改善沉淀池水力条件的角度来分析,由于斜管的加入使得沉淀区的水力半径大大减小,从而使水流的雷诺数 Re 大为降低,而弗劳德数 Fr 则大为提高。在斜管区水流基本上属于层流状态,其雷诺数 Re 基本在 200 以下,甚至可低于 100;而弗劳德数大于 $10^{-3} \sim 10^{-4}$,大大提高水流的稳定性层流要求,因此可大大提高絮体的沉淀效果,从而降低出水浊度。

斜管可考虑采用一般斜管沉淀池通用的标准型斜管,其长为 1 000 mm。一般而言,斜管倾角越小,则沉淀面积越大,沉淀效率也越高,但对排泥不利,根据生产经验,可将斜管的倾角定为 60°,在底部留有 1.5 m 高的配水区,以便均匀配水,增设斜管的同时要注意与之配套的排泥措施改造。

b. 沉淀池出水堰负荷过大的处理措施:除了优化混凝条件外(可能会增加混凝剂药耗),还可以对按照老规范设计的沉淀池进行合理改造。《室外给水设计规范》(GBJ13—86)中规定沉淀池出水堰负荷为 500 m³/(m•d),而为了适应新的水质标准,新的《室外给水设计规范》(GB50013—2006)中将出水堰负荷降低至 300 m³/(m•d)。因此,可对沉淀池的出水堰进行合理的延长,以降低出水堰负荷,改善出水水质。

按照出水堰负荷低于 300 m³/(m·d)计,可将第一水厂 1# 和 2# 系统的出水集水槽延长至 100 m(总长),而 3# 系统的出水集水槽需延长至 60 m(总长)。

(4) 低温、低浊水处理分析与技术对策

① 低温、低浊水问题分析。我国南方水厂的原水在冬季普遍呈现出低温、低浊的特点。水温对混凝效果有明显影响。低温下通常絮凝体形成缓慢,絮凝颗粒细小、松散。其原因主要有以下几点:

无机盐混凝剂水解是吸热反应,低温时混凝剂水解困难,铝盐在水温降到 10 ℃时,水解速度常数约降低 2～4 倍;当水温在 5 ℃左右时,铝盐水解速度已极其缓慢。

低温水的黏度大,使水中杂质颗粒布朗运动强度减弱,碰撞机会减少,不利于胶粒脱稳凝聚。水的黏度大时,水流剪力增大,影响絮凝体的成长。

水温低时,胶体颗粒水化作用增强,妨碍胶体凝聚,而且水化膜内的水由于粘度和重度增大,影响了颗粒之间黏附强度。

水温与水的 pH 值有关,水温低时,水的 pH 值提高,相应的混凝最佳 pH 值也将提高。同样,由混凝动力学方程可知,水中悬浮物浓度很低时,颗粒碰撞速率大大减小,混凝效果差。

在低温、低浊的条件下,水处理混凝效果差容易导致矾花体沉淀不理想,出现沉淀池集水槽的"跑矾花"问题。

为提高低温、低浊水混凝效果,常用办法是增加混凝剂投加量和投加高分子助凝剂或投加矿物颗粒(如黏土等),以增加混凝剂水解产物的絮凝效果,提高颗粒碰撞速率并增加絮凝体密度。

② 低温、低浊水处理的技术对策。

a. 混凝剂、助凝剂的优选:混凝剂种类很多,据目前所知,不少于 200～300 种。按化学成分分为无机和有机两大类,目前在给水处理领域中无机混凝剂应用最多。

针对低温低浊水处理、混凝剂的优选,国内研究较多,研究成果汇总见表 9-9。

硫酸铝:硫酸铝有固、液两种形态,我国常用的是固态硫酸铝。采用固态硫酸铝的优点是运输方便,但增加了浓缩和结晶工序。硫酸铝使用方便,但水温低时,硫酸铝水解较困难,形成的絮凝体比较松散,效果不及铁盐混凝剂。

聚合铝:聚合铝包括聚合氯化铝(PAC)和聚合硫酸铝(PAS)等。目前使用最多的是聚合氯化铝,我国也是研制 PAC 较早的国家之一。PAC 作用机理与硫酸铝相似,但它的效能优于硫酸铝。例如,在相同水质下,投加量比硫酸铝少,对水的pH值变化适应性较强等,在处理低温、低浊水中也有应用。

表 9 - 9　常用的无机混凝剂

名　称		化　学　式
铝系	硫酸铝	$Al_2(SO_4)_3 \cdot 18H_2O$
		$Al_2(SO_4)_3 \cdot 14H_2O$
	明矾	$KAl(SO_4)_2 \cdot 12H_2O$(钾矾)
		$NH_4Al(SO_4)_2 \cdot 12H_2O$(铵矾)
	聚合氯化铝(PAC)	$[Al_2(OH)_nCl_{6-n}]_m$
	聚合硫酸铝(PAS)	$\left[Al_2(OH)_n(SO_4)_{3-\frac{n}{2}}\right]_m$
铁系	三氯化铁	$FeCl_3 \cdot 6H_2O$
	硫酸亚铁	$FeSO_4 \cdot 7H_2O$
	聚合硫酸铁(PFS)	$\left[Fe_2(OH)_n(SO_4)_{3-\frac{n}{2}}\right]_m$
	聚合氯化铁(PFC)	$[Fe_2(OH)_nCl_{6-n}]_m$

三氯化铁:三氯化铁是铁盐混凝剂中最常用的一种,其混凝机理也与硫酸铝相似,但混凝特性与硫酸铝略有区别。一般三价铁适用的pH值范围较宽,形成的絮凝体比铝盐絮凝体密实,处理低温或低浊水的效果优于硫酸铝。但三氯化铁腐蚀性较强,且固体产品易吸水潮解,不易保管。

硫酸亚铁:硫酸亚铁固体产品是半透明绿色结晶体,俗称绿矾。硫酸亚铁在水中离解出的是二价铁离子,水解产物只是单核配合物,故不具三价铁离子的优良混凝效果。同时,二价铁离子会使处理的水带色,特别是当与水中有色胶体作用后,将生成颜色更深的溶解物。故采用硫酸亚铁作混凝剂时,应将二价铁氧化成三价铁。氧化方法有氯化、曝气等方法。生产上常用的是氯化法,但如前所述氯化会带来副产物并影响滤池生物作用等负面效果。

聚合铁:聚合铁包括聚合硫酸铁(PFS)和聚合氯化铁(PFC)。聚合氯化铁目前尚在研究之中,聚合硫酸铁已投入生产使用。聚合硫酸铁是碱式硫酸铁的聚合物,实际上是三价铁离子在使用前已经发生水解聚合反应的产物,故具有优良的混凝效果,它的腐蚀性远比三氯化铁小。但目前聚合硫酸铁由于制备时需要用致癌物质亚硝酸盐作为氧化剂,故其产品应用在饮用水处理中需做安全检测。

对处理低温低浊水,单独使用混凝剂往往不能取得预期效果,需要投加某种辅助药剂以提高混凝效果。水厂内常用的助凝剂有:骨胶、聚丙烯酰胺及其水解产物、活化硅酸、海藻酸钠等。

骨胶是一种粒状或片状动物胶,属高分子物质,分子量在 3 000~80 000 之间。骨胶易溶于水,无毒、无腐蚀性,与铝盐或铁盐配合作用,效果显著,但骨胶使用较麻烦,不能预制久存,需现场配制,即日使用,否则会变成冻胶。

活化硅酸为粒状高分子物质,在通常的 pH 值下带负电荷。对于低温、低浊水,当加入少量活化硅酸时,絮凝体尺寸和密度就会增大,沉速加快。但活化硅酸使用较麻烦,需要现场调制,即日使用,否则会形成冻胶而失去助凝作用。

海藻酸钠是多糖类高分子物质,是海生植物用碱处理制得,分子量达数万以上。用以处理较高浊度的水效果较好,但价格昂贵,生产上使用不多。

聚丙烯酰胺是人工合成的长链状高分子化合物,其助凝效果在于对胶体表面具有强烈的吸附作用。在生产实践中,多用其水解产品,在其高分子结构中水解的链节数目与总链节数目之比在 30%~40% 时,处理低温低浊水具有较好的助凝效果。

针对长江水冬季低温低浊现象的建议:

首选铁盐(三氯化铁)作为处理低温、低浊水的混凝剂,投加量在 20~30 mg/L 左右。

考虑到目前水厂混凝剂的使用,可采用 PAC(聚合氯化铝)作为处理低温、低浊水的混凝剂,但投加量宜在 20~30 mg/L 左右。

水厂可采用 PAM(聚丙烯酰胺)为助凝剂,提高混凝剂 PAC 的处理效果,PAM 的投加量在 0.1~0.2 mg/L 左右。国内部分水厂的试验和实际应用结果表明:在絮凝反应总时间的 1/2 至 2/3 处加入聚丙烯酰胺可获得最佳助凝沉淀效果,因此可考虑在絮凝池中后部投加 PAM。

b. 高锰酸钾预氧化强化混凝。采用高锰酸钾预氧化,其强化混凝机理主要是破坏胶体颗粒表面的有机涂层、新生态水合二氧化锰吸附和催化氧化作用等。已有生产试验表明:采用高锰酸钾处理低温、低浊原水,沉淀池出水浊度可以减低 4~6NTU,效果明显。因此,建议水厂在低温、低浊条件下可利用高锰酸钾助凝,投加量宜在 0.5~1.0 mg/L,投加时机为水厂絮凝池前的管道混合器前。

c. 沉淀池排泥水和滤池反冲洗水冬季(或全年)回流。通过排泥水和反冲洗水的回流,可以增加低温、低浊水中的颗粒物浓度,提高其碰撞机率,消除低浊度带来的不足,有利于提高处理效果同时,可以节省大量生产自用水。

9.3.2 水厂应急处理技术原则与验证

9.3.2.1 应急供水量的确定

发生突发性水污染时,在供水问题上须坚持"先生活后生产"的原则,把确保人民生活用水放在第一位,必要时可以考虑实施减量供水,即停止向工业、企业供水(大型企业均有自备水源),优先保证城镇居民生活用水,保证党政机关、医院、车站等重要场所公共用水,保证社会和生活的稳定。

当水污染程度小,采用常规工艺强化和应急保障技术能够有效去除污染物时,水厂可以不减产或适当减量供水;若水污染程度对水处理工艺的影响较大,为保障水厂应急管理水平和出水水质,考虑以如下原则确定应急水量:

突发性水污染应急时,水厂供水应保证居民的最低生活用水要求。《根据扬州市第五水厂一期工程可行性研究报告》,2003—2005年扬州城区综合生活用水量占供水总量的50%;以2006年最高日供水量28.8万 m^3/d(综合生活用水量约为14.4万 m^3/d),供水人口53万人计,城区综合生活用水量为271 L/(人·d)左右。根据《城市居民生活用水量标准》(GB/T50331—2002)的条文说明(见表9-10),扬州所在分区(三区)的人均生活用水量目前约为150 L/(人·d)左右,约为扬州综合生活用水量现状的55%(即按分类统计表计算的人均生活用水量占扬州供水总量的27.5%)。另据《根据扬州市第五水厂一期工程可行性研究报告》,扬州近期城区综合生活用水量占供水总量的80%,远期为75%。兼顾其他因素,为提高供水的安全保障率,提出水污染应急极端状态下供水水量最大减量至40%,作为满足城市居民最低生活用水要求的依据。

表9-10 居民生活用水人均日用水量区域分类统计表 单位:L/(人·d)

分区	均值	2000年均值	A类均值	B类均值	C类均值	总均值
一区	110	107	46	104	155	101
二区	113	114	66	98	187	117
三区	157	154	122	152	249	174
四区	259	260	151	227	240	206
五区	122	126	67	112	135	105
六区	96	106	101	158	212	146
均值	143	415	92	142	196	142

注:扬州市为三区。表中调查的A、B、C三类用水户其定义为:A类系指室内有取水龙头,无卫生间等设施的居民用户;B类系指室内有上下水卫生设施的普通单元式住宅居民用户;C类系指室内有上下水洗浴等设施齐全的高档住宅用户。

综上分析,根据突发性水污染的程度,按照事故应急分级,确立应急水量:

① 预警级:通过强化常规工艺和应急处理技术措施,保障水厂不减产。

② 现场级:通过强化常规工艺和应急措施,保障水厂不减产或适量减产。

③ 流域级:通过强化常规工艺和应急处理技术措施,水厂供水最大减量至40%,作为满足城市居民最低生活用水要求的依据;若水源水中污染物指标严重超标,且应急技术措施仍难以处理时,应经请示当地人民政府后,采取暂停自来水生产和供水的措施。

④ 若水污染发生在下游水厂水源地附近,则采取下游水厂减量供水而上游水厂增量供水的应对措施。

9.3.2.2 应急技术原则与目标

扬州水源地可能造成威胁的突发性污染物为:石油类、苯系化合物(以苯酚为代表)、农药(以对硫磷为代表)、硫酸、致臭有机物和藻类(致臭有机物和藻类仅限于万福闸水源地)。

原则:"立足强化、平战结合",立足于现有工艺的强化与改造,辅以简便易行的预处理技术和应急设施,构建城市供水应急技术平台。

目标:保障突发性水污染时扬州市饮用水的水质安全,提出针对不同污染的应急预案,形成具有示范作用和推广意义的技术体系。

应急技术路线:构建城市供水应急的"多级保障技术屏障"应对突发性水污染至关重要。技术路线:

① 石油类:水源地取水头部的围隔阻油技术和水源厂粉末活性炭吸附技术;

② 硫酸:水源厂碱(熟石灰)中和技术;

③ 农药和苯酚:水源厂粉末活性炭吸附技术;

④ 致臭有机物:水源厂高锰酸钾预氧化与水厂粉末炭吸附联用技术;

⑤ 藻类:水源厂高锰酸钾预氧化与水厂粉末炭吸附联用技术。

9.3.2.3 关键应急技术的试验验证

(1) 粉末活性炭吸附预处理

① 粉末活性炭吸附石油的试验。采用长江水源水与石油混合配制模拟石油污染原水。配制水样的浊度为20~30 NTU,pH值为7.9~8.1,水温为22~25 ℃,石油含量为0.1~2 mg/L。按不同的吸附时间进行试验,分别经快搅、慢搅、静沉、玻璃砂芯过滤(避免悬浮炭对石油类测定的影响),测定滤后水中石油类浓度。同时,根据以往课题组研究结果,投加粉末炭时混凝剂聚合氯化铝的投加量宜在20 mg/L以上,在本试验中聚合氯化铝的投加量为20 mg/L。

由于《生活饮用水卫生标准》(GB5749—2006)并未规定饮用水中石油的浓度，仅在其资料性附录中提出饮用水中石油的浓度不超过 0.3 mg/L，高于《地表水环境质量标准》(GB3838—2002)中Ⅲ类水规定的 0.05 mg/L，因此选择 0.05 mg/L 作为判别出水是否达标的标准。

石油的浓度采用紫外分光光度法测定。试验结果，见表 9-11。

表 9-11　不同条件下粉末活性炭处理石油污染试验

石油浓度(mg/L) ＼ 接触时间(min)	粉末炭	20	30	40	60	80
	投加量(mg/L)	去除率(%)				
0.5	10	55	61	71	73	78
	20	86	88	90*	90*	91*
	30	93*	96*	97*	99*	99*
	40	95*	99*	99*	99*	99*
1	10	46	53	57	66	66
	20	77	88	90	93	95*
	30	90	93	97*	97*	97*
	40	97*	99*	99*	99*	99*
1.3	10	53	61	61	65	66
	20	81	90	90	91	92
	30	88	91	93	95	96*
	40	96*	98*	99*	99*	99*
1.8	10	45	51	56	56	56
	20	63	71	80	80	80
	30	76	80	88	90	90
	40	80	90	95	95	95

注：* 为达标

由试验结果可见，在粉末炭投加 40 mg/L、聚合氯化铝投加 20 mg/L，作用时间为 20 min 时，最大处理石油浓度为 1.3 mg/L(超标 26 倍)，进一步提高作用时间对石油的去除效果作用不明显。

② 粉末活性炭吸附农药(对硫磷)试验。考察粉末活性炭吸附对硫磷的去

除效能,《生活饮用水卫生标准》(GB5749—2006)规定饮用水中对硫磷的浓度低于 3 $\mu g/L$。

试验方法:

实验室烧杯试验,取长江原水,用对硫磷标准工作溶液配制对硫磷试验水样,对硫磷采用气相色谱法检测。为减少试验检测样品数,粉末炭投加量以 10 mg/L 和 40 mg/L 为研究对象,吸附时间为 20 min、40 min 和 60 min。试验结果,见表9-12。

表 9-12　不同条件下粉末活性炭处理对硫磷试验

对硫磷($\mu g/L$) 接触时间(min) 粉末炭		20	40	60
	投加量(mg/L)	去除率(%)		
60	10	56	77	80
	40	>99*	>99*	>99*
75	10	73	80	85
	40	97*	>99*	>99*
80	10	47	66	73
	40	91	97*	>99*
85	10	40	60	65
	40	80	88	92

注:* 为达标

由试验结果可见,粉末活性炭对对硫磷有较好的去除效果,当粉末炭投加 40 mg/L、聚合氯化铝投加 20 mg/L,作用时间为 20 min 时,最大处理对硫磷浓度达到 75 $\mu g/L$(超标 25 倍),作用时间为 40 min 时,最大处理对硫磷浓度达 80 $\mu g/L$(超标 27 倍)。

③ 粉末活性炭吸附苯酚试验。考察粉末活性炭吸附对苯酚的去除效能,《生活饮用水卫生标准》(GB5749—2006)规定饮用水中苯酚的浓度低于 2 $\mu g/L$。

试验方法:

实验室烧杯试验,取长江原水,用苯酚标准溶液配成不同浓度的含酚试验水样,苯酚采用 4-氨基安替比林分光光度法检测。试验结果,见表9-13。

表 9-13　不同条件下粉末活性炭处理苯酚污染试验

接触时间(min) 苯酚浓度(μg/L)		20	30	40	60
	粉末炭投加量(mg/L)	去除率(%)			
7	10	56	60	66	68
	20	74*	80*	83*	85*
	30	81*	88*	90*	93*
	40	90	未检出*	未检出*	未检出*
10	10	41	55	55	58
	20	70	73	80*	81*
	30	84*	90*	95*	95*
	40	97*	99*	未检出*	未检出*
16	10	42	50	53	55
	20	66	72	80	80
	30	81	83	90*	90*
	40	88*	90*	91*	95*
20	10	33	40	44	44
	20	41	56	60	60
	30	60	71	75	75
	40	74	80	81	83

注:* 为达标

由试验结果可见,粉末炭投加量 40 mg/L、聚合氯化铝投加 20 mg/L,作用时间为 20 min 时,最大处理苯酚浓度为 16 μg/L(超标 8 倍),进一步提高作用时间对苯酚的去除效果作用不明显。

(2)高锰酸钾预氧化-粉末活性炭联用除臭试验

考察万福闸水源地淮河泄洪期间原水中致臭有机物的去除技术。

试验方法:

实验室烧杯试验,取万福闸水源地原水,考察原水致臭有机物的去除保障技术,试验中采用臭强度等级表征水中臭味强度大小,见表 9-14。

表9-14 臭强度等级

等级	强度	说　明
0	无	无任何气味
1	微弱	一般饮用者难以察觉,臭味敏感者可察觉
2	弱	一般饮用者刚察觉
3	明显	能明显察觉,不加处理,不能饮用
4	强	有明显臭味
5	很强	有很强烈的恶臭

试验结果,见表9-15、表9-16。

表9-15 单独投加活性炭对致臭有机物的去除试验

投加量(mg/L) \ 作用时间(min)	1	5	10	20	30	45	60
15	4	4	4	4	4	3	3
20	4	4	4	4	4	3	3
30	4	4	4	4	3	3	3
40	4	4	4	3	3	3	3

由试验结果可见,单独投加粉末活性炭对万福闸水源地的致臭物质去除效果不理想。

表9-16 单独投加高锰酸钾对致臭有机物的去除试验

投加量(mg/L) \ 作用时间(min)	1	5	10	20	30	45	60
0.5	4	4	4	4	4	3	3
1	4	4	4	3	3	3	2
1.5	4	4	4	3	3	3	2

由试验结果可见,单独投加高锰酸钾对万福闸水源地的致臭物质去除效果也不理想。另外,当高锰酸钾投加量大于 1.5 mg/L 时,水的色度明显增加。采用高锰酸钾预氧化-粉末活性炭联用对致臭有机物的去除试验研究,结果见表9-17。

表 9－17　高锰酸钾预氧化-粉末活性炭联用对致臭有机物的去除试验

水样 \ 粉末炭投加量(mg/L) \ 高锰酸钾投加量(mg/L)	10	20	30	40
原水经高锰酸钾预氧化 60 min,再投加粉末活性炭吸附 20 min(混凝剂投加量 20 mg/L)后臭强度等级	0.5 → 3	3	2	2
	1.0 → 3	2	2	0
	1.5 → 1	1	1	0

由试验结果可见,采用高锰酸钾预氧化(投加量 1.0 mg/L,作用时间 60 min),再利用粉末活性炭吸附(粉末炭投加量 40 mg/L、聚合氯化铝投加 20 mg/L,作用时间 20 min),可有效去除原水中致臭有机物,处理后水中臭强度等级为 0。

(3) 高锰酸钾预氧化-粉末活性炭联用除藻试验

考察万福闸水源地高藻原水的去除技术。

试验方法:

实验室烧杯试验,取万福闸含藻原水进行人工培养后,进行试验。

高锰酸钾预氧化(35 min)＋聚合氯化铝

混凝试验:快速搅拌 1 min,转速为 300 r/min;慢速搅拌 10 min,转速为 40 r/min;静置沉淀 15 min。根据研究结果,除藻时混凝剂聚合氯化铝的投加量一般超过 30 mg/L(强化混凝)。

粉末活性炭投加方式:混凝剂投加 1 min 后投加。

① 原水藻含量为 5×10^6 个/L<原水藻个数<1×10^7 个/L(如图 9－13 所示)。

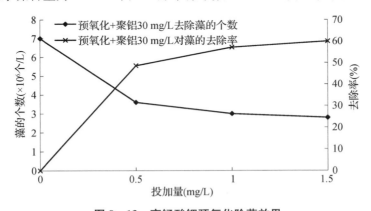

图 9－13　高锰酸钾预氧化除藻效果

当高锰酸钾投加量为 0.5 mg/L 时,水样没有颜色变化;当高锰酸钾投加量为 1.0 mg/L 时,水样有轻微红色;当高锰酸钾投加量为 1.5 mg/L 时,红色较为明显,经过混凝后静沉,红色明显褪去,静沉后水样没有明显的色度增加。投加量为 0.5 mg/L时,藻去除率为近50%,提高投加量到1.5 mg/L时,去除率为60%;絮凝阶段,水样形成的矾花大且较为密实,容易沉淀,静沉后水样浊度为 2.0 NTU 左右。

推荐应急技术方案:采用高锰酸钾预氧化(投加量 0.5 mg/L)+30 mg/L 聚合氯化铝。

② 原水藻含量为 1×10^7 个/L≤原水藻含量≤5×10^7 个/L(如图 9-14 所示)。

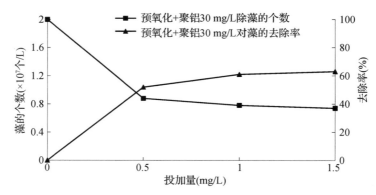

图 9-14 高锰酸钾预氧化除藻效果

当高锰酸钾投加量为 0.5 mg/L 时,水样无颜色变化;当高锰酸钾投加量为 1.0 mg/L时,水样微红;当高锰酸钾投加量为 1.5 mg/L 时,红色明显,经 35 min 后,红色褪去,色度值为6~14。当高锰酸钾投加量为1~1.5 mg/L 藻类去除率变化小,静沉后去除率在 60%~63%;絮凝阶段,静沉后水样的浊度为 4.94~5.63 NTU,浊度去除率为50%左右。

为进一步降低沉后水浊度和色度,采用高锰酸钾预氧化+聚合氯化铝+粉末活性炭除藻技术。

表 9-18 高锰酸钾预氧化+粉末活性炭除藻

应急方案	藻个数 ($\times 10^7$个/L)		浊度 (NTU)		出水嗅味	出水色度	藻去除率 (%)
	原水	出水	原水	出水			
	1	0.32	12.80	2.95	基本无味	6	68.00
1.0 mg/L 聚合氯化铝	2	0.35	8.91	2.41	基本无味	7	82.50
30 mg/L 聚合氯化铝	3	0.38	9.25	2.97	基本无味	7	87.33
10 mg/L 粉末活性炭	4	0.42	9.55	2.86	基本无味	8	89.50
	5	0.45	11.50	2.36	基本无味	8	91.00

推荐应急方案:高锰酸钾预氧化(投加量 1 mg/L)＋30 mg/L 聚合氯化铝＋10 mg/L 粉末活性炭。

③ 原水藻含量为 $5×10^7$ 个/L<原水藻含量<$1×10^8$ 个/L(如图9-15所示)。

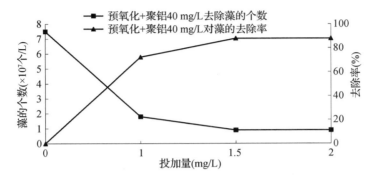

图 9-15　高锰酸钾预氧化除藻效果

高锰酸钾投加量为 1.5 mg/L 后水样呈微红色,静沉后水样色度值 13~27;在 1.5 mg/L 投加量下水样藻去除率为 83% 左右;静沉后水样浊度为 6.34~6.7 NTU,浊度平均去除率为 75% 左右。

为进一步降低沉后水浊度和色度,采用高锰酸钾预氧化＋聚合氯化铝＋粉末活性炭除藻技术,如图9-16所示。

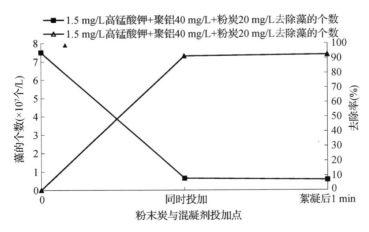

图 9-16　高锰酸钾预氧化＋聚合氯化铝＋粉末活性炭除藻效果

在加入 1.5 mg/L 高锰酸钾预氧化后,投加 40 mg/L 的 PAC 絮凝 1 min,然后投加粉末活性炭,静沉后色度值在 14 左右;水样藻去除率为 91%~93%,且去除藻嗅味效果明显;浊度为 3 NTU 左右,浊度平均去除率为 85%。

推荐应急方案:采用高锰酸盐预氧化(投加量 1.5 mg/L)+40 mg/L 聚合氯化铝+20 mg/L 粉末活性炭。

④ 原水藻类数量为≥1×10⁸ 个/L。

在试验基础上,采用高锰酸预氧化+聚合氯化铝+粉末活性炭除藻技术。

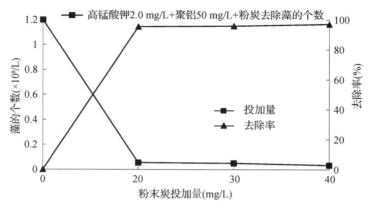

图 9-17 高锰酸钾预氧化+聚合氯化铝+粉末活性炭除藻效果

在高锰酸钾投加量为 2 mg/L 时,当粉末活性炭投加量>20 mg/L 时,静沉后水样中藻嗅味和色度明显下降;当粉末炭投加量为 30 mg/L 时,水样基本无味,色度值为 10 左右,静沉后藻的去除率为 96%~98%,浊度为 1.43~1.98 NTU,去除率>90%。

推荐应急方案:采用高锰酸钾预氧化(投加量 2.0 mg/L)+50 mg/L 聚合氯化铝+30 mg/L 粉末活性炭。

9.3.2.4 应急技术实施方案(以第一水厂为例)

(1)围隔阻油技术

① 围油栏设计。

围油栏选型:选用固体浮子式橡胶围油栏,这种围油栏布放方便,突发事故时使用能迅速形成保护,且橡胶在冬季抗霜冻能力较强,可以满足在不同条件下的正常使用,并且不产生类似化学泡沫阻油的二次污染。

围油栏技术性能和基本质量要求。围油栏技术性能指标分两部分:不同水域环境条件下的一般性能要求和选用形式的基本质量要求,一种具体的围油栏产品必须同时满足以上两种要求。

A 各种水域环境对围油栏的性能要求。

《围油栏》(JT/T465—2001)将使用围油栏的水域划分为平静水域、平静急流水域、遮蔽水域和开阔水域四种类型。

平静水域:指波高在 0~0.3 m,水流速度在 0.4 m/s 以下的水域;

平静急流水域:指波高在 0～0.3 m,水流速度在 0.4 m/s 以上的水域;

遮蔽水域:指波高在 0～1 m 的水域;

开阔水域:指波高在 0～2 m 或 2 m 以上的水域。

不同的水域环境对围油栏的性能要求也不同(见表 9 - 19)。

万福闸水源地江面波高在 0～0.3 m,水流速度<0.4 m/s,属于平静水域。根据表 9 - 19,适用于在取水口周围布放的围油栏性能要求如下。

a. 围油栏总高:200 mm;

b. 总浮力与重量比:最低要求为 3∶1,考虑安全应放大比值,取 4∶1;

c. 最小总抗拉强度:不低于 6 800 N;

d. 围油栏总长:根据取水口布放范围,由专业厂家具体设计(单节长度由厂家决定,有特殊要求可与厂家协同解决);

e. 包布:采用橡胶布,橡胶布的断裂强度和撕破性能,采用标准 HG2805—1996 的方法检测;

f. 接头:采用铰链式接头,也是目前使用比较多的一种接头,这种接头的强度大,连接牢靠,考虑同种接头的围油栏能够相互连接,接头的尺寸必须统一。

g. 围油栏其他应满足表 9 - 19 中的最低要求。

表 9 - 19 不同水域环境条件下围油栏的一般性能要求

性　能			平静水域	平静急流水域	非开阔水域	开阔水域
总高(范围)(mm)			150～600	200～600	450～1 100	900 以上
总浮力与重量比			3∶1	4∶1	4∶1	8∶1
最小总抗拉强度(N)			6 800	23 000	23 000	45 000
最小经向抗拉强度(N/50 mm)	橡胶布		10 000	10 000	10 000	10 000
	其他涂层织物	受拉构件	2 250	2 250	2 250	3 500
		单受拉构件	2 250	2 250	3 500	3 500
最小撕裂度(N)	橡胶布		850	850	850	850
	其他涂层织物		450	450	450	450

注:(1) 围油栏的尺寸以总高表示,围油栏的干舷为总高的 1/3～1/2,平静、非开阔和开阔水域时干舷宜取低值,而平静急流水域时宜取高值;

(2) 表中给出的数据是通常使用围油栏的最低要求;

(3) 计算围油栏受力的主要变量是水流(拖带)速度和围油栏的吃水。表中给出的具体数据是不同水域环境条件下,300m 围油栏按照 1∶3 的展宽率布设成一个典型的链状形式,水流(拖带)速度为 3kn(急流水域为 5kn),围油栏最小吃水所承受的拉力。

B 固体浮子式橡胶围油栏产品基本质量要求。

围油栏产品的基本质量要求包括:围油栏产品外观质量要求、缝合焊接要求、抗拉力要求、配重链要求、接头要求、浮子质量要求、使用和储存寿命要求等。

a. 橡胶布外观质量满足织物芯输送带外观质量规定(HG/T 3046)的要求,围油栏各金属件结合牢固、清洁、无毛刺;

b. 围油栏包布必须采用能够符合表 9 - 19 要求的骨架材料和耐油橡胶制成,每节围油栏的包布在长度方向上不得有接头或缝隙,无气泡、褶皱和开裂现象,外层必须具有耐油、耐酸碱、抗老化性能,并能适应－20～＋40 ℃的环境温度剧烈变化,橡胶布层间黏合强度不小于 4.5 N/mm,外贴胶的黏合强度不小于 5 N/mm;

c. 围油栏浮子室上部开口装入浮子后黏接封闭,目测无缝隙,浮室封口处硫化宽度不少于 50 mm 并达到布层间的硫化黏合强度;

d. 浮体形状完整,有防止浮体丢失或被溢油腐蚀的措施;

e. 接头应于本体黏接牢固,螺栓紧固无松动,同型号围油栏接头互换性良好;

f. 采用的配重链应无毛刺、无虚焊、表面涂沥青漆或镀锌;

g. 撑杆应具有足够的强度并铆钉牢靠,同时采取措施防止撑杆断裂或触挂杂物;

h. 采用配重链时,应将配重链牢固可靠地包入或悬吊在裙体底部,围油栏展开时链条直顺;

i. 静态布放能维持稳定的干舷和吃水;

j. 正常使用年限不少于 5 年,正常储存年限不少于 8 年。其中使用寿命应当从围油栏第一次下水使用起计算,无论使用过程中是否有间断。而储存寿命应当从出厂之日起计算,而不是从生产之日起计算。

附件和辅助设备:

a. 围油栏固定使用锚固定,考虑到一般工作船无起重设备,锚太重难以调整,单锚重量不超过 150 kg;

b. 由于取水口位于非航道上,对浮标大小不做要求;

c. 围油栏单体上应喷涂黄色或其他醒目颜色的色条,必要时设有夜间反光标志,具体采用何种方法和何种材料和生产厂家协同解决。

② 围油栏的布设及固定

围油栏使用船只人工布放,要求围油栏闭合连接,在水面形成闭合的环状。布放时围油栏形状见图 9 - 18,具体实施细则由厂家协同水厂一起完成。

在围油栏的适当部位用锚固定围油栏的形状;围油栏和取水构筑物的最小间距不小于 3 m,以免围油栏变形和取水构筑物发生碰撞;保证围油栏在水面成型饱满,不因水流冲击形成弧形,产生死角,聚集污染物。

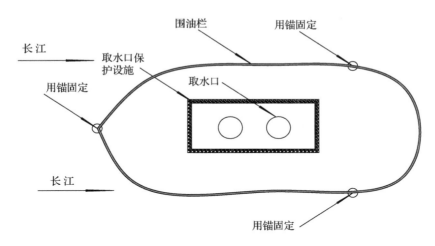

图 9 - 18 围油栏布放示意图

③ 吸油棉选择。

可考虑使用上海新络滤材有限公司生产的 2251/2252 吸油棉。该产品采用进口原料生产的国际通用超细纤维吸附材料,一次成形,抗撕裂性强,不分层,使用过程中无脱屑掉纤维现象,产品规格见表 9 - 20。

表 9 - 20　吸油棉产品规格

货号	品名	规　格	吸油量(L/卷)	单位	包装
2251	CO25R 吸油棉	40 cm×50 m×3 mm	60	卷	2 卷/包
2252	CO25R 吸油棉	80 cm×50 m×3 mm	120	卷	1 卷/包

技术指标如下:

a. 材料:以 100% 聚丙烯(polypropylene)为原料;

b. 吸油倍数:轻柴油≥12 倍、20# 重柴油≥14 倍、20# 机械油≥126 倍、40# 机械油≥18;

c. 浸油速度:小于 1 min。

发生溢油事故时,吸油棉布放在围油栏内,可防止吸油棉随水流流动。布放面积根据各围油栏的实际尺寸调整。待吸油棉吸油饱和后,可人工回收,继续投入新的吸油棉。

(2) 碱(石灰)中和技术

投加点:万福闸水源厂的原水输水管处。

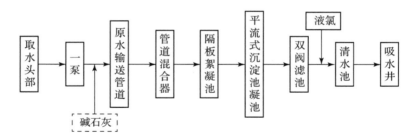

图 9 - 19　第一水厂碱石灰投加示意

投加方式：湿式投加，将石灰配制成 5%～10%（有效氧化钙浓度）的石灰乳后用计量泵投加。

存放：因为石灰吸潮性强，长期放置在空气中易变质，要求在干燥处存放。

注意事项：

① 石灰在运输和使用时会造成粉尘危害，水厂应有防尘措施；

② 石灰消解时会放出大量的热，在投加时要有安全保障措施；

③ 石灰产生的残渣需要妥善处理，防止产生二次污染；

④ 搬运和投加过程中工作人员应戴口罩和劳保手套；

⑤ 工作完毕现场人员应淋浴清洁。

石灰投加系统设计：

长江流速大，水体交换快，且发生事故时有关部门会采取措施减轻原水污染程度。因此，可以断定上游硫酸污染对扬州段长江原水 pH 值的影响较小。即使扬州段发生污染，根据有关资料推算，原水 pH 值也不会降低到 5 以下。由于无法准确估算污染发生时硫酸泄漏对原水 pH 值的影响程度，因此选择 pH＝5 作为系统的设计标准（最不利条件）。常见酸在不同 pH 值下的理论浓度及中和碱量见表 9 - 21 和表 9 - 22。

在出现硫酸污染时，碱（石灰）中和技术在水源厂进行，而万福闸水源厂同时供给第一水厂和第三水厂原水。因此，以第一水厂和第三水厂目前总供水量 20.5 万 m^3/d(8 542 m^3/h) 为设计依据，石灰投加系统的工作周期为 8 h。

表 9 - 21　常见酸不同 pH 值时的理论浓度　　　　　　　单位：kg/m^3

	pH＝4	pH＝4.5	pH＝5	pH＝5.5	pH＝6
HNO_3	6.3×10^{-3}	1.99×10^{-4}	6.3×10^{-4}	1.99×10^{-5}	6.3×10^{-5}
HCl	3.65×10^{-3}	1.3×10^{-4}	3.65×10^{-4}	1.3×10^{-5}	3.65×10^{-5}
H_2SO_4	4.9×10^{-3}	1.55×10^{-3}	4.9×10^{-4}	1.55×10^{-4}	4.9×10^{-5}

表 9 - 22　中和各种酸所需碱的理论比耗量　　　　　　kg/kg

	Ca(OH)$_2$	CaO	CaCO$_3$
HNO$_3$	0.587	0.44	0.79
HCL	1.01	0.77	1.37
H$_2$SO$_4$	0.755	0.57	1.02

①药剂总耗量：

$$Ga = KQC_1 a/\alpha \qquad\qquad (式 9 - 1)$$

式中，Ga 为药剂耗量，kg/h；K 为不均匀系数，介于 1.05～1.10 之间，取 1.10；Q 为原水流量，m^3/h；C_1 为原水含酸浓度，4.9×10^{-4} kg/m^3；a 为中和 1 kg 硫酸所需的碱量，0.57 kg/kg；α 为石灰的纯度，％，介于 60％～80％之间，取 70％。

带入数据得：$Ga = 3.75$ kg/h。

因为 $Ga = 3.75$ kg/h$= 90$ kg/d，用量较小，采用人工方法在消解槽内进行搅拌和消解，配制成 50％的乳浊液。

② 消解槽的体积：

每次调配可供 8 h 使用的石灰。

$$V_1 = KV_0 \qquad\qquad (式 9 - 2)$$

式中，V_1 为消解槽有效容积，m^3；V_0 为每次配制的药剂量，m^3；K 为容积系数，一般采用 2～5，取 2。

$V_0 = 3.75 \times 8 \div 50％ = 60$ kg$= 0.06$ m^3；

$V_1 = 0.06 \times 2 = 0.12$ m^3，总体积取为 0.15 m^3。

建议：鉴于消解槽池体较小，在实际使用中可采用相当容积的防腐容器代替。

③ 溶液槽体积：

$$V_2 = 100 \, G_a h / \gamma \, nC \qquad\qquad (式 9 - 3)$$

式中，V_2 为溶液槽的有效容积，m^3；G_a 为石灰消耗量，kg/h；γ 为石灰的容重，一般采用 900～1 100 kg/m^3，此处取为 1 100 kg/m^3；C 为石灰乳的浓度，取 7％（有效氧化钙）；n 为溶液配制次数，每班 1 次。

带入数据得：

$$V_2 = 100 \times 3.75 \times 8 \div 1\,100 \div 1 \div 7％ = 39 \text{ m}^3。$$

④ 水源厂现状与建议：

万福闸水源厂目前已设置 1 个粉末炭投加池,体积为 45 m³。

建议:在发生硫酸污染时,可用粉末炭投加池作为碱石灰的溶液池使用。

⑤ 操作方式:

如图 9-20 所示将 8 h 的石灰用量(30 kg)在消解槽内一次配置完成(加水稀释至 0.15 m³),加注进溶液池内,在溶液槽内加水稀释至 39 m³。选用耐腐蚀泵将石灰液投加到原水输水总管中,平均投加量为 4.875 m³/h(对应的平均流量为 8 542 m³/h);当水源厂水泵出水流量不同以上计算值时,应按水泵出水流量的 $\frac{1}{1\,752}$ 投加。

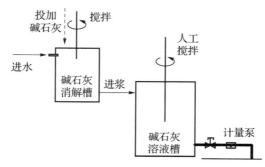

图 9-20 碱石灰投加系统示意

⑥ 注意事项:

a. 为了准确控制加碱量,现场必须加装在线 pH 计,根据 pH 计测定结果调整投加量;

b. 如果发生事故时,原水 pH 值不等于 5,则石灰投加量可以按照上述过程进行计算;

c. 如果泄露的不是硫酸或者所用药剂不是石灰,则可依据表 9-21 和表 9-22 计算出各种酸的理论消耗量,再按照式(9-1)计算出实际消耗量。

(3)粉末活性炭吸附

投加点:水源厂或水厂管道混合器后(混凝剂投加后 1 min 左右)。

投加量:通过烧杯试验确定,实际应用中取充足的安全系数(建议取 1.5)。

投加方式:湿式投加,将粉末活性炭配制成悬浮液后用计量泵投加。

配置:因为粉末活性炭吸附能力极强,长时间贮存会降低它的有效吸附容量,所以,炭浆应尽量现配现用。

存放:活性炭是一种能导电的可燃物质,储存仓库应采用耐火材料砌筑,设有防火消防措施,夏季露天放置时尽量避免大量堆放,防止内部温度过高而产生自燃。

注意事项:

a. 粉末炭在搬运中会飞扬炭尘，因此，位于储存室内的电器设备需加设防护罩；

b. 搬运和投加过程中工作人员应戴口罩和劳保手套；

c. 工作完毕现场人员应淋浴清洁。

根据污染物的不同，粉末活性炭的投加位置也不同（如图 9 - 21 所示）：

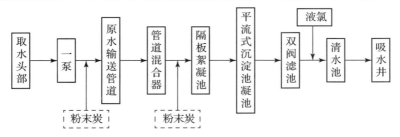

图 9 - 21　粉末活性炭投加示意

当污染物为石油、苯酚、农药等时，粉末炭应在万福闸水源厂投加；与高锰酸钾联用去水中的藻类和嗅味时，粉末炭应在第一水厂内投加。因此根据不同的投加位置，进行粉末炭投加系统设计。

万福闸水源厂粉末活性炭投加系统设计：在出现石油、苯酚或农药污染时，粉末炭吸附技术在水源厂进行，而万福闸水源厂同时供给第一水厂和第三水厂原水，因此以第一水厂和第

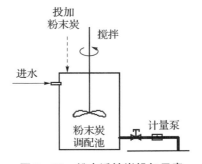

图 9 - 22　粉末活性炭投加示意

三水厂目前总供水量 20.5 万 m³/d（8 542 m³/h）为设计依据，粉末炭投加系统的工作周期为 8 h（每班次投加一次），调配池兼做投加池。

①粉末活性炭干粉量计算：

粉末炭干粉量：$40 \times 10^{-6} \times 8\ 542 \times 10^{3} = 342$ kg/h。

每周期活性炭干粉量为：342 kg/h×8 h＝2 736 kg。

② 确定调配池体积：

取炭浆投配浓度为：6%（即 60 g/L）；

则所需粉末活性炭调配池体积为：2 736 kg÷60 g/L＝45 m³。

万福闸水源地现有粉末炭调配池 1 座，其容积为 45 m³，因此不需另外建设。

③ 操作方式：

将 8 h 的粉末炭用量（2 736 kg）在调配池内一次配置完成（调配至 45 m³），将粉末炭投加到原水输水总管中，平均投加量为 5.625 m³/h（对应的平均流量为

8 542 m³/h)。

可见,水厂处理水量与炭液投加量比例为:8 542÷5.625＝1 519：1。

当处理水量发生变化时,粉炭的投加量按实际处理水量的 $\frac{1}{1\,519}$ 进行投加。

按照水厂 8 h 工作制,每班进行 1 次操作。

④ 建议:

在其他投加量下,调配池(投加池)中粉末活性炭的配置方法计算同上,投加系统的工作周期仍为 8 h,有效容积 45 m³。

如:投加浓度为 10 mg/L 时,干炭投加量为 684 kg;

投加浓度为 20 mg/L 时,干炭投加量为 1 368 kg;

投加浓度为 30 mg/L 时,干炭投加量为 2 052 kg。

第一水厂粉末活性炭投加系统设计:以第一水厂目前供水水量 15.5 万 m³/d(6 458 m³/h)为设计依据,以 40 mg/L 作为活性炭投加量设计标准,投加系统工作周期 8 h(每班次投加一次),调配池兼做投加池。

① 粉末活性炭干粉量计算:

1 h 粉末炭干粉量:$40×10^{-6}×6\,458×10^{3}＝260$ kg/h。

每周期活性炭干粉量:260 kg/h×8 h＝2 080 kg。

② 确定炭浆调配浓度:

取炭浆浓度 4%(即 40g/L),则所需调配池容积为:2 080 kg÷40 g/L＝52 m³。

第一水厂目前已有活性炭投加池 1 座,其尺寸为 B×L×H＝5 m×5 m×2.6 m,取超高为 0.5 m,则容积为 52 m³,恰好满足要求,无需重新建设。

③ 操作方式:

将 8 h 的粉末炭用量(2 080 kg)在调配池内一次配置完成(加水至池深 2.1 m),将粉末炭投加到原水输水总管中,平均投加量为 6.50 m³/h(对应的平均流量为 6 458 m³/h)。

可见,水厂处理水量与炭液投加量比例为:6 458÷6.5＝994：1。

当处理水量发生变化时,粉炭的投加量按实际处理水量的 $\frac{1}{994}$ 进行投加。

按照水厂 8 h 工作制,每班进行 1 次操作。

④ 建议:

在其他投加量下,调配池(投加池)中粉末活性炭的配置方法计算同上,投加系统的工作周期仍为 8 h,有效容积 52 m³。

如:投加浓度为 10 mg/L 时,干炭投加量为 520 kg;

投加浓度为 20 mg/L 时,干炭投加量为 1 040 kg;

投加浓度为 30 mg/L 时,干炭投加量为 1 560 kg。

（4）高锰酸钾预氧化

对象:万福闸水源地的致臭有机物和藻类,如图 9-23 所示。

投加点:万福闸水源厂原水出水管。

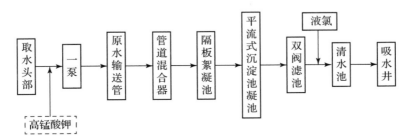

图 9-23　万福闸水源厂高锰酸钾投加示意

投加量:0.5～1.5 mg/L 高锰酸钾足以氧化大多数有机物,建议应急条件下以最大投加量(2.0 mg/L)作为首选。

投加方式:湿式投加,将高锰酸钾配制成 1‰ 溶液后用计量泵投加。

存储:高锰酸钾本身并不吸收水分,但所含少量杂质会吸潮而结成饼状,因此要求在干燥处密封存放。

防潮:应在干燥处密封存放备用高锰酸钾。

防毒:固体高锰酸钾被认为是有毒物质,搬运、拆封、称重时应戴口罩、防护手套,工作结束后,应淋浴清洁。

防腐:高锰酸钾能腐蚀铁质管道,一般要求对钢管等进行涂衬保护,或使用塑料管。

高锰酸盐复合药剂投加系统设计:

在出现藻类或嗅味污染时,高锰酸钾预氧化技术在水源厂进行,而万福闸水源厂同时供给第一水厂和第三水厂原水。因此,以第一水厂和第三水厂目前总供水量 20.5 万 m³/d(8 542 m³/h)为设计依据,高锰酸钾投加系统的工作周期为 8 h(每班次投加一次),调配池兼做投加池。

① 1 h 内干粉量及投加溶液量计算。

高锰酸钾干粉量:8 542×2.0÷1 000＝17 kg/h。

投加溶液量(重量百分比浓度 1‰):17÷0.01÷1 000 ＝1.7 m³/h。

② 调配池(投加池)体积。

有效体积为 1.7 m³/h×8 h＝13.6 m³。万福闸水源厂现有高锰酸钾溶液池 1 座,平面尺寸为 3.8 m×4.7 m,因此溶液深为 0.76 m。

③ 操作方式：

将 8 h 的高锰酸钾量（136 kg）在溶液池内一次配置完成（加水稀释至池深 0.76 m），然后用耐腐蚀性计量泵投加到原水管道中，投加量为 1.7 m³/h（对应的平均流量为 8 542 m³/h）；当水源厂水泵出水流量不同以上计算值时，应按水泵出水流量的 $\frac{1}{5\,025}$ 进行投加，如图 9 - 24 所示。

④ 投加量调整。

在其他投加量下，高锰酸钾溶液的配置方法同 2.0 mg/L，工作周期仍为 8 h，只改变投加干粉量，如：

高锰酸钾的投加浓度为 0.5 mg/L，投加干粉量为 34 kg；

高锰酸钾的投加浓度为 1 mg/L，投加干粉量为 68 kg；

高锰酸钾的投加浓度为 1.5 mg/L，投加干粉量为 102 kg。

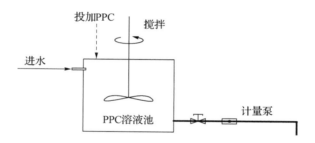

图 9 - 24　高锰酸盐投加示意图

其他问题建议：除围隔阻油外，其他几种应急技术均是通过向水中投加药剂来实现消除污染的目的。这些技术简便易行，但是投加后易对后续处理工艺产生影响。因此，必须加强对后续常规工艺的控制，形成应急综合措施，保障出水水质。

① 强化混凝。

投加粉末活性炭对后续的反应沉淀有一定的干扰作用。因为此时混凝过程中的胶体脱稳过程已经完成，粉末活性炭颗粒本身并不具有凝聚的性能，加入后会干扰形成的絮体进一步相互凝聚。在一些水厂运行实践和有关研究中都发现了这一问题。此外，活性炭比重低，可能带来一个很大的问题就是漂浮在水中，不能沉淀。因此，采用粉末活性炭的时候，必须采取强化混凝的措施，提高混凝剂的投加量，必要时辅以投加助凝剂，这样可以充分的提高沉淀池的沉淀性能，保证颗粒絮体和大量的活性炭可以沉淀。

通过关键技术试验，在实施粉末活性炭应急技术时，建议混凝剂 PAC 投加量在 20 mg/L～40 mg/L 为宜。

② 加强滤池冲洗，控制初滤水水质。

投加粉末炭后，即使可以保证大量活性炭在沉淀池中沉淀，也不能完全避免少量炭粒进入滤池。因此，在过滤工艺上需采取一些控制措施，加强滤池的冲洗，保障进入滤池的粉末活性炭不造成堵塞。

滤层反冲洗时，绝大部分杂质污物被反冲洗排出池外，但仍有少量杂质滞留在滤层中，当滤层重新过滤时，滞留的杂质便会随水流出，致使出水浑浊度较高，这部分水被称为初滤水。由于初滤水含有滤层中的杂质，其中可能有病原原生动物的孢囊和卵囊，当发生污染事故时，原水中的有毒有害物质也会滞留在滤层中，因此初滤水在卫生学上是不安全的，必须控制初滤水水质。

普通快滤池的出水管上一般设有排放滤水的管道，传统的操作程序是滤池反冲洗后恢复过滤时，先排放初滤水，等初滤水浊度降至目标值时，再关闭初滤水阀门，同时打开清水管阀门，使出水流入清水池。但为了节水，大多数水厂不再排放初滤水，而使初滤水也流入清水池，与池水混合，许多水厂在新建滤池时甚至将初滤水管取消。

因此，可采用的措施有：

a. 降低冲洗结束时的废水浊度，可在后期以低反冲强度冲洗一段时间；

b. 冲洗后停止工作一定时间或在冲洗开始时滤速缓慢提高，缓和初滤水浊度。

③ 强化排泥与污泥处理。

投加药剂后，沉淀池内产生的污泥量（包括聚集的大量活性炭、碱石灰中和与化学沉淀法生成的固体沉淀物、强化混凝后产生的絮体等）增多，因此一定要强化排泥，缩短排泥周期。

除沉淀池排泥以外，净水厂污泥还包括滤池的冲洗废水。突发性污染事件发生时，污泥中有毒有害成分较多，若将未经处理的滤池反冲洗废水和沉淀池排泥水直接排入江河，会对水体环境造成一定程度的负面影响。因此必须重视对排泥水的处置，以避免排泥水对环境造成危害。

④ 水厂运行与管理保障措施。

a. 加强水源地的保护，与有关部门密切配合，坚决执行《江苏省长江水污染防治条例》和《饮用水水源保护区污染防治管理规定》，减少突发性水污染；

b. 立足水厂常规工艺的强化，实施切实可行的预处理和深度处理技术，提高水厂应对日常水质变化的能力，储备针对不同污染的技术预案；

c. 加强水厂化验室建设，进行必要的技术和化验仪器储备，以提高水厂自身应对水污染事件的预警和能力检测；

d. 突发水污染事件时，若水源水中污染物指标严重超标，且应急技术措施仍难以处理时，应经请示当地人民政府后，采取暂停自来水生产和供水的措施，待水源水中污染物指标达到可处理水平时,方可恢复取水生产。

9.4 水厂水处理工艺事故应急与保障体系构建

突发性水污染事件和水厂工艺设备故障(运行事故)均是影响其生产运行和供水安全保障的潜在风险。构建城镇突发水污染或生产事故的应急保障体系是做好应急处置工作、指导和应对可能发生的供水安全事故,及时、有序、高效地开展事故抢险和救援工作的重要举措;也是最大限度地减少事故可能造成的损失,保护人民生命财产安全,维护公共安全和社会稳定,保障经济社会和谐有序发展的必要措施。本节主要针对水厂工艺系统事故应急与组织保障进行研究。

9.4.1 水厂工艺事故应急技术预案

9.4.1.1 深度处理工艺臭氧泄漏事故应急处置

为保障城市供水水质,提高水中微量有机污染物的去除效能,饮用水臭氧－活性炭深度处理工程正在推广应用。针对深度处理工艺设备运行事故有必要建立应急处置方案。

(1) 轻微臭氧泄漏

臭氧轻微泄漏是指:发生车间泄漏的臭氧浓度在 $0.1 \sim 0.5$ ppm 之间,在主PLC柜屏幕上会有报警信息。

① 报警:值班人员通知运转班长。

② 处理人员:中控、维修及技术人员。

③ 处理步骤:

a. 工作人员迅速穿戴好防毒面具(空气罐式)和防护衣,做好自我防护后再进入臭氧泄漏地点(保持衣物鞋帽等清洁,切不可有油污或粉尘等物,以免燃烧);

b. 迅速开启臭氧发生车间内的通风机;

c. 按臭氧控制车间主PLC柜上的紧急停机按钮;

d. 臭氧发生器停机后,抢险人员立即离开臭氧发生车间;

e. 待臭氧泄漏报警解除后,维修人员进入泄露地点进行处理;

f. 启动系统但不要运行变频器,让氧气通过管线和臭氧发生器;

g. 在管线、阀门及接口处用肥皂水寻找泄漏点,有气泡生成即可判定为泄露点,切忌用鼻子闻;

h. 在以上过程中,切记水射器和射流泵要保持运行;

i. 最后针对泄露部位进行处理,切记要保持工具清洁,在有零部件拆装的情况

下,处理完毕后,要对管线进行吹洗,

j. 恢复正常工作状态后,向厂长汇报,并作好记录。

(2) 较大量的臭氧泄漏

较大量的臭氧泄漏是指臭氧浓度超过报警设定值(0.5 ppm),臭氧发生器自动关闭,尾气破坏器仍在运行的情况,此时,臭氧车间的警铃响,警灯闪亮。

① 报警:听到警报后,值班人员向班长和厂长电话报告。

② 现场急救。

a. 厂长(不在时由生产副厂长)派人到臭氧发生车间和周围巡视,看有无人员中毒,门窗是否关好;若发现有人中毒要立即进行急救并电话救援。(注意:巡视过程中要穿戴好防护服和防毒面具;保持衣物鞋帽等清洁,切不可有油污或粉尘等物,以免燃烧。)

b. 待检查完毕,确认臭氧发生车间门窗已经关好,并无人滞留在泄露区域后,在臭氧发生车间周围设警示牌,周围 20 m 以内不允许有明火,并严禁吸烟、用火;留两个人在附近值守,等到所泄露的臭氧基本还原,报警解除后,维修人员方可进入臭氧间处理。

c. 若臭氧发生器没有自动关闭,按臭氧控制车间主 PLC 柜上紧急停机按钮。

③ 泄漏处理:参照上述"轻微泄露"之③处理步骤中的 a. 、h. ～j. 进行处理。

注意:事故处理过程中要有人监护,严禁单独行动;若有人发生咽喉痛并很快消失等症状,表明发生臭氧中毒,此时要迅速撤离。臭氧发生车间周围人员要居上风处。

(3) 中毒人员急救办法

① 将受伤人员撤离到空气新鲜的地方;

② 呼叫 120 急救并拨打 110、119 请求救援;

③ 提供医用氧气;

④ 绝对放松休息;

⑤ 检查脉搏、呼吸和意识;

⑥ 让无意识人员侧卧;

⑦ 如果停止呼吸,立即采取人工呼吸。

9.4.1.2　深度处理工艺氧气罐泄漏事故应急处置

水厂中心控制室可以通过 PLC 控制系统对氧气、臭氧的制备和使用状况进行监控,并能在设备出现故障时报警、停止设备的运行。

(1) 氧气泄漏应急处置

① 迅速撤离泄漏污染区,人员至上风处,并进行隔离,严格限制出入;

② 切断火源,建议应急处理人员戴自给正压式呼吸器,穿一般工作服,避免与

可燃性物接触,尽可能切断泄漏源;

③ 合理通风,加速扩散;

④ 采用肥皂水或中性洗涤水检测泄漏处,对漏气容器要妥善处理,修复、检验后方可投入使用。

氧气罐使用中的常见故障与应急措施见表9-23。

⑤ 应急处理的注意事项

在氧气泄漏事故的应急处置过程中所有人员应注意以下几点:

在拆卸任何部件或拧松接头之前,首先要观察该部件所处的位置,明确是否必须排空所盛液氧,还是只需要使用安全方式释放氧气的压力。液氧排空时外部阀门和接头温度低,如未正确防护,会造成人员灼伤。因此,如要拆卸部件或拧松接头,必须戴上防护手套,避免因急冷和贮罐内部压力变化造成人员伤害。

表9-23 液氧罐故障检查与应急措施

故障	假设原因	应急措施
贮罐压力过剩	调节器不工作	调节器被阻塞导致关闭(更换)
	压力形成调节器不工作(压力形成管结霜,压力超过操作压力)	调节器被调得太高(重调)
		调节器未完全关闭(复位)
	贮罐不在低温下充装,压力显示较高	降低排放阀压力,使之重新达到较低的压力
	贮罐压力表有故障	用调校过的测试表确定贮罐压力,如压力表有故障就进行更换
	真空度不足	参见"真空损失"故障检查一栏
主管压力不能保持	压力形成调节器不正常工作(压力形成管未结霜,压力低于操作压力)	隔离阀被关闭,将其打开
		调节器压力被调得过低(重调)
		调节器未正确开启(复位)
	安全阀泄漏或冻裂	更换
	爆破片破裂	更换
	内管线泄漏	肥皂水测试并维修
	液位低	重新充装贮罐
	泄压率(速度)过高	向厂家咨询

续表

故障	假设原因	应急措施
真空损失	夹层防爆片开启	内筒或内管线泄漏,将贮罐内所有操作物排出,贮罐返回厂家
	夹层防爆盖锈蚀泄漏	将贮罐内所有操作物排出,贮罐返回厂家
	外罐出现严重水珠或结霜	对贮罐做正常蒸发率测试,如不合格将贮罐返回厂家
液位表读数不稳定或有错误	表管泄漏	肥皂水测试并修复泄漏处
	指针不动	轻敲仪表,如不能解决,可根据情况检查指针,并将其略为扳弯
	指针作零位调节	参见液位表调节
	出现故障或损坏	更换
安全阀（YA—1A/1B)泄漏	防爆片下有灰尘或冰	根据情况重新安放或更换阀门
	阀门安装不正确	
	阀座或爆破片受损	更新
爆破片（FB—1A/1B)破裂	压力过剩	更换爆破片
	空气腐蚀或老化	先对管线吹气,然后更换爆破片
	爆破片损伤	更换爆破片

另外,所有人员还要注意对眼睛、皮肤等进行防护,建议戴上防护镜或面套;穿上易于脱下的防护手套和长套袖,保护胳膊;穿上无箍口长裤,裤管要盖住鞋子,以挡住溢出的液体。

粘有液氧的衣服必须立即吹干以防止被残留的液氧引燃起火——至少在30 min 内,粘有液氧的衣服是不安全的。

急救措施:

眼/皮肤接触:眼/皮肤接触液态氧时会造成严重冻伤,应立即用水冲洗,并送医院救治。吸入:迅速脱离现场至空气新鲜处;保持呼吸道畅通;如呼吸停止,立即进行人工呼吸并送就医。

（2）氧气罐着火的应急处置

① 用水雾保持容器冷却,以防受热爆炸,急剧助长火势。

② 迅速切断气源,用水喷淋保护切断气源的人员。

③ 根据着火原因选择适当灭火剂灭火。

（3）氧气吸入危害与急救措施

① 侵入途径：吸入、皮肤接触、冻伤（液氧）。

② 健康危害：长时间吸入纯氧可造成中毒。常压下，当氧气浓度超过 40％时，有可能发生氧中毒；吸入 40％～60％的氧时，会出现胸骨后不适感、轻咳，进而胸闷、胸骨后烧灼感和呼吸困难，咳嗽加剧，严重时可发生肺水肿，甚至出现呼吸窘迫综合征；吸入氧浓度在 80％以上时，出现面部肌肉抽动、面色苍白、眩晕、心跳过速、虚脱，继而全身强直性抽搐、昏迷、呼吸衰竭而死亡。

③ 急救措施：

同上述"氧气泄漏应急处置"中的急救措施。

9.4.1.3 水厂氯气泄漏事故应急处置

（1）现有安全设施

水厂应安装液氯泄露报警装置和自动泄氯吸收装置，液氯泄露报警装置应采用漏氯报警仪，其工作量程一般为 0～5 ppm，水厂可根据不同需要设置警告点和报警点，在发生液氯泄漏事故时以显示空气中的氯气浓度。当液氯泄露报警装置发出报警信号时，泄氯吸收装置自动运行，泄露的氯气通过吸氯管道回收到处理装置，与氢氧化钠溶液在装置内充分反应，生成的次氯酸钠与氯酸钠溶液回到贮槽，净化后的气体排出室外。

水厂应配备自吸式防毒面具和易熔塞、扳手等常备抢修器材；另外还应配备如氯瓶针阀泄漏应急罩、瓶身泄漏应急夹和易熔塞泄漏堵漏器等。常备抢修器材规格及要求见表 9-24。

表 9-24　常备抢修器材表

器材名称	常备数量	器材名称	常备数量
易熔塞	2～3 个	竹签、木塞、铅塞	5 个，Φ6
六角螺帽	2～3 个	铁丝	20 m
专用扳手	1 把	铁箍	2 个
活动扳手	1 把	橡胶垫	2 条
手锤	1 把	密封用带	1 盘
克丝钳	1 把	氨水，10％	200 mL

（2）氯气泄漏事故应急处置

① 隔离区和防护区范围确定。

发生大量氯气泄漏事故时，应迅速将泄漏污染区的人员撤离至上风处，并对事故现场进行隔离。事故隔离区是以事故发生地为圆心、隔离距离为半径的圆,非事故处理人员不得入内,所有无关人员由逆风向撤离至该区域以外。目前,我国尚未制定氯气事故隔离区的划定标准,因此本预案参考美国、加拿大和墨西哥联合编制的 ERG 标准,见表 9-25。

表 9-25　ERG 标准中氯气泄漏的隔离区半径和防护区规定

氯气泄漏	泄漏量(小于 200 L)			泄漏量(大于 200 L)		
	隔离半径	防护距离		隔离半径	防护距离	
		白天疏散	夜间疏散		白天疏散	夜间疏散
	30 m	300 m	1 100 m	275 m	2 700 m	6 800 m

注:夜晚和白天的区分可以太阳升起和降落为准。

按照 ERG 界定的氯气泄漏量及隔离区半径的划分原则,确定隔离半径,并顺风向呈椭圆形划定下风向隔离区域。同时,参照现场的气象条件和地形、地物的具体情况,对数值进行必要的校正。

在事故隔离区顺风向的下方设置人员防护区:以人员防护最低距离为 4 个边的矩形区域。在该区域内应采取保护性措施,包括人员撤离、密闭住所窗户和关闭通风设施等,并保持通讯畅通以听从指挥。

② 应急处置程序:

A　轻微泄漏

当班工人应坚守岗位,加强巡回检查,当漏氯报警仪报警或察觉有氯瓶、管道、加氯机泄漏时,应立即报告值班长,并穿戴防护用具,开启通风扇,用氨水查漏。在查明泄漏点后,应立即关闭相应设备、管道的氯瓶阀门。

a. 输氯导管漏氯:更新铜管。

b. 操作不正确漏氯:指联接输氯导管的螺帽不密封,氯瓶未将二阀门对直。

c. 氯瓶间漏氯报警仪高浓度报警:开启通风机,应立即关闭泄漏的氯瓶组,开启备用氯瓶组;待室内浓度降低后,检修车间立即组织人员修理。

B　一般泄漏

应立即报告值班长在厂内处理,并立即安排检修车间组织修理。

a. 氯阀泄漏:先用专用扳手关闭氯阀或旋紧氯阀,若无效再用应急压罩。

b. 易熔塞泄漏:螺纹泄漏可旋紧易熔塞。合金铅熔化用专用轧头旋紧。

c. 氯瓶间漏氯报警仪超高浓度报警:应立即开启通风机,戴好防毒面具关闭泄漏的氯瓶组,开启备用氯瓶组,待室内浓度降低后,检修车间立即组织人员修理。

C 大量泄漏

a. 发生大量氯气泄漏事故时,值班人员(2人或以上)根据漏氯报警仪的显示浓度或现场情况迅速判定险情,开启氯气泄漏吸收装置,并汇报值班厂长或部门领导,再由应急总指挥下达企业内部的启动应急预案指令,同时通知各指挥部成员和应急救援队伍迅速赶赴事故现场。

b. 根据现场天气情况和污染程度,指挥部确定隔离区和人员防护区范围,并商定事故处置方案、下达事故处置命令。

c. 事故处置组根据指挥部指令,佩戴防毒面具和防护服进入事故现场,关闭所有投入使用的氯瓶,打开真空调节器上方的手动阀门抽空管路中的余氯,同时喷洒雾状碱液以吸收已经挥发到空气中的氯气,用检查氨水查找氯气泄漏点后对其进行抢修(参见③应急堵漏设备操作规程)。

事故处理人员应遵循以下原则:尽可能切断泄漏源;泄漏现场应去除或消除所有可燃和易燃物质,所使用的工具严禁粘有油污,防止发生爆炸事故;禁止直接向泄漏的氯瓶直接喷水;防止泄漏的液氯进入下水道。

d. 警戒疏散组迅速按指挥部确定的路线、集结点将水厂员工和周围居民疏散至上风向,将居民安排到临时组成的接收中心或避难场所。在疏散过程中,所有人员应佩戴防毒面具或以湿毛巾、口罩等物品捂住口鼻。

e. 警戒组负责事故现场警戒区警戒工作,在事故现场周围设岗,划分禁区并加强警戒和巡回检查,阻止无关人员进入事故现场。警戒人员要佩有明显的标志。

f. 环境监测组根据当时风向、风速,判断毒气扩散的方向和速度,尽快查明氯气浓度和扩散情况,将监测结果报告给指挥部和环保部门以便及时调整隔离区和人员防护区范围;同时根据现场情况,及时向环境保护部门报告。

g. 伤员抢救组在120急救人员未到达前,应根据现场人员中毒情况,对严重的中毒者,要设法迅速将其移至空气新鲜处;如果呼吸、心跳停止,应立即进行人工呼吸和胸外心脏挤压术;雾化吸入5%碳酸氢钠溶液;用流动清水或生理盐水(0.9% NaCl溶液)洗眼、鼻和口;对黏膜皮肤损伤者应及时用大量清水冲洗患处,赢得最佳的救护治疗时间。待120急救人员到达后,积极配合救护人员做好抢救工作,提供详细的病人资料,重伤员及时送往医院进行抢救。

h. 事故得到控制后,事故处置组应对设备系统进行详细检查,确认事故隐患已消除;总指挥根据环境监测组的监测结果,发布救援队伍撤离现场、恢复生产、解除交通管制的指令。

i. 事故处置组根据总指挥的指令,计算缺氯时间,适当调整二次加氯量,确保出水水质;负责事故中伤亡人员的安置、抚恤工作,做好善后处理工作;配合伤员救护组做好伤亡人员的登记统计工作。

③ 应急堵漏设备操作规程。

A 氯瓶瓶身泄漏应急夹

a. 将氯瓶的泄漏处转向上方位置；

b. 将应急夹压头组件摆放于瓶身泄漏点附近，并打开锁紧压条上的锁口；

c. 将链条从瓶身下面穿过、上拉，并从锁紧压条槽中穿过拉紧，合上锁口；

d. 将应急夹整体沿瓶身推向泄漏部位，将压头压在泄漏点上；

e. 扳动手柄，将压头紧压在泄漏点上；

f. 调整微调螺钉，以求达到完全密封；

g. 注意在使用前应检查各部位，特别是压头的密封件是否完好，各活动件是否自如，将压紧螺杆适当松开一段，以保证压紧时留有充分压紧行程。

B 氯瓶针形阀泄漏应急压罩

a. 将与压条连在一起的主夹头用压紧螺钉固定于液氯钢瓶保护圈上的适当位置（便于操作为宜）；

b. 将应急压罩罩在泄漏的针形阀上（注意应先拆除针形阀上的螺母，以免影响压罩的安装）；

c. 将动夹头同样固定于氯瓶保护圈上（注意压头、压罩、动夹头尽量在直线上），并将连接螺栓和压板从压条上的长槽中穿过，将压板旋转90度压住压条；

d. 将压紧螺杆顶住压罩顶部的凹坑处柄转动压紧手柄进行预压紧（注意将压罩上的针形阀放在便于使用的位置）；

e. 调紧压紧螺钉，使密封圈与氯瓶表面均匀地接触；

f. 旋紧压紧螺杆，压紧压罩（施加于手柄的推力约为25 kg左右）；

g. 主动夹头上的压紧螺钉在使用前可先拆去一只（上部一只）便于操作，待固定后再安装上进行加固，注意施加于压紧手柄上的推力应适度，以免引起压条的过大变形。

C 氯瓶易熔塞泄漏堵漏器

a. 将堵漏器锁紧圈上的紧固螺钉松开，将锁紧圈脱离活动爪；

b. 将两片活动爪呈上下状态，此时下面的一片活动爪由于自重自动张开，上爪用手张开；

c. 将张开的活动爪套在易熔塞螺帽的上柄并合紧，套上锁紧圈；

d. 扳动手柄压紧压头，达到完全密封为止；

f. 捻紧紧定螺钉，使锁紧圈固定在活动爪，防止松动。

④ 若上述操作无效时，可采取以下操作：

a. 用扳手拆下连接瓶嘴的夹头；

b. 开启吊车，将钢丝套在钢瓶两端并扶稳；

c. 吊起钢瓶，把它放到中和处理池中，然后迅速离开；

d. 每间隔 5 min 左右，处置人员戴好防毒面具，重新进入，检查中和情况，同时使用杆子到中和处理池中搅动碱液一次。

9.4.2　水厂应急处理组织保障体系

在市供水突发事件应急指挥部的领导下，成立自来水公司（以下简称水司）内部的组织指挥体系。

9.4.2.1　领导人员组成及职责

发生突发性供水事件时，在水司内部成立应急处理技术指挥部，该技术指挥部在市供水突发事件应急指挥部的领导下负责指挥开展技术抢修和供水恢复工作。

技术总指挥：公司总经理，负责供水突发事件应急处置的全面工作。

技术副总指挥，其中：

总支书记：负责对外宣传、有关信息发布和通讯系统保障；

分管管道工程的副总经理：负责抢修现场的安排协调；

分管制水生产的副总经理：负责水厂、水源地的抢险指挥，水厂供水应急技术方案的制订；

分管工艺、供水调度及水质的副总经理：负责突发事件时的供水调度及水质化验工作安排；

主管供水服务的副总经理：负责抢险现场的治安保卫、伤亡抢救工作和物资保障工作。

9.4.2.2　职能机构组成及职责

应急处理技术指挥部下设工作组，包括综合协调组、信息发布组、技术工作组、事故处置组、环境监测组、通讯联络组、物资供应组、警戒疏散组和伤亡抢救组。应急处理技术组织体系结构见图 9-25。

综合协调组：负责与建设局、环保局、卫生检测部门、供电局、消防队、公安、医院和气象局等有关单位的联系；负责内部各小组的综合协调工作。牵头单位为水司办公室。

信息发布组：负责停水范围、时间和原因的上报工作；联系新闻媒体进行现场情况的报道，确保报道内容的客观、真实；与安全疏散组配合进行疏散路线的广播和稳定民心的宣传。牵头单位为水司办公室。

技术工作组：负责对事态危害的发展趋势和影响程度作出分析、预测，提出初

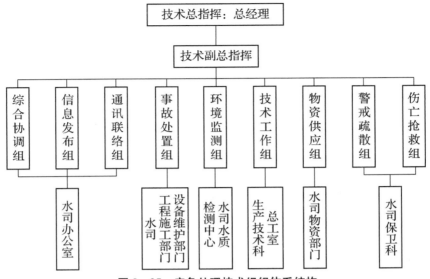

图 9‒25　应急处理技术组织体系结构

步处置建议;负责拟定输、配水管网关键部位破坏的补救预案;负责突发事件下遭受破坏的供水设施情况分析及拟定抢修方案;负责突发水污染事件的供水应急净水技术方案制订。牵头单位为水司总工室和生产技术科。

　　事故处置组:根据技术工作组的建议,迅速采取有效措施控制事态发展;负责输、配水管网关键部位破坏的补救;负责突发事件下遭受破坏的供水设施抢修方案;负责做好供水点的临时供水工作。牵头单位为水厂、工程施工、设备维护等部门。

　　环境监测组:与环保和卫生防疫等部门配合,发生突发性水污染事件时,进行水质检测并及时将水质状况反馈技术工作组;发生液氯事故时,进行液氯泄漏事故中心区域、波及区域及影响区域环境中氯气浓度检测,确定事故危害区域,并汇报危害程度和范围。牵头单位为水司水质检测中心。

　　通讯联络组:负责公司内部各工作组的通讯联络工作,确保各小组间的通讯畅通;负责各种信息、资料在现场与指挥部之间、各小组之间及时、准确传递。牵头单位为水司办公室。

　　物资供应组:负责协调和调集事故应急救援所需的物资、设备等;负责伤员、中毒人员的生活用品发放、应急生活安排等任务。牵头单位为水司物资部门。

　　警戒疏散组:协助公安、消防等部门,进行事故现场治安、警戒工作;协助灭火、消防和抢救现场人员;组织搜救现场中毒人员,并将受伤人员送往救护组;按照指挥部下达的疏散路线,组织事件影响范围内的所有无关人员紧急疏散、撤离。牵头单位为水司保卫科。

伤亡抢救组：负责中毒、受伤人员的分类、现场救治及转院工作；负责分发伤亡应急救援所需药品、医疗器械。牵头单位为水司保卫科。

9.5 城镇备用水源或第二水源的构建与应用

随着水资源的日趋短缺和突发性水污染事件频繁发生，为了保证城镇居民饮水安全，国内大中型城市都在抓紧建设应急备用水源或第二水源。从国内外城市备用水源建设来看，因地制宜地选择和建设城镇备用水源或第二水源具有重要的现实意义。

9.5.1 水源地互为备用的模式研究

以扬州市为例（该课题研究时间点 2008 年，文本中涉及的数据资料等仅为该案例的举例说明服务，不代表目前相关地域的现状情况），研究水源的互为备用模式。扬州城市供水目前以长江干流和淮河的泄洪通道廖家沟作为饮用水水源地。根据《江苏省地表水（环境）功能区划》，扬州境内地表水资源分布及其功能区划见表 9 - 26。由表 9 - 26 可见，扬州下辖区域内的地表水资源主要分布在目前扬州水源地所属的长江和淮河两大水系。由此可见，扬州境内尚不存在除长江和淮河水系外的其他可做饮用水水源地的地表水系。

结论：地表水资源现状分布及功能区划表明，在扬州境内建设除长江和淮河水系外的第三方地表水备用水源可能性较小。

表 9 - 26 扬州境内水资源及其功能规划

水功能	流域	水系	河流（湖、库）	河段	功能排序	2010年	2020年
邵伯湖调水保护区	淮河	入江水道	邵伯湖	江都邗江	渔业用水 农业用水	Ⅱ	Ⅱ
扬州调水保护区	淮河	入江水道	芒稻河夹江	扬州	饮用水源 工业用水	Ⅱ	Ⅱ
里运河扬州调水保护区	淮河	大运河	里运河	泾河—界首	饮用水源 渔业用水 工业用水 农业用水	Ⅲ	Ⅲ
里运河扬州调水保护区	淮河	大运河	高水河	江都	饮用水源 工业用水 农业用水	Ⅲ	Ⅱ
大运河扬州工业用水区	淮河	大运河	大运河	扬州市区	景观娱乐 工业用水	Ⅳ	Ⅲ

续表

水功能	流域	水系	河流（湖、库）	河段	功能排序	2010年	2020年
大运河扬州排污控制区	淮河	大运河	大运河	扬州市区	工业用水	IV	IV
大运河扬州过渡区	淮河	大运河	大运河	扬州	工业用水	IV	III
古运河扬州景观娱乐、工业用水区	淮河	大运河	古运河	扬州	景观娱乐 工业用水 农业用水	V	IV
新通扬运河江都调水保护区	淮河	里下河	新通扬运河	江都	饮用水源 工业用水	III	II
卤汀河江都农业用水区	淮河	里下河	卤汀河	江都	农业用水	III	III
公道河扬州农业、工业用水区	淮河	大运河	公道河	扬州	工业用水 农业用水	III	III
邗江河扬州排污控制区	淮河	大运河	邗江河	扬州	景观娱乐 工业用水 农业用水	IV	IV
槐泗河扬州工业、农业用水区	淮河	大运河	槐泗河	扬州	工业用水 农业用水	IV	III
内、外城河扬州景观娱乐用水区	淮河	大运河	内、外城河	扬州	景观娱乐 工业用水	V	IV
瘦西湖扬州景观娱乐用水区	淮河	大运河	瘦西湖	扬州	景观娱乐	IV	IV
小涵河江都农业、工业用水区	淮河	里下河	小涵河	江都	工业用水 农业用水	III	III
盐邵河江都工业、农业用水区	淮河	里下河	盐邵河	江都	工业用水 农业用水	IV	III
野田河江都工业、农业用水区	淮河	里下河	野田河	江都	工业用水 农业用水	III	III
长江仪征饮用水源区	长江	长江下游干流	长江	镇扬	饮用水源	II	II
长江仪征工业用水区	长江	长江下游干流	长江	镇扬	工业用水	III	II
长江仪征十二圩保留区	长江	长江下游干流	长江	镇扬	渔业用水	II	II
长江扬州饮用水源区	长江	长江下游干流	长江	镇扬	饮用水源	II	II
长江扬州工业用水区	长江	长江下游干流	长江	镇扬	工业用水	III	II
长江扬州滨江保留区	长江	长江下游干流	长江	镇扬	渔业用水	II	II
长江江都三江营调水水源保护区	长江	长江三角洲	长江	扬中	渔业用水	II	II

水功能	流域	水系	河流（湖、库）	河段	功能排序	2010年	2020年
长江江都嘶马渔业、工业用水区	长江	长江三角洲	长江	扬中	渔业用水 工业用水	Ⅱ	Ⅱ
长江泰州引江河过渡区	长江	长江三角洲	长江	扬中	过渡	Ⅱ	Ⅱ
仪扬运河仪征农业、工业用水区	长江	苏北沿江	仪扬运河	仪征	工业用水 农业用水	Ⅲ	Ⅲ
仪扬运河仪征排污控制区	长江	苏北沿江	仪扬运河	仪征	农业用水 排污控制	Ⅳ	Ⅳ
通扬运河江都排污控制区	长江	苏北沿江	通扬运河	江都	工业用水 农业用水 排污控制	Ⅴ	Ⅳ
通扬运河江都过渡区	长江	苏北沿江	通扬运河	江都	工业用水 农业用水	Ⅳ	Ⅲ
通扬运河江都农业、工业用水区	长江	苏北沿江	通扬运河	江都	工业用水 农业用水	Ⅳ	Ⅲ
白塔河江都农业、工业用水区	长江	苏北沿江	白塔河	江都	工业用水 农业用水	Ⅲ	Ⅱ
红旗河江都农业、工业用水区	长江	苏北沿江	红旗河	江都	工业用水 农业用水	Ⅳ	Ⅲ
胥浦河仪征农业、工业用水区	长江	苏北沿江	胥浦河	仪征	工业用水 农业用水	Ⅳ	Ⅲ
龙河仪征农业、工业用水区	长江	苏北沿江	龙河	仪征	工业用水 农业用水	Ⅳ	Ⅲ
月塘水库仪征饮用水源、渔业、农业用水区	长江	苏北沿江	月塘水库	仪征	饮用水源 渔业用水	Ⅱ	Ⅱ
乌塔沟扬州农业、工业用水区	长江	苏北沿江	乌塔沟	扬州	工业用水 农业用水	Ⅲ	Ⅲ
潘家河仪征农业、工业用水区	长江	苏北沿江	潘家河	仪征	工业用水 农业用水	Ⅲ	Ⅲ

江苏省地下水资源储备丰富，扬州区域内水资源总量情况见表 9 - 27（资料来源于江苏省地表水环境容量核定研究报告）。由表 9 - 27 可见，扬州市境内的地下水（主要分布在市区北部）其储量有作为城市备用水源的条件。

表9-27 扬州区域分水域资源总量表(多年平均) 单位:亿 m^3

	总水资源量	地表水资源量	地下水资源量	地下水与地表水 重复资源量
全省	369.79	256.24	120.24	6.69
扬州市	20.89	10.84	10.96	0.92

但需要指出的是:以地下水作为备用水源需要有相应的取水构筑物如管井等和必要的输水管道系统,平时对地下水源的取水设施和管道系统进行必要的维护和管理,发生突发性水污染时可作为城市供水的应急水源。因此,如地下水曾作为该城市的水源使用而在停止开采地下水后仍留有必要的取水构筑物和管道系统,这样条件下以地下水作为应急备用水源较为可行。扬州市目前在短时间内尚不具备使用地下水作为备用水源的条件。

9.5.1.1 水源安全现状分析

扬州市水源地的供水安全受两个水系来水影响:长江干流的瓜洲水源地和三江营水源地受长江上游来水影响;淮河泄洪通道的万福闸水源地在闭闸期间取水长江,淮河泄洪时受淮河来水影响。

长江水源的供水安全主要受沿线企业排污和航运事故影响。在可见报道的61起长江水污染事故中,沿线企业排污为15起,占事故总数的24.5%。由此可见,航运事故是构成长江水源供水安全的主导因素。相对于沿线企业排污,航运事故污染物的泄流量小,而长江径流量大、流速快,对污染物的稀释作用强,因此长江对航运事故的危害抵御能力较强。另外,随着我国环保督查力度的加大和各级政府、社会对供水安全的重视,2004年后沿线企业排污对长江污染的事故明显降低。

扬州万福闸水源地水质6—9月,受淮河泄洪时淮河来水影响。随着国家环保力度的加大,2004年后淮河流域未再发生可见报道的典型流域性污染事故;已见污染事故均为企业排污或泄洪产生的有机污染,在一定的污染程度范围内,供水企业可采取高锰酸盐氧化或粉末活性炭吸附进行有效应对。同时,扬州水源地位于淮河入江水道廖家沟,上游淮河来水经洪泽湖—高邮湖—邵伯湖进入廖家沟入江。因此,一旦上游淮河发生突发性水污染事故,经洪泽湖—高邮湖—邵伯湖的缓冲、净化作用,污染物将会呈现较大程度的降低,对扬州供水安全的影响有限。

长江和淮河属我国七大水系,国内外的文献资料检索表明,目前未见报道在同一时间同时发生一个以上水系的流域性突发水污染事故。随着我国环保力度的加大,长江和淮河同时发生水污染的可能性仅在理论上存在。

结论:上述分析可见,随着国家环保监督力度的加大,扬州水源地突发性污染事故的隐患也在不断降低,不存在长江和淮河同时发生突发性水污染的可能性。

9.5.1.2 扬州水源互为备用的可行性分析

国内提出备用水源地建设构思或已经实施的城市其水源地均为单一水源,水源地单一使得城市供水抵御风险自然具有脆弱性,因此备用水源对提升城市供水安全保障水平具有现实意义。扬州市拥有长江干流的瓜洲水源地、三江营水源地和淮河泄洪通道的万福闸水源地,水源地分布特点实际已构成了扬州双水源的供水格局,也形成了突发性水污染条件下水源互为备用的可行性。

扬州现有水源地的取水量分别为长江瓜洲水源地 20 万 m^3/d、长江三江营水源地 30 万 m^3/d(其中一期为 15 万 m^3/d,以下分析以一期规模为基准)、万福闸水源地 20.5 万 m^3/d,三处水源地位置关系如图 9-26 所示。瓜洲水源地至三江营水源地距离为 43 km,三江营水源地至万福闸水源地距离为 26 km。按扬州自来水公司瓜洲水厂设计资料并结合长江干流大通水文站资料,确定扬州境内长江丰水期、平水期和枯水期流速如表 9-28 所示,污染物在长江的流行时间见表 9-29。

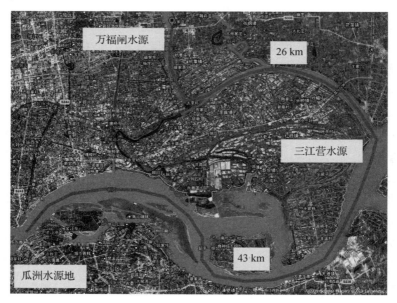

图 9-26 扬州市自来水公司水源地位置示意图

表 9‑28　长江丰水期、平水期、枯水期流速与流量表

	流速（m/s）	流量（m³/s）
丰水期	1.6	56 000
平水期	1.0	27 000
枯水期	0.4	7 500

表 9‑29　污染物在长江丰水期、平水期、枯水期流行时间　　　　　单位：h

	瓜洲到三江营	三江营到万福闸
丰水期	7.45	4.5
平水期	12	7.2
枯水期	30	18

说明：万福闸处于入江通道，其流速低于长江主流，因此实际的流行时间要比计算值长

　　扬州万福闸水源地位于淮河泄洪通道廖家沟的万福闸以南约 50 m。每年 9 月底至次年 5 月底（特殊情况除外），万福闸处于闭闸状态，万福闸水源地汲取长江回水，其水质不受淮河来水影响；每年 6 月至 9 月，万福闸处于开闸状态，万福闸水源地汲取淮河泄洪来水，其水质基本不受长江原水影响。

　　因此，扬州水源地突发性水污染可分两种情况进行讨论与分析，同时为充分考虑扬州供水安全的可靠性，以下讨论均以污染物导致水厂停水为极限条件进行分析。

　　（1）淮河水系发生突发性水污染

　　如淮河水系发生突发性水污染其处置方式可能有以下两种情况：

　　① 为防止污染物下泄对下游造成影响，万福闸闭闸以阻断污染团进入长江，污染团通过沿途湖泊稀释和相应的应急处理已在万福闸上游完成，此时扬州市自来水公司所辖的三个水源地可正常取水，不受影响。

　　② 若特殊情况，需要万福闸开闸下泄污染团，则扬州自来水公司应启动应急技术预案，对进入第一、第三水厂的原水进行应急技术处理；如污染物超出水厂处理能力或不能处理时，则应停止在万福闸取水，扬州市所需水量由瓜洲水源地和三江营水源地供给。由于瓜洲水源地和三江营水源地（一期项目）取水量共计可达 35 万 m³/d，占城市用水量 85%，完全满足城市居民最低生活用水要求（最大减量至 40%）。同时，视具体条件允许还可适当提高四厂和五厂产水量，做到不减产供水。

　　因此，淮河发生突发性水污染后，第一、第三水厂采取有效应急处理措施或万福闸取水关闭，以长江水源作为城市供水水源，可满足保障城市居民生活水量需求。

（2）长江发生突发性水污染

① 长江污染不影响万福闸水源地。

若长江发生突发性水污染而导致瓜洲和三江营水源同时不能取水，当万福闸处于开闸状态时廖家沟水质不受长江影响，可保证万福闸水源地水质；若万福闸处于闭闸状态时，建议与万福闸管理部门协商开闸，防止长江回水影响廖家沟水质。这样可保证扬州万福闸水源地 20.5 万 m^3/d 的取水量，其占总供水水量的 37%。此时，通过强化常规工艺等技术措施，适当提高第一、第三水厂的产水量至总供水水量的 40%（达到 22.2 万 m3/d），满足城市居民最低生活用水要求。

若污染团不会同时对长江干流的瓜洲和三江营水源造成影响，则城市供水量至少可保证供给 70% 以上。

② 长江污染影响万福闸水源地。

若万福闸处于闭闸状态，且无法开闸泄水以防止长江回水影响廖家沟水质。此时扬州市供水量的变化应考虑污染团长度以及长江径流量的影响。

A. 污染团长度小于 43 km。

当污染团长度小于 43 km 时，即污染团长度小于瓜洲水源地与三江营水源地之间的距离，污染团不会同时影响两个水源地取水。

a. 当污染团前锋到达瓜洲水源地而未到达三江营水源地时，三江营水源地可正常取水，此时扬州市城市用水量由万福闸水源地和三江营水源地共同承担，可保证 88% 的用水量（万福闸取水量 20.5 万 m^3/d，三江营水源地 15 万 m^3/d）。

b. 当污染团离开瓜洲水源地而到达三江营水源地但尚未影响万福闸水源地时，扬州市城市用水量由万福闸水源地和瓜洲水源地共同承担，可保证 73% 的用水量要求（万福闸取水量 20.5 万 m^3/d，瓜洲水源地 20 万 m^3/d）。

c. 当污染团同时影响三江营和万福闸水源地时，扬州市城市用水量由瓜洲水源地承担，可保证 36% 的用水量要求（瓜洲水源地 20 万 m^3/d）。此时，通过强化常规工艺等技术措施，适当提高第四水厂的产水量至总供水水量的 40%（达到 22.2 万 m^3/d），可满足城市居民最低生活用水要求。

B. 污染团长度大于 43 km 而小于 69 km。

a. 当污染团长度大于 43 km 而小于 69 km 时，即污染团长度大于瓜洲水源地与三江营水源地之间的距离，但污染团又不会同时影响三个水源地。

b. 当污染团同时影响瓜洲水源地和三江营水源地时，城市用水量由万福闸水源地供给，可保证用水量的 37%（20.5 万 m^3/d）。

c. 当污染团离开瓜洲水源地，而同时影响三江营和万福闸水源地时，城市用水量由瓜洲水源地承担，可保证 36% 的用水量要求（瓜洲水源地 20 万 m^3/d）。建议此时提高水厂的产水量至总供水水量 40%（22.2 万 m³/d），以满足城市居民最低生活用水要求。

C. 污染团长度大于 69km。

当污染团长度大于 69 km，可能会对三个水源地同时造成影响，此时建议万福闸开闸，以确保万福闸水质不受长江来水影响。

为充分考虑最不利条件，表 9－30 列出了不同污染团长度在长江丰水期、平水期和枯水期同时影响三个水源条件下时城市的停水时间。

表 9－30　最不利条件下城市的停水时间　　　　　　单位：h

长江径流 ＼ 污染团长度	70 km	100 km	120 km	150 km
丰水期	0.17	5.4	8.85	14.1
平水期	0.28	8.6	14.2	22.5
枯水期	0.7	21.5	35.4	56.2

分析讨论：

① 当长江发生突发性水污染造成水源地不能取水时，通过万福闸开闸放水保证其不受长江来水影响，并适当提高第一、第三水厂的产水量（增产 10% 左右），就可满足城市居民最低生活用水要求。

② 上述分析均建立在长江水污染造成水厂停水的极端条件下进行。长江径流量大、稀释能力强，尤其当污染团长度超过几十千米后因为污染物扩散作用其浓度将会极大降低。因此，在实际中很难发生长江水污染后因污染物浓度过高而造成水厂停水的情况。通过实施有效的水污染应急水质净化技术，长江发生污染时，扬州市满足城市居民最低生活用水要求的供水安全保障不会存在问题。

结论：

① 扬州市水源地分布特点对实现突发性水污染条件下的水源互为备用提供了可行性条件。

② 淮河发生突发性水污染后，第一、第三水厂采取有效应急处理措施或万福闸取水关闭后，以长江水源作为城市供水水源，可满足保障城市居民生活水量需求。

③ 长江发生突发性水污染造成长江水源不能取水时，通过万福闸开闸放水保证其不受长江来水影响，并适当提高第一、第三水厂的产水量（增产 10% 左右），可满足城市居民最低生活用水要求。

④ 当污染物浓度不会造成水厂停产,通过实施有效的水污染应急水质净化技术,扬州市满足城市居民最低生活用水要求的供水安全保障不会存在问题。

9.5.2　城镇第二水源地选择方案研究

此研究以昆山市开辟第二水源地为例进行论述(时间 2006 年,文本中涉及的数据资料等仅为该案例的举例说明服务,不代表目前相关地域的现状情况)。昆山市以傀儡湖作为唯一的饮用水水源地,傀儡湖西纳上游阳澄湖来水。阳澄湖入湖河道较多,是典型的城市湖泊,周边有经济发达的苏州市和常熟市,昆山市地处湖区下游,阳澄湖水质直接影响傀儡湖水源地水质。水源水质成份呈富营养化及藻类、有机污染和氨氮等污染物多元化特征。地处湖区下游且水源单一使得城市供水系统具有天然的脆弱性,使城市安全供水保障和应对突发性水污染的能力受到挑战。随着昆山城市发展对水量和水质的需求以及城市应对突发性水污染要求的提高,迫切需要开辟第二水源地。

昆山属于河网地区,境内河道密布,湖泊众多。区域内还有太湖和长江,分别是昆山周边城市(苏州、常熟、太仓等)的主要饮用水水源地。昆山境内及周边水系是开辟第二水源的主要对象。

9.5.2.1　湖泊水系

吴淞江、娄江为昆山两条主要河流,自西向东横贯市境,把昆山分成昆南、昆中、昆北三大片。以沪宁铁路为界,南部为淀泖水系,北部为阳澄水系。

昆山水系十分发达,江、河、港、泾、浦、塘等河流 2 165 条,大小湖泊 51 个,骨干河道有:娄江、吴淞江、张家港、急水港、千灯浦、庙泾河等 63 条。

昆山水域面积超过 1 000 亩(1 亩＝1/15 hm^2,下同)的湖泊 14 个,见表 9-31。

表 9-31　昆山水域面积超过 1 000 亩的湖泊统计

水域名称	水域面积(亩)	水域名称	水域面积(亩)
阳澄湖(水源地)	27 000	明镜荡(淀泖水系)	5 620
傀儡湖(水源地)	12 000	白蚬湖(淀泖水系)	3 000
巴城湖(阳澄水系)	1 400	陈墓荡(淀泖水系)	2 656.5
澄湖(淀泖水系)	60 953	北栅荡(淀泖水系)	2 500
淀山湖(淀泖水系)	23 025	汪洋潭(淀泖水系)	2 400
白莲湖(淀泖水系)	6 300	杨氏田湖(淀泖水系)	1 465
长白荡(淀泖水系)	5 996	万千湖(淀泖水系)	1 200

昆山境内地表水资源丰富,面积较大的湖泊众多、水量充沛,具备选择第二水源地的自然条件。由表 9-31 可见,昆山境内水域面积较大的湖泊主要分布在市域南部的淀泖水系。

9.5.2.2 调研与境内第二水源方案初选

水量充沛是水源地供水安全保障的前提和基础,昆山水系以沪宁铁路为界,南部为淀泖水系,北部为阳澄水系。淀泖和阳澄水系中湖泊的水文及水量条件是选择第二水源地的前提。

(1) 水系水量测算及水文条件

根据吴淞江周巷水位站资料统计,昆山水系多年平均水位为 2.81 m(镇江吴淞高程,下同),历年最高水位为 4.27 m,发生于 1999 年 7 月 1 日;历年最低水位为 2.18 m,发生于 1956 年 2 月 10 日。昆山水系水文条件比较稳定,有利于水源地的选择和实施。

① 阳澄水系

阳澄水系水量测算。昆山北部阳澄水系主要湖泊包括阳澄东湖、巴城湖、鳗鲤湖和傀儡湖,其中巴城湖、鳗鲤湖和傀儡湖毗连,水量均由阳澄东湖补给。阳澄东湖位于阳澄湖下游,西纳上游苏州工业园区、相城区及常熟来水。阳澄水系见图 9-27 示意。

阳澄湖多年平均水位 2.93 m 时,相应库容为 1.73 亿 m³;高水位 4.04 m 时,相应库容为 3.40 亿 m³;最低水位 2.22 m 时,相应库容为 1.44 亿 m³。

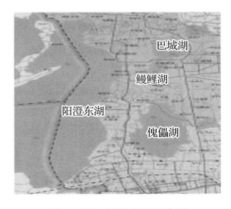

图 9-27 阳澄水系示意图

阳澄水系水文条件。根据历年实测资料(1951—2002 年)统计:

阳澄湖控制水位:2.4～3.7 m(吴淞高程下同);

历年最高水位:4.21 m(1954 年);

历年最低水位:2.22 m(1956 年);

多年平均水位:2.93 m。

各种频率下设计水位:

P=1%(百年一遇洪水位):4.57 m;

P=2%(五十年一遇洪水位):4.41 m;

P=95%保证率枯水位:2.25 m;

P＝97％保证率枯水位：2.22 m。

由此可见，阳澄水系湖泊的水量充沛，水文条件稳定，具备实施昆山第二水源地选择的条件。

② 淀泖水系

淀泖水系水量测算。昆山南部淀泖水系拥有澄湖、淀山湖、万千湖、明镜荡、陈墓荡、长白荡、葛墓荡和白莲湖等水域面积超过 1 000 亩的湖泊 11 个，水系内湖泊水量主要由澄湖补给，整体水系流向由西北向东南，见图 9－28 示意。

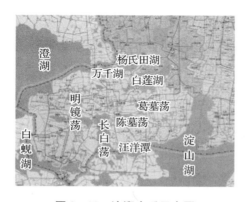

图 9－28　淀泖水系示意图　　　　　图 9－29　澄湖补给示意图

澄湖作为淀泖水系的主要补给水源，湖区总面积 60 953 亩，平均水深 1.8 m，蓄水量 8 000 万 m³。澄湖主要由上游苏州市新运河、老运河及太湖部分来水补给。新运河上承江南运河来水，新运河与老运河来水交汇后，约 80％的水量向东流向澄湖方向，其余 20％的水量南下与太湖来水交汇，部分沿吴淞江北上，其余继续南流。吴淞江及流向澄湖方向的新老运河来水交汇后，部分东入澄湖，部分沿吴淞江北上（吴淞江有支流入澄湖），其余南下流入淀山湖，见图 9－29 示意。2005 年 12 月（冬季）和 2006 年 6 月（夏季）澄湖入、出湖水量测算结果见表 9－32 和表 9－33。2005 年 12 月（冬季）澄湖下游淀泖水系主要湖区补给水量测算结果见表 9－34。

表 9－32　2005 年 12 月澄湖主要入湖及出湖断面水量检测

入　　湖		出　　湖	
断面名称	日流量（万 m³/d）	断面名称	日流量（万 m³/d）
白虎庙港	0.8	盖河桥	7.8
清小港桥	67.7	6# 桥	8.5
盖河	8.3	洋泾港桥	171.1

续表

入 湖		出 湖	
断面名称	日流量(万 m^3/d)	断面名称	日流量(万 m^3/d)
金湖小学北	16.8	焦沙港村桥	12
草理洲桥	1	对方桥	
中塘港桥	4.8	新浜港	23.4
无名 1# 桥	12.2	河泥田港桥	29
沙塔桥		狭港桥	21.1
大姚桥	165	长牵路桥	64.2
		西泽港桥	25.7
		龙亭港桥	8.1
		周同路无名 1# 桥	1.2
		白蚬湖桥	23.8
		石浦桥	10.7
合计	276.6		406.5

表 9-33　2006 年 6 月澄湖主要入湖及出湖断面水量检测

入 湖		出 湖	
断面名称	日流量(万 m^3/d)	断面名称	日流量(万 m^3/d)
白虎庙港		盖河桥	7.1
清小港桥	44.2	6# 桥	6
盖河	4.9	洋泾港桥	129.6
金湖小学北	5.7	焦沙港村桥	
草理洲桥	3.4	对方桥	11.9
中塘港桥	17.2	新浜港	16.4
无名 1# 桥	12.5	河泥田港桥	21.3
沙塔桥		狭港桥	9.8
大姚桥	126.1	长牵路桥	34.5
		西泽港桥	13.7
		龙亭港桥	2
		周同路无名 1# 桥	
		白蚬湖桥	16
		石浦桥	5.1
合计	214.1		273.4

表9-34 2005年12月淀泖水系主要湖泊的水量补给测算

断面名称	流量(万 m³/d)		补给关系
洋泾港桥	150		澄湖流入万千湖
狭港	17	43～51	澄湖流入明镜荡
长牵路桥	26～34		
邵塔港桥	130～140		明镜荡流入长白荡
锦溪大桥			
道院港桥	35～43		万千湖流入长白荡
上田港桥	43～52		葛墓荡流入长白荡
徐家堰桥	71～79		杨氏田湖流入葛墓荡
张小泾桥	86		杨氏田湖流入白莲湖
北肖浜桥	26～34.6		商鞅潭流入白莲湖
清水湾桥	20		白莲湖流入淀山湖
千灯浦闸	35～40		千灯浦流入淀山湖
大朱库港桥	300～400		汪洋潭流入淀山湖

注:表9-32—表9-34资料由苏州水文水资源勘测局提供。

淀泖水系水文条件。以百年一遇的洪水位和97%的供水保证率(33年一遇的枯水位)为设计依据,以2005年为基准年,淀泖水系的水文条件如下(镇江吴淞高程):

百年一遇洪水位:4.24m;

P=97%保障率:2.1m;

年平均水位:2.18 m。

可见,澄湖夏季和冬季的来水补给量充沛(均在200万 m³/d 以上),昆山南部淀泖水系湖泊(万千湖、明镜荡、长白荡、杨氏田湖、淀山湖及汪洋潭等)水量补给条件好;水系水文条件稳定,具备实施昆山第二水源地选择的条件。

(2)调研区域与初拟第二水源方案

由前述分析可见,昆山北部的阳澄水系或南部淀泖水系的主要湖泊其水量补给充沛,水量方面均满足作为水源的自然条件。因此,湖泊水质是作为水源的限制条件。

调研区域遴选。根据水系的水量补给条件,第二水源地调研路线选择形成两套方案,见图9-30所示。

调研区域一:北部阳澄水系的巴城湖或鳗鲤湖区域,它与目前水源地傀儡湖一起均由阳澄湖补给水量;

调研区域二:南部淀泖水系区域,如澄湖、淀山湖或选择其他水域面积较大的湖泊。

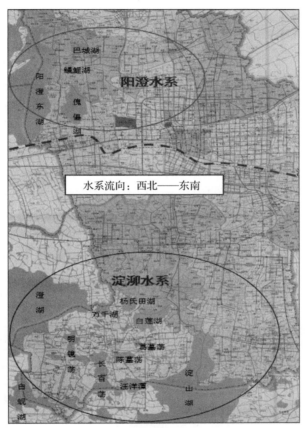

图9-30 湖泊调研考察方案示意

① 阳澄水系的巴城湖或鳗鲤湖区域

昆山境内的阳澄水系主要包括阳澄湖、目前的饮用水水源地傀儡湖以及巴城湖和鳗鲤湖等。傀儡湖、巴城湖和鳗鲤湖均由阳澄湖补给水量。以阳澄水系(巴城湖或鳗鲤湖)作为第二水源地:

目前昆山北部阳澄水系的主要水量补给湖泊——阳澄湖,巴城湖或鳗鲤湖与傀儡湖毗连,便于实施水源地的生态保护工程。

但在阳澄水系选择第二水源地存在以下不利因素:

a. 第二水源地水量仍由阳澄湖补给,一旦阳澄湖发生水污染事件,昆山市供水水

源将受到全面影响,此时第二水源仅能依靠湖泊自身蓄水起到短时间的水量应急补给;

b. 巴城湖或鳗鲡湖水上餐饮已成为昆山的特色服务行业,选择第二水源地将涉及水上餐饮船的拆迁和从业人员的安置。

因此,在阳澄水系选择湖泊作为第二水源,不能从根本上解决当前昆山市供水水源地单一的脆弱性现状,而且对提高供水安全保障水平作用也较有限。

② 淀泖水系区域

南部淀泖水系的湖泊包括澄湖、淀山湖以及近十个水域面积超过 1 000 亩的湖泊,以其作为第二水源地:

a. 南部淀泖水系湖泊较多,第二水源地选择空间大,方案可操作性强;

b. 第二水源地的实施将改变昆山当前水源单一的现状,提高城市供水安全保障水平;

c. 阳澄水系和淀泖水系是相对独立的水系,发生水污染急性事件时,第二水源地的实施将有效地提高昆山市供水系统应对水污染突发事件的处理能力。

根据以上分析,初步确定以昆山南部淀泖水系为对象进行第二水源论证。

第二水源方案初选。昆山南部淀泖水系包括澄湖、淀山湖以及水域面积大于 1 000 亩的湖泊如明镜荡、长白荡、杨氏田湖、万千湖、白莲湖、陈墓荡和汪洋潭等。根据水流由西北流向东南的特点及水系实际水量补给条件,初选三套方案,见图 9 - 31 虚线所示。

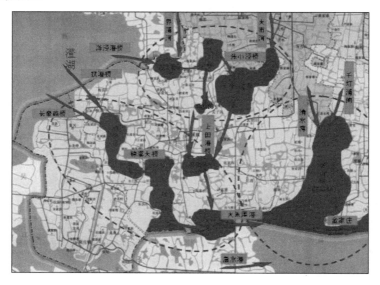

图 9 - 31　三套方案选择示意

澄湖是淀泖水系的主要来水补给水源,在西纳澄湖来水的淀泖水系上游湖泊中选择第二水源地,有利于实施水源地的保护。

方案一,澄湖Ⅰ线——以淀泖水系的明镜荡和长白荡为对象。

来水主要补给途径为:

澄湖——明镜荡——长白荡——汪洋潭或葛墓荡——陈墓荡——汪洋潭。

方案二,澄湖Ⅱ线——以淀泖水系的万千湖、杨氏田湖和白莲湖为对象。

来水主要补给途径为:

① 澄湖——万千湖——杨氏田湖——白莲湖(部分至葛墓荡);

② 吴淞江——界浦河——万千湖。

方案三,淀山湖昆山湖区。

淀山湖下游与上海青浦区接壤,是上海市重要的饮用水水源地。在淀山湖开辟昆山第二水源,通过水源地的保护和水质改善,不仅可以提高昆山市的供水安全保障水平,对上海市供水水质也将起到积极的提升作用,还将有利于推动区域经济的和谐发展。

昆山境内淀山湖水量的主要三条补给途径:

① 吴淞江——千灯浦——淀山湖;

② 吴淞江——大市市河——商鞅潭——白莲湖——淀山湖;

③ 澄湖——明镜湖——长白荡——汪洋潭——大朱库——淀山湖。

补给来水在淀山湖南部湖区汇集,向东南流至上海境内。淀山湖北部靠近千灯浦入口区水质较差(昆山市淀山湖镇水厂取水口位于此区域,现已停止供水)。

a. 现场考察。按上述三个方案确定考察路线,并实地考察和调研。

主要考察湖泊的地形地貌、湖区农业围网分布、沿湖环境状况和上下游的来水补给通道及污染源调查,在湖泊考察的基础上确定水质检测断面和水质检测项目、频次等。

b. 水质检测断面及检测指标

在现场实地考察基础上,结合三个方案,拟定水质检测断面,检测断面分布见表9-35和图9-32。

根据《地表水环境质量标准》(GB3838—2002)(见表9-36所示),结合湖泊水体易发生富营养化导致藻类孳生以及昆山境内水体中氟化物和溴化物较高的特点,选择24个典型的地表水水质检测项目进行水质评价(见表9-37)。

表 9-35　水质检测断面名称及分布

断面编号		断面名称	检测水体	断面编号		断面名称	检测水体
方案一	1	长牵路港Ⅰ	澄湖出口	方案二	7	大姚港	澄湖新老运河入口
	2	长牵路港Ⅱ	澄湖入明镜荡		8	清小港	澄湖吴淞江入口
	3	邵塔港桥	明镜荡东北入口		9	洋泾港桥	澄湖入万千湖
	4	明镜荡中	明镜荡		10	万千湖中	万千湖
	5	锦西大桥	明镜荡入长白荡		11	界浦河	吴淞江入万千湖
	6	袁家甸	长白荡入汪洋荡		12	长娄里	万千湖入杨氏田湖
方案三	19	金家庄	淀山湖		13	杨氏田湖中	杨氏田湖
	20	东村	淀山湖		14	张小泾桥	杨氏田湖入白莲湖
	21	小千灯浦闸	淀山湖		15	敖北闸	杨氏田湖北部入口
					16	北肖浜桥	大市市河入白莲湖
					17	白莲湖东北	白莲湖
					18	白莲湖西南	白莲湖

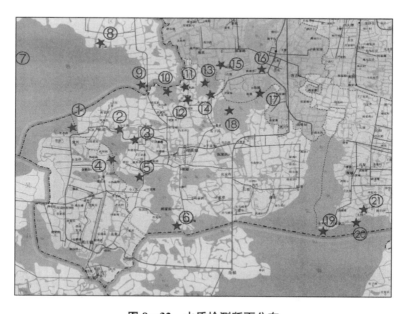

图 9-32　水质检测断面分布

表 9-36　地表水环境质量标准基本项目标准限值　　　　　　　单位:mg/L

序号		Ⅰ类	Ⅱ类	Ⅲ类	Ⅳ类	Ⅴ类
1	水温(℃)	人为造成的环境水温变化应限制在:周平均最大温升≤1　周平均最大温降≤2				
2	pH 值(无量纲)	6~9				
3	溶解氧≥	饱和率90%(或7.5)	6	5	3	2
4	高锰酸盐指数≤	2	4	6	10	15
5	化学需氧量(COD)≤	15	15	20	30	40
6	五日生化需氧量(BOD₅)≤	3	3	4	6	10
7	氨氮(NH_3—N)≤	0.15	0.5	1.0	1.5	2.0
8	总磷(以 P 计)≤	0.02(湖、库0.01)	0.1(湖、库0.025)	0.2(湖、库0.05)	0.3(湖、库0.1)	0.4(湖、库0.2)
9	总氮(湖、库以 N 计)≤	0.2	0.5	1.0	1.5	2.0
10	铜≤	0.01	1.0	1.0	1.0	1.0
11	锌≤	0.05	1.0	1.0	2.0	2.0
12	氟化物(以 F⁻ 计)≤	1.0	1.0	1.0	1.5	1.5
13	硒≤	0.01	0.01	0.01	0.02	0.02
14	砷≤	0.05	0.05	0.05	0.1	0.1
15	汞≤	0.00005	0.00005	0.0001	0.001	0.001
16	镉≤	0.001	0.005	0.005	0.005	0.01
17	铬(六价)≤	0.01	0.05	0.05	0.05	0.1
18	铅≤	0.01	0.01	0.05	0.05	0.1
19	氰化物≤	0.005	0.05	0.2	0.2	0.2
20	挥发酚≤	0.002	0.002	0.005	0.01	0.1
21	石油类≤	0.05	0.05	0.05	0.5	1.0
22	阴离子表面活性剂≤	0.2	0.2	0.2	0.3	0.3
23	硫化物≤	0.05	0.1	0.05	0.5	1.0
24	粪大肠菌群(个/L)≤	200	2 000	10 000	20 000	40 000

表 9 – 37　水质评价检测项目

编号	检测项目名称	编号	检测项目名称	编号	检测项目名称
1	水温	2	浊度	3	色度
4	pH	5	耗氧量	6	总铁
7	溶解性铁	8	锰	9	挥发酚类
10	镉	11	氰化物	12	氟化物
13	硝酸盐	14	溶解氧	15	化学需氧量
16	氨氮	17	亚硝酸盐	18	总磷
19	总氮	20	石油类	21	溴化物
22	叶绿素 a	23	藻类	24	铅

9.5.2.3　第二水源各方案的水质评价与论证

在第二水源的论证中,主要考察各方案中湖泊水质条件,并结合水系的污染源调研及相关规划的分析,对第二水源的选择进行论证。

(1)水质评价方法

水质评价分别采用单因子评价和水质指数评价。水质单因子评价参照《地表水环境质量标准》(GB3838—2002),水质指数评价参照《全国城市饮用水水源地安全状况评价技术细则》(水利部,2005 年)。

水质指数评价原则

水质状况指数有一般污染物指数、有毒污染物指数、富营养化指数,分为五个等级,分别以指数 1、2、3、4、5 表达。

对人体健康危害明显和存在长期危害,而目前饮用水处理工艺难以去除的有毒类,归纳为有毒污染物,其指数评价采用最差项目赋全权法。

除有毒污染物外其余指数归纳为河流型水源地和地下水水源地的一般污染物,其指数评价采用等权重综合评价。

对湖库型水源地进行富营养化指数评价。

在计算一般污染物指数、有毒污染物指数、富营养化指数的基础上,对水质按权重进行综合评价计算。

水质指数评价项目

一般污染物项目:监测项目全部参与评价(项目不得少于 5 项),具体项目在技术细则规定的项目中选择。

有毒污染物项目:

地表水水源地有毒污染物项目：挥发性酚类、硝酸盐、重金属各类至少选择1项。

湖库富营养化评价项目：包括总磷、总氮、叶绿素和高锰酸钾指数等。

水质指数评价标准

单项水质标准和指数：单项水质指数的具体评价标准按技术细则中有关规定，地表水参照《地表水环境质量标准》(GB3838—2002)制定。

营养状况评价标准和指数：富营养化评价项目控制标准参照技术细则的有关规定。

水质指数评价方法

① 一般污染物项目指数计算。

A. 计算单项指标指数。当评价项目i的监测值C_i处于评价标准分级值C_{iok}和C_{iok+1}之间时，该评价指标的指数：

$$I_i = \left(\frac{C_i - C_{iok}}{C_{iok+1} - C_{iok}} \right) + I_{iok}$$

式中，C_i为i指标的实测浓度；C_{iok}为i指标的k级标准浓度；C_{iok+1}为i指标的$k+1$级标准浓度；I_{iok}为i指标的k级标准指数值。

B. 计算综合指数(WQI)。其值是各单项指数的算术平均值。即：

$$WQI = \frac{1}{n} \sum_{i=1}^{n} I_i (i = 1, 2, \cdots\cdots, n)$$

式中，n为参与评价的指标数。

C. 确定评价类别。

a. 当$0 < WQI \leqslant 1$时，水质指数为1；b. 当$1 < WQI \leqslant 2$时，水质指数为2；c. 当$2 < WQI \leqslant 3$时，水质指数为3；d. 当$3 < WQI \leqslant 4$时，水质指数为4；e. 当$4 < WQI \leqslant 5$时，水质指数为5。

D. 特殊说明：

a. 关于溶解氧指标的指数计算。溶解氧与一般指标（项目）不同，一般说，溶解氧越高，水质越好，所以溶解氧的计算公式与其它指标的指数计算公式相反。如有类似情况，同等处理。

b. 两级或多级标准值相等的处理。当标准中两级分级值或多级分级值相同时，单项指标指数按下列公式计算。即：

$$I_i = \left(\frac{C_i - C_{iok}}{C_{iok+1} - C_{iok}} \right) \times m + I_{iok}$$

式中，m 为相同标准的个数。如：地表水锌的含量为 0.81 mg/L 时，其单项指数：

$$I_i=\frac{0.81-0.05}{1.0-0.05}\times2+1=2.60$$

当只有一个区域时，如果该项目未检测出来，则评价指数 $I_i=1$；如监测值小于所给标准，则评价指数 $I_i=2$；如监测值大于所给标准，则评价指数 $I_i=5$。

c. $C_i>C_{io5}$ 的处理。当 $C_i>C_{io5}$ 时，为劣 V 类水，其单项指标指数一律计为 $I_i=5$。

② 有毒物项目指数计算。

有毒物项目指数计算的具体步骤如下：

a. 单项指标指数的计算与一般污染物项目指数计算相同；

b. 综合指数，取其各单项指数最大值为有毒物项目综合指数，即采用水质项目评价最差的作为有毒物项目的评判结果（最差项目赋全权）。

③ 湖库营养状况指数计算。

湖库型水源地需进行富营养化评价，其评价方法和标准与全国水资源综合规划有关技术细则一致。营养程度按富营养指数 1、2、3、4、5 评价。有多测点分层取样的湖泊（水库），评价年度代表值采用各垂线平均后的多点平均值。

评价方法采用评分法，具体做法为：

a. 查表将单项参数浓度值转为评分，监测值处于表列值两者中间者可采用相邻点内插，或就高不就低处理；

b. 几个参评项目评分值求取均值；

c. 用求得的均值再查表得富营养化指数。

④ 水质状况综合指数。

河流型和地下水水源地水质状况指数＝0.3×一般污染物指数＋0.7×有毒污染物指数；

湖库型水源地水质状况指数＝0.2×一般污染物指数＋0.5×有毒污染物指数＋0.3×富营养化指数。

（2）方案一（澄湖Ⅰ线）水质评价

以淀泖水系的澄湖（昆山湖区）、明镜荡、长白荡为对象。

来水主要补给途径为：澄湖——明镜荡——长白荡——汪洋潭或葛墓荡——陈墓荡——汪洋潭。

检测断面示意见图 9-33 和表 9-38。

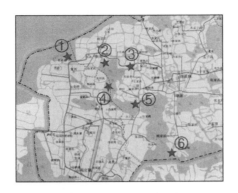

图 9-33 澄湖 I 线检测断面示意图

表 9-38 澄湖 I 线水质检测断面

断面编号	名称	检测目的	断面编号	名称	检测目的
1	长牵路港 I	澄湖出湖断面	4	明镜荡中	明镜荡
2	长牵路港 II	澄湖入明镜荡	5	锦西大桥	明镜荡入长白荡
3	邵塔港桥	明镜荡东北入口	6	袁家甸	长白荡入汪洋荡

① 水质单因子评价。

总氮(TN)、总磷(TP)。由图 9-34 和图 9-35 可见,各检测断面除 3 月份外(长牵路港 I 仍超 V 类),TN 均超出地表水 V 类水标准,除 4 月份外(长牵路港 I 仍超 V 类),各检测断面 TP 均超出地表水 V 类水标准;同时可以看出,同一季节其上游断面(长牵路出湖 I 号断面)水质劣于下游其他断面,即澄湖出口处水质较差。

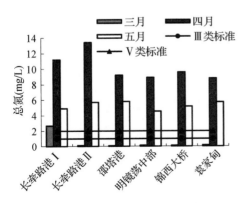

图 9-34 检测断面 TN 浓度

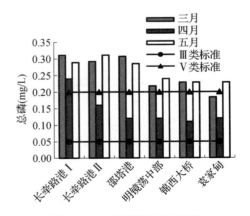

图 9-35 检测断面 TP 浓度

溶解氧(DO)、高锰酸盐指数(COD_{Mn})。由图9-36可见,各检测断面DO均高于地表水Ⅲ类水标准;图9-37表明,除5月份外(超Ⅲ类),各断面COD_{Mn}基本满足地表水Ⅲ类标准。

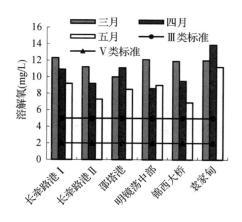

图9-36　检测断面DO浓度　　　　图9-37　检测断面COD_{Mn}指数

氨氮(NH_3—N)、铁(Fe)。由图9-38可见,上游断面(长牵路、邵塔港)NH_3—N均超地表水Ⅴ类标准,下游水质略好,其中明镜荡及其出口水质基本在Ⅳ～Ⅴ之间;图9-39表明,检测断面Fe浓度随季节而降低,上游断面尤其是长牵路港Ⅱ和邵塔港Fe浓度高于下游其他断面。

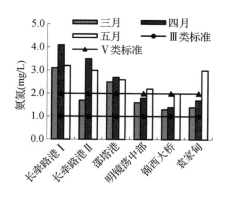
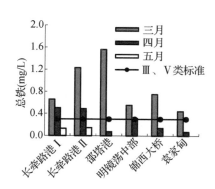

图9-38　检测断面NH_3—N浓度　　　　图9-39　检测断面Fe浓度

氟化物和溴化物。由图9-40可见,各检测断面氟化物指标略高于地表水Ⅲ类(除5月份为Ⅳ水平),溴化物在0.5～0.9 mg/L左右;上下游断面氟化物和溴化物水平差别不大,且季节变化不明显。水体中较高含量的氟化物(饮用水卫生标准为 1.2 mg/L)和溴化物(臭氧氧化产生溴酸盐问题)可能对水处理工艺及水质安全带来影响。

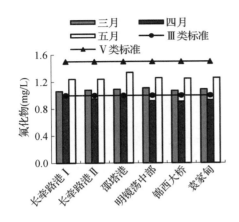

图 9-40　(a)检测断面氟化物浓度

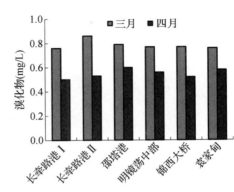

图 9-40　(b)检测断面溴化物浓度

石油和挥发酚。由图 9-41 可见,除邵塔港 3、4 月份石油类污染物严重超标外,其他断面均略高于地表水Ⅲ类水平;图 9-42 表明挥发酚季节变化大,明镜荡 4 月份其水平超地表水Ⅴ类标准(1 mg/L),而 3、5 月份均小于 0.003 mg/L,上游断面的挥发酚指标优于下游断面。

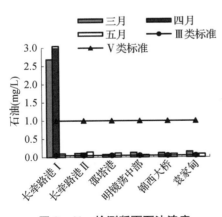

图 9-41　检测断面石油浓度

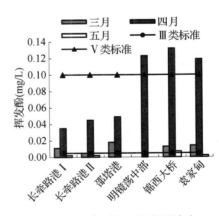

图 9-42　检测断面挥发酚浓度

藻类。由图 9-43 可见,藻类数量随季节变化而升高,4、5 月份其水平多在 5×10^6 个/L 以上。

除上述水质检测指标外,其他水质指标分析见表 9-39。

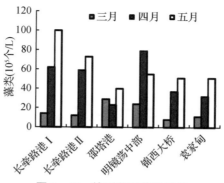

图 9 - 43　检测断面藻类浓度

表 9 - 39　其他水质评价指标检测统计(以地表水Ⅲ类水为标准)

检测项目名称	评　价	检测项目名称	评　价
水温	正常	氰化物	正常
浊度	正常	硝酸盐	正常
色度	正常	亚硝酸盐	正常
pH	正常	化学需氧量	Ⅴ类
溶解性铁	正常	锰	正常
铅	正常	镉	正常
叶绿素 a	—		

　　综上所述,澄湖Ⅰ线检测断面中主要污染物为挥发酚、总氮、总磷、氨氮、石油、铁、有机物和溴化物,这些污染物月平均超标倍数(以地表水Ⅲ类水质为标准)如表 9 - 40 所示。

表 9 - 40　澄湖Ⅰ线检测断面主要污染物平均超标倍数

	总氮	氨氮	总磷	耗氧量	溴化物(mg/L)	石油	挥发酚	铁
长牵路港Ⅰ	7.1	2.5	4.6	0	0.63	28.8	3.6	0.9
长牵路港Ⅱ	7.4	1.7	4.1	0.03	0.69	1.5	8	1.9
邵塔港桥	6.1	1.6	3.7	0	0.69	0.7	5.7	4.2
明镜荡中	5.8	0.9	2.9	0	0.66	0.6	23.6	0.5
锦西大桥	5.4	0.6	2.8	0.05	0.65	0.9	9.1	1.5
袁家甸	5.3	1.0	2.5	0.01	0.67	1.2	12.3	0.5

　　由表 9 - 40 可见,明镜荡中挥发酚超标严重,总氮、总磷和氨氮问题突出,水体中溴化物和藻类问题不容忽视。

② 水质指数评价。

水质状况指数。一般污染物评价指标：溶解氧、氨氮、耗氧量、化学需氧量、总铁和锰；有毒污染物评价指标：挥发酚、氟化物、氰化物、铅、镉、硝酸盐和石油；富营养化评价指标：耗氧量、总磷、总氮和叶绿素 a。结果见图 9-44 至图 9-47 和表9-41。

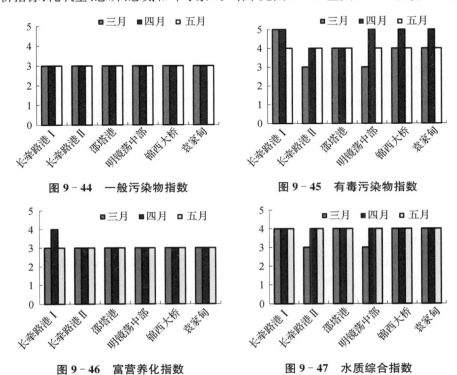

图 9-44　一般污染物指数

图 9-45　有毒污染物指数

图 9-46　富营养化指数

图 9-47　水质综合指数

表 9-41　澄湖 I 线检测断面水质状况指数平均值

	一般污染物	有毒污染物	富营养化
长牟路港 I	3	5	3
长牟路港 II	3	4	3
邵塔港	3	4	3
明镜荡中	3	4	3
锦西大桥	3	4	3
袁家甸	3	4	3

备注：分五个等级，分别以 1、2、3、4、5 表示，指数数值大表示水质污染重。

由表 9-41 可见，澄湖 I 线各断面一般污染物指数为 3，有毒污染物指数 4～5，富营养化指数为 3（需要指出：在夏季高藻期其值可能更高）。同时可以看出，澄湖来水中有毒污染物指数高于其他断面。

水质综合指数:在水质状况指数评价基础上,进行水质综合指数加权计算,结果见图9-47和表9-42。

表9-42 澄湖方案Ⅰ检测断面水质综合指数平均值

检测断面	水质综合指数	备　注
长牵路港Ⅰ	4	
长牵路港Ⅱ	4	
邵塔港	4	综合指数评价分五个等级,分别以1、2、3、4、5
明镜荡中	4	表示,数值大表示水质污染重
锦西大桥	4	
袁家甸	4	

由此可见,澄湖Ⅰ线中各断面水质综合指数为4。明镜荡水质较差,尤其是水体中有毒挥发酚、总磷、总氮等问题突出。

论证结论:方案一中各断面的水质综合指数为4,明镜荡主要污染物为挥发酚(超标23.6倍)、总氮(超标5.8倍)、总磷(超标2.9倍)、氨氮、铁、有机物和溴化物。

因此本案不适合作为水源地。

(3)方案二(澄湖Ⅱ线)水质评价

以淀泖水系的澄湖(昆山湖区)、杨氏田湖和白莲湖为对象。

来水主要补给途径为:

① 澄湖——万千湖——杨氏田湖——白莲湖(部分至葛墓荡);

② 吴淞江——界浦河——万千湖。

检测断面示意见图9-48和表9-43。

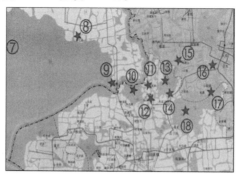

图9-48 澄湖Ⅱ线检测断面示意图

表9-43 澄湖Ⅱ线水质检测断面

断面编号	名 称	检测目的	断面编号	名 称	检测目的
7	大姚港	澄湖新、老运河入口	13	杨氏田湖中	杨氏田湖
8	清小港	澄湖吴淞江入口	14	张小泾桥	杨氏田湖入白莲湖
9	洋泾港桥	澄湖入万千湖	15	敖北闸	杨氏田湖北部入口
10	万千湖中	万千湖	16	北肖浜桥	大市市河入白莲湖
11	界浦河	吴淞江入万千湖	17	白莲湖东北	白莲湖
12	长娄里	万千湖入杨氏田湖	18	白莲湖西南	白莲湖

水质单因子评价:评价方法同前。

结果:澄湖Ⅱ线检测断面主要污染物为总氮、总磷、氨氮、石油、铁、有机物和溴化物,污染物平均超标倍数(地表水Ⅲ类水质为标准)见表9-44。

表9-44 澄湖Ⅱ线检测断面主要污染物平均超标倍数

断面名称	总氮	氨氮	总磷	耗氧量	溴化物(mg/L)	石油	铁
大姚港	12.6	5.1	4.2	0.04	0.65	1	2
清小港	12.5	3.6	4	0.05	0.71	2	0
洋泾港桥	7.5	1.7	4.5	0.09	0.75	1.5	4
界浦河	10.4	3.5	5.2	0.08	0.87	0.6	1.4
长娄里	10	3.2	5.3	0.08	0.98	8.2	1.2
杨氏田湖中	10.8	3.7	8.2	0.03	0.83	4.8	1.8
敖北闸	10.9	4.7	8.4	0.05	0.87	25.1	3.9
张小泾桥	9.3	3	6.7	0.06	0.76	0.7	1.8
北肖浜桥	10.4	4.6	6.8	0.04	0.79	0.6	2.6
白莲湖东北	9.4	3.1	5.6	0.06	0.78	0.9	0
白莲湖西南	10.3	3.5	7.2	0	0.81	0.7	1.5

由表9-44可见,澄湖上游来水水质(大姚港、清小港)总体水平劣于澄湖出水(洋泾港),说明澄湖上游来水水质较差。

水质指数评价:评价方法同前。结果见表9-45和表9-46。

综上,澄湖方案Ⅱ中70%的检测断面水质综合指数为4,且总氮、总磷和氨氮问题突出;澄湖是其水量的主要补给途径,澄湖上游来水(大姚港)水质较差。

表 9 - 45　澄湖 Ⅱ 线检测断面水质状况指数平均值

断面名称	一般污染物	有毒污染物	富营养化
大姚港	3	4	3
清小港	3	4	3
洋泾港桥	3	3	4
界浦河	3	4	4
长娄里	3	4	3
杨氏田湖中	3	4	4
敖北闸	3	4	3
张小泾桥	3	4	3
北肖浜桥	3	4	4
白莲湖东北	3	4	3
白莲湖西南	3	4	3

备注:分五个等级,分别以 1、2、3、4、5 表示,指数数值大表示水质污染重。

表 9 - 46　澄湖 Ⅱ 线检测断面水质综合指数平均值

检测断面	水质综合指数	备　　注
大姚港	4	
清小港	4	
洋泾港桥	3	
界浦河	4	
长娄里	4	
杨氏田湖中	4	综合指数评价分五个等级,分别以 1、2、3、4、5
敖北闸	4	表示,数值大表示水质污染重
张小泾桥	3	
北肖浜桥	4	
白莲湖东北	4	
白莲湖西南	3	

论证结论:

方案二中湖泊检测断面的富营养化和有毒污染物指数 3～4,一般污染物指数为 3,有 70%断面的水质综合指数为 4,其中澄湖入湖断面的水质综合指数为 4,有毒污染物指数为 4,富营养化指数为 3,水体中总氮超标 7.5 倍、总磷超标 4.5 倍、氨氮超标 1.7 倍、铁超标 4 倍以上，溴化物在 0.5～1 mg/L 左右。

方案二中湖泊位于水系总流向下游，主要由苏州纳污通道新、老运河补给，新、老运河污染严重，因此澄湖承载上游来水污染风险大。

本案若作为第二水源地，受上游来水污染影响大，水源水质安全风险大。

（4）方案三（淀山湖昆山湖区）水质评价

淀山湖昆山湖区检测断面示意见图 9-49，检测点分别为金家庄（编号 19）、东村（编号 20）和小千灯浦闸（编号 21）。

论证结论：

A. 淀山湖检测断面的水质综合指数为 4，有毒污染物指数为 5，富营养化指数为 3，一般污染物指数为 3，主要污染物为挥发酚（超标 10 倍以上）、总氮（超标 3～6 倍）、总磷（超标 2.5 倍以上）、氨氮（超标 2 倍以上）、石油（超标 1.5 倍以上）、溴化物在 0.7 mg/L 左右。另外，三氯乙醛、苯并（a）芘、铁超标。

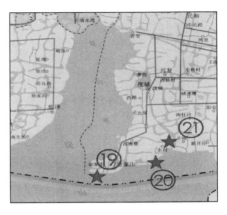

图 9-49　淀山湖检测断面示意图

B. 淀山湖主要由吴淞江、千灯浦河、澄湖经大朱库等多途径来水补给。2006 年吴淞江水质为劣 V 类，其沿线纺织印染企业和千灯浦河沿线电路板企业多，污染物成分复杂。

C. 现场调研表明：长牵路港至淀山湖之间的连通湖荡已经规划为行洪骨干通道，以淀山湖为出口。

因此，本案作为第二水源地的安全风险大。

9.5.2.4　昆山境内方案小结

上述三个方案，境内湖泊水质污染问题都比较突出。

方案一和方案三：作为行洪主干通道和出口，不宜作为水源地。

方案二：湖泊水质污染成分复杂，尤其是有机有毒污染物（苯并（a）芘、三氯苯、甲基对硫磷等）、重金属和贾第鞭毛虫超标问题突出。若作为饮用水水源，其饮用水净化技术及工艺较为复杂。

9.5.2.5　昆山境内外水源水质比较分析

由前述分析可见，在昆山淀泖水系中，难觅具备水源水质条件的水源地。为此，在对昆山周边太湖、长江水质分析基础上，进行了昆山境内外水体水质比较分析。

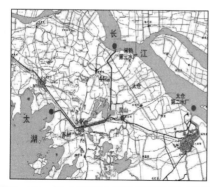

图 9-50　昆山市与太湖和长江区位示意

（1）境外水源选择

① 太湖水源。

昆山西临苏州，距离东太湖（沿图 9-50 所示路径）约 54 km。太湖水面积 2 338 km²，平均水深 1.89 m，相应容积约 44 亿 m³，是流域内最重要的供水水源地。

② 长江水源。

昆山市地处长江下游，距长江岸线（沿图 9-50 所示路径）约 44 km（工程距离约 60 km）。据长江每年入海水量近几十年实测资料统计，最丰年为 13 600 亿 m³，最枯年为 6 370 亿 m³，年平均值 9 110 亿 m³。

（2）境外水源水质评价

按照上述水源水质的评价方法，对东太湖水源地和长江水源的原水水质进行评价，昆山境内外水体水质评价比较分析结果见表 9-47 和表 9-48。

表 9-47　昆山境内外水体水质的污染物比较分析

		氨氮	耗氧量	总氮	总磷	硫酸盐	氟化物	铁
Ⅲ类水标准		1.0	6	1.0	0.05/0.2	250	1.0	0.3
境外	长江	0.3	2.5	2.2	0.14	32	0.44	0.7
境外	太湖	0.6	5.6	2.6	0.07	101	0.76	0.4
昆山境内	澄湖	1.5	5.9	4.4	0.24	186	1.24	1.4
	淀山湖	2.6	6.2	6.1	0.29	176	1.39	0.8

表 9-48　昆山境内外水体评价水质指数比较分析

	水源	水质指数平均值				
		一般污染物指数	有毒污染物指数	富营养化指数	水质综合指数	评价
境外	长江	2	1	—	1	水质指数好于其他湖体断面
境外	太湖	2	2	3	2	较长江常熟水厂原水差
昆山境内	澄湖	3	4	3	4	水质评价较差
	淀山湖	3	5	3	4	水质评价较差

比较分析表明,长江断面水质优于其他水体水质。

根据国家环保总局 2003 年 6 月—2006 年 4 月水质监测报告,长江 7 个国控断面水质指标平均值均为Ⅱ类水标准,个别指标最高值有时达Ⅲ类水平。目前,长江水质总体水平较好,与湖库水相比未出现水体富营养化问题。

太湖流域 2006 年的监测结果表明,环太湖主要出入湖 27 条河流 35 个断面 77% 已污染,尤其是常州、宜兴、无锡一带入湖河流基本都为Ⅴ类或劣Ⅴ类。太湖全年期Ⅲ类水占太湖面积 70%～76%,Ⅳ类水占 20%～30%。

9.5.2.6 境内外水源的水厂成本估算

对昆山境内外水体作为第二水源地后水厂的运行成本进行估算和比较。境内水源位于昆山境内,其原水输送距离短,引水投资费用小,但由于水体水质污染成分复杂,需要的饮用水净化技术及工艺较为复杂,制水成本较高,因此境内水源水厂的成本估算主要考虑水厂制水运行费用。

境外长江水源水质较好,长江原水仅需经常规水处理工艺处理就可以满足饮用水卫生标准的要求;但长江引水距离长,引水的投资费用高,因此,境外水源水厂的成本估算主要考虑水厂引水投资费用。

前述分析表明:昆山境内湖泊中方案一(澄湖Ⅰ线)和方案三(昆山淀山湖区)作为行洪主干通道和出口,不宜作为水源地。

方案二(澄湖Ⅱ线)湖泊水质污染成分复杂,尤其是有机有毒污染物(苯并(a)芘、三氯苯、甲基对硫磷等)、重金属和贾第鞭毛虫超标问题突出。若作为饮用水水源,必须在常规水处理工艺基础上采用预处理、强化常规和深度处理技术组合,以保障饮用水水质安全。

水厂采用何种工艺组合方式,需要在水厂建设可行性研究阶段进行论证。

本研究仅根据湖泊原水水质污染特征,按拟定采用的相关处理技术,进行制水成本的增加值(与常规工艺比较)的估算。结果见表 9-49 所示。

表 9-49 各种水处理工艺制水成本估算(不包括常规水处理成本费用)

	工艺类别	去除对象	制水成本(元/m^3)
强化常规工艺	高锰酸盐复合药剂预氧化	有机物、藻类	0.04
	臭氧预氧化	有机物、藻类	0.06
	粉末活性炭吸附	苯并(a)芘、三氯苯等难以氧化去除的有机物	0.1
深度处理工艺	强化混凝	有机物、藻类、重金属	0.04
	臭氧-活性炭	有机物	0.15～0.2
	超滤膜技术(进口膜)	贾第鞭毛虫、藻类、细菌	1.4～1.5

初步结论：长江作为水源的原水水质条件好，以其作为昆山市第二水源，新建水厂仅需要通过常规水处理工艺即可保障饮用水水质要求，建议考虑以长江作为昆山市第二水源地。

[参考文献]

[1] 王晓晴，吕平毓，王俊锋. 突发性水污染事故应急监测系统的建立与运行[C]. 中国水利学会2006学术年会暨2006年水文学术研讨会论文集，2006.

[2] 张勇，王东宇，杨凯. 1985—2005年中国城市水源地突发污染事件不完全统计分析[J]. 安全与环境学报，2006(02)：79-84.

[3] 牛牛. 国家突发公共事件总体应急预案的主要内容[J]. 中国减灾，2008(10)：29.

[4] 国家中长期科学和技术发展规划纲要（2006—2020年）[J]. 科技促进发展，2009(04)：41.

[5] Silva L., Williams D. D. Buffer zone versus whole catchment approaches to studying land use impact on river water quality[J]. Water Research, 2001, 35(14)：3462-3472.

[6] Novotny V. Integrated water quality management[J]. Water Science and Technology, 1996, 33(4-5)：1-7.

[7] Gullick et al. Design of Early Warning Monitoring Systems for Source Waters[J]. AWWA, 2003, 95(11)：58-72.

[8] 李林子. 突发性水污染事故影响的预测预警体系研究[D]. 南京：南京大学. 2011.

[9] György G. Pintér. The Danube Accident Emergency Warning System[J]. Water Science and Technology, 1999, 40(10)：27-33.

[10] Christopher Ward. First responders：problems and solutions：water supplies[J]. Technology in Society, 2003, 25(4)：535-537.

[11] James P. Dobbins, Mark D. Abkowitz. Development of a centralized inland marine hazardous materials response database[J]. Journal of Hazardous Materials, 2003, 102(2-3)：201-216.

[12] Gullick RW. Developing regional early warning systems for US source waters[J]. Journal American Water Works Association, 2004, 96(6).

[13] VardanTserunyan. Feasibility of Early and Emergency Warning Systems for Safeguarding the Transboundary Waters of Armenia[J]. Decision Support for Natural Disasters and Intentional Threats to Water Security. Springer Science Business Media B. V. 2009.

[14] 李福仁，梁玉兰. 突发性环境污染事故应急系统探讨[J]. 工业安全与环保，2002(08)：28-30.

[15] 孙振世. 浅谈我国突发性环境污染事故应急反应体系的建设[J]. 中国环境管理，2003(02)：5-8.

[16] 徐启新，车越，杨凯. 中美水源地管理体系的比较研究[J]. 上海环境科学，2003(07)：

487 - 490.

[17] 申屠杭. 我国饮用水安全法制定的构想[J]. 环境与健康杂志，2003(04)：248 - 249.

[18] 王杨，季本超，田文艳. 哈尔滨市突发性环境污染应急响应管理系统设计[J]. 黑龙江科技信息，2010(02)：126.

[19] 韩桂萍. 做好哈尔滨城市供水应急预案[J]. 黑龙江科技信息，2010(15)：204.

[20] 姚娟娟，高乃云，张可佳，等. 饮用水源亚砷酸盐污染应急处理的中试研究[J]. 水工业市场，2008(01)：40 - 45.

[21] 崔福义，李伟光，张悦，等. 哈尔滨气化厂（达连河）供水系统应对硝基苯污染的措施与效果[J]. 给水排水，2006，32(6)：13 - 17.

[22] 张晓健. 松花江和北江水污染事件中的城市供水应急处理技术[J]. 给水排水，2006，32(6)：6 - 12.

[23] 崔福义. 城市给水厂应对突发性水源水质污染技术措施的思考[J]. 给水排水，2006，32(7)：7 - 9.

[24] 赵志伟，崔福义，张震宇，等. 粉末活性炭吸附去除水源水中硝基苯的优选试验[J]. 沈阳建筑大学学报（自然科学版），2007，23(1)：134 - 137.

[25] 张晓健，张悦，王欢，等. 无锡自来水事件的城市供水应急除臭处理技术[J]. 给水排水，2007，23(9)：7 - 12.

[26] 张晓健. 加强城市供水应急处理技术和应急系统建设的研究[J]. 给水排水，2007，33(11)：1 - 4.